JIZHISHA GAOXINGNENG HUNNINGTU

机制砂高性能混凝土

第二版

蒋正武　梅世龙　任　强　编著

化学工业出版社

·北京·

内容提要

本书全面介绍了混凝土技术及我国机制砂工业发展现状与趋势，骨料岩相及典型岩性骨料的技术性能，我国机制砂的生产工艺、技术指标及控制，重点阐述了机制砂高性能混凝土配合比设计、制备与施工技术，机制砂高性能混凝土的工作性、力学性能及耐久性等，机制砂高性能混凝土的微观结构及其与性能的关系，机制砂特种高性能混凝土配合比设计、制备及生产及其在典型工程中应用技术，主要包括机制砂自密实混凝土、大粒径骨料机制砂自密实混凝土、机制砂抗扰动混凝土、机制砂高强混凝土、机制砂超高泵送混凝土等。

本书可供建筑结构、土木建筑、港口水运、水利工程、桥梁市政、建筑材料、工程管理等专业从事混凝土材料、混凝土施工等领域的研究、教学、设计、施工、生产等科技人员、大专院校师生和研究生参考。

图书在版编目（CIP）数据

机制砂高性能混凝土/蒋正武，梅世龙，任强编著.
—2版. —北京：化学工业出版社，2020.9（2023.1重印）
ISBN 978-7-122-37194-2

Ⅰ.①机… Ⅱ.①蒋…②梅…③任… Ⅲ.①高强混凝土－细砂混凝土－研究 Ⅳ.①TU528.31

中国版本图书馆 CIP 数据核字（2020）第 099567 号

责任编辑：吕佳丽 　　　　　　　　　装帧设计：王晓宇
责任校对：宋　夏

出版发行：化学工业出版社（北京市东城区青年湖南街13号　邮政编码100011）
印　　装：北京科印技术咨询服务有限公司数码印刷分部
787mm×1092mm　1/16　印张25¾　字数635千字　2023年1月北京第2版第3次印刷

购书咨询：010-64518888 　　　　　　　售后服务：010-64518899
网　　址：http://www.cip.com.cn
凡购买本书，如有缺损质量问题，本社销售中心负责调换。

定　　价：128.00元

前言
Preface

近年来，砂的需求居高不下，我国每年砂石产量已达 200 亿吨，产值约 2 万亿元。然而当前机制砂石行业仍面临质量保障能力弱、产业结构不合理、绿色发展水平低、局部供求不平衡等突出问题。2019 年 11 月 11 日，工业和信息化部、国家发展改革委、自然资源部、生态环境部、住房和城乡建设部、交通运输部、水利部、应急管理部、市场监管总局和国铁集团等国家十部门发布《关于推进机制砂石行业高质量的若干意见》，指出以机制砂砂石的颗粒整形、级配调整、节能降耗、综合利用等关键技术和工艺为重点，引导机制砂石行业高质量发展。

本书自 2015 年出版以来，受到广大读者欢迎和众多好评。为适应机制砂及机制砂混凝土行业发展需求及相关读者的实际需要，我们对全书进行修订和补充。除了订正原书的疏漏之外，吸收了一些新的科研与应用成果。关于本书的具体修订工作，特作以下几点说明：

1. 保持原书的体系、结构不变；
2. 大量更新了机制砂行业发展数据、机制砂及机制砂高性能混凝土的技术指标；
3. 新增机制砂相关国家、行业、协会、地方及国外的相关标准；
4. 新增机制砂颗粒形貌表征方法，补充机制砂先进生产技术案例；
5. 新增机制砂高性能混凝土配合比设计方法与制备关键技术。

再版由同济大学蒋正武教授等人编著与修订，修订的具体分工为：同济大学蒋正武修订第 1 章、第 6～10 章；贵州大学梅世龙修订第 2 章、第 11 章、第 12 章；同济大学任强修订第 3～5 章。同济大学何倍、张翼、钟翼进、郑乔木等人参与资料、文字整理等工作，在此一并感谢。

限于编者水平，书中疏漏难免，敬请读者批评指正。

蒋正武

2020 年 4 月于上海

第一版前言

Preface

  混凝土是世界上最大宗的人造建筑结构材料，其逐渐向着高性能、超高性能方向发展。随着现代工程结构向大跨度、高耸、重载方向发展以及恶劣环境条件的需要，高性能混凝土已广泛应用于高层建筑、市政、桥梁、港口、地下、海工等工程中。2012 年，我国水泥熟料产量 12.79 亿吨，水泥产量 21.84 亿吨，混凝土用量达到 60 亿吨以上。骨料作为混凝土中最主要的组成之一，受自然资源的限制，尤其在我国西南、南部等地区，以河砂为主的天然砂越来越无法满足未来持续增长的混凝土用量需求。随着混凝土技术发展、自然资源短缺与环境保护的需求等问题，采用机制砂全面替代河砂已成为混凝土行业可持续发展的一种必然趋势。全面研究机制砂的生产工艺、特性、技术指标及机制砂高性能混凝土技术，不仅对我国混凝土技术发展提供理论支撑与技术指导，而且对提高我国混凝土结构工程的长期耐久性与使用寿命具有重要的指导意义。

  在贵州省交通厅及其他众多科研项目的资助下，结合在我国不同地区，根据贵州地区的多年机制砂高性能混凝土工程应用实践，本书全面分析了混凝土技术及我国机制砂工业发展现状与趋势，论述了骨料岩相及典型岩性骨料的技术性能；全面论述了我国机制砂的生产工艺、技术控制指标及特性，重点阐述了机制砂高性能混凝土配合比设计、生产与施工技术，论述了机制砂高性能混凝土的工作性、力学性能及耐久性等，全面阐述了机制砂高性能混凝土的微观结构及其与性能的关系；全面讲述了机制砂特种高性能混凝土配合比设计、制备、生产及其在典型工程中应用技术，主要包括机制砂自密实混凝土、大粒径骨料机制砂自密实混凝土、机制砂抗扰动混凝土、机制砂高强混凝土、机制砂超高泵送混凝土等。本书将专业理论基础与专业实践知识有机地结合在一起，具有科学性、知识性、先进性与实践性、趣味性。本书可供建筑结构、土木建筑、港口水运、水利工程、桥梁市政、建筑材料、工程管理等专业从事混凝土材料、混凝土施工等领域的研究、教学、设计、施工、生产等科技人员、大专院校师生和研究生参考。

  本书由同济大学蒋正武教授等编著，编著的具体分工为：同济大学蒋正武编写第 1 章、第 3 章、第 6～10 章；贵州高速公路集团有限公司总工程师梅世龙博士编写第 2 章、第 4 章；贵州建工集团廖卫红总工程师编写第 5 章；贵州建工集团第一分公司张义勇高工编写第 11 章、傅亚松高工编写第 12 章。同济大学博士、硕士研究生邓子龙、袁政成、杨凯飞、严希凡、韩超、黄青云、肖鑫、田曼丽、周磊等同学参与了资料、文字整理等工作，在此一并感谢。本书由蒋正武统稿。

  本书的内容不仅是作者多年来从事混凝土材料领域的理论研究、科研与工程实践的积累，也参考国内外大量的技术资料文献，在此一并向相关作者与研究机构表示谢意。另外，由于我们水平有限，书中不当之处难免，还望广大读者不吝赐教、指正。

编者

2014 年 8 月

目录

Contents

7　机制砂自密实混凝土及工程应用 ——————— 182

12　机制砂超高泵送混凝土及工程应用 ——————————— 370

1

绪 论

1.1 高性能混凝土的发展

1.1.1 混凝土的发展

混凝土，是指由胶凝材料将骨料胶结成整体的工程复合材料的统称。通常讲的"混凝土"一词是指用水泥作胶凝材料，砂、石作骨料，与水（加或不加外加剂和掺合料）按一定比例配合，经搅拌、成型、养护而得的水泥混凝土，也称普通混凝土。

混凝土是世界上最大宗的人造材料，也是当今最主要的土木工程材料之一。混凝土的历史可以追溯到公元前 3600 年。古埃及人在建造金字塔时，将煅烧后的熟石膏与水、河砂混合制成石膏砂浆，用花岗岩砌筑成 146m 高的正方锥体。我国古人于公元前 220 年修建长城时，用石灰、砂、黏土配成三合土，洒水夯实筑成城墙。古希腊、罗马人用火山灰磨细后与石灰、砂混合，得到强度高、抗水性好的砂浆。

19 世纪 20 年代，英国人研制出波特兰水泥生产工艺，用它作为胶凝材料配制的混凝土具有工程所需的强度和耐久性，而且原料易得，造价较低，因而波特兰水泥的出现极大地推动了混凝土的发展与应用。

1848 年，法国人莫尼尔发明了钢筋混凝土，使得混凝土的抗拉性能得到极大的改善。1900 年，万国博览会上钢筋混凝土在诸多方面应用的展示，引发了建材领域的革命。1918 年，水灰比理论的提出，初步奠定了混凝土强度计算的理论基础。至此，钢筋混凝土成为改变世界景观的重要材料。

1945 年第二次世界大战结束后，预应力混凝土逐渐从西欧各国发展起来。预应力混凝土的出现，使得混凝土构件的抗裂性、耐久性得到充分提高，同时也降低了构件自重，节省了原材料。预应力技术在混凝土中的应用为建筑物向大跨度、高耸、重载方向的发展奠定了基础。

20 世纪 60 年代以来，混凝土外加剂的广泛使用，使得混凝土的性能得到进一步的改善，混凝土的研究与工程应用步入一个全新的发展时期。高效减水剂的发明，带来了流态混凝土；高分子材料相继进入混凝土材料领域，出现了聚合物混凝土；多种纤维逐渐被应用于混凝土中，形成了纤维混凝土。此外，现代测试技术也越来越多地应用到混凝土材料科学的研究之中。

1.1.2 高性能混凝土的发展

混凝土材料作为现代工程结构的首选材料至今已有 100 多年的历史。在使用过程中，混凝土也暴露出诸多问题，如工作性不好、长期耐久性较差、体积稳定性不足等，特别是由混凝土结构耐久性不足而引起失效的例子屡见报端，引起工程界的高度重视。在此背景下，国内外混凝土界的专家、学者在其研究基础上，提出了高性能混凝土这一概念。

高性能混凝土（high performance concrete，HPC）是 20 世纪 80 年代末至 90 年代初基于混凝土结构耐久性设计提出的一种全新概念的混凝土。挪威于 1986 年首先对此进行了研究，在 1990 年由美国国家标准与技术研究院（NIST）与美国混凝土学会（ACI）共同主办的一次研讨会上正式定名。高性能混凝土以耐久性为首要设计指标，具有高强度、高工作性、高抗渗性和高体积稳定性等诸多优良特性，被认为是目前性能最为全面的混凝土。高性能混凝土已在大量重要工程中被应用，特别是在桥梁、高层建筑、海港建筑等工程中显示出其独特的优越性，在工程安全使用期、经济合理性、环境条件的适应性等方面产生了明显的效益，因此被各国学者所接受，被认为是今后混凝土技术的发展方向，有"21 世纪混凝土"之称。

高性能混凝土的研究与开发应用，对传统混凝土的技术性能有了重大的突破，对建筑节能、工程质量、工程经济、环境与劳动保护等方面都具有重大的意义。

尽管如此，不同学派根据实际工程的要求，对高性能混凝土看法的侧重点有所不同：

（1）高耐久性混凝土。以 Mehta 为代表的美、加学派强调的是硬化后混凝土的性能。Mehta 认为，耐久性应当放在高性能混凝土的首位，并具有高抗渗性和高体积稳定性。

（2）高强、超高强混凝土。大部分日本学者和工业界认为高性能混凝土首先必须具有高强度。

现代高强混凝土采用矿物超细粉与高效减水剂并用的方式配制。在混凝土中掺入超细粉物质，可以使硬化水泥石结构致密，孔径细化，界面结构改善，具有较高的抗渗性、耐久性和强度，即在混凝土中掺入超细粉物质可以改善高强混凝土的结构并提高其性能。

（3）高流态、自密实混凝土。冈村等日本学者则认为高流态、自密实混凝土就是高性能混凝土。

自密实混凝土是在浇筑时仅靠混凝土自身的重力而不需要任何捣实外力而达到自密实、自流平的一种混凝土，尤其适用于施工形状复杂、钢筋密集以及难以振捣的部位，同时可以大大加快混凝土浇筑速度，另外还可以消除振捣带来的噪声。自密实混凝土和广泛用于钢桥面铺装的浇筑式沥青混凝土相似，后者由于其本身的高流动性，摊铺后无需碾压，只要简单整平即可。

（4）绿色高性能混凝土。1997 年 5 月，我国吴中伟院士提出了绿色高性能混凝土的概念。"绿色"的含义是指节约资源、不破坏环境，符合可持续发展的原则，既满足当代人的需求，又不危及后代人的生存与发展。

绿色高性能混凝土的特点是更多地节约硅酸盐水泥熟料，更多地掺加以工业废渣为主的活性细掺合料。

冯乃谦教授认为，高性能具有相对性，是指不同的设计载荷、不同的施工条件及使用环境中均具有优异的性能。因此，高性能混凝土既是性能最全面的混凝土，也应该是能针对性地满足各种特殊使用条件的混凝土。

机制砂高性能混凝土是指用机制砂部分或全部取代河砂配制的高性能混凝土。我国对于机制砂混凝土的研究始于 20 世纪 60 年代，并成功应用于诸多重大工程项目之中，极大地促进了我国机制砂工业的发展。机制砂工业的发展也进一步推动了机制砂在混凝土中的使用，成为研究人员继续开发、应用机制砂高强、高性能混凝土的技术和物质基础。

1.2 机制砂工业的发展

1.2.1 骨料的分类与发展

骨料又称为集料，约占混凝土原材料总质量的 75%，是混凝土的主要组成之一，对混凝土的性能有重要影响。骨料是混凝土的骨架材料，呈颗粒状，一部分来自天然的卵石和河砂，另一部分来自机制砂石，还有少量烧结陶粒等轻骨料。

骨料对混凝土的性能有十分重要的影响。过去骨料被认为是混凝土中的填充料，所以常被忽视。骨料已渐被当作主要架构材料，因为即使没有水泥浆，骨料亦可支撑载重。骨料在混凝土中起骨架作用，并抑制水泥的收缩；水泥和水形成水泥浆，包裹在粗细骨料表面并填充骨料间的空隙。水泥浆体在硬化前起润滑作用，使混凝土拌合物具有良好的工作性能，硬化后将骨料胶结在一起，形成坚强的整体。骨料形成的骨架除了承载应力、防止收缩外，还在混凝土和砂浆中起到预防开裂和耐磨作用。此外，骨料的材性对混凝土的强度、施工性（和易性）和耐久性均有极大的影响。骨料的强度、表面特征、清洁度、级配、颗粒形状、最大粒径、含泥量和泥块含量等会影响混凝土的强度。骨料的级配、粒型、吸水率、表面特征、黏土矿物含量等会影响混凝土的工作性。骨料的级配、孔隙率、孔结构、渗透性、饱和度、结构和构造、黏土矿物、弹性模量、热膨胀系数、硬度、有害物质等会影响混凝土的耐久性。

骨料的质量问题仍然是当前砂石行业的主要问题。建筑用砂石没有行业规划，各地也是临时应对；没有按工业产品认真管理，在全国各地工商企业产品名录登记中，关于骨料的名称竟达 65 种。用"一盘散沙"形容建筑骨料生产行业非常形象。

1.2.1.1 骨料的分类

骨料可按粒径、密度和成因进行分类（见表 1-1）。

表 1-1　骨料的分类

区分	名称	说　明
粒径	细骨料	粒径<4.75mm
	粗骨料	粒径≥4.75mm
成因	天然骨料	河砂、河卵石；山砂、山卵石；海砂、碎石；火山碎石
	人工骨料	膨胀页岩、陶粒、膨胀珍珠岩
	工业副产骨料	矿渣碎石、膨胀矿渣、石煤渣
	再生骨料	废弃再生混凝土、再生砂浆
密度/(t/m³)	轻骨料	绝干密度在 2.3 以下，如烧成的人造轻骨料与火山渣
	普通骨料	绝干密度在 2.4~2.8 左右，如通常混凝土用的天然骨料及人造骨料
	重骨料	绝干密度在 2.9 以上，多者达 4.0 以上，放射线屏蔽用混凝土骨料属于此类，如重晶石、铁矿石等

在建筑业中，根据骨料粒径大小，骨料可分为粗骨料和细骨料。根据骨料密度，骨料可分为轻骨料、普通骨料和重骨料。

在骨料市场中，根据骨料来源，骨料可分为天然骨料、人工骨料、工业副产骨料和再生骨料（见图 1-1）。天然骨料是在河水冲击积累、海沙沉淀等自然力的作用下形成的，如河砂、河卵石、海砂、海石、山砂、山石等；人工骨料是人类利用机械加工的手段将一些自然材料和废弃材料按照科学标准加工而成的，如膨胀页岩、陶粒、膨胀珍珠岩等；副产骨料是在工业过程中一些环节产生的副产品，可以直接用来做骨料，如矿渣碎石、膨胀矿渣、石煤渣等；再生骨料是废弃混凝土再生利用制备而成的骨料。

(a) 天然骨料

(b) 人工骨料

(c) 工业副产骨料

(d) 再生骨料

图 1-1　各类混凝土骨料示意图

1.2.1.2　骨料的发展

我国骨料的发展是伴随着土木建设的发展而发展起来的。从新中国成立至今，大致可以分为起步阶段、发展阶段和转型阶段三个阶段（见表 1-2）。

表 1-2　建筑骨料发展阶段的划分

阶段	时间	特征
起步阶段	1949～1977 年	需求量少、供应充足、自然储量充足、发展缓慢、自然骨料为主
发展阶段	1978～2010 年	需求量大、供应充足、自然储量不足、发展快速、自然骨料为主、机制砂和副产品骨料出现
转型阶段	2011 年至今	需求量大、供应吃紧、自然储量殆尽、持续增长、机制骨料为主

（1）起步阶段（1949～1977 年）　新中国成立之后，由于历史问题，国家把重心放在了国防建设和民生问题上，其他各方面的发展明显滞后，土建发展相对迟缓，这一时期的建筑骨料供应充足，基本上全部来源于自然骨料。

（2）发展阶段（1978～2010 年）　1978 年党的十一届三中全会召开以后，市场机制的引进促进了中国各行各业的全面快速发展，各种建筑工程更是如雨后春笋般涌现出来，带动了整个骨料行业的高速发展。虽然需求量巨大，但由于骨料标准要求不很严格，且在开采过程中几乎没有限制，所以基本上可满足建筑骨料的市场需求，这个时期骨料的主要来源仍然是自然骨料，并开始出现了利用机制骨料（机制砂）和副产品骨料的现象。

（3）转型阶段（2011 年至今）　从"十二五"开始，国家坚持把经济结构战略性调整作为加快转变经济发展方式的主攻方向，坚持把建设资源节约型、环境友好型社会作为加快转变经济发展方式的重要着力点。传统粗放型、以破坏性为代价的建筑骨料开采受到了来自各方面的限制，此时的市场对骨料的品种、质量、性能等要求有了一套严格的标准。过去的骨料开采方式无以为继，面对不断增加的骨料市场需求和自然骨料的限制开采的矛盾，骨料行业开始转型，这个时期人工骨料开始占据主导地位。

现阶段，我国骨料的发展呈现出以下几大特点：一是天然砂资源迅速减少。经过多年开采，天然砂资源在迅速减少，有的地区天然砂已近枯竭。为了保护江堤河坝、维持生态平衡，各地政府加大河流限量和严禁开采的力度。天然砂资源日趋紧张，价格持续看涨。二是机制砂生产基地建设发展势头强劲。随着施工技术的要求和高科技的发展，对砂石的数量和质量都有更高的要求，积极推广使用机制砂有助于缓解这些突出矛盾。机制砂石已是砂石行业产业结构转型升级的主要发展方向和产业主体。国内大型水泥企业集团根据行业发展趋势已开始涉足和布局砂石骨料行业，为行业发展注入了新的发展动力，成为推动行业高质量、高水平发展的生力军。新建生产企业规模以大中型为主，生产规模在 800～1200t/h。三是砂石行业的管理力度加大。在国家提高安全和环境政策的推动下，各地政府加大了砂石行业的企业管理力度，限期、强行关闭各地的小型、不达标的采砂矿厂。行业内的优胜劣汰有利于行业整体规模的提高和工业化发展。四是产业升级、延长产业链。在传统砂石开采业改造提升水平的基础上，延长产业链，淘汰关闭落后产能，在提升技术、产品标准与提高进入门槛的前提下，依据市场容量适度发展。五是科技进步、和谐发展。砂石工业将在技术进步、产业规模与结构上加快转变发展方式，把加快行业技术进步和科技创新作为提升与引领行业发展的重要支撑点，把节能减排和发展循环经济作为行业发展进步的主攻点，实现绿色环保、和谐社会的同步发展。

1.2.2　机制砂工业的现状

1.2.2.1　机制砂概况

2002 年实施的国家标准中明确定义了人工砂及机制砂的概念。人工砂是指经过除土处理的机制砂、混合砂的统称。机制砂是指由机械破碎、筛分制成的，粒径小于 4.75mm 的岩石颗粒，但不包括软质岩、风化岩的颗粒。混合砂（combined sand）则指由机制砂和天然砂混合制成的砂。

从 20 世纪 60 年代起，我国水电系统的土木建设工程就开始就地取材，对机制砂石的生产和应用展开研究，并开始在混凝土中使用。在建筑上应用较早的是贵州省，并于 1978 年制定了我国第一个山砂（机制砂）的地方标准，后来，云南、河南也相继出台了人工砂地方标准或使用规程，我国的香港也是使用机制砂较早的地区。

随着基本建设的日益发展，在我国不少地区经过几十年的开采，有限的天然砂资源已经用尽，价格不断上涨，影响了工程建设的进展。在经济利益的驱使下，很多地区都出现了滥采乱挖天然砂的情况，在现有的江河开采，改变河道走向、水流，影响河堤安全，破坏鱼类生存环境，影响防洪，污染水质，影响景观；在主干河道开采，破坏农田或植被，破坏铁路、桥梁与电力设施，严重污染空气和环境。天然砂生产方式的落后，造成砂质量混乱与下降，直接影响工程质量。出于对环境和资源的保护，国家和各地政府严格限制或禁止开采天然砂法规和政策的出台，进一步减少了天然砂的来源。2015 年工信部发布《绿色建材生产与应用行动方案》，加快了机制砂石工业化、标准化和绿色化。2016 年 5 月 18 日国务院发布提出"加快发展砂石骨料""积极利用尾矿废石、建筑垃圾等固废替代自然资源，发展机制砂石、混凝土掺合料、砌块墙材、低碳水泥等产品"。2019 年水利部关于《河道采砂管理条例（征求意见稿）》明确国务院直管河道采砂，河道采砂管理已经引起党中央、国务院的高度重视。与此同时，为加强河道砂资源和水生态环境保护，根据《中华人民共和国水法》《中华人民共和国刑法》《中华人民共和国矿产资源法》《中华人民共和国防洪法》，结合党中央、国务院的有关法律、法规、文件的规定，我国多省市纷纷出台限采禁采的规定，积极推广和应用机制，坚持河砂和机制砂供用"两条腿"走路。然而当前机制砂石行业仍面临质量保障能力弱、产业结构不合理、绿色发展水平低、局部供求不平衡等突出问题。2019 年 11 月 11 日，工业和信息化部、国家发展改革委、自然资源部、生态环境部、住房和城乡建设部、交通运输部、水利部、应急管理部、市场监管总局和国铁集团等国家十部门发布《关于推进机制砂石行业高质量的若干意见》，指出以机制砂砂石的颗粒整形、级配调整、节能降耗、综合利用等关键技术和工艺为重点，引导机制砂石行业高质量发展。

同时，我国西部地区盛产机制砂。机制砂在混凝土中的应用使得各类工程项目可以就地取材，从而大幅降低混凝土的生产、运输成本，缩短工程建设周期，降低工程风险。砂石等产品运输距离的减少，也能为工程周边的自然、人文环境减轻很多压力。

与天然砂石相比，机制砂石有四大优势、两个特点。第一，资源优势：可利用各种废弃资源，符合科学发展观和适应节约、循环型经济。近几年，由于资源的短缺，各地纷纷寻找替代品，各种工业废料得到一定的开发应用，已出台了有关利用工业废料做建筑用砂石的标准。第二，质量优势：由于料源固定、稳定和机械化的生产方式，提供可保证产品质量稳定、可调、可控的基础。第三，品质优势：新开矿的砂石有较高的表面能和亲水性，有完整的级配，有小于 $75\mu m$ 石粉的微级配，有多种的矿物成分可选择，能做到颗粒级配稳定、可调整，粒形可改善。当然，这些都是要认真执行标准和科学、严格地生产才能实现的。第四，管理优势：有稳定的法人主体，实行了采矿许可，有固定的经营场所，为加强管理创造了条件。两个特点是：由资源和地域经济的影响造成机制砂石成本或价格差别较大；由矿源品种多带来的机制砂石产品的质量和材性指标差别较大。这是在生产和使用机制砂石时要特别注意的。

总之，采用机制砂代替河砂浇筑混凝土已成为今后混凝土应用发展的必然趋势。一方面，我国许多地区江河砂资源缺乏，采集非常困难，运输距离很长，使用成本高；另一方面，在一些河砂资源丰富的地区，过度采集河砂已经导致环境失衡，甚至破坏的一系列严重问题，因此，采用机制砂代替河砂浇筑混凝土将带来巨大的经济效益和社会效益。所以说，这将是今后混凝土应用发展的必然趋势。

1.2.2.2 砂石生产企业规模及分布

据统计，全国约有 10.7 万个矿山，其中砂石土矿山近 5.7 万个，涉及建筑石料用灰岩、砖瓦用黏土、砖瓦用砂、建筑用砂、建筑用花岗岩等 20 个矿种。从统计结果看，56888 个砂石土采矿权中达到大型规模的只有 2704 个，仅占总数的 5％；中型规模 6259 个，占比为 11％；小型规模的矿山共 47925 个，占砂矿总数 84％的份额（见图 1-2）。砂石采矿中小型企业基本主宰整个行业，由于传统砂石采矿技术要求不高，政策限制较少，准入门槛较低，所以中小型企业很容易进入发展并很快在市场上站稳脚跟，从而出现地方性中小型砂矿企业独占鳌头的现象。而大型企业拥有雄厚的资本和技术力量，刚开始传统砂矿行业并没有引起他们的足够重视，随着行业的发展和信息的获取，砂矿业诱人的利润使得大型企业开始逐步进入，其雄厚的实力让它迅速发展起来成为跨地区的砂矿开采企业。当然，大型规模的砂矿开采企业也有极少数是从那些入行比较早、发展比较好、视野比较长远的中小型砂矿开采企业发展而来的。

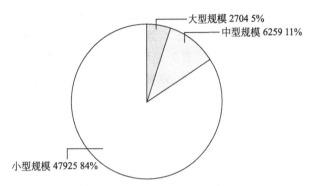

图 1-2　砂石企业规模数量划分及其所占百分比

中国地域广阔，由于技术、资源、资本等生产要素禀赋和市场的差异使得中国的骨料生产企业在地域分布上呈现出一些空间规律。中国已有 3000 多家中型规模以上的砂石骨料设备制备商。对上规模骨料生产企业前 100 强进行地域分布规律分析，结果显示：前 100 强骨料生产企业东部地区占 60％、中部地区占 35％、西部地区占 5％（见图 1-3）。东部地区作为中国经济发展最快也是最好的一个区域，其对骨料的需求也是最多的，这种市场需求直接刺激了该区域骨料企业的发展，加上该区域的企业具备雄厚的资本和成熟的技术作为支撑，促使东部地区的规模骨料企业占据了多数份额。而中部地区近年来的发展速度也相当快，是继东部发展势头过后的新的经济增长引擎，在此背景下建筑骨料行业开始步入发展的快车道。该地区在主要骨料企业的名录中也占据了不小的份额。值得注意的是，随着中部地区的快速崛起，城市化水平、基础设施等相对于将要处于饱和状态的东部地区来说，其发展空间更大，从长远来看其规模企业数量份额将持续增加。西部地区尽管拥有丰富的矿产资源可以

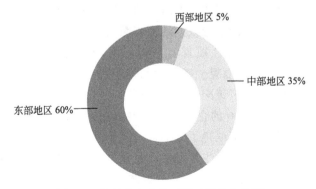

图 1-3　骨料生产企业百强区域分布比例

为骨料生产提供大量原材料，但是在资本、技术方面处于弱势，最重要的是市场对骨料需求量有限。同时骨料作为一种较为廉价的产品，考虑到高昂的运输成本，西部地区的骨料企业想利用丰富的资源抢占中、东部市场几乎不太可能。故致使西部地区上规模骨料企业比较少的局面出现，但得益于西部大开发，在未来将会有一定的增长趋势。

1.2.2.3 机制砂行业存在的问题

由于行业的分散、传统的生产方式、无主管部门等因素影响，至今砂石行业与其他行业相比仍非常落后，主要表现在以下几个方面：

(1) 行业得不到应有的重视，缺少统一长远的规划。建筑砂石是产用量最多的矿产品，我国重要矿产品名录中却没有它。全国没有行业规划，地方没有砂石矿产指标，多数地方对生产砂石是临时应对，没有按工业产品认真对待和管理。在全国各地工商企业产品名录登记中，砂、沙、砂子、河砂、砂石料、机碎石、建筑石开采等关于骨料名称竟达 65 种。近几年，中央和各地政府越来越重视对自然资源和环境的保护，纷纷出台对骨料开采的限制规定，但多数是只限而不提解决办法，同时，建材市场的需要并未因限采而发生改变，结果是价格非正常地上涨，盗采盗挖更加泛滥，反倒加剧了对资源和环境的破坏。有关非法采砂的报道已是媒体陈旧但又不得不反复提起的题目。由于没有规划，也造成机制砂石生产的短期行为和不重视质量与环保。很多企业并非不想做大做强，不爱青山绿水，而是怕政策一旦变化，大和长远的投入根本无法收回。由于计划的不周，还往往会给社会增加成本，各地不少事实证明，政府最初收到的采砂承包款远远小于事后付出的治理费用。

另外，由于传统的观念，人们对机制砂石缺少正确的认识，一种错误认识是认为骨料在混凝土中的作用只是填充，骨料质量无所谓，而事实上作为混凝土的骨架材料，不仅影响混凝土强度，还影响着混凝土的施工性（和易性）和耐久性。另一种错误认识是不接受新事物，对机制砂抱有怀疑态度，特别是对用工业废渣生产的机制砂不愿使用，个别地区甚至下文件禁用完全可以使用并能保证混凝土质量的机制砂。

(2) 缺少行业准入制度。由于没有行业准入制度，加上历史形成的传统生产方式，多数企业虽是生产机制砂石，但只不过是生产设备有所改变，生产者素质依然较低。有的企业甚至用风化严重的矿岩生产机制砂石。在机制砂石生产企业中，95％以上的生产厂没有实验室；《建设用砂》（GB/T 14684）、《建设用卵石、碎石》（GB/T 14685）国家标准中规定的出厂检验根本没有落实，要求生产厂家提供合格证仍是形同虚设。机制砂石的产品质量保证除了用户自保外，没有其他措施，再加上地域和工期的限制、利益的驱使，工程质量的保证比较困难。

(3) 机制砂石的产品质量制约着我国混凝土的发展。从各地搅拌站的反映和一些城市砂石市场抽检结果来看，机制砂石的粒形差，细度模数普遍在 3.4～3.7 之间。级配是骨料的最基本的材性，对混凝土的所有性质都有影响，我国《混凝土结构耐久性设计规范》（GB/T 50476）中规定，"为保证混凝土密实性和体积稳定性，应满足骨料级配和粒形的要求，并采用单粒级石子两级配或三级配投料。"目前，一些企业采用粗骨料三级配甚至四级配，把空隙率控制在 38％左右，有的企业，细骨料采用两级配，减少胶凝材料原料，生产的混凝土无论从质量还是经济上都取得了好结果。既然级配是机制砂石生产中完全可以控制的指标，为什么多数企业做不到呢？主要是生产企业为了降低电耗和机械磨损、减少设备配置、提高产量而造成的，并非做不到，而是不想做。资源性产品说到底还是卖方市场。当然，用户的需求也导致了机制砂石的质量走向。目前，除了高铁和高速公路等重大工程对砂石骨料级配、粒形等质量指标限制严格外，一般用户也只求价格低的产品。像级配这样的完全可以控制的指标尚不能保障，机制砂石的质量可见一斑。混凝土骨料的质量约占整个混凝土质量的75%，是作为混凝土骨架的材料。因此，骨料的性质对混凝土的影响很大。特别是随着混凝土技术和应用的迅速发展、骨料资源的变化以及生产工艺的改变，其影响和作用越来越大。质量不合格的骨料对工程的危害不是当时就显现的，特别是其对耐久性的影响是长期渐变的，质量差的机制砂石无疑给工程质量埋下隐患。

（4）行业的基础工作亟待建设，缺少信息交流平台。由于缺少行业主管，机制砂石的很多基础工作缺失。比如，砂石行业的标准体系问题。目前，砂石标准只有几个孤立的产品标准，没有基础标准和生产标准，砂石行业也没有标委会，有关砂石的标准来自多个行业，这些标准各自从自身的需要出发而制定，缺少协调和系统性。有些单位不太了解其他行业与砂石的关系，提出的标准适应性较差，甚至无法编制。行业的统计没有渠道，很多数据是估算，不能反映行业的真正情况。

行业缺少规划和工业设计、工艺研究单位，多数机制砂石企业的上马都是设备厂家设计或自己比照别的生产线建设。机制砂石生产线看起来简单，但要做到生产低耗高效、产品质量上乘并不容易。特别是各地矿源和市场的不同，机制砂石企业生产规模的确定、厂址的选择、工艺和设备的确定应该是经过科学的论证和详细的试验研究的。在国外，一般都先进行小型的工业试验，从矿源的选择确定到工艺的选择、设备选型都要进行试验论证。我国水电行业上马机制砂石也有这样好的传统。而在绝大多数的地方，生产机制砂石的企业却缺少这样的前期可行性研究，造成建成后产品质量不达标、生产成本过高无法参与市场竞争等。

（5）以天然矿山为原料的机制砂石企业多数环保建设较差（水电行业除外），开采不规范，影响了自然景观，粉尘、废水和噪声对周边环境造成了污染，社会形象较差。

1.2.3　机制砂工业的展望

1.2.3.1　砂石市场需求发展趋势

中国的快速城镇化对建筑材料有大量需求，导致了我国多省市城市砂石骨料缺乏。在中国改革开放的40多年中，城镇化率从1978年的17.92%提高到2018年的59.58%。在此期间，中国进行了大规模的基础设施（包括建筑、道路和桥梁）建设，消耗了大量天然砂石资源，现有的河砂储量已不能满足建筑原材料的需求。

近年来，随着砂石骨料行业的关注度越来越高，行业的发展备受各界关注。目前我国机制砂石产业发展迅速，2018年6月28日，自然资源部发布《砂石行业绿色矿山建设规范》，砂石上升到九大矿业之一。

随着我国建筑业的进步和发展，砂石骨料作为基础设施建设用量最大、不可或缺、不可替代的原材料，其生产规模和产量不断刷新。资料表明，2000年，全国颁发的采砂许可证为4万家，高峰时期有10万家。据行业协会数据显示，2012年，我国砂石产量为100亿吨左右。近年来，随着经济社会不断发展，砂需求居高不下，中国已有3000多家规模以上的砂石骨料设备制造商，每年已产量达200亿吨，产值约2万亿元。全球用砂资源走势如图1-4所示。

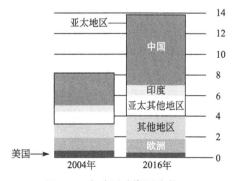

图1-4　全球用砂资源走势

相比之下，由于经济危机，欧洲的砂石产量在 2007～2013 年间下降了 30％。但 2013 年以来，欧洲地区砂石需求有了恢复性增长，欧盟 28 国以及欧洲自由贸易联盟国家的总砂石需求在 2017 年回到了 30 亿吨以上，与 2013 年相比增长了 13％。根据欧洲砂石协会的数据，尽管各个国家之间需求强度不一，2018 年欧洲砂石需求继续增长。经济危机之前，美国砂石总产量曾超过 30 亿吨，但到 2010 年该数据就猛降 35％至 20 亿吨以下；目前美国砂石产量已经回到了 24 亿吨左右。随着美国长期积累的道路、机场、港口等基建升级启动，未来美国砂石需求市场将处于上升态势。加拿大砂石总产能在 4 亿吨左右，但由于地形与极端气候的影响，该国砂石生产分布并不均衡。墨西哥砂石总产量约 5 亿吨。尽管各国条件不同，但整个北美地区砂石行业具有巨大的增长潜力。2000 年～2013 年，巴西砂石需求从 3.4 亿吨涨至 7.45 亿吨，年均增长 6.2％；但在此之后由于经济危机巴西砂石需求直降 33％到 2017 年的 4.97 亿吨。2017 年，巴西人均砂石消费仅 2.7t，但受益于人口增长以及基建缺失，未来巴西砂石需求有望保持年均 3％～5％的增长速度。印度砂石产能可能是全球增长最快的，市场需求 50 亿吨，未来数年砂石需求量将呈两位数增长。该国砂石行业面临并在积极解决的主要问题是天然砂资源枯竭，机制砂正在逐步推广。受经济不景气影响，日本砂石总产量为 3.5 亿吨。但目前在该国灾后重建以及 2020 年东京奥运会的刺激下，砂石需求有所恢复。马来西亚砂石总产量约 1 亿吨，近期该国大量巨型基建工程为砂石需求增长带来了充足动力。27 年来澳大利亚经济一直保持增长态势，大量活跃的基建与商业建设活动弥补了近期住房建设的疲软，该国砂石总产量约 2 亿吨，人均砂石消费 8.3t。南非砂石总产量 1.5 亿吨，相对应的人均砂石消费 3t。在中东地区，阿联酋 92 座砂石矿山总产量约 1.35 亿吨。该国最大的砂石企业 Stevin Rock 拥有 3 座矿山，年产砂石 8000 万吨，其中年产 6000 万吨的 Khor Khuwair 矿山是目前全球最大的石灰岩矿。俄罗斯砂石产量持续增长，目前总产量在 7 亿吨，人均砂石消费 5t；该国主要砂石基地距离莫斯科较远，大量砂石需利用轨道运输。土耳其砂石产量在多年增长后陷入低迷，其砂石总产量在 4.8 亿吨。该国砂石产量未来有望保持增长态势。

全世界的砂石骨料年产量约为 400 亿吨，预计到 2050 年将达到 600 亿吨。中国砂石骨料消耗量占全球一半。

1.2.3.2 砂石市场价格发展趋势

全球建设用砂均价近 8 美元/吨，从价格走势来看，2020 年全球砂子价格将进入快速上涨的"拐点"，2020～2030 年之间，价格上涨速度最大，如图 1-5 所示。

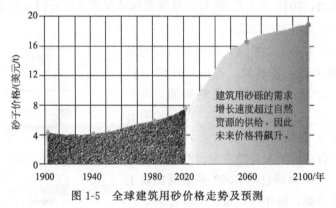

建筑用砂砾的需求增长速度超过自然资源的供给。因此未来价格将飙升。

图 1-5　全球建筑用砂价格走势及预测

近年来，我国砂石价格普遍上涨，以安徽省为例，2018 年春天前，六安市河砂价格一直稳定在 40 多元/吨左右，现在这个数字已涨到了 130 元，砂子涨价超 200%。据报道，2019 年山东青岛地区机制砂达到 100 元/吨，天然砂接近 150 元/吨，碎石突破 110 元/吨；长三角沿江地区砂石价格普遍上涨，河砂价格普遍高于 130 元/吨，石子维持在 100 元/吨以上。

1.2.3.3　机制砂石行业格局发展趋势

（1）机制砂将逐步替代河砂成为建设用砂的主要品种。由于天然砂石受土地、防洪、环保等越来越多的限制，资源会越来越少，机制砂石一定会成为建设用砂石的主要品种。目前机制石已经成为配制混凝土的主要来源，机制砂将像机制石一样，成为建设用砂的主要品种，而且，在日益重视循环经济和节能减排的大环境下，在环境保护越来越严的社会氛围中，各种工业废弃物都在积极开发出路，面对年排放数十亿吨的各种尾矿、废石和废渣，建设用砂石确实能在综合利用上发挥作用。不少地区的企业利用石屑与细天然砂复配、粗机制砂与细铁尾矿砂复配，既解决了建设用砂的短缺，又解决了工业废渣的综合利用，保护了环境，一举多得。总之，机制砂将成为建设用砂的主要品种，并与资源综合利用相结合。

（2）具备管理、技术、资本优势的企业将会成为行业主导者。传统骨料企业一般以中小规模为主，行业特点导致企业在发展过程中缺乏科学的管理方法和较为先进的生产技术，资本力量相对薄弱。所以那些具备管理、技术、资本优势的少数业内企业和新进入的企业将会持续壮大并实现规模化生产，占据骨料行业的重要位置成为行业的主导者。

（3）市场将进一步细化，品类差异化竞争战略出现。随着市场的不断发展，对高端优质的机制砂需求将会增加，以往骨料之间差异性较小的观念将被打破。不同骨料之间的可替代性将进一步减弱，骨料市场将从之前的一支市场细化为不同类别的分支市场，之前的行业内竞争将演化为品类差异化竞争。

（4）行业标准将进一步提高，政府监管政策基本成形。机制砂石生产行业一直以来进入门槛都比较低，生产标准缺乏规范的界定，政府多部门重叠式的监管形同虚设，致使该行业在发展过程中出现了许多问题，例如破坏性开采、污染性开采、盗取式开采、质量不高、以次充好等。这些问题越来越受到政府部门和行业内外的高度重视，行业的标准将进一步提高，政府监督管理也将进一步加强和落实到位。

1.3　机制砂高性能混凝土的发展

机制砂高性能混凝土是指用机制砂部分或全部取代河砂配制的高性能混凝土。机制砂工业的发展也进一步推动了机制砂在混凝土中的使用，成为研究人员继续开发、应用机制砂高强、高性能混凝土的技术和物质基础。

国外对于机制砂的研究应用最早要追溯到二十世纪三四十年代。当时，一些发达国家将机制砂分级生产然后进行掺配，几乎不存在级配问题的困扰，所以其生产的机制砂代替天然砂配制混凝土没有很大的阻碍。欧美等工业发达国家使用机制砂已有几十年的历史，将机制砂纳入其国家标准的时间至少 30 年以上。据调查，20 世纪 80 年代日本的天然骨料与人工骨料的比例，大约为 0.9:1，20 世纪 90 年代则降为 0.5:1；美国地质勘探局出于资源利用率和环保的需要，于 1996 年对机制砂及其母岩进行过调查，该调查显示，机制砂大致占细骨料的 20%；在挪威，人工砂从 1982 年占总用砂量的 44% 上升到 2002 年的 77%，达到 3500 万立方米。

我国早在 20 世纪 60 年代就开始了机制砂混凝土的应用研究。在水利、水电工程中成功应用机制砂案例很多，如三峡大坝二期、三期工程中全部采用花岗岩机制砂做细骨料；龙滩水电站的混凝土方量为 575.6 万立方米，采用石灰岩机制砂细骨料；乌江构皮滩水电站采用灰岩生产机制砂；湖北宣恩洞坪水利枢纽工程采用灰岩生产机制砂及人工碎石；湖北天堂抽水蓄能电站、皂市水利枢纽工程采用灰岩生产机制砂，施工时则采用天然砂与机制砂混合的办法。这些水利、水电工程中的混凝土种类非常丰富，包括大坝碾压机制砂混凝土、常态机制砂混凝土及泵送机制砂混凝土等，混凝土的强度等级也从低等级到 C50 以上。

很多交通、桥梁工程中也广泛应用了机制砂。中铁大桥局集团公司在东海大桥工程中用 30%～40% 的机制砂代替天然砂生产 C50 高性能混凝土；涪江三桥采用机制砂与天然砂混合配制 C50 混凝土；重庆嘉陵江黄花园大桥主桥箱梁结构使用了机制砂和特细砂混掺的 C50 混凝土，均取得较好的应用效果。株六复线南山河特大桥首次应用 C55 机制砂流态高性能混凝土制造 64m 铁路简支梁也取得了良好效果。成都群光大陆广场、成都茂业中心成功应用 C80 机制砂高强泵送混凝土，应用总方量达到 22524m³。云南时代广场工程中一次性大规模生产和应用了 8000m³ 由机制砂和特细山砂配制的 C80 机制砂高强泵送混凝土。

在专业研究领域，很多研究人员也做了相关研究。B. P. Hudson 在 0.30 水胶比下，使用 15% 石粉等体积代替相同粒径的水泥，试验结果表明石粉可以降低混凝土的干缩，7d 强度稍低，而 56d 强度与基准混凝土并无差别，认为在低水胶比下，较多水泥颗粒并没有水化，而是只起到惰性填充的作用，用部分石粉取代水泥是可行的。李北星等研究了高强混凝土石粉含量限制，建议配制 C60 机制砂高强混凝土时，石粉含量可以放宽至 10.5%，且机制砂中的一部分石粉可以作为掺合料使用，其取代数量大致为水泥用量的 10%。杨玉辉对 C80 机制砂泵送混凝土的配制及影响因素进行了探讨，结果表明：一定掺量的石粉对混凝土强度有促进作用，掺加 7% 时混凝土的工作性能和强度最佳，此时的石粉可以替代高强混凝土中未水化的胶凝材料而起填充作用。

吴庆红利用重庆市的天然细砂：机制砂＝1：1 配制 C70、C80 泵送混凝土，其中机制砂的细度模数 3.6，石粉含量为 1.2%，同时掺加矿粉。蒋元海采用纯机制砂替代天然砂生产 C80 预应力高强混凝土管桩，其中砂的细度模数为 3.4，石粉含量为 4.5%，坍落度为 30～40mm。

尽管国内外研究者一致认为机制砂能够很好地应用在高性能混凝土中，并且适宜的石粉含量能改善高性能混凝土的工作性和强度等诸多性能，机制砂高性能混凝土在实际工程中的应用也不少，但是工程上对能否采用机制砂配制高强、高性能混凝土仍然心存疑虑。机制砂高性能混凝土仍需要进一步的推广和深入的研究探讨，以及编制更多标准的规范，以实现其在工程上的广泛应用。

1.4　机制砂标准

关于机制砂的标准与规程，目前暂没有针对机制砂的国家标准，现有的国家标准《建设用砂》（GB/T 14684—2011）将机制砂作为细骨料统一规定，仅在部分条文单独做出针对机制砂的规定，见表 1-3。

表 1-3　机制砂相关国家标准

标准名称	编号	发布单位	发布时间
《建设用砂》	GB/T 14684—2011	国家质量监督检验检疫总局、国家标准化管理委员会	2011

我国不同行业针对机制砂的生产、分类、技术要求、试验方法、应用范围、检验规则、机制砂混凝土配合比设计、施工及质量检验等内容分别进行了针对性的规定，相关标准见表 1-4。

表 1-4　机制砂相关行业标准

序号	标准名称	编号	发布单位	发布时间
1	《公路工程水泥混凝土用机制砂》	JT/T 819—2011	交通运输部	2011
2	《人工砂混凝土应用技术规程》	JGJ/T 241—2011	住房和城乡建设部	2011
3	《机制砂石生产技术规程》	JC/T 2299—2014	工业和信息化部	2014

《公路机制砂高性能混凝土技术规程》（T/CECS G：K50-30—2018）（表 1-5）是中国工程建设标准化协会颁布的针对公路工程机制砂高性能混凝土的技术规程。该规程从基于耐久性要求的高性能混凝土设计需求出发，针对机制砂区别于传统天然砂的物理与化学特征，从机制砂高性能混凝土的原材料（重点对机制砂的技术指标作出规定）、机制砂高性能混凝土的技术性能、基于不同服役环境的机制砂高性能混凝土配合比设计、机制砂高性能混凝土的施工及质量检验与验收做了系统规定。该规程基于机制砂形貌对混凝土的影响规律，提出"球体类似度"表征机制砂颗粒形状，并给出测试方法，并基于此将机制砂分为高品质机制砂与普通机制砂，并分别对其测试方法及不同机制砂的应用范围进行了详细规定。

表 1-5　机制砂相关协会标准

标准名称	编号	发布单位	发布时间
《公路机制砂高性能混凝土技术规程》	T/CECS G：K50-30—2018	中国工程建设标准化协会	2018

表 1-6 列出了我国部分省份（直辖市）基于原材料特征及混凝土设计需求，在现有的基础上制（修）定的关于机制砂的生产、技术指标、机制砂混凝土的配合比设计及应用的地方性标准。可以看出，由于传统河砂资源的受限，各地逐渐注重机制砂的使用，近十年来，多个省（直辖市）相继颁布针对机制砂的技术规程，规范机制砂的科学生产、合理使用。

表 1-6　机制砂相关地方标准

序号	标准名称	编号	省份（直辖市）	发布时间
1	《机制砂在混凝土中应用技术规程》	DG/T J08-506—2002	上海市建设和管理委员会	2002
2	《山砂混凝土技术规程》	DB52 016—2010	贵州省住房和城乡建设厅	2010
3	《混合砂混凝土应用技术规程》	DBJ50/T-169—2013	重庆市城乡建设委员会	2013
4	《混凝土用机制砂》	DB34/T 2232—2014	安徽省质量技术监督局	2014
5	《贵州省高速公路机制砂高性能混凝土技术规程》	DBJ52/T072—2015	贵州省住房和城乡建设厅	2015
6	《预拌机制砂混凝土生产及施工技术规程》	DBJ/T 13-116—2015	福建省住房和城乡建设厅	2015
7	《机制砂桥梁高性能混凝土技术规程》	DB51/T 1995—2015	四川省质量技术监督局	2015

序号	标准名称	编号	省份(直辖市)	发布时间
8	《机制砂及机制砂混凝土应用技术规范》	DB 45/T 1621—2017	广西壮族自治区质量技术监督局	2017
9	《公路工程机制砂混凝土应用技术规程》	DB43/T 1287—2017	湖南省质量技术监督局	2017
10	《机制砂生产与应用技术规程》	DBJ 61/T 137—2017	陕西省住房和城乡建设厅	2017
11	《机制砂混凝土应用技术规程》	DB62/T 2917—2018	甘肃省质量技术监督局	2018
12	《机制砂应用技术标准》	DB13(J)/T 304—2019	河北省住房和城乡建设厅	2019
13	《公路水运工程混凝土用机制砂生产与应用技术规程》	DB36/T 1153—2019	江西省市场监督管理局	2019

　　国际上机制砂相关的标准实为骨料的标准，不仅针对机制砂的相关标准，关于机制砂技术指标的规定通过在传统细骨料的技术指标基础上做补充性规定实现。总体上，国际上相关标准暂无关于该标准编制背景的内容（如类似于中文标准中"总则"部分的内容），美国标准 ASTMC33/C33M-13 从级配、安定性、有害物等方面对机制砂指标进行了规定；英国标准 BS EN 12620：2013 对各指标的规定，类似于产品标准的规定，总体上只对骨料的指标进行划分等级，未对指标进行强制性规定，仅有少量指标进行推荐性建议；澳大利亚标准 AS 2758.1：2014 在前一版本的基础上补充了关于机制砂的规定；加拿大标准 CSA：从原材料到混凝土施工的应用技术规程；日本标准 JIS A50005：2009 为简略的产品标准，仅对部分关键指标进行规定；印度标准 IS 383：2016 在此版修订时引入机制砂，需要指出的是该标准中 Manufactured sand 指由非自然资源制备的细骨料，如尾矿、再生细骨料等。机制砂相关国外标准见表 1-7。

表 1-7　机制砂相关国外标准

序号	标准名称	编号	国家	发布时间
1	Standard Specification for Concrete aggregates	ASTMC33/C33M-13	美国	2013
2	Aggregates for concrete	BS EN 12620	英国	2013
3	Aggregates and rock for engineering purposes-Concrete aggregates	AS 2758.1	澳大利亚	2014
4	Concrete materials and methods of concrete construction/Test methods and standard practices for concrete	CAS A23.1-14/A23.2-14	加拿大	2014
5	Crushed stone and manufactured sand for concrete	JIS A50005	日本	2009
6	Coarse and fine aggregate for Concrete-specification	IS 383	印度	2016

参 考 文 献

[1] 杜拱辰.40年来预应力混凝土在我国房屋建筑工程中的应用与发展 [J]. 土木工程学报，1997 (1)：3-15.

[2] 杜拱辰.我国预应力混凝土的成就与展望 [J]. 建筑结构，1999 (10)：30-35.

[3] 李宗津，孙伟，潘金龙.现代混凝土的研究进展 [J]. 中国材料进展，2009，28 (11)：1-7.

[4] 阎培渝.现代混凝土的特点 [J]. 混凝土，2009 (1)：3-5.

[5] 唐明述.关于水泥混凝土发展方向的几点认识 [J]. 中国工程科学，2002 (1)：41-46.

[6] 李崇智，冯乃谦，李永德.现代高性能混凝土的研究与发展 [J]. 建筑技术，2003 (1)：23-25.

[7] 黄士元.高性能混凝土发展的回顾与思考 [J]. 混凝土，2003 (7)：3-9.

[8] 唐建华，蔡基伟，周明凯.高性能混凝土的研究与发展现状 [J]. 国外建材科技，2006 (3)：11-15.

[9] 冷发光，何更新，周永祥，等.高强高性能混凝土：混凝土技术发展方向 [R]. 第十四届全国混凝土及预应力混凝土学术会议，2007.

[10] 冯乃谦，邢锋.高性能混凝土技术 [M]. 北京：原子能出版社，2000.

[11] 陈肇元.高强与高性能混凝土的发展及应用 [J]. 土木工程学报，1997 (5)：3-11.

[12] 冯乃谦.高性能混凝土的发展与应用 [J]. 施工技术，2003 (4)：1-6.

[13] 姚燕，王玲，田培.高性能混凝土 [M]. 北京：化学工业出版社，2006.

[14] 丁大钧.高性能混凝土及其在工程中的应用 [M]. 北京：机械工业出版社，2007.

[15] 冯乃谦.实用混凝土大全 [M]. 北京：科学出版社，2001.

[16] Mehta, P. K. Concrete Structure, Properties and Materials. 1986.

[17] 吴中伟，廉慧珍.高性能混凝土 [M]. 北京：中国铁道出版社，1999.

[18] 吴中伟.高性能混凝土（HPC）的发展趋势与问题 [J]. 建筑技术，1998，29 (1)：8-13.

[19] 吴中伟.绿色高性能混凝土与科技创新 [J]. 建筑材料学报，1998，(1)：3-9.

[20] 陈家珑.关于我国建设用骨料的再思考.混凝土世界，2010 (1)：18-21.

[21] 韩继先，肖旭雨.我国骨料的现状与发展趋势.混凝土世界，2013 (9)：36-42.

[22] 张红.机制砂产业的远虑与近忧——机制砂石人工骨料的生产和在混凝土中的应用技术交流会侧记.混凝土世界，2013，51 (9)：30-35.

[23] GB/T 14684—2011 建筑用砂.

[24] 陈家珑.机制砂行业现状与展望 [J]. 砂石，2010 (6)：9-12.

[25] 朱俊利，郎学刚，贾希娥.机制砂生产现状与发展 [J]. 矿冶，2001 (4)：38-42.

[26] 陈欣声.机制砂在商品混凝土中的应用 [J]. 工程机械，2004 (11)：74-75.

[27] 陈家珑，周文娟.我国人工砂的发展与问题探讨 [J]. 建筑技术，2007，38 (11)：849-852.

[28] 蒋正武，任启欣，吴建林，等.机制砂特性及其在混凝土中应用的相关问题研究 [J]. 新型建筑材料，2010 (11)：1-4.

[29] 中国砂石协会.GB/T 13684—2011《建设用砂》、GB/T 14685—2011《建设用卵石、碎石》宣贯教材 [M]. 北京：中国质检出版社，中国标准出版社，2011.

[30] 彭almost妮.全球缺砂：它是开采量最大的自然资源.中国新闻周刊，2019.11.4 (922).

[31] 江京平.对应用于HPC中人工砂若干问题的认识与实践 [J]. 建筑技术，2001，32 (1)：44-45.

[32] 孙铁石.美国的建筑骨料现状 [J]. 建材工业信息，1989 (9)：12.

[33] 石新桥.机制砂在高性能混凝土中的应用研究 [D]. 天津：天津大学，2007.

[34] 韦庆东，冷发光，周永祥，等.国内外机制砂和机制砂高强混凝土应用现状 [R]. "全国特种混凝土技术及工程应用"学术交流会暨2008年混凝土质量专业委员会年会，2008.

[35] 杨文烈，邸春福.机制砂的生产及在混凝土中的应用 [J]. 混凝土，2008 (6)：113-117.

[36] 孙永涛.机制砂及其混凝土的应用研究 [D]. 成都：西南交通大学，2010.

[37] 高育欣，唐天明，林喜华，等.C80机制砂高强混凝土的研制及工程应用 [J]. 混凝土，2011 (9)：99-101.

[38] 王子明，韦庆东，兰明章.国内外机制砂和机制砂高强混凝土现状及发展 [R]. 中国硅酸盐学会水泥分会首届学术年会，2009.

[39] 李章建，冷发光，李昕成，等.用机制砂和特细山砂配制泵送C80高强混凝土的研究及应用 [J]. 混凝土，2010 (10)：112-114.

[40] 江丰.机制砂配制高性能混凝土在大跨度预应力T型钢构桥中的应用 [J]. 建筑技术开发，2003，30 (4)：31-34.

［41］　Hudson，B. P. Manufactured sand for concrete ［R］. 5th ICAR Symposium. Austin，Texas，1997.

［42］　李北星，胡晓曼，周明凯，等 . 机制砂配制高强混凝土的石粉含量限值试验研究 ［R］. 第九届全国水泥和混凝土化学及应用技术会议，2005.

［43］　杨玉辉 . C80 机制砂混凝土的配制与性能研究 ［D］. 武汉：武汉理工大学，2007.

［44］　吴庆红，陈岳，张娟 . 利用地方材料配制 C70、C80 高性能混凝土 ［J］. 重庆建筑，2006 (1)：85-89.

［45］　蒋元海 . 碎石砂的开发及应用 ［R］. 中国混凝土与水泥制品协会 2012 年会，2012.

［46］　蒋元海 . 人工砂代替天然砂生产预应力高强混凝土管桩 ［R］. 中国硅酸盐学会钢筋混凝土制品专业委员会 2005—2006 学术年会，2006.

2 骨料的岩性及性能

骨料母岩的性能决定其是否适用于混凝土骨料。母岩的物理力学性能将直接影响骨料的物理力学性能，母岩的种类也决定骨料是否具有碱活性。因此，了解岩石分类及其性能对混凝土配制、施工尤为重要。本章主要介绍岩石的分类及其性能，并以贵州地区石灰岩、玄武岩为例分析其骨料物理力学性能与碱活性。

2.1 岩石的分类

岩石按成因分为火成岩、沉积岩、变质岩三类。火成岩是地下深处的岩浆，在地表表面或者向地表面上升过程中受到冷却，固结而成的岩石；沉积岩是地表的岩石，经过长时间的风化、搬运与堆积而形成的岩石；变质岩是地下岩石在高温、高压作用下，矿物组成与结构发生变化而成的岩石。其分类列于表2-1~表2-3。

表 2-1　火成岩的分类

分类	岩浆冷却场所	结晶状况	岩石名称
火山岩	地表附近急冷	细粒	流纹岩、安山岩、玄武岩
半深成岩	地层中间	中粒	页岩、辉绿岩、片岩
深成岩	地下深处徐冷	粗粒	花岗岩、角闪岩、斑岩
岩石的颜色与表观密度的关系		颜色：白—黑 表观密度：小—大	

表 2-2　沉积岩的分类

分类	成　因	岩石名称
碎屑岩	已有岩石经过风化固结而成	泥岩、贝壳岩、砂岩、砾岩
火山碎屑岩	火山喷出物经过固结而成	凝灰岩、凝灰角闪岩、火山角闪岩
化学沉积岩	海水或者湖水中的溶解物质经过沉淀而成	蛋白石、铁矿石
有机岩	植物及动物遗体经过堆积凝固而成	石灰岩、白云石、煤

表 2-3　变质岩的分类

分类	成　因	岩石名称
广域变质岩	通过广域的地壳变动及高温高压作用而变成的岩石	结晶片岩、千枚岩、片麻岩、蛇纹岩
接触变质岩	岩石与花岗岩的高温体相互接触时而变成的岩石	角闪岩、大理石

2.2　不同岩石骨料的性能

目前,机制砂的生产制备除了以石灰岩为原料外,还生产花岗岩、砂岩、石英岩、玄武岩、片麻岩、辉绿岩等多种岩石为母岩的机制砂。各种岩石的一般特点、使用上的注意点及用途等列于表 2-4。

表 2-4　不同岩石骨料的性能

岩石名称		特征、注意点、用途
火成岩	流纹岩	具有碱活性,多孔质层状易剥离,含有蛋白石,也称石英粗面岩
	安山岩	大量开采应用,其结构由致密到多孔,具有碱活性,变质后,含蒙脱石及绿泥石等黏土矿物
	玄武岩	容易受风化变质,多含蒙脱石及绿泥石等黏土矿物,与水泥浆的黏结性能差,密度较大
	斑岩	致密、硬质、裂纹多,难以得到粒径大的骨料
	片岩	致密、硬质、变质后除含黏土矿物外,还有蛇纹岩化的成分
	辉绿岩	含变质矿物
	花岗岩	新鲜岩石强度高,但风化后容易崩裂(特别是地表部分),耐热性差
	闪绿岩	耐热性差,地表部分的闪绿岩容易风化变质
	斑岩	变质后变成蛇纹岩,强度低,新鲜时密度大
	橄榄岩	变质后变成蛇纹岩,强度低,新鲜时密度大
沉积岩	泥岩	吸水率大、薄,容易剥离
	砂岩	大量开发应用,含浊沸石等有害物质及黏土矿物,吸水率高
	砾岩	容易破碎,生产制造时基材与砾石容易分开
	凝灰岩	一般为多孔质,强度及抗磨耗差,吸水性大,不宜作骨料
	燧石	致密、硬质、具有碱活性、难风化,破碎成碎石时形状不好
	石灰岩	质量好,广泛应用;质软,粉碎时石粉较多
	白云岩	用作骨料与石灰石类似,其特点是含黏土矿物,有碱碳酸盐反应
变质岩	结晶片岩	片状、易剥离,扁平、形状不好,抗磨损差
	千枚岩	扁平、形状不好,抗磨损差
	黏板岩	片状、易剥离,形状不好,比砂岩强度低,会进一步风化变质,抗磨损差
	片麻岩	作为骨料与花岗岩类似,耐热性差
	蛇纹岩	质软、片状、吸水膨胀,含有高铁水镁石情况下容易变成有害的胆碱石,不适宜作一般骨料
	角闪岩	致密、质硬、吸水性小,扁平,破碎成碎石形状不好
	大理石	晶粒大、破碎后形状不好,作为内外装修石材用

2.3　我国不同地区岩石分布

我国幅员辽阔,各种岩性岩石分布广泛,其中石灰岩矿分布最为广泛,但有些地区还广泛的分布着其他岩性的岩石,例如我国东南和东北地区花岗岩广泛分布,而我国西南、内蒙古和南京等地区又是以玄武岩分布为主。一般选骨料以石灰岩、砂岩、花岗岩、玄武岩、白云石等为多,但是目前对石灰岩研究最为广泛和深入,而对其它种类岩石研究较少。中国几乎各省区都有不同面积的石灰岩的分布，出露地表的总面积约有130万平方公里，约占全国总面积的13.5%。被埋藏于地下的则更为广泛，有的地区累计厚度可达几千米。中国大理岩的产地遍布全国，其中以云南省大理县点苍山为最著名。广东云浮、福建屏南、江苏镇江、湖北大冶、四川南江、河南镇平、河北涿鹿、山东莱阳、辽宁连山关等地都产有各种大理岩。

2.4 石灰岩

石灰岩（limestone）属沉积岩类，俗称"青石"，是一种在海、湖盆地中生成的沉积岩。大多数为生物沉积，主要由方解石微粒组成，常混入白云石、黏土矿物或石英。按混入矿物的不同可以分为白云石质石灰岩、黏土质石灰岩、硅质石灰岩等。岩石呈多种颜色，有黑色、深灰色、灰色或白色。致密块状，遇稀冷盐酸剧烈起泡。石灰岩是烧制石灰的主要原料，在冶金、水泥、玻璃、制糖、化纤等工业生产上都有广泛的用途。白垩是石灰岩的特殊类型，为一种白色的、疏松的土状岩石，主要由粉末的方解石组成，外貌似硅藻土，遇酸不起泡，是石灰和水泥的原料。石灰岩在我国的矿产资源十分丰富。我国西部地区河砂资源相对稀缺，而盛产石灰岩，因此，石灰岩也较早用于机制砂的生产应用研究。

表2-5中列出了石英岩、花岗岩、石灰岩和大理石的一些基本性能。其中，石灰岩和花岗岩是目前使用最广泛的骨料类型，与花岗岩相比，石灰岩的强度明显偏低，而其他性能较为接近。也正是由于石灰岩强度较低，很容易将其磨细加工成石灰石粉，加工费用较低，经济上可行。

表2-5 几种岩石的基本性能

性能	石英岩	花岗岩	石灰岩	大理石
抗压强度/MPa	210	150	98	95
抗拉强度/MPa	15	14	11	11
弹性模量/GPa	110	75	60	64
断裂能/(N/m)	125	110	119	115
线胀系数/($\times 10^{-6}$/K)	11~13	7~9	6	4~7
热导率/[W/(m·K)]	—	3.1	3.1	—
比热容/[J/(kg·K)]	—	800	—	—

2.4.1 石灰岩的分类与特性

石灰岩可按成分与结构来分类。

2.4.1.1 成分分类

石灰岩的成分分类涉及石灰岩与白云岩过渡类型的划分，以及碳酸盐岩与黏土岩及砂岩过渡类型的划分。

（1）石灰岩与白云岩过渡类型的划分。根据碳酸盐岩中方解石和白云石的相对含量，可首先把碳酸盐岩划分为石灰岩和白云岩两大类；其次，在此两大类中还可划分出一系列的过渡类型，见表2-6。

表 2-6　根据方解石和白云石的相对含量划分岩石的类型

岩石类型		方解石/%	白云石/%
石灰岩类	纯石灰岩	95～100	0～5
	含白云的石灰岩	75～95	5～25
	白云质石灰岩	50～75	25～50
白云岩类	灰质白云岩	25～50	50～75
	含灰的白云岩	5～25	75～95
	纯白云岩	0～5	95～100

　　而在野外工作中，通常把石灰岩-白云岩系列划分为以下四个类型，即（纯）石灰岩：方解石大于 75%；白云质石灰岩：方解石占 50%～75%，白云石占 25%～50%；灰质白云岩：白云石占 50%～75%，方解石占 25%～50%；（纯）白云岩：白云石大于 75%。

　　（2）石灰岩与黏土岩过渡类型的划分。碳酸盐岩常含有一定量的黏土矿物，因此，在碳酸盐岩和黏土岩之间，也存在着一系列的过渡类型岩石，见表 2-7。

表 2-7　石灰岩-黏土岩系列的岩石类型

岩石类型		方解石/%	黏土矿物/%
石灰岩类	纯石灰岩	100～95	5～0
	含白云的石灰岩	95～75	25～5
	白云质石灰岩	75～50	50～25
白云岩类	灰质黏土岩	50～25	75～50
	含灰的黏土岩	25～5	95～75
	纯黏土岩	5～0	100～95

　　在野外工作阶段，也以 75%、50%、25% 为界限，划分出（纯）白云岩、黏土质白云岩、白云质黏土岩、（较纯）黏土岩等四个类型。

　　（3）石灰岩与砂岩过渡类型的划分。碳酸盐岩还常含一定量的陆源砂和粉砂。因此，在碳酸盐岩和砂岩（或粉砂岩）之间也存在着一系列的过渡岩石类型，见表 2-8。

表 2-8　碳酸盐岩-砂岩（或粉砂岩）系列的岩石类型

岩石类型	方解石（或白云岩）/%	砂（或粉砂）/%
纯石灰岩（或纯白云岩）	100～95	5～0
砂质（或粉砂质）的石灰岩（或白云岩）	95～75	25～5
含砂（或粉砂）的石灰岩（或白云岩）	75～50	50～25
灰质（或白云质）的砂岩（或粉砂岩）	50～25	75～50
含灰（或白云）砂岩（或粉砂岩）	25～5	95～75
砂岩（或粉砂岩）	5～0	100～95

　　在野外工作阶段，同样根据 75%、50%、25% 的界限，划分出（纯）石灰岩（或白云岩）、砂质石灰岩（或白云岩）、灰质（或白云质）砂岩、（纯）砂岩等四个类型。

2.4.1.2　结构分类

　　具有代表性的石灰岩分类方案有三个，即：福克的石灰岩分类方案、邓哈姆的石灰岩分类方案、冯增昭的石灰岩分类方案。

福克以异化颗粒、微晶方解石、亮晶方解石胶结物这三种主要结构组分当作三角形图解的三个端点，把石灰岩划分为三个主要的类型，即亮晶异化石灰岩、微晶异化石灰岩和微晶石灰岩（见图2-1）。

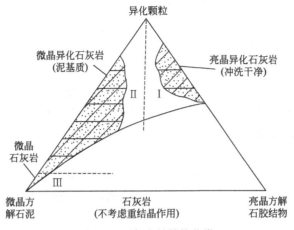

图 2-1 石灰岩的结构分类

邓哈姆的分类，对于颗粒-灰泥石灰岩来说，是两端元组分的分类。这两个端元是颗粒和泥。邓哈姆根据颗粒和泥的相对含量，把常见的颗粒-灰泥石灰岩分为四类，即颗粒岩、泥质颗粒岩、颗粒质泥岩、泥岩。

冯增昭首先把石灰岩划分为三个大的结构类型，即颗粒-灰泥石灰岩、晶粒石灰岩、生物格架-礁石灰岩，他还根据颗粒-灰泥的相对含量，以90％（10％）、75％（25％）、50％（50％）、25％（75％）、10％（90％）为界限，把颗粒-灰泥石灰岩再细分为六种岩石类型，即颗粒石灰岩、含灰泥颗粒石灰岩、灰泥质颗粒石灰岩、颗粒质灰泥石灰岩、含颗粒灰泥石灰岩、灰泥石灰岩。

根据以上原则，并结合我国的具体实际情况，提出简明扼要并适当照顾习惯的石灰岩的结构分类方案，见表2-9。

表 2-9 石灰岩的结构分类

结构组分	颗粒-灰泥				晶粒	生物格架
岩石类型	Ⅰ 颗粒-灰泥石灰岩	颗粒含量/%	90	颗粒石灰岩 → 颗粒石灰岩	Ⅱ 晶粒石灰岩	Ⅲ 生物格架-礁石灰岩
				含灰泥颗粒石灰岩		
			75	砂泥质颗粒石灰岩		
			50	颗粒质石灰岩 → 颗粒质灰泥石灰岩		
			25	含颗粒石灰岩 → 含颗粒灰泥石灰岩		
			10	无颗粒石灰岩 → 灰泥石灰岩		

这一石灰岩分类方案采用了邓哈姆及冯增昭的石灰岩分类方案的"纲"，即首先把石灰岩划分为三个大的结构类型，即Ⅰ颗粒-灰泥石灰岩；Ⅱ晶粒石灰岩；Ⅲ生物格架-礁石灰

岩。第Ⅰ大类颗粒-灰泥石灰岩分布最广。它的分类是两端元的,这两个端元组分即颗粒与灰泥。第Ⅱ大类晶粒石灰岩基本上全由晶粒组成,几乎不含其他结构组分。它又可根据晶粒的粗细,再细分为粗晶石灰岩、中晶石灰岩、粉晶石灰岩、泥晶石灰岩等;第Ⅲ大类生物格架-礁石灰岩,是一个独特类型的石灰岩,其特征是含有原地的生物格架组分。

石灰岩也有其他类的分法,如按其沉积地区,石灰岩可分为海相沉积岩和陆相沉积岩;按其形成类型,石灰岩可分为生物沉积、化学沉积和次生三种类型;按结构构造,石灰石可分为竹叶状灰岩、鲕粒状灰岩、团块状灰岩等。

2.4.1.3　石灰岩的主要类型

(1)颗粒石灰岩。颗粒石灰岩常呈浅灰色至灰色,中厚层至厚层或块状。岩石中颗粒含量大于50%。颗粒可以是生物碎屑、内碎屑、鲕粒、藻粒、球粒(团粒)等其中的一种或几种。粒径可以大至漂砾级,最小到粉屑级。它们的填隙物可以是灰泥杂基或亮晶胶结物,或两者均有。

颗粒的分选和圆度可以因搬运磨蚀程度而明显不同,潮上或礁前环境形成的颗粒石灰岩中的颗粒多呈棱角状碎屑,浅水波浪环境的颗粒石灰岩中的颗粒分选磨圆度良好,风成沙丘或海滩颗粒石灰岩的颗粒分选磨圆度特别好。

冲洗干净、分选好的颗粒石灰岩,通常代表水浅、波浪和流水作用较强烈的环境,其中灰泥被簸选走,颗粒被亮晶方解石胶结,波痕、交错层理及冲刷构造常见。

(2)泥晶石灰岩。泥晶石灰岩或称为灰泥石灰岩,一般呈灰色至深灰色,薄至中层为主。岩石主要由泥晶方解石构成,其中颗粒含量小于10%或不含颗粒。这类石灰岩中时常发育水平纹理,其层面常发育水平虫迹,层内可见生物扰动构造。纯泥晶石灰岩常具光滑的贝壳状断口。

这类岩石中颗粒含量很低,但颗粒的类型尤其是生物碎屑的种类为判断岩石沉积环境的重要标志。如含有底栖双壳类、有孔虫及绿藻等局限环境生物,则沉积于浅水环境;如含浮游生物则可能沉积于深水环境。泥晶石灰岩中如有藻类活动及随后发育的鸟眼构造,则为潮间或潮上环境的典型标志。丘状的泥晶石灰岩内如有少量障积生物的支架,则属生物泥丘沉积岩,具有特殊的生态意义及环境意义。总之,泥晶石灰岩主要发育于基本没有簸选的低能环境,如浅水潟湖、局限台地或较深水的斜坡和盆地环境等。

(3)生物礁石灰岩。生物礁石灰岩主要是由造礁生物骨架及造礁生物黏结的灰泥沉积物等组成的石灰岩。根据生物礁石灰岩中生物骨架及其黏结物的相对含量等,生物礁石灰岩可进一步分出原地沉积的障积岩(bafflestone)、骨架岩(framestone)、黏结岩(bindstone)及与这三类岩石具有成因联系的异地沉积的漂砾岩(floatstone)和砾屑岩(rudstone)。

生物礁石灰岩在地貌上高于同期沉积物的石灰岩而呈块状岩隆。主要的造礁生物有钙藻、珊瑚、海绵动物、苔藓虫、层孔虫、厚壳蛤等,这些生物随着地质时代而变化。根据造礁生物种类的不同,生物礁石灰岩可进一步命名为藻礁石灰岩、珊瑚礁石灰岩等。

(4)晶粒石灰岩。这是一类较特殊的石灰岩,主要由方解石晶粒组成。其中较粗晶的晶粒石灰岩大都是重结晶作用或交代作用的产物。这类岩石的原始沉积结构和构造,可以通过阴极发光法等方法识别。

2.4.1.4　石灰岩的特性

(1)石灰岩分布相当广泛,岩性均一,易于开采加工,是一种用途很广的建筑石料。

(2)石灰岩具有良好的加工性、不透气性、隔声性和很好的胶结性能,可深加工应用,是优异的建筑装饰材料。

（3）石灰岩产地广泛，色泽纹理颇丰，有灰、灰白、灰黑、黄、浅红、褐红等色，有良好的装饰性。

（4）石灰岩的质地细密，加工适应性高，硬度不高，有良好的雕刻性能，易制作小型架上雕刻，较适宜初学雕刻者选用，但由于石灰岩易溶蚀，不适于户外的雕刻。

（5）石灰石用途很广，是冶金、建材、化工、轻工、建筑、农业及其他特殊工业部门重要的工业原料。中国石灰岩资源的时空分布见表 2-10。

表 2-10　中国石灰岩资源的时空分布

含矿的地质年代	石灰岩分布地区	主要岩性
早元古代	内蒙古，黑龙江，吉林中部，河南南部信阳、南阳一带	大理石
中、晚元古代	辽东半岛、天津、北京、江苏北部、甘肃、青海、福建	硅质灰岩、燧石灰岩
寒武纪	山西、北京、河北、山东、安徽、江苏、浙江、河南、湖北、贵州、云南、新疆、青海、宁夏、内蒙古、辽宁、吉林、黑龙江	鲕状灰岩、纯灰岩、竹叶状灰岩、薄层白云质灰岩
奥陶纪	黑龙江、内蒙古、吉林、辽宁、北京、河北、山西、山东、河南、陕西、甘肃、青海、新疆、四川、贵州、湖北、安徽、江苏、江西	薄层、厚层纯灰岩，白云质灰岩，虎斑灰岩，砾状灰岩等
志留纪	新疆托克逊、青海格尔木、甘肃、内蒙古等	泥质灰岩、硅质灰岩、结晶灰岩等
泥盆纪	广西、湖南、贵州、云南、广东、黑龙江、新疆、陕西、四川	厚层纯灰岩、白云质灰岩、结晶灰岩、薄层灰岩、泥质灰岩等
石炭纪	江苏、浙江、安徽、江西、福建、广西、广东、四川、湖北、河南、湖南、陕西、新疆、甘肃、青海、云南、贵州、内蒙古、吉林、黑龙江	厚层纯灰岩，厚层灰岩夹砂页岩、白云质灰岩，大理石，结晶灰岩等
二叠纪	四川、云南、广西、贵州、广东、福建、浙江、江西、安徽、江苏、湖北、湖南、陕西、甘肃、青海、内蒙古、吉林、黑龙江等	厚层灰岩、燧石灰岩、硅质灰岩、白云岩化灰岩、大理岩
三叠纪	广西、云南、贵州、四川、广东、江西、福建、甘肃、青海、浙江、江苏、安徽、湖南、湖北、陕西、	泥质灰岩、厚层灰岩、薄层灰岩
侏罗纪	四川自贡地区	内陆湖相沉积石灰岩
第三纪	河南新乡、郑州郊区	泥灰岩、松散碳酸钙

2.4.2　贵州地区石灰岩特性及其分布

碳酸盐类岩石在我国分布很广，据统计，裸露地表的就有 130 平方千米，约占总面积的 1/7，主要分布在广西、贵州和云南南部。

贵州位于长江和珠江两大水系的分水岭地段，为云贵高原的组成部分，平均海拔 1000m 左右，西高东低，并分别向南向北倾斜。全省年均气温 11～19℃ 之间。年平均降水量为 900～1500mm。贵州全境除东部外，寒武纪至三叠纪的碳酸盐岩广泛分布，总厚度在 3000～12000m 之间，分布面积为 12.7 万平方千米，占全省总面积的 72% 左右。岩溶十分发育，地面岩溶为谷地、洼地、落水洞、漏斗、溶沟槽；地下岩溶为裂隙、裂缝、溶洞、管道、地下河等。

贵州属于典型的喀斯特特征区域，是我国碳酸盐岩石分布的主要地区之一，这里气候温和湿润，石灰岩长期被雨水冲刷、溶解、侵蚀，形成各种各样的喀斯特地貌，使地表高低不平。图 2-2～图 2-4 是石灰岩呈现的一些自然形态。

图 2-2　石灰岩形成的山体

图 2-3　溶洞

图 2-4　带有古化石的石灰岩

贵州地区石灰岩的矿物成分主要为方解石，伴有白云石、菱镁矿和其他碳酸盐矿物，还混有其他一些矿物，比如菱镁矿、石英、石髓、蛋白石、硅酸铝、硫铁矿、黄铁矿、水针铁矿、海绿石等。此外，个别类型的石灰岩中还有煤、地沥青等有机质和石膏、硬石膏等硫酸盐，以及磷和钙的化合物，碱金属化合物及锶、钡、锰、钛、氟等化合物，但含量很低。

2.4.3 贵州地区石灰岩母岩的物理力学性能

对贵州不同地区开采的岩石进行单轴抗压强度试验，不同地区石灰岩母岩单轴抗压强度如表 2-11。

表 2-11 贵州不同地区石灰岩母岩单轴抗压强度

地区	黔东南	黔西南	黔西
单轴抗压强度/MPa	94.7	93.5	114.5

2.4.4 贵州地区石灰岩岩相与碱活性分析

2.4.4.1 机制砂的分析

（1）岩相分析。对贵州地区典型的石灰岩，试验按《建设用砂》（GB/T 14684—2011）附录 A "集料碱活性检验（岩相法）"进行，检验结果表明，砂主要为由大小不等的白云石组成的白云岩颗粒，含有少量石英晶体，局部有少量由方解石大晶体组成的岩脉，未显见硅质碱活性组分，见图 2-5～图 2-8。

图 2-5 砂中大小不等的白云石晶体

图 2-6 砂中大小不等的白云石

图 2-7 砂中白云石和局部分散的石英小晶体

图 2-8 砂中白云石和岩脉中的结晶方解石

　　因隐晶质石英和蛋白石等硅质碱活性组分在光学显微镜下不易分辨，进行碱-硅酸反应膨胀性试验，以确定砂是否具有碱硅酸反应活性。砂中的白云石有时会引起碱-碳酸盐反应，故进行碱碳酸盐反应膨胀性试验，以确定砂是否具有碱碳酸盐反应活性。

　　（2）碱-硅酸反应膨胀性——快速碱-硅酸反应。试验按《建设用砂》（GB/T 14684—2011）中"快速碱-硅酸反应"方法进行。筛选 4.75～0.15mm 区间的五级配砂，硅酸盐水泥与骨料的质量比为 1：2.25，水灰比为 0.47，每组三条试件成型 24h 后脱模，并养护于 80℃、1mol/L 的 NaOH 溶液中。养护期间，按 3d、7d 和 14d 龄期取出试件并测定试件长度变化，结果见表 2-12。

表 2-12　GB/T 14684—2011 快速碱-硅酸反应方法检验结果

检验样品	砂浆试件膨胀率/%		
	3d	7d	14d
砂	0.003	0.004	0.007

　　GB/T 14684—2011 规定，若 14d 时试件的膨胀率小于 0.10%，则判定骨料无碱-硅酸反应活性；若 14d 时试件膨胀率大于 0.20%，则骨料具有潜在碱-硅酸反应危害；若 14d 时试件膨胀率在 0.10%～0.20% 之间，可通过"碱-硅酸反应"（砂浆棒法，38℃湿气养护）试验结果进行判定。

　　表 2-12 的结果表明，砂浆试件 14d 膨胀率为 0.007%，小于 0.10% 的限定标准，GB/T 14684—2011 快速碱-硅酸反应判定砂不具有碱-硅酸反应危害。

　　（3）碱-碳酸盐反应膨胀性——碱-碳酸盐骨料快速筛选方法。试验参照 RILEM AAR-5 "Rapid Preliminary Screening Test for Carbonate Aggregates" 进行。水泥为南京江南-小野田水泥有限公司 52.5 强度等级 P·II，碱含量为 0.50%，骨料为 ≤4.75mm 砂，结果见表 2-13。

表 2-13　RILEM AAR-5 小混凝土棱柱体方法检验结果

检验样品	小混凝土棱柱体试件膨胀率/%			
	3d	7d	14d	28d
砂	0.003	0.005	0.007	0.010

　　RILEM AAR-5 规定：小混凝土棱柱体试件 28d 的膨胀率小于等于 0.10% 时，则骨料为非活性；小混凝土棱柱体试件 28d 的膨胀率大于 0.10% 时，则骨料具有潜在碱活性。小混凝土棱柱体 28d 的膨胀率为 0.010%，小于 0.10% 的限定标准，依据 RILEM AAR-5—2003 方法判定碎石不具有碱-碳酸盐反应活性。

2.4.4.2　碎石的分析

　　（1）岩相分析。试验按《建筑用卵石、碎石》（GB/T 14685—2001）附录 A "骨料碱活性检验（岩相法）"进行，检验结果表明，碎石主要由大小不等的白云石组成，局部有少量石英晶体和由方解石大晶体组成的岩脉，未显见硅质碱活性组分，见图 2-9～图 2-12。

　　因隐晶质石英和蛋白石等碱活性组分在光学显微镜下不易分辨，进行碱-硅酸反应膨胀性试验，以确定碎石是否具有碱-硅酸反应活性。碎石中的白云石有时会引起碱-碳酸盐反应，需要进行碱-碳酸盐反应膨胀性试验，以确定碎石是否具有碱-碳酸盐反应活性。

图 2-9　碎石中大小不等的白云石（一）

图 2-10　碎石中大小不等的白云石（二）

图 2-11　碎石中泥晶白云石和局部大晶体白云石

图 2-12　泥晶白云石和岩脉中的方解石大晶体

（2）碱-硅酸反应膨胀性——快速碱-硅酸反应。试验按《建筑用卵石、碎石》（GB/T 14685—2001）中"快速碱-硅酸反应"方法进行。筛选 4.75～0.15mm 区间的五级配砂，硅酸盐水泥与骨料的质量比为 1∶2.25，水灰比为 0.47，每组三条试件成型 24h 后脱模，并养护于 80℃、1mol/L 的 NaOH 溶液中。养护期间，按 3d、7d 和 14d 龄期取出试件并测定试件长度变化，结果见表 2-14。

GB/T 14685—2001 规定，若 14d 时试件的膨胀率小于 0.10％，则判定骨料无碱硅-酸反应活性；若 14d 时试件膨胀率大于 0.20％，则骨料具有潜在碱-硅酸反应危害；若 14d 时试件膨胀率在 0.10％～0.20％之间，可通过"碱-硅酸反应（砂浆棒法，38℃湿气养护）"试验结果进行判定。

表 2-14 的结果表明，砂浆试件 14d 膨胀率为 0.015％，小于 0.10％的限定标准，GB/T 14685—2001 快速碱-硅酸反应方法判定碎石不具有碱-硅酸反应危害。

表 2-14　GB/T 14685—2001 快速碱-硅酸反应方法检验结果

检验样品	砂浆试件膨胀率/％		
	3d	7d	14d
碎石	0.009	0.011	0.015

（3）碱-碳酸盐反应膨胀性——碳酸盐骨料快速筛选方法。试验按 RILEM AAR-5 "Rapid Preliminary Screening Test for Carbonate Aggregates" 进行。水泥为南京江南-小野田水泥有限公司 52.5 强度等级 P·II，碱含量为 0.50％，骨料尺寸为 5～10mm，结果见表 2-15。

表 2-15　RILEM AAR-5 小混凝土棱柱体方法检验结果

检验样品	小混凝土棱柱体试件膨胀率/％			
	3d	7d	14d	28d
碎石	0.011	0.020	0.013	0.007

RILEM AAR-5 规定：小混凝土棱柱体试件 28d 的膨胀率小于等于 0.10％时，则骨料

为非活性；小混凝土棱柱体试件 28d 的膨胀率大于 0.10％时，则骨料具有潜在碱活性。小混凝土棱柱体 28d 的膨胀率为 0.007％，小于 0.10％的限定标准，依据 RILEM AAR-5—2003 方法判定碎石不具有碱-碳酸盐反应活性。

2.5 玄武岩

玄武岩是火山爆发时岩浆喷出地面骤冷而形成的硅酸盐岩石，它广泛分布于大陆和洋底，常有气孔和杏仁构造。玄武岩主要由基性长石、辉石等矿物组成，并含有一定量的玻璃质结构（玻璃质主要由活性 SiO_2 和活性 Al_2O_3 组成）。各地玄武岩的水化活性有所不同，这主要取决于玄武岩的成因。玄武岩的颜色仅取决于铁的氧化程度，而与其水化活性无关。微观上玄武岩由无定形玻璃质包围的无数微晶所组成，其成分与火山灰相似。玄武岩的特点是氧化铁含量高，具有较稳定的化学成分、矿物组成和较低的熔化温度。我国西南地区川、黔、滇诸省均分布着大面积的"峨眉山玄武岩"，储量非常丰富。

2.5.1 玄武岩的特性

2.5.1.1 岩石结构构造特征

岩石结构一般具备细粒交织结构、间粒结构，填间结构者均为致密块状熔岩，构造有气孔构造、杏仁构造、蜂窝状构造、层状构造及块状构造等。它的另一特征是，气孔杏仁的逸散区集中在岩层的顶面，且下小上大，成层排列，气、液固相分异性好，反映岩浆的黏度大、冷凝快、硬度大。

2.5.1.2 矿物组合特征

矿物组合简单，矿物组合特征相似而无杂质污染、无蚀变是所有玄武岩组的主要特征。岩石斑晶均为伊丁石化橄榄石和普通辉石，分别为 10％～15％ 和 3％，基质为斜长石（40％～45％）和玻璃质（5％～10％），其余为填充在斜长石晶格之间的橄榄石、伊丁石、磁铁矿、赤铁矿等，微量矿物偶见磷灰石，次生矿物为方解石、玉髓、褐铁矿，未见角闪石、石英和酸性长石（河南大安玄武岩）。按其充填矿物不同可分为橄榄玄武岩、紫苏辉石玄武岩等。

2.5.1.3 化学组分特征

玄武岩的主要成分是二氧化硅、三氧化二铝、氧化铁、氧化钙、氧化镁（还有少量的氧化钾、氧化钠），其中二氧化硅含量最多，约占 40％～50％。

玄武岩的化学特征分别体现于常量元素和微量元素的研究成果中。按照克罗斯根据岩石中的 SiO_2 含量进行分类，SiO_2 大于 65％ 的石料称为酸性石料，一般比重较小、颜色较浅，如花岗岩、花岗斑岩、流纹岩等；SiO_2 含量介于 52％～65％ 之间的石料为中性碱性石料，一般比重较大、颜色较深，如正长岩、闪长岩、安山岩等；SiO_2 含量介于 45％～52％ 之间的石料称为基性碱性石料，一般比重较大、颜色较深，如辉长岩、玄武岩、辉绿岩等；SiO_2 含量小于 45％ 的石料称为超基性碱性石料，一般比重大、颜色很深，如辉岩、橄榄岩等。从前面化学成分分析结果可知，峨眉山岩石均为基性石料。玄武岩酸碱性以 SiO_2 与碱的关系来表示，两者关系为 $(Na_2O+K_2O)/(SiO_2-39)$。当值小于 0.37 时，说明 SiO_2 过饱和或饱和，属于亚碱性玄武岩；当值大于 0.37 时，说明 SiO_2 不饱和且富碱，属于碱性玄武岩。

2.5.2 玄武岩骨料的物理力学性质

（1）表观密度。通常情况下，玄武岩的表观密度大约在 $2.85g/cm^3$ 左右。

（2）吸水性及表面水分。玄武岩质地致密，吸水率较低，但其表面吸附能力极强，亲水性好。玄武岩骨料饱和面干含水率大约为 2％。但是一些地方，例如云南丽江金安桥所用的脱水后的玄武岩骨料表面含水率仍高达 10％左右。

（3）热学性质。骨料的热膨胀系数直接取决于其矿物组成的热膨胀系数，玄武岩热膨胀系数大约在 $6.0×10^{-6}～8.0×10^{-6}/℃$，骨料的热导率和热扩散率随矿物组成及含量的变化而变化，主要取决于热导率和热扩散率较高的 SiO_2 的含量。玄武岩热导率约为 $2.27W/(m·K)$，热扩散率约为 $0.9×10^{-6}m^2/s$。

（4）几何形状及表面特征。破碎后的玄武岩骨料不规则，多棱角形粒状，颗粒表面粗糙，针片状含量较高，骨料粒形较差。玄武岩表面组织为粗糙面，表现为断口粗糙，不易见到晶体颗粒。

（5）压碎强度及压碎指标。玄武岩骨料的压碎强度在 200MPa 左右，压碎指标在 2.5％～6.5％，属于坚硬脆性骨料。

（6）冲击值及磨耗值。玄武岩骨料冲击值约为 16％，干磨磨耗值约为 3.3％，湿磨磨耗值约为 5.5％。

2.5.3 玄武岩骨料的碱活性

玄武岩为基性岩，含钙斜长石和辉石等主要矿物，硅含量 45％～55％，一般不具有碱活性。M. Korkanc 等研究了土耳其尼德地区 11 种玄武岩，表明基质中含中酸性或火山玻璃质的玄武岩具有潜在碱活性，Katayama 等研究认为硅质含量超过 50％的玄武岩可能具有潜在碱活性。

国内，李珍、金宇等对玄武岩人工骨料的碱活性进行分析，得到玄武岩骨料均具有潜在碱活性的结果。结合 SEM 及 EDXA 分析结果，认为玄武岩骨料属典型的碱-硅反应，骨料表层腐蚀坑中充填有 ASR 凝胶。

另外，周麒雯等对溪洛渡水电站当地的玄武岩人工骨料进行大量研究，试验研究结果表明，溪洛渡水电站当地的玄武岩人工骨料为非活性骨料（部分玄武岩岩样含有一定量的慢膨胀的活性成分）。

参 考 文 献

[1] 韩继先，肖旭雨. 我国骨料的现状与发展趋势 [J]. 混凝土世界，2013 (9)：36-42.

[2] 冯乃谦. 实用混凝土大全 [M]. 北京：科学出版社，2001.

[3] 冯乃谦，邢锋. 高性能混凝土技术 [M]. 北京：原子能出版社，2000.

[4] 姚燕，王玲，田培. 高性能混凝土 [M]. 北京：化学工业出版社，2006.

[5] Mehta, P. K. Concrete Structure, properties and materials. 1986.

[6] 陈家珑. 机制砂行业现状与展望 [J]. 砂石，2010 (6)：9-12.

[7] 朱俊利，郎学刚，贾希娥. 机制砂生产现状与发展 [J]. 矿冶，2001 (4)：38-42.

[8] 张红. 机制砂产业的远虑与近忧：机制砂石人工骨料的生产和在混凝土中的应用技术交流会侧记 [J]. 混凝土世界，2013，51 (9)：30-35.

[9] 陈家珑. 关于我国建设用骨料的再思考 [J]. 混凝土世界，2010 (1)：18-21.

[10] 唐凯靖，刘来宝，周应. 岩性对机制砂特性及其混凝土性能的影响. 混凝土，2011 (12)：62.

[11] 郑鸣皋，朱丽东. 机制砂石料生产工艺流程布置原则和设备选型. 砂石，2010，6：64.

[12] 董瑞，陈晓芳，钟建锋，沈卫国. 石灰岩岩性机制砂特性研究. 混凝土，2013 (3)：84-88.

［13］　邵国有．硅酸盐岩相学［M］．武汉：武汉工业大学出版社，1993.

［14］　刘数华．混凝土辅助胶凝材料［M］．北京：中国建材工业出版社，2010.

［15］　张若祥，王兴志，蓝大樵，等．川西南地区峨眉山玄武岩储层评价［J］．天然气勘探与开发，2006（1）：17-20.

［16］　董武斌，王芳．不同地区玄武岩品质及路用性能评价［J］．公路交通技术，2008（1）：9-11.

［17］　Korkanç，M. and A. Tuğrul. Evaluation of selected basalts from the point of alkali-silica reactivity［J］. Cement and concrete research，2005. 35（3）：505-512.

［18］　李珍，金宇，马保国．玄武岩骨料碱活性试验研究［J］．长江科学院院报，2007（2）：43-45.

［19］　周麒雯，李光伟．溪洛渡电站玄武岩骨料碱活性试验研究及试验方法探讨［J］．四川水力发电，2004（4）：87-89.

3

机制砂的生产工艺、技术指标及控制

目前，我国多数地区工程建设用砂仍然以天然砂为主，而天然砂是一种地方性资源，短期内不可再生，也不利于长距离运输。随着我国基础设施建设的日益发展，不少地区天然砂资源逐步短缺，甚至出现无砂可用的状况，混凝土用砂供需矛盾尤为突出。机制砂的出现很好地解决了这个问题。但是，机制砂缺少统一的应用技术规程和推广使用文件，大多数使用单位对机制砂的特点还不是太了解，因此不敢用，也不愿意接受使用机制砂的混凝土，怕影响混凝土质量。同时部分设计和监理单位对混凝土中应用机制砂也持怀疑态度，认为会对混凝土性能产生不利的影响；其次由于国内传统观念上对砂石质量问题的淡漠与轻视，而不愿意对机制砂做细致的研究与推广，影响了机制砂使用的技术发展；制砂设备简陋，缺乏统一的标准和技术指导，一定程度上影响了机制砂的产量和质量。而实际上，机制砂的品质是可控可调的，只要采用合理的生产工艺，严格控制机制砂的各项指标，机制砂的品质不仅不会低于天然砂，甚至优于天然砂。

3.1 生产工艺及优化

3.1.1 传统机制砂生产

目前，国内各地砂石生产除少数地区企业的机械化程度较高外，大多数企业生产呈落后状态，效率低、质量差、成本高，对建筑工程质量有一定的影响。大多数小规模砂石厂通常是采用"两段一闭"式工艺流程，采用小型锤式破碎机或反击式破碎机进行制砂作业。锤式破碎机虽然具有产率高、便于维护和构造简单的特点，但也存在设备部分配件磨损较快的问题。采用这些破碎设备不能有效控制砂颗粒的形貌和级配，机制砂产品粗大颗粒含量偏多，细度模数较大。

对于国内一些大型水利建设项目，往往配套相应的机制砂制砂设备，这类工艺模式主要为粗、中、细三段破碎再加上棒磨机。这种工艺设计理念可以概括为多破碎少研磨，以挤破代磨破，破碎研磨相结合。这样做的好处是可以按照工程实际需要，人为地较稳定地控制人工砂的质量。然而能够采用这样完善的生产工艺的厂家少之又少，不符合国内砂石企业的生产实际。

3.1.1.1 湿法生产工艺

该生产工艺是最早在国内采用的、最成熟的人工砂生产工艺，至今仍在广泛应用。工艺流程见图 3-1。

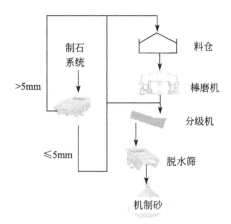

图 3-1　湿法生产工艺

　　制砂原料为制石系统比例调节转来粒径 5～40mm 的骨料到制砂调节仓，通过振动给料器给棒磨机喂料。棒磨机是湿法制砂的核心设备，为中心排矿圆筒式棒磨机。物料和水从圆筒两端进入，筒内装有约 30t 不同直径的钢棒，圆筒转动时，物料在钢棒间研磨破碎，破碎后与水一起从圆筒中心排出，进入"螺旋分级机"，在叶片的搅动中进行清洗、分级。制石系统产生的≤5mm（或≤2.5mm）的砂也进入"棒磨机"（数量少时或进入"螺旋分级机"）。合格的砂进入脱水筛脱水后输出到成品砂料堆，细颗粒的石粉与泥随水排出。

3.1.1.2　干法生产工艺

　　由于湿法制砂用水量大的问题，干法生产工艺在许多年前已被提出，工艺流程见图 3-2。

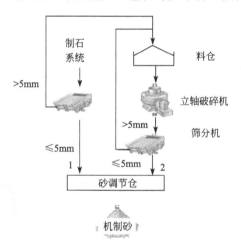

图 3-2　干法生产工艺

　　干法工艺成品砂有两个来源，一是制石系统≤5mm 的部分，二是制砂系统生产的成品砂。制砂系统原料为制石系统比例调节转来粒径 5～40mm 的骨料到制砂调节仓，通过振动给料器给立轴冲击破碎机喂料。立轴冲击破碎机是干法制砂的核心设备，立轴破碎机分为石打铁和石打石两种型式，制砂采用的是石打铁型。转子将物料沿直径方向甩出，撞击到腔体的反击板上得到破碎。由于立轴破碎得到的产品不是完全砂，必须经隔筛将＞5mm 的物料返回到料仓，实行闭路循环重复破碎。

3.1.1.3　两种生产工艺的比较

　　（1）湿法的优点：

① 生产过程空气污染较小，可以在混凝土厂区内生产。

② 机制砂比较干净，含泥量较低。

（2）湿法的缺点：

① 生产地需要有水源，还会产生大量泥浆，处理难度较大。

② 在水洗工业造成细颗粒损失，导致机制砂级配不合理，细度模数偏大，造成配制的混凝土和易性差，特别在低强度等级或低水泥用量混凝土中表现非常明显，给机制砂的推广应用带来阻力。

（3）干法的优点：

① 机制砂级配、细度模数及石粉含量调节方面比较合理，对提高混凝土的和易性及密实性都有益处。

② 收集的石粉还可以考虑再利用，一举两得。

（4）干法的缺点：

① 设备、场地及能耗投入比湿法大。

② 空气污染较湿法大（取决于设备投入大小），下雨天无法生产。

③ 要有稳定、大量的石粉销路。

3.1.1.4　生产设备

（1）破碎设备。制砂机的核心生产设备为破碎机，而其种类主要按照不同破碎的原理进行区分。主要可以分为颚式破碎机、锤式破碎机、圆锥式破碎机、反击式破碎机、对辊式破碎机、旋回式破碎机、旋盘式破碎机和冲击式破碎机等（见图 3-3）。

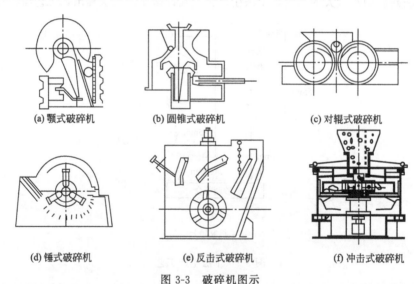

(a) 颚式破碎机　　(b) 圆锥式破碎机　　(c) 对辊式破碎机

(d) 锤式破碎机　　(e) 反击式破碎机　　(f) 冲击式破碎机

图 3-3　破碎机图示

① 颚式破碎机。颚式破碎机主要由机架、动颚、偏心轴、颚板、肘板等零部件组成，电动机通过三角皮带转动偏心轴，使动颚按已调整好的轨道进行运动，从而将破碎腔内的物料破碎。机架系单个整体浇钢结构，机架前壁上装有用楔形螺栓紧固的固定颚板，在破碎腔左右的机架侧壁上装有边护板，以防止机架侧壁的磨损。动颚为一成型铸钢件，正面装有活动颚板，其上部借偏心轴与滚柱轴承悬挂在机架上，下部支承在肘板上，并与肘板成滚动接触，在偏心轴两端装有飞轮和皮带轮。肘板的另一端支承于调整座上，并与轴承滚动接触，肘板除对动颚起着支承作用外，在外来不能破碎的物料进入破碎腔内，本机载荷突增的情况

下起着保险作用，即自身迅速断裂，而保护其他机件不受损伤。调整座安装在机架两侧的滑槽内，并与调整楔块紧贴，当排料口需要进行调整时，用扳手将螺母右旋，调整楔块当即上升，调整座随之向前移动，排料口由大变小，反之由小变大。颚式破碎机主要用于对各种矿石与大块物料的中等粒度破碎。

② 锤式破碎机。锤式破碎机（锤破机、打石机）是粉碎机的一种，主要工作部件为带有锤子（又称锤头）的转子。转子由主轴、圆盘、销轴和锤子组成。电动机带动转子在破碎腔内高速旋转。物料自上部给料口给入机内，受高速运动的锤子的打击、冲击、剪切、研磨作用而粉碎。在转子下部设有筛板，粉碎物料中小于筛孔尺寸的粒级通过筛板排出，大于筛孔尺寸的粗粒级阻留在筛板上继续受到锤子的打击和研磨，最后通过筛板排出机外。

③ 圆锥式破碎机。圆锥式破碎机简称圆锥破或圆锥破碎机，圆锥式破碎机是最近研制的一种先进的大功率、大破碎比、高生产率的液压式破碎机。圆锥式破碎机（圆锥破碎机）是在消化吸收了各国具有 20 世纪 80 年代国际先进水平的各类型圆锥破碎机（圆锥破）的基础上研制成的。它与传统的圆锥式破碎机的结构在设计上显然不同，并集中了迄今为止已知各类型圆锥破碎机的主要优点，适用于细破碎和超细破碎坚硬的岩石、矿石、矿渣、耐火材料等。圆锥破碎机结构简介及主要参数：圆锥破碎机其结构主要由机架、水平轴、动锥体、平衡轮、偏心套、上破碎壁（固定锥）、下破碎壁（动锥）、液力偶合器、润滑系统、液压系统、控制系统等几部分组成。

④ 反击式破碎机。反击式破碎机工作时，电动机通过三角皮带带动转子，物料被转子上的板锤高速冲击而破碎，并被抛向反击肘板再次破碎，然后又从反击面上弹回到板锤作用区重新破碎，这个过程反复进行，直到物料被破碎至所需粒度。物料从第一进料口到第一破碎腔，再进入第二破碎腔，当破碎后的矿石粒度小于锤头与反击板之间的间隙时，就从机内下部排出，即为破碎后的产品。反击式破碎机在后上架上采用自重式保险装置，当非破碎物进入破碎腔后，前后反击架将退后，非破碎物从机体排出。

⑤ 棒磨机。棒磨机是由简体内所装载的研磨体为钢棒而得名的，棒磨机一般是采用湿式溢流型，可作为一级开路磨矿使用，广泛用在人工石砂、选矿厂、化工厂电力部门的一级磨矿。棒磨机有干式和湿式两种形式，用户可根据自己的实际情况加以选择。棒磨机由电机通过减速机及周边大齿轮减速传动或由低速同步电机直接通过周边大齿轮减速传动，驱动筒体回转。简体内装有适当的磨矿介质——钢棒。磨矿介质在离心力和摩擦力的作用下，被提升到一定高度，呈抛落状态落下。被磨制的物料由给矿口连续地进入筒体内部，被运动的磨矿介质所粉碎，并通过溢流和连续给矿的力量将产品排出机外，以进行下一段工序作业。棒磨机的特点是，在磨矿过程中，磨矿介质与矿石成线接触，因而具有一定的选择性磨碎作用。产品粒度比较均匀，过粉碎矿粒少。在用于粗磨时，棒磨机的处理量大于同规格的球磨机。反之亦然。

通过对破碎机不同破碎原理的分析以及实际破碎效果来看，最终产品粒形优劣排序为：圆锥式和冲击式等优于反击式、锤式和旋盘式，颚式、辊式和旋回式最差；但前者制造成本较高。

（2）除粉设备。机制砂必须对其石粉含量进行有效控制，石粉含量过高会显著降低机制砂使用性能。机制砂的除粉主要分为干法除粉和湿法除粉两种。

干法除粉生产工艺常见于北方或干旱、水资源缺乏地区。干法机制砂石生产系统经过不断发展和改进，逐步完善其使用性能，广泛应用于北方中小型砂石厂中。干法生产的核心设

图 3-4　石粉分级机

备为干法制砂分级机（见图 3-4）。

干法分级，就是利用流动的空气对粉磨产品进行分级选矿设备。设备内部结构部件在工作时静止不动，它可以利用不同的结构形式来改变含物料分选气流的速度、方向、惯性等因素，将部分粗流体分离出来。

干法除粉的优点为可以通过选粉机调节机制砂产品石粉含量，机制砂级配较好，含水量低，生产效率高，生产过程不需要用水，不受季节影响等。缺点是对砂石原料品质要求较高，机制砂产品表面感官性差，生产过程粉尘污染严重，一次性投资较高等。

湿法制砂的生产工艺历史久远，适用于南方水资源丰富地区。

湿法除粉的设备主要有螺旋洗砂机和轮式洗砂机。螺旋洗砂机的工作原理是，物料由机器上部垂直落入高速旋转的叶轮内，在高速离心力的作用下，与另一部分以伞状形流在叶轮四周的物料产生高速撞击与粉碎，物料在互相撞击后，又会在叶轮和机壳之间以物料形成涡流多次的互相撞击、摩擦而粉碎，从下部直通排出，形成闭路多次循环，由筛分设备控制达到所要求的成品粒度。螺旋砂石洗选机功率消耗小、洗净度高。轮式洗砂机，又称为轮斗洗砂机，其在洗砂机工作时，电机通过三角带、减速机、齿轮减速后带动叶轮缓慢转动，砂石由给料槽进入洗槽中，在叶轮的带动下翻滚，并互相研磨，除去覆盖砂石表面的杂质，同时破坏包覆砂粒的水汽层，以利于脱水；同时加水，形成强大水流，及时将杂质及比重小的异物带走，并从溢出口洗槽排出，完成清洗作用。干净的砂石由叶片带走，最后砂石从旋转的叶轮倒入出料槽，完成砂石的清洗。

湿法除粉的优点为机制砂产品表面清洁，观感性佳，生产环境整体清洁。缺点很突出，即水消耗量巨大、机制砂产品含水量高、细颗粒偏少、细度模数大、产量低、生产污水污染严重等。

3.1.1.5　存在的问题

（1）机制砂行业

① 缺乏专业化生产设计理念。随着建筑水平的不断提高，社会各界对建筑材料的要求也逐渐提高，当代机制砂产品质量的提高必须结合机制砂生产原料特性和生产设备对应的选型两方面因素才能达到。而我国目前缺乏专业的机制砂生产工艺及设备的设计人员，研究重点只偏向于机制砂的应用上。

② 生产规模小，生产工艺落后。我国机制砂企业生产规模普遍以 60～80t/h 的小型厂家为主，除去极个别大型水利工程砂石配套项目以外，这些小厂家基本采用一段或两段颚式破碎，小型锤式生产机制砂，生产工艺极为简单落后。产品质量难以令人满意。

③ 从业人员缺乏相应技术素质。我国砂石行业的从业者大多数没有经过专门的技术培训，对机制砂基础性能指标不甚了解，在这种情况下很难生产出符合要求甚至是高品质的机制砂产品。

（2）机制砂性能。目前，我国机制砂主要存在以下质量问题：

① 机制砂颗粒形貌不好，多棱角，针片状颗粒较多，石粉含量不可控制。这主要与生产机制砂的工艺简陋和设备落后有关。

② 机制砂级配不合理，粗颗粒多细颗粒少，呈现"两头大中间小"的态势。

③ 石粉含量不易控，偏高或偏低。机制砂中的石粉与天然砂中的含泥量不同，机制砂含有适当范围内的石粉对机制砂的使用性能有很大益处，在采用干法或湿法除粉过程中，机制砂的石粉被过少或过多去除，这样使得机制砂品质不良。

但是，对于机制砂，石粉和级配是可以人工调节的，而且适当含量的石粉对机制砂配制混凝土的性能是有益的。因此，如何改进生产工艺，优化机制砂产品质量，仍是目前应当思考的问题。

3.1.2 机制砂生产工艺改进

3.1.2.1 生产工艺优化

（1）湿法生产工艺优化。湿法生产工艺的主要优点是可以完全去除毛料中的泥，系统中不会产生粉尘。但其缺点是成品砂的石粉含量较低，不仅影响机制砂的品质和混凝土拌合物的性能，而且对环境污染严重。大型水电站人工砂石系统仍然采用湿法生产工艺，但为了提高石粉含量和处理废水，随着对新工艺的不断探索，有效提高石粉含量已成为可能。

在银盘砂石系统投标设计到系统详图设计，充分总结经验，取消了旋流器回收石粉工艺，增加了刮砂机预处理工艺。将一筛废水和其他车间废水完全分开沉淀、浓缩。利用压滤机在城市废水处理中能全部分离废水中固体颗粒或杂物的独特作用，采用刮砂机作为辅助预处理设备。压滤机作为主要石粉回收设备，打破了湿法生产工艺不能完全回收流失石粉的传统观念，为湿法生产工艺大幅度提高石粉含量探索出了一条新途径。关于泥浆回收工艺，下文会详细介绍。

（2）干法生产工艺优化。良好的机制砂品质应是级配良好、适宜的石粉含量、含泥量低、粒形合理。要制备出良好的机制砂，应选用合理的机制砂生产工艺。机制砂的生产工艺流程一般可分为以下几个阶段：块石→粗碎→中碎→细碎→筛分→除尘→机制砂。即制砂过程是将块状岩石，经几次破碎后，制成颗粒小于4.75mm的机制砂。目前国内典型的机制砂干法生产工艺流程如图3-5所示。干法生产工艺的主要任务是解决粉尘问题。

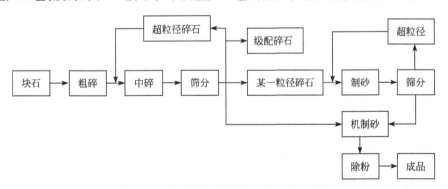

图 3-5 典型的机制砂干法生产工艺流程图

采用加工精品石料过程中产生的3~5mm尾矿废石颗粒作为生产机制砂的原料。在其加工精品石料过程中已经历了粗碎、中碎和细碎过程，因此其后续生产过程主要在于筛分和除尘。整体过程如下：将小于750mm的块石首先通过颚式破碎机进行粗破，破碎形成的较小块石料进入圆锥式破碎机进行中破，大于40mm的石料返回破碎机继续破碎，小于40mm的石料通过立式冲击破碎机进行细破，又经过了多次整形与回笼，最终在生产出不同规格的精品石料的同时，回收了 3～5mm 尾矿废石颗粒，以此作为原料进行机制砂生产。

对于作为机制砂生产原料的尾矿，需要通过砂粉分离机控制石粉含量和经过多次筛分，最终形成机制砂产品。目前生产的机制砂产品粒径主要有 0～3mm、3～5mm 等。产品具体粒径根据客户需求，通过更换筛网孔径进行调整。

机制砂生产简化流程图如图 3-6 所示。

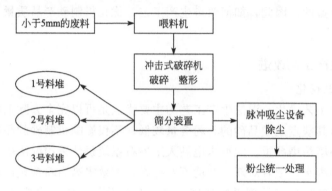

图 3-6 利用尾矿废弃物生产机制砂流程图

对于除粉阶段，采用干法除粉。目前国内广泛采用的分选设备为 CXFL 系列高效粗细粉分离机，该设备主要包括进风管、撒料盘、转子、主轴、变频电机等部件。工作时，变频电机带动转子，转子随主轴转动，撒料盘上的物料在离心力的作用下沿径向甩出达到分选的目的。该设备虽然能进行机制砂的分选，但能源消耗巨大。该设备的变频电机功率为41.5kW，按一年 300 天工作日计算，年耗电可达 20 万千瓦时，不利于成本的控制。新型砂粉分离机可提供 1～5 个级别的风挡，可对机制砂进行不同程度的除粉处理。

（3）半干法生产工艺。由于湿法与干法制砂工艺均存在弊端，目前半干法制砂工艺的提出引起了业内人士极大的关注，对其良好的发展前景给予了肯定。半干式制砂技术是在整个工艺流程的生产过程中全面地考虑节能降耗、绿色环保、智能优质的设计理念。

① 以破代磨、多破少磨。半干式制砂工艺技术主张以破代磨、多破少磨的设计思路。通过应用半干式制砂工艺技术，在达到或优于人工制砂骨料质量的同时，摒弃或部分摒弃一些传统且高能耗的制砂设备。从破碎设备性能上研究工艺。破碎机对骨料的破碎方式往往直接决定了产品粒形质量指标和粒度分布。单从产品的粒形指标来看，通常石打石立轴破优于石打铁，立轴破优于反击破，圆锥和旋回破优于颚式破碎机。从岩石岩性上研究工艺，岩石的晶形结构是影响破碎工艺和设备选型的重要因素之一。粒状晶结构的岩石容易生产方状石料，而层状晶结构的岩石容易生产片状石料。岩石硬度也是工艺流程设计和设备选型的一个重要指标。硬度较大的岩石不容易破碎，需要选用破碎力大的破碎设备；而硬度较小的岩石容易破碎，可以选用反击式破碎机来破碎。对于岩石的磨蚀性强且功指数高的岩石，往往根据骨料粒径需求情况采用四段或三段破碎工艺；对于岩石的磨蚀性偏低、功指数适中的岩石，常采用三段破碎工艺。砂中的石粉含量控制：系统砂产品中的石粉含量与工艺流程、岩石岩性等情况有关，因不同行业混凝土对石粉的要求不一，生产过程中采用气力分级技术作为收粉措施。

② 前湿后干、干湿混合。毛料含泥量大于 2% 的岩石，中碎前的半成品料源需充分冲洗，使骨料中不含泥或其他有害物质，在中碎、细碎过程中采用半干式生产。

③ 智能节能。自动化控制是将其工艺流程控制与生产性试验调整修正的参数输入中控

系统，中国水电九局研发的"半干式制砂智能化控制技术"，不仅可以使破碎设备处于最佳运行和自我保护状态，而且还可以和给料设备、给水、高频筛分连锁，使工艺流程中的设备总是处于满负荷运行。严格控制生产过程中各环节的用水需求，加入适量水可控制破碎过程中粉尘扬弃到大气中，节能重点是：水、电、磨耗件，设备满负荷运行及利用率。

实践经验表明，加和不加自动化控制系统，可以使破碎机的效率相差 20%～30%。利用 PLC 智能控制技术，可根据用户对产品规格和质量的不同需要，自动控制生产优质的人工砂石料。

④ 绿色环保。砂石加工系统的绿色环保工程，根据不同岩性，在充分了解国际国内破碎加工设备的性能和优缺点及适应性后，采用较先进的优质设备配置，降低原材料的耗损量，保护生态环境。

因工艺先进、自动化程度高，占地较少，与传统工艺相比平面布置上可节省 35%～50%（平式 35%，坡式 50%）土地资源，节约原材料，加工过程中只要是满足要求的毛料均可全部利用，除废弃泥及杂质，这部分泥和杂质可用于复耕，恢复生态平衡，节约用水。常规生产砂石料每一循环用水 2.5～4m³/t，而半干式制砂，每一循环用水量仅 0.8m³/t。因实施自动化控制，设备利用率被大幅提高，耗电量常规生产耗电是 9～12kW·h，半干式制砂 3.5～4.5kW·h/t。

从设计开始就遵照"环境安全"的原则，从设计总图布置，单体造价，平面布置，给水排水；除尘、噪声小于 80dB，空气中粉尘含量小于 30mg/m³，开发使用节能和环境友好的生产设备和生产工艺流程，工厂化生产、绿化空地、硬化通道，骨料和人工砂不需要二次脱水，便为合格产品，砂石含水率控制在 3%～4% 之间，骨料含水率小于 1%，不产生粉尘，实现绿色的制造过程。

3.1.2.2 生产设备优化

（1）破碎设备。除在初破及二破过程中采用较为传统的颚式破碎机和圆锥式破碎机以外，为了使机制砂产品得到理想的颗粒形貌，使颗粒棱角更少、粒形更接近天然砂的球体，可采用立轴式冲击破碎机。如图 3-7所示。

立式冲击破碎制砂机原理：石料由机器上部直落入高速旋转的转盘，在高速离心力的作用下，与另一部分以伞形方式分流在转

图 3-7 立轴式冲击破碎机

盘四周的靶石产生高速的撞击与高密度的粉碎，石料在互相打击后，又会在转盘和机壳之间形成涡流运动而造成多次的互相打击、摩擦、粉碎，直至粉碎成所要求的粒度。

立式冲击破碎制砂机具有以下优点：①细碎石设备是目前世界上破碎技术较为先进的机型。②结构新颖、独特，运转平稳。③能量消耗小、产量高、破碎比大。④设备体积小，操作简便、安装和维修方便。⑤整形功能强大，产品呈立方状，堆积密度大。⑥生产过程中，石料能形成保护底层，机身无磨损，经久耐用。⑦少量易磨损件用特硬耐磨材质制成，体积小、重量轻，便于更换配件。

（2）除粉设备。目前工程用机制砂大都伴有大量的石粉，如何分离并有效控制石粉含量一直是长期面临的问题。目前广泛选用的分选设备为 CXFL 系列高效粗细粉分离机。现有

技术的低能耗矿粉装置，如中国专利：200620030457.8 号公开了一种铁矿风选装置，该装置虽然利用了重力作用，通过风力将铁矿粉与杂质分离，但物料在风选筒内所做运动为自由落体运动，历时短，分离效果不够理想。

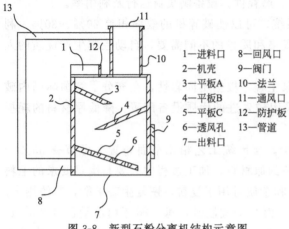

1—进料口　　8—回风口
2—机壳　　　9—阀门
3—平板A　　10—法兰
4—平板B　　11—通风口
5—平板C　　12—防护板
6—透风孔　　13—管道
7—出料口

图 3-8　新型石粉分离机结构示意图

目前存在一种新型矿石粉分离机，已解决现有矿粉分离机能耗大、分离效果一般的技术问题。图 3-8 为新型石粉分离机的主视图。新型砂粉分离机关键技术方案是：一种矿石粉分离机，包括机壳，所述机壳的上端设有进料口和通风口，所述机壳的下端设有出料口和回风口，回风口通过管道与通风口相连通，所述机壳的两相对侧壁上分别上下交错安装有平板 A 和平板 B，所述平板 A 和平板 B 都倾斜向下；所述出料口和平板 B 之间还设有平板 C，所述平板 C 倾斜向下。物料从进料口进入本设备，并落入平板 A 上。由于平板 A 倾斜向下，物料沿平板 A 滑下过程中获得了一定的速度。当物料落到平板 B 上时，由于物料的速度，故平板会对其产生一个反作用力，使物料向上弹起，产生震动，矿粉因震动而从物料上剥离，并由上升气流带走，进入通风口。同理，当物料从平板 B 上滑入到平板 C 上，进行了二次分离。

新型砂粉分离机的一个重要改进是平板 C 上开有透风孔。当物料从平板上落下，一部分上升气流带动矿粉沿回风口从管道回到通风口；另一部分上升气流直接从壳体内部回到通风口。当平板 C 上没有开透风孔时，沿壳体内上升气流的通道面积将大大减少，不利于气流的运动，进而削弱了分离效果。另一个改进是机壳上安有法兰，机壳可通过该法兰与进风设备相连。该机壳上还安有防护板，防护板可防止物料从传输带上进入时的飞溅。机壳上装有阀门，通过阀门的拆卸可实现对平板的维修检查。

设备工作时，物料从周围安有防护板 12 的进料口 1 进入，同时和法兰 10 相连的鼓风设备开动，产生上升气流，这样含有矿粉的废气都可由通风口 11 进入废气收集站。该鼓风设备可调整风量的大小，分高、低两挡。

（3）机制砂生产主要设备选型

① 机制砂生产中振动给料机的技术要求。一般在机制砂的生产中振动给料机位于入料仓和颚式破碎机之间，可把块状、颗粒状物料从贮料仓中均匀、定时、连续地给到受料装置中去，在砂石生产线中可为破碎机械连续均匀地喂料，并对物料进行粗筛分。根据设备性能要求，配置设计时应尽量减少物料对槽体的压力，一般要求料仓的有效排口不得大于槽宽的 1/4，物料的流动速度控制在 6～18m/min。对给料量较大的物料，料仓底部排料处应设置足够高度的拦矿板，但拦矿板不得固定在槽体上。为使料仓能顺利排出，料仓后壁倾角最好设计为 55°～65°。

② 机制砂生产中破碎机选用原则。在机制砂的生产过程中，一般采用三级破碎工艺，即粗碎、中碎、制砂机破碎。不同破碎阶段选用的破碎机也不尽相同，在粗碎中最常用的是颚式破碎机，中碎一般采用反击式破碎机，制砂机械一般以冲击式破碎居多。各种常用破碎机性能如表 3-1 所示。

表 3-1 常用破碎机性能

名称	破碎方法	运动方式	粉碎比	适用范围	物料种类
颚式破碎机	压碎为主	往复	4~6,中碎最高达 10 左右	粗、中碎	硬质、中硬物料
圆锥式破碎机	压碎为主	回转	粗碎 4~6;中、细碎 3~17	粗、中、细碎	硬质、中硬物料
辊式破碎机	压碎为主	旋转(慢速)	3~8	中、细碎	硬质、软质物料
锤式破碎机	冲击	旋转(快速)	单转子式 10~15,双转子式 30 左右	中、细碎	硬质、中硬、软质物料
反击式破碎机	冲击	旋转(快速)	10 以上,最高达 40	中碎	中硬物料
冲击式破碎机	冲击	旋转(快速)	—	细碎	中硬物料

③ 制砂机选用原则。制砂机械一般采用棒磨机、反击式制砂机和冲击式制砂机,三者的性能见表 3-2。

表 3-2 棒磨机、反击式制砂机和冲击式制砂机对比

名称	破碎方法	影响因素	生成机制砂方法	机制砂特点
棒磨机	压碎	—	将某一粒径碎石经过棒磨机进行破碎,经过筛分得到机制砂	细度模数较好,级配良好,石粉含量偏低
反击式机制机	冲击	转子转速、反击式破碎机板锤间隙	反击破制砂即块石经过粗碎和中碎后通过振动筛粒径小于 5mm 的物料,是料厂生产碎石的副产品	机制砂级配良好,各级含量相对均匀,级配曲线平滑,但棱角较多,粒形较差
冲击式机制机	冲击	破碎机转子的线度、物料含水量、给料量、入料粒径	将某一粒径碎石经过立式冲击破碎机进行破碎,经过筛分得到机制砂	机制砂级配呈"两头多,中间少",粒型呈圆形颗粒状,粒形较好

由表 3-2 可看出,棒磨机生产的机制砂级配良好,反击式破碎机生产的机制砂级配良好但粒形较差,而冲击式破碎机生产的机制砂级配不良但粒形较好。有些人士认为应采用棒磨机,因为棒磨机生产过程中磨棒对石料粉磨有选择性、逐步粉磨,过磨现象少。但是棒磨机存在产量低、运行成本高、人工劳动强度大等缺陷,不建议生产中采用。在实际生产中建议采用反击式和冲击式破碎机联合制砂,可获得粒形好、级配好、产量高的机制砂。

④ 振动筛对机制砂生产的影响。机制砂的生产中机制砂产品级配的最主要影响因素就是筛分环节,其中振动筛的筛孔形状、尺寸及筛面倾斜角大小是影响机制砂质量的关键参数;机制砂生产中有较大含量的石粉颗粒,且对级配要求较高,不宜选用长方形和圆形筛孔,一般采用正方形方孔筛。筛孔尺寸的选择直接影响机制砂的质量和生产量。周中贵研究表明,筛网尺寸越大生产的机制砂细度模数越大,石粉含量越低;筛网尺寸越小生产的机制砂细度模数越小,而石粉含量越大。据相关学者研究,一般制砂工艺中推荐筛孔尺寸为 3.5~4.5mm。为物料达到较好的筛分效率和处理量,根据振动筛厂家的经验,筛面的倾角出厂一般为 20°左右为宜。

⑤ 机制砂除粉设备选取。机制砂的生产过程中会有 10%~20% 的石粉($<75\mu m$ 的颗粒),适量的石粉可以改善机制砂混凝土工作性差的缺陷,增大混凝土抗压、抗折强度,但石粉含量过高会影响机制砂混凝土的性能,所以要对机制砂进行除粉。常用的除粉工艺的设备及其特点见表 3-3。

表 3-3 常用除粉工艺的设备及特点

工艺名称	设备名称	除粉方法	优 点	缺 点
干法除粉	干法制砂分级机	物料由进料系统进入分级室，利用转子的旋转所产生的离心力，将粉体按粒径大小分开。原料粉体中的粗粒由于受到较大离心力的作用，被转子叶片抛向筒体四周并沿筒壁下滑，在降落过程中又受到二次风气流冲击，使粗粒中团聚的细粉冲散并再次吹向分级室，粗粉在重力作用下由下部排料阀排出	级配好、细度模数较低、石粉含量合适、产量高、含水量低；生产过程用水少、生产场地小、不受季节影响	对原料要求高、砂表面感官性差、设备费用高、污染环境、堆放、运输易造成机制砂离析
湿法除粉	螺旋式洗砂机	螺旋洗砂是借助于固体粒大小不同、比重不同，在液体中的沉降速度不同的原理，细矿粒浮游于水中成溢流出，粗矿粒沉于槽底，由螺旋推向上部排出，细料从溢流管子排出	结构简单、工作可靠、操作方便	机制砂级配破坏严重、耗水量大、机制砂细度模数大
	轮式洗砂机	砂石由给料槽进入洗槽中，在叶轮的带动下翻滚，互相研磨，除去砂石表面的杂质；同时加水，形成水流，将杂质与比重小的异物带走，从溢出口排出。干净的砂石由叶片带走，最后砂石从旋转的叶轮倒入出料槽	洗净度高，结构合理，处理量大，功率消耗小，洗砂过程中砂子流失少	机制砂级配稍有破坏、耗水量大、机制砂细度模数大

　　机制砂的除粉工艺是机制砂石粉含量控制的关键，既要机制砂中粉料含量满足不同等级混凝土使用要求，又对级配影响较小，建议采用干法制砂分级机或轮式洗砂机除粉。北方天气寒冷、干旱、水资源缺乏地区，应多采用干法人工砂石料生产工艺。

3.1.3 泥浆回收工艺

　　(1) 污水处理工艺。长期以来在水冲石矿生产工艺流程中，生产废水中 3.0mm 以下固体颗粒细砂无法做到有效处理，传统做法就是作为废水废渣排放到沉淀池或者露天堆放，长此以往，废渣堆积如山造成土地大量占用，影响景观，不但污染环境、破坏植被，而且因废水中的细砂颗粒沉淀较慢使得废水也无法实时循环利用，进而顺着水流排入河道，破坏河床；如此做法同时也造成矿山资源的极大浪费。目前，针对这一问题提出来一套污水处理方案。处理工艺如图 3-9 所示。

　　① 石料生产过程中首先利用螺旋分级机把圆振动筛的筛下物进行细砂的第一次回收（规格 1.0~3.0mm）。

　　② 螺旋分级机的溢流水先进入一个缓冲罐，经高压渣浆泵打入水力旋流器进行分级，旋流器的溢流直接进入高效浓缩机，旋流器的底流进入高频脱水筛脱水。

　　③ 高频脱水筛的筛上物作为细砂的第二次回收（规格＋200 目），脱水筛的筛下水进入高效浓缩机。

　　④ 高效浓缩机的入料中添加经搅拌均匀的高分子絮凝剂，加速固体颗粒沉降（5s），使废水分层，上层溢流水引入生产用水蓄水池循环利用。

　　⑤ 高效浓缩机的底流进入循环沉淀池，沉淀物利用小型振动筛筛分，筛上物作为细砂的第三次回收（规格＋320 目），筛下物作为矿山整治回填物综合利用。

　　该技术依据悬浮液（废水）的性质（粒度组成、浓度、水量等），从细砂回收的粒度、循环水质等要求出发，采用国内首创水力旋流器和高频筛实现粒度分级和产品回收、脱水，为新型墙材料生产提供原料；同时采用高效浓缩机实现细泥的浓缩并提供符合生产要求的循环水。

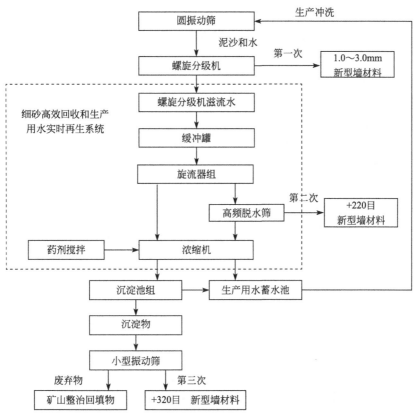

图 3-9 生产用水实时再生循环集成回收利用系统示意图

采用物理和化学的集成处理工艺，将高效的分级、浓缩脱水技术应用于回收生产系统中产生的＋200目以上细砂，并改进现有生产工艺系统，提高细粒石砂的回收率，同时采用高效分离浓缩技术实现生产污水再生，实现生产用水的净化再生循环使用；经测试，＋320目（0.074）～3.0mm细砂量每小时就有180多吨，按全年生产5000h计算，约有90万吨固体细砂颗粒产生。1.0～3.0mm固体废弃物采用双螺旋分级机进行回收，全年可回收70万吨细砂资源，0.045～1.0mm部分主要存在于螺旋分级机溢流口，经取样检测，固体细砂颗粒组成分三段区域，其含量及粒度组成分析见表3-4。

表 3-4 螺旋分级机溢流粒度分析

项 目	螺旋分级机溢流		
取样量 1.25L	固体量 195.3g		
粒度组成/mm	质量/g	产率/%	筛上累积/%
＋0.074（＋200目）	118.5	60.68	60.68
0.045～0.074	26.4	13.52	74.2
0～0.045	50.4	25.81	100.00
合计	195.3	100.00	—
浓度分析	固体	悬浮液体积	浓度/(g/L)
	195.3	1.25	195.3

根据上述浓度分析，螺旋分级机的溢流固体浓度为195.3g/L。其中＋200目为118.5g/L，

+320 目为 26.4g/L，−320 目为 50.4g/L。

按每天 4000m³ 生产用水，每年按 300 天生产估算，那么悬浮液中的固体近 23.4 万吨/年，其中：

+200 目占 60.68%，即 14.2 万吨/年；

+320 目占近 13.52%，即 3.2 万吨/年；

−320 目洗泥近 25.81%，即 6.0 万吨/年。

采用集成回收系统，对排放的细砂进行高效回收，不但可以减轻后续水处理系统的负担，同时还可以为新型墙材料供应充足的原料，改善墙材料的配比，降低生产成本。每天可回收细粒量估算见表 3-5。

表 3-5　回收细粒量估算数据

回收粒度		固体含量/(kg/m³)	悬浮液体积/(m³/d)	产量/(t/d)
0.045 分级	+0.045mm(320 目)	26.4	4000	105.6
0.074 分级	+0.074 细粒(200 目)	118.5		474
1.0～3.0mm 分级	+1.0mm	140t/h	15h	2100
合计				2679.6

基于上述固体废弃物的回收量综合考虑系统的水量指标、固体浓度、粒度组成等基本参数，对从旋流器排出的悬乳液净化过程采用高分子的聚合氯化铝和聚丙烯胺，使其在进入斜板浓缩机后在 5s 内快速絮凝，净化水从上溢出，絮凝物从浓缩机底部抽到沉淀池处理；再生水处理系统设计基本数据计算见表 3-6。

表 3-6　再生水处理系统设计基本数据

序号	指标		序号	指标	
1	系统水量/(m³/h)	4000m³/16h=250	5	−320 目/(t/h)	8
2	悬浮液浓度/(g/L)	52	6	+200 目/(t/h)	3
3	固体量/(t/h)	13	7	−200 目/(t/h)	10
4	+320 目/(t/h)	5	8	不均衡系数(k)	1.2

再生水处理系统处理能力可达 90%，再生循环利用废水 118.8 万立方米。

(2)"污水实时净化循环使用系统"可行性论证。通过污水集成回收系统方案可以发现，从分析冲洗石料产生的污水悬浮液各类物理及化学性质，如黏滞特性、流变特性、沉降特性、污水颗粒电学性质等角度出发，利用一定的物理和化学手段可以有效回收污水中不同粒径的颗粒，即尾砂。与此同时，回收污水中细粒尾砂的程序也为下面进一步净化污水，最终实现污水实时净化循环利用这一目标提供支持。物理手段主要可以通过引进使用先进分离设备实现，如水力旋流器、高频振动筛和高效浓缩机等污水净化分离设备。

对于经过尾砂回收初步处理之后的污水，其中还有数量可观的泥质，通过污泥快速沉降试验可得，使用 PAC（聚合氯化铝）与 APAM（阴离子聚丙烯酰胺）等化学絮凝剂可以有效加速污泥的沉淀速度，利于污泥最终的回收利用。

经过上述步骤处理过后的污水已经基本能够满足生产用水的要求，这使得建立污水实时净化循环使用系统成为可能。

(3) 污水处理工艺改进。目前，比较常用的污水处理和循环利用方法为三级沉淀池自然沉淀。这样做的弊端在于占用大面积场地,浪费了土地资源,而且处理效率低下,处理效果也不尽如人意。采用四级污水处理方法,处理效果较为显著。方法如下:一级处理,清洗矿石成品的污水首先经过螺旋洗砂机分离较大粒度粗砂;二级处理,经一级处理后的污水再通过泵送装置输送至水力旋流器组,配合高频振动筛分离出细砂;三级处理,经过两级处理的污水引向沉淀池,并向污水中加入一定量的聚丙烯酰胺絮凝剂,使污泥在沉淀池中快速沉淀,经这一环节后,需要处理的污水量大幅降低,污泥快速絮凝沉淀;四级处理,将沉淀下来的泥浆泵送至压滤机进行压滤,得到泥饼。四级污水处理工艺流程见图 3-10、图 3-11。污水经过四级处理,得到的粗细砂、泥饼等泥沙废弃物都实现了回收再利用,处理后的污水水质清澈,达到国家一级排放标准,通过泵送装置再次用于石料冲洗,实现了冲洗石料用水的实时净化循环利用(见图 3-12)。

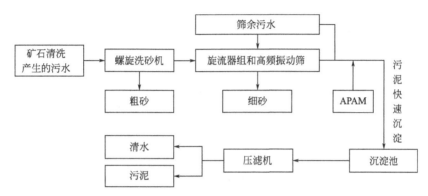

图 3-10 冲洗石料污水处理流程

(a) 污水一级处理,采用螺旋洗砂设备提取粗砂

(b) 污水二级处理,采用旋流器组和高频振动筛提取细砂

(c) 污水三级处理,加入絮凝药剂加快污水中污泥沉降速率

(d) 污水四级处理,采用拉板厢式压滤机,回收污泥废弃物,污水经四级处理后达到国家排放标准

图 3-11 污水四级处理过程图

图 3-12　左图为回收的泥饼；右图为滤除清水

（4）污泥快速沉降相关试验。经过一级、二级处理后的污水中，尾砂颗粒已经被基本提取回收，大部分固体物为黄泥。高浊度的泥水回收技术中最关键的部分是使泥质浓缩并快速沉淀。为此目的所做的以下试验解决了这一问题。采用 PAC（聚合氯化铝）与 APAM（阴离子聚丙烯酰胺）两种化学添加剂进行投料配比试验。

① 将试验用的混（絮）凝剂配成水溶液，其中 PAC 浓度为 5%（质量分数，下同），APAM 浓度为 1‰和 2‰。将混（絮）凝剂加入污水中，对其进行调理，在常压和常温下，测得投料量和沉降时间的关系。

② PAC 与 APAM 共用投料配比试验。此次试验，PAC 浓度为 5%，APAM 浓度为 2‰，按不同比例加入 200mL 污水中，进行沉降絮凝试验，从试验中可以看出，在 PAC 投料量相同的情况下，随着 APAM 投料量的增加，沉降时间逐渐降低并趋于稳定。同样，在 APAM 投料量相同的情况下，沉降时间与 PAC 投料量成反比关系，而当 PAC 投料量大于 0.10mL 时，其对沉降时间的影响很小。从而可以得到试验最佳投药量：200mL 污水中，投加 0.10mL PAC、0.15mL APAM。

③ APAM 单用投料配比试验。此次试验，APAM 浓度分别为 1‰和 2‰，按不同比例加入 200mL 污水中，进行沉降絮凝试验。从试验中可以看出，用 APAM 替代 PAC 能起到同样浓缩净化效果。向 200mL 污水中投加 0.15mL 浓度为 2‰APAM，沉降时间控制在 20s 左右，且矾花大，上层液较清。

试验表明，两种污水处理方案（PAC 与 APAM 共用和 APAM 单用）对提高悬浮粒子凝聚作用和沉淀性能，以及改善污泥的脱水性能均有一定的作用。综合考虑污水处理效果和药剂费用，只采用 APAM 絮凝剂对污水进行处理，浓缩后污泥的含水率可降低到 73% 左右。

配制 APAM 溶液时要注意如下事项：

① 溶解温度。聚丙烯酰胺的溶解需要有一定的温度，以加快溶解速度。但温度过高，又会使高聚物的分子链断裂，降低使用效果，较适宜的溶解温度为 50~60℃。

② 搅拌条件。聚丙烯酰胺的溶解应避免过强的剪切力搅拌，过强的搅拌会使分子链断裂，从而降低使用效果。搅拌宜采用低速浆叶，如锚式、框式、多层浆式等。搅拌速度为 600r/min 左右。输送时亦应避免采用高速离心泵，较适宜采用活塞泵或隔膜泵。

③ 均匀分散投料。聚丙烯酰胺溶解的关键环节是投料的均匀分散。开动搅拌机后，最好采用机械振动筛网投料，以避免产生"大团块状""鱼眼状"难溶颗粒，从而使聚丙酰胺

得到充分溶解，发挥好使用效果。

④ 避免与铁接触。在溶解搅拌及输送投加系统中，最好采用塑料、搪瓷、铝、不锈钢等材质。

⑤ 每段准备两个溶解装置。聚丙烯酰胺的溶解需要搅拌 40min 左右，为避免换药过程中无 APAM 溶液投加，每段应准备两个溶解装置。

(5) 污水净化处理设备选型

① 螺旋式粗颗粒分离机。针对污水四级处理过程中一级分离较粗颗粒尾砂的特点，采用螺旋式粗颗粒分离机。螺旋式粗颗粒分离机能将初始污水浆液中不同粒径的杂质颗粒按照一定限度分离，大而重的杂质颗粒跟随螺旋轴旋转，由螺旋叶片逐层从污水中分离出，原浆液中的杂质颗粒含量大大下降。螺旋式粗颗粒分离机可广泛用于冶金化工行业的生产和水处理程序中。

粗颗粒分离机主要由上部大水槽、消能机构、螺旋输送槽、带式螺旋、驱动机构、出水槽、尾部手动调整机构等组成。

污水经过顶部进水口进入上部分离水槽内进行减速沉降，污水在大水槽内进行消能，增加了水的停留时间，大部分的水由橡胶挂帘的下部进入出水区，从而减少颗粒的沉降时间，提高设备的处理能力，被收集到出水区的水由堰板流通入出水槽，通过出水口排出大水槽。由于污水中的大颗粒悬浮物在短时间内沉降到输泥槽内，通过驱动机构带动带式螺旋，泥渣在螺旋的推动下被提升到水面以上的出料口通过下料溜管排出，渣与水将在 500mm 范围内进行渣水分离。用户可根据现场的水量及进水悬浮物含量通过变频器来调整带式螺旋的转速，从而确保螺旋的排渣能力和设备的处理效果。

② 旋流器组。针对污水四级处理过程中二级分离较细颗粒尾砂的特点，选用以旋流器组与高频振动筛为核心部件的回收设备。

水力旋流器组是用于分离去除污水中较重的粗颗粒泥砂等物质的设备，有时也用于泥浆脱水。分压力式和重力式两种，常采用圆形柱体构筑物或金属管制作。

旋流器依靠离心沉降作用进行分离。将需要分离的两相或三相混合液以一定的压力从旋流器柱体周边的入料口切入旋流器后，产生强烈的三维椭圆形强旋转剪切湍流运动，由于粗颗粒（或重相）与细颗粒（或轻相）之间存在粒度差（或密度差），其受到的离心力、向心浮力、流体曳力等大小不同，受离心沉降作用，大部分粗颗粒（或重相）经旋流器底流口排出，而大部分细颗粒（或轻相）由溢流管排出，从而达到分离分级的目的。旋流器组主要结构如图 3-13 所示。

通过实地调研和网上查询，最终选定泉华公司生产的"三角潭细砂回收机"作为污水二级处理过程中细粒尾砂的回收设备。

③ 压滤机。板框压滤机由交替排列的滤板和滤框构成一组滤室。滤板的表面有沟槽，其凸出部位用以支撑滤布。滤框和滤板的边角

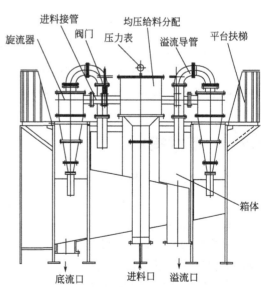

图 3-13 旋流器组主要结构

上有通孔，组装后构成完整的通道，能通入悬浮液、洗涤水和引出滤液。板、框两侧各有把手支托在横梁上，由压紧装置压紧板、框。板、框之间的滤布起密封垫片的作用。由供料泵将悬浮液压入滤室，在滤布上形成滤渣，直至充满滤室。滤液穿过滤布并沿滤板沟槽流至板框边角通道，集中排出。过滤完毕，可通入清洗涤水洗涤滤渣。洗涤后，有时还通入压缩空气，除去剩余的洗涤液。随后打开压滤机卸除滤渣，清洗滤布，重新压紧板、框，开始下一工作循环（图 3-14）。

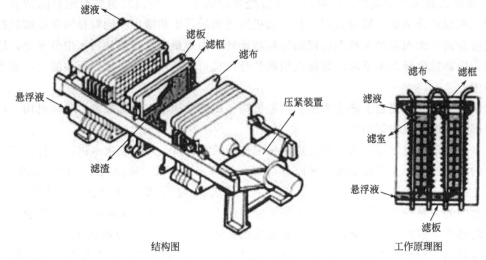

图 3-14 板式压滤机

板框压滤机对于滤渣压缩性大或近于不可压缩的悬浮液都能适用。适合的悬浮液的固体颗粒浓度一般为 10% 以下，操作压力一般为 0.3～0.6MPa，特殊的可达 3MPa 或更高。过滤面积可以随所用的板框数目增减，板框通常为正方形。

板框压滤机的构造简单，推动力大，适用于各种性质的污泥，且形成的滤饼含水率低。但它只能间断运行，操作管理麻烦，滤布易坏。板框压滤机可分为人工和自动板框压滤机两种，自动板框压滤机与人工的相比，滤饼的剥落、滤布的洗涤再生和板框的拉开与压紧完全自动化，大大降低了劳动强度。

通过前期试验和实地调研，最终选择"XMZ220/1250-UB"厢式自动拉板压滤机作为污水脱泥设备。沉淀的污泥经过处理后变成了泥饼（含水率≤20%），经测算，两台压滤机每小时可生产 9t 污泥饼，压滤净水达到国家一级排放标准。

3.2 技术指标

3.2.1 国家标准对机制砂的规定

《建设用砂》（GB/T 14684—2011）对机制砂的定义与技术指标做了以下规定。

3.2.1.1 砂的定义

机制砂的定义为：由机械破碎、筛分制成的粒径小于 4.75mm 的岩石、矿山尾矿或工业废渣颗粒（但不包括软质岩、风化岩石的颗粒）。一般砂的表现密度在 2.5g/cm^3 以上，吸水率在 3% 以下。因为吸水率表示骨料颗粒内部的孔隙比例，是骨料质量好坏的一个指标，特别是骨料强度对混凝土强度影响很大，尤其是对高强度混凝土的影响。

3.2.1.2 砂的细度模数

砂的粗细程度用细度模数（M_X）表示，一般分为粗、中、细三种规格。其中：

粗砂的细度模数为：3.7～3.1；

中砂的细度模数为：3.0～2.3；

细砂的细度模数为：2.2～1.6。

3.2.1.3 砂的类别

砂的类别按其技术要求分为Ⅰ类、Ⅱ类、Ⅲ类。

3.2.1.4 一般要求

（1）用矿山尾矿、工业废渣生产的机制砂有害物质应符合 3.2.1.7 的规定外，并应符合我国环保和安全相关标准和规范，不应对人体、生物、环境及混凝土、砂浆性能产生有害影响。

（2）砂的放射性应符合 GB 6566 的规定。

3.2.1.5 砂的颗粒级配

砂的颗粒级配应符合表 3-7 的规定；砂的级配类别应符合表 3-8 的规定。对于砂浆用砂，4.75mm 筛孔的累计筛余量应为 0。砂的实际颗粒级配除 4.75mm 和 600μm 筛挡外，可以略有超出，但超出总量一般不应大于 5%。

表 3-7　机制砂的颗粒级配区

累计筛余/% 级配区间 方筛孔孔径	1 区	2 区	3 区
9.50mm	0	0	0
4.75mm	10～0	10～0	10～0
2.36mm	35～5	25～0	15～0
1.18mm	65～35	50～10	25～0
600μm	85～71	70～41	40～16
300μm	95～80	92～70	85～55
150μm	97～85	94～80	94～75

表 3-8　级配类别

类别	Ⅰ	Ⅱ	Ⅲ
级配区	2 区	1、2、3 区	

3.2.1.6 砂的含泥量、石粉含量和泥块含量

机制砂 MB 值≤1.4 或快速法试验合格时，石粉含量和泥块含量应符合表 3-9 的规定；机制砂 MB 值＞1.4 或快速法试验不合格时，石粉含量和泥块含量应符合表 3-10 的规定。

表 3-9　石粉含量和泥块含量（MB 值≤1.4 或快速法试验合格）

类别	Ⅰ	Ⅱ	Ⅲ
MB 值	≤0.5	≤1.0	≤1.4 或合格
石粉含量（按质量计）/%		≤10.0	
泥块含量（按质量计）/%	0	≤1.0	≤2.0

注：根据使用地区和用途，在试验验证的基础上，可由供需双方协商确定。

表 3-10　石粉含量和泥块含量（MB 值＞1.4 或快速法试验不合格）

类别	Ⅰ	Ⅱ	Ⅲ
石粉含量（按质量计）/％	≤1.0	≤3.0	≤5.0
泥块含量（按质量计）/％	0	≤1.0	≤2.0

3.2.1.7　有害物质

砂不应混有草根、树叶、树枝、塑料、煤块、炉渣等杂物。砂中如含有云母、轻物质、有机物、硫化物及硫酸盐、氯盐等，其含量应符合表 3-11 的规定。

表 3-11　机制砂中的有害物质限值

项　　目	指　　标		
	Ⅰ类	Ⅱ类	Ⅲ类
云母（按质量计）/％，＜	1.0	2.0	2.0
轻物质（按质量计）/％，＜	1.0	1.0	1.0
有机物（用比色法）	合格	合格	合格
硫化物及硫酸盐（以 SO_3 质量计）/％，＜	0.5	0.5	0.5
氯化物（以氯离子质量计）/％，＜	0.01	0.02	0.06

3.2.1.8　坚固性

（1）采用硫酸钠溶液法进行试验，砂的质量损失应符合表 3-12 的规定。

表 3-12　坚固性指标

类别	Ⅰ	Ⅱ	Ⅲ
质量损失/％	≤8		≤10

（2）压碎指标要满足表 3-13 的规定。

表 3-13　压碎指标

类别	Ⅰ	Ⅱ	Ⅲ
单级最大压碎指标/％	≤20	≤25	≤30

3.2.1.9　表观密度、松散堆积密度、空隙率

机制砂的表观密度、松散堆积密度、空隙率应符合如下规定：表观密度大于 2500kg/m³，松散堆积密度大于 1400kg/m³，空隙率小于 44％。

3.2.1.10　碱-骨料反应

经碱-骨料反应试验后，试件应无裂缝、酥裂、胶体外溢等现象，在规定的试验龄期，膨胀率应小于 0.10％。

3.2.1.11　含水率和饱和面干吸水率

当用户有要求时，应报告其实测值。

3.2.2　关键技术指标

3.2.2.1　细度模数与级配

机制砂的细度模数宜控制在 3.0～3.4 之间为佳。若细度模数＞3.5，则粗颗粒太多，

$<300\mu m$ 的颗粒太少，级配不合理，使混凝土的和易性变差。若细度模数<3.0，则$<75\mu m$ 的细粉过多，需水量增大，混凝土强度降低，水泥用量增加。

表 3-14 对比了某工程用机制砂与河砂的级配与细度模数。

表 3-14　砂的筛分结果与细度模数

样品	各筛(mm)累计筛余/%							细度模数
	4.75	2.36	1.18	0.6	0.3	0.15	<0.15	
普通机制砂	7.5	35.0	46.8	63.3	78.5	84.3	88.2	3.1
河砂	1.8	13.5	30.7	50.5	80.4	97.7	100.0	2.7

从表 3-14 对比可知普通该机制砂细度模数为 3.1 为粗砂，对比其与表 3-7 国标关于级配的规定，机制砂虽然尚在合格范围内，但是级配总体较为不合理。机制砂的级配一般呈现典型的两头大中间小的特点，其中大于 2.36mm 颗粒较多，一般 2.36mm 筛余可以高达 40%，而小于 0.075mm 的石粉颗粒可以高到 20%。如果不经过处理，很难达到国家标准的要求。这主要是由机制砂的母岩品质与机制砂生产工艺所决定的。不良级配导致采用机制砂配制的混凝土黏聚性差，此外，不良级配容易导致混凝土工作性波动较大，保坍性差，也会导致混凝土密实度降低，由此带来力学及耐久性问题。机制砂优点在于可通过级配调整进实现机制砂及混凝土的性能优化，但由于附加工艺带来的成本等问题使得机制砂生产企业不愿主动调控机制砂级配。

3.2.2.2　石粉含量和含泥量

严格意义上来讲，含泥量指标无法用来定量表征机制砂的品质，因为天然砂中粒径小于 $75\mu m$ 的颗粒定义为泥，而机制砂中粒径小于 $75\mu m$ 的颗粒定义为石粉，通过亚甲蓝试验来检测石粉中究竟是碎石破碎过程中形成的粉末还是泥土。泥土具有层状硅酸盐结构，对亚甲基蓝具显著的吸附作用。因此，亚甲蓝试验可以定性的表征机制砂中含泥量的高低。关于石粉含量的测试可按《建设用砂》(GB/T 14684—2011) 进行测试。

机制砂石粉中含泥量过高的话，对混凝土是有害的，不仅影响混凝土的工作性，而且还影响混凝土的强度及耐久性，应严格限制其含量。控制机制砂中含泥量的方法大多采用水洗，但在机制砂的生产过程中宜把除土处理放在原料加工前进行，例如直接采用水洗后的碎石加工机制砂，加工后尽量保留和利用机制砂的石粉。

机制砂在生产过程中，不可避免地要产生一定量的石粉。机制砂中适量的石粉对混凝土是有益的，国内外很多学者对此已达成共识。石灰石粉中存在大量的 $CaCO_3$，G. Kakali 等指出，$CaCO_3$ 的存在，能够限制钙矾石（AFt）向单硫铝酸盐转变，同时生成单碳铝酸盐来取代单硫铝酸盐；印志松等认为"石材加工产生的石灰石粉含有较多的 $0\sim100\mu m$ 颗粒，可作为混凝土浆的掺合料"，试验表明，"掺量适量的石灰石粉可提高浆体堆积密度，减少浆体的需水量，进而降低浆体的总孔隙率及有害大孔数量，提高砂浆抗压/抗折强度，降低砂浆干缩率"；阎培渝认为"石灰石粉作为惰性材料，具有比Ⅰ级粉煤灰更高的减水效应，且掺入比水泥和粉煤灰更细的石灰石粉后，由于石灰石粉具有良好的填充效应，使浆体更为密实"。

欧洲一些国家已经把石灰石粉应用于水泥的生产中。如"法国生产此品种水泥已有较长的历史，产量也最多，已有品种标准 CPJ45R 和 CPJ55R，可复掺亦可单掺石灰石粉，单掺石灰石粉掺量为 10%～25%。德国开发生产了石灰石粉掺量 6%～20% 的石灰石硅酸盐水泥"。我国现行国家与行业标准规定机制砂中石粉含量不超过 10%，现行标准中未对不同岩性石粉含量进行详细说明，对于玄武岩石粉来说，石粉含量对混凝土性能影响较大。当玄武岩石粉含量小于 5% 时，其对混凝土性能影响较小，但是当其含量在 5%～10% 甚至超过 10% 时，其对混凝土拌合物状态影响十分显著，主要表现在玄武岩石粉对外加剂具有较强的吸附作用。

但实际工程中采用的机制砂，石粉含量一般是远远超过国标中的规定。大量试验表明，在机制砂的亚甲蓝 MB 值满足国标要求的情况下，石粉含量较高对混凝土没有明显的不利影响。对于机制砂中石粉含量应该有个正确的认识，在亚甲蓝 MB 值小于 1.4 时，可以适当放宽石粉含量的要求。

3.3 品质控制

3.3.1 母岩质量控制

矿山母岩的化学成分与矿物组成决定了机制砂是否存在有害物质，以及是否具有碱-骨料反应活性，同时，母岩的力学性能对机制砂的压碎值具有直接的关系。因此，在机制砂生产的前期准备工作中，最为重要的就是要做好机制砂用矿山资源的勘察工作，现场取样对岩石的抗压强度、岩性和 SO_3 含量进行分析测试，从而确定机制砂砂场的合理位置。此外，生产机制砂所用岩石要求洁净、无泥块及植被，石料等级要求三级或三级以上。

3.3.2 给料机对机制砂 MB 值的影响

机制砂由岩石破碎而成，在生产的过程中难免会带入部分山皮，从而导致机制砂中 0.075mm 以下颗粒中含有部分泥粉，而泥粉的存在将会阻碍水泥的正常水化或者与水泥中的成分进行化学反应，这些负面影响可导致混凝土强度的降低、收缩的加剧以及混凝土耐久性的下降。在机制砂的实际生产过程中，具体采取措施主要是通过振动喂料机底部钢板式条状筛网结构来有效地筛除块石中的部分泥土，来降低机制砂中泥粉的含量。

3.3.3 机制砂颗粒级配与细度模数控制

机制砂生产过程中影响机制砂级配的因素主要有两个，一是机制砂破碎方式，另一是机制砂的筛分环节。机制砂的破碎方式是影响机制砂级配的内在因素，而筛分环节则是决定颗粒级配最为重要的外在因素。因此要控制好机制砂的级配，主要从这两方面入手。目前，应用范围较广的两种破碎方式分别为反击式破碎与冲击式破碎，其中反击式破碎生产的机制砂棱角性较多，粒形较差但砂的级配较好；冲击式破碎所产机制砂颗粒呈圆形颗粒状，粒形较好，但级配具有"两头多、中间少"的特点。

控制机制砂品级配的另一个重要因素就是筛分环节，其中振动筛的筛孔形状、尺寸以及筛面倾角大小是影响机制砂质量的关键性参数；机制砂生产过程中有较大含量的石粉颗粒，且对级配要求较高，一般采用正方形方孔筛，不宜选用长方形和圆形筛孔。为使物料达到良好的筛分效果和处理量，根据振动筛厂家的经验，筛面的倾角一般控制在 20° 左右为宜。振动筛的筛孔尺寸直接影响着机制砂的细度模数、级配以及石粉含量。筛孔尺寸越大，机制砂的细度模数越大，级配中 2.36mm 以上的颗粒含量也随着增加，实践证明，最小级振动筛筛孔尺寸为 3.5mm 时，生产的机制砂的细度模数一般在 3.4 以内，级配满足标准要求。

3.3.4　石粉含量的控制

目前，石粉含量的控制方法主要有干法收尘和湿化水洗。干法收尘是选用收尘效果好的收尘器，并根据机制砂中石粉含量的要求，确定收尘器的工况参数，但此法只适用于生产Ⅲ类机制砂。如果必须采用水洗工艺，可以考虑在使用时掺入一定量的粉煤灰等掺合料以弥补机制砂细颗粒较少的不足，且应注意节水和环保。

干法制砂工艺中机制砂中的石粉含量一般较高能满足质量标准要求，也有发现存在石粉含量大于标准的情况，这时应考虑部分湿式生产，洗去部分石粉或选用风机吸尘器设备吸出部分石粉，以满足标准要求。湿法制砂工艺中机制砂中的石粉含量一般较低，大多数工程均要求回收部分石粉以满足工程需要。水电工程机制砂中的石粉回收主要有机械回收方式和人工回收方式两种。在大型机制砂石料生产规模中，或场地狭窄的工程，工艺上需设计石粉回收车间（或称细砂回收车间）。即将筛分车间和制砂车间螺旋分级机溢流水中带走的石粉通过集流池，再回收利用。目前选用国际上先进的旋流真空脱水设备较多。在小型机制砂石料生产规模中，或场地宽敞的工程，也采用人工回收方式，来控制机制砂中的石粉含量。即对生产过程中洗砂机排放溢流水进行自然存放脱水，自然存放脱水后的细砂可以用装载机配合直卸汽车运输进行添加。为了有效地控制石粉含量，常采取以下措施：

（1）通过不断实验，有效控制石粉的添加量。

（2）在石粉添加斗的斗壁附有震动器，斗下安装一台螺旋分级机，通过螺旋分级机均匀地添加到成品砂入仓胶带机上，使石粉得到均匀混合。

（3）废水处理车间尽量靠近成品砂胶带机，能用胶带机顺利转运，经压滤机干化后的石粉干饼经双辊破碎机加工松散粉末状，防止石粉成团。

（4）在施工总布置中要考虑一个石粉堆存场，堆存场既可以调节添加量，又可以通过自然脱水降低含水率，在一定程度上调节成品砂的含水率。

3.3.5　机制砂防离析措施

物料在混合过程中，大粒径物料与小粒径物料由于堆积密度不同，在外力作用时使其受力的大小和方向不同，各粒子间的摩擦力不足以抵御外力的分离作用，大小物料不能均匀地混合，而是各自分别聚集在一起，此现象就是离析。

机制砂由于是由大小不同的级配颗粒组成的，必然会产生离析现象，这样对机制砂的使用造成一定影响。下面针对机制砂的离析现象进行了研究，并提出了解决措施。

（1）在机制砂出料口的传送带上加设淋水喷头，这一措施除了能有效地降低扬尘产生外，机制砂湿润后增加了颗粒之间的黏聚力，从而也可以有效地减少离析现象的发生。

（2）在机制砂的堆放过程中建立递升式倾斜堆料层（倾斜的角度不宜大于 1∶3）或者建立递升式水平式堆料层，同时机制砂堆放高度也不宜过高（小于 5m）。这样可以有效地降低机制砂堆放过程中离析的程度。

（3）在机制砂装卸过程中，装料时应向矩形车厢前后两处堆放，同时在第一、二处的中央堆放。当自卸车卸料时，粗料可以和细料再次进行混合，在确保车体稳定的情况下，必须将车体大角度提升，使物料快速整体向后滑下，可以减少物料因为滚落产生粗料向外侧堆积，减少在装卸过程离析现象的产生。

3.4 机制砂特性

机制砂基本为中粗砂，含有一定量的石粉，颗粒级配稳定，细度模数介于 2.6～3.6 之间，筛余多呈方矩体或三角体颗粒分布，棱角尖锐，表面粗糙，特别地，150μm 的筛余有所增加。

机制砂的材料特性与普通河砂有很大的区别，通过比较机制砂与河砂的特性，可以清晰地认识机制砂。

3.4.1 机制砂颗粒形貌及其表征方法

3.4.1.1 机制砂颗粒形状表征方法

机制砂与河砂相比颗粒形貌有以下特性：粒形多呈三角体或方矩体（有些片状颗粒较多），表面粗糙，颗粒尖锐有棱角，不规则的粒形具有更大的比表面积，增加了包裹颗粒的浆体体积，增大水泥浆体界面的机械啮合力。但对混凝土的和易性不利，泌水率高，特别是易引起低强度等级混凝土较大泌水。适量石粉的存在可在一定程度上弥补这一缺陷，见图 3-15。

图 3-15　普通机制砂、水洗砂和河砂颗粒形貌照片

根据机制砂粒形的测试原理，可将其分为间接法和直接法两大类。

（1）间接法

① 流动时间法。流动时间法是通过测定一定体积的机制砂全部通过标准漏斗所需要的流动时间，表征细骨料的棱角性，取 5 次结果的平均值，欧美国家通常称其为砂的流值。

根据流动时间法的测试规定可以得知，不同颗粒形状的机制砂，其流动时间越长，表明机制砂表面越粗糙，粒形越不规则，其棱角性越明显。《公路工程集料试验规程》（JTG E42—2005）通过测定一定体积的细骨料（机制砂、石屑、天然砂）全部通过标准漏斗所需要的流动时间评定细骨料的颗粒形状。测试结果见表 3-15，表中数据可定性地评价细骨料颗粒形状接近球体程度大小：河砂＞水洗砂＞普通机制砂。因此，在机制砂生产过程中可通过设置水洗工艺，增大机制砂颗粒之间的水磨效应，达到降低机制砂表面棱角的目的。

表 3-15　三种砂子的流动时间统计

种类	普通机制砂	水洗砂	河砂
粗糙度/s	42.8	30.5	23.7

② 未压实间隙率法。未压实间隙率法，也称为细骨料棱角性指数，通过测定一定量的细骨料通过标准漏斗后装入标准容器中的间隙率，以百分率表示。未压实间隙率大，表明机

制砂颗粒间有较大的内摩擦角，球形颗粒少，且细骨料的表面构造粗糙。通过未压实间隙率法对 2.36～4.75mm 粒级间的机制砂粒形进行了表征测试。结果表明，当机制砂细度模数相同时，未压实间隙率与机制砂胶砂流动度的相关系数仅为 0.7193，相关性并不显著。因此，采用未压实间隙率参数表征机制砂粒形也仅是间接表征，并不能较为准确地判定机制砂颗粒的实际形状。

③ IAPST 方法。IAPST，即 Index of Aggregate Particle Shape and Texture，与未压实空隙率类似，ASTM D-3398-97 也基于在标准压实状态下，单粒径的骨料的空隙率或空隙率变化是依赖于骨料颗粒的形状、棱角性和表面粗糙度的，提出了 IAPST 测试方法，用于表征颗粒形状。

（2）直接法。随着数字图像处理技术（Digital Image Process，DIP）的发展，机制砂的颗粒形状得到了直接、定量的表征，并逐渐纳入国家标准中，如美国 AASHTO TP 81—2012、中国贵州省地方标准《贵州省高速公路机制砂高性能混凝土技术规程》（DBJ 52/T 072—2015）等。

2012 年，美国国家公路与运输协会基于数字图像分析手段制定了确定骨料形状属性的标准 AASHTO TP 81—2012。该标准给出了四种粒形表征参数，包括棱角性指数（Gradient Angularity）、球度（Sphericity）、2 维形状（Form 2D）、长宽比（Flat and Elongated），具体表达式如下：

① 棱角性指数 GA

$$GA = \frac{1}{\frac{n}{3}-1}\sum_{i=1}^{n-3}|\theta_i - \theta_{i+3}|$$ (3-1)

式中，θ 表示图像边缘点的取向角；n 表示颗粒二维图像边缘点总数；i 表示颗粒边缘的第 i 个点。棱角性指数 GA 的范围为 0～10000，当颗粒形状为球体时，GA 为 0。

② 球度（三维）SP

$$SP = \sqrt[3]{\frac{d_S \cdot d_I}{d_L^2}}$$ (3-2)

式中，d_S 表示颗粒的最短尺寸，d_I 表示颗粒的中间尺寸；d_L 表示颗粒的最长尺寸。球度的表示是采用的三维尺寸计算而得，其范围为 0～1，当颗粒为球体时，SP=1。

③ 二维形状 Form 2D

$$Form\ 2D = \sum_{\theta=0}^{\theta=360-\Delta\theta}\left[\frac{R_{\theta+\Delta\theta}-R_\theta}{R_\theta}\right]$$ (3-3)

式中，R_θ 表示颗粒在 θ 处的半径；$\Delta\theta$ 表示角度增量。该参数从颗粒二维图像获取，其数值范围为 0～20，当颗粒为球体时为 0。

④ 针片状指数。该指数表示颗粒最长尺寸与最短尺寸之比。令骨料在 x，y，z 三轴三维系统中时，定义扁平比 Flatness、伸长比 Elongation、针片指数 Flat and Elongated Value（F&E）分别为：

$$Flatness = \frac{d_S}{d_I}$$ (3-4)

$$Elongation = \frac{d_I}{d_L}$$ (3-5)

$$F\&E=\frac{d_S}{d_L} \tag{3-6}$$

此外，该标准还借助自动捕捉骨料图像的数字图像分析系统 AIMS 对骨料形状进行了分类，如表 3-16 所示。

表 3-16　AIMS 系统中按粒形参数进行的骨料分类

形状参数	分类与描述				
棱角性指数	高棱角性	一般棱角性	弱棱角性	弱圆润	圆润
	＞460	350~460	275~350	165~275	＜165
球度	高球度	中等球度	低球度	针状/扁平状	—
	＞0.8	0.7~0.8	0.6~0.7	＜0.6	—
二维形状指数	针状	接近针状	接近圆形	圆形	—
	＞10.5	8~10.5	6.5~8	＜6.5	—

3.4.1.2　球体类似度

（1）表征原理。随着数字图像处理技术的发展，骨料颗粒形状的表征得到了快速发展。如圆形度，其为骨料投影与圆形的接近程度，即骨料颗粒的投影与其最小内接圆的面积比。

$$R=\frac{4\pi S}{L^2} \tag{3-7}$$

式中，R 表示颗粒的圆形度；S 表示颗粒投影图像的面积；L 表示颗粒投影最小外接圆的直径。$R\leqslant1$，当颗粒为球形时，$R=1$。天然河砂的圆度系数平均为 0.773，石灰岩性机制砂的圆度系数大约为 0.625~0.830，两者之间相差较小，并不易于判别粒形的影响程度。

然而，由于圆形度的计算均基于颗粒在某一平面的投影，而颗粒粒形具有各向异性，不同方向的投影具有不一致性，且颗粒在投放过程易呈现取向性，因此圆形度测试结果随机性较大，以二维的圆形度无法准确表征颗粒的三维特征。

本书借鉴数字图形处理技术，提出一种度量机制砂颗粒形貌的新方法，在此称为球体类似度。根据几何学原理，标准球体在空间任意方向平面上的投影均为正圆形。因此，测量同一个颗粒在不同方向上投影的图形的圆形度，能够在一定程度上反映出该颗粒与球体的接近程度。

球体类似度即为同一颗粒在空间不同方向上投影的圆形度的平均值，这一数值可以在一定程度上反应颗粒粒型与球体的相似程度，数值为 1 时即为球体。但是理论上只有取到无限多方向上的投影圆形度平均值才可以代表该颗粒的球体类似度。试验操作采用四个不同方向的投影图形作为对比对象，实际上应尽可能多的选取不同方向的投影图形做对比。

机制砂颗粒形貌分析步骤如图 3-16 所示。

图 3-16　机制砂颗粒形貌分析步骤

这里涉及对比同一个颗粒在不同方向上投影与圆形相似程度的测定。采用目前比较常用的灰度直方图算法进行测定。灰度直方图是灰度级的函数，它表示图像中具有每种灰度级的像素的个数，反映图像中每种灰度出现的频率。灰度直方图的横坐标是灰度级，纵坐标是该灰度级出现的频率，是图像的最基本统计特征。

（2）计算方法。机制砂圆形度定义为同一机制砂颗粒投影面积与其最小外接圆面积之比。第 i 颗机制砂颗粒圆形度按下式计算。

$$Y_i = \frac{4G_i}{\pi L_i^2} \tag{3-8}$$

式中，Y_i 为第 i 颗机制砂颗粒圆形度；G_i 为第 i 颗机制砂颗粒的投影面积；L_i 为第 i 颗机制砂颗粒最大粒径长度。

第 i 颗机制砂颗粒的球体类似度按下式计算。

$$Q_i = \left(\frac{\sum Y_i}{n}\right)^{\frac{3}{2}} \tag{3-9}$$

式中，Q_i 为第 i 颗机制砂颗粒的球体类似度；n 为空间投影方向总数。

同一批次机制砂的球体类似度按下式计算。

$$Q = \frac{\sum Q_i}{N} \tag{3-10}$$

式中，Q 为同一批次机制砂的球体类似度；N 为机制砂颗粒总数。

（3）试验方法。机制砂球体类似度获取方法如下。

① 试验设备。相机：光学放大倍数宜为 5～10 倍。数字图像处理软件：可进行照片预处理，并将数码图像转变成二值化图形，以获取图形面积和最小外接圆直径。

② 试样选取。随机选取 10 粒机制砂颗粒进行测试，每个机制砂颗粒采集不少于 3 个随机方向上的投影图形。

③ 试验方法。同一粒机制砂利用数码相机获取不同空间方向上的机制砂颗粒的投影图像，见图 3-17。使用数字图像处理软件将同一粒机制砂颗粒的投影图像处理为二值化图形，获取图形面积与最小外接圆直径。

图 3-17 将机制砂颗粒数码图像处理为二值化图形

同一生产批次的不同机制砂颗粒的二值化图形面积和最小外接圆直径可通过重复步骤 1 和 2 逐粒测试计算得到。不同生产批次的机制砂颗粒的二值化图形面积和最小外接圆直径可重复上述步骤测试计算得出。根据机制砂的球体类似度，可将机制砂分为普通机制砂（球体类似度＜0.6）和高品质机制砂（球体类似度≥0.6）。

（4）应用案例。某工程用天然河砂、普通机制砂及高品质机制砂的粒形参数统计数据如表 3-17 所示。可以看出，天然河砂、普通机制砂的球体类似度分别为 0.63 和 0.48，而高品质机制砂的球体类似度为 0.67，参数指标范围和天然河砂接近，甚至高于天然河砂。

表 3-17　各类砂的粒形参数统计数据

项目		不同角度投影图形圆形度				球体类似度	平均值
高品质机制砂	1	0.94	0.93	0.64	0.65	0.70	0.67
	2	0.64	0.67	0.89	0.75	0.64	
	3	0.80	0.80	0.46	0.65	0.56	
	4	0.68	0.84	0.79	0.94	0.73	
	5	0.69	0.65	0.63	0.94	0.62	
	6	0.75	0.90	0.82	0.82	0.74	
普通机制砂	1	0.61	0.51	0.60	0.26	0.35	0.48
	2	0.95	0.63	0.65	0.87	0.69	
	3	0.62	0.74	0.36	0.59	0.44	
	4	0.47	0.50	0.55	0.55	0.51	
	5	0.65	0.66	0.62	0.58	0.36	
	6	0.73	0.45	0.70	0.74	0.54	
天然河砂	1	0.78	0.70	0.73	0.77	0.65	0.63
	2	0.73	0.73	0.59	0.34	0.46	
	3	0.92	0.91	0.88	0.71	0.80	
	4	0.60	0.58	0.72	0.63	0.51	
	5	0.87	0.74	0.87	0.78	0.73	
	6	0.84	0.83	0.68	0.66	0.65	

3.4.1.3　机制砂颗粒形貌

水洗后机制砂与河砂形貌对比如表 3-18 所示。与河砂相比，普通机制砂片状、棒状颗粒较多，颗粒棱角突出，呈现尖锐顶端和直角边缘。主要是因为在破碎过程中，机制砂颗粒未能经过进一步粒型修整过程，颗粒与机械设备、颗粒相互之间的摩擦碰撞不足，导致尖角和棱边突出。颗粒的高棱角性能够增加机械啮合力，粗糙的颗粒表面可以增大其与水泥浆体的黏结力，提高混凝土强度；但普通机制砂的形貌特征不利于混凝土工作性，常呈现出和易性、保水性能与抗离析能力差等现象。

表 3-18　机制砂颗粒与河砂形貌对比

粒径范围/mm	2.36～1.18	0.6～0.3
河砂		

粒径范围/mm	2.36~1.18	0.6~0.3
普通机制砂		
高品质机制砂		

采用改良的生产工艺与设备生产的高品质机制砂，能够在很大程度上优化颗粒形貌。可以发现，虽然经过水洗，但是颗粒表面仍然有很多白色点状印迹。这是因为高品质机制砂在破碎过程中经过了多次整形过程，颗粒在重复的"石打铁、石打石"过程中，外形突出棱角被一点点削去，颗粒表面经过撞击形成密集的小凹坑和点蚀痕迹，石粉碎末等细小颗粒便隐藏其中，使其呈现所看到形貌。

通过对比不同粒径范围颗粒可以发现，高品质机制砂粗颗粒（2.36~1.18mm）边缘已被修整得更加圆滑，大多数颗粒棱角呈现曲线，并且基本没有尖锐边角。而细颗粒（0.6~0.3mm）中粒型更加滚圆，相比较普通机制砂的粒型，其方片状和条棒状颗粒大幅度减少，颗粒形状更接近球体或椭球体。

3.4.2 机制砂和河砂的级配和石粉含量

见表3-19。

表3-19 机制砂和河砂的级配与细度模数

方孔筛边长/mm \ 批次	累计筛余率/%				
	干法生产			湿法生产	河砂
	机制砂1	机制砂2	机制砂3	机制砂4	
4.75	0.0	0.0	0.0	0.0	3.6
2.36	28.5	13.6	22.4	16.3	12.5
1.18	50.3	36.1	47.2	36.1	27.6
0.60	71.0	67.3	70.5	70.2	58.7
0.30	86.2	87.4	84.5	92.0	89.6
0.15	92.7	93.4	90.4	96.8	96.3
级配区	1	2	2	2	2
细度模数	3.3	3.0	3.1	3.1	2.8
石粉含量/%	7.7	6.8	9.1	3.4	1.8

表 3-19 对比了四种机制砂及河砂的级配特征。除机制砂 1 较粗属于级配 1 区外，其余各个批次的机制砂和河砂都属于级配 2 区，不同批次的机制砂波动较大。机制砂的级配总体上较天然河砂而言呈现"两头大中间小"的情况，机制砂 1 尤其明显，1.25mm 以上的占到了 50.3%，而河砂的这一数据仅为 27.6%，反观 0.63～0.315mm 之间的颗粒，机制砂 1 仅为 15.2%，而河砂的这一粒径的达到了 30.9%。机制砂 3 稍微改善，1.25mm 以上的颗粒，尤其 2.5mm 以上的颗粒有所减少，细小颗粒有所增多，级配较为合理；机制砂 2 和湿法生产的机制砂 4 的级配情况最为接近天然河砂。

机制砂细度模数与 2.5mm 筛余量相关，且变化规律相同。随着机制砂 2.5mm 筛余增多，机制砂细度模数变大。2.5mm 颗粒属粗颗粒，其总量减少意味着砂整体具备更多细颗粒，从而导致细度模数变小。

湿法生产的机制砂石粉含量较低，仅为 3.4%。

3.4.3　机制砂与河砂的表观密度、堆积密度、空隙率对比

从表 3-20 可看出，就表观密度、堆积密度以及空隙率而言，机制砂 1 和河砂均达到了国家标准的要求。空隙率大的砂配制的混凝土需用较多的胶凝材料，但是机制砂 1 空隙率较小，很大程度上是因为其石粉含量较高，有利于填充空隙。机制砂 1 的表观密度略大于河砂，机制砂堆积得更加紧密，空隙率较小，这可能是由于机制砂 1 中石粉含量较高，从而使得机制砂堆积紧密。

表 3-20　机制砂 1 与河砂的表观密度、堆积密度、空隙率对比

项　　目	机制砂 1	河砂	国标
表观密度/(kg/m³)	2730	2650	＞2500
松散堆积密度/(kg/m³)	1650	1450	＞1350
紧密堆积密度/(kg/m³)	1850	1600	
空隙率(松散)	39%	45%	＜47%
空隙率(紧密)	32%	40%	

将不同批次的机制砂松散堆积密度和石粉含量做对比，见表 3-21。

表 3-21　不同批次机制砂松散堆积密度与石粉含量

项目	机制砂 1	机制砂 2	机制砂 3
松散堆积密度/(kg/m³)	1650	1645	1660
石粉含量/%	7.7	6.8	9.1

通过表 3-21 可以看出，机制砂的松散堆积密度随石粉含量增加而增大，可见石粉能够起到增大机制砂密实度、减小空隙率的填充作用。

3.4.4　石粉粒度分布

采用锤式破碎机生产的不同岩性的机制砂中石粉粒度分布如图 3-18 所示。

可以看出，两种石灰岩石粉具有较为相似的粒径分布，而不同岩性的石粉间粒径分布差异较大，石灰岩石粉的粒径分布具有双峰的特征，而白云岩、石英岩和花岗岩则表现出单峰的特征。测试的几种岩性中，石灰岩具有较小的平均粒径。

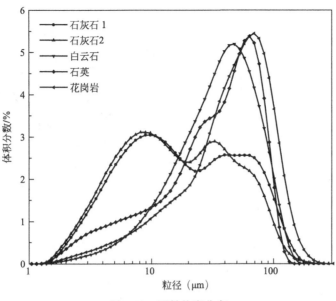

图 3-18　石粉粒度分布

3.4.5　岩性

我国幅员辽阔,各种岩性岩石分布广泛,其中石灰岩矿分布最为广泛,但有些地区还广泛地分布着其他岩性的岩石,例如我国东南和东北地区花岗岩广泛分布,而我国西南、内蒙古和南京等地区又是以玄武岩分布为主。一般选骨料以石灰岩、砂岩、花岗岩、玄武岩、白云石等为多,但是目前对石灰岩研究最为广泛和深入,而对其他种类岩石研究较少。

不同母岩对机制砂特性影响很大,进而引起混凝土性能的差异。张雄等对花岗岩、玄武岩和凝灰岩等三种岩性进行研究,结果发现,母岩的种类和特性对机制砂的影响很大,其中花岗岩制得的机制砂具有最好的流动性和较高的胶砂混凝土强度,凝灰岩机制砂工作性很差,玄武岩机制砂在流动性和强度表现上居中;同时,年东良等对玄武岩和石英质机制砂进行研究,结果显示:不同岩性的机制砂在表现密度、堆积密度、细度模数、石粉含量及微观结构等物性差异较大;此外,研究者认为不同岩性机制砂对混凝土耐磨性有很大影响。

机制砂是未来发展的必然趋势,对于不同岩性机制砂和不同强度等级混凝土,要恰当选用生产工艺并控制含泥量,只要深入了解机制砂生产工艺,清晰认识机制砂与石粉含量及其相关关系问题,就可以生产出高品质机制砂。

3.5　最新机制砂生产工艺生产案例

(1) 案例一:南方路机 V7 干式制砂工艺。

南方路机 V7 干式制砂设备突破立轴式破碎、空气筛分等关键技术,采用新技术五孔冲击式转子结构,基于"石打石"的离心破碎方法,通过转子对进入破碎机的原料进行破碎、整形和研磨,实现自生破碎和高密度自生破碎,有效改善成品砂的颗粒形状并提高细集料的生成。该工艺制砂流程如图 3-19 所示。

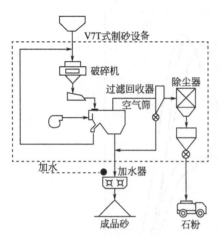

图 3-19　南方路机 V7 干式制砂工艺流程（左）与现场生产设备（右）

破碎主机采用五孔冲击式转子结构，基于"石打石"的单主机离心破碎方式，通过转子对进入破碎机的原料进行破碎、整形和研磨，实现自生破碎和高密度自生破碎，提高了破碎性能，降低了动力，具有粒形好、粒度稳定、环保节能等特点；空气筛通过振动给料机均匀给料，可将破碎物中的合格产品与超标产品同时分离，石粉会被除尘器吸走，超标产品会被返送回破碎过程，粒度可经设置在内部的调控板进行自由调整，使破碎到分级的工序一体化，能把成品砂中 0.15mm 一下的颗粒比例自由地控制在 6％～15％的范围内。

该工艺采用回收过滤器，经空气筛的筛分，被除尘器吸走的部分经过回收过滤器时，冲击到调控板后，重的颗粒即砂粒落下，回流到成品砂中。轻的颗粒即石粉被除尘器吸走。这样既保证了石粉的纯度，同时也保证了成品砂的产量。同时，该工艺采用专业的离线型脉冲除尘器及布袋式除尘技术，能显著地降低除尘能耗，效率高。整套生产线采用零排放、低噪声、低振动的设计，烟尘排放浓度＜20mg/m³。机制砂生产中附加产生的石粉经除尘器吸收到石粉罐中，同时增设了外置石粉罐，解决了石粉的存放问题。

V7 机制砂生产线的成品砂颗粒级配曲线严格控制在《建设用砂》（GB/T 14684—2011）标准机制砂颗粒级配 Ⅱ 区中砂范围内（见图 3-20），细度模数为 2.74，堆积空隙率为 40.4％，机制砂成品性能优异，有利于制备机制砂高性能混凝土。

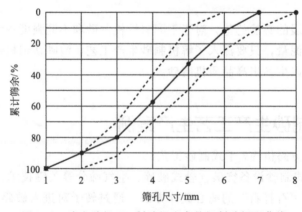

图 3-20　南方路机 V7 制砂机生产的机制砂级配曲线

（2）案例二：成智重工 5S 制砂工艺。

目前，市场上的机制砂生产大多采用"2 次破碎＋筛分"的生产工艺，对骨料级配的配制、石粉含量及粒形的控制。针对上述问题，贵州成智重工科技有限公司通过改进工艺，采用"双脱泥、双反击、双冲击、双循环、双选粉"5S 砂石骨料加工工艺＋动态颗粒纤维成像在线质量检测技术（工艺流程如图 3-21 所示），确保品质量合格、性能稳定；通过风选除尘、半成品及成品料仓封闭、废料再利用措施，解决传统工艺粉尘、水污染和废料处理问题。

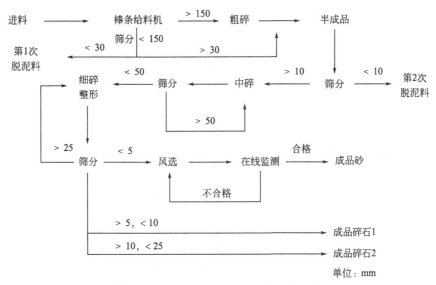

图 3-21　成智重工 5S 制砂工艺工艺流程

5S 工艺实现 3 次破碎、2 次整形，首先采用颚式破碎机以挤压方式对母岩进行第 1 次预破碎（粗碎），减小母岩直径，减轻反击破碎机生产压力；然后用反击破碎机以抛石撞击方式对母料进行第 2 次破碎（中碎），使颚破产生的骨料微裂纹进一步发展，最终骨料从微裂纹处再次破碎，完成对骨料的第 2 次破碎和第 1 次整形；最后采用立轴冲击破碎机以"石打石"或"石打铁"方式对骨料进行第 3 次破碎（细碎）和第 2 次整形。

为降低机制砂中泥含量，5S 工艺采用二次脱泥的工艺，在粗碎前采用棒条给料机加脱泥筛把粒径小于 30mm 的母岩及泥土进行第 1 次脱泥处理，在中碎前对粒径小于 10mm 的骨料进行第 2 次脱泥处理，除去骨料中泥土和石屑，保证骨料 MB 值小于 0.5。

关于风选控粉，细碎后的骨料先进行 1 次重力风选控粉，将石粉含量控制在 10% 左右，在成品砂进入料仓前，根据需要调整风选机抽取石粉的风压再次调整石粉含量，满足不同强度混凝土对机制砂石粉含量的要求。

动态颗粒显微成像在线质量检验系统主要采用动态颗粒显微图像分析法对骨料进行在线实时监测（见图 3-22），原理是通过高速 CCD 成像系统和远心镜头精确捕捉下落中的颗粒图像并进行分析处理，得出每幅图像中每个颗粒的粒度和粒形数据，经过累积计算得到粒度粒形分布数据，通过测试数据与标准数据对比可以判断机制砂产品的质量状况，在产品检测参数不满足设定参数时设备报警，生产人员可及时调整设备生产参数，保证产品质量合格、性能稳定。

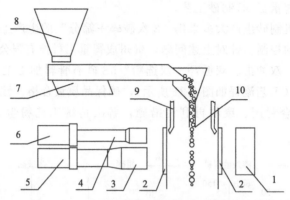

图 3-22　动态颗粒显微成像检测系统结构原理

1—频闪光源；2—测试窗口；3—镜头1；4—镜头2；
5—CCD1；6—CCD2；7—进料装置；8—储料槽；9—除尘装置；10—料流

采用 5S 工艺制备的机制砂品质得到有效提升，其细度模数为 2.90，长径比为 1.24，圆形度为 0.90，级配优异，筛分曲线完全落入 2 区中砂级配范围（图 3-23）。

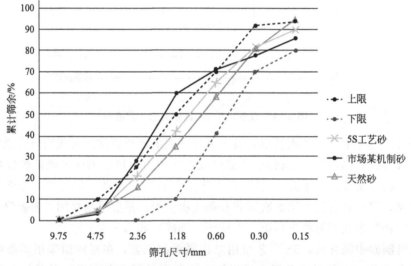

图 3-23　5S 工艺成品砂级配曲线

参 考 文 献

[1]　王稷良. 机制砂特性对混凝土性能的影响及机理研究 [D]. 武汉：武汉理工大学，2008.
[2]　赵新科. 机制砂性能及其应用简析 [J]. 城市建设理论研究，2013 (19)：33-34.
[3]　朱俊利，郎学刚，贾希娥. 机制砂生产现状与发展 [J]. 矿冶，2001 (4)：38-42.
[4]　任启欣. 矿山固体废弃物在水泥基材料中资源化综合利用研究 [D]. 上海：同济大学，2012.
[5]　黎正辉. 银盘砂石系统湿法生产中石粉回收工艺 [R]. 中国水利水电工程第二届砂石生产技术交流会，2008：264-265.
[6]　蒋正武，吴建林. 贵州地区机制砂在混凝土中应用存在的问题及建议 [J]. 商品混凝土，2011 (8)：4-6.
[7]　孙江涛，马洪坤，麦伟雄，等. 机制砂生产工艺及设备选型研究 [J]. 建材世界，2012，33 (3)：61-62.
[8]　黎鹏平，熊建波，王胜年. 机制砂的制备工艺及在某桥梁工程中的应用 [J]. 混凝土，2012 (3)：127-130.
[9]　王忠禄，徐正铭. 绿色环保高品质人工砂半干式工艺技术的深化研究 [C]//第二届水电工程施工系统与工程装备技术交流会论文集，2010：294-297.

[10] 矿山废弃物综合利用关键技术研究报告［R］. 上海：同济大学，2012.

[11] 矿山清洁生产关键技术研究报告［R］. 上海：同济大学，2012：16-25.

[12] GB/T 14684—2011 建设用砂.

[13] 杨记芳. 机制砂的制备及在混凝土中的应用［J］. 山西建筑，2009，35（34）：166-167.

[14] 胡殷. 机制砂石粉含量对铁路混凝土性能的影响［J］. 城市建设理论研究，2012（4）：1-6.

[15] 王雨利，王稷良，周明凯，等. 机制砂及石粉含量对混凝土抗冻性能的影响［J］. 建筑材料学报，2008，11（6）：726-731.

[16] 张冬，李海波，袁惠星. 机制砂石粉含量对混凝土性能的影响［J］. 城市建设与施工技术，2009：355-358.

[17] 王稷良，周明凯，贺图升，等. 石粉对机制砂混凝土抗渗透性和抗冻融性能的影响［J］. 硅酸盐学报，2008，36（4）：482-486.

[18] 黄煌，杨霞，陈乔. 机制砂中石粉含量对建筑砂浆性能的影响［J］. 重庆建筑，2013，12（4）：52-55.

[19] 阳晏，王雨利，周明凯. 机制砂的石粉含量对 C30 泵送混凝土性能的影响［J］. 武汉理工大学学报，2007，29（8）：44-46.

[20] 王稷良，周明凯，李北星，等. 机制砂中石粉对混凝土耐久性的影响研究［J］. 工业建筑，2007，37（12）：109-112.

[21] 陈喜旺. 石灰石粉对混凝土拌合物性能的影响［D］. 北京：清华大学土木工程系，2010.

[22] 赵海红. 石粉作矿物掺合料的研究［D］. 重庆：重庆大学，2013.

[23] Poitevin. Limestone aggregates concrete, usefulness and durability［J］. Cement and Concrete Composites, 1999, 21（1）：89-97.

[24] 印志松，周扬铭，苏登成. 石灰石粉对砂浆微观结构和力学性能的影响［J］. 水泥工程，2009，5：12-16.

[25] 刘数华，阎培渝. 石灰石粉在复合胶凝材料中的水化活性［J］. 设计研究，2008（3）：5-7.

[26] 宋少民，刘娟红，徐国强. 石灰石粉在混凝土中应用的综述与研究［J］. 混凝土世界，2009（12）：40-45.

[27] 蔡基伟. 石粉对机制砂混凝土性能的影响及机理研究［D］. 武汉：武汉理工大学，2006：10-12.

[28] 刘文萍. 机制砂的浅析与质量控制［J］. 山西交通科技，2008（3）：16-17.

[29] 黄国俊. 机制砂混凝土施工工序与质量控制［J］. 魅力中国，2009（29）：151.

[30] 张沛杰. 机制砂在渝怀铁路工程中的应用与质量控制［J］. 山西建筑，2005，31（1）：92-93.

[31] 罗建国，荆禄波，梁胜国. 浅谈机制砂的制备技术与质量管理［J］. 山西交通科技，2009，5：44-45.

[32] 杨国飞. 机制砂的质量控制及在混凝土中的应用［J］. 山西建筑，2011，37（34）：115-116.

[33] 李婷婷. 机制砂在吉茶高速公路中的应用研究［D］. 武汉：武汉理工大学，2009.

[34] 黄诗泷. 机制砂的生产及在混凝土中的应用［J］. 建材发展导向，2013（1）：52-55.

[35] 徐文良. 机制砂及机制砂高强混凝土研究现状及存在的问题［J］. 城市建设理论研究，2012（26）：1-4.

[36] 蒋正武，黄青云，肖鑫，等. 机制砂特性及其在高性能混凝土中的应用［J］. 混凝土世界，2013（1）：35-36.

[37] 蒋正武，任启欣，吴建林，等. 机制砂特性及其在混凝土中应用相关问题研究［J］. 砂石，2010，6：36-37.

[38] 孙金彪. 浅议机制砂特性及其在混凝土中的应用［J］. 城市建设理论研究，2011（19）.

[39] 徐文冰，秦明强，占文，等. 机制砂特性对 C50 管片混凝土性能的影响［J］. 混凝土世界，2013（3）：78-79.

[40] 赵新科. 机制砂性能及其应用简析. 城市建设理论研究，2013（19）.

[41] 刘建伟. 机制砂代替河沙用于混凝土的研究［J］. 建筑遗产，2013（13）：276.

[42] 唐凯靖，刘来宝，周应. 岩性对机制砂特性及其混凝土性能的影响［J］. 混凝土，2011（12）：69-70＋73.

[43] 郑鸣皋，朱雨东. 机制砂石料生产工艺流程布置原则和设备选型［J］. 砂石，2010，6：63-68.

[44] 董瑞，陈晓芳，钟建锋，等. 石灰岩性机制砂特性研究［J］. 混凝土，2013（3）：84-88.

[45] 秦廉，张雄，等. 机制砂生产线投产前的母岩检验与机制砂评价方法［J］. 新型建筑材料，2012，39（1）：24-26.

[46] 年东良，年秀芳. 机制砂性能比较分析与实际应用［J］. 建材发展导向，2013（1）：71-72.

[47] 张礼华，刘来宝，等. 石粉含量对机制砂混凝土力学性能与微观结构的影响［J］. 混凝土与水泥制品，2011（12）：22-26.

[48] 李北星，柯国炬，等. 机制砂混凝土路用性能的研究［J］. 建筑材料学报，2010，13（4）：529-534.

[49] 王起坤，钱海洋. 高速公路机制砂生产设备及应用研究. 西部交通科技，2017，7：22-25＋97.

[50] 晓苏. 南方路机 V7-100 干式制砂设备在甘肃建设永靖矿区的应用. 建设机械技术与管理，2016，29（9）：37-39＋41.

[51] 朱东敏. 一种高品质砂石骨料五双全干法破碎生产线及加工方法，申请号 201910151620.8.

[52] 吴勇，舒尤波，谭崎松. 铁路工程高品质机制砂生产关键技术. 中国铁路，2019（8）：19-24.

4

机制砂高性能混凝土配合比设计、制备与施工技术

4.1 原材料

4.1.1 水泥

水泥是一种可加水拌和成塑性浆体,能胶结砂、石等适当材料并能在空气或水中硬化的粉状水硬性胶凝材料。水泥的品种很多,按矿物成分分类可分为硅酸盐水泥、铝酸盐水泥、硫铝酸盐水泥、氟铝酸盐水泥、铁铝酸盐水泥以及少熟料或无熟料水泥等;按用途和性质分类可分为通用水泥、专用水泥和特种水泥三大类。配制机制砂高性能混凝土常用的水泥为通用水泥,是以硅酸钙为主要成分的熟料制得的硅酸盐系列水泥。

4.1.1.1 分类及组成

根据《通用硅酸盐水泥》(GB 175—2007)标准,通用水泥包括硅酸盐水泥(P·Ⅰ、P·Ⅱ)、普通硅酸盐水泥(P·O)、火山灰硅酸盐水泥(P·P)、粉煤灰硅酸盐水泥(P·F)、矿渣硅酸盐水泥(P·S)和复合硅酸盐水泥(P·C)。其基本的原材料组成及配制要求如表4-1。

表 4-1　通用硅酸盐水泥原材料组成及配制要求

品种	代号	组　　分				
		熟料＋石膏	粒化高炉矿渣	火山灰质混合材料	粉煤灰	石灰石
硅酸盐水泥	P·Ⅰ	100	—	—	—	—
	P·Ⅱ	≥95	≤5	—	—	—
		≥95	—	—	—	≤5
普通硅酸盐水泥	P·O	≥80且<95	>5且≤20ᵃ			
矿渣硅酸盐水泥	P·S·A	≥50且<80	>20且≤50ᵇ	—	—	—
	P·S·B	≥30且<50	>50且≤70ᵇ	—	—	—
火山灰质硅酸盐水泥	P·P	≥60且<80	—	>20且≤40ᶜ	—	—
粉煤灰硅酸盐水泥	P·F	≥60且<80	—	—	>20且≤40ᵈ	—
复合硅酸盐水泥	P·C	≥50且<80	>20且≤50ᵉ			

　　a. 本组分材料为符合 GB 175—2007 的活性混合材料,其中允许用不超过水泥质量 8% 且符合 GB 175—2007 的非活性混合材料或不超过水泥质量 5% 且符合 GB 175—2007 的窑灰代替。
　　b. 本组分材料为符合 GB/T 203 或 GB/T 18046 的活性混合材料,其中允许用不超过水泥质量 8% 且符合 GB 175—2007 的活性混合材料或符合 GB 175—2007 的非活性混合材料或符合 GB 175—2007 的窑灰中的任一种材料代替。
　　c. 本组分材料为符合 GB/T 2847 的活性混合材料。
　　d. 本组分材料为符合 GB/T 1596 的活性混合材料。
　　e. 本组分材料为由两种(含)以上符合 GB 175—2007 的活性混合材料或/和符合 GB 175—2007 的非活性混合材料组成,其中允许用不超过水泥质量 8% 且符合 GB 175—2007 的窑灰代替。掺矿渣时混合材料掺量不得与矿渣硅酸盐水泥重复。

4.1.1.2　强度等级

原材料、配料情况和工艺不同，则烧成的水泥熟料强度等级有差异。实际生产应用中，为了在原有水泥熟料基础上生产出不同强度等级的水泥，以及生产出具备不同特性的水泥，同时也为了能在水泥生产过程中大量利用工业固体废弃物，水泥粉磨过程中通常掺加如粉煤灰、火山灰、粒化高炉矿渣等混合材。水泥熟料烧成过程中产生的窑灰也通常与水泥熟料一起粉磨而成为水泥产品的一部分。

硅酸盐水泥的强度等级分为 42.5、42.5R、52.5、52.5R、62.5、62.5R 六个等级；普通硅酸盐水泥的强度等级分为 42.5、42.5R、52.5、52.5R 四个等级；矿渣硅酸盐水泥、火山灰质硅酸盐水泥、粉煤灰硅酸盐水泥、复合硅酸盐水泥的强度等级分为 32.5、32.5R、42.5、42.5R、52.5、52.5R 六个等级。各种强度等级水泥的强度指标如表 4-2 所示。

表 4-2　各种强度等级水泥的强度指标

品　　种	强度等级	抗压强度/MPa		抗折强度/MPa	
		3d	28d	3d	28d
硅酸盐水泥	42.5	≥17.0	≥42.5	≥3.5	≥6.5
	42.5R	≥22.0		≥4.0	
	52.5	≥23.0	≥52.5	≥4.0	≥7.0
	52.5R	≥27.0		≥5.0	
	62.5	≥28.0	≥62.5	≥5.0	≥8.0
	62.5R	≥32.0		≥5.5	
普通硅酸盐水泥	42.5	≥17.0	≥42.5	≥3.5	≥6.5
	42.5R	≥22.0		≥4.0	
	52.5	≥23.0	≥52.5	≥4.0	≥7.0
	52.5R	≥27.0		≥5.0	
矿渣硅酸盐水泥 火山灰质硅酸盐水泥 粉煤灰硅酸盐水泥 复合硅酸盐水泥	32.5	≥10.0	≥32.5	≥2.5	≥5.5
	32.5R	≥15.0		≥3.5	
	42.5	≥15.0	≥42.5	≥3.5	≥6.5
	42.5R	≥19.0		≥4.0	
	52.5	≥21.0	≥52.5	≥4.0	≥7.0
	52.5R	≥23.0		≥4.5	

4.1.1.3　化学指标

水泥的化学指标包括不溶物、烧失量、三氧化硫、氧化镁和氯离子含量等，应符合表 4-3 的规定。

表 4-3　通用水泥的化学指标

品种	代号	不溶物 （质量分数）	烧失量 （质量分数）	三氧化硫 （质量分数）	氧化镁 （质量分数）	氯离子 （质量分数）
硅酸盐水泥	P·Ⅰ	≤0.75	≤3.0	≤3.5	≤5.0[a]	≤0.06[c]
	P·Ⅱ	≤1.50	≤3.5			
普通硅酸盐水泥	P·O	—	≤5.0			
矿渣硅酸盐水泥	P·S·A	—	—	≤4.0	≤6.0[b]	
	P·S·B	—	—		—	
火山灰质硅酸盐水泥	P·P	—	—	≤3.5	≤6.0[b]	
粉煤灰硅酸盐水泥	P·F					
复合硅酸盐水泥	P·C					

　　a. 如果水泥压蒸试验合格，则水泥中氧化镁的含量（质量分数）允许放宽至 6.0%。

　　b. 如果水泥中氧化镁的含量（质量分数）大于 6.0% 时，需进行水泥压蒸安定性试验并合格。

　　c. 当有更低要求时，该指标由买卖双方协商确定。

4.1.1.4 其他指标

对水泥的质量要求中，除了强度指标和化学指标要求外，还有碱含量、细度、凝结时间和安定性等方面的要求。

水泥中碱含量按 $Na_2O+0.658K_2O$ 计算值表示。碱含量是一个选择性控制指标，若使用活性骨料，用户要求提供低碱水泥时，水泥中的碱含量应不大于 0.60% 或由买卖双方协商确定。

水泥的细度也作为一项选择性指标。硅酸盐水泥和普通硅酸盐水泥以比表面积表示，不小于 $300m^2/kg$；矿渣硅酸盐水泥、火山灰质硅酸盐水泥、粉煤灰硅酸盐水泥和复合硅酸盐水泥以筛余表示，$80\mu m$ 方孔筛筛余不大于 10% 或 $45\mu m$ 方孔筛筛余不大于 30%。

水泥的凝结时间直接影响到混凝土拌合物的可施工时间。硅酸盐水泥初凝不小于 45min，终凝不大于 390min。普通硅酸盐水泥、矿渣硅酸盐水泥、火山灰质硅酸盐水泥、粉煤灰硅酸盐水泥和复合硅酸盐水泥初凝不小于 45min，终凝不大于 600min。

水泥的安定性检验采用沸煮法进行测定，安定性指标必须合格，否则这种水泥即为废品，严禁在工程中使用。

4.1.2 粗骨料

普通混凝土常用的粗骨料为颗粒粒径大于 5mm 的碎石或卵石。碎石为天然岩石或卵石经破碎、筛分而得到的岩石颗粒；卵石为由自然条件作用而形成的岩石颗粒。

4.1.2.1 颗粒形状及表面特征

碎石往往具有棱角，且表面粗糙，在水泥用量和用水量相同的情况下，用碎石拌制的混凝土拌合物流动性较差，但其与水泥黏结较好，故强度较高；相反，卵石多为表面光滑的球形颗粒，用卵石拌制的混凝土拌合物流动性较好，但强度较差。如要求流动性相同，采用卵石时用水量可适当减少，结果强度不一定比用碎石的低。

粗骨料的颗粒中还有一些为针、片状颗粒。凡岩石颗粒的长度大于该颗粒所属粒级的平均粒径的 2.4 倍者为针状颗粒；厚度小于平均粒径 0.4 倍者为片状颗粒。平均粒径指该粒级上、下限粒径的平均值。这种针、片状颗粒过多，会影响混凝土的和易性并降低混凝土的强度。

4.1.2.2 最大粒径

粗骨料中公称粒级的上限称为该粗骨料的最大粒径。当骨料粒径增大时，其表面积随之减小，所需水泥浆或砂浆数量也相应减少，所以粗骨料中最大粒径在条件许可的情况下，应尽量用得大些。试验研究证明，最佳的最大粒径取决于混凝土的水泥用量。在水泥用量少的混凝土中（水泥用量≯$170kg/m^3$），采用大粒径骨料是有利的。在普通配合比的结构混凝土中，骨料粒径大于 40mm 并没有好处。骨料最大粒径还受结构型式和配筋疏密的限制。

根据《混凝土结构工程施工规范》(GB 50666—2011) 的规定，混凝土粗骨料的最大粒径不得超过结构截面尺寸的 1/4，同时不得大于钢筋间最小净距的 3/4；对于实芯混凝土板，骨料的最大粒径不宜超过板厚的 1/3，且不得超过 40mm。

4.1.2.3 石子的质量要求

石子的质量要求应满足《普通混凝土用砂、石质量及检验方法标准》(JGJ 52—2006)。

(1) 石筛应采用方孔筛。碎石或卵石的颗粒级配，应符合表 4-4 的要求。混凝土用石应采用连续粒级。

单粒级宜用于组合成满足要求级配的连续粒级，也可与连续粒级混合使用，以改善其级配或配成较大粒度的连续粒级。

当卵石的颗粒级配不符合表 4-4 要求时，应采取措施并经试验证实能确保工程质量后，方允许使用。

表 4-4　碎石或卵石的颗粒级配范围

级配情况	公称粒级/mm	累计筛余,按质量计/%											
		方孔筛筛孔尺寸/mm											
		2.36	4.75	9.5	16.0	19.0	26.5	31.5	37.5	53.0	63.0	75.0	90
连续粒级	5~10	95~100	80~100	0~15	0	—	—	—	—	—	—	—	—
	5~16	95~100	85~100	30~60	0~10	0	—	—	—	—	—	—	—
	5~20	95~100	90~100	40~80	—	0~10	0	—	—	—	—	—	—
	5~25	95~100	90~100	—	30~70	—	0~5	0	—	—	—	—	—
	5~31.5	95~100	90~100	70~90	—	15~45	—	0~5	0	—	—	—	—
	5~40	—	95~100	70~90	—	30~65	—	—	0~5	0	—	—	—
单粒级	10~20	—	95~100	85~100	—	0~15	0	—	—	—	—	—	—
	16~31.5	—	95~100	—	85~100	—	—	0~10	0	—	—	—	—
	20~40	—	—	95~100	—	80~100	—	—	0~10	0	—	—	—
	31.5~63	—	—	—	95~100	—	—	75~100	45~75	—	0~10	0	—
	40~80	—	—	—	—	95~100	—	—	70~100	—	30~60	0~10	0

（2）碎石或卵石中针、片状颗粒含量应符合表 4-5 的规定。

表 4-5　碎石或卵石中针、片状颗粒含量

混凝土强度等级	≥C60	C55~C30	≤C25
针、片状颗粒含量（按质量计）/%	≤8	≤15	≤25

（3）碎石或卵石中的含泥量应符合表 4-6 的规定。

表 4-6　碎石或卵石中的含泥量

混凝土强度等级	≥C60	C55~C30	≤C25
含泥量（按质量计）/%	≤0.5	≤1.0	≤2.0

对于有抗冻、抗渗或其他特殊要求的混凝土，其所用碎石或卵石的含泥量不应大于 1.0%。当碎石或卵石的含泥是非黏土质的石粉时，其含泥量可由表 4-6 的 0.5%、1.0%、2.0%，分别提高到 1.0%、1.5%、3.0%。

（4）碎石或卵石中的泥块含量应符合表 4-7 的规定。

表 4-7　碎石或卵石中的泥块含量

混凝土强度等级	≥C60	C55~C30	≤C25
泥块含量（按质量计）/%	≤0.2	≤0.5	≤0.7

对于有抗冻、抗渗和其他特殊要求的强度等级小于 C30 的混凝土，其所用碎石或卵石

的泥块含量应不大于 0.5%。

（5）碎石的强度可用岩石的抗压强度和压碎值指标表示。岩石的抗压强度应不宜低于所配制的混凝土强度的 1.5 倍。当混凝土强度等级大于或等于 C60 时，应进行岩石抗压强度检验，岩石强度首先应由生产单位提供，工程中可采用压碎值指标进行质量控制。碎石的压碎值指标宜符合表 4-8 的规定。

表 4-8　碎石的压碎值指标

岩石品种	混凝土强度等级	碎石压碎值指标/%
沉积岩	C60～C40	≤10
	≤C35	≤16
变质岩或深成的火成岩	C60～C40	≤12
	≤C35	≤20
喷出的火成岩	C60～C40	≤13
	≤C35	≤30

注：沉积岩包括石灰岩、砂岩等。变质岩包括片麻岩、石英岩等。深成的火成岩包括花岗岩、正长岩、闪长岩和橄榄岩等。喷出的火成岩包括玄武岩和辉绿岩等。

卵石的强度用压碎值指标表示，其压碎值指标宜符合表 4-9 的规定采用。

表 4-9　卵石的压碎值指标

混凝土强度等级	C60～C40	≤C35
压碎值指标/%	≤12	≤16

（6）碎石或卵石的坚固性应用硫酸钠溶液法检验，试样经 5 次循环后，其质量损失应符合表 4-10 的规定。

表 4-10　碎石或卵石的坚固性指标

混凝土所处的环境条件及其性能要求	5 次循环后的质量损失/%
在严寒及寒冷地区室外使用，并经常处于潮湿或干湿交替状态下的混凝土，有腐蚀性介质作用或经常处于水位变化区的地下结构或有抗疲劳、耐磨、抗冲击等要求的混凝土	≤8
在其他条件下使用的混凝土	≤12

（7）碎石或卵石中的硫化物和硫酸盐含量，以及卵石中有机物等有害物质含量应符合表 4-11 的规定。

表 4-11　碎石或卵石中的有害物质含量

项　　目	质量要求
硫化物及硫酸盐含量（折算成 SO_3，按质量计/%）	≤1.0
卵石中有机物含量（用比色法试验）	颜色应不深于标准色。当颜色深于标准色时，应配制成混凝土进行强度对比试验，抗压强度比应不低于 0.95

当碎石或卵石中含有颗粒状硫酸盐或硫化物杂质时，应进行检验，确认能满足混凝土耐久性要求后，方可采用。

（8）对于长期处于潮湿环境的重要结构混凝土，其所使用的碎石或卵石应进行碱活性检验。

进行碱活性检验时，首先应采用岩相法检验碱活性骨料的品种、类型和数量。当检验出骨料中含有活性二氧化硅时，应采用快速砂浆法和砂浆长度法进行碱活性检验；当检验出骨料中含有活性碳酸盐时，应采用岩石柱法进行碱活性检验。

经上述检验，当判定骨料存在潜在碱-硅反应危害时，应控制混凝土中的碱含量不超过 $3kg/m^3$，或采用能抑制碱-骨料反应的有效措施。

当判定骨料存在潜在碱-碳酸盐反应危害时，不宜用作混凝土骨料，否则，应通过专门的混凝土试验，做最后评定。

4.1.3　机制砂

机制砂是由机械破碎、筛分制成的，粒径小于 4.75mm 的岩石颗粒，但不包括软质岩、风化岩的颗粒。

机制砂自身的主要特点是：目前基本为中粗砂，细度模数在 2.6～3.6 之间，颗粒级配稳定、可调，含有一定量的石粉，表面粗糙，棱角尖锐。由于全国各地机制砂的生产矿源不同、生产加工机制砂的设备和工艺不同，生产出的机制砂粒形和级配可能会有很大区别。如有些机制砂片状颗粒较多，有些机制砂的颗粒级配为两头大中间小，但只要能满足国标中对机制砂的全部技术指标，就可以在混凝土和砂浆中使用。机制砂具体技术指标和品质控制指标详见第 3 章。

4.1.4　外加剂

混凝土外加剂定义为：除胶凝材料、骨料、水和纤维组分以外，在混凝土拌制之前或拌制过程中加入的，用以改善新拌混凝土和（或）硬化混凝土性能，对人、生物及环境安全无有害影响的材料。

混凝土外加剂品种多，其使用对改善混凝土施工性，提高混凝土强度和耐久性，扩展混凝土应用领域，减少水泥用量，利用工业固体废弃物，以及降低成本，降低资源、能源消耗和改善环境都具有十分重要的意义。

机制砂的需水量大，和易性稍差，易产生泌水，特别是在水泥用量少的低强度等级混凝土中表现明显。因此在配制机制砂高性能混凝土时，可以根据需要掺入一定的外加剂，调整混凝土的工作性能，使混凝土达到设计要求。

4.1.4.1　分类

混凝土外加剂按其主要功能，一般分为五类：

（1）改善新拌混凝土流变性能的外加剂。包括减水剂、泵送剂、引气剂和保水剂等。

（2）调节混凝土凝结、硬化性能的外加剂。包括早强剂、缓凝剂和速凝剂等。

（3）调节混凝土气体含量的外加剂。包括引气剂、加气剂、泡沫剂和消泡剂等。

（4）改善混凝土耐久性的外加剂。包括引气剂、抗冻剂和阻锈剂等。

（5）改善混凝土其他性能的外加剂。包括引气剂、膨胀剂和防水剂等。

4.1.4.2　常用外加剂

外加剂按其主要功能分类，每一类外加剂均由某种主要化学组成成分组成。市售的外加剂可能都复合有不同的组成材料。根据《混凝土外加剂》（GB 8076—2008）的规定，简单介绍几种常用的混凝土外加剂。

（1）高性能减水剂。高性能减水剂是国内外近年来开发的新型外加剂品种，目前主要为聚羧酸盐类产品。它具有"梳状"的结构特点，由带有游离的羧酸阴离子团的主链和聚氧乙烯基侧链组成，改变单体的种类、比例和反应条件可生产具有各种不同性能和特性的高性能减水剂。早强型、标准型和缓凝型高性能减水剂可由分子设计引入不同官能团而生产，也可掺入不同组分复配而成。其主要特点为：

① 掺量低（按照固体含量计算，一般为胶凝材料质量的 0.15%～0.25%），减水率高；

② 混凝土拌合物工作性及工作性保持性较好；

③ 外加剂中氯离子和碱含量较低；

④ 用其配制的混凝土收缩率较小，可改善混凝土的体积稳定性和耐久性；

⑤ 与水泥的适应性较好；

⑥ 生产和使用过程中不污染环境，是环保型的外加剂。

（2）高效减水剂。高效减水剂不同于普通减水剂，具有较高的减水率、较低的引气量，是我国使用量大、面广的外加剂品种。目前，我国使用的高效减水剂品种较多，主要有下列几种：

① 萘系减水剂；

② 氨基磺酸盐系减水剂；

③ 脂肪族（醛酮缩合物）减水剂；

④ 蜜胺系及改性蜜胺系减水剂；

⑤ 蒽系减水剂；

⑥ 洗油系减水剂。

缓凝型高效减水剂是以上述各种高效减水剂为主要组分，再复合各种适量的缓凝组分或其他功能性组分而成的外加剂。

（3）普通减水剂。普通减水剂的主要成分为木质素磺酸盐，通常由亚硫酸盐法生产纸浆的副产品制得。常用的有木钙、木钠和木镁。其具有一定的缓凝、减水和引气作用。以其为原料，加入不同类型的调凝剂，可制得不同类型的减水剂，如早强型、标准型和缓凝型的减水剂。

（4）引气减水剂。引气减水剂是兼有引气和减水功能的外加剂。它是由引气剂与减水剂复合组成。根据工程要求不同，性能有一定的差异。

（5）泵送剂。泵送剂是用以改善混凝土泵送性能的外加剂。它由减水剂、调凝剂、引气剂、润滑剂等多种组分复合而成。根据工程要求，其产品性能有所差异。

（6）早强剂。早强剂是能加速水泥水化和硬化，促进混凝土早期强度增长的外加剂，可缩短混凝土养护龄期，加快施工进度，提高模板和场地周转率。早强剂主要是无机盐类、有机物等，但现在越来越多地使用各种复合型早强剂。

（7）缓凝剂。缓凝剂是可在较长时间内保持混凝土工作性，延缓混凝土凝结和硬化时间的外加剂。缓凝剂的种类较多，可分为有机和无机两大类，主要有：

① 糖类及碳水化合物，如淀粉、纤维素的衍生物等；

② 羟基羧酸，如柠檬酸、酒石酸、葡萄糖酸以及其盐类；

③ 可溶硼酸盐和磷酸盐等。

（8）引气剂。引气剂是一种在搅拌过程中具有在砂浆或混凝土中引入大量、均匀分布的微气泡，而且在硬化后能保留在其中的一种外加剂。引气剂的种类较多，主要有：

① 可溶性树脂酸盐（松香酸）；

② 文沙尔树脂；

③ 皂化的吐尔油；

④ 十二烷基磺酸钠；

⑤ 十二烷基苯磺酸钠；

⑥ 磺化石油羟类的可溶性盐等。

4.1.4.3 特殊外加剂

除了上述常用的外加剂，根据不同工程的实际需要，开发了适用于特殊用途下的特种外加剂，如水下抗分散剂、增稠剂等。

4.1.5 矿物掺合料

4.1.5.1 粉煤灰

粉煤灰是一种颗粒非常细小，经过特殊设备收集的粉状物质。通常所指的粉煤灰是指燃煤电厂中磨细煤灰在锅炉中燃烧后从烟道排出、被收尘器收集的物质。粉煤灰呈灰褐色，通常呈酸性，比表面积在 $2500\sim7000cm^2/g$ 之间，尺寸从几百微米到几微米不等，主要成分为 SiO_2、Al_2O_3 和 Fe_2O_3，有些时候 CaO 含量较高。粉煤灰是一种典型的非均匀性物质，含有未燃尽的炭、未发生变化的矿物（如石英等）和碎片等，而通常 50% 以上是粒径小于 $10\mu m$ 的球状铝硅颗粒。

根据品质不同，粉煤灰分为I级粉煤灰、II级粉煤灰和III级粉煤灰。而根据生产时所用煤种的不同，又分为 F 类粉煤灰和 C 类粉煤灰，其中 F 类粉煤灰是指由无烟煤或烟煤煅烧收集的粉煤灰，C 类粉煤灰是指由褐煤或次烟煤煅烧收集的粉煤灰，其氧化钙含量一般大于 10%。

在混凝土中掺加粉煤灰节约了大量的水泥和细骨料，减少了用水量，改善了混凝土拌合物的和易性，增强了混凝土的可泵性，减少了混凝土的徐变，减少了水化热、热膨胀性，提高了混凝土抗渗能力，增加了混凝土的修饰性。表 4-12 为拌制混凝土和砂浆用粉煤灰技术要求。

表 4-12 拌制混凝土和砂浆用粉煤灰技术要求

项 目		技术要求		
		I级	II级	III级
细度(45μm 方孔筛筛余),不大于/%	F类粉煤灰	12.0	25.0	45.0
	C类粉煤灰			
需水量比,不大于/%	F类粉煤灰	95	105	115
	C类粉煤灰			
烧失量,不大于/%	F类粉煤灰	5.0	8.0	15.0
	C类粉煤灰			
含水量,不大于/%	F类粉煤灰	1.0		
	C类粉煤灰			
三氧化硫,不大于/%	F类粉煤灰	3.0		
	C类粉煤灰			
游离氧化钙,不大于/%	F类粉煤灰	1.0		
	C类粉煤灰	4.0		
安定性雷氏夹沸煮后增加距离,不大于/mm	C类粉煤灰	5.0		

4.1.5.2　矿渣粉

在高炉冶炼生铁时，所得以硅铝酸盐为主要成分的熔融物，经淬冷成粒后，具有潜在水硬性的材料，即为粒化高炉矿渣，简称矿渣。以粒化高炉矿渣为主要原料，可掺加少量石膏磨制成一定细度的粉体，称作粒化高炉矿渣粉，简称矿渣粉。根据比表面积和活性指数的不同，将矿渣粉分为三个等级：S105、S95、S75。

矿渣粉等量替代各种用途混凝土及水泥制品中的水泥用量，可以明显地改善混凝土和水泥制品的综合性能。矿渣粉作为高性能混凝土的新型掺合料，具有改善混凝土各种性能的优点，具体表现为：可以大幅度提高水泥混凝土的后期强度，能配制出超高强水泥混凝土；可以有效抑制水泥混凝土的碱-骨料反应，显著提高水泥混凝土的抗碱-骨料反应性能，提高水泥混凝土的耐久性；可以有效提高水泥混凝土的抗海水侵蚀性能，特别适用于抗海水工程；可以显著减少水泥混凝土的泌水量，改善混凝土的和易性；可以显著提高水泥混凝土的致密性，改善水泥混凝土的抗渗性；可以显著降低水泥混凝土的水化热，适用于配制大体积混凝土。矿渣粉应符合的技术指标如表 4-13。

表 4-13　矿渣粉的技术指标

项　　目			级　别		
			S105	S95	S75
密度/(g/cm³)		≥	2.8		
比表面积/(m³/kg)		≥	500	400	300
活性指数/%	≥	7d	95	75	55
		28d	105	95	105
流动度比/%		≥	95		
含水量(质量分数)/%		≤	1.0		
三氧化硫(质量分数)/%		≤	4.0		
氯离子(质量分数)/%		≤	0.06		
烧失量(质量分数)/%		≤	3.0		
玻璃体含量(质量分数)/%		≥	85		
放射性			合格		

4.1.5.3　硅灰

在冶炼硅铁合金或工业硅时，通过烟道排出的粉尘，经收集得到的以无定形二氧化硅为主要成分的粉体材料，即为硅灰。

硅灰的密度约为 2.2g/cm³，一般是由非常细小、表面平滑的玻璃态球形颗粒组成，比表面积介于 15000～20000m²/kg 之间。硅灰的绝大多数颗粒的粒径小于 1μm，平均粒径在 0.1～0.2μm，约为水泥颗粒直径的 1/100。高细度是硅灰的重要特征之一，因为微小颗粒能够高度分散在混凝土中，填充在水泥颗粒之间而提高混凝土的密实度，同时微小颗粒相对具有更高的火山灰活性，能更快、更全面地与水泥水化产生的氢氧化钙反应，因而掺加硅灰可以显著改善混凝土的强度和耐久性。硅灰的技术要求应符合表 4-14 的规定。

表 4-14　硅灰的技术要求

项　目	指　标	项　目	指　标
固含量（液料）	按生产控制值的±2%	需水量比	≤125%
总碱量	≤1.5%	比表面积（BET法）	≥15m²/g
SiO_2含量	≥85.0%	活性指数（7d快速法）	≥105%
氯含量	≤0.1%	放射性	I_{ta}≤1.0和I_r≤1.0
含水率（粉体）	≤3.0%	抑制碱-骨料反应性	14d膨胀率降低值≥35%
烧失量	≤4.0%	抗氯离子渗透性	28d电通量之比≤40%

注：1. 硅灰浆折算为固体含量按此表进行检验。

2. 抑制碱-骨料反应性和抗氯离子渗透性为选择性试验项目，由供需双方协商决定。

4.1.5.4　其他矿物掺合料

（1）钢渣粉。钢渣是炼钢过程中产生的废渣，排放量较大。钢渣主要来自金属炉料中各元素被氧化后生成的氧化物、被侵蚀的炉料和补炉材料、金属炉料带入的杂质如泥砂和为调整钢渣性质而特意加入的造渣材料，如石灰石、白云石、铁矿石、硅石等。钢渣产生率约为粗钢量的15%～20%。按炼钢的方式可将钢渣分为平炉钢渣、转炉钢渣和电炉钢渣，其中，平炉钢渣又分为初期渣和末期渣；电炉钢渣还可分为氧化渣和还原渣。我国80%左右的钢渣是转炉渣。

研究结果表明，当水灰比较低时，掺入钢渣能够改善混凝土的工作性能，且在一定程度上钢渣掺量越大，效果越明显。当水灰比较高时，掺入钢渣也能在一定程度上改善混凝土的工作性，但当掺量较大时，混凝土的抗离析能力下降。

当钢渣掺量低于20%时，混凝土的早期抗压强度低于纯水泥混凝土，但28d后的抗压强度接近甚至略高于纯水泥混凝土；当钢渣掺量超过20%时，混凝土的抗压强度随着钢渣掺量的增大而降低，且掺量较大时，混凝土抗压强度降低的幅度也较大。

此外，在混凝土中掺适量的钢渣（一般低于20%），可以提高混凝土抗氯离子渗透的能力，但效果不如粉煤灰或矿渣。

（2）磷矿渣。磷矿渣是电炉法制取黄磷过程中产生的一种工业废渣，是在用电炉法制取黄磷时，所得到的以硅酸钙为主要成分的熔融物，经淬冷，即为粒化电炉磷渣，简称磷渣。用磷矿渣配制水工混凝土，可提高混凝土的抗拉强度和极限拉伸值，大幅度降低水化热，降低收缩，提高耐久性，延长混凝土初、终凝时间，降低大体积混凝土施工强度，有利于新老混凝土层间结合。

（3）高岭土。偏高岭土（metakaolin，简称MK）是一种火山灰材料，是以高岭土（主要成分为高岭石，$Al_2O_3 \cdot 2SiO_2 \cdot 2H_2O$，$AS_2H_2$）为原料，在适当温度下（540～880℃）经脱水形成的无水硅酸铝（$Al_2O_3 \cdot 2SiO_2$，AS_2）。偏高岭土的分子结构属于一种无序排列，具有一定的活性，在适当的激发条件下能够产生胶凝性能。

偏高岭土是一种高活性矿物掺合料，具有很高的火山灰活性。偏高岭土中的活性组分Al_2O_3和SiO_2能够与水泥水化时产生的$Ca(OH)_2$反应，生成水化硅酸钙和水化铝酸钙等水化产物，从而减少混凝土的碱含量，减轻或消除碱-骨料反应，提高混凝土的强度；偏高岭土颗粒很细（小于$10\mu m$），填充性能良好，能提高混凝土的密实性、抗碳化能力和耐酸碱性等性能。

4.2 设计参数选择

设计机制砂高性能混凝土时，为使设计出的混凝土满足强度、和易性、耐久性以及经济性等方面的要求，设计前应充分了解其用途及使用条件，包括工程规定的设计强度，结构配筋情况，施工条件以及构件和工程的使用条件，原材料的性能、价格等。在此基础上，根据需要选取设计参数。

设计参数包括：试配强度、水泥品种、强度等级及水泥用量、用水量、砂率、骨料性能、矿物掺合料及外加剂等。设计参数的选择是混凝土配合比设计的关键环节，参数选择得当，可配制出符合设计性能指标要求的混凝土，同时可降低成本。

4.2.1 试配强度

机制砂高性能混凝土的强度受很多因素的影响，每种组成材料的性能及搅拌、运输、成型和养护工艺等施工条件的变化都可能引起其强度的波动。从统计学观点来说，混凝土强度是一个随机变量，即使同一批材料，按同一种配合比，采用同一种施工工艺的混凝土也会因其他可变因素的影响使其强度产生一定的波动。所以，在设计机制砂高性能混凝土配合比时，必须考虑可能产生的误差，使混凝土的试配强度具有一定的保证率。

根据我国《普通混凝土配合比设计规程》（JGJ 55—2011）的规定，当混凝土的设计强度等级小于 C60 时，配制强度应按式（4-1）确定：

$$f_{cu,o} \geq f_{cu,k} + 1.645\sigma \qquad (4\text{-}1)$$

式中　$f_{cu,o}$——混凝土的试配强度，MPa；

　　　$f_{cu,k}$——混凝土立方体抗压强度标准值（即强度等级），MPa；

　　　σ——混凝土强度标准差，MPa。

当设计强度等级不小于 C60 时，配制强度应按式（4-2）确定：

$$f_{cu,o} \geq 1.15 f_{cu,k} \qquad (4\text{-}2)$$

标准差 σ 按表 4-15 取值。例如，如果要配制 C50 混凝土，通过查表 4-15，$\sigma = 6.0\text{MPa}$，根据式（4-1）可计算出混凝土试配强度为 59.87MPa。

表 4-15　混凝土强度标准差取值标准

混凝土强度等级	≤C20	C25~C45	C50~C55
σ/MPa	4.0	5.0	6.0

高性能混凝土强度的选择也可参照现行《普通混凝土配合比设计规程》(JGJ 55) 的规定进行确定。

4.2.2 水泥品种、强度等级及水泥用量

配制机制砂高性能混凝土所用水泥应符合现行《通用硅酸盐水泥》(GB 175) 和《矿渣硅酸盐水泥、火山灰质硅酸盐水泥及粉煤灰硅酸盐水泥》(GB 1344) 的要求。若采用其他品种的水泥时，其性能指标必须符合相应标准的要求。

机制砂高性能混凝土的配制，一般选用普通硅酸盐水泥或硅酸盐水泥，强度等级一般不小于 42.5，具体根据实际工程需要进行选择。在机制砂高性能混凝土中，选择需水量较小的水泥可以实现混凝土水灰比的降低，有利于强度的提高，较高的水泥强度也有利于形成较

高的混凝土强度。如对于大体积施工的机制砂超高泵送混凝土，应采用中、低热硅酸盐水泥或低热矿渣硅酸盐水泥；机制砂自密实混凝土一般优选稳定性好、需水性低、并与高效减水剂相容的水泥，优先选择 C_3A 和碱含量小、标准稠度需水量低的水泥。

水泥用量是影响机制砂高性能混凝土强度与密度的主要因素之一，合理的水泥用量在使混凝土达到设计性能要求的同时，还能节约水泥、降低成本。配制机制砂高性能混凝土的水泥用量与普通高性能混凝土相当。配制 C50 和 C60 高性能混凝土所用的水泥量不宜大于 $450kg/m^3$，配制 C70 和 C80 高性能混凝土所用的水泥量不宜大于 $500kg/m^3$。

此外，机制砂高性能混凝土的水泥用量还与机制砂的表面形状、颗粒级配、石粉含量、含泥量等有关。由于机制砂为机械破碎而成，其颗粒多棱角，表面粗糙，因此相对于天然砂而言，机制砂颗粒需要更多的浆体包裹，即达到相同的工作性能时，机制砂混凝土需要更多的胶凝材料用量，因此在选择水泥用量时要根据所用机制砂的特点进行适当调整。

4.2.3 用水量

机制砂高性能混凝土的用水量应符合现行《混凝土用水标准》(JGJ 63) 的要求。

天然砂经长期的水流搬运与磨蚀，表面光滑、圆润，配制出的混凝土工作性能优良，但机制砂为机械破碎而成，其颗粒多棱角，表面粗糙，因此一般来讲，达到同样坍落度的前提下，机制砂混凝土需要更多的用水量。在相同条件下，配制相同坍落度的混凝土，机制砂比天然河砂需水量增加 $5\sim10kg/m^3$。

配制机制砂高性能混凝土时所需用水量较普通高性能混凝土高，用水量增大将导致混凝土极易发生泌水现象，因此在保证混凝土工作性能的前提下，要适当控制混凝土的拌合用水量。

4.2.4 砂率

砂率是混凝土中砂的质量与砂和石的总质量之比。由于混凝土的密度取决于骨料的含量，因此砂率的大小影响混凝土的密度。砂率的变动，也会使骨料的总表面积有显著改变，从而对混凝土拌合物的和易性有较大影响。

砂率的变动，会影响新拌混凝土中骨料的级配，使骨料的空隙率和总表面积有很大变化，对新拌混凝土的和易性产生显著影响。在水泥浆数量一定时，砂率过大，骨料的总表面积增大，需较多水泥浆填充和包裹骨料，使起润滑作用的水泥浆减少，新拌混凝土的流动性减小；砂率过小，骨料的空隙率显著增加，不能保证在粗骨料之间有足够的砂浆层，会严重影响混凝土的黏聚性和保水性，容易造成离析、流浆等现象。

砂率有一个合理范围，处于这一范围的砂率叫合理砂率。当采用合理砂率时，在用水量和水泥用量一定的情况下，能使混凝土拌合物获得最大的流动性且能保持良好的黏聚性和保水性。合理砂率随粗骨料种类、最大粒径和级配，砂子的粗细程度和级配，混凝土的水灰比和施工要求的流动性而变化，需要根据实际施工条件，通过试验来选择。

目前工厂生产的机制砂级配一般较差，需要较高的砂率，随着机制砂中石粉含量的增加，砂率相应地需要降低，也就是说采用机制砂配制混凝土时，其砂率的选择不仅要考虑机制砂细度模数的大小，还要充分注意其石粉含量的影响。

4.2.5 机制砂性能要求及用量

机制砂的石粉含量大，其针片状颗粒含量高，使混凝土的需水量增大。这些均会对机制砂高性能混凝土的工作性、强度和耐久性产生不良影响。

配制机制砂自密实混凝土用机制砂宜用质地坚硬、母材强度＞75MPa，且不含对混凝土有害的化学成分的岩石，经机械轧制而成。

机制砂颗粒粗糙，石粉含量高，这势必减弱混凝土的流动性，增加需水量。在相同条件下，配制相同坍落度的混凝土，机制砂比天然河砂需水量增加 5～10kg/m³。机制砂的石粉含量宜控制在 8%～10%之间，超过 10%应在混凝土配合比设计中作为惰性矿物掺合料使用。

4.2.6　粗骨料用量

配制机制砂高性能混凝土所用粗骨料应符合现行《普通混凝土用砂、石质量及检验方法标准》(JGJ 52)的要求。

粗骨料应采用碎石，不得采用具有碱活性或潜在碱活性的粗骨料。骨料应为连续级配，宜采用两个或三个粒级的粗骨料配制连续级配粗骨料。选择用于制作粗骨料的岩石时，应进行岩石强度的检验，该岩石强度宜比机制砂高性能混凝土强度等级高 50%以上。工程中，可采用压碎值指标进行粗骨料强度的质量控制，压碎值指标不应大于 12%。粗骨料中含泥量不应大于 1%，泥块含量不应大于 0.5%。用于水泥混凝土路面的机制砂高强混凝土的粗骨料应符合《公路水泥混凝土路面施工技术规范》(JTG F30)中的规定。

4.2.7　矿物掺合料

矿物掺合料在混凝土中的广泛应用表明，其不仅能改善混凝土的相关性能，而且还能带来显著的经济效益。同时由于机制砂混凝土中骨料的特殊性，要求水泥用量较同等强度的普通混凝土多。因此，为了改善机制砂混凝土的和易性，同时降低成本，需要掺加适量的活性矿物掺合料。

在当前常用的矿物掺合料中，粉煤灰、磨细矿渣、硅灰在机制砂混凝土中的应用最为普遍。如在机制砂自密实混凝土的配制中，优质的粉煤灰（细度约 4000m²/g）是机制砂自密实混凝土最常用的活性掺合料，可有效改善机制砂自密实混凝土的流动性；磨细矿渣（粒径小于 0.125mm）用于改善和保持机制砂自密实混凝土的工作性，提高机制砂自密实混凝土硬化后的强度；硅灰用于改善机制砂自密实混凝土的流变性能和抗离析能力。

不同类型的机制砂高性能混凝土对所用矿物掺合料的类型也有要求。如在配制机制砂超高泵送混凝土时，为控制混凝土的良好性能及成本，应合理使用不同品种的矿物掺合料。一般机制砂超高泵送混凝土优选性能良好的Ⅰ级粉煤灰、准Ⅰ级粉煤灰或矿渣微粉，对于高强混凝土，应考虑复掺硅灰。配制机制砂高强混凝土时，粉煤灰宜选用Ⅰ级灰，若无Ⅰ级粉煤灰，也可选用Ⅱ级粉煤灰；但Ⅱ级粉煤灰的需水量、细度、烧失量三项技术指标中应只有一项达不到Ⅰ级指标要求。

矿物掺合料掺量也随着机制砂混凝土的应用领域及具体要求不同而不同，粉煤灰掺量、粉煤灰取代水泥的百分数及超量取代系数等一系列参数的选择，应参照《用于水泥和混凝土中的粉煤灰》(GB/T 1596)的有关规定执行；磨细矿渣的使用应参照现行《用于水泥、砂浆和混凝土中的粒化高炉矿渣粉》(GB 18046)的有关规定执行；硅灰的使用应参照现行《砂浆和混凝土用硅灰》(GB 27690)的有关规定执行。

4.2.8　外加剂

由于机制砂颗粒粗糙，石粉含量高，这势必减弱混凝土的流动性，增加需水量。如果按天然砂的规律进行混凝土配比设计，机制砂的需水量大，和易性稍差，易产生泌水，特别是在水泥用量少的低强度等级混凝土中表现明显。因此在配制机制砂高性能混凝土时，可以根据需要掺入一定的外加剂，调整混凝土的工作性能，使混凝土达到设计要求。如配制机制砂自密实混凝土时，为保持混凝土具有大流动度，需要选用优质高效减水剂，宜选用减水率大于 30％的聚羧酸系高效减水剂。使用外加剂时要注意以下几方面：

（1）注意外加剂与水泥/掺合料的适应性，并通过试验验证减水剂的适用性。

（2）验证试验必须采用工地现场原材料，当原材料发生变化时，必须再次进行验证试验。

（3）对每个批次的外加剂进场时进行抽样检测，此外对于存放时间较长的外加剂，每个月要进行抽样检测，测试固含量，必要时试配混凝土，对比减水率的差别；如有异常，及时处理。

（4）外加剂性能应符合现行《混凝土外加剂》(GB 8076) 的要求，同时还应符合现行《混凝土外加剂应用技术规范》(GB 50119) 中的有关规定。

在实际工程中，为达到所需状态和性能的混凝土，在配制机制砂高性能混凝土时需要几种外加剂进行复掺，或选择具有多重作用的高效外加剂，以满足实际工程对混凝土的工作性能、力学性能和耐久性能的要求。

在大粒径骨料机制砂自密实混凝土施工中，为了保障混凝土的工作性，混凝土中常使用的外加剂主要有聚羧酸高效减水剂、引气剂、增稠剂以及缓凝剂等。配制机制砂钢管拱自密实混凝土时需要掺加复合膨胀剂，复合膨胀剂不仅要含有膨胀组分，还应掺有高效减水剂、保坍剂等。它除应具有适宜的微膨胀性外，还应具有很高的减水率（大于 20％），并应有较高的流化作用和保坍效果，使拌合物具有低水灰比、高流动度和保坍效果好的特性。同时，这种复合膨胀剂还应与所用水泥有良好的相容性。

使用外加剂时，应根据混凝土强度、使用要求及施工环境选择适宜的外加剂掺量。不同种类的外加剂复掺时要根据实际工程需要和各种外加剂之间的相容性等进行掺加。机制砂超高泵送混凝土用外加剂主要包括减水剂、引气剂、缓凝剂、泵送剂等，优选高效聚羧酸减水剂。外加剂的种类、掺量应根据环境温度、泵送距离、泵送高度等进行调整，使用过程中需严格注意外加剂与水泥/掺合料的适应性，并通过相关试验验证。

4.3 配合比设计

4.3.1 普通混凝土配合比设计

普通混凝土配合比设计，总体上可以认为是确定水泥、水、砂子和石子这四项基本组成材料用量之间的三个比例关系。即：水与水泥之间的比例关系，常用水灰比表示；细骨料与粗骨料之间的比例关系，常用砂率表示；水泥浆与骨料之间的比例关系，常用单位用水量来反映。水灰比、砂率、单位用水量是混凝土配合比的三个重要参数，因为这三个参数与混凝土的各项性能之间有着密切的关系，在配合比设计中正确地确定这三个参数，就能使混凝土满足上述设计要求。

进行配合比设计时首先要正确选定原材料品种，检验原材料质量，然后按照混凝土技术要求进行初步计算，得出"试配配合比"。经试验室试拌调整，得出"基准配合比"。经强度复核（如有其他性能要求，则需做相应的检验项目）定出"试验室配合比"，最后以现场原材料实际情况（如砂、石含水等）修正"试验室配合比"，从而得出"施工配合比"。

普通混凝土配合比设计的一般步骤为：①确定配制强度；②计算配合比；③试配、调整与确定；④特殊性能校核。

4.3.1.1 混凝土配制强度的确定

（1）混凝土配制强度应按下列规定确定：

① 当混凝土的设计强度等级小于 C60 时，配制强度应按式（4-1）计算。

② 当设计强度等级不小于 C60 时，配制强度应按式（4-2）计算。

（2）混凝土强度标准差应按照下列规定确定：

① 当具有近 1～3 个月的同一品种、同一强度等级混凝土的强度资料时，且试件组数不小于 30 时，其混凝土强度标准差 σ 应按式（4-3）计算：

$$\sigma = \sqrt{\frac{\sum\limits_{i=1}^{n} f_{cu,i}^2 - n m_{f_{cu}}^2}{n-1}} \tag{4-3}$$

式中　σ——混凝土强度标准差；

$f_{cu,i}$——第 i 组的试件强度，MPa；

$m_{f_{cu}}$——n 组试件的强度平均值，MPa；

n——试件组数，n 值应大于或者等于 30。

对于强度等级不大于 C30 的混凝土，当混凝土强度标准差计算值不小于 3.0MPa 时，应按式（4-3）计算结果取值；当混凝土强度标准差计算值小于 3.0MPa 时，应取 3.0MPa。

对于强度等级大于 C30 且小于 C60 的混凝土，当混凝土强度标准差计算值不小于 4.0MPa 时，应按式（4-3）计算结果取值；当混凝土强度标准差计算值小于 4.0MPa 时，应取 4.0MPa。

② 当没有近期的同一品种、同一强度等级混凝土强度资料时，其强度标准差可按表 4-15 取值。

4.3.1.2 混凝土配合比计算

（1）水胶比　当混凝土强度等级小于 C60 时，混凝土水胶比宜按式（4-4）计算：

$$W/B = \frac{\alpha_a f_b}{f_{cu,0} + \alpha_a \alpha_b f_b} \tag{4-4}$$

式中　W/B——混凝土水胶比；

α_a、α_b——回归系数；

f_b——胶凝材料 28d 胶砂抗压强度，MPa。

回归系数（α_a、α_b）宜按下列规定确定：

① 根据工程所使用的原材料，通过试验建立的水胶比与混凝土强度关系式来确定。

② 当不具备上述试验统计资料时，可按表 4-16 选用。

表 4-16　回归系数（α_a、α_b）取值表

粗骨料品种	碎石	卵石
α_a	0.53	0.49
α_b	0.20	0.13

当胶凝材料 28d 胶砂抗压强度值（f_b）无实测值时，可按式（4-5）计算：

$$f_b = \gamma_f \gamma_s f_{ce} \tag{4-5}$$

式中　γ_f、γ_s——粉煤灰影响系数和粒化高炉矿渣粉影响系数，可按表 4-17 选用；

f_{ce}——水泥 28d 胶砂抗压强度，MPa。

表 4-17　粉煤灰影响系数（γ_f）和粒化高炉矿渣粉影响系数（γ_s）

掺量/%	粉煤灰影响系数 γ_f	粒化高炉矿渣粉影响系数 γ_s	掺量/%	粉煤灰影响系数 γ_f	粒化高炉矿渣粉影响系数 γ_s
0	1.00	1.00	30	0.65～0.75	0.90～1.00
10	0.85～0.95	1.00	40	0.55～0.65	0.80～0.90
20	0.75～0.85	0.95～1.00	50	—	0.70～0.85

注：1. 采用Ⅰ级、Ⅱ级粉煤灰宜取上限值。

2. 采用 S75 级粒化高炉矿渣粉宜取下限值，采用 S95 级粒化高炉矿渣粉宜取上限值，采用 S105 级粒化高炉矿渣粉宜取上限加 0.05。

3. 当超出表中的掺量时，粉煤灰和粒化高炉矿渣粉影响系数应经试验确定。

当水泥 28d 胶砂抗压强度（f_b）无实测值时，可按式（4-6）计算：

$$f_b = \gamma_c f_{ce,g} \tag{4-6}$$

式中　γ_c——水泥强度等级值的富余系数，可按实际统计资料确定；当缺乏实际统计资料时，也可按表 4-18 选用；

$f_{ce,g}$——水泥强度等级值，MPa。

表 4-18　水泥强度等级值的富余系数（γ_c）

水泥强度等级值	32.5	42.5	52.5
富余系数	1.12	1.16	1.10

（2）用水量和外加剂用量　每立方米干硬性或塑性混凝土的用水量（m_0）应符合下列规定：

① 混凝土水胶比在 0.40～0.80 范围时，可按表 4-19 和表 4-20 选取。

② 混凝土水胶比小于 0.40 时，可通过试验确定。

表 4-19　干硬性混凝土的用水量　　　单位：kg·m^{-3}

拌合物稠度		卵石最大公称粒径/mm			碎石最大公称粒径/mm		
项目	指标	10.0	20.0	40.0	16.0	20.0	40.0
维勃稠度/s	16～20	175	160	145	180	170	155
	11～15	180	165	150	185	175	160
	5～10	185	170	155	190	180	165

表 4-20　塑性混凝土的用水量　　　单位：kg·m^{-3}

拌合物稠度		卵石最大公称粒径/mm				碎石最大公称粒径/mm			
项目	指标	10.0	20.0	31.5	40.0	16.0	20.0	31.5	40.0
坍落度/mm	10～30	190	170	160	150	200	185	175	165
	35～50	200	180	170	160	210	195	185	175
	55～70	210	190	180	170	220	205	195	185
	75～90	215	195	185	175	230	215	205	195

注：1. 本表用水量系采用中砂时的取值。采用细砂时，每立方米混凝土用水量可增加 5～10kg；采用粗砂时，可减少 5～10kg。

2. 掺用矿物掺合料和外加剂时，用水量相应调整。

另外，单位用水量也可以按式（4-7）大致估算：

$$W_0 = \frac{10}{3}(T+K)$$ (4-7)

式中　T——混凝土拌合物的坍落度，cm；

　　　K——系数，取决于粗骨料种类与最大料径，可参考表 4-21 取用。

表 4-21　混凝土单位用水量计算公式中的 K 值

系数	碎石				卵石			
	最大粒径/mm							
	10	20	40	80	10	20	40	80
K	57.5	53.0	48.5	44.0	54.5	50.0	45.5	41.0

注：采用火山灰硅酸盐水泥时增加 4.5～6.0；采用细砂时，增加 3.0。

每立方米流动性或大流动性混凝土（掺外加剂）的用水量（m_{w0}）可按式（4-8）计算：

$$m_{w0} = m_{w0'}(1-\beta)$$ (4-8)

式中　m_{w0}——计算配合比每立方米混凝土的用水量，kg；

　　　$m_{w0'}$——未掺外加剂时推定的满足实际坍落度要求的每立方米混凝土用水量（kg/m³），以表 4-20 中 90mm 坍落度的用水量为基础，按每增大 20mm 坍落度相应增加 5kg 用水量来计算，当坍落度增大到 180mm 以上时，随坍落度相应增加的用水量可减少；

　　　β——外加剂的减水率（%），应经混凝土试验确定。

每立方米混凝土中外加剂用量（m_{a0}）应按式（4-9）计算：

$$m_{a0} = m_{b0}\beta_a$$ (4-9)

式中　m_{a0}——计算配合比每立方米混凝土中外加剂用量，kg；

　　　m_{b0}——计算配合比每立方米混凝土中胶凝材料用量，kg；

　　　β_a——外加剂掺量，%，应经混凝土试验确定。

（3）胶凝材料、矿物掺合料和水泥用量　每立方米混凝土的胶凝材料用量（m_{b0}）应按式（4-10）计算，并应进行试拌调整，在拌合物性能满足的情况下，取经济合理的胶凝材料用量。

$$m_{b0} = \frac{m_{w0}}{W/B}$$ (4-10)

式中　m_{b0}——计算配合比每立方米混凝土中胶凝材料用量，kg/m³；

　　　m_{w0}——计算配合比每立方米混凝土的用水量，kg/m³；

　　　W/B——混凝土水胶比。

每立方米混凝土的矿物掺合料用量（m_{f0}）应按式（4-11）计算：

$$m_{f0} = m_{b0}\beta_f$$ (4-11)

式中　m_{f0}——计算配合比每立方米混凝土中矿物掺合料用量，kg/m³；

　　　β_f——矿物掺合料掺量，%。

每立方米混凝土的水泥用量（m_{c0}）应按式（4-12）计算：

$$m_{c0} = m_{b0} - m_{f0}$$ (4-12)

式中　m_{c0}——计算配合比每立方米混凝土中水泥用量，kg/m³。

（4）砂率　砂率应根据骨料的技术指标、混凝土拌合物性能和施工要求，参考既有历史资料确定。

当缺乏砂率的历史资料可参考时，混凝土砂率的确定应符合下列规定：

① 坍落度小于 10mm 的混凝土，其砂率应经试验确定；

② 坍落度为 10～60mm 的混凝土，其砂率可根据粗骨料品种、最大公称粒径及水胶比按表 4-22 选取；

③ 坍落度大于 60mm 的混凝土，其砂率可经试验确定，也可在表 4-22 的基础上，按坍落度每增大 20mm、砂率增大 1% 的幅度予以调整。

表 4-22　混凝土的砂率　　　　　　　　　　　　　　　　单位：%

水胶比	卵石最大公称粒径/mm			碎石最大公称粒径/mm		
	10.0	20.0	40.0	16.0	20.0	40.0
0.40	26～32	25～31	24～30	30～35	29～34	27～32
0.50	30～35	29～34	28～33	33～38	32～37	30～35
0.60	33～38	32～37	31～36	36～41	35～40	33～38
0.70	36～41	35～40	34～39	39～44	38～43	36～41

注：1. 本表数值系中砂的选用砂率，对细砂或粗砂，可相应地减少或增大砂率。

2. 采用机制砂配制混凝土时，砂率可适当增大。

3. 只用一个单粒级粗骨料配制混凝土时，砂率应适当增大。

（5）粗、细骨料用量　采用质量法计算粗、细骨料用量时，应按下列公式计算：

$$m_{f0} + m_{c0} + m_{g0} + m_{s0} + m_{w0} = m_{cp} \qquad (4\text{-}13)$$

$$\beta_s = \frac{m_{s0}}{m_{g0} + m_{s0}} \times 100\% \qquad (4\text{-}14)$$

式中　m_{g0}——计算配合比每立方米混凝土的粗骨料用量，kg；

m_{s0}——计算配合比每立方米混凝土的细骨料用量，kg；

β_s——砂率，%；

m_{cp}——每立方米混凝土拌合物的假定质量，kg，可取 2350～2450kg。

采用体积法计算粗、细骨料用量时，应按下列公式计算：

$$\frac{m_{c0}}{\rho_c} + \frac{m_{f0}}{\rho_f} + \frac{m_{g0}}{\rho_g} + \frac{m_{s0}}{\rho_s} + \frac{m_{w0}}{\rho_w} + 0.01\alpha = 1 \qquad (4\text{-}15)$$

$$\beta_s = \frac{m_{s0}}{m_{g0} + m_{s0}} \times 100\% \qquad (4\text{-}16)$$

式中　ρ_c——水泥密度，kg/m³，可按现行国家标准《水泥密度测定方法》(GB/T 208) 测定，也可取 2900～3100kg/m³；

ρ_f——矿物掺合料密度，kg/m³，可按现行国家标准《水泥密度测定方法》(GB/T 208) 测定；

ρ_g——粗骨料的表观密度，kg/m³，应按现行行业标准《普通混凝土用砂、石质量及检验方法标准》(JGJ 52) 测定；

ρ_s——细骨料的表观密度，kg/m³，应按现行行业标准《普通混凝土用砂、石质量及检验方法标准》(JGJ 52) 测定；

ρ_w——水的密度，kg/m^3，可取 $1000kg/m^3$；

α——混凝土的含气量百分数，在不使用引气剂或引气型外加剂时，α 可取 1。

4.3.1.3 配合比的试配、调整与确定

（1）试配 混凝土试配应采用强制式搅拌机进行搅拌，并应符合现行行业标准《混凝土试验用搅拌机》（JG 244）的规定，搅拌方法宜与施工采用的方法相同。

试验室成型条件应符合现行国家标准《普通混凝土拌合物性能试验方法标准》（GB/T 50080）的规定。

每盘混凝土试配的最小搅拌量应符合表 4-23 的规定，并不应小于搅拌机公称容量的 1/4 且不应大于搅拌机公称容量。

表 4-23 混凝土试配的最小搅拌量

粗骨料最大公称粒径/mm	拌合物数量/L
≤31.5	20
40.0	25

在计算配合比的基础上应进行试拌。计算水胶比宜保持不变，并应通过调整配合比其他参数使混凝土拌合物性能符合设计和施工要求，然后修正计算配合比，提出试拌配合比。

在试拌配合比的基础上应进行混凝土强度试验，并应符合下列规定：

① 应采用三个不同的配合比，其中一个应为上述确定的试拌配合比，另外两个配合比的水胶比宜较试拌配合比分别增加和减少 0.05，用水量应与试拌配合比相同，砂率可分别增加和减少 1%；

② 进行混凝土强度试验时，拌合物性能应符合设计和施工要求；

③ 进行混凝土强度试验时，每个配合比应至少制作一组试件，并应标准养护到 28d 或设计规定龄期时试压。

（2）调整与确定 配合比调整应符合下列规定：

① 通过绘制强度和胶水比的线性关系图或插值法确定略大于配制强度对应的胶水比；

② 在试拌配合比的基础上，用水量（m_w）和外加剂用量（m_e）应根据确定的水胶比做调整；

③ 胶凝材料用量（m_b）应以用水量乘以确定的胶水比计算得出；

④ 粗骨料和细骨料用量（m_g 和 m_s）应根据用水量和胶凝材料用量进行调整。

混凝土拌合物表观密度和配合比校正系数的计算应符合下列规定：

① 配合比调整后的混凝土拌合物的表观密度应按式（4-17）计算：

$$\rho_{cc} = m_c + m_f + m_g + m_s + m_w \tag{4-17}$$

式中 ρ_{cc}——混凝土拌合物的表观密度计算值，kg/m^3；

m_c——每立方米混凝土的水泥用量，kg/m^3；

m_f——每立方米混凝土的矿物掺合料用量，kg/m^3；

m_g——每立方米混凝土的粗骨料用量，kg/m^3；

m_s——每立方米混凝土的细骨料用量，kg/m^3；

m_w——每立方米混凝土的用水量，kg/m^3。

② 混凝土配合比校正系数应按式（4-18）计算：

$$\delta = \frac{\rho_{ct}}{\rho_{cc}} \qquad\qquad (4\text{-}18)$$

式中　δ——混凝土配合比校正系数；

　　　ρ_{ct}——混凝土拌合物的表观密度实测值，kg/m^3。

当混凝土拌合物表观密度实测值与计算值之差的绝对值不超过计算值的 2% 时，配合比可维持不变；当二者之差超过 2% 时，应将配合比中每项材料用量均乘以校正系数（δ）。

对耐久性有设计要求的混凝土应进行相关耐久性试验验证。

生产单位可根据常用材料设计出常用的混凝土配合比备用，并应在启用过程中予以验证或调整。遇有下列情况之一时，应重新进行配合比设计：

① 对混凝土性能有特殊要求时；

② 水泥、外加剂或矿物掺合料等原材料品种、质量有显著变化时。

4.3.1.4　特殊性能校核

对于有特殊性能要求的混凝土，如抗渗混凝土、抗冻混凝土、高强混凝土、泵送混凝土、大体积混凝土，可参照《普通混凝土配合比设计规程》(JGJ 55—2011) 中的要求进行计算校核。

4.3.2　高性能混凝土配合比设计法则

正确合理的配合比设计方法是以长期无数次试验和施工所积累的经验为基础的。丰富的经验形成了配合比设计遵循的法则，依靠这些法则，结合所用原材料的特性，才能得到符合工程要求的混凝土。

4.3.2.1　灰水比法则

可塑状态混凝土水灰比的大小决定混凝土硬化后的强度，并影响硬化混凝土的耐久性。混凝土的强度与水泥强度成正比，与灰水比成正比。灰水比一经确定，对于高性能混凝土，"灰"包括所有胶凝材料，此时可称之为胶水比。

4.3.2.2　混凝土密实体积法则

混凝土的组成是以石子为骨架，以砂子填充石子间的空隙，又以浆体填充砂石空隙，并包裹砂石表面，以减小砂石间的摩擦阻力，保证混凝土有足够的流动性。这样，可塑状态混凝土总体积为水、水泥（胶凝材料）、砂、石的密实体积之和。这一法则是计算混凝土配合比的基础。高性能混凝土的胶凝材料中包含了密度不同的各组分，因此更应遵循这一法则。

4.3.2.3　最小单位加水量或最小胶凝材料用量法则

在灰水比固定、原材料一定的情况下，使用满足工作性的最小加水量（即最小的浆体量），可得到体积稳定、经济的混凝土。

4.3.2.4　最小水泥用量法则

为降低混凝土的温升、提高混凝土抗环境因素侵蚀的能力，在满足混凝土早期强度要求的前提下，应尽量减小胶凝材料中水泥的用量。

4.3.3　确定高性能混凝土配合比的方法

确定混凝土配合比就是确定混凝土中各原材料间的正确搭配，使混凝土以最低的造价来获得预期的性能。为了这一目标，应当计算出尽量接近准确的第一盘试验配料。这对于普通混凝土也是不容易的。因为混凝土是一种多组分的不均匀多相体，影响配合比的因素很复杂，原材料的品质变化也很大，又涉及各种性能要求之间相互矛盾的平衡等，还有工艺条件的影响，所以至今配合比的确定仍主要依靠经验和试验。不管是新拌状态还是硬化后，机制砂高性能混凝土的性能对原材料都很敏感，用于普通混凝土的配合比设计方法对机制砂高性能混凝土不适用。有关文献报道的高性能混凝土配合比设计方法很多，这里只着重介绍其中几种。但是无论采用何种方法，最终都需经过试配确定。

4.3.3.1　Mehta 和 Aitcin 推荐的高强高性能混凝土配合比确定方法

Mehta 和 Aitcin 认为，采用适宜的骨料时，固定浆骨体积比 35 : 65 可以很好地解决强度、工作性和尺寸稳定性（弹性模量、干缩和徐变）之间的矛盾，配制出理想的高性能混凝土。对于加入超塑化剂的混凝土需进行强力搅拌，因此在不掺引气剂时，混凝土中一般也含有 2% 的空气。因抗冻性要求而使用引气剂时，含气量设定为 5%～6%。在浆体中要扣除这部分空气体积。

对于传统混凝土，用水量的选择取决于混凝土的坍落度和石子最大粒径。而高性能混凝土的石子最大粒径为 20～25cm，变化范围很小；坍落度为 200～250mm，变化范围也很小，而且可以通过外加剂掺量来控制。因此，用水量的选择不必考虑上述这两个因素，而应根据强度来选择。

按照细掺料的掺量，可简单地划分为以下三种情况：①不加细掺料，只用硅酸盐水泥（只在绝对必要时才考虑这种情况）；②用占总胶结料体积约 25% 的优质粉煤灰和磨细矿渣等量取代水泥；③用占总胶结料体积约 10% 的凝聚硅灰和 15% 的优质粉煤灰混合等量取代水泥。

减水剂应通过试验，根据与水泥（胶结料）的相容性，在萘系和三聚氰胺系的超塑化剂中选择。掺量按固体计，为胶凝材料总量的 0.8%～2.0%。建议第一盘试配用 1%。在生产时，往往先加入总量的 2/3 或 3/4，到现场再加入其余部分。

砂率取决于粗骨料的级配和粒形。高性能混凝土的浆体数量较大，第一盘试配料中粗细骨料的比例以 3 : 2 为宜，即砂率为 40%。

4.3.3.2　法国路桥实验中心建议的方法

（1）基本假设　本方法主要针对施工现场使用的强度为 60～100MPa 的混凝土。混凝土的强度可用 Feret 公式通过有限的配合比参数进行预测；按照 Farris 模型，认为工作性与拌合物的黏性密切相关。

① Feret 公式。1896 年 Feret 提出的混凝土强度公式为：

$$f_C = \left(\frac{C}{C+E+A} \right)^2 \tag{4-19}$$

式中　f_C——混凝土的强度；

C、E、A——水泥、水的用量和空气含量。

F. de larrard 引申了 Feret 公式，提出来如下广义 Feret 公式：

$$f_C = \frac{k_G R_C}{\left[1 + \dfrac{3.1 \times W/C}{1.4 + 0.4 \exp(-11 \times S/C)} \right]^2} \tag{4-20}$$

式中　f_C——混凝土 $\phi 150mm \times 300mm$ 圆柱体 28d 抗压强度；

W、C、S——混凝土拌合物单位体积所含的水、水泥和硅灰的用量；

k_G——与骨料种类有关的系数，对卵石通常可取 4.9；

R_C——水泥 28d 抗压强度（ISO 砂浆，水泥 : 砂 : 水 = 1 : 3 : 0.5）。

② Farris 模型。Farris 模型是一个有关多组分聚合分散相悬浮液黏度的流变学模型。按照 Farris 模型，设在含有 n 类单组分悬浮液中分散相颗粒尺寸为 d_i，且 d 大于 d_{i+1}，则该悬浮液的黏度可按如下公式计算：

$$\eta = \eta_0 \left(H \frac{\varphi_1}{\varphi_1 + \cdots + \varphi_n + \varphi_0} + H \frac{\varphi_2}{\varphi_2 + \cdots + \varphi_n + \varphi_0} + \cdots + H \frac{\varphi_n}{\varphi_n + \varphi_0} \right) \tag{4-21}$$

式中　φ_i——混凝土拌合物单位体积所含第 i 类颗粒所占体积；

　　　φ_0——液相体积；

　　　η_0——液相黏度；

　　　H——单相分散悬浮液相对黏度的变化，为其中固体含量的函数。

将 Farris 模型用于高性能混凝土时，可认为混凝土是砂、石、水泥三类固相颗粒形成的复合悬浮液体。

根据上述理论，对混凝土的配合比做以下三项假设：

a. 具有一定组成的混凝土强度主要受浆体性质的控制；不含砂、石的浆体可有最高的强度。

b. 当混凝土骨料的组成一定时，拌合物的工作性取决于浆体的体积和浆体的流动性。

c. 满足一定的强度及工作性要求时，需要浆体体积最小的砂率为最优砂率；对于等体积、等黏度、不同组成的浆体，最优砂率相同。

基于以上假设，大部分试验就可用模型材料进行，即用砂浆进行力学试验，用浆体进行流变试验。这样，可大大减少试验的工作量。

(2) 混凝土配合比设计步骤

① 所用骨料应当级配和粒形良好，水泥用量约为 $425\mathrm{kg/m^3}$。用坍落度来调整用水量。配制一种含有超塑化剂和相应最少用水量的基准混凝土。

② 用 Marsh 筒测定基准混凝土中浆体的流动时间（通常为 3～5s）。计算水灰比时应扣除骨料所含的水，同时应考虑拌合物中有一部分水被吸附在骨料的表面，不能对拌合物起润滑作用。对于无孔的优质骨料，这部分水为 $10～20\mathrm{kg/m^3}$。

③ 任选几组胶结料组成不同的浆体，如掺入 10% 的硅灰或 20% 的粉煤灰和 5% 的硅灰。

④ 在各组浆体中掺入少量超塑化剂，调节用水量，得到较黏稠的拌合物，其流动时间约为 20s。暂时固定水灰比，增加超塑化剂掺量，测定出饱和值。

⑤ 固定水灰比，调节用水量，使各组浆体的流动时间和基准混凝土的相同。

⑥ 测定调整后的浆体流动时间的经时变化。如果浆体流动时间变化太大，则需掺入一定的缓凝剂。

⑦ 用 Feret 公式预测混凝土强度，并用各配合比中的砂浆进行强度试验。各组砂浆中应含相同体积的浆体，以保证其具有相同的流动性。

⑧ 用与基准混凝土相同粒形特征和级配的骨料以及经过调整的相同体积浆体配制高性能混凝土。按照 Farris 模型，所配制的混凝土与基准混凝土应具有相同的工作性。测定混凝土的强度，如强度太高或太低，则回到第⑦另选一个配合比。

此方法结合了理论和经验，针对强度范围很小的高强度混凝土，试验工作量较小。当设计强度等级不高时，可改变细掺料用量来调节。掺入适量引气剂有利于混凝土拌合物的工作性和硬化后的耐久性，尤其适合于设计强度等级不高的高性能混凝土。

4.3.4　机制砂高性能混凝土配合比设计

4.3.4.1　机制砂高性能混凝土配合比设计原则

合理的配合比设计是保证机制砂高性能混凝土良好施工性能及力学耐久性能的关键因素。为保证机制砂高性能混凝土的工作性能、力学性能和耐久性能，配合比设计过程中应重点考虑如下几个方面：

（1）机制砂高性能混凝土配合比设计的基本要求是新拌混凝土必须满足机制砂高性能混凝土工作性评价指标要求，硬化混凝土的强度和耐久性必须满足工程设计要求，确保机制砂高性能混凝土工程质量且达到经济合理；

（2）合理控制总胶凝材料用量，选用优质硅酸盐水泥或普通硅酸盐水泥，尽量降低水泥熟料用量，单掺或复掺适量的矿物掺合料，如粉煤灰或（和）矿渣粉，掺量宜大于20%；

（3）机制砂、碎石应严格控制其泥及泥块含量、针片状颗粒含量，优化级配，砂率根据机制砂石粉含量调整；

（4）优先选用性能良好的聚羧酸高性能减水剂及其他外加剂，同时保证与水泥的适应性。采用特种外加剂时，保证混凝土具有较好的流动性，同时保持较好的黏聚性（不离析、不泌水）；

（5）不断优化配合比参数，在保证良好工作性能的前提下适当降低水胶比，提高混凝土强度。

4.3.4.2　机制砂高性能混凝土配合比设计路线

机制砂高性能混凝土配合比设计一般采用如下方法或路线：

（1）原材料的性能试验检测和分析，尤其控制机制砂质量和性能。

（2）根据混凝土性能指标和成本控制指标等确定基准配合比。

（3）调整控制配合比参数，研究参数变化对混凝土性能的影响。

（4）在前面试验研究的基础上，进行实验室配合比优化设计，进一步提高混凝土的工作性能、力学性能和耐久性能。

（5）根据现场材料情况和气候环境进行配合比设计及混凝土配制。

4.3.4.3　机制砂高性能混凝土配制注意事项

机制砂不同于普通河砂，其级配不稳定、细粉颗粒含量多，对混凝土性能影响较大，因此在配制过程中要注意以下几点。

（1）原材料　根据工程实际需要，选择合适的原材料。由于机制砂高性能混凝土较普通高性能混凝土更难配制施工，因此在配制机制砂高性能混凝土时要对原材料进行检测，确保原材料符合施工要求。

（2）需水量　机制砂为机械破碎而成，其颗粒多棱角，表面粗糙，因此一般来讲，达到同样坍落度的前提下，机制砂混凝土需要更多的用水量。在相同条件下，配制相同坍落度的混凝土，机制砂比天然河砂需水量增加 $5\sim10kg/m^3$。

由于配制机制砂高性能混凝土时所需用水量较普通高性能混凝土高，用水量增大将导致混凝土极易发生泌水现象，因此在保证混凝土工作性能的前提下，要适当控制混凝土的拌合用水量。如通过调整外加剂的用量优化混凝土的配合比。

（3）机制砂和砂率的选择　与普通混凝土中常用的河砂相比，机制砂级配一般较差，需要较高的砂率，但随着机制砂中石粉含量的增加，砂率相应地降低。即采用机制砂配制混凝土时，其砂率的选择不仅要考虑机制砂细度模数的大小，还要充分注意其石粉含量的影响。

石粉含量的增加会使合理砂率降低，用高石粉含量机制砂配制混凝土的砂率，应参考最佳水粉比，或由最佳水粉比决定砂率。

研究表明，对于中低强度混凝土，石粉含量的最优值为 10%～15%、最高限值 20%；对于高强度混凝土，石粉含量的最优值为 7%～10%、最高限值 14%。在配制机制砂高性能混凝土时可以利用机制砂的高石粉含量解决强度富余过多与工作性差之间的矛盾，在水灰比较大的情况下，石粉的贡献更加突出。用含有石粉的机制砂比天然砂更适合采用强度等级高的水泥来配制低强度混凝土。

（4）矿物掺合料　矿物掺合料是配制高性能混凝土必需的原材料。由于机制砂级配一般较差，因此在配制过程中适当掺入矿物掺合料，能够显著改善机制砂高性能混凝土的工作性能。常用的矿物掺合料包括粉煤灰、矿渣粉、硅灰等。

粉煤灰可有效改善机制砂高性能混凝土的流动性；磨细矿渣（粒径小于 0.125mm）用于改善和保持机制砂高性能混凝土的工作性，提高机制砂高性能混凝土硬化后的强度；硅灰用于改善机制砂高性能混凝土的流变性能和抗离析能力。

（5）外加剂　外加剂是高性能混凝土的重要组成成分。由于机制砂本身的特性，在配制机制砂高性能混凝土时，为保证工作所需的坍落度，要适当提高外加剂（尤其是减水剂）的掺量。同时也可以采用多种外加剂复配的方式提高混凝土的工作性能。

4.3.4.4　基于混凝土性能设计机制砂高性能混凝土

随着混凝土技术的发展和工程施工技术的提高，机制砂在高性能特种混凝土中的应用越来越多，包括机制砂自密实混凝土、大粒径骨料机制砂自密实混凝土、机制砂抗扰动混凝土、机制砂高强混凝土、机制砂水下抗分散混凝土、机制砂超高泵送混凝土。笔者通过多年的研究提出了基于混凝土性能设计机制砂高性能混凝土的设计思路，即通过分析不同类型机制砂高性能混凝土的施工技术要求，根据混凝土自身的特点设计混凝土，以满足机制砂高性能混凝土对性能的不同要求。

下面以机制砂自密实混凝土的配制来阐述基于混凝土性能设计机制砂高性能混凝土的设计思路。自密实混凝土是一种通过合理配合比设计与配制而成的具有高流动性、穿越钢筋能力和抗离析能力的特种混凝土，是高性能混凝土的一个重要分支和发展方向。因其具有优异的特性而被广泛应用于各类混凝土工程。

为保证机制砂自密实混凝土具有高流动性、抗离析能力等性能，配制混凝土时要优选原材料。机制砂自密实混凝土宜选用中砂或偏粗中砂，一般优选稳定性好、需水性低，并与高效减水剂相容的水泥。优先选择 C_3A 和碱含量小、标准稠度需水量低的水泥。

机制砂自密实混凝土配合比应根据结构物的结构条件、施工条件以及环境条件的自密实性能进行设计，在综合强度、耐久性和其他必要性能要求的基础上，提出试验配合比。在进行机制砂自密实混凝土的配合比设计调整时，应考虑水胶比对自密实混凝土设计强度的影响和水粉比对自密实性能的影响。机制砂自密实混凝土配合比设计应采取绝对体积法。

根据机制砂自密实混凝土的性能特点，优选适宜的原材料，并提出合适的水胶比和砂率以满足混凝土对自密实性能的要求。基于混凝土性能设计机制砂高性能混凝土的设计思路能够针对不同类型的混凝土的性能特点，设计出的混凝土更加符合对其性能的要求。

4.3.5　基于砂浆富余系数的混凝土配合比设计方法

在混凝土中，砂浆主要起填充粗骨料堆积空隙并包覆其表面的作用。合理的砂浆含量可以提升混凝土密实度、工作性能及稳定性。砂浆富余系数（F_f）是指砂浆填充粗骨料堆积空隙后，富余砂浆的体积与粗骨料堆积空隙体积的比值。

4.3.5.1　技术路线（图4-1）

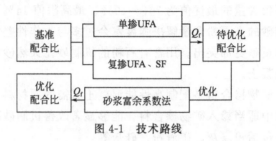

图4-1　技术路线

4.3.5.2　设计步骤

砂浆富余系数法配合比设计步骤如下：

第一步，确定原材料的种类及相对比例，包括水胶比、矿物掺合料掺量百分数、胶凝材料与机制砂的质量比，设计过程中保证砂浆组分及相对比例不变；

第二步，假定粗骨料用量和砂浆富余系数 F_f；

第三步，计算砂浆的体积 V_m；

第四步，根据胶凝材料和机制砂的质量比、水胶比，计算用水量、机制砂质量及等效水泥质量；

第五步，通过掺合料的掺量百分数计算水泥及掺合料质量，经过以上五步得到初步配合比；

第六步，根据设计的表观密度对其进行修正。

$$F_f = \left[V_m - \left(\frac{M_g}{\rho_a} - \frac{M_g}{\rho_b}\right)\right] \bigg/ \left(\frac{M_g}{\rho_a} - \frac{M_g}{\rho_b}\right) \tag{4-22}$$

式中　F_f——砂浆富余系数；

　　　V_m——砂浆体积，m^3；

　　　M_g——粗骨料质量，kg；

　　　ρ_a——粗骨料堆积密度，kg/m^3；

　　　ρ_b——粗骨料表观密度，kg/m^3。

$$V_m = \frac{M_c'}{\rho_c} + \frac{M_s}{\rho_s} + \frac{M_w}{\rho_w} \tag{4-23}$$

式中　M_c'——等效水泥质量，kg；

　　　M_s——砂子质量，kg；

　　　M_w——拌合水质量，kg；

　　　ρ_c——水泥表观密度，kg/m^3；

　　　ρ_s——砂子表观密度，kg/m^3；

　　　ρ_w——拌合水表观密度，kg/m^3。

$$M_c' = M_c + \frac{\rho_c}{\rho_k} \times M_k \tag{4-24}$$

式中　M_c——水泥质量，kg；

　　　M_k——矿物掺合料质量，kg；

ρ_{c}——水泥表观密度，kg/m^3；

ρ_{k}——矿物掺合料表观密度，kg/m^3。

4.3.6 基于骨料粒形的机制砂混凝土配合比设计方法

现有的配合比设计方法存在以下问题：

（1）没有考虑骨料粒形的影响；

（2）石粉存在于机制砂中，砂率的变化，意味着石粉掺量的变化、浆体的变化，机制砂混凝土配合比更为复杂；

（3）若胶材用量过少，则工作性较差；而胶材用量过多，会导致材料利用补充及耐久性问题。

4.3.6.1 基于骨料粒形的绿色机制砂高性能混凝土配合比设计原理

从工作性角度出发，研究者将混凝土中的浆体分为两部分，一部分用于填充骨料间堆积空隙，另一部分包覆骨料表面，形成润滑层。

骨料在松散堆积时，骨料之间的搭接可认为点对点的形式，若浆体量恰好填充骨料间堆积空隙，则除接触点外，骨料表面均已接触浆体，而仅接触点需要润滑层（图 4-2 中 A、B、C、D 四点）。然而由于骨料形状的多样性及非球形特征，即便一定厚度的润滑层，仍难以确保骨料间可以自由滑动与滚动。因此有学者提出撑开系数的概念。然而撑开系数均通过试验确定，无明确的计算方法。骨料的最小撑开程度应恰好使骨料可以自由旋转，因此撑开系数应是骨料形状特征的函数。骨料越接近球形，则骨料在较小的撑开程度下便可实现自由旋转。

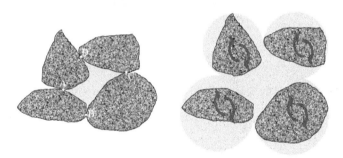

图 4-2　浆体填充骨料堆积空隙示意图

如图 4-3 所示，将混凝土看作由粗骨料、机制砂砂浆及夹杂的气泡组成，机制砂砂浆可分为两部分，一部分填充粗骨料堆积空隙，另一部分将粗骨料撑开，其撑开程度与粗骨料粒形有

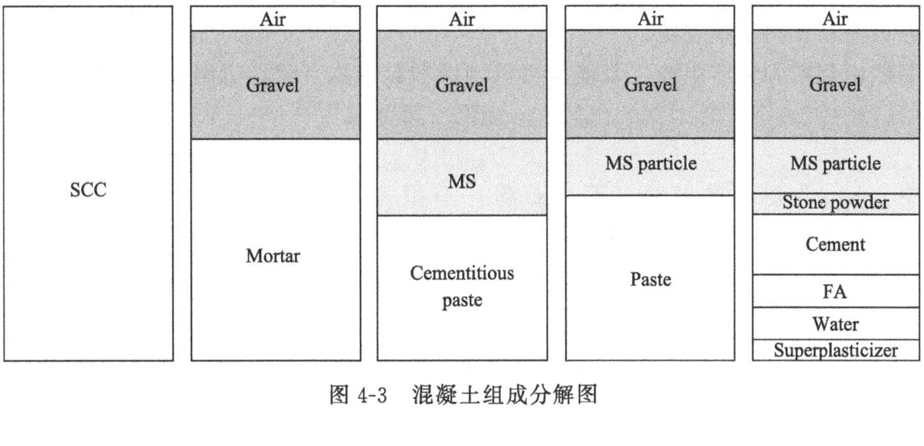

SCC	Air	Air	Air	Air
	Gravel	Gravel	Gravel	Gravel
		MS	MS particle	MS particle
	Mortar			Stone powder
		Cementitious paste	Paste	Cement
				FA
				Water
				Superplasticizer

图 4-3　混凝土组成分解图

关。机制砂砂浆由机制砂和具有胶结性能的浆体组成，而机制砂由机制砂颗粒（$>75\mu m$）和夹杂在其中的石粉（$<75\mu m$）组成。机制砂中的石粉与具有胶结性能的浆体共同组成浆体，浆体填充机制砂颗粒堆积空隙的同时，将机制砂颗粒撑开，其撑开程度与机制砂颗粒粒形有关。因此浆体可认为由水泥、辅助性胶凝材料（如粉煤灰）、石粉、水和外加剂共同组成。

机制砂砂浆量由粗骨料堆积空隙和粗骨料粒形决定，如式（4-25）所示。

$$V_{mortar} = \varphi_G + V_G f_G \tag{4-25}$$

式中，φ_G 为粗骨料堆积孔隙率，其可由粗骨料堆积密度（$\rho_{B,G}$）和表观密度（$\rho_{A,G}$）确定式（4-26）。V_G 为粗骨料绝对体积。f_G 为骨料粒形的函数，其表征因骨料的非球形特征所带来的对富余砂浆的需求程度。

$$\varphi_G = 1 - \frac{\rho_{B,G}}{\rho_{A,G}} \tag{4-26}$$

$$V_G = \frac{M_G}{\rho_{A,G}} \tag{4-27}$$

式中，M_G 为粗骨料质量。

关于骨料粒形的表征，不同研究者及相关标准均提出了不同的测试方法，其中有效的定量表征方法为图像法，很多研究者采用圆形度（骨料投影与最小外接圆的面积比）表征骨料粒形。然而圆形度仅能反应骨料的二维特征。基于圆形度，提出球体类似度（Q），表征骨料形状接近球体的程度，其计算方法如下：

$$Q = \frac{\Sigma Q_x}{N} = \frac{\Sigma \left(\frac{\Sigma R_y}{n}\right)^{\frac{3}{2}}}{N} \tag{4-28}$$

$$R_y = \frac{4S_y}{\pi L_y^2} \tag{4-29}$$

式中，Q_x 为第 x 颗骨料的球体类似度（$x=1$，2，……N），R_y 为第 x 颗骨料在第 y 个方向上的投影圆形度（$y=1$，2，3），n 为投影方向数（取3）。S_y 和 L_y 分别为第 y 个方向上的投影面积与最小外接圆直径。

基于式（4-28）和式（4-29），可得到粗骨料的球体类似度（Q_G），Q_G 不大于1，仅当粗骨料为绝对球体时，Q_G 取1。进而得到粗骨料粒形函数 f_G。

$$f_G = \frac{1}{Q_G} - 1 \tag{4-30}$$

结合式（4-25）和式（4-30）可以认为，若骨料为绝对球体，则 f_G 为 0，此时砂浆的作用仅为填充粗骨料堆积空隙。

机制砂由颗粒和浆体组成，浆体量由机制砂颗粒堆积空隙和机制砂颗粒粒形决定。

$$V_{mortar} = V_{paste} + V_{MS} \tag{4-31}$$

$$V_{paste} = \varphi_{MS} + V_{MS} f_{MS} \tag{4-32}$$

式中，φ_{MS} 为机制砂颗粒（不含石粉）堆积孔隙率，其可由机制砂颗粒堆积密度（$\rho_{B,MS}$）和表观密度（$\rho_{A,MS}$）确定式（4-31）。V_{MS} 为机制砂颗粒绝对体积。

$$\varphi_{MS} = 1 - \frac{\rho_{B,MS}}{\rho_{A,MS}} \tag{4-33}$$

$$V_{MS} = \frac{M_{MS} \cdot (1-\alpha)}{\rho_{A,MS}} \tag{4-34}$$

式中，M_{MS} 为机制砂质量；α 为机制砂中石粉含量。

通过式（4-28）和式（4-29）计算机制砂球体类似度（Q_{MS}），Q_{MS} 不大于 1，仅当机制砂颗粒为绝对球体时，Q_{MS} 取 1。进而得到机制砂粒形函数 f_{MS}。

$$f_{MS} = \frac{1}{Q_{MS}} - 1 \tag{4-35}$$

设定粉煤灰掺量（β），根据《自密实混凝土应用技术规程》（JGJ/T 283—2012）的规定确定水胶比 $\dfrac{W}{B}$。

$$V_{mortar} = V_{paste} + \frac{M_{MS} \cdot (1-\alpha)}{\rho_{MS}} \tag{4-36}$$

$$V_{paste} = \frac{M_C}{\rho_C} + \frac{M_{FA}}{\rho_{FA}} + \frac{M_{MS \cdot \alpha}}{\rho_{SP}} + \frac{M_w}{\rho_w} \tag{4-37}$$

$$\frac{M_G}{\rho_{A,G}} + \frac{M_{MS}(1-\alpha)}{\rho_{A,MS}} + \frac{M_C}{\rho_C} + \frac{M_{FA}}{\rho_{FA}} + \frac{M_{MS \cdot \alpha}}{\rho_{SP}} + \frac{M_w}{\rho_w} + V_{void} = 1 \tag{4-38}$$

外加剂用量根据工作性进行调整。

4.3.6.2 基于骨料粒形的绿色机制砂高性能混凝土配合比设计步骤

（1）测定原材料性能参数 $\rho_{A,G}$，$\rho_{B,G}$，$\rho_{A,MS}$，$\rho_{B,MS}$，ρ_C，ρ_{FA}，ρ_{SP}，α。

（2）测试骨料球体类似度 Q_G，Q_{MS}，计算粗骨料和机制砂颗粒的粒形函数 f_G，f_{MS}。

（3）设定粉煤灰掺量（根据强度测试结果进行调整，初始值设定为 20%），根据设计强度计算水胶比 $\dfrac{W}{B}$；测试该水胶比下的胶材浆体流动度。

（4）调整石粉用水量 $M_{W,SP}$，使石粉浆体具有与胶材浆体相同的流动度（补充试验：掺有调整用水量，保持相同流动度下的不同石粉含量的水泥浆体强度）。

（5）设粗骨料含量为 x，则，

根据式（4-25）～式（4-27），

$$V_{mortar} = 1 - \frac{\rho_{B,G}}{\rho_{A,G}} + \frac{x}{\rho_{A,G}} f_G \tag{4-39}$$

根据式（4-31）～式（4-33）和式（4-39），

$$M_{MS} = \frac{\rho_{A,G}\rho_{B,MS} - \rho_{A,MS}\rho_{B,G} + x\rho_{A,MS}f_G}{\rho_{A,G}(1-\alpha)(1+f_{MS})} \tag{4-40}$$

根据式（4-32）～式（4-34）、式（4-36）～式（4-40），

$$M_C = \frac{1 - \dfrac{\rho_{B,MS}}{\rho_{A,MS}} - \dfrac{M_{W,SP}}{\rho_w} + \left(\dfrac{1-\alpha}{\rho_{A,MS}}f_{MS} - \dfrac{\alpha}{\rho_{SP}}\right)M_{MS}}{\dfrac{1}{\rho_C} + \dfrac{\beta}{(1-\beta)\rho_{FA}} + \dfrac{0.42f_{ce}(1-\beta+\beta\gamma)}{(1-\beta)\rho_w(f_{cu,0}+1.2)}} \tag{4-41}$$

$$M_{FA} = \frac{\beta}{1-\beta}M_C \tag{4-42}$$

$$M_W = \frac{0.42f_{ce}(1-\beta+\beta\gamma)}{(1-\beta)(f_{cu,0}+1.2)}M_C + M_{W,SP} \tag{4-43}$$

因此，机制砂、水泥、粉煤灰和水用量均为粗骨料质量 x 的函数，通过式（4-38）求解粗骨料质量，混凝土各组分质量。

（6）根据混凝土工作性调整外加剂用量。

（7）根据强度调整调整粉煤灰掺量。若混凝土强度富余较多，提高粉煤灰掺量；若强度不足，降低粉煤灰掺量，重复步骤（5）～（7）。

基于骨料粒形特征的绿色机制砂高性能混凝土配合比设计流程图如图 4-4 所示。

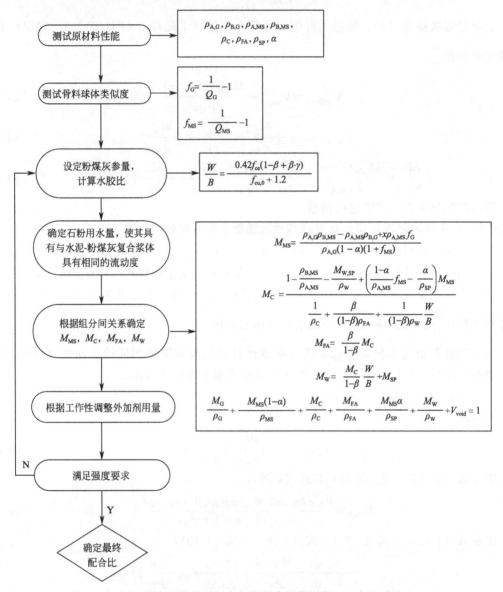

图 4-4　基于骨料粒形特征的绿色机制砂高性能混凝土配合比设计流程图

4.4　机制砂高性能混凝土制备关键技术

4.4.1　石粉优化技术

4.4.1.1　石粉的限定

机制砂中石粉常因母岩或生产过程引入黏土矿物，石粉中黏土会导致混凝土外加剂需求量大、工作性损失较快、硬化混凝土中缺陷增多而带来的混凝土强度和耐久性问题。因此，应对石粉进行含泥量判断。采用亚甲基蓝吸附试验，根据 *MB* 值对机制砂中石粉含量进行限定（表 4-24）。

表 4-24　机制砂石粉含量限值　　　　　　　　　　　　%

机制砂类别	Ⅰ	Ⅱ	Ⅲ
MB 值<1.4 或合格	≤7	≤10	≤12
MB 值≥1.4 或不合格	≤4	≤5	≤7
泥块含量	0	≤0.5	≤1.0

4.4.1.2　石粉含量的确定

石粉存在于机制砂中，因此配合比设计中，石粉常作为"外掺"的方式组成浆体。

从新拌性能角度，机制砂中石粉含量的增大会增多浆体量，以填充骨料堆积空隙并提供较多的富余浆体，因此混凝土工作性会得以改善或在工作性不变的情况下减少胶凝材料用量。然而，由于水胶比不变，机制砂石粉含量的增大意味着水粉比的降低，浆体量虽增大但浆体流动性降低，因此石粉含量过大，会带来因浆体流动度的降低而导致的混凝土工作性劣化。

从硬化性能角度，随着石粉含量的增大，混凝土中浆体富余增多，可在保持工作性的前提下提高骨料用量，可一定程度的提高混凝土力学性能和耐久性；但当石粉含量过高时，由于石粉可认为无水化活性，浆体中有效胶凝组分含量降低，导致混凝土力学性能和耐久性降低。

因此，机制砂中石粉含量不应过高或过低。一般地，机制砂中石粉含量应控制在6％～15％之间，实际石粉含量应经过试验确定。

4.4.2　机制砂及粗骨料优化技术

4.4.2.1　机制砂优化技术

机制砂作为机制砂混凝土与传统混凝土不同的组分，对混凝土性能影响显著，因此，可通过机制砂的优化，有效提高混凝土性能。

（1）机制砂岩性的优选。生产机制砂的母岩岩性应均一，鉴于规模化生产的砂石厂同时生产机制砂和碎石，为保证砂、粗骨料具有良好的强度以满足混凝土强度等性能需求，生产机制砂的母岩抗压强度一般不宜小于75MPa，且机制砂母岩不应具有碱活性。

（2）石粉含量的控制。机制砂石粉，尤其是在存在黏土矿物的情况下，对混凝土性能影响显著，应根据 4.3.1 的要求对机制砂中石粉含量进行控制。

（3）机制砂级配的优化。机制砂级配中两侧（>2.36mm 和<0.15mm）的颗粒较多，而中间粒径（0.15～2.36mm）颗粒较少，尤其是 0.3～1.18mm，呈现典型地"两头多，中间少"，有时还会出现某一粒级断档，级配较差，但因机制砂是机械破碎而成，故其级配稳定可调；其次，机制砂颗粒较粗，属于典型的中粗砂。由 2.1.2 节可知，机制砂级配对混凝土的工作性、力学性能和耐久性具有不同的影响规律。此外，良好的级配使机制砂堆积空隙更小，对浆体的需求量更小，在配合比不变时改善工作性，在保持工作性时刻降低胶材用量，胶材用量的降低不仅降低混凝土生产成本，而且浆体用量的降低意味着混凝土体系中骨料用量的升高，作为混凝土中最稳定的组分，骨料用量的增大可改善混凝土力学性能、体积稳定性和长期耐久性。

因此，应根据机制砂混凝土性能需求通过对生产工艺的调整优化机制砂级配。

（4）机制砂粒形的优化。机制砂粒形对混凝土的工作性、力学性能和耐久性具有不同的作用规律。机制砂越接近球形，机制砂砂浆具有更小的黏度，砂浆具有较大的流动度，有利于混凝土工作性；此外，机制砂粒形与级配共同影响着机制砂颗粒的堆积空隙率，由机制砂高性能混凝土配合比设计原理可知，机制砂越接近球形，所需浆体量越小，可提高浆体富余量，因此提高混凝土工作性，或在保持混凝土工作性的前提下降低胶材用量。

然而，由机制砂粒形对机制砂砂浆的模量与扩散系数的理论研究结论可知，机制砂越接近球形，则机制砂砂浆的模量越小，相应的力学性能越差，且氯离子扩散系数更大，耐久性降低。因此从力学性能和耐久性角度考虑，机制砂的球体类似度并非越大越有利于混凝土的力学性能和耐久性。

一方面，可在机制砂混凝土力学性能和耐久性满足性能要求的前提下，优化机制砂粒形，以获得更好的工作性；另一方面，在保持相同的工作性时，通过一定程度的优化机制砂粒形，可降低浆体用量，相应地提高粗骨料和机制砂用量，混凝土骨料这一最稳定组分用量的提高，可提高混凝土力学性能、体积稳定性和耐久性，因此，从此角度出发，提高机制砂球体类似度可通过调整配合比进而在保持混凝土工作性的前提下改善混凝土力学性能和耐久性。

4.4.2.2　粗骨料优化技术

从工作性角度，粗骨料应具有较大的球体类似度，则砂浆需求量降低，浆体用量降低，在配合比不变时，可提高混凝土工作性（图 4-5）。从表 4-25 可以看出，通过合理的配合比设计，混凝土具有较好的工作性，坍落度保持 25cm 以上，坍落扩展度保持 65cm 以上，而倒坍时间不超过 5.0s，当采用整形骨料时，混凝土工作性进一步优化。

(a) 整形前　　　　　　　　　　　　　　(b) 整形后

图 4-5　粗骨料照片

表 4-25　粗骨料整形与否对机制砂混凝土性能的影响

粗骨料	最大粒径/mm	坍落度/mm	扩展度/mm	倒坍时间/s	黏聚性	抗压强度/MPa		
						3d	7d	28d
整形	19	275	710	3.6	较好	60.1	75.7	89.3
未整形	19	255	650	4.7	较好	61.3	74.4	89.5

整形可有效改善混凝土工作性，因此可降低砂浆和浆体用量，粗骨料作为混凝土中稳定的成分，其用量的增大可提高混凝土的力学性能、体积稳定性和耐久性。因此，粗骨料的整形可间接改善混凝土的力学性能、体积稳定性和长期耐久性。

4.4.3　矿物掺合料优化技术

4.4.3.1　矿物掺合料的优选

矿物掺合料种类繁多，品质多样，使用前应进行与水泥及外加剂的相容性试验。如

表 4-26，一级粉煤灰、L80 磷渣粉、S95 矿渣、复合掺合料均可以明显改善水泥净浆的初始流动度、降低流动度经时损失；对于复合掺合料和 L70 磷渣粉，当掺量达到一定值时，可以提高浆体的初始流动度、降低流动度经时损失；对于硅灰，当保证减水剂掺量为 0.3％时，净浆无流动，而当减水剂掺量增加为 0.4％时，净浆具有很小的流动性，并由此看出硅灰会显著降低浆体初始流动度、增大流动度经时损失。为了保证混凝土具有良好的初始流动性和较低的流动性经时损失，同时保证混凝土强度具有一定的富余，在该原材料条件下，优选一级粉煤灰复掺硅灰或复合掺合料为混凝土的胶凝体系。

表 4-26　单掺矿物掺合料对水泥净浆流动度的影响

编号	矿物掺合料	减水剂掺量/％	流动度/mm			
			初始	1h	2h	4h
JC-基准	0		210	255	240	140
JC-1	10％FAⅡ	0.3	240	275	270	255
JC-2	15％FAⅡ		250	285	280	255
JC-3	20％FAⅡ		260	290	295	280
JC-4	5.0％SF	0.4	160	195	165	无
JC-5	7.5％SF		135	145	115	无
JC-6	10％SF		120	105	无	无
JC-7	3％CA		185	250	250	115
JC-8	6％CA		195	260	270	215
JC-9	9％CA		200	270	280	245
JC-10	10％L70PS		185	270	270	270
JC-11	20％L70PS		220	295	295	295
JC-12	30％L70PS		250	310	315	305
JC-13	10％L80PS		260	285	280	255
JC-14	20％L80PS		280	300	295	275
JC-15	30％L80PS	0.3	285	310	305	290
JC-16	10％S95SL		255	300	280	245
JC-17	20％S95SL		285	300	295	260
JC-18	30％S95SL		285	295	300	285
JC-19	10％FAⅠ		280	295	275	225
JC-20	20％FAⅠ		300	295	300	270
JC-21	30％FAⅠ		315	305	300	290
JC-22	5％(SP)		240	270	255	150
JC-23	7.5％(SP)		275	290	280	230
JC-24	10％(SP)		280	285	280	245
JC-25	3％(HPCA)		240	265	245	200
JC-26	6％(HPCA)		255	275	270	225
JC-27	9％(HPCA)		255	275	270	225

　　　因矿物掺合料具有多样性与地域性特征，使用前均应进行相容性试验。

4.4.3.2　矿物掺合料复掺技术

　　　矿物掺合料具有差异化的物理与化学特征，如活性成分组成与含量、粒径分布等，因此应充分利用矿物掺合料的原材料特征发挥矿物掺合料的协同优化作用。同时，在使用矿物掺合料前应开展矿物掺合料的相容性试验，如表 4-27 所示，磷渣与不同矿物掺合料具有多样化的流动度及其保持性，表现为不一致的相容性。

表 4-27　复掺矿物掺合料的胶凝材料流动性

编号	水泥/%	磷渣粉/%	复掺	流动度/mm			
				初始	1h	2h	4h
JC-17		20	—	220	295	295	295
JC-19			10%FAⅡ	235	300	300	295
JC-20			10%SF	无	无	无	无
JC-21			10%CA	285	300	295	285
JC-37	80	10	10%L80PS	280	295	290	270
JC-38			10%S95SL	285	305	295	265
JC-39			10%FAⅠ	290	305	295	275
JC-40			10%SP	280	295	295	270
JC-41			10%HPCA	270	295	290	265

　　　不同矿物掺合料间的复掺在满足相容性要求的前提下，根据其对混凝土力学性能和耐久性的影响进行优化。如复掺不同矿物掺合料的混凝土强度如图 4-6 所示，可以看出，不同矿物掺合料间的复掺对混凝土强度表现出不一样的影响程度，即便固定矿物掺合料种类，复掺的掺量对混凝土强度同样影响显著。因此，矿物掺合料间在满足相容性要求的前提下，应充分发挥矿物掺合料的协同作用，可在满足混凝土性能要求的前提下，有效提高矿物掺合料掺量，实现大掺量矿物掺合料制备绿色机制砂高性能混凝土。

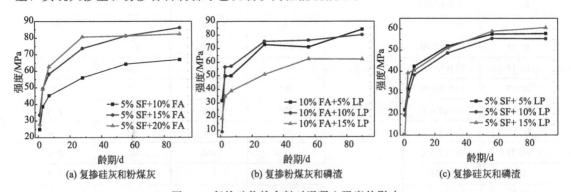

(a) 复掺硅灰和粉煤灰　　(b) 复掺粉煤灰和磷渣　　(c) 复掺硅灰和磷渣

图 4-6　复掺矿物掺合料对混凝土强度的影响
（图中 SF、FA 和 LP 分别代表硅灰、粉煤灰和磷渣）

4.4.4　外加剂优化技术

　　　外加剂是配制机制砂高性能混凝土的重要组分，对机制砂自密实混凝土的工作性尤为重要。通过掺入适宜的减水剂、增黏剂等外加剂，机制砂混凝土才能在较低的水胶比下获得适宜的黏度，良好的流动性、黏聚性、保塑性和力学性能，达到机制砂高性能混凝土的性能要求。

4.4.4.1　减水剂

减水剂与机制砂混凝土中胶凝材料和石粉应具有良好的相容性，如表 4-28 所示。可以看出，掺 CS-SP1 高效减水剂机制砂混凝土的坍落度扩展度较好，且损失较小，倒坍时间较小。虽然外加剂对强度的直接作用不显著，但减水剂相容不好，会带来混凝土工作性较差，易导致混凝土无法密实或带来离析泌水的问题，从而会对机制砂混凝土强度产生明显影响，从表 4-28 可以看出，掺有 CS-SP1 外加剂的机制砂混凝土由于工作性较好，其 3/7/28 天强度均最高。综合机制砂混凝土拌合物性能与力学性能，可以认为 CS-SP1 高效减水剂与该混凝土原材料的相容性最佳。

表 4-28　掺有不同减水剂的机制砂混凝土性能

减水剂掺量与型号	坍落度/cm			扩展度/cm			倒坍时间/s			抗压强度/MPa		
	0h	1h	2h	0h	1h	2h	0h	1h	2h	3d	7d	28d
1.6%LX-6	24.0	23.5	12.0	61.0	56.0	42.0	12.0	14.1	18.0	18.9	36.5	55.3
1.4%CS-SP1	23.5	22.0	10.1	63.0	58.0	55.0	10.1	13.1	13.5	21.9	38.5	60.3
2.0%V500	25.5	23.5	7.3	65.0	66.0	64.0	7.3	7.7	10.0	20.5	28.5	51.6
1.5%V3320	23.5	22.0	21.0	60.0	56.0	50.0	21.0	27.6	31.4	20.5	36.7	54.7

4.4.4.2　增黏剂

增黏剂是配制机制砂高性能混凝土，尤其是机制砂自密实混凝土不可或缺的外加剂组分之一。如表 4-29 所示，尽管掺 V-3320 减水剂的机制砂混凝土的初始坍落度达到 24.0cm，但其初始坍落度扩展度为 48.0cm，1h 倒坍时间达到 30.0s 以上，出现了离析。若加入一定量的增黏剂，其坍落扩展度明显增大，且倒坍时间改善。掺有 CS-SP1 减水剂的机制砂混凝土在使用增黏剂时，混凝土工作性明显改善，坍落度与扩展度稍有提高，但倒坍时间显著缩短，使机制砂混凝土具有良好的黏聚性。因此，机制砂高性能混凝土应使用增黏剂，并通过试验确定其掺量。

表 4-29　不同增黏剂掺量对混凝土性能的影响

减水剂掺量与型号	增黏剂掺量/%	坍落度/cm			扩展度/cm			倒坍时间/s			抗压强度/MPa		
		0h	1h	2h	0h	1h	2h	0h	1h	2h	3d	7d	28d
1.5%V3320	0	24.0	22.0	20.0	48.0	45.0	42.0	30.0	33.0	36.3	—	—	—
1.5%V3320	0.01	24.5	24	25.5	65	60.0	58.0	25.5	28.0	31.1	20.5	36.7	54.7
1.2%CS-SP1	0	23.0	22.0	24.8	55.0	50.0	44.0	24.8	27.6	31.2	—	—	—
1.2%CS-SP1	0.02	23.0	23.5	11.1	57.0	55.0	54.0	11.1	12.5	14.1	18.9	36.5	55.3

4.4.4.3　其他外加剂

混凝土外加剂种类繁多，应根据机制砂混凝土特定的性能需求，优选其他外加剂。如水下混凝土应优选水下抗分散外加剂、超高泵送混凝土应优选泵送剂、钢管拱混凝土应优选膨胀剂等。

4.5　施工技术

尽管混凝土配比对于其强度、耐久性起决定作用，但是如果在施工过程（浇筑、振捣、养护等）中重视不够，即使再好的配比也有可能导致混凝土质量不好。与天然砂相比，机制砂颗粒粗糙、棱角多、级配较差，在配制混凝土时，用水量相对较大，拌制的混凝土工作性差，易离析。因此，在机制砂高性能混凝土的施工过程中，一定要结合实际工程和环境状况做好混凝土的运输、浇筑、振捣和养护等工艺。

4.5.1 机制砂高性能混凝土搅拌工艺

搅拌是指将两种或两种以上不同物料相互分散而达到均匀混合的过程。搅拌对于混凝土来说，除了将混凝土中各组分均匀混合，还起到一定的塑化、强化作用。

搅拌工艺要求搅拌站必须严格掌握混凝土材料配合比，并在搅拌机旁挂牌公布，便于检查。并在正式搅拌混凝土前，先调试设备，并进行混凝土首盘试拌。

搅拌混凝土前应严格测定粗细骨料的含水率，准确测定天气变化而引起的粗细骨料含水率的变化，以便及时调整施工配合比。一般情况下，含水率每班抽测 2 次，雨天应随时抽测，并按测定结果及时调整混凝土的配合比。

混凝土应充分搅拌，应使混凝土的各种组成材料混合均匀、颜色一致，搅拌时间应随搅拌机的类型及混凝土拌合料和易性的不同而异，在实际生产中，应根据混凝土拌合料要求的均匀性、混凝土强度增长的效果及生产效率等因素，规定合适的时间。混凝土生产投料顺序为：混凝土原材料计量后，宜先向搅拌机投入细骨料、水泥和矿物掺合料，搅拌均匀后，加水并将其搅拌成砂浆，再向搅拌机投入粗骨料，充分搅拌后，再投入外加剂，并搅拌均匀为止。自全部材料装入搅拌机开始搅拌起，至开始卸料时止，延续搅拌混凝土的最短时间应经过试验确定。搅拌掺用外加剂或矿物掺合料的混凝土时，搅拌时间应适当延长；当使用搅拌车运输混凝土时，可适当缩短搅拌时间，但不应少于 2min；搅拌机装料数量不应大于搅拌机核定容量的 80%；混凝土搅拌时间不宜过长，每一工作班至少应抽检 2 次。

化学外加剂可采用粉剂和液体外加剂，当采用液体外加剂时，应从混凝土用水量中扣除溶液中的水量；当采用粉剂时，应适当延长搅拌时间，延长时间不宜少于 30s。

拌制第一盘混凝土时，可增加水泥和砂子用量 10%，并保持水灰比不变，以便搅拌机挂浆。

机制砂高性能混凝土的拌制必须采用卧轴强制式搅拌机，要求计量准确，并且按照规定的投料顺序和搅拌程序进行。每次拌和量应在搅拌机最大容量的 30%～90%，且不得少于 0.03m³，总搅拌时间≥180s，实验室小搅拌机卸料后还需进行人工翻拌 3 遍，保证拌合物的均匀性，从生产各环节着手，消除高强混凝土工作性不稳定、强度离散较大的问题。具体按照图 4-7 所示的拌制程序进行。

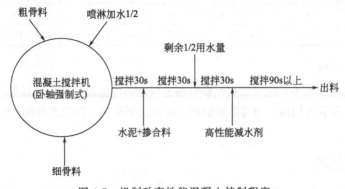

图 4-7 机制砂高性能混凝土拌制程序

冬季和夏季高温施工时应对混凝土搅拌温度进行调整。混凝土冬期施工应优先选用强度等级较高的硅酸盐水泥和普通硅酸盐水泥，也可使用混凝土防冻剂或使用热搅拌混凝土。夏季高温施工应使用水化热较低、水化速度较慢的掺混合材的水泥，可掺入缓凝型减水剂、降低拌合物的出机温度等方式。

4.5.2　拌合物的运输

采用混凝土搅拌运输车运输混凝土时，应符合下列规定：

（1）接料前，搅拌运输车应排净罐内积水。

（2）在运输途中及等候卸料时，应保持搅拌运输车罐体正常转速，不得停转。

（3）卸料前，搅拌运输车罐体宜快速旋转搅拌 20s 以上后再卸料。

采用混凝土搅拌运输车运输时，施工现场车辆出入口处应设置交通安全指挥人员，施工现场道路应顺畅，有条件时宜设置循环车道；危险区域应设警戒标志；夜间施工时，应有良好的照明。

采用搅拌运输车运送混凝土，当坍落度损失较大不能满足施工要求时，可在运输车罐内加入适量的与原配合比相同成分的减水剂。减水剂加入量应事先由试验确定，并应做出记录。加入减水剂后，混凝土罐车应快速旋转搅拌均匀，并应达到要求的工作性能后再泵送或浇筑。

根据经验，应尽量缩短机制砂高性能混凝土的运输距离，防止在运输途中出现分层离析和流动性损失过大的问题，并加强坍落度观察和控制。

为了确保浇筑工作连续进行，应选用运输能力与混凝土搅拌机的搅拌能力相匹配的运输设备运送混凝土。不得使用机动翻斗车、手推车等工具长距离运送混凝土。应保持运输道路平坦畅通，并加强调度，减少运输时间。混凝土出机至浇筑入模之间的间隔时间不宜大于 75min。在运输过程中应对运输设备采取保温隔热措施，防止搅拌混凝土温度升高（夏季）或受冻（冬季）。在混凝土拌合物的运输和浇筑过程中，严禁向混凝土拌合物中加水。

采用混凝土泵输送混凝土时，除应按《泵送混凝土施工技术规程》(JGJ/T 10) 的规定进行施工外，还应符合以下规定：

（1）泵送混凝土的出泵坍落度不宜大于 20cm。

（2）泵送混凝土时，输送管路起始水平管段长度不宜小于 15m。除出口处可采用软管外，输送管路的其他部位均不得采用软管。高温或低温环境下，输送管路应采用湿帘和保温材料覆盖。

（3）大高程泵送时，在水平管与垂直管之间，应选用曲率半径大的弯管过渡；向下泵送混凝土时，管路与垂线的夹角不宜小于 12°，以防止混入空气引起管路阻塞。

（4）应保持混凝土连续泵送，必要时可降低泵送速度以维持泵送的连续性。因各种原因导致停泵时间超过 15min，应每隔 4～5min 开泵一次，使泵机进行正转和反转两个冲程，同时开动料斗搅拌器，防止料斗中混凝土离析。如停泵时间超过 45min，应将管中混凝土清除，并清洗泵机。

4.5.3　浇筑工艺

浇筑混凝土前，应清除模板内或垫层上的杂物。表面干燥的地基、垫层、模板上应洒水湿润；现场环境温度高于 35℃时宜对金属模板进行洒水降温；洒水后不得留有积水。

混凝土浇筑应保证混凝土的均匀性和密实性。混凝土宜一次连续浇筑；当不能一次连续浇筑时，可留设施工缝或后浇带分块浇筑。混凝土浇筑过程应分层进行，上层混凝土应在下层混凝土初凝之前浇筑完毕。

混凝土运输、输送入模的过程宜连续进行。掺早强型减水外加剂、早强剂的混凝土以及有特殊要求的混凝土，应根据设计及施工要求，通过试验确定允许时间。

混凝土浇筑的布料点宜接近浇筑位置，应采取减少混凝土下料冲击的措施，并应符合下列规定：

（1）宜先浇筑竖向结构构件，后浇筑水平结构构件。

（2）浇筑区域结构平面有高差时，宜先浇筑低区部分再浇筑高区部分。

柱、墙模板内的混凝土浇筑倾落高度根据粗骨料粒径确定，当粗骨料粒径大于 25mm 时，浇筑倾落高度限值为 3m；当粗骨料粒径不大于 25mm 时，浇筑倾落高度限值为 6m。混凝土浇筑后，在混凝土初凝前和终凝前宜分别对混凝土裸露表面进行抹面处理。

4.5.4　振捣工艺

混凝土振捣应能使模板内各个部位混凝土密实、均匀，不应漏振、欠振、过振。混凝土振捣应采用插入式振动棒、平板振动器或附着振动器，必要时可采用人工辅助振捣。

振动棒振捣混凝土应符合下列规定：

（1）应按分层浇筑厚度分别进行振捣，振动棒的前端应插入前一层混凝土中，插入深度不应小于 50mm。

（2）振动棒应垂直于混凝土表面并快插慢拔均匀振捣；当混凝土表面无明显塌陷、有水泥浆出现、不再冒气泡时，可结束该部位振捣。

（3）振动棒与模板的距离不应大于振动棒作用半径的 0.5 倍；振捣插点间距不应大于振动棒的作用半径的 1.4 倍。

表面振动器振捣混凝土应符合下列规定：

（1）表面振动器振捣应覆盖振捣平面边角。

（2）表面振动器移动间距应覆盖已振实部分混凝土边缘。

（3）倾斜表面振捣时，应由低处向高处进行振捣。

附着振动器振捣混凝土应符合下列规定：

（1）附着振动器应与模板紧密连接，设置间距应通过试验确定。

（2）附着振动器应根据混凝土浇筑高度和浇筑速度，依次从下往上振捣。

（3）模板上同时使用多台附着振动器时应使各振动器的频率一致，并应交错设置在相对面的模板上。

混凝土分层振捣的最大厚度应符合表 4-30 的规定。

表 4-30　混凝土分层振捣的最大厚度

振捣方法	混凝土分层振捣最大厚度
振动棒	振动棒作用部分长度的 1.25 倍
表面振动器	200m
附着振动器	根据设置方式,通过试验确定

4.5.5　养护工艺

混凝土浇筑后应及时进行保湿养护，保湿养护可采用洒水、覆盖、喷涂养护剂等方式。

选择养护方式应考虑现场条件、环境温湿度、构件特点、技术要求、施工操作等因素。

混凝土的养护时间应符合下列规定：

（1）采用硅酸盐水泥、普通硅酸盐水泥或矿渣硅酸盐水泥配制的混凝土，不应少于7d；采用其他品种水泥时，养护时间应根据水泥性能确定。

（2）采用缓凝型外加剂、大掺量矿物掺合料配制的混凝土，不应少于14d。

（3）抗渗混凝土、强度等级C60及以上的混凝土，不应少于14d。

（4）后浇带混凝土的养护时间不应少于14d。

（5）地下室底层墙、柱和上部结构首层墙、柱宜适当增加养护时间。

（6）基础大体积混凝土养护时间应根据施工方案确定。

混凝土终凝后的持续保湿养护时间应满足表4-31的要求。

表4-31　不同混凝土保湿养护的最低期限

大气潮湿(50%＜RH＜75%)，无风，无阳光直射		大气干燥(RH≤50%)，有风，或阳光直射	
日平均气温	保湿养护期限	日平均气温	保湿养护期限
5℃	10d	5℃	14d
10℃	7d	10℃	10d
≥20℃	5d	≥20℃	7d

注：当有实测混凝土表面温度数据时，表中气温用实测表面温度代替。

不同养护工艺应符合一定的规定，具体可参考现行《混凝土结构工程施工规范》(GB 50666)的要求。对于工程中常见的大体积混凝土的养护要特别注意环境温度的影响。在寒冷和炎热季节，应采取适当的保温隔热措施，防止混凝土温度受环境因素影响（如曝晒、气温骤降等）而发生剧烈变化，保证养护期间混凝土的芯部与表层、表层与环境之间的温差不超过15℃。

夏季混凝土通循环水养护时，按照以下方法进行：

根据大体积混凝土的平面形状尺寸、厚度合理地布设测温点，温度量测以集成温度传感器作感温元件，埋设前用环氧树脂密封，确保布设牢靠，灌注混凝土时避免其失效。每次测温后及时整理混凝土内部温度与内外温差数值，以指导现场的降温。

混凝土体内埋设冷却水管，一般根据结构尺寸将冷却水管分层曲折布置，层距以1m左右为宜，每层设进出水口，灌注混凝土时当混凝土盖住冷却水管后即开始通水，通水时间一般7天以上，具体根据测温情况确定，确保芯部温度最高不超过65℃，升（降）温速率不超过10℃/h，与混凝土表面的温度差不超过20℃。

冬季施工大体积混凝土，应控制混凝土内部温度与外界温差不大于20℃，如外界气温很低，此时应加强保温蓄热，使保温层内混凝土表面温度与内部温度差小于20℃。当混凝土达到抗冻临界强度后，可慢慢揭开保温层使之逐渐降温，待混凝土内部温度与环境气温差小于20℃时才能拆除保温层。

对于一些地区常见的恶劣气候环境条件，要根据当地实际环境状况采取合理的养护措施。如在贵州山区高寒环境下，机制砂高性能混凝土浇筑后应及时覆盖保温，在未达到抗冻临界强度之前不得受冻。混凝土浇筑后保温养护方法有：

（1）蓄热法：适合于表面系数小于4的较大体积混凝土。靠自身水化热产生的热量进行热养，用草袋、草帘、锯末、棚布等物覆盖厚5～10cm。

（2）电热法：适合于表面系数较大的小体积混凝土，或因蓄热保温不够，混凝土将要受冻时采取的补救措施。就是将电热器（可采取油热电暖器、电热毯等）贴在混凝土表面（外裹保温层），接通电源，使电能变为热能，以提高混凝土的表面温度。

（3）蒸汽加热法：现场配备小型移动蒸汽锅炉。施工方法有两种情况：

① 补助加热，作用同电热法。就是混凝土浇筑完毕，罩上篷布，通蒸汽进行热养，棚内温度控制在35℃以内恒温，直至混凝土达到抗冻临界强度为止。

② 蒸养法，适合于混凝土构件厂施工，也可将小型移动蒸汽锅炉移到较远的墩、台构筑物边进行蒸养。蒸养混凝土时，要求加温均匀并设有排除冷凝水的装置，防止结冰。其升温速度：混凝土表面系数≥6的结构，每小时不超过15℃；混凝土表面系数<6的结构，每小时不超过10℃；配置钢筋稠密的薄型结构，每小时不超过20℃。混凝土在开始通蒸汽前本身温度应不低于5℃。恒温的最高温度一般控制在40～45℃，恒温时间根据混凝土需要达到的强度决定。蒸养完毕混凝土降温冷却要慢，一般每小时不大于10℃。同时，在混凝土冷却至5℃后方可拆模。如果拆模时混凝土与外界气温差大于20℃，拆模后应及时覆盖保温，避免混凝土产生温度应力裂缝。

混凝土养护期间，应对有代表性的结构进行温度监控，定时测定混凝土芯部温度、表层温度以及环境气温、相对湿度、风速等参数，并根据混凝土温度和环境参数的变化情况及时调整养护制度，严格控制混凝土的内外温差满足要求。

混凝土养护期间，施工和监理单位应各自对混凝土的养护过程做详细的记录，并建立严格的岗位责任制。

4.5.6　施工中常见问题的处理

4.5.6.1　机制砂特性与混凝土性能的关系

机制砂颗粒粗糙、棱角多、级配较差、细度偏高，在配制混凝土时，造成细骨料较少，导致混凝土出机保水性差，拌制的混凝土工作性差，易离析泌水，在水泥用量少的中低强度等级混凝土中表现尤为明显。针对这一情况，可根据混凝土强度等级不同，适当掺入细砂，提高混凝土中细骨料的数量；也可提高粉煤灰的掺量，利用粉煤灰需水量大的特点，降低泌水程度。

4.5.6.2　机制砂中石粉含量与混凝土性能的关系

对于机制砂高性能混凝土，石粉可以增加拌合物的黏聚性和保水性，有利于改善离析泌水情况；对于泵送混凝土，石粉可以增加浆体含量而提高混凝土的流动性。另外，机制砂中的石粉填充了大颗粒之间的空隙，在骨料体系内起一定的润滑作用，从而减少砂与砂之间摩擦而改善混凝土的和易性。但当石粉含量过高时，使得混凝土变黏，甚至变干，流动性变差。

大量的学者研究表明：石灰岩石粉并非完全惰性，它在水化的过程中可以与水泥中的C_3A和C_4AF发生反应，生成水化碳铝酸钙，从而改善水泥基材料的一些性能。

对于机制砂混凝土的工作性而言，不同等级的混凝土所对应的最佳石粉含量不同，这种不同更多是受混凝土胶凝材料用量的影响。对于低强度等级混凝土，机制砂中石粉含量的最佳范围为10％～15％；对于高强度等级混凝土，机制砂中石粉含量的最佳范围为5％～7％，而对于C80级的超高强混凝土，机制砂中石粉的最佳含量为3％～5％。

参 考 文 献

[1]　蒋正武，等. 混凝土修补：原理、技术与材料 [M]. 北京：化学工业出版社，2008.
[2]　GB 175—2007《通用硅酸盐水泥》.
[3]　GB 50666—2011《混凝土结构工程施工规范》.

[4]　JGJ 52—2006《普通混凝土用砂、石质量及检验方法标准》.

[5]　GB/T 8075—2005《混凝土外加剂定义、分类、命名与术语》.

[6]　GB 8076—2008《混凝土外加剂》.

[7]　孙振平，蒋正武，吴慧华. 水下抗分散混凝土性能的研究［J］. 建筑材料学报，2006，9（3）：279-284.

[8]　沈旦申. 粉煤灰混凝土［M］. 北京：中国铁道出版社，1989.

[9]　GB/T 1596—2005《用于水泥和混凝土中的粉煤灰》.

[10]　GB/T 203—2008《用于水泥中的粒化高炉矿渣》.

[11]　GB/T 18046—2008《用于水泥和混凝土中的粒化高炉矿渣粉》.

[12]　高怀英，马树军，黄国泓. 大掺量磨细矿渣混凝土国内外研究与应用综述［J］. 海河水利，2006（3）：47-50.

[13]　GB/T 27690—2011《砂浆和混凝土用硅灰》.

[14]　陈泉源，柳欢欢. 钢铁工业固体废弃物资源化途径［J］. 矿冶工程，2007，27（3）：49-55.

[15]　关少波. 钢渣粉活性或胶凝性及其混凝土性能的研究［D］. 武汉：武汉理工大学材料科学与工程学院，2008.

[16]　李永鑫. 含钢渣粉掺合料的水泥混凝土组成结构及性能研究［D］. 北京：中国建筑材料科学研究院，2003.

[17]　孙家瑛. 磨细钢渣对混凝土力学性能及安定性影响研究［J］. 粉煤灰，2003（5）：7-9.

[18]　冷发光. 磷渣掺合料对水泥混凝土性能影响的试验研究［J］. 四川水力发电，2001，20（4）：75-77.

[19]　栗静静，叶建雄，石拥军. 磷渣掺合料对混凝土性能影响的试验研究［J］. 粉煤灰综合利用，2007（6）：18-20.

[20]　袁润章. 胶凝材料学［M］. 武汉：武汉理工大学出版社，1996.

[21]　丁铸，李宗津，吴科如. 含偏高岭土水泥与高效减水剂相容性研究［J］. 建筑材料学报，2001，4（2）：105-109.

[22]　曹征良，李伟文，陈玉伦. 偏高岭土在混凝土中的应用［J］. 深圳大学学报：理工版，2004，21（2）：183-186.

[23]　JGJ 55—2011《普通混凝土配合比设计规程》.

[24]　GB 1344—1999《矿渣硅酸盐水泥、火山灰质硅酸盐水泥及粉煤灰硅酸盐水泥》.

[25]　周大庆，张道友，赵华耕，等. 机制砂高性能混凝土配合比设计的研究［J］. 国外建材科技，2005，26（3）：20-23.

[26]　JGJ 63—2006《混凝土用水标准》.

[27]　王保群，孔杰，黄加东. 机制砂泵送混凝土配合比设计及施工控制［J］. 山东交通学院学报，2001，10（4）：72-74.

[28]　蒋正武，石连富，孙振平. 用机制砂配制自密实混凝土的研究［J］. 建筑材料学报，2007，10（2）：154-160.

[29]　GB/T 14684—2011《建设用砂》.

[30]　蔡基伟. 石粉对机制砂混凝土性能的影响及机理研究［D］. 武汉：武汉理工大学材料科学与工程学院，2006.

[31]　王稷良. 机制砂特性对混凝土性能的影响及机理研究［D］. 武汉：武汉理工大学材料科学与工程学院，2008.

[32]　JTG F30—2003《公路水泥混凝土路面施工技术规范》.

[33]　GB 50119《混凝土外加剂应用技术规范》.

[34]　GB/T 208《水泥密度测定方法》.

[35]　JG 244—2009《混凝土试验用搅拌机》.

[36]　GB/T 50080《普通混凝土拌合物性能试验方法标准》.

[37]　GB/T 50081《普通混凝土力学性能试验方法标准》.

[38]　GB/T 50082—2009《普通混凝土长期性能和耐久性能试验方法标准》.

[39]　吴中伟，廉慧珍. 高性能混凝土［M］. 北京：中国铁道出版社，1999.

[40]　文梓芸，钱春香，杨长辉. 混凝土工程与技术［M］. 武汉：武汉理工大学出版社，2005.

[41]　GB 50666—2011《混凝土结构工程施工规范》.

[42]　宋伟明，赵春艳，贺洪儒. C80～C100机制砂高性能混凝土配制技术［J］. 施工技术，2012，41（377）.

[43]　JGJ/T 10《泵送混凝土施工技术规程》.

[44]　赵玉敏，翟晖，王海桥. 机制砂混凝土泵送技术［J］. 国防交通工程与技术，2011（3）：23-26.

[45]　Charles K. Nmai. Aggregates for Concrete［J］. ACI Education Bulletin，1999：E1-1-26.

[46]　Zhou Mingkai，Peng Shaoming，Xu Jian，et al. Effect of Stone Powder on Stone Chippings Concrete［J］. Journal of Wuhan University of Technology（Materials Sciences Edition），1996，11（4）：29-34.

[47]　李北星，周明凯，蔡基伟，等. 机制砂中石粉对不同强度等级混凝土性能的影响研究［J］. 混凝土，2008（7）：51-57.

[48]　W. Gutteridge，J. Dalziel. The effect of the secondary component on the hydration of Portland cement：Part 1. A fine non-hydraulic filler［J］. Cement and Concrete Research，1990，20（5）：778-782.

[49]　V. Bonavetti，H. Donza，G. Mennedez，et al. Limestone filler cement in low W/C concrete：A rational use of energy［J］. Cement and Concrete Research，2003，33：865-871.

5
机制砂高性能混凝土的性能

研究发现，采用合理的生产工艺，严格控制机制砂的各项指标，不仅可以保证机制砂的品质不仅不会低于天然砂，甚至优于天然砂。而在混凝土中，骨料占硬化后混凝土体积的70%～80%，一般细骨料占体积约为20%～40%。因此，细骨料对混凝土拌合物的工作性、硬化后混凝土的强度和耐久性会产生重要的影响。本书在第3章中指出机制砂在粒形、级配与石粉含量等方面与天然砂存在显著的差异，机制砂与天然砂相比，机制砂级配较差、细度模数偏大，具有表面粗糙、颗粒尖锐有棱角等特点。因此导致了其对混凝土性能的影响也与天然砂存在巨大差异，尤其是机制砂的石粉含量对混凝土的性能有一定的影响。石粉是生产机制砂过程中不可避免产生的，基本没有活性且常混有黏土等杂质，机制砂石粉基本为惰性物质。因此机制砂中石粉含量对混凝土性能的影响已经成为学者研究的热点之一。机制砂中适量的石粉对混凝土是有益的，国内外很多学者对此已达成共识。而且在各国的规范中石粉含量一直都是机制砂的控制指标之一，我国国家标准 GB/T 14684—2011 对机制砂中石粉含量基本上是按混凝土强度等级规定的。对于强度等级大于 C60 的混凝土，机制砂中石粉含量<3%；强度等级 C30～C60 及有抗冻、抗渗或其他要求的混凝土，石粉含量<5%；强度等级小于 C30 的混凝土和建筑砂浆，石粉含量<7%，但根据使用地区和用途，在试验验证的基础上，允许供需双方协商确定。表 5-1 为国内外标准中混凝土机制砂石粉含量的最高限值。在第3章已经指出，在实际工程中采用的机制砂，石粉含量一般是远远超过国标中的规定。大量试验表明，在机制砂的亚甲蓝 MB 值满足国标要求的情况下，石粉含量较高对混凝土没有明显的不利影响。

表 5-1　国内外标准中混凝土机制砂石粉含量的最高限值

国家	标准名称	界定/<μm	石粉含量的最高限值
中国	《建设用砂》(GB/T 14684—2011)、《公路工程水泥混凝土用机制砂》(JT/T 819)、《公路机制砂高性能混凝土技术规程》(T/CECS G：K50-30)	75	3%～7%
日本	《Crushed stone and manufactured sand for concrete》(JIS A50005：2009)	75	9%
印度	《Coarse and fine aggregate for concrete specification》(IS 383—2016)	75	15%
美国	《Standard Specification for concrete aggregates》(ASTM C33/C33M-13)	75	7%

续表

国家	标准名称	界定/<μm	石粉含量的最高限值
澳大利亚	《Aggregates and rock for engineering purposes-concrete aggregates》(AS 2758.1—2014)	75	20%
加拿大	《Concrete materials and methods of concrete construction/Test methods and standard practices for concrete》(CAS A23.1-14/A23.3-14)	75	5%
欧盟	《Aggregates for concrete》(BS EN 12620:2013)	63	—

另外，对于天然砂而言，粒径小于 75μm 的颗粒被称为泥粉，其多为黏土、云母及有机质等杂质，这些物质会显著增大混凝土的用水量，阻碍水泥的正常水化，降低水泥石与骨料之间的黏结。因此，为了降低骨料杂质对混凝土性能的危害，国标《建设用砂》(GB/T 14684—2011) 严格限定了天然砂中粒径小于 75μm 颗粒的含量。但对于机制砂而言，机制砂中小于粒径 75μm 的石粉为机制砂在生产过程中产生的副产物，其物理化学性质与母岩性质完全相同，因此对石粉应与天然砂中的泥粉区分对待。

5.1 工作性

5.1.1 工作性的含义及测定方法

新拌混凝土的工作性是指新拌混凝土易于施工操作（拌和、运输、浇灌、捣实）并能获得质量均匀、成型密实的混凝土性能，它是在一定施工条件下对新拌混凝土性能的综合评价，通常包括流动性、可塑性、稠度、稳定性、抹面性、泵送性、易浇筑性和坍落度损失等。但是，目前没有能够完全反映新拌混凝土工作性的测量方法。普遍采用坍落度来评价新拌混凝土的流动性，而黏聚性和保水性主要靠直观观察来评定。但是机制砂高性能混凝土的性能与普通混凝土存在较大的不同，仅仅采用坍落度法对其工作性能进行评价是远远不够的，需要其他的试验辅助进行综合性能评价。

常见的试验方法包括坍落度试验法、压力泌水率试验法、倒坍落度筒流出时间法、L 型流动测定仪法、Orimet 流速仪法、V 型漏斗试验、U 型箱试验等方法。

5.1.1.1 坍落度试验法

坍落度试验法是评价混凝土工作性最常用的方法，试验方法参照《普通混凝土拌合物性能试验方法标准》(GB/T 50080) 进行。测试方法如图 5-1 所示。通过测量混凝土拌合物的

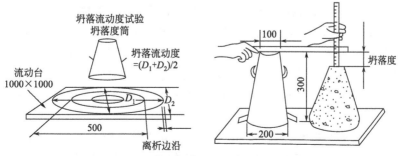

图 5-1 混凝土坍落度试验仪及测试方法
单位：mm

坍落度和扩展度对混凝土和易性进行评价。除坍落度和扩展度外，还需对混凝土黏聚性和保水性进行观察。黏聚性的检查方法是用捣棒在已坍落的混凝土锥体侧面轻轻敲打，此时如果锥体逐渐下沉，则表示黏聚性良好；如果锥体倒塌、部分崩裂或出现离析现象，则表示黏聚性不好。保水性以混凝土拌合物稀浆析出的程度来评定，坍落度筒提起后如有较多的稀浆从底部析出，锥体部分的混凝土也因失浆而骨料外露，则表明此混凝土拌合物的保水性能不好；如坍落度筒提起后无稀浆或仅有少量稀浆自底部析出，则表示此混凝土拌合物保水性良好。如果发现粗骨料在中央集堆或边缘有水泥浆析出，表示此混凝土拌合物抗离析性不好。

对于泵送混凝土，在测定拌合物扩展度时，同时测定拌合物扩展到直径 50cm 时的时间（扩展时间 T_{50}）以及 1h、2h 的坍落度损失，用以判断混凝土的泵送施工性能。

5.1.1.2　倒坍落度筒流出时间法

坍落度速度实际上可以反映高强泵送混凝土的黏性大小，但由于流速的逐渐减慢，流动停止时间测量的人为误差大，无法真实反映其黏性大小。实际工程中，可用"倒坍落度筒"方法，通过测量流下时间来测量拌合物的流动速度，进而反映其黏性。流下时间越长，拌合物的流速越慢，拌合物的黏性越大。

倒坍落度筒流出时间的测定采用如下方法：用铲子分三次将混凝土加入倒置的坍落度筒中，中间间隔 30s，并适当振捣（若为自密实混凝土则不振捣），加满后用抹刀抹平。将底盘坍落度筒周围多余的混凝土清除，然后垂直平稳地提起坍落度筒，应在 3s 内提升至底端

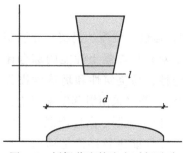

图 5-2　倒坍落度筒流出时间试验

距地面 30cm 的位置，直到混凝土自由流空。若新拌混凝土的黏滞性较高，全量流空瞬间的判定较为困难时，可由漏斗上方向下观察，透光的瞬间即为混凝土由卸料口流完的瞬间。测量流下时间，精度为 0.1s。用钢尺测量混凝土流出扩展后最终的坍落扩展度即为倒坍落扩展度，如图 5-2 所示。

流下时间的测定，宜在 5min 内对试样进行 2 次以上的试验。以 2～3 次试验结果的平均值进行评价，可减少取样的误差。

该试验不仅操作简单，测定快速，而且精确度高，有良好的重复性，因此它为混凝土搅拌站及施工现场定量测定拌合物流动性提供了可靠的方法。

5.1.1.3　L 型流动测定仪法

L 型箱流动试验适宜用于评价机制砂高性能混凝土的流动性。

如图 5-3 所示，L 型流动测定仪的左侧是一个长方柱箱形，横截面积为 280mm×200mm，高度为 430mm，L 型流动仪的右侧为一扁平长方体箱形，中间用拉板隔开，开始在左侧的箱中装满拌合物，抽出拉板，拌合物在自重的作用下，自动下塌并向水平方向流动。

试验时，将混凝土分三层装入 L 型流动仪左侧垂直料斗中，每层轻轻插捣 10 次，拔出料斗隔板，并用秒表开始计时，分别记录以下测试指标：拌合物在水平槽内流到某一距离所需的时间（反映混凝土拌合物的变形速度）、坍落度值和坍落扩展度值（反映混凝土拌合物的变形能力）。

（1）h_2/h_1：平置箱端拌合物的高度 h_2 和竖直箱端拌合物高度 h_1，用 h_2/h_1 比值来评价混凝土拌合物的流动能力和通过间隙能力，比值越接近 1，则流动能力和通过间隙能力越好。

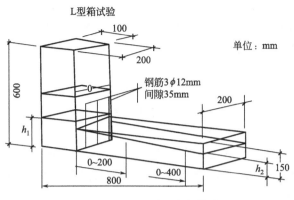

图 5-3 L 型流动测定仪构造

（2）下沉量 L_s（L 型坍落度）：左侧箱中混凝土拌合物的下沉高度，能表示与传统坍落度同样的屈服值指标。

（3）移动距离 L_f：混凝土向水平方向的最大扩散距离，反映混凝土拌合物的最终变形能力。

（4）流动时间 t：混凝土拌合物移动开始至停止时间，反映了混凝土拌合物的变形速度。以移动距离 L_f 和流动时间 t 可求出 L 型流动速度 L_f/t，在剪切应力不变的条件下，L 型流动速度代表黏度参数，进而能反映出混凝土拌合物的黏度。

（5）成分均匀性：L 型流动仪水平方向不同部位的拌合物粗骨料的含量，反映混凝土拌合物流动后的成分均匀性。

多种数据显示，当拌合物的坍落度均大于 20cm 时，它可以较顺畅地从开口处出，并逐渐流平，但当拌合物的坍落度小于 20cm 时，拌合物由于重力作用，只能缓缓流动大小不一的距离便停止不前。

5.1.1.4 Orimet 流速仪法

Orimet 流速仪法是由英国学者 Bartos 提出的高流动性混凝土拌合物测试方法，Orimet 流速仪构造如图 5-4 所示。

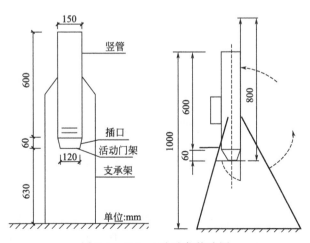

图 5-4 Orimet 流速仪构造图

Orimet 仪试验原理：高流动性混凝土拌合物在不发生离析的条件下，受自重作用从竖管中全部流出，流出速度主要受拌合物黏性系数的影响。测定竖管中混凝土全部流出的时间

t 和装料的混凝土体积，求出混凝土拌合物所需的流出速度，值越大，则黏性系数越小。

试验时，将流态混凝土分四层装入流速仪中，每层轻轻插捣 10 次，打开底部活动门，并同时用秒表计时，当流速仪中拌合料全部流出后，用秒表记下时间 t，最后用以计算流动速度。

采用 Orimet 仪的一个重要的优点是能较好地模拟拌合物在管里运动的情况，尤其是直接以泵管作为仪器的竖管，所测拌合物流出速度可反映其塑性黏度的大小，拌合物在无明显离析的情况下，流出速度越小，则塑性黏度越大，反之亦然。拌合物的塑性黏度主要影响拌合物在自重或外力作用下填充密实的能力与可泵性能。

由于 Orimet 流速仪的竖管直径取决于测定拌合料中骨料的最大粒径，而且与其下端连接的插口呈缩径，因此对于骨料的超径现象很敏感，当拌合料中有超径骨料存在时，容易堵管并造成测试误差。

5.1.1.5　V 型漏斗试验

V 型漏斗试验可以用来对混凝土的流动性、黏稠性和抗离析能力进行评价，进而评价混凝土的工作性。V 型漏斗的构造如图 5-5 所示。

图 5-5　V 型漏斗内部构造和尺寸

试验时，将约 10L 混凝土拌合物装满 V 型漏斗，抹平表面。随即打开下底盖，测试从开盖到混凝土拌合物全部流出的时间，精确至 0.1s。检测的时间越短，充填能力越好。若新拌混凝土黏滞性较高，全流空瞬间时间的判定较为困难，可由漏斗上方向下观察，透光的瞬间即为混凝土由卸料口流空的时间。宜在 5min 内对试样进行 2 次以上的试验，以 2～3 次试验的平均值进行评价，以减小误差。

V 型漏斗还有一个 V5 的检测方法，即测完 V 型漏斗后，紧接着再将漏斗装满，静置 5min，再测一次，对比两次数据的差别，用来判断混凝土的抗离析能力。

混凝土拌合物流出时间越小，则混凝土流动性越好，黏稠性越好。

5.1.1.6　U 型箱试验

U 型箱形检测用来测定混凝土拌合物的间隙通过能力。试验具体方法可以参照现行《自密实混凝土应用技术规程》(CECS 203) 中相关步骤进行。见图 5-6。

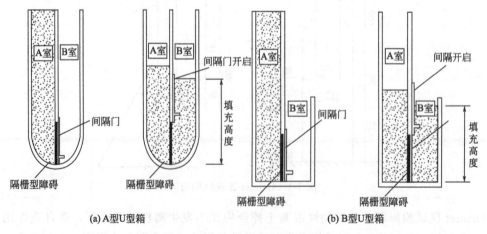

(a) A 型 U 型箱　　　　　　(b) B 型 U 型箱

图 5-6　U 型箱试验过程与测量方法

U 型箱分为 A 型和 B 型两种，由两个箱体合并而成，中间开口处布置隔栅型障碍，并用活动门隔开两个空间，先关闭活动门，用混凝土拌合物将 A 室浇满，静置 1min 后迅速地将间隔门向上拉起，混凝土边通过隔栅型障碍边向 B 室流动，直至流动停止为止，以钢制卷尺量测 B 室混凝土填充的高度（测量时应沿容器宽的方向量取两端及中央等三个位置的填充高度，取其平均值），当值越高，间隙通过能力越好。

由于容器的尺寸误差、间隔板和间隔门的厚度影响等，将使最大填充高度产生差异，因此，宜对 B 室一侧进行静水位的测定，以确认所用填充装置的最大填充高度。

5.1.1.7　含气量测定法

混凝土中适当的含气量可起到润滑作用，减少泵送阻力，防止混凝土泌水、离析，对提高混凝土的和易性和可泵性非常有利，但含气量太大则混凝土强度下降。因此在试配阶段与实际生产阶段必须采用含气量测定仪测定混凝土的含气量，以确保其在目标控制范围。含气量测定仪如图 5-7 所示。

测定方法参照现行《普通混凝土拌合物性能试验方法标准》（GB/T 50080）中相关方法和要求进行。先进行拌合物所用骨料含气量测定，再进行拌合物含气量测定。

5.1.1.8　其他测试方法

除上述几种方法之外，还有其他方法可以用来测量评价机制砂高性能混凝土的工作性，主要方法如下：

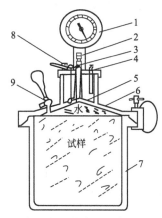

图 5-7　混凝土拌合物含气量测定仪

1—压力表；2—出气阀；3—阀门杆；4—打气筒；
5—气室；6—钵盖；7—量钵；8—微调阀；9—小龙头

（1）J 型环试验。用来测定混凝土拌合物的间隙通过能力。将圆钢筋焊接为一个直径 300mm 的圆环，在圆环上垂直焊接若干根 ϕ10mm×100mm 的圆钢。圆钢的间距为（58±2）mm 或粗骨料最大粒径的 3 倍。测试时，将 J 型环套在坍落度筒外，用测试坍落扩展度的方法，让混凝土拌合物通过 J 型环流出，然后测量环内外高差及对比，量测的值越大，间隙通过能力越差，一般值大约在 10min 的间隙通过能力比较满意，也可与坍落扩展度方法或是流速仪方法联合使用来测定流动能力和间隙通过能力。

（2）流变仪法。通过测定新拌混凝土在不同剪切速率下的剪切应力，一般选择宾汉姆模型拟合获得混凝土的塑性黏度与屈服应力，以表征新拌混凝土的流变性能。但仪器价格昂贵，且需经专门训练的人员使用，不便于现场使用。

到目前为止，还没有一个单独的试验方法能够满意地、定量地评价混凝土工作性。相同坍落度的混凝土，其工作性能可能会有较大差别。因此，仅用一种方法来判断混凝土拌合物的可泵能力是远远不够的，尤其对机制砂高性能混凝土而言，必须要组合两种以上的试验方法才能更准确地判断混凝土的工作性能。总的来说，坍落扩展法与漏斗法仅能表征机制砂高性能混凝土与新拌阶段的变形能力相关的部分流变性能。相反，U 型箱与 L 型箱方法可以全面评价自密实混凝土的流变性能。它们不仅测试新拌阶段的变形能力（流动能力与塑性黏度相关），而且可以测试混凝土通过受限制空间的能力与抗流动离析能力。

选择测试方法时，一个很重要的因素是应考虑在实验室使用，还是在工厂（或工地上）使用。实验室做这类试验的目的，通常是测试给定组成的拌合料是否具有适合特定用途的工作性；而在工地上则不仅是为了满足有关工作性的规范要求，而且也用于校核拌合料的均匀性，即测定拌合料的组成是否因过度波动而对混凝土的工作性等性质产生不良影响。另外还要考虑，在实验室内通常具有较好的控制条件和熟练的操作水平，使用简便或复杂的方法皆可，着重考虑的是灵敏度、可靠性和复演性；而在工地上则应使用简单方便、测试迅速的方法，其灵敏度和理论依据占次要地位。

5.1.2 机制砂对混凝土工作性的影响

新拌混凝土可以描述为粒子悬浮体，其连续介质是水泥浆体，也就是液相。在这个体系中，所有粒子的流动性及粒子之间的平衡是必需的。按流变学理论，新拌混凝土可看成是宾汉姆流体，其流变方程描述为：

$$\tau = \tau_0 + \eta\gamma \tag{5-1}$$

式中，τ 为剪切应力；τ_0 为屈服剪切应力；η 为塑性黏度；γ 为剪切速度。τ_0 是阻止塑性变形的最大应力，在外力作用下，新拌混凝土内部产生的剪切应力 $\tau \geqslant \tau_0$ 时，混凝土产生流动；η 是新拌混凝土内部阻止其流动的一种性能，η 越小，在相同的外力作用下新拌混凝土的流动速度就越快。所以，屈服剪切应力 τ_0 和塑性黏度 η 是反映新拌混凝土工作性的两个主要流变学参数。

5.1.2.1 机制砂石粉含量对混凝土工作性的影响

机制砂生产过程中，不可避免会产生一定数量的粒径小于 $75\mu m$ 的石粉，这是机制砂与天然砂最明显的区别之一。石粉已被普遍认为是惰性物质，但又并非完全惰性。但是相比于天然砂，机制砂中的不同石粉含量会给混凝土的工作性带来一定的影响。机制砂中的石粉与配制混凝土所用骨料岩性相同，可以看作为混凝土中的微骨料，除了具有微骨料通常的填充作用，也具有一定的微弱活性，可以与水泥发生化学反应。大量的学者研究表明：石灰岩石粉并非完全惰性，它在水化的过程中可以与水泥中的 C_3A 和 C_5AF 发生反应，生成水化碳铝酸钙，从而改变水泥基材料的一些性能。

混凝土是一个堆积体系，当体系各粒径比例合适的时候，新拌混凝土的流变学参数会达到最优化，使得新拌混凝土的工作性达到最佳。对于机制砂高性能混凝土，机制砂与天然河砂相比，颗粒表面粗糙、多棱角、级配差，且有一定数量的石粉，由于机制砂的这些特殊性质，7%以下的石粉含量表现的流变学参数相差不大，10%以上石粉含量的机制砂高性能混凝土其拌合物的塑性黏性增加很大，内摩擦很大，阻止新拌混凝土的流动，因而大量石粉时不宜配制大流动性的高强混凝土。主要原因是石粉的细度接近于水泥的细度，石粉的存在弥补了机制砂高性能混凝土浆体材料不足的缺陷，这点在低强混凝土中作用比较明显；石粉浆体弥补了机制砂表面粗糙的缺点，有利于减少机制砂与碎石之间的摩擦，改善混凝土拌合物的和易性，上述是石粉的正作用。当然石粉含量的增加，必然会使包裹其的用水量增加，这是石粉的副作用。如果上述正作用大于副作用，则石粉会增加混凝土拌合物的流变性，否则降低拌合物的流变性能，然而，石粉的正作用与副作用的大小取决于石粉在机制砂中的含量和混凝土拌合物本身胶凝材料的用量和水胶比。

一般认为机制砂高性能混凝土中机制砂的特殊性质会导致混凝土坍落度降低，石粉的表面积远大于机制砂的表面积，它的引入会增加浆体的黏滞性，从而使混凝土拌合物的黏聚性增加，因此石粉含量的增加，一般会降低混凝土拌合物的坍落扩展度，能够减少机制砂高性能混凝土的离析泌水现象。即石粉可在一定程度上改善混凝土的泌水性和黏聚性，使得混凝土易于成型振捣，这些作用在低强度等级混凝土中尤为明显。主要是因为机制砂粗糙的表面和多棱角的性质以及一定的石粉含量使得新拌混凝土的塑性黏度较天然砂混凝土大，而屈服剪切应力变化不大，这样新拌混凝土抵抗粗骨料与水泥砂浆相对移动的能力较强，同时一定程度上保证了新拌混凝土的流动度。但是在高强混凝土中，由于本身的胶凝材料用量比较大，其中还掺入了硅粉以保证强度，石粉的掺入还会增加粉体含量，使需水量增加，这样就不可避免地引起塑性黏度的增大，对其拌合物的流动度有较不利的影响，很容易造成混凝土的流动性不良，过量石粉和级配较差的机制砂必然会导致混凝土工作性变差。必须采取一定的措施，使混凝土具有良好的工作性，满足长距离运输的需求。对于泵送混凝土，一般要求其坍落度大于 180mm，扩展度大于 400mm，黏性适中，浆体含量适中。机制砂的级配较差、细度模数偏大，具有表面粗糙、颗粒尖锐有棱角等特点，这些对骨料和水泥的黏结是有利的，但同时也增加了混凝土拌合物流动的阻力，很容易造成混凝土的流动性不良，在制备泵送混凝土的过程中同样需要格外注意。

对于机制砂高性能混凝土的工作性而言，不同等级的混凝土所对应的最佳石粉含量不同，这种不同更多是受混凝土胶凝材料用量所影响。对于低强度等级混凝土，机制砂中石粉含量的最佳范围为 10%～15%；对于高强度等级混凝土，机制砂中石粉含量的最佳范围为 5%～7%，而对于 C80 级的超高强混凝土，机制砂中石粉的最佳含量为 3%～5%。

一般来讲，同坍落度的前提下，机制砂的用水量要稍大些，但要根据施工条件及结构物和运输等因素考虑。因此，对于混凝土工作性而言，石粉的最佳含量可能取决于机制砂的级配及总的胶凝材料用量。

5.1.2.2 机制砂含泥量对混凝土工作性的影响

在机制砂的生产过程中，存在一些黏土成分是不可避免的，除泥块之外，还有很大的一部分与石粉混在一起组成机制砂 75μm 以下颗粒。泥粉与石粉相同之处在于其粒径均较细，可能均具有微细骨料的填充作用，但泥粉来源于黏土，与石灰质的石粉有本质的区别。首先其不参与水泥浆体反应，其次层状硅酸盐结构使得黏土吸水率高，且吸水后可能会产生不同于石粉的膨胀或是松软等对混凝土强度及体积稳定性或是耐久性的有害作用。泥粉在骨料中有三种存在形式：包裹型、松散型，以及团块型。包裹型：泥粉以浆状黏结或包裹在骨料表面，这种形式将直接影响到骨料与水泥石的黏结；松散型：泥粉均匀地分布在骨料中，在某些情况下可以起到改善新拌混凝土和易性，提高密实性的作用，但是，它将增加混凝土的用水量，对混凝土质量产生不利的影响；团块型：泥粉聚集成较大的泥团存在于骨料中，这种形式的泥粉对混凝土的各种性能都产生不利的影响。在这三种形式中，团块型对混凝土性能危害最大，其次是包裹型，松散型对混凝土性能的影响最小。

泥粉和石粉粒度相似，而对于混凝土的性能的作用却有很大的不同，石粉在一定范围内可以改善混凝土的和易性，能起到微骨料的作用，对水泥的早期水化有促进作用，在一定条件下，石灰石石粉对钙矾石向单硫型转化具有阻止作用，生成水化碳铝酸钙（$C_3A \cdot CaCO_3 \cdot 11H_2O$），增加混凝土早期强度。而泥粉本身没有活性，混凝土拌和时吸附大量的自由水及外加剂，产生一定的膨胀导致混凝土和易性降低，混凝土硬化后膨胀的泥粉又会失水而收缩，在混凝土中留下空洞，降低混凝土的强度和耐久性。MB 值是用以评述机制砂黏土颗粒含量的一个重要参数，《建设用砂》（GB/T 14684—2011）规定通过亚甲蓝实验来判断粉体材料是石粉还是泥以及它们的相对比例。当亚甲蓝试验的 MB 值≤1.40 或快速法试验合格时，石粉含量应不大于 10%；MB 值＞1.40 或快速法试验不合格时，Ⅰ、Ⅱ、Ⅲ类机制砂的石粉含量应分别不大于1％、3％和5％。

研究表明 MB 值与泥粉含量呈线性关系，而与石粉含量的关系不大，如图5-11所示。或者说，如果机制砂中不含泥粉，石粉含量的高低不会对机制砂的 MB 值产生影响，7％的石粉 MB 值只有0.25，MB 值反映的是细小颗粒对亚甲蓝的吸附能力，MB 值越大的机制砂泥粉的吸附能力越强。

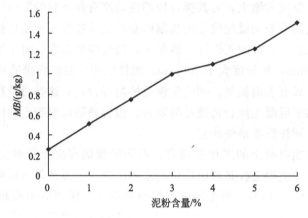

图 5-8　机制砂泥粉含量与 MB 值的关系

如表5-2所示，含泥量对C80混凝土工作性影响。从试验结果来看，泥粉含量的增加使混凝土拌合物的和易性迅速下降，3％的泥粉含量时，坍落度下降了12cm，6％的泥粉含量，混凝土拌合物的颜色呈深黄色，几乎没有可塑性，振捣时需增加振捣时间，才能够排除气泡。由此可见随着泥粉含量增大，混凝土需水量急剧增加，坍落度和扩展度均明显下降，工作性降低。

表 5-2　含泥量对工作性的影响

泥粉/％	石粉/％	坍落度/cm	扩展度/cm
0	7	22	54
3	4	10	—
6	1	4	—

5.1.2.3　机制砂级配和细度模数对混凝土工作性的影响

级配和细度模数是机制砂的重要参数，而且两者也是相互关联相互影响的。

机制砂中某段粒级颗粒的过多或过少都会使混凝土的工作性变差，从而导致耐久性变差。当机制砂太粗时，会导致拌合物泌水、离析和粗涩，但如果机制砂太细，则导致混凝土拌合物需水量增加，也将不利于混凝土强度和耐久性的提高。同时，机制砂的级配还要求与机制砂的粒形及施工工艺要求相关。例如，具有相同级配分布的机制砂，拌制出的拌合物效果要比天然砂的差。而对于混凝土骨料的整体级配而言，当混凝土需要泵送时，混凝土需要更多的细骨料，以保证浆体数量，会要求粒径小于0.3mm以下的颗粒更多一些。甚至有学者认为，细骨料级配标准仅适用于球形颗粒，但不适用于非球形的机制砂，按细骨料规范的级配未必能配制出好的混凝土，改变一下级配反倒能配制出性能良好的混凝土。

如果机制砂的粗颗粒较多，细度模数较高，则有利于流动性，但黏聚性和保水性稍差；而呈现"两头大、中间小"级配不良的机制砂不利于硬化砂浆内部结构的密实，会削弱混凝土的力学性能。研究表明,机制砂的细度模数和级配对混凝土的流动性有一定的影响,在 2.8~3.3 范围内时,细度模数越大,级配呈现"两头大、中间小"特点越明显,混凝土的流动性越好。

两种机制砂配制的砂浆流动性如表 5-3 所示,机制砂 S1 和 S2 的主要区别在于级配和细度模数。砂浆的配合比:水胶比 0.4,胶砂比 1:3,粉煤灰占胶凝材料的 20%,减水剂掺量为胶凝材料的 0.8%。从表 5-3 中可以看出,砂浆 S1 配制砂浆的流动性要远好于 S2,这主要是因为 S1 的粗颗粒较多,细度模数较高,有利于流动性,但黏聚性和保水性稍差,但是机制砂 S1 的级配呈现"两头大、中间小",级配不良从而不利于硬化砂浆内部结构的密实,会对强度产生不利影响。

表 5-3　不同机制砂砂浆流动度

机制砂	级配区	细度模数	石粉含量/%	砂浆流动度/mm
S1	1	3.3	7.7	190
S2	2	3.0	6.8	150

为了进一步研究机制砂级配和细度模数对砂浆性能的影响规律,尽可能保持其他因素不变,将机制砂筛分成各个粒径的颗粒,然后按照表 5-4 的比例进行混合,可以看出新配制的三种机制砂石粉含量均为 6.6%,主要差别在于级配和细度模数。砂浆配合比仍采用上面配比,但是将水胶比改为 0.5。

表 5-4 给出的是新配制机制砂制备砂浆的流动度试验结果,NS1 由于其大于 1.18mm 颗粒含量少,而且 1.18~0.3mm 颗粒含量较多,导致其流动度最小,为 180mm。NS3 的流动度最大,为 210mm。因此,机制砂的细度模数和级配对砂浆的流动性有一定的影响。

表 5-4　砂浆流动度

砂	累计筛余百分率/%						级配区	细度模数	石粉含量/%	砂浆流动度/mm
	4.75	2.36	1.18	0.6	0.3	0.15				
NS1	0	10	30	60	85	92.5	2	2.8	6.6	180
NS2	0	20	40	65	85	92.5	2	3.0	6.6	200
NS3	0	30	50	70	85	92.5	1	3.3	6.6	210

粗颗粒含量多的级配,可以适当增砂率,并降低用水量和减水剂的掺量,以保证混凝土的保水性和黏聚性,但砂率的增大会影响混凝土的长期性能,另外,降低用水量和减水剂的掺量将降低水泥浆体含量,并影响水泥在混凝土中的分散,直接影响到骨料与水泥石的黏接和水泥的水化作用;细颗粒含量多的级配会增大用水量,且易造成粗颗粒之间的断档,不利于拌合物的工作性能,因此对机制砂颗粒级配需要优化控制。

5.1.2.4　机制砂岩性对混凝土工作性的影响

砂作为大宗建筑材料,不适宜远距离长途运输,一般建筑施工均采取就地取材的方式选取原材料。因此,各地在生产机制砂时,多选用当地产抗压强度较高、无碱活性的岩石作为制砂母岩。而我国幅员辽阔,各种岩性岩石分布广泛,其中石灰岩矿分布最为广泛,但有些地区还广泛地分布着其他岩性的岩石,例如我国东南和东北地区花岗岩广泛分布,而我国西南、内蒙古和南京等地区又是以玄武岩分布为主。由于我国各种岩性岩石分布广泛,有必要探究机制砂岩性的不同对混凝土性能的影响。

谭崎松采用两个砂石加工厂的机制砂做了对比试验，保持相同的石粉含量和细度模数，采用同一减水剂的不同掺量、相同的配合比、其他原材料相同的情况下，以混凝土达到相同的坍落度及工作性能为标准做对比试验，研究机制砂 MB 值和岩石矿物成分与结构的不同对混凝土的影响。试验结果表明：不同 MB 值及不同岩性的岩石母材加工出来的机制砂对混凝土工作性能影响极大。为达到相同的工作性能，要求的减水剂掺量也由 1.2％增加到 1.8％，如果减水剂掺量相同，则坍落度由 180mm 降到 130mm。且混凝土变得干硬。王稷良采用大理岩、石灰岩、石英岩、花岗岩、片麻岩以及玄武岩机制砂石粉和粉煤灰对比，按一定量取代水泥研究石粉岩性对不同外加剂作用效果的影响，结果发现，石粉岩性变化对机制砂高性能混凝土的工作性有一定影响，但受混凝土试验偏差限制，其规律性并不显著，而且外加剂对石粉岩性的选择适应性不显著。

5.2　力学性能

在建设项目管理中质量控制是第一位的，而在混凝土质量控制中强度的检验评定又是其中非常重要的环节，是设计者和质量控制工程师最重视的性质，是建筑结构设计的基本依据，也是混凝土浇筑施工的基本技术要求。如果不能科学地去评价混凝土强度，就会影响到工程施工的正常进行，影响到工程结构的最终验收，影响到工程结构的耐久性与安全。

强度是混凝土最重要的力学性质，这是因为任何混凝土结构物主要是用以承受荷载或抵抗各种作用力。同时，混凝土的其他性能，如弹性模量、抗渗性、抗冻性等都与混凝土强度之间存在密切联系。混凝土强度的测试相对来说比较简单，因而经常用混凝土强度来评定和控制混凝土的质量以及作为评价各种因素（如原材料、配合比、制造方法和养护条件等）对混凝土性能影响程度的指标。混凝土的强度主要有抗压、抗折、抗拉、抗剪强度，混凝土与钢筋的黏结强度等。在钢筋混凝土结构中，混凝土主要用来抵抗压力，同时考虑到混凝土抗压强度试验简单易行，因此，抗压强度是最主要最常用的强度指标。混凝土弹性模量也是其力学性能的重要指标之一。

5.2.1　抗压强度

混凝土的力学性能反映出混凝土质量的高低，混凝土是多相复合材料，其性能也取决于各相的性质及其相互作用。对机制砂高性能混凝土而言，机制砂的原材料特性无疑是其强度有很重要的影响因素。原材料是组成混凝土的基础，原材料品质的优劣直接影响到混凝土质量的好坏。因此，首先要把好原材料质量关。水泥是混凝土中的活性成分，水泥的品种和体积安定性直接影响混凝土的抗压强度。混凝土抗压强度与混凝土用水泥的抗压强度成正比，在配合比相同的条件下，所用的水泥强度等级越高，制成的混凝土抗压强度越高。水泥的体积安定性也直接影响到混凝土的质量，水泥的安定性差，就会使混凝土产生膨胀性裂缝，从而降低混凝土的抗压强度。水泥在使用前，除应持有生产厂家的合格证外，还应做抗压强度、凝结时间、安定性等常规检验，检验合格方可使用。不同品种的水泥要分别存储或堆放，不得混合使用。骨料的品种、级配、粒径、表面的粗糙程度、含泥量等都直接影响到混凝土的质量。骨料的抗压强度越高，级配越好，混凝土的抗压强度越高。矿物掺合料已经成为高性能混凝土不可缺少的组分。大量的研究资料和实践表明：矿物掺合料的种类、品质和数量对混凝土的抗压强度有着显著的影响。水是混凝土中的主要成分，水中带有的杂质会对混凝土质量带来负面的影响。最后外加剂对混凝土抗压强度也具有不可忽视的影响。对机制砂混凝土而言,机制砂的原材料特性无疑是影响混凝土强度的重要因素。

5.2.1.1 机制砂石粉含量对抗压强度的影响

不同特性机制砂配制的混凝土研究表明,影响机制砂高性能混凝土抗压强度的主要因素为机制砂石粉含量、含泥量、级配和细度模数、母岩类型等。细度模数偏大的机制砂高性能混凝土工作性差,而混凝土的抗压强度似乎与机制砂的细度模数关联不大。普遍的研究都表明机制砂高性能混凝土的抗压强度都高于河砂混凝土,这主要是由于机制砂颗粒形状尖锐、棱角分明,有别于浑圆状的天然砂,其黏结力大、机械咬合作用强。

如图 5-9 所示为不同石粉含量对 C30、C50 机制砂高性能混凝土抗压强度的影响,从图 5-9(a) 中可知机制砂比河砂配制的混凝土抗压强度要高,尤其是早期抗压强度,而随着石粉含量的增加,3d 抗压强度持续增长,而石粉含量对 28d 抗压强度增长趋势并不十分明显,增加了 15% 的粉体含量对抗压强度几乎无不利影响。从图 5-9(b) 中可以发现,对于C50 机制砂高性能混凝土,同一龄期的强度随石粉含量的增加而增加,而不同龄期强度发展规律一致。此时机制砂高性能混凝土比河砂混凝土抗压强度要高的主要原因是由于人工砂表面粗糙、棱角多,有助于提高界面的黏结作用,减少界面过渡区的形成。同时由于石粉在水泥水化中起到了晶核的作用,诱导水泥的水化产物析晶,加速水泥水化并参加水泥的水化反应,生成水化碳铝酸钙,并阻止钙矾石向单硫型水化硫铝酸钙转化,石粉的存在可以较明显改善混凝土的孔隙特征,改善浆-骨料界面结构。研究石粉对中低强度机制砂高性能混凝土性能的影响中还发现,在水泥用量少的情况下,石粉对机制砂高性能混凝土强度的贡献更加突出。当石粉含量增大到 21% 以上时,由于石粉含量太高,颗粒级配不合理,使混凝土密实性降低,和易性变差;粗颗粒偏少,减弱了骨架作用;非活性石粉不具有水化及胶结作用,在水泥含量不变时,过多的石粉使水泥浆强度降低,并使混凝土强度减小。

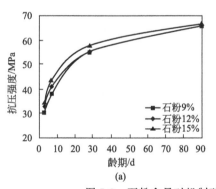 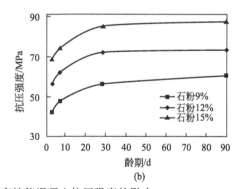

图 5-9　石粉含量对机制砂高性能混凝土抗压强度的影响

(a) 石粉含量对 C30 混凝土抗压强度的影响；(b) 石粉含量对 C50 混凝土抗压强度的影响

5.2.1.2 机制砂含泥量对抗压强度的影响

很多学者认为机制砂中大量泥粉的存在理应阻碍水泥水化,抑制水泥石与骨料的结合,从而大幅度降低混凝土强度。事实上普遍得出的结论是,泥粉含量对混凝土早期强度有明显的削弱,而对 28d 抗压强度没有明显的影响。主要是因为骨料中大量黏土的存在阻碍水泥水化,降低水泥石的强度,并妨碍水泥石与骨料的界面黏结,从而降低混凝土的强度,尤其是早期强度。混凝土后期抗压强度受含泥量变化不明显,这与黏土有类似粉煤灰的微骨料填充效应有关,使机制砂高性能混凝土的孔结构得到一定程度的细化,密实度增加。也有不少学者指出含泥量对不同强度等级混凝土强度的影响是不同的,对低强度等级混凝土的影响不大,而对高强混凝土强度的影响较大。袁杰的研究就发现随黏土含量的增加,C30 混凝土的抗压强度降低不明显,而 C60 混凝土抗压强度降低 16%。但是试验条件不同得出的结果也大相径庭。

5.2.1.3　机制砂级配和细度模数对抗压强度的影响

实际上,细度模数仅是表征机制砂的粗细程度的宏观指标,无法反映颗粒级配的真实情况,决定机制砂品质好坏的内在因素是颗粒级配,生产时应得到严格控制。为提高混凝土强度及工作性能,应尽量使颗粒级配曲线具有骨架密实特征。研究分析发现,机制砂中大于1.18mm 的颗粒在混凝土中的双重作用效应,既起到填充粗骨料骨架间隙使混凝土更加密实的作用,又起到为机制砂中小于 1.18mm 的组分提供骨架支撑使水泥浆分散更加均匀的作用。这种双重作用效应有利于提高混凝土的整体性能。混凝土试件在受压过程中,裂缝首先在粗骨料-水泥石黏结面滋生,随着受压作用的增大,裂缝逐渐向水泥石延伸,由于机制砂的比表面积比粗骨料大,与水泥石的黏结强度往往较高,机制砂中大于 1.18mm 的颗粒在混凝土破坏特征中基本属于断裂破坏,参与混凝土抗压剪过程,在水泥石中能起到"加筋"效果。吴中伟先生中心质假说认为,细骨料在混凝土中形成次级中心质效应,尤其是这些大于 1.18mm 的颗粒间形成的次骨架结构(相对粗骨料形成的骨架结构而言),混凝土中的次骨架能进一步阻止裂缝在水泥石中的延伸,并改变裂缝发展方向,同时阻止混凝土的侧向变形,并与水泥石共同形成界面区,为粗骨料提供抗压支撑,延缓了试件破坏,从而提高了混凝土断裂韧度及强度。我们研究发现,在保持石粉含量相同而级配和细度模数不同的机制砂配制砂浆其强度数据相差较小,在 5% 以内。所以细度模数在 2.8～3.3 范围内时,级配和细度模数的变化对强度的影响较小,如表 5-5、表 5-6 所示。

表 5-5　机制砂累计筛余及主要参数

| 砂 | 累计筛余百分率/% | | | | | | 级配区 | 细度模数 | 石粉含量/% |
	4.75	2.36	1.18	0.6	0.3	0.15			
NS1	0	10	30	60	85	92.5	2	2.8	6.6
NS2	0	20	40	65	85	92.5	2	3.0	6.6
NS3	0	30	50	70	85	92.5	1	3.3	6.6

表 5-6　不同机制砂配制砂浆的强度

| 砂 | 抗压强度/MPa | | 抗折强度/MPa | |
	7d	28d	7d	28d
NS1	33.1	50.9	6.1	8.9
NS2	33.4	51.6	6.0	9.0
NS3	30.8	53.0	5.8	8.7

级配不良的骨料和级配差的骨料均可以通过掺加掺合料、外加剂优化配比拌制出强度符合要求的混凝土,但级配好的骨料对于提高硬化混凝土的强度更加有利。因此,机制砂中这种粒径颗粒含量及其颗粒间组成比例对细骨料次骨架结构的形成、混凝土强度的提高与工作性能的改善具有重要作用。

5.2.1.4　机制砂岩性对抗压强度的影响

当不同岩性的石粉与粉煤灰或矿粉复合时,石粉对活性矿物掺合料的火山灰效应没有显著影响。如石英岩、片麻岩、花岗岩、玄武岩在与粉煤灰或矿粉复合时,其与惰性石英粉的基准试件相比，抗压强度偏差基本均不超过 5%，其强度偏差可以认为是在试验误差范围内。而石灰岩和大理岩在与粉煤灰或矿粉复合时，其早期强度增强超过 10%，但后期强度变化又与惰性石英粉的强度变化趋同，主要原因还是由于石灰岩与大理岩中所含 $CaCO_3$ 导致，碳酸钙与水泥中铝酸盐矿物形成水化碳铝酸钙对强度有一定的贡献。总的来说，对于机制砂高性能混凝土而言，在使用不同岩性机制砂时，可以不必考虑机制砂岩性对矿物掺合料活性效应的影响。

因此虽然机制砂配制出的混凝土强度要略高于天然砂混凝土，但是机制砂岩性变化对混凝土强度的影响不显著。同时，石粉岩性的不同，对水泥混凝土矿物掺合料的选取、使用及其活性效应的发挥没有显著影响。

5.2.2　抗拉强度

相同强度等级的机制砂高性能混凝土与普通混凝土劈裂抗拉试验的破坏形式基本相同，C30～C50 内，受拉破坏发生于骨料界面过渡区和水泥浆体内部。相同强度等级的机制砂高性能混凝土劈裂抗拉强度随龄期的变化规律基本相同，大致分为三个阶段：3～28d 内，抗拉强度随龄期快速增长；28～120d 内，增长速率随龄期相对减小；120～360d 内，抗拉强度增长相对来说较为缓慢。

石粉含量的变化对机制砂高性能混凝土的抗拉强度有较大的影响。李凤兰研究石粉含量在 3%～16% 的 C30 机制砂高性能混凝土的抗拉强度实测值与计算值之间的关系，研究表明石粉含量 5%～16% 的混凝土抗拉强度实测值均大于计算值，比值在 1.09～1.21 之间；石粉含量 3% 的混凝土抗拉强度实测值低于计算值，比值为 0.95，如图 5-10 所示。试块劈裂破坏一般发生于石子的表面，当石粉含量增大后，石子被完整的水泥石粉浆体包裹，提高了水泥石与粗骨料界面的黏结强度，从而提高了混凝土的劈裂抗拉能力。石粉含量 3% 的混凝土，由于泌水造成密实度降低，劈裂面出现了石子未被水泥石粉浆体完全包裹的空隙，从而降低了混凝土的劈裂抗拉能力。

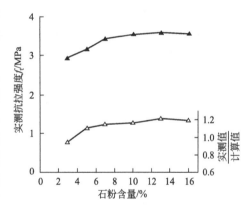

图 5-10　抗拉强度随石粉含量变化

石粉作为机制砂的组成成分，在机制砂高性能混凝土中具有填充效应、晶核效应和活性，这些效应相互叠加偶合，将对混凝土力学性能产生不同的影响，即正负效应。图 5-11 显示了 C50 机制砂高性能混凝土的抗压强度、抗拉强度随养护龄期增长的变化规律，石粉含量对抗压强度的影响规律表现为负效应，而对长期抗压强度表现为正效应。混凝土的抗拉强度与界面过渡区的性质紧密相关，抗拉破坏和黏结破坏主要发生于界面过渡区。石粉作为混凝土的微骨料，其含量增加将增加骨料与水泥浆体的界面过渡区，骨料与水泥浆体之间的界面过渡区有可能就成为薄弱区；此外，C50 混凝土的水灰比较低，石粉会增加粉体的含量，不利于水泥的充分水化，从而不利于混凝土的抗拉强度。石粉含量对长龄期抗压强度表现出了正效应，说明抗压强度对界面过渡区数量和性质的敏感度小于抗拉强度，抗压强度的增长一方面依赖于石粉的填充效应，另一方面依赖于石粉的微滚珠作用使未水化的水泥颗粒在混凝土中均匀分布，有利于长龄期条件下混凝土中水泥的进一步水化反应。

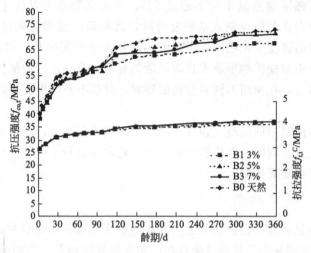

图 5-11　混凝土抗压强度、抗拉强度随养护龄期的变化

5.2.3　弹性模量

　　弹性模量反映了混凝土所受应力与所产生应变之间的关系，是混凝土结构计算的重要参数，对于混凝土这种非匀质多相材料，主要组分的密度与所占的体积百分比以及过渡区的特性将决定其弹性特征，由于密度与孔隙率成反比，所以影响骨料与水泥石和过渡区各部分孔隙率的因素与混凝土的弹性特征也存在一定的联系。

　　影响的因素如图 5-12 所示。

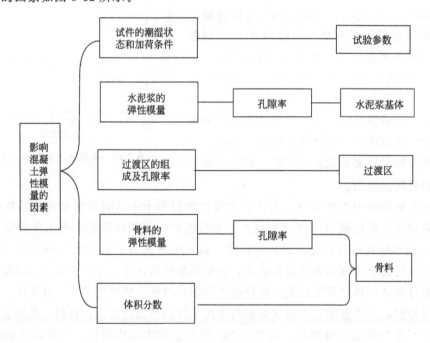

图 5-12　弹性模量影响因素示意图

5.2.3.1　机制砂石粉含量对弹性模量的影响

　　相同配比的机制砂高性能混凝土的弹性模量高于河砂混凝土，如表 5-7 所示。其主要原

因一方面是由于机制砂粗糙多棱角的颗粒在砂浆中起着骨架作用，限制了水泥石的变形以及骨料颗粒之间的滑动；另一方面弹性模量也与强度有很好的相关性，一般来说，强度高的混凝土弹性模量比较高。

表 5-7 机制砂和河砂混凝土弹性模量对比

细骨料类型	弹性模量/GPa	28d 抗压强度/MPa	细骨料类型	弹性模量/GPa	28d 抗压强度/MPa
机制砂	47.0	82.8	河砂	43.3	73.6

机制砂高性能混凝土的早期弹性模量呈现快速增长趋势，研究表明，在保持相同水灰比和水泥用量的条件下，机制砂高性能混凝土弹性模量高于河砂混凝土，随着石粉含量的增加，弹性模量呈现先增大后逐步减小的趋势，其主要原因是在石粉含量适当的时候由于机制砂粗糙多棱角的颗粒在砂浆中起着骨架作用，限制了水泥石的变形以及骨料颗粒之间的滑动；机制砂粗糙的表面有利于形成良好的黏结界面，减少界面孔隙，最终减少应力集中；适量的石粉可以起到微骨料的填充作用，提高水化产物的结晶程度，晶胶比的提高使水泥石在外力作用下的变形减小；同时石粉可以起到微骨料的填充作用，优化混凝土的孔结构，使得混凝土更加致密。随着石粉含量的继续增加，为保持拌合物的工作性，混凝土的用水量增大，这样不仅强度会降低，弹性模量也逐步减小，主要原因是随着石粉含量的增加，混凝土中浆体的含量增大，弹性模量减小，达到一定限度时，抵消了微骨料的填充作用和机制砂颗粒的正面作用，使得弹性模量低于河砂混凝土。有的施工单位提出石粉含量不大于 10%。如表 5-8 试验结果所示，从中可以看出，随着机制砂中石粉含量增大，弹性模量先增大后减小。机制砂中石粉含量较低时，为了保持混凝土相同的坍落度，用水量较少，强度高，尽管弹性模量和强度有着很好的相关性，但该组的弹性模量不是最高，这也说明适量的石粉可以起到微骨料的填充作用，优化混凝土的孔结构，使得混凝土更加致密。但是随着石粉含量的增加，浆体含量增大时，弹性模量减小，达到一定的限度时，抵消了其微骨料的填充作用，造成了弹性模量的降低。因此，适量的石粉含量有利于增大混凝土的弹性模量。

表 5-8 石粉含量对混凝土静力弹性模量的影响

组别	石粉含量	水胶比	砂率	胶凝材料		28d 抗压强度/MPa	弹性模量/GPa
				总量/kg	粉煤灰		
H-1	3%	0.33				73.5	42.4
H-2	7%	0.35	49%	450	20%FA	68.2	43.0
H-3	10%	0.37				59.5	41.5
H-4	15%	0.44				47.6	37.5

由混凝土抗拉强度与立方体抗压强度的关系，按式(5-2)计算对应配合比混凝土对应的弹性模量。

$$E_c = \frac{F_a - F_0}{A} \times \frac{L}{\Delta n} \tag{5-2}$$

式中 E_c——混凝土弹性模量，精确至 100 MPa；

F_a——应力为 1/3 轴心抗拉强度时的荷载，N；

F_0——应力为 0.5 MPa 时的初始荷载，N；

A——试件承压面积，mm^2；

L——测量标距，mm；

Δn——最后一次从 F_0 加荷至 F_a 时试件两侧变形的平均值，mm；$\Delta n = \varepsilon_a - \varepsilon_0$；

ε_a——F_a 时试件两侧变形的平均值，mm；

ε_0——F_0 时试件两侧变形的平均值，mm。

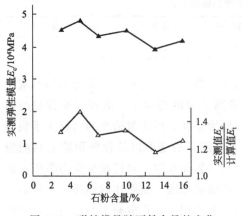

图 5-13　弹性模量随石粉含量的变化

混凝土弹性模量实测值及其与计算值的比值随石粉含量的变化情况见图 5-13。从图 5-13 可以看出，弹性模量随着石粉含量的增加有先增大后减小的趋势。弹性模量实测值与计算值的比值在 1.18～1.47 之间，表明机制砂粗糙表面和多棱角形状的自相嵌固作用在与水泥石粉浆体共同填充石子空隙的同时，增强了混凝土各组分间的共同受力变形能力，有利于减小混凝土的弹性变形。但是，当石粉含量达到一定程度时，较多的水泥石粉浆体削弱了骨料整体架构并加大了水泥石粉复合材料在受力时的黏性流动及黏弹性变形，导致混凝土弹性模量的降低。

5.2.3.2　机制砂含泥量对弹性模量的影响

机制砂含泥量对混凝土弹性模量的影响规律与其对混凝土强度的影响趋势是基本相同的。武汉理工大学王稷良等研究发现，机制砂 MB 值小于 1.8 时，机制砂 MB 值变化对混凝土抗压弹性模量没有显著影响，仅当 MB 值大于 2.15 时，混凝土的弹性模量才开始下降。分析其主要原因可能是：影响弹模的因素有内因和外因，内因主要是原材料和配合比，外因主要是环境温度与湿度、加荷龄期、持荷时间、应力大小及结构尺寸。机制砂 MB 值的变化，只是改变了机制砂中泥粉与石粉的比例，未改变其他原材料，未改变骨浆比等影响参数，因此当 MB 值变化较小时，即 MB 值小于 1.80 时，泥粉含量增大对混凝土性能的影响不显著，弹性模量未降低。但当 MB 值达到 2.15 时，由于泥粉含量的提高，降低了水泥石的强度，导致混凝土弹性模量开始下降。

5.2.3.3　机制砂级配和细度模数对弹性模量的影响

机制砂的级配和细度模数的变化对混凝土弹性模量的变化与其对混凝土强度的影响结果基本类似。

5.2.3.4　机制砂岩性对弹性模量的影响

在混凝土弹性模量的主要影响因素中，骨料的弹性模量和体积分数是重要因素之一。因此机制砂的岩性对混凝土的弹性模量有较大影响，一般情况下，对应岩性机制砂硬度越大，相应混凝土的弹性模量越大。但是因为配比不同，机制砂的体积分数不同，孔隙率的变化也可能会出现不同的试验结果。由图 5-14 静弹性模量结果可看出，不同骨料混凝土的早期静弹性模量都呈现快速增长趋势，7d 后增长缓慢。对于 C55 和 C30 混凝土而言，石灰岩质骨料混凝土的静弹性模量都比砂岩质骨料混凝土静弹性模量高，说明石灰岩骨料在改善静弹性模量方面有促进作用。该实验中，相同强度等级不同岩性骨料混凝土均使用相同的胶凝材料、水灰比及施工工艺，因此其强度和弹性模量的差异主要取决于骨料的性质。石灰岩骨料的强度优于砂岩骨料，因此对不同岩性骨料来看，相同配合比的石灰岩骨料混凝土强度和弹性模量比砂岩质骨料混凝土强度高。

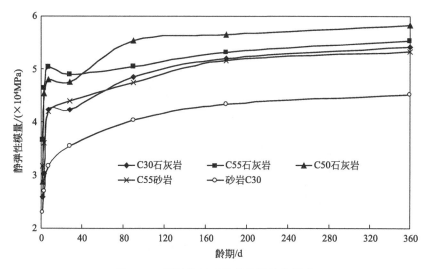

图 5-14　不同骨料对静弹性模量的影响

5.2.4　抗压强度与弹性模量之间的关系

混凝土的弹性模量是混凝土最重要的力学性能之一，是结构设计和性能评估的一个重要力学参数。在混凝土结构的变形、裂缝开展计算及大体积混凝土的温度应力计算时，均需知道该混凝土的弹性模量。它与各组分的体积分数和弹性模量之间的定量关系是混凝土材料优化设计的基础。众多学者专家研究了抗压强度和弹性模量之间的关系。

在《公路钢筋混凝土及预应力混凝土桥涵设计规范》（JTG D62—2004）中给定的关系式为：

$$F_t = 1.3161 \times e^{0.1065E_t} \tag{5-3}$$

式中，E_t 为标养 t 天的弹性模量；F_t 为标准养护条件下 t 天的抗压强度。

《混凝土结构设计规范》（GB 50010—2002）中混凝土抗压弹性模量 E_t 计算公式为：

$$E_t = \frac{10^5}{2.2 + \dfrac{34.7}{f_{\text{cu,k}}}} \tag{5-4}$$

式中，$f_{\text{cu,k}}$ 为混凝土设计立方体抗压强度标准值。

混凝土的弹性模量与水泥胶体的性能、所选用骨料的刚度，以及确定模量的方法等有着密切的关系。机制砂高性能混凝土中机制砂与普通混凝土使用的天然砂存在很大的特性差异，这些特性对弹性模量的影响是相当大的。这些公式都不完全适用，如图 5-15 所示，将本研究中的试验抗压强度数据代入式(5-4)，所得到的静弹性模量理论值与实际静弹性模量试验值不符。说明就本研究的材料而言，用《混凝土结构设计规范》并不能准确评估，因此需要考查出新的计算式。

为了能更准确地模拟抗压强度与静弹性模量的发展趋势，对研究中的试验数据进行更有效的数据模拟。

由美国混凝土学会 ACI 318 标准中可知，混凝土的抗压强度平方根与静弹性模量呈线性关系。同时，Jin-Keun Kim 在研究养护温度和龄期对混凝土力学性能的影响时，也模拟出混凝土抗压强度的平方根与静弹性模量满足线性关系。国内也有类似的研究结果，在研究高性能混凝土的力学性能时，也发现高性能混凝土抗压强度的平方根与静弹性模量满足线性关系。而吕德生等在对高强混凝土弹性模量与抗压强度的相关性研究中，也拟合出相同的线性规律。

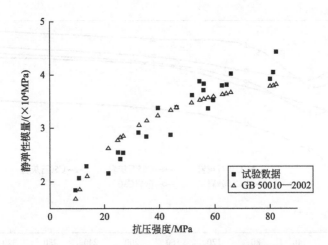

图 5-15　GB 50010—2002 理论值与所有试验数据的比较

基于此思路，假设一般混凝土的抗压强度平方根与静弹性模量关系能满足线性关系，即：$y=Ax+B$，E_t 为 y 值，$(f_t)^{1/2}$ 为 x 值。其中 E_t 为标养 t 天的静弹性模量，f_t 为标养 t 天的抗压强度。将对不同材质骨料的混凝土抗压强度的平方根-静弹性模量进行数值拟合。

从图 5-16 中可知：不同配比下的混凝土，其静弹性模量与抗压强度的平方根都呈线性关系，其参数见表 5-9。而且对于石灰岩骨料而言，随设计强度的升高，静弹性模量-抗压强度平方根的线性斜率逐渐减小，这说明设计强度越高，石灰岩骨料混凝土的相对静弹性模量增长越缓慢；而对于砂岩质骨料而言，随设计强度的升高，静弹性模量-抗压强度平方根的线性斜率逐渐增加，说明设计强度越高，砂岩骨料混凝土的相对静弹性模量增长越快。

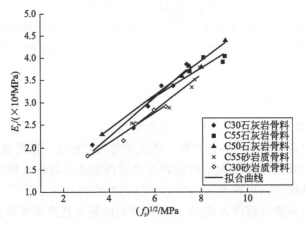

图 5-16　不同配比 E_t 与 $(f_t)^{1/2}$ 之间关系图

表 5-9　不同配比静弹性模量与抗压强度拟合曲线参数

	$y=Ax+B$				
参数	C30 石灰岩骨料	C55 石灰岩骨料	C50 石灰岩骨料	C55 砂岩质骨料	C30 砂岩质骨料
R-Square	0.91363	0.84834	0.98261	0.86094	0.94321
B	0.56713	1.49632	1.08736	0.59676	0.93489
A	0.55791	0.40211	0.48076	0.49189	0.42325

此外，图 5-16 中每条拟合曲线的斜率都相近，说明用此试验材料所成型的混凝土，其

静弹性模量与抗压强度平方根之间的关系受骨料种类、强度和矿掺影响并不大。由此，对所有数据进行总拟合，得到图 5-17。

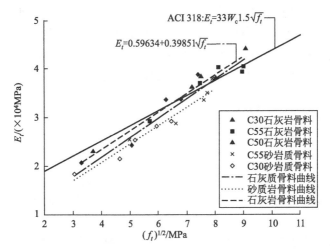

图 5-17 不同配比静弹性模量与抗压强度拟合曲线图

图 5-17 将不同强度等级的石灰岩质骨料混凝土和砂质骨料混凝土的静弹性模量-抗压强度平方根数据分别进行线性拟合，可知：石灰岩质骨料混凝土和砂质骨料混凝土的静弹性模量-抗压强度平方根线性关系曲线几乎平行，说明石灰岩质骨料和砂质骨料混凝土的静弹性模量-抗压强度平方根关系趋势是一致的。而且图中显示，在抗压强度一定时，石灰岩质骨料混凝土的静弹性模量高于砂质骨料混凝土的静弹性模量。基于两种骨料静弹性模量-抗压强度平方根关系发展趋势一致，将所有数据进行线性拟合，得到两种骨料的静弹性模量与抗压强度关系通式，其通式参数见表 5-10。

表 5-10 拟合静弹性模量与抗压强度关系方程

骨料类型	静弹性模量与抗压强度关系式	骨料类型	静弹性模量与抗压强度关系式
石灰岩骨料	$E_t = 0.83461 + 0.37876(f_t)^{1/2}$ (5-5)	石灰岩骨料+砂岩骨料	$E_t = 0.59634 + 0.39851^* (f_t)^{1/2}$ (5-7)
砂岩骨料	$E_t = 0.56961 + 0.37758(f_t)^{1/2}$ (5-6)		

注：E_t 为标准养护第 t 天的静弹性模量；f_t 为标准养护第 t 天的抗压强度。

从图 5-17 中，与美国混凝土学会 ACI 318 标准的理论结果比较，得到：尽管都是对静弹性模量-抗压强度平方根数据线性拟合，但是通式(5-7)拟合结果更符合本试验数据的发展情况。

5.2.5 石粉和机制砂在混凝土中的正负效应

综合以上机制砂高性能混凝土的工作性和力学性能试验分析，结果发现石粉和机制砂在混凝土中呈现出相同的正负效应。

5.2.5.1 正效应

级配效应：在配制中低强度混凝土时，补充粉体材料，弥补水泥用量少、机制砂混凝土和易性差的缺陷，减少拌合物的泌水。对于级配较差的机制砂，石粉具有完善级配的作用，减小颗粒间的空隙，排出空隙中的部分水分，使自由水增加，从而使浆体流动性增大，减小对用水量的需求，同时增加拌合物的密实度。

润滑作用：石粉增加了拌合物中的浆体含量，弥补了机制砂棱角性和表面粗糙的缺点，克服机制砂形貌效应的不良影响，有利于减少机制砂与碎石间的摩擦，改善拌合物的和易性。

填充效应或微骨料效应：石粉微粒可以增加水泥石的密实度，减少界面泌水，有效堆积使过渡区密实化，改善"次中心区过渡区"的结构，增加抗渗性能。

降低变形性能晶核作用和匀化效应：石粉颗粒，尤其是 $10\mu m$ 以下的微粒，可以诱导水化物析晶，促进 C_3S 和 C_3A 水化，石粉在水泥浆中的均匀分布，能够提高有效结晶产物含量而提高强度。

对水化的增强作用：石粉中的 $CaCO_3$ 参与 C_3A 的水化反应，生成水化碳铝酸钙，阻止 AFt 向 AFm 转化。

5.2.5.2　负效应

比表面积效应：石粉增加了固体物的总体比表面积，增加了对用水量的需求。水灰比不变时，固体物总表面积的增加，会使混凝土工作性降低。达到相同坍落度，会增加对减水剂的需求量。

重力效应：机制砂密度较大，大于 2.36mm 的颗粒较多，级配不良，形状尖锐和棱角性，使混凝土拌合物显得干涩、易离析泌水，同时增加了合理砂率。由于机制砂较大的表观密度，会增加混凝土拌合物在搬运和捣实过程中的离析倾向，加剧混凝土泌水和塑性沉降收缩，影响混凝土表面的耐久性。

5.2.5.3　二重性效应

水粉比效应：如果水粉比过大，易产生离析泌水，对于水灰比较大的混凝土，可以靠石粉适当降低水粉比，改善黏聚性和增强保水性，减弱离析泌水；在工作性良好的情况下，如果石粉含量过高，会使水粉比偏小而降低拌合物的流动性。

骨粉比效应：骨粉比过大时，不利于浆体填充骨料颗粒间的空隙，石粉可以降低骨粉比；如果骨粉比过小，浆体含量过高，会增加干缩和降低弹性模量。

咬合作用：机制砂颗粒形状不规则，具有棱角性，颗粒之间相互啮合，增加抗折强度和抗拉强度，对混凝土的变形有限制作用；骨料颗粒的交错分布，润滑所需的浆体层厚度需要增大，要保持同样的流动度，需要更多浆体。

稀释效应：如果用石粉取代部分胶凝材料，会直接降低水泥有效成分的含量，在混凝土中，石粉增加了浆体含量，相对地也降低了水泥在浆体中的比例。过分的稀释会降低水泥或混凝土强度，但可以解决强度富余过多与工作性之间的矛盾。

表面特性效应：机制砂粗糙的表面特性，可以增加骨料与水泥浆之间的黏结强度，同时粗糙的表面和创伤微裂隙会增加吸水率，使混凝土显得干涩，而振捣时水分易释放，配制不当易出现泌水现象，同时产生较多的连通孔而降低抗冻性能。由于高强度混凝土的水灰比很低，水泥石致密少孔，自身已具有很强的抗冻性能；对于中低强度混凝土，可以采用适量的引气剂，不连续的细小气泡阻断连通孔，可大幅度提高抗冻性能，高效减水剂同时与引气剂复掺，以保证混凝土强度。

5.3　耐久性

5.3.1　概况

通常情况下，混凝土的耐久性是指在某种确定环境因素下的耐久性，也就是说在某种环境条件下一种混凝土具有耐久性，但换一种环境条件该种混凝土不一定仍具有良好的耐久性。因此，在定义混凝土耐久性时，需要把环境因素考虑在其中。ACI 201 把普通混凝土的耐久性定义为"混凝土对风化作用、化学侵蚀、磨耗或任何其他损坏过程的抵抗能力"，也就是说，耐久性强的混凝土暴露于服役环境中能保持其原始形状，质量和适用性。

常见对混凝土耐久性的定义为：混凝土耐久性是其暴露在特定使用环境下抵抗各种物理和化学作用的能力。引起混凝土破坏的主要环境因素有冻融和盐冻破坏、钢筋锈蚀和碳化、碱-骨料反应、化学侵蚀、磨损等，混凝土耐久性破坏可分为由化学和物理两方面的作用引起的。化学作用包括内部化学作用（碱-硅酸反应、碱-碳酸盐反应等）和外部化学作用（硫酸盐、氯化物、以亚碳酸形式存在的二氧化碳、阴极氧气等的侵蚀）。物理作用包括反复的干湿、冻融循环及由此引起的盐结晶作用和温度效应。一般认为，除磨损外，其他破坏因素均与有害物质如 H_2O、CO_2、SO_4^{2-}、Cl^-、酸等侵入混凝土密切相关。在混凝土中，水（气）是诸多破坏因素的载体，因此表征水（气）在混凝土中迁移速度的参数水（气）渗透系数对混凝土耐久性很重要。

1995 年 Mehta 提出了混凝土受外界环境影响而劣化的整体模型，见图 5-18。该模型中强调引起混凝土劣化所有的主因，并不是将混凝土的损伤归咎于水泥浆或混凝土中的某一组分，而是考虑劣化的动因对它们所有组分的影响。该模型认为，无论何种破坏形式，冻融破坏、钢筋锈蚀、碱-骨料反应，还是硫酸盐侵蚀、混凝土的饱水程度，均对产生膨胀与开裂起着决定性的作用，即渗透性在其中起着关键性作用。因此，混凝土的抗渗性在很大程度上决定了耐久性，混凝土渗透性也作为一项最重要的指标被用来评价混凝土耐久性。

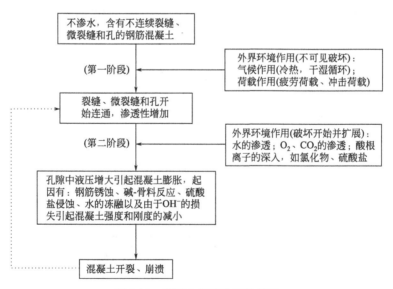

图 5-18　混凝土损伤的整体模型

笔者认为机制砂高性能混凝土主要是基于耐久性提出的，对工程特点和服役环境具有很强的针对性。机制砂高性能混凝土的性能主要指的是后者，对前者则需根据工程需要予以选择。因此机制砂高性能混凝土不是混凝土的一个品种，不是只要有配合比就能生产出来的，而是由包括原材料控制、拌合物生产制备和整个施工过程来实现的，是由整个工程全部环节协调、配合而共同得到的耐久的可持续发展的混凝土。机制砂高性能混凝土凝结硬化后，结构密实、孔隙率低，具有一定的强度和高抗渗能力，使用寿命长，对于一些特护工程的特殊部位，控制结构设计的是混凝土耐久性，具有较高的体积稳定性，混凝土在硬化早期应具有较低的水化热，硬化后期具有较小的收缩变形，具有良好的抗开裂性，能够使混凝土结构安全可靠地工作 50～100 年及 100 年以上，这是机制砂高性能混凝土的主要目的。因此机制砂高性能混凝土不一定具有高强度，中、低强度的混凝土在保证良好的抗裂性和抗渗性，能够安全可靠工作设计年限，就可认为是高性能混凝土。

机制砂与天然砂相比有很多不同，这不仅给混凝土的工作性、力学性能带来影响，对于其耐久性也有很大的影响。众多研究表明，机制砂的圆形度越高、混凝土的结构越好、密实度越大，其耐久性也越好。在满足工作性能和力学性能要求的前提下，机制砂的级配、砂率等对混凝土的耐久性影响不大，主要是石粉含量的影响较明显。

5.3.2 抗裂性

随着混凝土科学的发展，目前，配制强度高、工作性良好的混凝土已不再困难，人们把研究的重点逐渐转移到混凝土的耐久性上。混凝土本身成型后就存在微裂缝，这些裂缝不连通，不会对混凝土的耐久性产生不良影响。混凝土在使用的过程中，因为外界环境作用、气候作用和荷载作用，使得微裂缝逐渐扩展，连通进而危害混凝土的使用寿命。此外，混凝土体积稳定性不良的直接后果会引发裂缝，裂缝无论大小，都能对混凝土的劣化起很大的促进作用。收缩也是引起裂缝最常见的因素。混凝土的收缩主要包括化学减缩、干燥收缩、自收缩、温度收缩及塑性收缩。每种收缩都有其自身特点，在引起混凝土开裂时表现各不相同。收缩之所以重要是因为它能引起开裂，目前很多学者都在关注混凝土的收缩问题，研究收缩并不是最终目的，对混凝土的抗裂性进行研究以达到提高抗裂性的效果才是最重要的。目前混凝土抗裂性研究的试验方法主要分为如下几种：

（1）平板式限制收缩开裂试验方法（平板法）　在对混凝土抗塑性收缩和干燥收缩开裂的研究中，美国密西根州立大学 Dr Soroushian 的研究小组采用了一种弯起钢板约束的平板式试验装置，如图 5-19 所示。另一种研究混凝土抗裂性的平板试验装置及测试方法由美国圣约瑟（San Jose）大学的 Kraai 提出，试验装置见图 5-20。

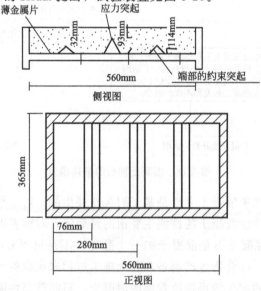

图 5-19　Dr Soroushian 采用的平板法试验装置示意图

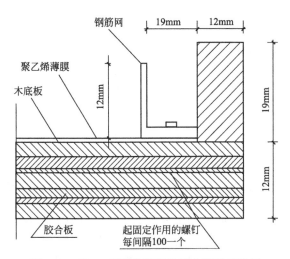

图 5-20　Kraai 采用的平板法试验装置示意图

这两种试验方法有相同的开裂评价指标,即收缩裂缝指数。根据裂缝的宽度,将裂缝分为大(大于 3mm)、中(2~3mm)、小(1~2mm)、细(小于 1mm)4 种类型,定义其度量指数分别为 3、2、1、0.5,每一度量指数乘以其相应的裂缝长度,相加后即为该试件的收缩裂缝指数。

在研究纤维或其他材料对混凝土和砂浆抗裂性改善时,常用裂缝控制率来评价对混凝土和砂浆抗裂性的改善程度。

裂缝控制率: $$K=(1-m/m_0)\times100\%\qquad(5-5)$$

式中,m 为改性后的砂浆的裂缝指数;m_0 为基准砂浆的裂缝指数。

平板试验方法具有简单易操作的特点,能迅速有效地研究混凝土和砂浆的塑性干缩性能。但是,它只能部分地不均匀地约束混凝土的收缩变形,而圆环限制收缩开裂试验则避免了这一缺陷。

(2)圆环式限制收缩开裂试验方法(圆环法)　除了以上描述的平板试验方法外,目前圆环试验也是各国众多研究者普遍采用的一种方法。圆环试验方法最早由美国麻省理工学院的 Roy Carlson 于 1942 年提出。当时用来研究水泥净浆和砂浆的抗裂性,装置示意图见图 5-21。后来,Karl Wiegrink 和 MeDonald 在研究混凝土的抗裂性时也借用了这套装置,但是,由于不同粒径粗骨料的使用,试模尺寸有了较大的改动,如图 5-22、图 5-23 所示。

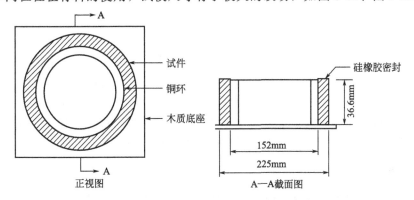

图 5-21　研究净浆、砂浆抗裂性的圆环试验装置示意图

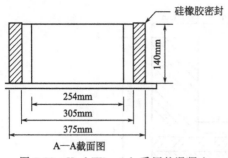

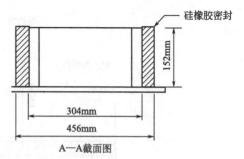

图 5-22 Karl Wiegrink 采用的混凝土   图 5-23 McDonald 采用的混凝土
圆环试验装置示意图   圆环试验装置示意图

圆环试验可用来研究由于自收缩和干燥收缩产生的自应力对混凝土抗裂性的影响。大量的研究实践表明，圆环试验在研究水泥浆和砂浆的抗裂性时，由于水泥浆和砂浆环的收缩能沿环比较均匀地分布，所以试验效果明显；而混凝土中由于粗骨料的存在，使混凝土环表面水分蒸发受到一定的阻碍，从而使混凝土的外表面不能沿环均匀地收缩，再加上粗骨料对裂缝的限制分散作用，使混凝土表面容易形成不可见的微裂纹，而释放一部分收缩应力，从而，使可见裂纹的最大宽度对混凝土的抗裂性评价受到影响。但是，与平板法相比，圆环法给混凝土提供了完全的、均匀的约束，在很大程度上体现了混凝土在约束条件下收缩和应力松弛的综合作用，能有效地评价混凝土的抗裂性能。

（3）棱柱体法 棱柱体法也是一种普遍采用的研究收缩开裂的试验方法，它用钳式的模具约束试件较大的端部，从而提供终端约束，同时测定试件收缩引发的拉应力。装置示意图见图 5-24。Bloom 和 Bentur 在研究中改进了试验装置，用电脑控制拉应力的量测，从而可以明确知道混凝土的开裂时间，所以这是一种有很好前景的方法。

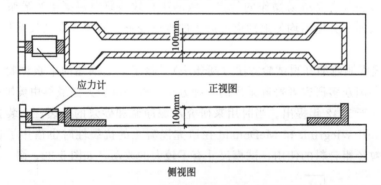

图 5-24 棱柱体试验装置示意图

前文大量研究已表明机制砂的加入对混凝土的工作性、力学性能产生很大的影响。机制砂中的石粉含量、含泥量，以及机制砂的粗糙表面等对混凝土表现出正负效应。对混凝土的抗裂性，Kim 等通过试验得出：机制砂混凝土的断裂能比同条件下河砂混凝土的断裂能大，可能是由于机制砂中石粉改善了水泥浆与骨料界面间的黏结，断裂能随抗压强度的增大而增加，并且细骨料种类对其影响比较小。因此机制砂有利于提高混凝土的抗裂性。

5.3.3 渗透性

长期以来，对混凝土耐久性的研究和设计大多数都建立在对混凝土渗透性进行评价的基础上，典型的方法如压力透水性试验。目前混凝土的耐久性越来越受到关注，一般来说，混凝土只要渗透性较低，就可以有很好的抵抗水和侵蚀性介质浸入的能力，因此对于机制砂高性能混凝土抗渗性的研究较多。

机制砂由于表面比较粗糙，可以与浆体很好地黏结，增加水泥石的密实性，石粉虽然不具有活性，但提高了混凝土的密实性，增强了水泥石与骨料界面的黏结；石粉能加速 C_3S 的水化，并与 C_3A、C_4AF 反应生成结晶水化物，改善了水泥石的孔隙结构，因此抗渗性能得到提高；石粉填充了界面的空隙，使水泥石结构和界面结构更为致密，阻断了可能形成的渗透通路，使混凝土的抗渗性得到改善，石粉越多，被阻断的透水通道也就越多，越能改善混凝土的抗渗性能。但是有学者认为，机制砂粗糙的表面虽有利于水泥石与骨料间黏结强度的提高，但并不一定利于混凝土强度与耐久性的提高。因为骨料粗糙的表面对空隙率、吸水率，以及混凝土在骨料颗粒表面区域的抗渗性的影响会更加显著，虽然渗透到颗粒里的水泥浆可以提高黏结力，但是骨料颗粒同时提高了孔隙率，提高了渗透性能，进而降低了骨料的抗拉强度和抗剪强度，可能导致混凝土强度与耐久性的降低。事实上研究表明，大的水灰比条件下石粉含量的增加会改善混凝土的抗渗性，对于较小水胶比，石粉含量的提高会削弱混凝土的抗渗性。机制砂的颗粒级配也会影响硬化后混凝土的耐久性，级配连续分布的颗粒使机制砂具有较高的堆积密度，从而可以提高混凝土的抗渗性能，进而提高混凝土抵抗腐蚀的性能。

钢筋腐蚀被认为是混凝土结构破坏和耐久性不足的首要因素，引起钢筋腐蚀的主要环境因素是"盐害"，而氯离子是引起钢筋锈蚀的最主要因素。氯盐环境下常以钢筋表面的混凝土氯离子浓度达到临界值的时刻作为使用结构的耐久性极限状态。混凝土抗氯离子渗透性能是评价混凝土密实性和抵抗渗透能力的重要指标之一。

采用基准配合比成型试块，试块为 $10cm \times 10cm \times 10cm$ 的立方体，成型后在标准养护条件下养护 28d。然后将试块放入浓度为 10% 的 NaCl 溶液中浸泡，到相应浸泡时间后，取出，将表面水擦干，破开，滴上浓度为 0.1mol/L 的 $AgNO_3$ 溶液，测定氯离子渗透深度。表 5-11 和图 5-25 是不同强度等级混凝土各龄期的氯离子渗透深度。

表 5-11　不同强度等级混凝土各龄期的氯离子渗透深度　　　　单位：mm

强度等级	骨料类型	28d	180d	360d
C30	石灰质	6.2	14.7	20.5
C55		3.1	7.6	9.8

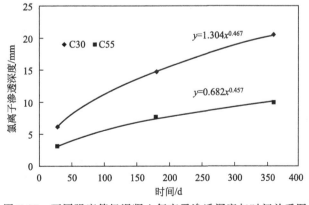

图 5-25　不同强度等级混凝土氯离子渗透深度与时间关系图

从表 5-11 和图 5-25 可以发现，随着时间的增加，混凝土氯离子渗透深度增加，但随着时间的推移，曲线的斜率在逐渐降低，说明氯离子的渗透速率在逐渐降低，但降低程度不是特别明显。主要原因是因为在水中，混凝土中未水化的水泥颗粒会继续水化，水化产物在一定程度上阻塞了水泥石中的凝胶孔隙和毛细孔，阻止了渗透的进一步发生，使渗透速率降低，但是由于试验中氯离子浓度大，导致混凝土表面氯离子浓度也很大，渗透速率较自然情况下大很多，以致混凝土的进一步水化作用不明显，因此渗透速率降低不是特别明显。同时可以看出，相同时间下，C55 混凝土的氯离子渗透深度明显低于 C30 混凝土，这主要是因为，高强度混凝土的水灰比较低，混凝土硬化后其中的凝胶孔隙和毛细孔隙也较少，降低了氯离子的渗透速率和渗透深度。

大多数研究者以氯离子扩散系数来表征混凝土的抗渗性。如图 5-26 所示，在低强混凝土中，随机制砂中石粉含量的增加，尤其是当石粉含量大于 5％时，机制砂高性能混凝土的氯离子渗透系数降低。主要是由于低强混凝土中水泥用量较少，水灰比较大，硬化后，混凝土中存在大量的孔隙，致使混凝土的抗氯离子渗透性能不良，但随石粉含量的增加，丰富了混凝土的浆量，一方面可以改善离析泌水情况，另一方面使硬化后混凝土中的孔隙减少，提高了混凝土的密实性，也提高了混凝土的抗渗性能。所以在水灰比和用水量相同的条件下，石粉能够提高中低强度混凝土的抗渗性能。

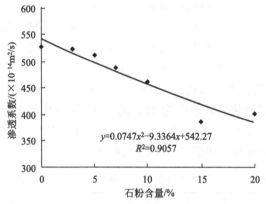

图 5-26　石粉含量对 C30 混凝土抗渗系数的影响

对于中等强度等级的混凝土而言，混凝土中水泥含量较高，水胶比较低，其整体的抗渗性较好。且随石粉含量的提高，对高强混凝土抗氯离子渗透性能影响不明显。主要是由于高强混凝土中水泥用量较高，水胶比较低，混凝土中本身连通毛细孔较少，所以石粉的存在对于密实高强混凝土的硬化结构体影响不明显，因此石粉对于高强混凝土抗氯离子渗透性能变化影响不显著，如图 5-27 所示。

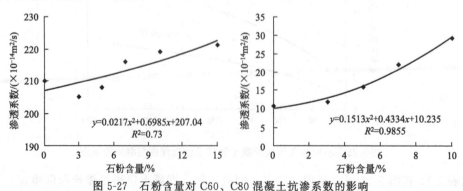

图 5-27　石粉含量对 C60、C80 混凝土抗渗系数的影响

而对于高强混凝土而言，混凝土的抗氯离子渗透系数非常小，且随石粉含量的增加，抗渗系数提高，渗透系数增大。主要原因可能是由于其胶凝材料采用水泥与三种矿物掺合料复合而成，硅灰、粉煤灰及矿粉与水泥颗粒之间相互填充，有利于硬化混凝土结构的致密化，而石粉的加入，则在一定程度上破坏了这种堆积效果，导致混凝土的抗氯离子渗透系数的提高。杨玉辉研究 C80 机制砂高性能混凝土发现，混凝土的氯离子扩散系数随着石粉含量的增加而增加，而且石粉含量与氯离子扩散系数呈现明显的线性关系，如图 5-28 所示。并推算出石粉含量在 8% 时氯离子扩散系数将超过河砂混凝土，机制砂高性能混凝土氯离子扩散系数增大的原因可能是由于石粉周围有导致氯离子渗透的孔道，掺量越大，渗透能力越强。

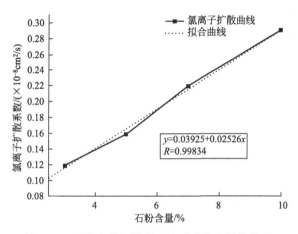

图 5-28　石粉含量与混凝土渗透系数之间的关系

综上所述，机制砂中石粉有利于提高胶凝材料少、强度等级低的混凝土的抗渗性，但对于胶凝材料用量大的高强混凝土则作用不明显，甚至会削弱混凝土的抗渗性。

含泥量对机制砂高性能混凝土抗渗性并未造成很坏的影响。主要由于混凝土采用高性能化理念设计，水灰比较小，在保证强度的前提下，同时掺用了优质粉煤灰，混凝土结构密实性很好，泥粉含量对渗透性的作用不甚明显。

影响混凝土渗透性的因素很多，在外部环境确定的条件下，提高混凝土抗渗性的常用方法有通过掺加矿物掺合料、高效减水剂，降低混凝土水胶比等，一般情况下，强度越高，混凝土的抗渗性越好。

5.3.4　体积稳定性

混凝土工程在承受荷载后或在使用环境中会产生复杂的变形，往往会引起混凝土的开裂以致破损。混凝土的变形源于许多不同的原因，如荷载施加于混凝土所产生的应力、使用环境的温度和湿度的变化，以及大气中的 CO_2 的作用等。这些不同因素使混凝土产生的变形，其反应比较复杂，有可逆变形、不可逆变形，以及随时间而变化的变形等。一般通过测其收缩值、弹性模量，以及徐变性能等来定性定量地描述混凝土的体积稳定性。

混凝土收缩性能不良的直接后果就是引发裂缝，裂缝是导致结构过早破坏的主要原因。收缩变形是引起裂缝最常见的因素，主要包括：化学收缩、干缩、自收缩、温度收缩、塑性收缩和碳化收缩等。混凝土收缩是指在混凝土凝结初期或硬化过程中出现的体积缩小现象。收缩的重要性在于它和混凝土开裂密切相关，当收缩超过某一限度，处在约束条件下的混凝土就会出现收缩裂缝，进而影响混凝土的耐久性。

5.3.4.1 混凝土的塑性收缩

塑性收缩是发生在混凝土硬化前的塑性阶段，即塑性阶段混凝土由于表面失水而产生的收缩，多见于道路、地坪、楼板等大面积的工程，以夏季施工最为普遍。混凝土在新拌状态下，拌合物中颗粒间充满水，如果养护不足，表面失水速率超过内部水分向表面迁移的速率时，则会造成毛细管中产生负压，使浆体产生塑性收缩。通常高强混凝土的水胶比较低，自由水较少，更容易发生塑性收缩而引起表面开裂。影响塑性收缩开裂的外部因素是风速、环境温度和相对湿度等，内部因素是水胶比、矿物掺合料、浆骨比、混凝土的温度和凝结时间等。在机制砂高性能混凝土中，随石粉含量的增加，混凝土的塑性开裂时间逐渐提前。主要是由于机制砂中石粉含量的增加，提高了混凝土的保水性，降低了混凝土中可迁移水的数量，随石粉含量的提高，导致静置时混凝土中水分向表面迁移的速率降低，混凝土塑性开裂时间提前。且随机制砂中石粉含量的提高，混凝土中浆体的总体数量增加，也不利于混凝土塑性开裂的防治。石粉含量对混凝土塑性开裂的影响及混凝土的配比见表 5-12。因此，对于含有石粉的机制砂高性能混凝土，必须加强混凝土的早期养护，防止混凝土的离析与表面失水过快，降低机制砂高性能混凝土早期塑性开裂的出现概率。

表 5-12　混凝土配合比以及石粉含量对塑性开裂的影响

石粉含量/%	混凝土配合比/(kg/m³)						第一条塑性裂缝出现时间/s
	水泥	粉煤灰	水	机制砂	碎石	外加剂/%	
0	420	60	148	760	1112	0.45	388
3	420	60	148	760	1112	0.45	394
5	420	60	148	760	1112	0.48	306
7	420	60	148	760	1112	0.50	270
10	420	60	148	760	1112	0.55	246

在机制砂高性能混凝土中，机制砂的含泥量是影响混凝土塑性开裂的又一个重要因素。由新拌混凝土 24h 内的塑性收缩开裂试验统计研究发现，随着 MB 值的增加，出现塑性裂缝的时间逐渐缩短，当 MB 值>1.45 时，出现塑性裂缝的时间骤然缩短。同时，MB 值的增大降低了混凝土的抗裂性等级，当 MB 值≤1.45 时，MB 值变化对抗裂性影响不甚明显，但当 MB 值≥1.8 时，裂缝宽度开始变粗，裂缝的平均裂开面积与单位面积上的总裂开面积迅速增加。这正是由于黏土为层状硅酸盐结构，吸水率较高，降低了混凝土内部水分向表面迁移的速率，致使混凝土表面塑性收缩增大，从而更易产生塑性裂缝。

5.3.4.2 混凝土干燥收缩

在实际工程中人们很关心混凝土的收缩现象。研究发现，与天然砂混凝土相比，石粉质量分数为 7% 及以上的机制砂高性能混凝土的 7d 及以前龄期干缩值比天然砂混凝土要大，而后龄期机制砂高性能混凝土的干缩值与天然砂混凝土相差不大甚至有所降低。这主要是因为石粉在其中有重要的影响。石粉质量分数对混凝土干缩的影响随干缩龄期不同而有不同的规律。如表 5-13 所示，1d、3d 早龄期的干缩值随石粉质量分数增大而呈逐渐增大趋势，而 7d 及以后龄期的干缩值，石粉质量分数 7% 是一个分界线，石粉质量分数小于 7%，随石粉质量分数的增加，各龄期干缩率增大；石粉质量分数大于 7%，随石粉质量分数的增加，各龄期干缩率则逐渐减小。这可能是因为石粉在低质量分数时处于硅酸盐水泥的水化产物 $Ca(OH)_2$ 的高碱环境中，一方面起晶核作用，加速水化硅酸钙或水化铝酸钙的形成，另一

方面自身可能与 $Ca(OH)_2$、水化铝酸钙发生反应，生成水化碳铝酸钙晶体，即作为胶凝材料的一部分而增大了浆体量，使干缩增大；石粉质量分数大于 7.0%，随石粉质量分数的增加，大多数的石粉不能参与上述水化反应，石粉中许多微细粒子具有填充作用，使混凝土结构更为密实，对浆体的收缩起到了一定的抑制作用，因而干缩率有减小的趋势。从图 5-29 能够更明显地看出。也有研究指出，水胶比越大、石粉含量越大，混凝土收缩增加的值也就越大。其中石粉含量超过 10% 时，石粉含量再增加时对混凝土收缩影响的趋势更加明显。其影响的因素归结于石粉会加速水泥的水化、水化碳铝酸盐的形成和高石粉含量造成减水剂剂量的增大。同时由于小于 $75\mu m$ 的石粉颗粒在混凝土拌合物中起到增加水泥浆含量的作用，单位体积混凝土中浆体增多，导致干缩率增大。

表 5-13　机制砂对混凝土干缩性能的影响

编号	干缩率/（×10⁻⁶）							
	1d	3d	7d	14d	28d	56d	90d	180d
1	78	118	177	272	364	458	486	500
2	72	101	170	235	317	404	445	475
3	69	102	215	282	333	423	485	498
4	82	123	223	297	354	448	501	522
5	95	125	203	273	337	417	480	490
6	95	120	186	271	335	411	459	470
7	63	85	203	271	319	409	468	496
8	64	89	207	282	341	433	488	518

普遍认为，随着泥粉含量的增大，砂浆试块的干缩有明显的增加。究其原因，主要由于黏土比重较小，粒径比石粉更细，在机制砂中含量过大后，首先是一定程度上增大了浆体的体积含量；另外，黏土颗粒本身属于疏松多孔型，均匀分散于混凝土中，吸附了大量的游离水，一旦混凝土处于干燥环境，随着表面水分的不断挥发损失，混凝土内部水向外迁移，内部相对湿度降低，原来吸附于黏土颗粒孔隙中的水由于扩散作用就被释放出来，这两方面的作用均加大了混凝土干燥收缩的程度。因此，机制砂高性能混凝土中应尽量严格控制其泥粉含量，在条件允许的情况下尽量延长湿养护的时间。正如表 5-14 试验数据所示，随着泥粉含量的增大，砂浆试块的干缩有明显的增加，且增加的势头一直延续到了 60d。

表 5-14　含泥量对混凝土干燥收缩的影响

含泥量/%	干缩率/（×10⁻⁶）				
	1d	3d	7d	28d	60d
0	189	493	594	610	639
3	220	494	708	736	766
5	255	511	725	754	787

MB 是在一定程度上表征机制砂中的含泥量，MB 值对混凝土干缩影响的试验结果见图 5-29。结果显示，随着 MB 的增大，特别是在 MB 值 $\geqslant 1.45$ 后，混凝土的干缩率无论是早期还是后期有明显增加，试验结果与上述相同。其原因也正是机制砂含泥量增加导致的。

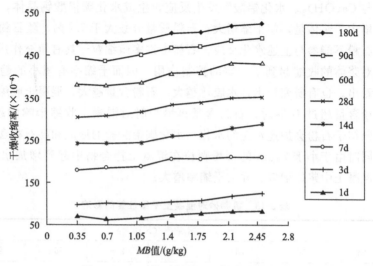

图 5-29　MB 值对混凝土干燥收缩的影响

机制砂的母岩岩性对其干缩率也有一定的影响。有研究表明，早期（＜7d）石灰岩机制砂砂浆的干缩率大于花岗岩和石英岩机制砂砂浆的干缩率。这可能是由于石灰石粉加速了水泥的水化、碳铝酸盐的形成。在后期（＞7d），花岗岩和石英岩机制砂砂浆的干缩率大于石灰岩机制砂砂浆的干缩率。可能是由于花岗岩机制砂和石英岩机制砂石粉含量大于石灰岩机制砂的石粉含量，浆体总量相对较多，抑制砂浆收缩的砂子就相对较少，从而使后期的干缩率增大。还有一种解释是，由于石灰岩与大理岩主要为碳酸盐矿物，可以与水泥中铝酸盐矿物形成水化碳铝酸钙，阻止了钙矾石向单硫型水化硫铝酸钙的转化，因此掺加石灰石与大理石石粉的混凝土早期收缩较小，但后期由于失水较大，其收缩迅速增加。

5.3.4.3　混凝土徐变

随着各种建筑结构的形状和工况复杂性日益增加，混凝土结构的变形及其后果也日益严重，这就要求人们更全面深入地研究混凝土的各种变形特性。徐变是混凝土的重要变形特性之一。徐变是混凝土材料本身所固有的特征，是指在持续荷载作用下，混凝土的应变随时间增长的现象。在长期荷载作用下，混凝土体内水泥胶体微空隙中的游离水经毛细管挤出并蒸发，使胶体体积缩小，最终在宏观上形成了徐变。徐变应变是随持荷时间的增长而增加的，但其增加的速度又是随时间递减的。混凝土徐变可以持续非常长的时间，一般在 5～20a 后其增长逐渐达到一个极限值，但大部分徐变在 1～2a 内就已经基本完成。若以持荷 20a 的徐变为准，则持荷 14d 的徐变约为 20a 的 18％～35％、90d 的徐变约为 20a 的 40％～70％、1a 的徐变约为持荷 20a 的 75％。一般徐变变形比瞬时弹性变形大 1～3 倍，在某些不利条件下还可能更大。因此，在结构设计中徐变是一个不可忽略的重要因素。

混凝土的徐变变形往往大于其弹性变形。在不变的长期荷载下，混凝土结构的徐变变形值可达到瞬时变形值的 1.0～6.0 倍。这种很大的徐变变形容易引起结构内部裂缝的形成和扩展，甚至使结构遭受破坏。因此，在分析长期荷载作用下结构的应力、应变、裂缝、破坏和屈曲等问题时，不能不考虑徐变的作用和影响。

对混凝土徐变的原因有很多种解释，多年来一直难以统一。有关这方面的研究归纳起来有两个方面：一是试图在测量混凝土试件的徐变和收缩的基础上描述变形机理，以解释宏观试验现象；另一种则直接从微观上研究在固体表面的游离水的物理性质和硬化水泥浆中凝胶体的微结构。1934 年，C. G. Lyman 提出"渗透理论"，认为徐变是由混凝土内部水分向外渗透引起的。1940 年，W. R. Lorman 提出"胶凝体屈服理论"，认为徐变是包含各种屈服形式，诸如凝胶体的老化、凝胶体内自由水分的外泄、内部颗粒的移动等。对于 Lorman 的后一种形式，有人称之为"黏滞剪切理论"，继 Lorman 以后，人们常用"渗透"和"黏滞剪切"这两个理论来解释徐变现象。1977 年，A. M. Neville 又提出"活性功理论"并用来解释徐变。另外，微裂缝的扩展对徐变，尤其是高应力下的徐变起了很大的作用。

混凝土是一种由水泥、骨料和水制成的复合材料。由水和水泥化合后形成的"水泥石"包括了结晶体和凝胶体两部分，凝胶体受力后就具有黏滞流动的性质。从上述混凝土的构造出发，目前对混凝土徐变通常的解释为：徐变的原因之一是混凝土硬结以后，骨料之间的水泥浆中部分尚未转化为结晶体的水泥凝胶体向水泥结晶体应力重分布所造成的结果；原因之二是混凝土内部微裂缝在荷载长期作用下不断发展和增加，从而导致徐变的增加。当应力不大时，徐变的发展以第一个原因为主，当应力较大时，以第二个原因为主。

影响混凝土徐变的因素十分复杂：内部因素包括水泥类型、水胶比、矿物掺合料、骨料、外加剂和试件尺寸等；外部因素包括加载龄期、加荷应力、持荷时间、温度、湿度等。混凝土强度本身并不影响其徐变变形，只是因为混凝土中的水泥用量、水灰比、骨料状况、养护条件等影响收缩的因素都与混凝土强度有关。骨料是混凝土的骨架，一般情况下被视为是惰性的，外荷载作用下，岩石骨料产生瞬时弹性变形较大，而产生的徐变变形较小，一般只有 $(3\sim5)\times10^{-6}$ MPa。虽然石骨料本身的徐变很小，但是骨料会对水泥浆体产生约束作用，主要取决于骨料的硬度和含量。不同骨料对水泥浆体的约束程度不同，其种类、级配、最大粒径、粗细骨料的比例、骨料占混凝土的体积比等均影响混凝土的徐变性能。混凝土的徐变受混凝土中骨料的特性和浆体数量的影响比较显著，同时还受到混凝土强度的影响。在机制砂高性能混凝土中，一方面机制砂中的石粉增加了混凝土中浆体的质量分数，同时机制砂高性能混凝土的砂率较天然砂混凝土的砂率高 2%，总体砂浆量的提高会增加混凝土徐变；另一方面，石粉的存在完善了微细骨料的级配，填充了部分空隙，使混凝土结构更加致密，提高了混凝土强度，降低了其变形性能，同时机制砂具有高的弹性模量、更加粗糙的表面和更多的棱角，且长宽比大于天然砂，颗粒之间的啮合力较强，对变形有一定的限制作用。机制砂高性能混凝土的徐变变形受石粉正反两方面的共同作用，徐变结果受到两方面因素的影响。

研究表明，细骨料对混凝土的徐变具有明显的影响，细骨料的影响较粗骨料显著，通常情况下在粗骨料相同时，天然砂混凝土的徐变大于机制砂高性能混凝土。原因主要在于天然砂和机制砂的颗粒形状和级配组成，天然砂一般颗粒圆润，而机制砂颗粒表面粗糙且多棱角，因而水泥浆体与机制砂界面的黏结性能优于天然砂，粗糙的界面对水泥浆体的徐变变形具有更强的约束能力。同时机制砂中所含石粉主要由 $40\sim75\mu m$ 的微粒组成，它的滚珠和填充效应提高了混凝土的密实性，减小了水泥石的孔隙率，由于混凝土中的孔隙不仅能吸收水泥浆体中的水分，而且能够直接传递湿度，因此孔隙率的降低有利于减小混凝土徐变。而且相对而言，在粗骨料相同时，天然砂混凝土徐变的早期发展速度远远快于机制砂高性能混凝土，龄期 28d 以后两者间的差距几乎不再增加。在试验条件改变时，机制砂高性能混凝土的徐变变形受石粉的正反两方面的共同作用会出现机制砂高性能混凝土徐变度与徐变系数和河砂混凝土较为接近的试验现象。表 5-15 所示对比分析了相同配比河砂混凝土与机制砂高性能混凝土的徐变差异。

表 5-15　C60 高性能混凝土徐变度结果

砂类型	轴心抗压/MPa	持荷时间 & 徐变度/(×10⁻⁶MPa)						
		0d	1d	3d	7d	14d	28d	60d
机制砂	48.3	23.78	30.25	34.01	39.60	43.67	45.94	46.21
河砂	43.7	27.32	31.03	37.76	44.34	50.20	53.49	53.99
相对差/%	—	12.95	2.5	9.93	10.62	13.01	14.11	14.54

　　机制砂高性能混凝土和河砂混凝土的徐变随持荷龄期的延长，徐变逐渐增大，尤其是早期徐变增长迅速，28d 后无论是机制砂高性能混凝土还是河砂混凝土徐变增长逐渐放缓。机制砂高性能混凝土的各龄期徐变度小于河砂混凝土的徐变值，且随龄期的增长这个差值有增大的趋势，60d 内的徐变度平均比河砂混凝土低 11.09%。究其原因，可能是由于：①机制砂中含有较多石粉，石粉在混凝土中起到一种微骨料的作用，使混凝土结构更加致密，降低了其变形性能。②机制砂具有高的弹性模量、更加粗糙的表面和更多的棱角，在混凝土中可以更好起到约束变形的作用。③机制砂高性能混凝土具有更高的强度，且增长速度也高于同条件下的河砂混凝土。

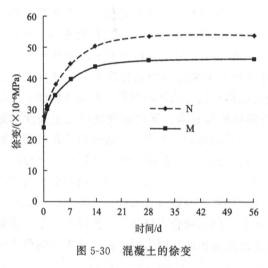

图 5-30　混凝土的徐变

　　如图 5-30 所示，N 表示天然砂混凝土，M 表示机制砂混凝土。从图中可以发现机制砂高性能混凝土的徐变度基本上随持荷龄期成对数关系，即早期徐变很快，然后逐渐趋于平缓，28d 后徐变增加非常微小。机制砂高性能混凝土的徐变在各龄期均比天然砂混凝土低，徐变随持荷龄期增加的规律相同。机制砂颗粒粗糙、具有棱角，且长宽比大于天然砂，颗粒之间的啮合力较强，对变形有一定的限制作用。一方面机制砂中的石粉增加了混凝土中的浆体含量，有增加徐变的可能性；另一方面，石粉的存在完善了微细骨料的级配，填充了部分空隙，使混凝土中的水泥石结构更加致密，提高了混凝土强度，降低了水泥石的变形性能。机制砂高性能混凝土的徐变变形受石粉正反两方面的共同作用，研究结果会因试验材料和条件的差异出现变化。

　　混凝土徐变是指混凝土在持续荷载作用下，应变随时间的增加而增加。笔者以简支梁在荷载作用下挠度变形为研究对象，对徐变系数的时程关系进行分析。

　　通过实测跨中及支座的沉降值可以得到跨中在外荷载和自重作用下的徐变挠度，具体跨中徐变挠度采用下式计算：

$$\delta_c(t) = \left(f_M(t) - \frac{f_A(t) + f_B(t)}{2} \right) - \left(f_M(0) - \frac{f_A(0) + f_B(0)}{2} \right) \qquad (5\text{-}6)$$

　　式中，$f_A(t)$ 和 $f_B(t)$ 为梁两端支座处百分表实测的变形值，$f_M(t)$ 为梁跨中处百分表实测的变形值，$f_A(0)$、$f_B(0)$ 和 $f_M(0)$ 分别为梁两端支座和跨中在加载瞬时的变形值。

　　试验中测试 4 根试验梁徐变，编号分别为 C1、C2、C3、C4。对 4 根徐变试验梁，均采用三分点加载，荷载的选取原则是：试验梁在长期荷载作用下发生的徐变在线性徐变范围内；徐变荷载小于梁的开裂荷载 。对徐变试验梁在其跨中及两端支座处安装机械百分表量测其跨中及支座位移，在梁跨中截面顶部混凝土上安装振弦式应变计量测混凝土的应变。对收缩试件则在其与徐变梁相同位置处安装振弦式应变计。

图 5-31 则给出了 4 根徐变梁的跨中徐变挠度时程图。从图 5-31 可以看出，加载初期，混凝土徐变挠度发展较快，随着持荷时间的增加，徐变挠度持续增加，但发展速率减缓。环境温湿度对 4 根试验梁徐变挠度的影响规律基本一致。当环境的温度上升或者湿度下降时，梁的徐变挠度增加，其中湿度对徐变的影响有一定的滞后性。试验梁 C1 和 C2 的荷载和配筋相同，理论上应具有相同的徐变挠度，从图 5-31 可以看出试验梁 C1 和 C2 的徐变挠度时程曲线比较吻合，说明试验数据比较可靠。因为它们的荷载和配筋是相同的，理论上它们的徐变挠度值应是相同的。试验梁 C3 和 C4 的徐变挠度值明显大于试验梁 C1 和 C2，因为前者的荷载（均为 3kN）大于后者（均为 2kN）。其中试验梁 C4 的配筋率大于试验梁 C3，理论上 C4 梁的徐变挠度值应稍小于 C3，实测数据在早期（<14d）反映了这一事实，中间一段时间的反常现象应为测量误差所致，最后持荷时间为 200d 时两者的总挠度值差别不大。在 102d 以后 4 根试验梁的跨中徐变挠度值有明显增大，特别是在 132d 这一数据点。这与一般的恒温恒湿条件下混凝土徐变前期发展较快、后期发展较慢的特点不完全一样。这是由于环境温湿度变化所致，在其他文献中也提到了这种由于温湿度变化导致加载后期徐变出现瞬时增加的现象。结合环境湿度的变化，此时环境的相对湿度出现了大幅下降，由于湿度对徐变影响的滞后性，所以梁的徐变挠度在 102d 后出现大幅上升的现象。

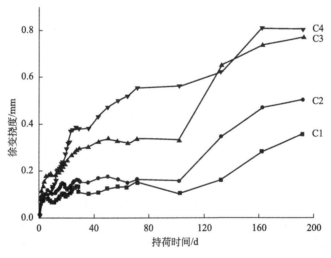

图 5-31　试件徐变挠度时程图

5.3.5　抗冻融性

在寒冷的气候条件下，冻融循环会造成混凝土路面、挡土墙、桥面和栏杆等的损坏，这也是修复和重建费用巨大的主要原因。

混凝土在冻融破坏作用下，其内部的损伤机理十分复杂，因此迄今为止，对混凝土的冻融破坏机理，国内外尚未得到统一的认识和结论。但所提出的假说已在很大程度上指导了混凝土材料的研究和工程实践，奠定了混凝土抗冻性研究的理论基础。目前关于冻融破坏机理，主要都是以下面几种学说为依据发展起来的。

一般情况下混凝土受冻害的规律可以这样描述：混凝土有无冻害与其孔隙的饱水程度有

关，一般认为含水量小于孔隙体积的 91.7％ 就不会产生冻结膨胀压力，该数值被称为极限饱水度。在混凝土完全饱水状态下，其冻结膨胀压力最大，混凝土的饱水状态主要与混凝土结构的部位及其所处自然环境有关，在大气中使用的混凝土结构其含水量均达不到该值的极限，而处于潮湿环境的混凝土其含水量要明显增大，最不利的部位是水位变化区，此处的混凝土经常处于干湿交替变化条件下，受冻时极易破坏。混凝土首先从表面开始冷却，混凝土内部水位在冷却过程中要发生某种程度的移动，由较高温度的部分移向较低温度部分，即从混凝土内部移向更冷的外表部分。温度差别越大，移动亦越剧烈，反之亦然。这是由于混凝土表层的充水程度通常比内部高些，表层的温度较低，因结冰膨胀所产生的内应力亦得不到适当的外力平衡，所以混凝土冻害大多从表面开始，逐步掉皮剥落。

在冰冻条件下，毛细孔隙率较高、渗透性较高、饱水程度较高及孔径较大，这些因素是普通混凝土结构不利于抗冻性的方面。因此，在冻融循环条件下，通常混凝土的损伤随着冻融循环次数的增加而发展。对于高性能混凝土，由于抗渗性较好，饱水程度较低，孔径较小，冰点较低，所以在同样的冻融循环条件下，高性能混凝土中的结冰量较少，因而有可能结冰所引起的破坏应力或应变值较小。这是高性能混凝土结构有利的一面。但是由于混凝土的弹性模量较高，脆性较大，在孔溶液均结冰的条件下，使高性能混凝土中的结冰破坏压力大于普通混凝土。由于其孔结构的孔径或孔隙较低的原因，其损伤发展速率将大于普通混凝土的损伤速率。

由于机制砂表面粗糙和生产过程中经受轧制创伤可能产生了微裂纹，吸水率高于天然砂，产生的连通毛细孔会比天然砂多一些，抗冻性能差一些；另一方面，机制砂经受轧制创伤、砂粒内极小孔径的开口毛细孔进水不进浆，水被水泥浆封堵在孔内，产生密闭容器效应，如果吸水饱和度达到临界饱和度 91.7％，冻结时就会使周围混凝土破裂。但是石粉在一定程度上能够改善混凝土的毛细孔结构，提高混凝土的抗冻融性。很多情况下，研究人员因试验材料和条件的差异，却得出截然相反的结论。普遍认为中低强度机制砂高性能混凝土抗冻性低于天然砂混凝土。但也有研究表明石粉含量为 18.0％ 的机制砂高性能混凝土经过 300 次冻融循环后，相对动弹模量仍然达到 80％ 以上，达到耐久 100 年混凝土的抗冻指标。

还有研究者认为石粉能够提高机制砂高性能混凝土的抗冻融性，优于天然砂混凝土。但对于高强度混凝土，由于水灰比小，抗冻等级都很高，石粉含量对其抗冻性能没有明显的影响趋势。

含泥量对混凝土的抗冻性有重要的影响作用。一般情况下，随着泥粉含量的增加，机制砂高性能混凝土的抗冻性能有明显的下降。主要因为泥粉均匀分散于水泥石中，其疏松多孔的结构容纳了大量的毛细水，其毛细管壁的强度要低于正常的水泥石毛细管壁，在遭受多次冻融循环之后，含泥粉的毛细管壁被破坏，导致混凝土动弹模量下降。

在大量试验研究和分析的基础上，可得到一些提高机制砂高性能混凝土抗冻融性的措施。减小水胶比、选择质量良好的机制砂、掺加矿物掺合料、掺入引气剂等都可以提高其抗冻融性。对于有抗冻要求高于 F50 的机制砂高性能混凝土，需要采用引气剂。适量的含气量一方面提高了抗冻性能，另一方面能够保证混凝土机械性能。

5.3.6 碱-骨料反应

碱-骨料反应（alkali aggregate reaction，AAR）是指混凝土骨料中某些具有碱活性的矿物成分与混凝土孔隙中来自水泥、外加剂等的可溶性的碱性溶液（以 KOH、NaOH 为主）之间发生的膨胀性反应，这种反应引起混凝土体积膨胀乃至开裂，改变混凝土的微结构，使混凝土的抗压强度、抗折强度、弹性模量等力学性能明显下降，严重影响结构的安全使用。碱-骨料反应是影响混凝土耐久性的一个重要方面，由于碱-骨料反应一般是在混凝土成型后的若干年后逐渐发生，其结果造成混凝土耐久性下降，严重时还会使混凝土丧失其使用价值。且由于反应发生在整个混凝土内部，因此，这种反应造成的破坏既难以预防，又难于阻止，更不易修补和挽救，故被称为"混凝土的癌症"。

1940 年，美国学者 T. E. Stanton 首先发现碱-骨料反应。随着人们对碱-骨料反应认识的提高，英国、法国、丹麦、挪威、南非、冰岛、加拿大、荷兰、澳大利亚、日本、中国等国家相继发现各种混凝土工程中碱-骨料反应破坏的事例。AAR 的广泛性和危害性，自 1974 年召开第一次国际 AAR 会议以来，近三十余年已召开了 13 次国际学术会议，AAR 已引起世界各国的高度重视。由于碱-骨料反应而发生破坏的时间随反应类型、骨料活性大小、碱含量、使用环境等的不同而明显地变化，一般快则一两年，慢则几十年。通常，碱-骨料反应造成的开裂破坏随时间变化而加剧，维修困难，费用十分昂贵。我国（特别是北部地区）水泥的含碱量普遍较高，加之含碱外加剂的广泛使用，因此混凝土潜在的碱-骨料反应受到人们的重视。

混凝土工程发生碱-骨料反应必须具备三个条件：一是混凝土中必须含有相当数量的碱，这里所说的碱是溶于水中能离解出钾、钠离子的物质。碱的来源已不仅限于水泥，也不局限于氢氧化物，而是包括在碱性环境下能够转化氢氧化物的所有碱盐。混凝土的原材料如水泥、混合材、外加剂和水中含碱量高。二是骨料中有相当数量的活性成分，即混凝土骨料中必须有一定数量的能与碱反应，反应产物能吸水膨胀的碱活性岩石或矿物。三是能提供水分的潮湿环境条件。三者缺一均不会发生碱-骨料反应。

根据骨料中活性成分的不同，碱-骨料反应一般可分为碱-硅酸反应、碱-碳酸盐反应和碱-硅酸盐反应。混凝土因碱-骨料反应而破坏的特征是产生呈地图状裂缝。碱-硅酸反应造成的裂缝中还会有白色浆状物渗出。碱-硅酸反应是迄今分布最广、研究最多的碱-骨料反应，指骨料中的活性二氧化硅与混凝土孔隙中的碱性溶液发生反应、生成吸水性硅酸盐凝胶，吸水发生体积膨胀最终导致混凝土开裂或胀大移位，其化学反应式为：

$$2ROH + nSiO_2 \longrightarrow R_2O \cdot nSiO_2 \cdot H_2O \tag{5-7}$$

式中，R 表示 Na 或 K。

碱-碳酸盐反应是指骨料中黏土质白云石质石灰石与混凝土孔隙中的碱溶液发生的去白云石化反应。去白云石反应生成水镁石 $Mg(OH)_2$、方解石 $CaCO_3$ 和 RCO_3，反应生成物 RCO_3 与水泥水化过程中不断生成的 $Ca(OH)_2$ 反应生成 ROH。这样，ROH 又继续与白云石发生去白云石化反应，直至 $Ca(OH)_2$ 或白云石被消耗完。除了有害的碱碳酸盐膨胀反应，其他与一些碳酸盐岩相关的现象会发生，骨料颗粒与水泥浆体接触的周围区域会发生改变，并在颗粒内发展成突起的边缘，引起周围浆体的显著变化。其化学反应式为：

$$CaCO_3 \cdot MgCO_3 + 2ROH \longrightarrow Mg(OH)_2 + CaCO_3 + R_2CO_3 \tag{5-8}$$

$$R_2CO_3 + Ca(OH)_2 \longrightarrow 2ROH + CaCO_3 \tag{5-9}$$

上述白云石化反应是一个固相体积减小的过程。因此，去白云石化反应本身并不引起膨胀。但白云石晶体中包裹有干燥的黏土，去白云石化反应使菱形白云石晶体遭受破坏，使黏土暴露出来，黏土吸水膨胀，从而造成破坏作用。

碱-硅酸盐反应是 1965 年基洛特对加拿大的诺发·斯科提亚地方的混凝土膨胀开裂进行研究发现并提出的：

① 形成膨胀的岩石属于黏土质岩、千枚岩等层状硅酸盐矿物；

② 膨胀过程较碱硅酸反应缓慢得多；

③ 能形成反应环的颗粒非常少；

④ 与膨胀量相比析出的碱硅胶过少。

又进一步研究，发现诺发·斯科提亚地方的碱性膨胀岩中，蛭石类矿物的基面间沉积物是可浸出的，在沉积物被浸出后吸水，使基面间距由 10Å 增大到 12Å，致使体积膨胀，引起混凝土内部膨胀应力；因此认为这类碱-骨料反应与传统的碱-硅酸反应不同，并命名为碱-硅酸盐反应。对此，国际学术界有争论。我国学者唐明述对此也进行研究，他从全国各地收集了上百种矿物及岩石样品，从矿物和岩石学角度详细研究了其碱活性程度。研究表明，所有层状结构的硅酸盐矿物如叶蜡石、蛇纹岩、伊里石、绿泥石、云母、滑石、高岭石、蛭石等均不具碱活性，有少数发生碱膨胀的，经仔细研究，其中均含有玉髓、微晶石英等含活性氧化硅性氧化硅矿物，从而证明这仍属于碱-硅酸反应。这一结论与基洛特起初发现的四个特点也并不矛盾。但由于这种反应膨胀进程缓慢，用常规检验碱-硅酸反应的方法无法判断其活性，因此，在进行骨料活性和碱-骨料反应膨胀检验时，还必须与一般碱-硅酸反应类型有所区别。这类反应主要指水泥（或混凝土）中碱与某些层状硅酸盐骨料反应并导致砂浆或混凝土产生异常膨胀，这一类反应亦可归为碱-硅酸反应。

机制砂的存在增大了碱-骨料反应发生的可能性。在混凝土工程中需要进行碱骨料检测再进行使用。笔者就贵州黔东南地区的机制砂原料进行系统的试验分析，结果表明，各地的变质岩骨料普遍具有碱硅酸反应活性，黔东南变质岩的岩性大致分为变余砂岩、凝灰质板岩、绢云母板岩或砂质绢云母板岩、泥质板岩等四类。对黔东南地区乌义、高晒、凉路口、谷坪等地的岩石试样进行岩相分析，岩石所含的主要活性矿物所占比例见表 5-16。采用快速蒸养法测试骨料的活性，试验结果如表 5-17 所示。结合岩相分析数据来看，骨料碱活性大小与活性成分含量没有直接线性相关性。此外，对于该地区变质岩骨料应用提出以下建议：

表 5-16　岩石样品的岩相分析结果

岩石产地	岩性	主要碱活性矿物成分	所占比例/%	结论
乌义	变余砂岩	微晶石英	12.0～14.4	潜在碱-硅酸反应活性
高晒	凝灰质板岩	隐晶-微晶石英	17.9～19.5	潜在碱-硅酸反应活性
凉路口	绢云母板岩	微晶石英	4.1～5.3	潜在碱-硅酸反应活性
谷坪	泥质板岩	微晶石英	17.8～19.5	潜在碱-硅酸反应活性

表 5-17　快速蒸养法测定的变质岩骨料碱活性试验结果

岩石产地	试样编号	膨胀率/%	结论	判定依据
乌义	1-1	0.24	碱-硅酸反应活性	
	1-2	0.25	碱-硅酸反应活性	
	1-3	0.30	碱-硅酸反应活性	
高晒	2-1	0.26	碱-硅酸反应活性	
	2-2	0.24	碱-硅酸反应活性	膨胀率＜0.1% 为非碱-硅酸反应活性；膨胀率≥0.1% 为碱-硅酸反应活性
	2-3	0.23	碱-硅酸反应活性	
凉路口	3-1	0.18	碱-硅酸反应活性	
	3-2	0.21	碱-硅酸反应活性	
	3-3	0.20	碱-硅酸反应活性	
谷坪	4-1	0.25	碱-硅酸反应活性	
	4-2	0.26	碱-硅酸反应活性	
	4-3	0.25	碱-硅酸反应活性	

① 快速蒸养法与砂浆长度法均判定为非碱活性的骨料，可直接使用；

② 快速蒸养法判定为碱-硅酸反应活性，而砂浆长度法判定为非碱-硅酸反应活性的骨料，属于具有潜在碱-硅酸反应活性骨料，可在混凝土工程中应用，但应采取相应的碱-骨料反应预防措施；

③ 快速蒸养法与砂浆长度法均判定为碱-硅酸反应活性的骨料，属于高碱活性骨料，应严禁使用。

对于碱-骨料反应主要采取预防措施，主要措施如下：

(1) 控制水泥含碱量　由于混凝土工程发生 AAR 损坏是由于混凝土内部的碱与活性骨料反应所致，世界各国为了避免 AAR 造成混凝土工程破坏的巨大经济损失，均以预防为主，即配制混凝土时控制活性骨料数量和含碱量。在二十世纪四五十年代，当时混凝土的单方水泥用量不多，也基本不使用含碱外加剂，主要控制水泥含碱量。今天我们在建造混凝土工程时，也必须控制水泥含碱量。

(2) 控制混凝土中碱含量　进入六七十年代，随着混凝土强度等级提高，单方水泥用量增加，外加剂的应用比较普遍，加上英、日等国由于砂资源不足，大量使用海砂配制混凝土，这样预防 AAR 就需要限制混凝土的总碱量。英国认为控制在 $3kg/m^3$ 是安全的；新西兰提出低于 $3.5kg/m^3$ 是无害的；南非规定限值 $2.1kg/m^3$；中国工程建设标准化协会批准的《混凝土碱含量限值标准》(CECS 53：93) 规定：干燥环境，一般工程结构、重要工程结构不限制，特殊工程结构 $3kg/m^3$；潮湿环境，一般工程结构 $3.5kg/m^3$，重要工程结构 $3kg/m^3$，特殊工程结构 $2.1kg/m^3$；含碱环境，一般工程结构 $3kg/m^3$，重要和特殊工程结构用非活性骨料。香港规定重要工程结构限值标准为 $3kg/m^3$。

(3) 对骨料选择使用　我国水利部从 20 世纪 50 年代就规定，要建一座大中型水利工程，例如要用几十万方砂石，是从南山取石或北山取石或西边河中取砂石，需提前一年做试验，经专家论证，选用其中碱活性较低，并采取使用低碱水泥或掺合料等措施后才开采骨料。因而新中国成立以来，我国建设了几百座大中型水利工程，未发生一起 AAR 损坏，这在世界上也是少有的。

我国地域辽阔，活性骨料的种类及分布很复杂。例如北京地区经过普查，永定河产骨料配制混凝土时的安全含碱量限值为 $3kg/m^3$；潮白河产骨料限值为 $6kg/m^3$。因此，要做到有效地预防 AAR 对混凝土工程的破坏，必须先对本地区产的骨料活性进行调研，明确每种骨料的安全含碱量限值。对于机制砂高性能混凝土，粗细骨料都需要进行碱活性的检测，同时在应用机制砂的过程中控制其石粉含量，以降低碱-骨料反应发生的概率。

(4) 掺混合材　掺某些活性混合材可缓解、抑制混凝土的 AAR，根据各国试验资料，掺 5%～10% 的硅灰，可以有效抑制 AAR。冰岛自 1979 年以来，一直在生产水泥时掺 5%～7.5% 的硅灰，以预防 AAR 对工程的损害。另外掺粉煤灰也很有效，粉煤灰的含碱量不同，经试验，即使含碱量高的粉煤灰，如果取代 30% 的水泥，也可有效抑制 AAR。另外，常用的抑制性混合材还有高炉矿渣，但掺量必须大于 50% 才能有效地抑制 AAR 对工程的破坏，现在美、英、德国对高炉矿渣的推荐掺量均为 50% 以上。

加入火山灰类材料，如粉煤灰、矿渣、硅灰等。在混凝土中加入火山灰类物质是技术上可行、经济上合理的方法。早在 20 世纪 80 年代初，我国就已开始将所有的高炉矿渣应用于水泥混凝土工业，粉煤灰的利用研究以及工程实际应用都有相当高的水平。2002 年我国粉煤灰的排放量达 1.8 亿吨，将其用于水泥混凝土工业，既实现了资源的回收和再利用，又可有效抑制碱-骨料反应，是一举两得的好方法。

（5）隔绝水和湿空气的来源 如果在担心混凝土工程发生 AAR 的部位能有效地隔绝水和空气的来源，也可起到缓和 AAR 对工程破坏的效果。

（6）碱-骨料反应抑制剂 碱-骨料反应抑制剂是一种能减少由于碱-骨料反应引起的膨胀，或是抑制碱-骨料反应发生的外加剂。用作抑制碱-骨料反应的掺合料有粉煤灰（掺量要足够）、高炉水淬渣粉、超细沸石粉。超细沸石粉起着分子筛的作用，吸附混凝土中的碱金属离子，置换出钙离子。但沸石的含碱量差别甚大，有的含碱量很高，在用沸石粉抑制某种碱活性骨料的膨胀时，必先通过试验再用于工程。

用作碱-骨料反应抑制剂的有锂盐和钡盐。加入水泥质量 1% 的碳酸锂（Li_2CO_3）或氯化锂（LiCl），或者 2%～6% 的碳酸钡（$BaCO_3$）、硫酸钡或氯化钡（$BaCl_2$），均能显著有效地抑制碱-骨料反应。

掺用引气剂使混凝土保持 4%～5% 的含气量，可容纳一定数量的反应产物，从而缓解碱-骨料反应膨胀压力。

目前国外也有采用化学阻滞剂来抑制碱-骨料反应的，如在混凝土建筑表面喷洒锂盐，尤其是氢氧化锂溶液最好，它对于新旧混凝土中的碱-骨料反应有很好的抑制效果，可以限制混凝土的进一步膨胀。但由于锂盐价格较贵，因而该法成本较高，在国内推广使用有一定难度。

5.3.7 地下腐蚀环境中的混凝土耐久性

在地下水强腐蚀环境下，引起混凝土腐蚀的基本原因是水泥石中存在与侵蚀性介质发生不利反应的成分，同时混凝土本身不密实，有很多毛细孔通道，使得侵蚀性介质中的氯离子、镁离子、硫酸根离子等容易进入其内部，也为产生腐蚀创造了条件。在地下水强腐蚀环境中，对混凝土有侵蚀性的介质包括酸、碱、硫酸盐、氯盐、压力流水等。混凝土的化学侵蚀分为三类：第一类是溶出性侵蚀（软水腐蚀），即混凝土在压力流动水作用下某些水化产物被水溶解、流失；第二类是溶解性侵蚀（离子交换腐蚀），即混凝土的某些水化产物与酸、碱等介质起化学反应，生产易溶或没有凝胶性能的产物；第三类是膨胀性侵蚀，即混凝土的某些水化产物与硫酸盐等介质起化学反应，生产膨胀性的产物。

5.3.7.1 硫酸盐侵蚀

硫酸盐侵蚀是混凝土化学侵蚀中最普通的形式。硫酸钙、硫酸钾、硫酸钠、硫酸镁等均会对混凝土产生侵蚀作用。土壤的地下水是一种硫酸盐溶液，当 SO_4^{2-} 浓度超过一定限值时就会对混凝土产生侵蚀作用。在污水处理厂、食品工业、制盐、制皂业、化纤工业等厂房附近的地下水中，硫酸盐浓度较高，混凝土结构物的硫酸盐侵蚀现象较为严重。而且混凝土的硫酸盐侵蚀破坏被认为是引起混凝土材料失效破坏的四大主要因素之一。如果硫酸盐浓度超过 1500mg/L，硫酸盐侵蚀的可能性就很大。在我国，一些铁路、公路、矿山的水电工程中都发现了地下水对混凝土构筑物的硫酸盐侵蚀破坏问题，有的已严重危及了工程的安全运行。

水泥基材料硫酸盐侵蚀破坏的实质是由环境水中的硫酸盐离子进入水泥石内部与一些固相组分发生化学反应，生成一些难溶的盐类矿物而引起的。混凝土受硫酸盐侵蚀是一个复杂的物理化学过程，从硫酸根离子来源看可分为内部侵蚀和外部侵蚀；从侵蚀作用看可分为物理侵蚀和化学侵蚀。但无论如何，其实质是硫酸根离子和水泥的水化产物发生反应。这些难溶的盐类矿物一方面可使硬化水泥石中的 CH 和 C-S-H 等组分溶出或分解，导致水泥基材料强度和黏结性能损失。其反应类型一般包括：钙矾石结晶型、石膏结晶型、$MgSO_4$ 溶蚀-结晶型和碳硫硅钙石溶蚀-结晶型。一般认为碳硫硅钙石有两种生成途径：一种认为其是由于水泥石中水化产物 C-S-H 凝胶与硫酸盐和碳酸盐在适当条件下直接反应生成，此反应的过程非常缓慢，但它能直接将水泥石中的 C-S-H 凝胶转变为无任何胶结性能的碳硫硅钙石晶体，使水泥基材料溶蚀解体；另一种认为其是由硅钙矾石过渡相逐渐转化而成，此反应过程也非常缓慢，但是一旦碳硫硅钙石晶体开始形成，反应速度会明显加快。同时，大量研究还表明，遭受硫酸盐侵蚀的掺石灰石粉水泥基材料在温度低于 10℃的条件下可产生碳硫硅钙石型破坏。

相对于硫酸盐的物理损伤，混凝土在硫酸盐作用下的化学腐蚀是学术界研究的重点。试验研究以及自然环境中的硫酸盐腐蚀介质主要是硫酸钠和硫酸镁。混凝土在硫酸盐作用下，其破坏的形式主要有三种：①形成石膏并导致混凝土截面积、质量以及强度损失，混凝土结构的水化产物逐渐减少，形成无黏聚性的颗粒状；②在混凝土中富含铝相，pH 值较高，硫酸盐腐蚀形成钙矾石晶体，从而导致混凝土的膨胀和开裂；③粉煤灰混凝土暴露在复合硫酸盐中，混凝土由于连续剥落和表层脱落形成洋葱头似的破坏形式。

机制砂高性能混凝土石粉含量增加，混凝土砂浆的抗硫酸盐侵蚀性能随之提高。主要是由于石粉含量增加，提高了砂浆的密实性，降低了硫酸盐的侵入速度，因此砂浆试件受到硫酸盐侵蚀后其强度下降幅度逐渐减小。而不同岩性的石粉对砂浆抗硫酸盐侵蚀的影响基本无差异，加入石粉后硫酸盐侵蚀主要类型仍为石膏结晶型侵蚀，其 CH 和 C-S-H 凝胶受到严重溶蚀。

5.3.7.2 酸腐蚀

混凝土劣化因素中，冻融循环、硫酸盐侵蚀、氯盐破坏、碳化作用、碱-骨料反应、耐火性等经过多年各国研究人员的致力研究，已经达成许多共识，但腐蚀机理方面依然存在争论和分歧。每种因素的长期作用都可能导致混凝土工程灾难性后果，所以很多学者对混凝土耐久性进行了系统的研究，取得了大量的成果和丰富的工程经验，对改善混凝土耐久性提出了切实可行的途径。而针对酸性环境下混凝土性能劣化机理和改善措施，一直没有得到一致的结论。

水泥是混凝土中最容易受到侵蚀的部分，其主要成分为 C_3S、C_2S、C_3A、C_4AF 以及少量的游离 CaO、MgO 等；水化反应后，生成水化硅酸钙 C-S-H 凝胶、水化铝酸钙、水化硫（铁）铝酸钙（AFt 和 AFm）等，此类水化产物只能在碱性环境中存在，表 5-18 给出各水泥水化产物能够稳定存在时环境的 pH 值。在酸性环境中易发生"中和"或者分解反应造成混凝土性能的衰败，减短混凝土建筑物结构寿命，经济损失巨大，甚至会对人们的生命安全构成威胁。目前，对混凝土受酸性介质的侵蚀机理以及如何提高混凝土在酸性环境下的耐久性能都存在分歧。随着我国基础建设的进一步完善，混凝土应用范围日趋广泛，如何提高混凝土耐酸性环境侵蚀能力已经成为一个迫切需要解决的问题。

表 5-18　各水泥水化产物稳定存在的 pH 值

水化产物	水化硅酸钙(C-S-H)	水化铝酸钙(CAH)	水化硫铝酸钙(AFt、AFm)	氢氧化钙(CH)
pH 值	10.4	11.4	10.7	10.23

混凝土结构在酸性环境下，影响其腐蚀性能的因素有很多。主要有：①溶液中侵蚀性离

子种类；②酸的浓度或 pH 值；③溶液的流动性；④混凝土水胶比；⑤水泥品种以及矿物掺合料的种类和掺量；⑥骨料种类和级配；⑦浆体-骨料界面区（ITZ）；⑧混凝土外加剂等。

针对侵蚀溶液对混凝土结构耐腐蚀性能的影响，研究侵蚀溶液 pH 值不同，生成的铝、铁、硅、镁等化合物的稳定性也存在差异，他们的酸稳定性是相对的。当 pH<4 时，含铝化合物会溶解；pH<2 时，含铁化合物同样可以被溶解而流失。Fattuhi 等研究得到结论是溶液 pH 值越小，浸泡后试样的重量损失越大。

关于在水泥中掺入粉煤灰、矿粉、硅粉等矿物掺合料能否提高混凝土耐酸侵蚀能力，研究人员在试验过程中得到不同或者截然相反的结论。Durning 研究表明，在混凝土中加入硅灰能够提高混凝土的耐硫酸能力，是由于硅灰的加入减少了混凝土中 CaO 的量。但是 Monteny 声明，加入硅灰能够使混凝土中的孔隙直径变小，由于细小毛细孔的虹吸作用使得混凝土的耐硫酸能力下降。同时还指出 60% 矿粉掺入量能够明显提高混凝土的抗硫酸性能。

诸多研究结果相互矛盾，究其原因，各研究者在模拟酸性环境时，采用不同的手段来加速腐蚀速率，也许在试验过程中的某个细节的差异就能导致试验结论的偏差。用不同的性能指标衡量腐蚀程度也可能出现相互矛盾的结论，所以在研究中，需要尽量采取统一的标准。

酸蚀破坏也是混凝土耐久性劣化的主要原因之一，使结构进一步劣化，失去承载能力。为研究石灰岩质骨料混凝土的耐酸侵蚀性能，依据相关试验要求，在实验室内模拟酸雨条件，进行酸腐蚀试验。

采用基准配合比成型试块，试块为 10cm×10cm×10cm 的立方体，成型后在标准养护条件下养护 28d。放入 pH 值为 3、硝酸根与硫酸根的比例为 1∶9 的酸雨加速模拟溶液。至相应腐蚀时间后，取出试块，擦干表面水后测定抗压强度。表 5-19 和图 5-32 是不同强度等级混凝土各腐蚀时间的酸腐蚀强度。

表 5-19　不同强度等级混凝土各腐蚀时间的酸腐蚀强度　　　　单位：MPa

强度等级	骨料类型	28d	180d	360d
C30	石灰质	53.4	38.2	24.5
C55		81.3	69.9	51.4

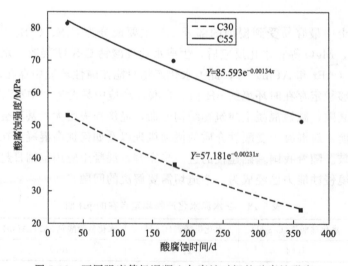

图 5-32　不同强度等级混凝土各腐蚀时间的酸腐蚀强度

从表 5-19 和图 5-32 可以看出，从腐蚀 28d 开始，随着腐蚀时间的增加，混凝土抗压强度逐渐下降；同时相同腐蚀时间下，C55 混凝土的酸腐蚀强度明显高于 C30 混凝土。主要是由于 C55 混凝土较 C30 混凝土水胶比更低，减少了硬化混凝土中的孔隙，降低了渗水性，从而降低对混凝土的酸腐蚀。

需要指出的是，掺入粉煤灰可以在一定程度上提高混凝土的抗酸性能，但是由于 C30 水胶比较大，硬化后混凝土中的孔隙较多，因而削弱了粉煤灰的作用，因此整体上比 C55 的耐硫酸盐腐蚀性能差。

研究不同岩性的机制砂高性能混凝土的抗酸腐蚀性能，试验结果见表 5-20。从试验结果可以看出，不论是 C30 还是 C60 混凝土，石灰石岩质混凝土抗酸腐蚀能力均好于砂岩质混凝土，其中，C60 混凝土由于胶凝材料用量较多，整体抗酸腐蚀能力要比 C30 混凝土好。主要是因为石灰岩骨料与胶凝材料的黏结性能高于砂岩骨料。石灰岩碎石与机制砂颗粒表面均较为粗糙，增大了其与水泥石的机械啮合力，提高了黏结性能，同时石灰岩的吸水性能也可以在一定程度上降低颗粒表面水膜的厚度，起到减水作用，这使得石灰石岩质混凝土的整体收缩性能要好于砂岩质混凝土。此外，国内外学者通过研究发现，石灰岩骨料与水泥石具有最佳的黏结力和握裹力，这一黏结力的效果超越一般机械力，而是具有一定的化学结合作用。有国外学者分别研究了石英岩及石灰岩与水泥石黏结界面的孔隙率，发现石灰岩骨料自身表面空隙率约为石英岩的 3 倍，而石英岩与水泥石界面的空隙率比石灰岩与水泥石黏结面的孔隙率高 10%，这表明石灰岩与水泥石的黏结界面更牢固。Thomas 等研究石灰岩、花岗岩及砂岩与水泥石的黏结强度，分别测得 $285.3 \times 10^4 Pa$、$253.5 \times 10^4 Pa$ 及 $95.7 \times 10^4 Pa$。Monteiro 等人提出水泥中 C_3S 可与石灰岩在界面上生成 $CaCO_3 \cdot Ca(OH)_2 \cdot H_2O$ 的论点，认为这一水化产物有利于加强骨料浆体过渡界面的力学性能。我国黄蕴元通过研究也认为，C_3S 与石灰岩微骨料的水化反应比砂岩等微骨料更加深入，其界面效应也更有利于黏结。其综合效应则可明显地提高混凝土的强度与密实度。这也就很好地解释了石灰石岩质混凝土早期与长期强度发展均高于砂岩质混凝土。

表 5-20　不同强度等级的机制砂高性能混凝土在 28d 龄期的强度损失

不同骨料混凝土		抗压强度/MPa	强度损失率/%	不同骨料混凝土		抗压强度/MPa	强度损失率/%
		28d	28d			28d	28d
砂岩质	C30	31.8	46	石灰质	C30	53.4	15
	C60	62.5	12		C60	80.3	1

5.3.7.3　模拟地下水环境中混凝土的耐久性

不同地区地下水环境有较大不同，贵州余庆至凯里（含施秉连接线）、凯里至羊甲高速公路，是《贵州省高速公路网规划》"678 网"中的第六横——余庆至安龙公路的前段。其中余庆至凯里起于余庆县城西南的平地，经黄平、施秉境内，重点在凯里市鸭塘镇青虎冲与沪昆高速公路的凯里至麻江段相连。而凯里至丹寨县羊甲段，则由青虎冲南延伸至丹寨，途经凯里舟溪镇、丹寨兴仁、台辰、龙泉，最后抵达羊甲连接厦蓉国家高速公路。由于贵州地区属于喀斯特地貌，地下存在许多溶洞与暗流，地下水环境十分复杂，在许多地区，尤其盛产煤矿的地区，地下水酸性十分强烈。项目施工的桥位区地下水主要为第四系松散空隙水、强风化基岩裂隙水、岩溶管道水，地下水主要靠大气降水垂直补给。大气降雨时，一部分顺岩层层面、节理面、岩溶管道向下渗透补给；一部分向地势低洼处的两岔河径流排泄，两岔河是桥位区地表水、地下水的主要排泄通道。桥位区地处河岸附近，桥区河流为地表水、地下水排泄区。

现场初步检测的结果显示，桥区自然水水质类型为［Cl］NaⅡ型，即为氯盐钠钾水，其 SO_4^{2-} 含量高，桥区自然水对混凝土结构具有结晶类中等腐蚀性；其 pH 值在 3.2～5.6 之间，直接临水或强透水土层中的地下水对混凝土结构具有分解类酸性强腐蚀性；其侵蚀性 CO_2 高，直接临水或强透水土层中的地下水对混凝土结构具有分解类碳酸型中等腐蚀性。根据《公路工程混凝土结构防腐技术规范》(JTG/T B07-01—2006)(表 5-21) 规定，评定腐蚀等级达到 C～E 级（中度～很严重）。初步分析认为，该桥段旁边有个煤矿开采区，煤矿大量排放矿井废水会不同程度地污染地表及地下水使其呈酸性，对在此地建设的混凝土结构具有潜在的腐蚀危害。

表 5-21　《公路工程混凝土结构防腐技术规范》(JTG/T B07-01—2006) 中化学腐蚀环境作用等级

弱透水土层中,pH 值范围	4.5～5.5	4.0～4.5	3.5～4.0
水中或强透水土层,pH 值范围	5.5～6.5	4.5～5.5	4.0～4.5
腐蚀等级	C 级(中度)	D 级(严重)	E 级(非常严重)

由于混凝土中含有一定数量的氢氧化钙，因此具有强碱性并使其内部的钢筋处于钝化状态。酸性水能"中和"混凝土中的碱性物质，从而损害混凝土内部结构，同时也破坏钢筋的钝化状态，促进钢筋腐蚀。硫酸盐能与混凝土中的 $Ca(OH)_2$、水化铝酸钙等反应形成膨胀性石膏（和）钙矾石，产生硫酸盐侵蚀。同时地下水的氯离子对钢筋混凝土也会产生锈蚀破坏。这种酸性、硫酸盐和氯盐复合腐蚀严重影响混凝土结构的承载力和使用寿命。鉴于此，本文通过在实验室试验模拟地下水复合腐蚀溶液（3.5%NaCl、10%Na_2SO_4 和 pH＝2 H_2SO_4 三种溶液混合），开展地下水强腐蚀环境作用下混凝土的耐久性和防腐蚀技术研究。

试验采用的砂为机制砂，其级配情况见表 5-22。

表 5-22　普通机制砂的筛分结果

序号	筛孔尺寸/mm	9.5	4.75	2.36	1.18	0.6	0.3	0.15	0.075	筛底
1	累计筛余率/%	0	6.41	39.68	65.13	78.96	89.28	95.29	97.6	99.98
2		0	5.81	39.68	65.23	79.16	89.48	95.49	97.81	99.99
标准范围		—	0～10	15～37	37～60	52～75	63～85	70～100		

（1）模拟地下水环境下掺加矿物掺合料对混凝土力学性能的影响　笔者模拟地下水环境下掺加矿物掺合料对混凝土力学性能的影响进行大量试验研究。试验模拟地下水环境和水养环境下，研究在自然养护条件和浸泡腐蚀条件下，掺加矿物掺合料（40%粉煤灰、40%矿渣粉和 5%硅灰）对混凝土力学性能的影响。试验先将试件标养 28d 后，分别放入水中和模拟地下水溶液中，然后开始进行耐腐蚀的相关试验。具体的试验结果见表 5-23。

表 5-23　不同养护条件下掺加矿物掺合料对混凝土力学性能的影响

序号	粉煤灰掺量/%	矿渣粉掺量/%	硅灰掺量/%	28d 抗压强度/MPa		抗压强度耐腐蚀系数 K
				水养	浸泡腐蚀	
J0	0	0	0	60.8(2.45)	57(3.73)	0.938
F40	40	0	0	48.3(2.18)	49.3(3.25)	1.020
K40	0	40	0	63.2(2.25)	60.5(2.96)	0.957
SF5	0	0	5	65.8(0.93)	63.2(2.25)	0.961

注：表中括号内数据为标准方差。

由表5-23可以看出，两种养护条件下，掺40%粉煤灰的混凝土28d抗压强度最低，掺5%硅灰的混凝土28d抗压强度最高。另外，通过表5-23还可以看出，掺40%粉煤灰的混凝土28d抗压强度耐蚀系数最大，且大于1。另外三组的抗压强度耐蚀系数都小于1，其中基准组J0的抗压强度耐蚀系数最小。试验结果表明，三种矿物掺合料（粉煤灰、矿渣粉和硅灰）都有利于混凝土的耐腐蚀性能，且三种矿物掺合料中，掺粉煤灰的混凝土耐腐蚀性能最好。

（2）模拟地下水环境下掺加矿物掺合料对混凝土超声波波速的影响　试验模拟地下水环境和水养环境下，研究在自然养护条件和浸泡腐蚀条件下，掺加矿物掺合料（40%粉煤灰、40%矿渣粉和5%硅灰）对混凝土超声波波速的影响。试验先将试件标养28d后，分别放入水中和模拟地下水溶液中，然后开始进行耐腐蚀的相关试验。具体的试验结果见表5-24。其中，超声波波速比值＝浸泡腐蚀的混凝土超声波波速/水养混凝土超声波波速。

表5-24　不同养护条件下掺加矿物掺合料对混凝土超声波波速的影响

序号	粉煤灰掺量/%	矿渣粉掺量/%	硅灰掺量/%	28d波速/(m/s)		比值
				水养	浸泡腐蚀	
J0	0	0	0	4475.4	4345.6	0.971
F40	40	0	0	4245.8	4284	1.009
K40	0	40	0	4545	4463.2	0.982
SF5	0	0	5	4601.5	4546.3	0.988

由表5-24可以看出，两种养护条件下，掺40%粉煤灰的混凝土28d超声波波速最低，掺5%硅灰的混凝土28d超声波波速最高。另外，通过表5-24还可以看出，掺40%粉煤灰的混凝土28d超声波波速比值最大，且大于1。另外三组的比值都小于1，其中基准组J0的超声波波速比值最小。试验结果表明，三种矿物掺合料（粉煤灰、矿渣粉和硅灰）都有利于混凝土的耐腐蚀性能，且三种矿物掺合料中，掺粉煤灰的混凝土耐腐蚀性能最好。同时对表5-23和表5-24对比可以看出，两种条件下不同矿物掺合料对混凝土的超声波波速的影响规律与不同矿物掺合料对混凝土的力学性能的影响规律相似。

（3）模拟地下水环境下掺加矿物掺合料对混凝土抗氯离子渗透性能的影响　试验模拟地下水环境下，研究在浸泡腐蚀条件下，掺加矿物掺合料（40%粉煤灰、40%矿渣粉和5%硅灰）对混凝土抗氯离子渗透性能的影响。试验先将试件标养28d后，放入模拟地下水溶液中，然后开始进行耐腐蚀的相关试验。具体的试验结果见表5-25。

表5-25　掺加矿物掺合料对混凝土氯离子渗透深度的影响

序号	粉煤灰掺量/%	矿渣粉掺量/%	硅灰掺量/%	28d Cl⁻渗透深度/mm	相对率/%
J0	0	0	0	4.8	100
F40	40	0	0	3.6	75
K40	0	40	0	2.8	58.3
SF5	0	0	5	3	62.5

注：氯离子渗透深度为50mm时表示试件已被完全渗透。

① 掺加矿物掺合料对混凝土氯离子渗透深度的影响。

由以上试验结果可得，掺加矿渣粉的混凝土28d的 Cl⁻ 渗透深度最小，仅为基准组的58.3%。通过表5-25还可以看出，相对于基准组，掺加矿物掺合料对混凝土的抗氯离子渗透性能有利。

② 掺加矿物掺合料对混凝土电通量的影响。掺加矿物掺合料对混凝土电通量的影响试验结果见表 5-26。

表 5-26　掺加矿物掺合料对混凝土 28d 电通量的影响

序号	粉煤灰掺量/%	矿渣粉掺量/%	硅灰掺量/%	28d 电通量/C	
				水养	浸泡腐蚀
J0	0	0	0	1123.2	1373.7
F40	40	0	0	818.6	844.6
K40	0	40	0	748.4	760.3
SF5	0	0	5	778.9	790.6

由表 5-26 可以看出，两种养护条件下，掺矿物掺合料的混凝土 28d 电通量都小于基准组的混凝土电通量。同时，通过表 5-26 还可以看出，浸泡腐蚀条件下，混凝土的 28d 电通量大于水养条件下混凝土的 28d 电通量值。另外，通过对三种矿物掺合料对比可以看出，掺40%矿渣粉的混凝土 28d 电通量值最小。

（4）外观变化　掺加不同矿物掺合料的混凝土试件，经复合腐蚀溶液浸泡后的外观变化如图 5-33 所示，从图中可知试件的外观颜色及表面平整度变化趋势。图 5-33 中 J0 为基准组，F40 表示掺 40%粉煤灰的混凝土，K40 表示掺 40%矿渣粉的混凝土，SF5 表示掺 5%硅灰的混凝土。基准组混凝土的外观明显受到溶液的侵蚀，一般是随侵蚀时间的增长，其外观颜色逐渐变黄，而且局部呈浅黄色，似铁锈。掺有粉煤灰、矿渣粉和硅灰的混凝土试件其颜色变化进程较基准混凝土慢，如图 5-33 所示。由此可知，粉煤灰、矿渣粉和硅灰的掺入对混凝土试件保持原来外观的能力有改善作用。

图 5-33　混凝土 28d 龄期其表观现象的变化

综合以上试验结果可以得出以下试验结论：

① 相对于基准组，掺加矿物掺合料对混凝土的耐腐蚀性能有利。且其中掺 40%粉煤灰的混凝土 28d 抗压强度耐蚀系数最大。

② 两种养护条件下不同矿物掺合料对混凝土的超声波波速的影响规律与不同矿物掺合料对混凝土的力学性能的影响规律相似。

③ 相对于基准组，掺加矿物掺合料对混凝土的抗氯离子渗透性能有利。且其中掺 40%

矿渣粉的混凝土 28d Cl⁻ 渗透深度最小。

④ 两种养护条件下，掺矿物掺合料的混凝土 28d 电通量都小于基准组的混凝土电通量。同时在浸泡腐蚀条件下，混凝土的 28d 电通量大于水养条件下混凝土的 28d 电通量值。

⑤ 粉煤灰、矿渣粉和硅灰的掺入对混凝土试件保持原来外观的能力有改善作用。

结合单独掺加矿物掺合料对混凝土腐蚀性能影响的试验结果，笔者继续研究复掺矿物掺合料对混凝土耐腐蚀性能的影响。

（1）模拟地下水环境下复掺矿物掺合料对混凝土力学性能的影响　试验模拟地下水环境和水养环境下，研究在自然养护条件和浸泡腐蚀条件下，复掺矿物掺合料对混凝土力学性能的影响。试验先将试件标养 28d 后，分别放入水中和模拟地下水溶液中，然后开始进行耐腐蚀的相关试验。具体的试验结果见表 5-27。

表 5-27　不同养护条件下复掺矿物掺合料对混凝土力学性能的影响

序号	粉煤灰掺量 /%	矿渣粉掺量 /%	硅灰掺量 /%	28d 抗压强度/MPa		抗压强度耐蚀系数 K
				水养	浸泡腐蚀	
J0	0	0	0	60.8(2.45)	57(3.73)	0.938
F40S5	40	0	5	49.1(2.57)	47.9(2.71)	0.976
F15K15	15	15	0	56.2(2.51)	56.5(4.31)	1.005
F20K10	20	10	0	57.1(3.4)	56.8(1.8)	0.995
F25K25	25	25	0	56.3(3.16)	57.5(1.5)	1.021
F20K30	20	30	0	62.2(0.46)	59.3(3.83)	0.953
F30K20	30	20	0	53.9(3.19)	52.3(1.31)	0.970
F30K10	30	10	0	53(1.88)	53.6(1.98)	1.011
F20K20S5	20	20	5	57.9(1.5)	60.5(2.33)	1.045
F20K20	20	20	0	57.4(3.43)	58.3(2.66)	1.016
F20K20G	20	20	0	54.4(2.19)	53.5(4.31)	0.984

注：表中括号内数据为标准方差。另外 F20K20G 组是指 F20K20 组表面涂覆硅烷的混凝土。

通过表 5-27 可以得到以下试验结论：

① 由 F15K15、F20K20 和 F25K25 三组可以看出，当掺入的粉煤灰和矿渣粉比例为 1∶1 时，混凝土的抗压强度耐蚀系数较其他试验组大，且都大于 1。另外，当掺入的粉煤灰和矿渣粉比例为 1∶1 时，混凝土的 28d 抗压强度耐蚀系数随矿物总掺量的增大而呈增大的趋势。

② 通过将 F20K10、F20K20 和 F20K30 三组进行对比可以看出，当粉煤灰掺量为 20%，且保持一定时，混凝土的 28d 抗压强度耐蚀系数随矿渣粉掺量的增大呈先增大后减小的趋势。且通过试验结果可以看出，当粉煤灰和矿渣粉总掺量超过 40% 时，混凝土的 28d 抗压强度耐蚀系数较为明显地减小。

③ 通过将 F20K20 和 F20K20G 两组进行对比可以看出，相对于表面未涂覆硅烷的混凝土试件，表面涂覆硅烷的混凝土 28d 抗压强度耐蚀系数较小。分析原因可能是由于大掺量矿物掺合料的混凝土随龄期的增长，其强度发展慢，而表面涂覆硅烷的混凝土会阻碍外界水分进入混凝土内部，强度发展较慢，强度较低，因此其 28d 混凝土抗压强度耐蚀系数较小。建议将大掺量矿物掺合料的混凝土标养时间增长，如标养 56d 后再涂覆硅烷，这样有利于混凝土的耐腐蚀性能。

④ 通过将 F20K20 和 F20K20G 两组对比可以看出，掺入 5% 的硅灰，其混凝土的 28d 抗压强度耐蚀系数较大，试验结果表明，掺入硅灰对混凝土的耐腐蚀性能有改善的作用。

（2）模拟地下水环境下复掺矿物掺合料对混凝土超声波波速的影响　试验模拟地下水环境和水养环境下，研究在自然养护条件和浸泡腐蚀条件下，复掺矿物掺合料对混凝土超声波波速的影响。试验先将试件标养 28d 后，分别放入水中和模拟地下水溶液中，然后开始进行耐腐蚀的相关试验。具体的试验结果见表 5-28。其中，超声波波速比值＝浸泡腐蚀的混凝土超声波速/水养混凝土超声波速。

表 5-28　不同养护条件下复掺矿物掺合料对混凝土超声波波速的影响

序号	粉煤灰掺量 /%	矿渣粉掺量 /%	硅灰掺量 /%	28d 波速		比值
				水养	浸泡腐蚀	
J0	0	0	0	4475.4	4345.6	0.971
F40S5	40	0	5	4296.3	4266.2	0.993
F15K15	15	15	0	4312.1	4325	1.003
F20K10	20	10	0	4350.6	4311.4	0.991
F25K25	25	25	0	4310.3	4387.9	1.018
F20K30	20	30	0	4320.2	4229.5	0.979
F30K20	30	20	0	4318.6	4245.2	0.983
F30K10	30	10	0	4335.9	4257.3	0.982
F20K20S5	20	20	5	4378.8	4492.6	1.026
F20K20	20	20	0	4356.3	4426	1.016
F20K20G	20	20	0	4357.9	4418.1	1.014

通过以上试验结果可以得到以下结论：

① 由表 5-28 可以看出，不同矿物掺合料复掺对混凝土的超声波波速没有显著的影响。

② 当粉煤灰与矿渣粉掺量为 1:1 时，混凝土的超声波波速比值较大，且都大于 1。

③ 超声波波速指标很难明显体现出不同矿物掺合料复掺对混凝土耐腐蚀性能影响的差异。

（3）模拟地下水环境下复掺矿物掺合料对混凝土抗氯离子渗透性能的影响　试验模拟地下水环境下，研究在浸泡腐蚀条件下，复掺矿物掺合料对混凝土抗氯离子渗透性能的影响。试验先将试件标养 28d 后，放入模拟地下水溶液中，然后开始进行耐腐蚀的相关试验。具体的试验结果见表 5-29。

表 5-29　复掺矿物掺合料对混凝土 28d 抗氯离子渗透深度的影响

序号	粉煤灰掺量/%	矿渣粉掺量/%	硅灰掺量/%	28d Cl⁻ 渗透深度/mm
J0	0	0	0	4.8
F40S5	40	0	5	3.4
F15K15	15	15	0	2.9
F20K10	20	10	0	3.1
F25K25	25	25	0	2.7
F20K30	20	30	0	2.4
F30K20	30	20	0	2.8
F30K10	30	10	0	3.0
F20K20S5	20	20	5	2.1
F20K20	20	20	0	2.7
F20K20G	20	20	0	0

注：氯离子渗透深度为 50mm 时表示试件已被完全渗透。

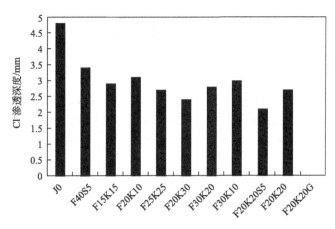

图 5-34　复掺矿物掺合料对混凝土 28d Cl⁻ 渗透深度的影响

由图 5-34 可以看出，掺复合矿物掺合料的混凝土试件 28d 的 Cl⁻ 渗透深度小于基准配比。同时，对于 F20K20G 组，其混凝土试件的 28d 的 Cl⁻ 渗透深度为 0mm，表明混凝土试件表面涂覆硅烷可有效地阻止腐蚀溶液中 Cl⁻ 的侵蚀。另外，将 F20K20 和 F20K20S5 两组进行对比可以看出，掺入硅灰后，其混凝土试件 28d 的 Cl⁻ 渗透深度较小，这可能是由于硅粉的火山灰活性效用充分发挥了作用。

（4）外观变化　复掺不同矿物掺合料的混凝土试件，经复合腐蚀溶液浸泡后的外观变化如图 5-35 所示，从图中可知试件的外观颜色及表面平整度变化趋势。复掺矿物掺合料的混凝土试件，其表观颜色没有发生明显改变，且表面仍然保持完整，如图 5-35 所示。

图 5-35　混凝土 28d 龄期其表观现象的变化

（5）小结　通过以上的试验结果可以得到以下的试验结论：

① 当粉煤灰和矿渣粉比例为 1∶1 时，混凝土的抗压强度耐蚀系数较其他三组大，且都大于 1。另外，当粉煤灰和矿渣粉的比例为 1∶1 时，混凝土的 28d 抗压强度耐蚀系数随矿物总掺量的增大而呈增大的趋势。

② 当粉煤灰掺量保持一定时，混凝土的 28d 抗压强度耐蚀系数随矿渣粉掺量的增大呈先增大后减小的趋势。且当粉煤灰和矿渣粉总掺量超过 40％时，混凝土的 28d 抗压强度耐蚀系数较为明显地减小。

③ 相对于表面未涂覆硅烷的混凝土试件，表面涂覆硅烷的混凝土 28d 抗压强度耐蚀系

数较小。

④ 适量的硅灰对混凝土的耐腐蚀性能有改善的作用。

⑤ 超声波波速指标很难明显体现出不同矿物掺合料复掺对混凝土耐腐蚀性能影响的差异。

⑥ 由复掺矿物掺合料对混凝土氯离子渗透深度的影响试验结果可得，掺复合矿物掺合料的混凝土试件 28d 的 Cl^- 渗透深度小于基准配比。另外，混凝土试件表面涂覆硅烷可有效地阻止腐蚀溶液中 Cl^- 的侵蚀。且掺入硅灰后，其混凝土试件 28d 的 Cl^- 渗透深度较小。

参 考 文 献

[1] EN. Quiroga. The Effect of the Aggregates Characteristics on the Performance of Portland Cement Concrete [J]. Ph. D. Dissertation, University of Texas at Austin, 2003.

[2] 蔡基伟，胡晓曼，李北星. 石粉含量对机制砂高性能混凝土工作性与抗压强度的影响 [R]. 第九届全国水泥和混凝土化学及应用技术年会，2007.

[3] 王稷良，喻世涛，刘俊，等. C50T 型梁机制砂高性能混凝土的配制与应用研究 [R]. 第九届全国水泥和混凝土化学及应用技术年会，2007.

[4] 王稷良. 机制砂特性对混凝土性能的影响及机理研究 [D]. 武汉：武汉理工大学，2008.

[5] 张承志. 商品混凝土 [M]. 北京：化学工业出版社，2006.

[6] 李亚玲. 再论混凝土机制砂 [J]. 建筑技术开发，2003 (12)：91-95.

[7] 杨玉辉. C80 机制砂高性能混凝土的配制与性能研究 [D]. 武汉：武汉理工大学，2007.

[8] 田建平. 高强高性能机制砂高性能混凝土的配制及性能研究 [D]. 武汉：武汉理工大学，2006.

[9] C. R. Marek. Importance of Fine Aggregate Shape and Grading on Properties of Concrete [C]. International Center for Aggregates Research, 3rd annual symposium, 1995.

[10] 蒋正武，潘峰，吴建林，等. 机制砂参数对混凝土性能的影响研究 [J]. 混凝土世界，2011 (26)：66-71

[11] 李兴贵，章恒全，陈晓月. 高石粉人工砂原级配混凝土干缩性能试验研究 [J]. 河海大学学报：自然科学版，2002，30 (4)：37-40.

[12] 刘崇熙，等. 混凝土骨料性能和制造工艺 [M]. 广州：华南理工大学出版社，1999.

[13] 谭崎松. 机制砂在混凝土工程中的研究与应用 [J]. 江西建材，2012 (5)：14-15.

[14] 周莎莉，董志坤. 关于机制砂混凝土性能的试验研究 [J]. 港工技术，2012，49 (4)：41-44.

[15] 冯贵芝. 贵州地区机制砂自密实混凝土的性能研究 [J]. 贵州工业大学学报：自然科学版，2007，35 (5)：76-83.

[16] 李晶. 石灰石粉掺量对混凝土性能影响的试验研究 [D]. 大连：大连理工大学，2007.

[17] 袁杰，范永德，葛勇，等. 含泥量对高性能混凝土耐久性能的影响 [J]. 混凝土，2003 (8)：31-33.

[18] 艾长发，彭浩，胡超，等. 机制砂级配对混凝土性能的影响规律与作用效应 [J]. 混凝土，2013 (1)：73-76.

[19] 吴中伟. 环保型高效水泥基材料 [J]. 混凝土，1996 (4)：3-6.

[20] 李北星，王稷良，柯国炬，等. 机制砂亚甲蓝值对混凝土性能的影响研究 [J]. 水利水电技术，2009，40 (4)：30-34.

[21] 李凤兰. 原状机制砂石粉含量对混凝土影响的试验研究 [J]. 水力发电，2010，36 (5)：79-81.

[22] 黄士元，蒋家奋，杨南如，等. 近代混凝土技术 [M]. 西安：陕西科学技术出版社，1998.

[23] 陈飚，王稷良，杨玉辉，等. 石粉含量对 C80 机制砂混凝土性能的影响 [J]. 武汉理工大学学报，2007，29 (8)：41-43.

[24] 李北星，周明凯，田建平，等. 石粉与粉煤灰对 C60 机制砂高性能混凝土性能的影响 [J]. 建筑材料学报，2006，9 (4)：281-289.

[25] 李凤兰，朱倩，徐阳洋. C45 级原状机制砂混凝土试验研究 [J]. 混凝土，2010 (2)：84-86.

[26] 李建，谢友均，刘宝举，等. 石灰石石屑代砂混凝土配制技术研究 [J]. 建筑材料学报，2001，41 (1)：89-92.

[27] 赵顺波. 混凝土结构设计原理 [M]. 上海：同济大学出版社，2004.

[28] 李凤兰，朱倩，高轲轲. 原状机制砂石粉含量对混凝土影响的试验研究. 水力发电，2010，36 (5)：82-83.

[29] 李凤兰，朱倩，徐阳洋. 原状机制砂高强混凝土试验研究 [J]. 水利水电技术，2010，41 (7)：76-78.

[30] 周明凯，蔡基伟，王稷良，等. 高石粉含量机制砂配制混凝土的性能研究 [R]. 生态环境与混凝土技术国际学术研讨会，2007.

[31] 侯东伟，张君，陈浩宇，等. 干燥与潮湿环境下混凝土抗压强度和弹性模量发展分析 [J]. 水利学报，2012，43 (2)：198-199.

[32] 吕德生，汤骅．高强混凝土弹性模量与抗压强度的相关性试验研究 [J]. 混凝土与水泥制品，2001 (6)：20-21.

[33] 吕建平．水泥基材料弹性模量预测 [D]．浙江：浙江工业大学，2007.

[34] 袁庆．水泥石弹性模量预测的数值模拟方法 [D]．浙江：浙江工业大学，2011.

[35] 姜璐．界面结构特性及混凝土弹性模量预测 [D]．浙江：浙江工业大学，2005.

[36] 王伟成，高利甲．几种混凝土弹性模量理论计算方法精度比较 [J]．湖南工程学院学报，2011，21 (4)：70-72.

[37] 成厚昌．高性能混凝土的力学性能研究 [J]．重庆建筑大学学报，1999，21 (3)：74-77.

[38] Mehta P K，AITCIN P C. Principles underlying production of high-performance concrete [J]. Cement，Concrete and Aggregate，1990.

[39] P. K. Metha. Concrete Technology at the Crossroads—Problems and Opportunities [J]. ACI SP，1994：144-148.

[40] 覃维祖．混凝土耐久性综述 [R]．会议论文，2000.

[41] 刘秀美，陶珍东．机制砂的特点及其对混凝土性能的影响 [J]．建材技术与应用，2012 (9)：15-17.

[42] Parviz，Soroushian，Siavosh，Ravanbakhsh. Control of Plastic Shrinkage Cracking with Specialty Cellulose Fibers [J]. ACI Materials Journal. 1998，12 (4)：34-67.

[43] Kraai，P. Proposed Test to Determine the Cracking Potential due to Drying Shrinkage of Concrete [J]. Concrete Construction，1985，30 (9)：775.

[44] Richard，w. Burrows，. The Visible and Invisible Cracking of Concrete [J]. 1998：1-5.

[45] Wiegrink，K.，Marikunte，S.，and Shah，S. P. Shrinkage cracking of high strength concrete [J]. ACI Materials Journal，1996，93 (5)：409-415.

[46] MeDonald，D. B.；Krauss，P. D.；and Rogalla，E. A. Early-Age Transverse Deck Cracking [J]. Concrete International，1995，17 (5)：49-51.

[47] Bloom，R.，and Bentur，A. Free and Restrained Shrinkage of Normal and high-Strength Concrete [J]. ACI Materials Journal，1995，92 (2)：211.

[48] H. K. Kim，C. S. Lee et al. The Fracture Characteristics of Crushed Limestone Sand Concrete [J]. Cement and Concrete Research，1997，27 (11)：1719-1729.

[49] 陈剑雄，李鸿芳，陈寒斌．石灰石粉超高强高性能混凝土性能研究 [J]．施工技术，2005，35 (5)：27-28.

[50] 王稷良，周明凯，贺图升，等．石粉对机制砂对混凝土的抗渗透性和抗冻融性能的影响 [J]．硅酸盐学报，2008，36 (05) 582-586.

[51] 惠荣炎，黄国兴，易冰若．混凝土的徐变 [M]．北京：中国铁道出版社，1988.

[52] Bazant Z P，Wittman FH. Creep and shrinkage in concrete structures [J]. John Willy & Sons Ltd，1982.

[53] 王稷良，周明凯，朱立德，等．机制砂对高强混凝土体积稳定性的影响 [J]．武汉理工大学学报，2007，29 (10)：20-25.

[54] 李凤兰，罗俊礼，赵顺波．不同骨料的高强混凝土早期徐变性能研究 [J]．长江科学院院报，2009，26 (2)：55-57.

[55] 蔡基伟．石粉对机制砂高性能混凝土的性能影响及机理研究 [D]．武汉：武汉理工大学，2006.

[56] A. M Neville. Properties of concrete [M]. London，UK：Pitman Publishing Limited 1981：205-207.

[57] 宋德明，宋业政，张存暖．不同石粉含量对机制砂高性能混凝土性能的影响 [J]．水利建设与管理，2011 (2)：38-51.

[58] T. E. Stanton，Expansion of concrete through reaction between cement and aggregate. Proceedings of the American Society of Civil Engineers，1950，66 (10)：1781-1811.

[59] B. M. 莫斯克文，混凝土和钢筋混凝土的腐蚀及其防护方法 [M]．倪继森，译．北京：化学工业出版社，1988.

6

机制砂高性能混凝土的微观结构

6.1 水化特性

6.1.1 水泥水化硬化机理

水泥与水拌合后，水泥熟料矿物发生水化反应生成水化硅酸钙、氢氧化钙、水化硫铝酸钙等水化产物。随时间的推延，初始形成的浆状体经过凝结硬化，由可塑体逐渐转变为坚固的石状体。对于这个转变过程机理的研究已有一百多年的历史，主要围绕着熟料矿物的水化和水泥的硬化两个方面来进行研究。关于熟料矿物如何进行水化的解释有两种不同的观点：一种是液相水化论，也叫溶解—结晶理论，一种是固相水化论，也叫局部化学反应理论。液相水化论是 1887 年由 Le Chatelier 提出的，他认为无水化合物先溶于水，与水反应，生成的水化物由于溶解度小于反应物而结晶沉淀。固相水化论是 1892 年由 W. Michaelis 提出的，他认为水化反应是固液相反应，无水化合物无需经过溶解过程，而是固相直接与水发生局部化学反应，生成水化产物。关于水泥水化硬化的实质，历史上曾有三种理论来解释。

（1）雷·查特里（Le Chatelier）提出的"结晶理论"认为：水泥之所以能产生胶凝作用，是由于水化生成的晶体互相交叉穿插联结成整体的缘故。按照这种理论，水泥的水化硬化过程是：水泥拌水后，无水化合物溶解于水，并与水结合成水化物，而水化物的溶解度比无水化合物小，因此就呈过饱和状态，以交织晶体析出。随后熟料矿物继续溶解，水化产物不断结晶，如此溶解—结晶不断进行。也就是认为水泥的水化和普通化学反应一样，是通过液相进行的，即所谓溶解—结晶过程。再由水化产物的结晶交连而发生凝结、硬化，从而使水泥石具有较高的强度。

（2）W. 米契埃里斯（W. Michaelis）提出的"胶体理论"认为：水泥与水作用虽能生成氢氧化钙、水化铝酸钙和水化硫铝酸钙晶体，产生一定强度，但因这些晶体的溶解度较大，故而抗水性差。使水泥石具有较好抗水性和强度的是难溶的水化硅酸（低）钙凝胶填塞在水泥颗粒间的孔隙中所致。接着，未水化的水泥颗粒不断吸水，使凝胶更为致密，因而提高了内聚力，也就不断提高了强度。将水泥水化反应作为固相反应的一种类型，与上述溶解—结晶反应最主要的差别，就是不需要经过矿物溶解于水的阶段，而是固相直接与水反应生成水化产物，即所谓的局部化学反应。然后，通过水分的扩散作用，使反应界面由颗粒表面向内延伸，继续进行水化。所以，凝结、硬化是胶体凝聚成刚性凝胶的过程，与石灰或硅溶胶的情况基本相似。

（3）A. A. 巴依可夫提出的"三阶段硬化理论"认为，水泥的凝结硬化过程经历了下述三个阶段：

① 溶解阶段：水泥加水拌和后，水泥颗粒表面与水发生水化反应，生成的水化物水解和溶解，直到溶解呈饱和状态为止。由于在水化时产生的放热效应被溶解时的吸热效应所抵消，所以在这一阶段温度升高不多。

② 胶化阶段：相当于水泥凝结过程。随着水泥颗粒的分散，表面发生局部反应而生成凝胶，同时有显著的放热效应。

③ 结晶阶段：相当于水泥硬化过程。此时胶体逐渐转变为晶体，形成晶体，长大而成交织晶，从而产生了强度，并有少量的热放出。

这三个阶段无严格的顺序。

近代通过扫描电子显微镜等工具的观察和研究指出：在水泥水化硬化过程中同时存在着凝聚和结晶两种结构。水化初期溶解—结晶过程占主导，在水化后期，当扩散作用难以进行时，局部化学反应发挥主要作用。近代科学技术的发展，虽然已有先进的检测技术，但水泥凝结硬化理论尚有许多问题有待深入研究。

6.1.2　水泥水化过程

水泥的水化是一个非常复杂的过程，与各反应组分的特性（化学组成、晶体结构、细度等）和环境条件（水固比、溶解或分散在水中的化学物质、温度等）有关。本节将从水泥熟料的单矿物与水的反应开始介绍，再对硅酸盐水泥的水化反应和反应生成物做介绍。

6.1.2.1　水泥熟料单矿物的水化反应

硅酸盐水泥熟料中含有 C_3A、C_2S、C_3S、C_4AF 和 $f\text{-}CaO$、方镁石（MgO）等矿物相，它们遇水后逐步由无水状态变成含水状态，这个过程称为水化过程。各矿物相的水化及水化产物一般用下述反应式描述。

（1）硅酸钙的水化

硅酸三钙（C_3S）和硅酸二钙（C_2S）两种矿物与适量的水发生反应时，生成化学计量非常相似的水化产物：

$$2(3CaO \cdot SiO_2) + 6H_2O \longrightarrow 3CaO \cdot SiO_2 \cdot 3H_2O + 3Ca(OH)_2$$

$$2(2CaO \cdot SiO_2) + 4H_2O \longrightarrow 3CaO \cdot SiO_2 \cdot 3H_2O + Ca(OH)_2$$

需要说明的是，上面两反应式中的分子式 $3CaO \cdot SiO_2 \cdot 3H_2O$ 只是近似式，因为这个水化产物的组成变化范围很大，并不能用固定的分子式来表示，常用 C-S-H 笼统地代表水化硅酸钙。C-S-H 是一种结晶度很差的粒子，其颗粒尺寸属于胶体范围（小于 $1\mu m$），为了反映该性质，所以称之为水化硅酸钙（C-S-H）凝胶。C_3S 的水化速度比 C_2S 要快，所以它们对水泥的水化、硬化以及强度的影响就有明显的不同。

上面的两个反应都是放热反应，所以反应过程可以通过测定不同时间的放热速率来表示，这可以用量热曲线来说明。图 6-1 是硅酸三钙在加水 200h 内的量热曲线。

就曲线的形状看，硅酸钙在一开始与水接触都立即放出大量的热，大约在 15min 内停止；随后为相对的不活泼期；经过数小时后，硅酸三钙又开始放热，出现了第二个放热峰，并且持续相当长一段时间，而硅酸二钙直至试验结束也没有出现第二个放热峰。由于硅酸三钙在硅酸盐水泥中的含量约占 50% 左右，所以硅酸三钙的水化放热曲线对于说明硅酸盐水泥的水化具有一定的代表性。

根据硅酸三钙水化放热曲线的特性，可以按放热量与时间划分为 5 个阶段。

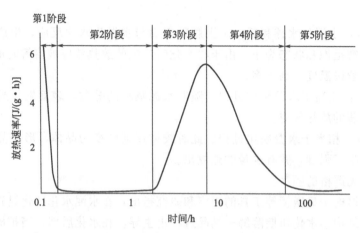

图 6-1　硅酸三钙的水化放热曲线

第 1 个阶段：又称为诱导前期，加水拌和后立即发生急剧反应迅速放热，Ca^{2+} 和 OH^- 迅速从 C_3S 粒子表面释放，几分钟内 pH 值上升超过 12，溶液具有强碱性，大约在 15min 内结束。

第 2 个阶段：诱导期也称潜伏期，在这一阶段反应几乎停止。这就是硅酸盐水泥在几小时内保持塑性状态的原因。初凝出现在 2～4h，同时诱导期结束。

第 3 个阶段：反应加速期，这一阶段 C_3S 与水再次进行激烈反应。硅酸盐迅速水化，出现第二个水化放热峰，达到最大的水化反应速率，并与最大放热速率相对应。至此时（4～8h），终凝开始，水泥浆体发生硬化。

第 4 个阶段：反应减速期，水化放热反应达到最大后，反应速率开始下降，约延续 12～24h。

第 5 个阶段：稳定期，水化反应处于稳定状态，反应完全受扩散速率控制。

影响诱导期长短的因素较多，主要有水胶比、水泥细度、水化温度以及外加剂等。诱导期的终止时间与终凝时间有一定的关系。

C_2S 的水化过程与 C_3S 基本相同，只是反应速率慢得多，在 200h 内不会出现第二个放热峰。

（2）铝酸盐的水化　硅酸盐水泥中的 C_3A 加水后会立即发生水化反应，很快形成 C_3AH_6、C_4AH_{19}、C_2AH_8 等结晶水化物，并放出大量的热。

$$2C_3A + 27H = C_4AH_{19} + C_2AH_8$$

C_4AH_{19} 和 C_2AH_8 在常温下处于介稳状态，当温度高于 25℃时很容易转化为 C_3AH_6。温度在 35℃以上时，C_3A 与水直接反应生成 C_3AH_6。由于这个反应非常迅速，所以在硅酸盐水泥中要加入一定量的石膏，以减慢它的反应。因此，C_3A 的水化实际涉及钙离子与石膏溶解生成的硫酸根离子的反应。

$$C_3A + 3C\bar{S}H_2 + 26H = C_6A\bar{S}_3H_{32}$$

此水化硫铝酸钙的名称是三十二水三硫铝酸六钙，简称三硫型水化硫铝酸钙或高硫型硫铝酸钙，通常又称为钙矾石。钙矾石是自然界中存在的一种矿物，两者具有相同的组成。从反应方程式可以看出，只有在硫酸盐足够多时，才会生成钙矾石；如果硫酸盐的量不足，则将生成另外一种硫铝酸盐。

$$C_3A + C\bar{S}H_2 = C_4A\bar{S}H_{12}$$

$$C_3A + C_6A\overline{S}_3H_{32} = 3C_4A\overline{S}H_{12}$$

这种产物称为十二水单硫铝酸四钙，或称单硫型硫铝酸钙，或低硫型硫铝酸钙。

表 6-1 是石膏的掺量对 C_3A 水化产物的影响。

表 6-1 石膏的掺量对 C_3A 水化产物的影响

$C\overline{S}H_2/C_3A$(物质的量之比)	形成的水化产物	$C\overline{S}H_2/C_3A$(物质的量之比)	形成的水化产物
3.0	钙矾石	<1.0	单硫铝酸钙固溶体
3.0~1.0	钙矾石＋单硫铝酸钙	0	水石榴石
1.0	单硫铝酸钙		

图 6-2 是 C_3A 在石膏存在条件下的量热曲线。

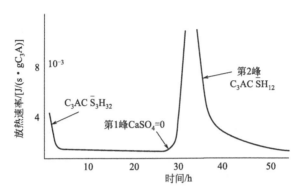

图 6-2 石膏存在时 C_3A 的水化放热曲线

从图 6-2 中的曲线看，它与硅酸盐的放热曲线很类似，也有两个放热峰：第一个峰是 C_3A 反应迅速形成钙矾石；由于 C_3A 周围被水化产物包围，使钙矾石形成速度减慢，在石膏反应完以后，C_3A 与钙矾石反应生成单硫铝酸钙，包裹层被破坏，C_3A 反应得以加速，出现了第二个放热峰。第二个放热峰出现的时间取决于溶液中硫酸盐离子的含量。体系中石膏越多，钙矾石保持的时间越长，第二个峰出现的时间就越迟。

1980 年 F. W. Locher 曾经对水泥体系中 C_3A 的活性、含量，溶液中硫酸盐的浓度和水泥凝结的关系做过系统的研究，可以把它总结如表 6-2。

表 6-2 溶液中硫酸盐的浓度与水泥凝结的关系

熟料中 C_3A 的活性	溶液中有效硫酸盐	水化时间/min		水化时间/h	
		<10	10~45	1~2	2~4
情况 1 低	少	可塑的	可塑的	可塑性减小	正常凝结
情况 2 高	多	可塑的	可塑性减小	正常凝结	钙矾石在孔隙中生长
情况 3 高	少	可塑的	快凝		
情况 4 高	无或极少	闪凝	$C_3A\overline{S}H_{12}$ 和 C_3AH_{12} 在孔隙中生长		
情况 5 低	多	假凝	二水石膏在孔隙中结晶		

从表 6-2 可以看出，在硅酸盐水泥水化浆体液相中铝酸盐对硫酸盐之间的平衡，是决定凝结行为是否正常的原因。表 6-2 中所列的各种现象，在混凝土工艺实践中很重要，现在分别讨论如下。

情况 1：当液相获得铝酸盐离子和硫酸盐离子的速率低时，水泥浆体能保持可塑性的时间在 45min 左右，浆体在加水 1～2h 后可塑性变小，并在 2～3h 内开始固化。

情况 2：当液相获得硫酸盐离子和铝酸盐离子的速率高时，很快形成了大量钙矾石，浆体在 10～45min 内稠度明显降低，浆体在 1～2h 内固化。在 C_3A 含量高的水泥，或水泥中半水石膏的量及硫酸钠（钾）的量也高时，将出现这一类现象。

情况 3：当水泥中活性的 C_3A 的数量多，而溶解进入液相中的硫酸盐不能满足正常凝结的需要时，将很快形成单硫型水化硫铝酸钙和水化铝酸钙的六方板状晶体，使浆体在 45min 以内就凝结，这个现象称为快凝。

情况 4：当磨细的硅酸盐水泥熟料中石膏的掺量很少或没有掺时，C_3A 在加水后很快水化并形成大量六方水化铝酸钙，几乎在瞬间就产生凝结，同时产生大量的热，这个现象称为闪凝，并且导致浆体的最终强度很低。

情况 5：如果 C_3A 因某种原因活性降低了，而水泥中的半水石膏又较多，液相中所含的铝酸盐离子浓度很低，钙和硫酸根离子的浓度却很快达到了过饱和，这时二水石膏晶体大量形成，浆体失去稠度，这种现象叫作假凝，但是并不会放出大量的热。若在浆体中再加一些水同时再将浆体激烈搅拌，可以消除上述现象，浆体还可以正常凝结和硬化。

作为缓凝剂，石膏在水泥中的加入量应当根据获得水泥最佳性能来确定。

（3）铁铝酸盐的水化　水泥熟料中的铁铝酸盐常以 C_4AF 为代表，它在有石膏或没有石膏的情况下生成的水化产物与 C_3A 一样，只是反应较慢，放出的热量也较少。C_4AF 不会引起瞬凝，因为石膏对 C_4AF 水化的延缓作用比对 C_3A 更为强烈。铁铝酸盐的组分变化仅影响它的水化反应速率。组成中铝离子的含量高，水化比较快；铁离子的含量高，则水化会更慢。显然，氧化铁起了氧化铝在水化期间的同样作用，即在水化产物中 Fe 取代了 Al。从以下反应式可以看出，石膏和 C_4AF 反应生成钙矾石或单硫型硫铝酸盐的同时还生成含水的氧化铁和氧化铝。

$$3C_4AF + 12C\bar{S}H_2 + 110H = 4[C_3(A,F)(C\bar{S})_3H_{32}] - 2(A,F)H_3$$

$$3\,C_4AF + 2[C_3(A,F)(C\bar{S})_3H_{32}] + 14H = 6[C_3(A,F)(C\bar{S})H_{12}] + 2(A,F)H_3$$

$(A,F)H_3$ 是表示含 Fe_2O_3 较多的凝胶。反应式中的生成物 $C_3(A,F)(C\bar{S})_3H_{32}$ 表示在化合物中氧化铁和氧化铝出现了互换性。

实践证明，水泥熟料中 C_3A 含量低而 C_4AF 含量高，会使其抗硫酸盐腐蚀性更好。原因可能是，水化产物中的单硫型硫铝酸盐不会与外界的硫酸盐离子反应再形成钙矾石，同时 $(A,F)H_3$ 凝胶也可能以某种方式阻止了钙矾石的再形成。

6.1.2.2　硅酸盐水泥的水化

最初几天中，水化速率大致是 $C_3A > C_3S > C_4AF > C_2S$。值得注意的是，其活性受细度和熟料冷却速度的影响。即使是同种矿物，在不同水泥中也具有不完全相同的水化速率。此外，其他一些因素如杂质或其他矿物的存在也会影响其水化速率。例如，阿利特和贝利特比纯 C_3S 和 C_2S 水化要快，因为前面两种化合物在结构中含有杂质的原子。

另外，硅酸盐水泥熟料中的各单矿物在各自水化的同时，还会发生相互之间的作用，石膏也要与铝酸盐和铁铝酸盐反应，甚至进入硅酸盐的水化产物。硅酸盐水泥的水化过程也可以用水化放热曲线来说明，典型的水化放热速率如图 6-3 所示。

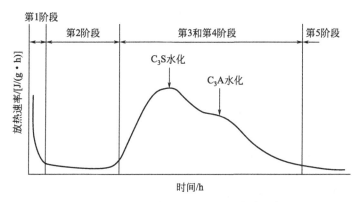

图 6-3　硅酸盐水泥水化期间的放热速率

水泥水化热的最大来源主要是 C_3S 和 C_3A 的水化反应，尤其是在水化早期。硅酸盐水泥的水化放热曲线与 C_3S 和 C_3A 的放热曲线大致相同，从曲线总的趋势看，也可以把它划分为 5 个阶段。它的第 1 阶段与第 2 阶段的水化与硅酸盐及铝酸盐基本一致，即水泥加水拌和后立即反应并放出大量的热，而后进入潜伏期。然而当进入加速期和减速期时，可以把 C_3S 和 C_3A 对水化热的贡献加以区别，尤其是在减速期又出现了一个小的放热峰，一般当水泥中 C_3A 的含量高时，这个放热峰认为是 C_3A 和已经形成的钙矾石发生反应，生成了单硫型硫铝酸盐。

6.1.3　水泥水化动力学模型

目前水泥基材料水化反应的动力学研究最常用的试验方法是测定水泥基材料的等温水化放热曲线。很多学者进行了水泥基材料的水化动力学研究，例如西班牙和比利时的科学家提出了一个化学动力学模型：假设水泥基材料水化反应发生三个基本过程，即结晶成核与晶体生长（NG）、相边界反应（I）和扩散（D）。假设上述三个过程可以同时发生，但是整体上看水化过程取决于其中最慢的一个。式(6-1)~式(6-3) 分别反映了与 NG、I、D 有关的水化反应过程：

$$\frac{\mathrm{d}\alpha}{\mathrm{d}t}=F_1(\alpha)=K_1 n(1-\alpha)\left[-\ln(\ln\alpha)\right]^{\frac{n-1}{n}} \tag{6-1}$$

$$\frac{\mathrm{d}\alpha}{\mathrm{d}t}=F_2(\alpha)=3K_2 R^{-1}(1-\alpha)^{\frac{2}{3}} \tag{6-2}$$

$$\frac{\mathrm{d}\alpha}{\mathrm{d}t}=F_3(\alpha)=\frac{\frac{3}{2}K_3 R^{-2}(1-\alpha)^{\frac{2}{3}}}{1-(1-\alpha)^{\frac{1}{3}}} \tag{6-3}$$

式中　α——水化度；

　　　K——反应速率常数；

　　　n——反应级数；

　　　R——气体常数。

由于 R 为气体常数，可令 $K'_1=K_1$，$K'_2=K_2 R^{-1}$，$K'_3=K_3 R^{-2}$。

水化热的试验数据可以通过式(6-4)~式(6-6)计算上述动力学方程所需的水化度 α、

水化度变化速率 $d\alpha/dt$ 和 ∞ 龄期的水化放热量 $Q_{\max}$。

$$\alpha = \frac{Q}{Q_{\max}} \tag{6-4}$$

$$\frac{d\alpha}{dt} = dQ/dt \cdot \frac{1}{Q_{\max}} \tag{6-5}$$

$$\frac{1}{Q} = \frac{1}{Q_{\max}} + \frac{t_{50}}{Q_{\max}(t-t_0)} \tag{6-6}$$

式中　Q——t 时刻的累计放热量，J/g；

　　　t_0——诱导期结束时间，h；

　　　t_{50}——放热量达到 $Q_{\max}$ 的 50% 的时间，h。

根据式(6-4)计算得到的水化度 $\alpha(t)$ 代入式(6-1)，做 $\ln[-\ln(1-\alpha)]-\ln(t-t_0)$ 双对数曲线，然后通过线性拟合可得到 NG 过程的动力学参数 n 和 K'_1 $\{\ln[-\ln(1-\alpha)] = n\ln K'_1 + n\ln(t-t_0)\}$。同理，利用式(6-6)和式(6-6)进行线性拟合，可得到 K'_2 和 K'_3。

6.1.4　机制砂中石粉对水泥水化的影响

(1) 石粉对早期水化进程的影响　研究表明，具有一定的石粉可以加速水泥的早期水化。王稷良研究了不同岩性的石粉对水泥水化进程的影响。研究结果表明，当掺入石粉时，早期水化速度加快，可能是由于石粉诱导水泥水化物析晶，促进了 C_3S 和 C_3A 的水化，致使溶解到水中的各种离子迅速增加，离子浓度达到平衡的时间缩短，导致水泥水化溶解期略有缩短。且对于不同岩性石粉，其影响出现明显的差异，如大理岩与石灰岩石粉对水泥水化的加速作用更加明显，而石英岩则与纯水泥浆的时间最为接近。因此可以认为石粉中的 $CaCO_3$ 含量对促进水泥水化有显著的影响，且随石粉中碳酸盐含量的提高其促进作用更加显著。蔡基伟用石粉取代 20% 的水泥试样，诱导期结束时间比全水泥试样提前 6min (0.1h)，加速期结束时间提前 34min (0.6h)，而用粉煤灰取代 20% 的试样则分别推迟 55min (0.9h) 和 91min (1.5h)。刘数华的研究结果表明，石灰石粉的掺入缩短了诱导期，使第二放热峰提前出现；王雨利在其论文中也提到，第二个放热峰（由于 C_3S 开始迅速水化形成的）按到来时间的先后顺序是：石灰石粉外掺 (8h36min)、石灰石粉内掺 (8h48min)、基准样 (8h56min)、石英岩石粉 (8h57min)、花岗岩石粉 (11h19min)。即石灰岩石粉使水泥水化的第二个峰值的到来时间提前了；石英岩石粉对第二个峰值到来时间有所推迟，但推迟的时间很短，只有 1min；花岗岩石粉则使水泥水化的第二个放热峰推迟的时间较长，长达 2h23min。由此可以推测，石灰岩石粉加速了 C_3S 水化，石英岩石粉对 C_3S 水化的影响不是很明显，花岗岩石粉则明显地推迟了 C_3S 水化。H. Uchikawa 等研究了 $CaCO_3$ 对 Alite 矿早期水化的作用，认为 $CaCO_3$ 可作为加速水化的促凝剂或减水剂来影响 A 矿的早期水化。试验表明：少量的碳酸盐能延迟 C_3S 水化，而大量碳酸钙存在时，则 A 矿被加速水化。其机理被认为是由于少量的 CO_3^{2-} 能同 C_3S 水化释放的 Ca^{2+} 形成无定形薄膜覆盖 A 矿表面，延缓了进一步水化反应的进行；而大量的 Ca^{2+} 存在时，加速 CH 成核结晶，造成液相中 Ca^{2+} 的相对不足和 CO_3^{2-} 过剩，可能形成可溶性的 HCO_3^- 而把覆盖薄膜冲破，导致水化加速。随后的 SEM 照片证实了这一假设。

(2) 石粉对水化产物的影响　机制砂中的石粉与配制混凝土所用骨料岩性相同，可以看作混凝土中的微骨料，除了具有微骨料通常的填充作用，也具有一定的微弱活性，可以与水泥发生化学反应。大量的学者研究表明：石灰岩石粉并非完全惰性，它在水化的过程中可以与水泥中的 C_3A 和 C_4AF 发生反应，生成水化碳铝酸钙，从而改善水泥基材料的一些性能。为了研究铝酸盐矿物与石灰岩石粉的水化机理，G. Kakali、S. Tsivilis、E. Aggeli 和 M. Bali 测定了 C_3A 单矿分别掺 0%、10%、20%和35%的石灰石粉水化 28d 后的水化产物，发现掺加石灰岩石粉后水化产物发生了明显的变化，首先是碳铝酸盐的出现，石灰石粉的掺量越大，$Ca_4Al_2O_6 \cdot CO_3 \cdot 11H_2O$、$Ca_4Al_2O_6 \cdot (CO_3)0.5(OH) \cdot 11.5H_2O$ 的衍射峰越明显。另一方面，$3CaO \cdot Al_2O_3 \cdot Ca(OH)_2 \cdot 18H_2O$ 和 $Ca_3Al_2O_6 \cdot CaSO_4 \cdot 13H_2O$ 的衍射峰随着石灰岩石粉掺量的增大而减小。说明石灰岩石粉的掺入抑制了硫铝酸盐的生成而加速了碳铝酸盐的生成。Bonavetti 等人用细度为 $317\sim420\ m^2/kg$ 的石灰石石粉作填充料（占水泥质量的 20% 以下）的研究结果表明，在很低水灰比的水泥浆中，水化程度随石灰石填充料含量增加而增加；而高水灰比水泥浆中，水化产物体积随着石灰石填充料含量的增加而增加。石灰石石粉虽不具有火山灰效应，但与铝酸盐相反应形成水化单碳铝酸钙。周明凯等人的研究认为：石粉对水泥水化具有增强作用，认为石粉在水泥水化反应中起晶核作用，诱导水泥的水化产物析晶，加速水泥水化并参加水泥的水化反应，生成水化碳铝酸钙，并阻止钙矾石向单硫型水化硫铝酸钙转化。Pera 等人研究指出：对水泥浆体的抗压强度来说，若石粉（含 98.6% $CaCO_3$，比表面积为 $680m^2/kg$）替代部分水泥，则 C_3A 和 $CaCO_3$ 发生反应生成水化碳铝酸钙，并且阻止 AFt 向单硫型水化硫铝酸钙的转变。但只是一小部分的 $CaCO_3$ 与 C_3A 发生反应，大多数的 $CaCO_3$ 还是作为惰性掺合料。

　　杨松玲等人研究了辉绿岩石粉对水泥水化产物的影响。通过 SEM 发现，辉绿岩石粉表面未见生成水化物，仅起微骨料填充作用，亦可见到辉绿岩微石粉在水化产物延伸搭接过程中起支撑点作用。并认为在水化早期，辉绿岩石粉除起微骨料填充作用外，在网络状水化硅酸钙凝胶大量生成的过程中，还作为基体孔隙中的支点帮助水化产物延伸搭接，因此有利于辉绿岩石粉胶砂的早期强度发展。从文献资料中可以看到，大量的研究多集中在对石灰岩机制砂或石粉的研究，对其他岩性机制砂与石粉的研究较少。同时，由于制备机制砂采用的石灰岩品质不同，也导致了研究结果略有差异。

　　(3) 石粉对水化热的影响　蔡基伟的研究表明，由于熟料量的减少，20%石粉的水化样和20%粉煤灰的水化样，$0\sim48h$ 的放热量分别比纯水泥水化样低 17%和 19.9%，但是20%石粉水化样在诱导期内单位时间的放热量比纯水泥试样还高，在加速期内单位时间的放热量比纯水泥试样低得也不多，当然较 20%粉煤灰试样的上述两个值要高很多。因此通过诱导期、加速期结束时间及其水化放热量结果可知，石粉确实促进了水泥的早期水化。王雨利在论文中也指出，从放热峰的大小可知，石粉均使水泥水化的第一个放热峰值减小，其中减小幅度最大的是石灰岩石粉，其次是石英岩石粉和花岗岩石粉，这说明石粉的掺入缓解了早期水化热的集中，从而可以弱化因早期温升而造成破坏的可能。B. Lothenbach 等人采用纯水泥和含有 4%石灰石石粉的水泥进行量热对比试验，发现石灰石石粉导致水泥水化放热峰提前，使熟料 72h 内放热总量增加了 3.8%。Pera 等人采用普通硅酸盐水泥 OPC 和50% $CaCO_3$+50%OPC 进行量热对比试验，1000min 50% $CaCO_3$+50%OPC 的放热总量大约是 OPC 放热总量的两倍。李步新、陈峰对比研究了石灰石硅酸盐水泥与硅酸盐水泥水化放热，发现石灰石硅酸盐水泥早期放热量大、放热快，水化开始瞬间就出现了一个远高于硅酸盐水泥的大放热峰，第二个峰提前出现，诱导期缩短，终凝提前。肖佳的研究结果显示，与纯水泥水化放热相比，10%石灰石石粉的掺入致使第一放热峰明显增高、前移，峰值提前出现，放热速率提高，诱导期缩短，提前大约 40min 进入加速期，并且在减速期中还出现了一次放热峰，该峰持续了大约 3h。石灰石粉使单位质量的水泥 24h 放热量增加了 8.5%。以上研究者用水化放热研究石灰石粉对水泥水化的影响表明，石灰石粉改变了水泥水化历程，促进了水泥早期水化。

6.2　孔结构特性

6.2.1　孔结构种类

水泥混凝土内部结构具有多尺度性，孔径分布覆盖范围很大，从 0.1nm 的微观尺度到几千纳米的宏观尺度的孔径都存在。材料的研究尺度可分为微观（microscopic）、细观（mesoscopic）和宏观（macroscopic）三个等级，F. H. Wittmann 最先把这三个尺度的研究应用到混凝土材料的研究中。

在对混凝土进行了宏观、细观、微观划分的基础上，很多学者针对作为显微结构重要组成部分孔结构，按照不同标准尺寸分别进行了划分，并提出了不同的观点和划分方法。如吴中伟院士在 1973 年提出的孔级划分和孔隙率及其影响因素的概念，根据不同孔径对混凝土性能的影响，按孔径尺寸将其分为：无害孔（<20nm）、少害孔（20~100nm）、有害孔（100~200nm）和多害孔（>200nm），并指出只有减少 100nm 以上的有害孔、增加 50nm 以下的少害孔或无害孔，才能改善水泥混凝土材料宏观性能和耐久性。

布特等人对混凝土的孔结构也曾做了大量的测试，按照孔径大小把混凝中的孔分为四级，分别为凝胶孔（<10nm）、过渡孔（10~100nm）、毛细孔（100~1000nm）和大孔（>1000nm）。

Jawed 等人对混凝土中的孔结构进行研究后，将孔结构划分为大孔（>5000nm）和毛细孔，而毛细孔又进一步划分为大孔（50~5000nm）、间隙孔（2.6~50nm）和微孔（<2.6nm），并且指出大于 5000nm 的大孔可以用光学显微镜测试，由于气泡的未充分凝结硬化，影响材料强度；毛细孔可以用压汞法和气体吸附法测试，与 C-S-H 凝胶有关。

日本的近藤连一和大门正机在第六届国际水泥化学会上从更微观层次提出将水泥石中的孔分为：凝胶微晶内孔（<1.2nm），孔内为层间水，是混凝土中最小的孔；凝胶微晶间孔（0.6~1.6nm），即为凝胶孔，孔内的水包括结构水和非蒸发水；凝胶粒子间孔或称过渡孔（3.2~200nm），为 Powers 所说的毛细孔；毛细孔或大孔（>200nm）。

6.2.2　孔结构与宏观性能的关系

硬化水泥浆体和混凝土结构有很多宏观性质，如物理性质、力学性能、抗冻性、抗渗性、抗氯离子等，都会受到微观结构的影响。有研究结果表明，硬化水泥浆体中 C-S-H 相约为 70%，$Ca(OH)_2$ 约为 20%，钙矾石和单硫型水化硫铝酸钙等约为 7%，未水化部分及其他微量组分约为 3%，由交织附生的纤维状、针状、棱柱状以及六方板状等水化产物构成的硬化水泥浆体强度较高，立方体或似球状多面体水化产物则强度较低。这说明硬化水泥浆体微观结构与其力学性能和耐久性有密切的关系。而孔结构是微观结构的重要组成部分，因而孔结构与混凝土宏观性能有密切关系。

（1）孔结构对强度的影响　在一定程度上，水泥石强度直接决定着混凝土强度，而水泥石强度取决于水泥石的孔隙结构。总结孔结构对混凝土强度的影响，包括以下几个方面：

① 对于具有相同基体强度和孔径分布的混凝土多孔材料，总孔隙率越大，则初始净截面积越小，在一定荷载作用下组成复合体的各个单体所受的压应力就越大，所以强度越低。

② 对于具有相同基体强度和总孔隙率的混凝土多孔材料，大孔所占比例越多，则净截面积减少越快，从而使材料发生整体破坏的荷载就越小，材料的强度就显得很低，即混凝土中的大孔比具有相同孔体积的小孔对强度有更不利的影响。

③ 总孔隙率小（大孔多）的材料的强度可能小于总孔隙率大（大孔少）的材料，即总孔隙率不是衡量强度的唯一孔结构参数，孔尺寸分布也会对混凝土强度产生较大的影响。

(2) 孔结构对抗冻性的影响　当水在毛细孔中结冰时，冰的形成在毛细孔中挤压未结冰的水。如果这部分水能流到未被占据的空间，水压就会被释放出去。可是，如果毛细孔太大或者水压不能得到缓解，水压就会扩展到混凝土表面造成拉伸应力。在已经饱和的混凝土中，这种拉伸应力可能超过混凝土可承载的拉伸应力，致使裂缝出现。引入混凝土中的空气能提供必要的空间使得这种水压得到充分缓解。

因此，混凝土中孔结构对混凝土的抗冻性具有重要的影响。众所周知，在标准大气压下水的结冰点是0℃。当水结冰时，体积膨胀9%。可毛细管里面的水的结冰点在0℃以下。水的凝固点由毛细管孔的尺寸和成分决定。当孔尺寸下降，水的结冰点降低。例如，当孔的直径为10nm时，水的结冰点为-5℃，而当孔的直径为3.5nm时，水的结冰点为-20℃。20世纪50年代初，美国学者Powers提出相邻气泡间的距离即"气泡间距系数"，作为衡量评定混凝土抗冻性的主要参数之一。国内外大量资料证明，气泡间距系数不应超过0.20mm，以保证足够的抗冻性。W. Micah Hale对高性能混凝土的抗冻性进行研究，研究结果表明：水胶比在0.36以下的混凝土具有足够的抗冻性（普通混凝土含气量2%）；水胶比在0.36~0.5时，含气量在4%的混凝土具有良好的抗冻性。

对于混凝土融冻问题，现在还难以通过试验和习惯分析的方法直接建立混凝土损伤在内部液相压作用下的演化过程。文献从混凝土融冻习惯机制出发导出最大平均净水压力计算模型，即：

$$\sigma_{max} = 8.45 \times 10^{15} \frac{\phi(L)}{\varepsilon^{2.6}} \Gamma \frac{d\chi}{dT} \frac{\eta(T)}{(1-\chi)^{3.6}}$$

式中，ε近似取为浆体的毛细孔率；Γ为降温速率；χ为混凝土浆体内孔溶液的结冰率，且有$\chi = \chi(T)$；η为混凝土浆体孔溶液的动力黏滞系数，是温度T的函数；$\phi(L)$为描述混凝土中孔结构的参数，且有：

$$\phi(L) = \frac{L^3}{r_b} + L^2 + \frac{5}{6}(L+r_b)^2 + \frac{1}{3}r_b - \frac{(L+r_b)^3}{L} \ln \frac{L+r_b}{r_b}$$

式中，L为混凝土浆体平均气孔间隔系数；r_b为平均气孔半径。

(3) 孔结构对抗渗性的影响　混凝土的抗渗性是决定混凝土耐久性的最重要因素之一，而混凝土的孔隙率和孔径分布又是决定混凝土抗渗性的关键因素。对大多数混凝土而言，硬化后的混凝土是以毛细孔为主要孔隙的多孔体系。一般情况下，随着混凝土内部孔隙率的降低，大毛细孔数量减少，微毛细孔数量增多，混凝土的最可几孔径尺寸减小。因此，混凝土内部最可几孔径尺寸的大小基本代表了混凝土孔隙率和孔径分布的主要特点，也直接影响混凝土的抗渗性和耐久性。

平均孔径是混凝土孔结构的一个重要参数，表征了孔结构的总体情况。文献研究了矿物掺合料对混凝土渗透性的影响，认为矿物掺合料降低了平均孔径，从而可以提高混凝土抗氯离子渗透的能力。

陈立军等根据 Cantor 方程，研究了混凝土孔径尺寸对其抗渗性的影响。根据 Cantor 方程，毛细管压力（也称毛细管渗透力）p 和表面张力 γ、湿润角 θ 及孔半径 r 有如下关系：

$$p = 2\gamma\cos\theta/r$$

按照 Cantor 方程可知，毛细管压力与毛细孔半径成反比。孔径越细，毛细管压力越强，液体吸入越深。混凝土中毛细孔半径越小，混凝土的抗渗性越差；非毛细孔和超微孔孔径越小，混凝土的抗渗性越好。

研究表明，随着混凝土内部最可几孔径尺寸的减小，即非毛细孔的由粗变细，再由非毛细孔依次变为毛细孔和超微孔，液体在混凝土临界渗透深度以内同样厚度的表层混凝土中的渗透速率是一个由大变小，再由小变大，最后又重新变小的重复过程。超微孔和非毛细孔的孔径越细，表层混凝土的渗透速率越慢。毛细孔半径越细，表层混凝土的渗透速率越快。

(4) 孔结构对耐久性的影响　混凝土的耐久性与混凝土内部的孔隙结构密切相关。由于混凝土最可几孔径尺寸的大小基本代表了混凝土孔径分布和孔隙率的主要特点，所以它对混凝土的使用寿命具有至关重要的影响。其作用既有正面效应也有负面效应，是在内外界多种因素综合作用下的结果。随着混凝土最可几孔隙半径的增减，其对混凝土使用寿命的影响是复杂的、变化的和发展的，同时具有自身的规律性。

由于混凝土是一种非均质的固-液-气三相多孔体系，其内部既有固相的水泥水化产物和骨料存在，又有水或空气充填在各类孔隙当中。其中，任何一相体系的性质发生变化都会影响混凝土的耐久性。而混凝土孔径尺寸的变化能同时影响混凝土固-液-气三相的物理化学性质。因此，混凝土孔径尺寸能在多方面显著影响混凝土的使用寿命。各类孔隙当中，对大多数混凝土耐久性具有不利影响因素最多的孔隙是半径＜100nm 的微毛细孔。在这种孔隙当中，既能产生毛细孔凝结现象，使孔隙的吸湿性增强；又能产生较大的毛细孔压力和毛细孔渗透力，使混凝土的自收缩增大，并使混凝土的表层渗透速率和常压渗透速率加快。故微毛细孔会导致大多数混凝土（主要指暴露于大气中的混凝土）的抗冻性、抗裂性、大气稳定性、耐化学腐蚀性和钢筋的耐蚀性，以及混凝土的表层抗渗性和常压抗渗性全面下降。尤其是混凝土的抗冻性和抗渗性是混凝土耐久性的两个最重要特性和影响因素。这些因素对混凝土耐久性的影响结果无疑是弊远大于利，综合作用后的负面效应最大。

相反，对混凝土耐久性最有利的孔隙应当是超微孔（主要是凝胶孔）。这种孔隙因孔径细小，不能产生毛细作用（即不能形成凹液面），所以不会增大对混凝土性能不利的自收缩现象和毛细孔渗透现象，也不会产生碳化收缩和结冰（冰点可达 $-40\sim-50$℃）；同时因其孔径很细、孔隙率很低，具有很高的强度和不透水性。故超微孔对混凝土耐久性特别是抗冻性和抗渗性的影响是利远大于弊，综合作用后的正面效应最大。当混凝土内部最可几孔径由超微孔变为微毛细孔时，对混凝土耐久性的影响将发生急剧的变化，即由最大的正面效应转变为最大的负面效应，由有利的方向转变为不利的方向。

随着孔径尺寸的继续增大，由微毛细孔变为大毛细孔（即半径 100～1000nm 的孔隙）时，对混凝土耐久性的影响又会由不利的方向转变为有利的方向。大毛细孔相对微毛细孔虽然孔隙率较高，强度和抗压力水渗透的毛细孔阻力较低，但它能降低毛细孔压力和毛细孔渗透力，减少混凝土的自收缩裂缝，提高混凝土的表层抗渗性和常压抗渗性；同时可以避免孔隙内部的毛细孔凝结现象，这种孔隙不仅不会吸收湿空气中的水分，而且孔隙内部原有的水分反而会进入空气中，能有效提高混凝土的抗冻性和大气稳定性。故大毛细孔对大多数混凝土的耐久性特别是抗冻性和抗渗性的影响是利多弊少，应属于有利孔范畴。

通过以上三种孔径尺寸性能的分析，可知随着孔径尺寸的增大，即由超微孔依次变为微毛细孔和大毛细孔，混凝土的抗冻性、抗渗性和自收缩等主要耐久性能是一个由好变差、再重新变好的重复过程。同样，可以推测，当混凝土孔径尺寸由大毛细孔增大至过渡大孔（即半径 1000～10000nm 的孔隙，介于大毛细孔和非毛细孔之间）和非毛细孔区段时，混凝土的耐久性仍然是一个由好变差、再重新变好的重复过程。当然，非毛细孔孔径如果继续增大，混凝土的耐久性又会发生转化。

6.2.3　机制砂中石粉对混凝土孔结构的影响

大量学者的研究表明，随着石粉掺量的增加，混凝土孔隙得到细化，总孔隙率降低，最可几孔径得到改善，少害孔和无害孔的数量明显增加，多害孔明显减少。但当石粉掺量超过一定数值后（7%～10%），随着石粉掺量的增加，最可几孔径开始增大，无害孔和少害孔数量降低，有害孔数量增加。

例如，刘数华采用吸水动力学法和压汞法测试砂浆的孔隙特征，研究石灰石粉对砂浆孔结构的影响，研究结果表明，随着石灰石粉掺量的增加，> 200nm 的有害孔明显减少，50nm 和 20nm 以下的无害孔和少害孔明显增加，石灰石粉对砂浆孔隙的细化作用明显。砂浆的孔结构具有分形特征，掺加石灰石粉后，砂浆孔隙分形维数增大，孔隙结构更为复杂，细孔更多。王稷良的研究结果指出，当石粉含量低于 7% 时，随着石粉含量的增加，混凝土中孔隙得到细化，最可几孔径降低，无害孔的数量明显上升。但当石粉含量超过 10% 时，随着石粉含量增加，最可几孔径开始增加，无害孔的数量降低。蔡基伟的压汞测试结果也显示，不含石粉的试样最可几孔径数值最大，随石粉含量的增加，最可几孔径数值呈减小趋势，但超过 10.5% 之后，数值又突然增大。

石粉对混凝土孔体系的作用机理主要是石粉的填充效应。纯水泥试样由于颗粒粒径比较单一，且 10μm 以下颗粒较少，填充效果较差，孔隙率较多；加入石粉后，由于石粉粒径很小，能与水泥熟料形成良好的级配，具有很好的填充效果，能够明显改善混凝土的孔结构，从而增加水泥石的密实度，减少界面泌水，有效堆积使过渡区密实化，改善了"次中心区过渡层"的结构，增加抗渗性能，降低变形性能。

另外，石粉的晶核效应也起到了细化孔径的作用。石粉颗粒在水泥水化早期对 $Ca(OH)_2$ 和 C-S-H 的形成起晶核作用，加速了熟料矿物特别是 C_3S 矿物的水化，并且其本身与 C_3A 反应形成水化碳铝酸钙，在一定程度上改变孔径分布。

6.2.4　利用热孔计法表征混凝土的孔结构

目前，已有各种测定孔结构的可行方法应用于水泥基材料。其中，氮吸附（nitrogen adsorption desorption，NAD）主要依靠微孔的气体吸附，可对微孔及中孔的比表面积和孔径分布进行表征，且不会受到孔连通性影响，但无法判定孔形状和半定量分析微孔孔径分布；压汞法（mercury intrusion porosimetry，MIP）是利用汞从样品表面进入孔中，通过汞的追踪压力和侵入体积得到所测对象的孔信息，当孔与表面连通，汞可渗到最小孔中。但 NAD、MIP 和传统扫描电镜（SEM）法都要求样品干燥，这会导致相对小的孔有明显变化。而核磁共振冷冻法可避免如 NAD 和 MIP 的高压或干燥所造成的材料变形来表征局部特性，但水中的 ^1H 会与孔壁上的顺磁体 Fe^{3+} 相互作用，使 NMR 在研究普通水泥基材料方面受到限制。因此，开发研究出新的方法表征混凝土等水泥基材料内部孔结构特征，尤其微孔结构，对研究水泥基材料的耐久性具有重要意义。

热孔计法（thermoporometry，TPM）作为一种新兴的孔分析技术，因可避免样品真空处理所带来的微观结构变化和适当冻融次数内可忽略冻融破坏影响等优势，现已用于二氧化硅、二氧化钛、弹性体等孔研究。但由于这种技术尚未进行系统研究，未能在国内外广泛使用、尤其在水泥基材料中的应用研究甚少。尽管热孔计法目前的孔径测试范围较小，但由于其既可定性分析微孔尺寸、形状和连通性，又可定量分析微孔孔隙率和孔径分布，因此值得将其用于水泥基材料的孔结构分析，尤其是对超低温下混凝土结构性能劣化特征的研究。

6.2.4.1 热孔计法的基本原理

TPM 主要通过 DSC 测得的孔溶液结冰融化过冷度和物相固化焓这两组参数建立起孔径与孔体积关系，由此分析多孔材料的孔结构特征。根据水泥基材料基本特性，从水相变、水泥基材料孔溶液相变及物相焓变理论来建立热孔计法热力学计算模型。

① 水相变理论。在不同温度 T 和压力 P 下，水分别以气-液-固三相存在，见图 6-4。O 点为水的唯一三相平衡点；OC 与 OA 之间区域为液相；OC 与 OB 之间区域为气相；OA 与 OB 之间区域为固相。当温度或压力变化使水无法达到成核势能要求时，水会出现过冷现象，如图 6-4 中 OC' 为过冷平衡曲线。

② 水泥基材料孔溶液相变理论。由于水泥基材料孔溶液所受压力与固/液界面曲率有关。根据 Gibbs-Thomson 公式可间接建立起液体三相平衡点与固/液界面曲率 κ_{cl} 的关系：

$$\gamma_{cl}\kappa_{cl} = \int_T^{T_m(\infty)} \frac{(S_1 - S_c)}{V_1} dT \tag{6-7}$$

式中，γ_{cl} 为固/液界面能；S_1 和 S_c 分别为液相和固相的摩尔熵；V_1 为液相的摩尔体积；$T_m(\infty)$ 为固相冰（半径无穷大）的融化温度。对于水泥基多孔材料而言，孔溶液的三相平衡点由孔的曲率所决定，而固/液界面曲度又与孔尺寸有关，如图 6-5 所示。

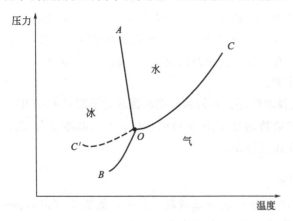

图 6-4 水的相变图

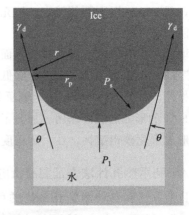

图 6-5 饱和多孔材料在进行热孔计法测试
过程中的冰/水状态典型图

③ 物相焓变理论。为了分析 TPM 数据中的冰含量，必须引入热力学熵公式，得到相熵变的通式：

$$\Delta S = \left(\frac{\partial S}{\partial T}\right)_p dT + \left(\frac{\partial S}{\partial p}\right)_T dp \tag{6-8}$$

式中，S 为熵；T 为温度；p 为压力；ΔS 为熵变。

又由 $\left(\dfrac{\partial S}{\partial p}\right)_T = -\left(\dfrac{\partial V}{\partial T}\right)_p$，$\left(\dfrac{\partial S}{\partial T}\right)_p = \dfrac{C_P}{T}$，得：

$$\Delta S = \frac{C_P}{T}\mathrm{d}T - \left(\frac{\partial V}{\partial T}\right)_p \mathrm{d}p \tag{6-9}$$

式中，C_P 为定压热容；V 为体积。

再利用理论固化焓公式，可得到水相变的理论固化焓：

$$W_{\mathrm{th}} = (\Delta S_{\mathrm{c}} - \Delta S_{\mathrm{l}})T \tag{6-10}$$

④ 孔形假说。水泥基材料中孔形一般是复杂多变的，研究中通常将孔形状归纳假设为球形或圆柱形，且孔与孔之间大部分是相互连接的。因此假设水泥基材料同时出现柱形孔和球形孔的情况，见图 6-6。其中两孔相交处称为孔喉，孔内部称为孔腔。值得注意的是，冰晶体只有进入孔喉后，才能继续在孔腔内生长；而冰相在孔中的融化，不受孔喉制约，只与孔腔尺寸有关。因此，降温过程中冰相形成的过冷度对应着孔喉尺寸，而融化过程中冰的融点对应着孔腔尺寸。

图 6-6 水泥基材料的孔结构模型

⑤ 热孔计法的计算模型。基于以上理论和假说，得到热孔计法的孔径分布计算模型，见式(6-11)。由此可采用 DSC 技术分别对升降温时，孔溶液的过冷度和焓变进行测定，来分析水泥基材料的孔结构情况：

$$F(r) = \frac{\mathrm{d}V}{\mathrm{d}r} = K(r,n) \times \frac{W}{m_{\mathrm{d}} W_{\mathrm{th}}(\Delta T)\rho(\Delta T)} \times \frac{\mathrm{d}T}{\mathrm{d}r} \tag{6-11}$$

式中，V 为孔体积，m_{d} 为干燥样品质量，ΔT 为过冷度，r 为孔半径，W 为 DSC 所测固化焓变，$W_{\mathrm{th}}(\Delta T)$ 为液体固化焓函数，$\rho(\Delta T)$ 为密度函数，n 为孔型经验参数，$K(r,n)$ 为与孔形和孔径有关的函数。首先采用以前研究者所建议的热力学参数，由式(6-12) 得到孔中液态水的固化熵 ΔS_{fv} 为：

$$\Delta S_{\mathrm{fv}} = -1.2227 - \left[4.8897\frac{T}{T_0} - 10.18\times10^{-5}\Delta T\right] + 9.11\times10^{-5}(1-0.227\Delta T)\times\int_{T_0}^{T}\frac{\Delta S_{\mathrm{fv}}}{V_1}\mathrm{d}T \tag{6-12}$$

式中，ΔS_{fv} 为 $(\Delta S_{\mathrm{c}} - \Delta S_{\mathrm{l}})$，将式(6-12) 代入式(6-10) 可得到相应温度 T 时所对应液相固化焓 $W_{\mathrm{th}}(\Delta T)$。但由于升降温时，液体的表面熵不同，因此降温-升温所对应的孔溶液固化焓也不同，分别为：

$$W_{\mathrm{th}} \approx T\Delta S_{\mathrm{fv}}\left[1 - \frac{\Delta T}{\gamma_{\mathrm{cl}}}\frac{\mathrm{d}\gamma_{\mathrm{cl}}}{\mathrm{d}T}\right] \quad (\text{freezing}) \tag{6-13}$$

$$W_{\mathrm{th}} \approx T\Delta S_{\mathrm{fv}}\left[1 - \frac{2\Delta T}{\gamma_{\mathrm{cl}}}\frac{\mathrm{d}\gamma_{\mathrm{cl}}}{\mathrm{d}T}\right] \quad (\text{melting}) \tag{6-14}$$

对于密度函数的取值，一部分学者认为，由于冰密度比水密度小，结冰前后会使孔中水的体积增加。因此，降温时需用水密度 $\rho_{\Delta T}(\text{water})$ 来计算孔体积：

$$\rho_{\Delta T}(\text{water}) = 0.917 \times (1.032 - 1.17 \times 10^{-4} \Delta T) \qquad (\text{freezing}) \tag{6-15}$$

而升温过程中的孔体积则与孔中冰体积一致，即用冰的密度 $\rho_{\Delta T}(\text{ice})$ 来计算：

$$\rho_{\Delta T}(\text{ice}) = -7.1114 + 8.82 \times 10^{-2} \Delta T - 3.1959 \times 10^{-4} \Delta T^2 + 3.8649 \times 10^{-7} \Delta T^3 \qquad (\text{melting})$$
$$\tag{6-16}$$

但实际上，无论升温或降温，孔都应被冰填满而非水。因此采用冰密度来计算升降温中所对应的孔体积更为准确：

$$\rho_{\text{ice}} \approx 0.9167 - 2.053 \times 10^{-4} \Delta T - 1.357 \times 10^{-6} \Delta T^2 \tag{6-17}$$

至于 γ_{cl}，它与固/液界面曲率 κ_{cl} 和过冷度都有关，见式(6-7)。为此，大量学者采用不同的孔模型模拟测得了固/液相界面能与过冷度的试验数据，并提出了相应的经验公式。通过比较，发现 Brun 的数据最为合理：

$$\gamma_{\text{cl}} = (40.9 + 0.39 \Delta T) \times 10^{-3} \tag{6-18}$$

对于水饱和的水泥基材料，孔中水结冰后，其冰体积与孔体积约一致，如考虑孔壁上的非结冰层水的厚度 δ，可得到孔半径 r 与冰半径的关系为：

$$r = r_{\text{cl}} + \delta$$

其中 δ 可采用 Brun 所推出的 0.8nm。根据式(6-7)、式(6-11) 和式(6-19) 可得到孔半径为：

$$r = -\frac{64.67}{\Delta T} + 0.57 \qquad (\text{freezing}) \tag{6-19}$$

$$r = -\frac{32.33}{\Delta T} + 0.69 \qquad (\text{melting}) \tag{6-20}$$

而利用孔体积 V 与冰体积 $V(\text{ice})$ 之间的经验关系，可得到：

$$K(r, n) = \left(\frac{r}{r - \delta}\right)^n \tag{6-21}$$

当孔形参数 $n = 2$ 时，为圆柱孔；当 $n = 3$ 时，为球孔。

此外，Sun 等依据曲率或过冷度的关系，推出可判定孔形状的孔形系数 λ：

$$\lambda = \frac{\Delta T_{\text{m}, V(\text{ice})}}{\Delta T_{\text{f}, V(\text{ice})}} \tag{6-22}$$

$$\varphi = \frac{V_{\Delta T(\text{ice})}}{V_{t(\text{ice})}} \tag{6-23}$$

式中，$\Delta T_{\text{m}, V(\text{ice})}$ 为单位质量样品中含水体积为 $V(\text{ice})$ 时，升温阶段所对应的过冷度；$\Delta T_{\text{f}, V(\text{ice})}$ 为单位质量样品中含水体积为 $V(\text{ice})$ 时，降温段所对应的过冷度；φ 为结冰率；$V_{\Delta T(\text{ice})}$ 为对应 ΔT 过冷度时，单位质量样品中所含冰的体积；$V_{t(\text{ice})}$ 为单位质量样品中，水全部固化后冰的总体积。当 $\lambda < 0.5$ 时，孔为球形；当 $\lambda \geqslant 0.5$ 时，孔为圆柱形。

通过以上分析，可根据孔径分布计算模型 [(式 6-11)] 得到水泥基材料的孔径分布曲线。利用已建立的计算模型，通过对水饱和硬化水泥净浆进行 DSC 升降温测试，实现热孔计法对水泥基材料孔结构的表征。

6.2.4.2 利用热孔计法表征不同龄期下的混凝土孔结构

(1) 材料与试验方法

① 原材料及配合比。试验中所用水泥为 P·O52.5 级乌蒙山水泥，粉煤灰（FA）为 Ⅱ 级粉煤灰，水泥和粉煤灰的化学组成见表 6-3；碎石为 5~10mm 和 10~20mm 两种粒径的

高品质碎石；砂为石灰岩质机制砂，其石粉含量为 11.5%。混凝土外加剂选用固含量为 24.7% 的马贝聚羧酸减水剂，减水率为 28%。

表 6-3　水泥和粉煤灰的化学组成　　　　　　　　单位：质量分数/%

原材料	MgO	Al$_2$O$_3$	SiO$_2$	SO$_3$	K$_2$O	CaO	TiO$_2$	MnO	Fe$_2$O$_3$
水泥	1.41	5.35	22.4	2.59	0.68	61.2	0.26	0.05	2.86
粉煤灰	1.12	22.1	53.6	0.39	1.63	5.24	0.87	0.07	3.07

本试验采用了两种不同强度等级的混凝土作为研究对象。在研究孔结构随龄期变化的同时，还可以观察到不同强度等级的混凝土在同一龄期时，孔结构的差异。两种不同强度等级的混凝土的配比如表 6-4。

表 6-4　两种不同强度等级的混凝土的配比

混凝土种类	强度等级	水胶比	胶凝材料 /(kg/m³)	水 /(kg/m³)	机制砂 /(kg/m³)	粗骨料 /(kg/m³)	粉煤灰 /%	减水剂 /%
PC	C30	0.45	370	170	936	974	30	0.6
HC	C55	0.33	500	165	881	954	0	1.12

② 试验方法。采用热孔计法测试了 3d、28d、90d 龄期下普通混凝土和高强混凝土孔结构特征及其变化，并与压汞法、氮吸附法的测试结果进行了比较，进一步分析了混凝土微孔结构及孔隙率与其宏观力学性能的关系。

试验采用 DSC Q100 示差扫描量热仪。试验中将硬化水泥基材料制成薄片状，再取约 30mg 以上，置于 70℃ 下干燥 6h，随后放入去离子水中真空饱和。将制好的饱和样品放入坩埚后，在其表面滴加煤油，密封坩埚，再放入 DSC 试验台，准备试验。试验中采用测试速率为 1℃/min，测试温度范围为 −40～0℃。

文中也用压汞法、氮吸附法测试了 28d 龄期普通混凝土和高强混凝土孔结构特征，并与热孔计法的测试结果进行了比较分析。压汞法和氮吸附法测试样品质量均为 0.6g 左右，压汞法的最高压力为 413MPa，最小可测得 3.2nm 左右微孔数据。

(2) 结果与讨论

① 抗压强度、静弹模量与龄期的关系。两种混凝土的抗压强度和静弹模量结果见表 6-5，其结果与一般混凝土力学性能的发展规律一致。随龄期增加，不同强度等级的混凝土的抗压强度和静弹模量逐渐增大。而相比 HC 混凝土，PC 混凝土在后期的抗压强度和静弹模量增加更为明显，这主要是因为粉煤灰的掺入改善了混凝土后期的力学性能。

表 6-5　普通与高强混凝土的抗压强度和弹性模量

力学性能 龄期	抗压强度		静弹模量	
	PC	HC	PC	HC
3d	25.8	56.0	3.04	4.64
28d	46.2	80.3	4.23	4.90
90d	54.8	81.3	4.85	5.05

② 孔隙率-龄期关系。图 6-7 为两种强度等级混凝土在 3d、28d、90d 时 100nm 以下的孔径中孔溶液的相变趋势。从图中可知，随龄期的增长，两种样品单位质量的结冰量都在发

生变化，即都是逐渐降低的，而冰量又与孔体积有以下关系：

$$V_{\text{pore}} = V_{\text{ice}} \left(\frac{r_{\text{CL}} + \delta}{r_{\text{CL}}} \right)^n \tag{6-24}$$

其中，孔为圆柱孔时，$n=2$；为球孔时，$n=3$；r_{CL} 为固液界面半径，δ 为未结冰水的厚度，取 $\delta = 0.8\text{nm}$。

由式(6-24)可得，冰体积与孔体积成正比关系，比例系数趋近于 1。因此，可得到如下结论：随着龄期的增长，混凝土中的微孔孔隙率不断减少。而且从 PC 混凝土的数据中可知 28d 到 90d 龄期的冰体积变化量远大于 3d 到 28d 龄期的冰体积变化量，而 HC 混凝土无此现象，这可以用粉煤灰后期的火山灰二次反应机理来解释。对于同一龄期，强度等级越高，单位样品质量的微孔孔隙率越小。

以上结论与传统理论相符合，但图 6-7 结果并不能很好地解释强度和静弹模量的增长，因为 HC 混凝土在 28d 到 90d 阶段的抗压强度并没有太大变化，但所对应的冰体积量却发生了显著变化。为此，笔者将对热孔计法的孔径分布数据进行进一步分析。

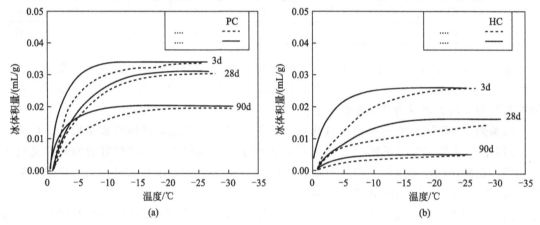

图 6-7　普通与高强混凝土中不同龄期下孔隙率的变化
(a) 普通强度混凝土；(b) 高强混凝土

③ 孔径分布-龄期关系

a. 孔径范围。首先需要讨论所要研究的孔径区域。图 6-8 为压汞法测得 28d 龄期两种混凝土的孔径分布。该图中，孔径分布比例主要集中在直径小于 100nm 的孔径范围内，而直径为 100nm 以上的孔体积非常小。

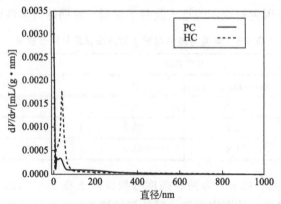

图 6-8　28d 龄期两种混凝土用压汞法所测得孔径分布

对于孔结构的分类，吴中伟院士在 1973 年提出对混凝土中的孔级划分为：孔径小于 20nm 的孔为无害孔；孔径为 20～50nm 的为少害孔；孔径在 50～200nm 的为有害孔；孔径大于 200nm 则为多害孔，并认为有害孔、多害孔对混凝土性能的影响较大。而鉴于压汞法结果在直径大于 100nm 的孔径范围内所测到的分布比例并不明显，因此下面主要讨论 100nm 以下的孔径。

b. 不同测试方法的比较。为说明热孔计法的有效性，进一步对热孔计法、氮吸附法和压汞法测得孔径分布结果进行比较，如图 6-9。

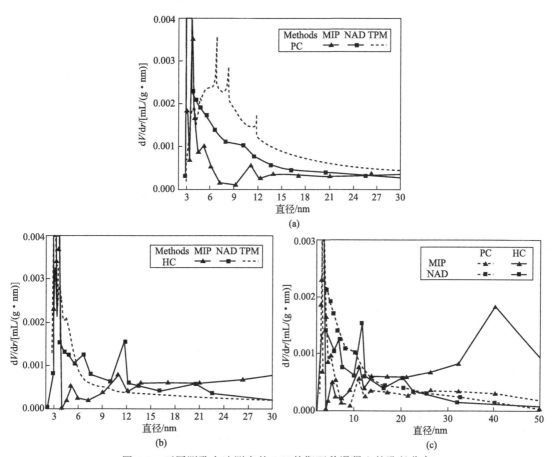

图 6-9　不同测孔方法测定的 28d 龄期两种混凝土的孔径分布

（a）由 MIP、NAD 和 TPM 测定的普通强度混凝土的孔径分布；

（b）由 MIP、NAD 和 TPM 测定的高强混凝土的孔径分布；

（c）由 MIP、NAD 测定的普通强度及高强混凝土的孔径分布

从图 6-9(a) 和 (b) 中可知，由于三种方法的理论原理不同，所得孔径分布结果也存在差异，但总体上氮吸附与热孔计法的趋势更为接近。值得注意的是，用压汞法所得到的 PC 混凝土在直径小于 100nm 孔径范围内的孔径分布比例小于 HC 混凝土孔径分布的比例；而氮吸附结果则相反，随强度的增加，孔径分布的比例减小。相比之下，氮吸附结果更符合常理。造成此差异的原因可能在于，汞只能进入较大孔内，不能完全进入 50nm 以下的微孔内部，导致所获得的孔信息并不理想。

同时，从图 6-9(a) 和 (b) 中可知，热孔计法所测得的孔径分布与氮吸附测得的结果很接近。而且图 6-10 中热孔计法所测龄期 28d 的结果与图 6-9(c) 结果的氮吸附相似。因

此，对三种方法的比较发现，在微孔范围内，氮吸附与热孔计法测得的结果比压汞法得到的结果更为接近，又由于氮吸附从原理上更适合测微孔结构，从而认为热孔计法在测微孔结构时具有有效性。而且相比传统的压汞法而言，热孔计法的结果更能准确表征水泥基材料中直径小于100nm孔径范围的孔结构变化情况。

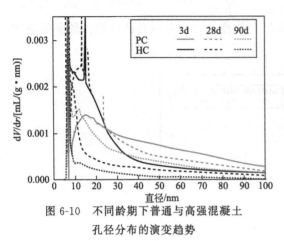

图 6-10 不同龄期下普通与高强混凝土
孔径分布的演变趋势

c. 孔径分布随龄期的变化。如图 6-10 所示，对于不同强度等级的混凝土，随龄期增加，热孔计法所得到的孔径分布发展规律出现相似的变化。对于同一龄期的两种混凝土，HC 混凝土在各孔径处的孔体积总是小于 PC 混凝土，尤其是在直径大于 20nm 的孔径范围内，这符合强度越高，孔体积越小的一般规律。

对于 HC 混凝土而言，与 28d 龄期的孔径分布相比，3d 龄期在直径大于 20nm 的孔径比例更多。随水化的进一步进行，这部分孔大多被水化产物填充，变成更细的孔。因此，28d 龄期时，直径大于 20nm 的孔比例明显减少，而直径小于 20nm 的孔比例增多。当龄期到达 90d 时，与 28d 龄期相比，孔径分布主要是在直径小于 20nm 孔径范围内的比例下降尤其明显。

就 PC 混凝土而言，在 3d 和 28d 龄期之间的孔径分布变化情况与 HC 混凝土类似。但相对于 28d 龄期，90d 龄期的结果不仅在直径小于 20nm 的孔径范围内比例变化较大，而且在直径大于 20nm 的孔径范围内比例变化也较大。

这说明图 6-7 中所显示的，HC 混凝土在 28d 到 90d 龄期的微孔隙率下降主要是由于小于 20nm 的孔在发生变化；大于 20nm 的孔变化不大。而 PC 混凝土在 28d 到 90d 龄期的孔隙率下降一部分主要是来自大于 20nm 的孔在发生变化。而由表 6-5 可知，HC 混凝土在 28d 后的抗压强度变化并不明显，而 PC 混凝土却变化很大。这说明微孔孔隙率的变化在一定程度上不会对混凝土宏观性能有显著影响，而起主要作用的是引起微孔孔隙率变化的孔径范围。而由图 6-10 分析总结可知，直径大于 20nm 的孔极大地影响着水泥基材料的宏观力学性能，而此结论恰好与吴中伟院士提到的混凝土中小于 20nm 的孔径为无害孔的观点相一致。

（3）结论

① 相比传统的压汞法而言，热孔计法的结果更能准确表征水泥基材料中直径小于 100nm 孔径范围的孔结构变化情况，最小可测得直径为 5nm 左右的孔结构信息，并可用于解释宏观力学性能的变化情况。

② 由热孔计法结果所知，100nm 以下的微孔孔隙率的变化不一定会引起混凝土宏观性能的改变，而起主要作用的是引起微孔孔隙率变化的孔径范围。混凝土中直径小于 20nm 的孔对宏观力学性能的影响不大。

③ 高强混凝土养护 28d 后孔径大于 20nm 的孔隙率变化较小，而在普通混凝土中这类孔仍然持续减少。

6.3　微观结构特性

6.3.1　界面过渡区的微观结构

　　一般认为，混凝土中骨料与水泥石之间的界面过渡区是混凝土的薄弱环节。混凝土界面区中的水化产物是水泥浆体中溶解出的离子向骨料表面液膜扩散并互相反应生成的。它们的组成与结构受液相中的离子种类、离子浓度和水化产物析晶占有的自由空间的影响。当水泥、骨料与水拌和后，在骨料周围形成了几微米厚的水膜层，该水膜层中基本上不存在水泥熟料颗粒。当骨料（如石灰石）可以少量溶解时，可溶离子从水泥浆、少量离子从骨料进入水膜层。但水膜层中的离子浓度要低于水泥浆体，致使在水化早期水膜层中 Ca^+、OH^-、Al^{3+}、SO_4^{2-} 等离子的过饱和度较低，形成的晶核较少，容易形成粗大的晶体。对于水灰比小于 0.4 的情况，随着水灰比增加，水膜层增厚，水膜层中离子过饱和度降低，晶体尺寸增加。

　　CH 是六方板状晶体，在界面区中垂直于骨料表面的方向，供晶体生长的自由空间是相对狭窄的，而平行于骨料表面的自由空间是广阔的，所以热运动的结果必然是 CH 晶体六方状的板面平行于骨料表面的概率大，形成 CH 晶体的取向。水灰比增大时，水膜层变厚，垂直于界面区的自由空间增大，CH 取向性降低。但当水灰比低于 0.3 时，随着水灰比的降低，水膜层变得很薄，水膜中的离子浓度增加，CH 晶核增加，同时受到 C-S-H 凝胶产物的影响，使得 CH 取向指数下降。

　　骨料周围的水膜层也对水泥浆体产生影响。在水膜层附近的浆体，由于部分离子迁入水膜层，使得这部分浆体在水化早期离子浓度偏低。与前述相同的原因使水膜层附近的浆体产生一些弱的晶体取向和较大的晶体尺寸。所以晶体尺寸和取向限度大于水膜层厚度。当水灰比减小时，水膜层厚度降低，水泥浆迁入水膜层的离子减少，晶体尺寸和取向限度显著下降。

　　当水灰比适当增大时，骨料周围的水膜层厚度增加不多，此时骨料和熟料颗粒已经饱和，多余的水增加了本体的充水空间，使得在水化早期原来集中在水膜层中生长的 CH 的一部分转移到本体的大孔中生长了，这将影响界面区中 CH 晶体的长大。同时熟料颗粒由于供水和空间条件好，水化速度快，生成较多的 C-S-H 凝胶，有较多的 C-S-H 进入水膜层。在水化进入加速期后，低 C/W 比的 C-S-H 转变为高 C/W 的 C-S-H。良好的空间和供水条件促进了该转变的进行，这一转变将消耗一部分结晶 CH，使界面区的 CH 晶体长大受到影响。因此当水灰比适当增大时，界面区 CH 晶体尺寸减小。在水化后期，当水灰比较低时，以 C-S-H 凝胶为主的水化产物大量生成，它们逐渐进入原水膜层的位置，填充晶体间的孔隙，使界面区中孔隙率减小。

　　水泥石—骨料之间的界面黏结强弱，对水泥混凝土的强度有很大影响。诸多研究表明，机制砂中石粉的加入可以改善界面过渡区的结构，使界面过渡区显微硬度提高，厚度变小，有利于混凝土强度的提高。但界面过渡区并不是随石粉含量提高而不断改善，而是当石粉含量小于某一临界值时，界面过渡区的厚度减小，且显微硬度也在逐渐提高；而当石粉含量超过某一临界值后，随石粉含量的增加，界面过渡区显微硬度则不再提高，而开始出现下降的趋势。

　　究其原因，安文汉在其论文中指出，浆-骨界面上 $Ca(OH)_2$ 的排列、数量、尺度和过渡层的厚薄，直接影响界面的黏结。由于石粉和外加剂的加入，降低了水粉比，减少了自由水在界面上聚集，使过渡层结构密实，孔隙变小，因而 $Ca(OH)_2$ 晶体的生长受限，晶粒细化，界面过渡层显微硬度逐渐增强，呈规律性递增。洪锦祥等的研究也表明，虽然早期石屑砂浆的浆—骨料间存在明显的孔缝，但随着龄期的发展，可以看到，石屑颗粒表面布满了水化产物，石屑砂浆中石屑颗粒的边缘与周围黏结得很好，边界已不清楚。经大量电镜观察发现，在石屑砂浆中很难找到生长在空间的大颗粒 $Ca(OH)_2$ 晶体，而它们却极易在普通砂浆中发现。由于贴近骨料表面的水灰比值高，再加上砂粒与浆体结合得不如石屑紧密，存在孔缝，使得结晶产物在此处集中生长，且晶体尺寸较大，在 $20\mu m$ 左右，而石屑砂浆由于石粉中细分散的碳酸钙颗粒为晶体的生长提供了无数的核，晶体生长在颗粒表面，而不会在特定的位置局部生长成大晶体。此外，石屑砂浆界面的改善还与以下因素有关：①与普通砂浆相比，石屑中的石粉使得新拌砂浆的浆体量增加，使石屑砂浆的保水性增强、泌水率减小，减少了自由水在界面上聚集，因而利于浆—骨料界面的改善；②石屑表面粗糙，带有尖锐棱角，不但使得骨料与浆体的咬合力得到增强，而且有利于浆—骨料界面的改善，即石屑的形态效应。

6.3.2　机制砂中石粉对不同强度等级混凝土微观结构的影响

一定量的石粉对于不同等级的混凝土微观结构都具有一定的改善作用，可以改善界面过渡区的结构，使界面过渡区更密实，显微硬度更高，厚度变小，平均孔径降低，孔隙率减小，从而有利于混凝土强度的提高。但是，随着混凝土强度等级的提高，抗压强度的最佳石粉掺量会逐渐降低，石粉对混凝土微观结构的改善作用也会减小。

在机制砂混凝土体系中，石粉对混凝土微观结构的影响作用机理如下：

① 晶核效应。石粉中的石灰石微粒在水泥水化早期对 $Ca(OH)_2$ 和 C-S-H 的形成起晶核作用，加速了熟料矿物特别是 C_3S 矿物的水化，并且其本身与 C_3A 反应形成水化碳铝酸钙，因此有利于早期强度的改善。

② 填充效应。石粉改善了机制砂的颗粒堆积密度，其中的微小粒子具有很好的微骨料填充作用，可提高浆体和界面过渡区的密实度，因此提高了混凝土的强度。

上述都是石粉对混凝土强度影响的正效应，但当石粉含量增大到某极限值时，由于石粉的大量存在，破坏了混凝土中最密实堆积结构，或使混凝土的胶骨比偏离最佳值。当混凝土中胶凝材料较丰富时，石粉的正效应作用会减弱，但负效应会更加明显。例如 C60 机制砂混凝土达到最大强度的最佳石粉含量远低于 C30 混凝土的最佳石粉含量。而 C80 混凝土的强度随石粉含量的增大，强度呈明显的降低趋势，就是因为 C80 混凝土中胶凝材料用量较多，且为提高其强度，已经将其胶凝材料进行充分设计，使其不仅具有良好的水化特性，还具有良好的密实堆积结构，石粉含量的增加，反而破坏了这种密实堆积状态，使得混凝土强度出现下降。

6.3.3　石灰岩质骨料混凝土微观结构特性研究

本节主要介绍 C30 和 C55 石灰岩质骨料混凝土的微观结构特性。用 X 射线衍射（XRD）对硬化浆体中晶体进行了定性分析；用扫描电子显微镜（SEM）对其进行表面形貌分析，最后用压汞法（MIP）和热孔计法（TPM）对硬化浆体的孔径分布进行了综合分析。表 6-6 是 C30 和 C55 石灰岩质骨料混凝土配合比。

表 6-6　C30 和 C55 石灰岩质骨料混凝土配合比

混凝土种类	等级	水胶比	胶材/(kg/m³)	水/(kg/m³)	机制砂/(kg/m³)	碎石/(kg/m³)	粉煤灰/%	减水剂/%
PC	C30	0.45	370	170	936	974	30	0.6
HC	C55	0.33	500	165	881	954	0	1.12

6.3.3.1 石灰岩质骨料混凝土 XRD 分析

（1）C30 石灰岩质骨料混凝土不同龄期 XRD 分析（见图 6-11） 从图 6-11 可知，水泥熟料中的硅酸三钙（C_3S）和硅酸二钙（C_2S）逐渐减少，表明随着时间的推移，水泥熟料不断水化，生成氢氧化钙（CH）和钙矾石（AFt）等水化产物。由于钙矾石不稳定，转化成单硫型水化硫铝酸钙（AFm），其质量不断减少。另外，由于 C30 混凝土中掺加了粉煤灰，因而氢氧化钙在大量生成时，也与粉煤灰发生二次反应被消耗。由于水化样在养护和制样的过程中不可避免会出现碳化，而且 $CaCO_3$ 对衍射极其敏感，所以谱中出现多处 $CaCO_3$ 的衍射峰。

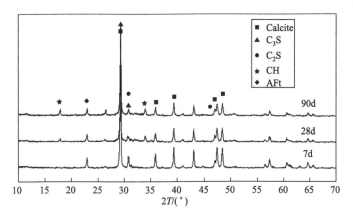

图 6-11　C30 石灰岩质骨料混凝土不同龄期 XRD 图谱

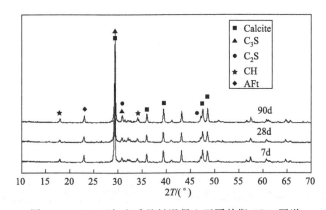

图 6-12　C55 石灰岩质骨料混凝土不同龄期 XRD 图谱

（2）C55 石灰岩质骨料混凝土不同龄期 XRD 分析（见图 6-12） 从图 6-12 可知，水泥熟料中的硅酸三钙（C_3S）和硅酸二钙（C_2S）逐渐减少，表明水泥熟料随着时间的推移，不断地水化，产生氢氧化钙（CH）和钙矾石（AFt）等水化产物，氢氧化钙大量累积。图中也出现了 $CaCO_3$ 的衍射峰。

6.3.3.2 石灰岩质骨料混凝土微观结构分析

试验利用环境扫描电镜对 C30 和 C55 石灰岩质骨料混凝土进行了微观形貌分析。

（1）C30 石灰岩质骨料混凝土 SEM 形貌分析（见图 6-13） 从图 6-13(a) 可以看出，28d 龄期，硬化浆体较为疏松，孔隙较多，可推测其强度不高，这也符合掺 30％粉煤灰 C30 混凝土 28d 时的强度发展情况。另一方面，从图 6-13(b) 可以看出，图中的球形物质为粉煤灰颗粒，其尚未受到明显的侵蚀，说明仍未与氢氧化钙发生二次反应。

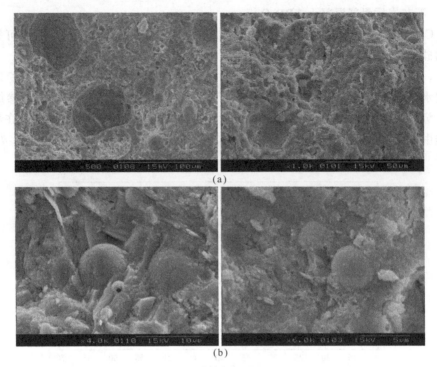

图 6-13　C30 混凝土的扫描电镜图像
(a) 低倍放大（左×500；右×1000）；(b) 高倍放大（左×4000；右×6000）

（2）C55 石灰岩质骨料混凝土 SEM 形貌分析（见图 6-14）　从图 6-14(a) 可以看出，

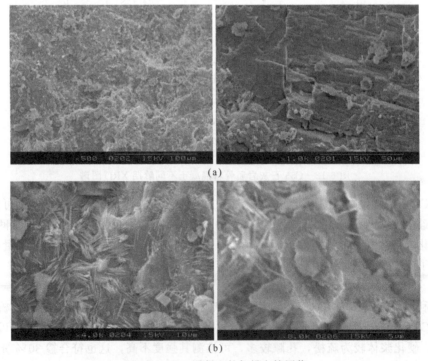

图 6-14　C50 混凝土的扫描电镜图像
(a) 低倍放大（左×500；右×1000）；(b) 高倍放大（左×4000；右×8000）

28d 龄期时，硬化浆体较为致密，孔隙较少，可推测其强度较高，符合 C55 混凝土 28d 时的强度发展情况。从图 6-14(b) 可知，图中针棒状的物质为钙矾石晶体，片状或板状的为氢氧化钙晶体。

6.3.3.3　石灰岩质骨料混凝土的孔结构特征分析

（1）压汞法分析石灰岩质骨料混凝土的孔结构特征　C30 和 C55 石灰岩质骨料混凝土孔径对孔体积如图 6-15 所示。

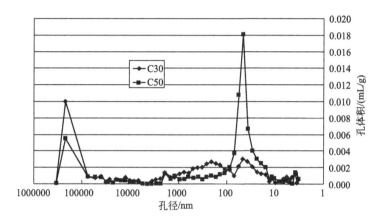

图 6-15　C30 和 C55 石灰岩质骨料混凝土孔径对孔体积图

根据吴中伟院士对混凝土内孔的分级，可将图 6-15 转化成图 6-16。

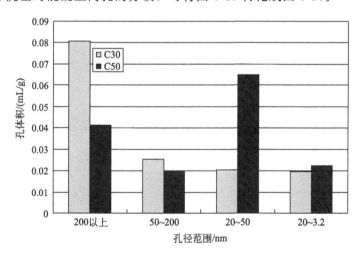

图 6-16　C30 和 C55 石灰岩质骨料混凝土孔径分布图

从图 6-16 中可知，C30 混凝土多害孔和有害孔较多，因此其强度较低。C55 混凝土的少害孔 20~50nm 较多。

（2）热孔计法分析石灰岩质骨料混凝土的微孔结构　图 6-17 为利用热孔计法所得到的不同龄期下普通混凝土（C30）与高强混凝土（C50）的孔径分布。随龄期增加，二者的孔径分布发展规律呈相似变化。

对于 HC 混凝土，随着龄期的增加，各个尺度的孔隙体积都有所下降，这是随水化的不断进行，孔隙被水化产物所填充的结果。值得一提的是，＞20nm 的孔隙体积大幅度减小，从而导致 HC 混凝土具有较高的强度。

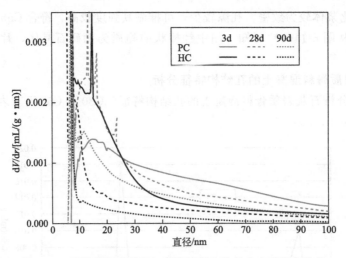

图 6-17 不同龄期下普通与高强混凝土孔径分布的演变趋势

对于 PC 混凝土，随着龄期的增加，孔径分布规律与 HC 混凝土相似。但是 PC 混凝土在＜20nm 范围的孔径体积在各个龄期时都要远远大于 HC 混凝土，这就是导致 PC 混凝土的强度远远低于 HC 混凝土的原因。

利用热孔计法与利用压汞法分析得到的一致结论是：直径大于 20nm 的孔极大地影响水泥基材料的宏观力学性能。此结论与吴中伟院士的观点一致。

参 考 文 献

[1] 李林香，谢永江，冯仲伟，等. 水泥水化机理及其研究方法. 混凝土，2011（06）：85-89.

[2] H. Le Chatelier. Recherches expérimentales sur la constitution des ciments et la théorie de leur prise［Experimental researches on the constitution of cements and the theory of their setting］C. R. Acad. Sci.，Paris，1882（94）：867-869.

[3] W. S. Michaëlis. Tonind. -Ztg.，1892（16）：105.

[4] V. L. Bonavetti，E. F. Irassar. The effect of Stone Dust Content in Sand. Cement and Concrete Research，1994，24（3）：580-590.

[5] G. Kakali，S. Tsivilis，E. Aggeli，M. Bali. Hydration products of C3A，C3S and Portland cement in the presence of CaCO$_3$. Cement and Concrete Research，2000（30）：1073-1077.

[6] Krstulović，Ruža；Dabić，Pero. A conceptual model of the cement hydration process［J］. Cement and concrete research，2000.

[7] 王稷良. 机制砂特性对混凝土性能的影响及机理研究［D］. 武汉理工大学，2008.

[8] 蔡基伟. 石粉对机制砂混凝土性能的影响及机理研究. 武汉理工大学，2006.

[9] 刘数华. 石灰石粉对复合胶凝材料水化特性的影响［D］. 北京：清华大学，2007.

[10] 王雨利. 低强度等级泵送高石粉机制砂混凝土的研究. 武汉理工大学，2007.

[11] Uchikawa H，Furuta R. Hydration of C3S-pozzolana paste estimated by trimethylsilylation. Cement & Concrete Research，1981，11（1）：65-78.

[12] Kakali G，Tsivilis S，Aggeli E，et al. Hydration products of C3A，C3S and Portland cement in the presence of CaCO$_3$. Cement and concrete Research，2000，30（7）：1073-1077.

[13] V. Bonavetti，H. Donza，G. Menéndez，et al. Limestone filler cement in low w/c concrete：A rational use of energy. Cement and Concrete Research，2003，33：865-871.

[14] Zhou Mingkai，Peng Shaoming，Xu Jian，et al. Effect of Stone Powder on Stone Chippings Concrete. Journal of Wuhan University of Technology（Materials Science Edition），1996，11（4）：29-34.

[15] J. Pera，S. Husson and B. Guilhot. Influence of Finely Ground Limestone on Cement Hydration. Cement and Concrete Composite，1999（21）：99-105.

[16] 杨松玲，田育功，林洁. 辉绿岩人工砂石粉的研究与利用［J］. 人民长江，2007，38（1）：113-116.

[17] Barbara Lothenbach，Gween Le Saount，Emmeanuel Gallueei，Karen Serivener. Influence of limestone on the hydration of Portland cements [J]. Cem. Coner. Res.，2008：1-13.

[18] 李步新，陈峰. 石灰石硅酸盐水泥力学性能研究 [J]. 建筑材料学报，1998，1 (2)：186-191.

[19] 肖佳. 水泥-石灰石粉胶凝体系特性研究 [D]. 中南大学，2008.

[20] 吴中伟，张鸿直. 膨胀混凝土 [M]. 北京：中国铁道出版社，1990.

[21] 申爱琴. 水泥与水泥混凝土 [M]，北京：北京交通出版社，2000：93-103.

[22] 鲍俊玲. 水泥混凝土孔结构研究进展 [J]. 商品混凝土，2009 (10)：18-20.

[23] 近藤连一，大门正机. 硬化水泥浆的相组成 [C]//第六届国际水泥化学会议论文集：第二卷. 北京：中国建筑工业出版社，1982.

[24] 郭剑飞. 混凝土孔结构与强度关系理论研究 [D]. 浙江大学，2004.

[25] 莱昊. 混凝土抗冻耐久性预测模型 [D]. 清华大学，1998.

[26] W Micahhale，Seamus F Freyne，Bruce W Ru-ssell. Examining the frost resistance of high performance concrete [J]. Construction and Building Materials，2009 (23)：878-888.

[27] Kumar R，Bhattacharjee B. Porosity pore size distribution and in-situ strength of concrete [J]. Cement and Concrete Research，2003，33 (2)：155-164.

[28] Soh Y S，So H S. Resistance to chloride ion pen-etration and pore structure of concrete containing pozzolanic admixtures [J]. Journal of Korea Concrete Insti-tute，2002，14 (1)：100-109.

[29] 陈立军，王永平，尹新生，等. 混凝土孔径尺寸对其抗渗性的影响 [J]. 硅酸盐学报，2005，33 (4)：500-505.

[30] 洪锦祥，蒋林华，黄卫，等. 人工砂中石粉对混凝土性能影响及其作用机理研究 [J]. 公路交通科技，2005，22 (11)：84-88.

[31] 刘数华. 石灰石粉对砂浆孔结构的影响 [J]. 建筑材料学报，2011 (4)：532-535.

[32] MICHAEL R L. Thermoporometry by differential scanning calorimetry：experimental considerations and applications [J]. Thermochim Acta，2005，433 (1/2)：27-50.

[33] 林晓芬，张军弘，尹艳山. 氮吸附法和压汞法测量生物质焦孔隙结构的比较 [J]. 碳素，2009 (3)：34-41.

[34] KENNETH S. The use of nitrogen adsorption for the characterization of porous materials [J]. Colloid Surface A，2001，187-188 (3)：3-9.

[35] RAYMOND A C，KENNETH CH. Mercury porosimetry of hardened cement pastes [J]. Cem Concr Res.，1999，29 (6)：933-943.

[36] CHATTERJI S. A discussion of the paper "Mercury porosimetry-an in appropriate method for measurement of pore size distributions in cement-based materials" by S. Diamond [J]. Cem Concr Res，2001，31 (11)：1657-1658.

[37] SCHERER G W，SMITH D M，STEIN D. Deformation of aerogels during characterization [J]. J Non-Cryst Solids，1995，186 (10)：309-315.

[38] OLEG V P，ISTVAN Furó. NMR cryoporometry：Principles，applications and potential. Prog Nucl Mag Res Sp，2009，54 (6)：97-122.

[39] KORB J P. NMR and nuclear spin relaxation of cement and concrete materials [J]. Curr Opin Colloid In，2009，14 (3)：192-202.

[40] 蒋正武，邓子龙，张楠. 热孔计法表征水泥基材料孔结构 [J]. 硅酸盐学报，2012，40 (8)：1081-1087.

[41] SUN Z H，SCHERER G W. Pore size and shape in mortar by ther-moporometry. Cem Concr Res，2010，40 (5)：740-751.

[42] MICHAEL R L. Thermoporometry by differential scanning calorimetry：experimental considerations and applications. Thermochim Acta，2005，433 (1/2)：27-50.

[43] BADQER，STEVER，SADANANDAS，et al. Back scattered electron imaging to determine water-to-cement ratio of hardened concrete [J]. Transportation Research Record，2001，31 (1)：17-20.

[44] ISHIKIRIYAMA K，TODOKI M，MOTOMURA K. Pore size distribution (PSD) measurements of silica gels by means of differential scanning calorimetry [J]. J Colloid Interf Sci，1995，171 (1)：92-102.

[45] 蒋正武，邓子龙，袁政成. 热孔计法表征不同龄期下混凝土孔结构的研究 [J]. 建筑材料学报，2013，16 (6)：1049-1053.

[46] 何俊辉. 道路水泥混凝土微观结构与性能研究 [D]. 长安：长安大学，2009.

[47] 安文汉. 石屑混凝土强度及微观结构试验研究 [J]. 山西建筑，1989，2：19-26.

7

机制砂自密实混凝土及工程应用

自密实混凝土这一概念最早由日本学者 Okamura 于 1986 年提出。随后，东京大学的 Ozawa 等开展了自密实混凝土的研究。1988 年，自密实混凝土第一次使用市售原材料研制成功，获得了满意的性能，包括适当的水化放热、良好的密实性以及其他性能。与普通混凝土相比，自密实混凝土具有以下性能特点：在新拌阶段，不需人工额外振捣密实，依靠自重充模、密实；早龄期阶段，避免了原始缺陷的产生；硬化后，具有足够的抗外部环境侵蚀的能力。

自密实混凝土拥有众多优点：保证混凝土良好的密实性；提高生产效率，缩短施工期限，工人劳动强度大幅度降低；改善工作环境和安全性，没有振捣噪声，消除高噪声振动引起的工人健康的风险等；改善混凝土的表面质量，不会出现表面气泡或蜂窝麻面，不需要进行表面修补；增加了结构设计的自由度，不需要振捣，可以浇筑成型形状复杂、薄壁和密集配筋的结构；避免了振捣对模板、搅拌机产生的磨损，延长其使用时间；降低工程整体造价，从提高施工速度、环境对噪声限制、减少人工和保证质量等诸多方面降低成本。

近年来，我国加大力度进行西部开发，西部地区建设量是逐年增加，建筑工程越来越大型化、特性化，许多新建筑构思应用的新材料技术，往往会受到地区资源的制约。而人们越来越意识到，结合地区资源开发工程需要的材料，有助于节约建筑成本、提高建造质量，是一件利国利民的大事。而由于自然资源分布不均，受到地域的限制，在我国的云、贵、川等地区，传统用来制备自密实混凝土的天然砂资源稀少，而机制砂资源丰富，只有结合本地机制砂丰富的特点制备出自密实混凝土，才能得到良好的推广应用。

7.1 机制砂自密实混凝土研究应用现状

近几年，机制砂自密实混凝土在我国发展应用速度加快，特别是在河砂缺少的西部地区，而且应用领域也进一步拓展，但国内尚未有统一的工程标准，致使在应用中缺乏指导性文件，产生了一些问题，不利于该技术的推广应用。国内的许多学者在机制砂自密实混凝土方面也做了大量的工作。

杨建辉等利用机制砂配制自密实混凝土并将其用于水柏线北盘江大桥钢管拱内，通过对机制砂和机制砂混凝土特性的分析，在配合比设计时采取了一些措施（掺加高效复合膨胀剂、掺加粉煤灰、降低机制砂中石粉含量），并对原材料加以优选，使配出的机制砂自密实混凝土满足了无振捣、泵送顶升的施工工艺，达到了强度要求，从而也节约了成本。

冯贵芝对贵州地区机制砂自密实混凝土的性能进行了研究。其采用贵州地区的机制砂、粉煤灰、硅灰、水泥等主要原料配制出大掺量矿物掺合料机制砂自密实混凝土，系统研究了其工作性、力学性能与耐久性，如碳化、收缩、抗化学侵蚀性等，并与河砂自密实混凝土的性能进行了比较。

余成行等按照自密实混凝土的等级要求，采用聚羧酸外加剂对 C60 自密实混凝土进行配合比设计，采取同时掺加机制砂和天然砂的措施保证了钢纤维自密实混凝土拌合物的自密实性能和泵送性能，而且也得到了满足型钢柱施工要求的力学变形性能。

杜毅等对混凝土原材料配合比进行了优选，将优选出的混凝土进行了下述试验：坍落度、扩展度、间隙通过性、抗分离性及抗压强度等测试，用较多的数据说明了贵州地区人工机制砂、人工碎石尽管自身条件差，但经过适当的配比，能够配制出满足工程需要的自密实混凝土。

蒋正武等研究了混凝土配合比基本参数（水胶比、砂率、石子级配）优化技术、外加剂（减水剂、增黏剂）复掺技术、大掺量矿物掺合料（粉煤灰、硅灰）复掺技术等对机制砂自密实混凝土性能的影响，提出了配制大掺量矿物掺合料机制砂自密实混凝土的关键技术参数，配制出初始坍落度大于 24cm、坍落扩展度大于 60cm、倒坍落度筒流出时间在 5～15s、抗压强度等级达到 C50 以上的大掺量矿物掺合料机制砂自密实混凝土。

张日恒等采用正交试验的方法研究了砂率、减水剂掺量及水泥用量对自密实混凝土的坍落度、坍落扩展度、流动时间、28d 抗压强度的影响。试验配制出了坍落度在 25～27cm 之间、坍落扩展度在 55～75cm 之间、倒坍落度筒流动时间在 5～15s 之间、强度达到 C50 以上的自密实混凝土。

宋普涛等在综合国内外自密实混凝土和机制砂混凝土研究的基础上，利用本地原材料，通过掺加掺合料、膨胀剂、减水剂配制出自密实微膨胀混凝土。试验结果表明：混凝土拌合物的坍落度、扩展度能满足自密实性能要求，抗压强度达到自密实混凝土的设计指标。混凝土的 28d 抗压强度达到 C60，7d 达到设计强度的 75%；混凝土保水性和黏聚性良好，坍落度＞220mm，扩展度≥600mm；硬化混凝土具有微膨胀的性能。

李北星等以小河特大桥为工程依托，进行了用机制砂配制 C60 自密实钢管混凝土的配合比基本参数优化。通过聚羧酸盐减水剂与适量矿粉、膨胀剂三掺技术，采用高石粉含量（7%）的机制砂，利用机制砂中石粉的增黏、润滑、填充等效应，在较低的胶凝材料用量（535kg/m³）情况下，配制出了初始坍落度大于 230mm、坍落扩展度大于 650mm、T_{50} 小于 15s、28d 抗压强度超过 75MPa 的机制砂自密实微膨胀混凝土。

高育欣等研究了利用四川成都地区的机制砂制备自密实混凝土材料的技术，对机制砂自密实混凝土材料的工作性能、稳定性能进行了评价，并成功进行了工程应用。该混凝土密度 2450kg/m³、砂率 45.4%，出机坍落度/扩展度为 240mm/665mm，和易性好，流动性好，黏度适中，倒坍落度流动时间为 6s，90min 后，坍落度/扩展度为 240mm/610mm，倒坍落度流动时间为 8s，3d 强度为 35MPa，28d 强度达到 60MPa。

高育欣等结合成都来福士广场对自密实清水混凝土工程需求，针对成都地区机制砂特点，通过复掺粉煤灰和硅灰，优选骨料，使用高性能聚羧酸减水剂等途径，并开展模拟施工试验，配制了兼具自密实性能与清水饰面效果、强度等级达到 C60、性能良好的机制砂自密实清水混凝土，并应用于成都来福士广场项目，取得良好效果。

蒋正武等根据机制砂自密实块片石混凝土施工工艺及工程现场施工条件需求，提出了超流态机制砂自密实混凝土的性能评价方法及性能指标，研究了水胶比、砂率、粉煤灰掺量、胶材总量、聚羧酸减水剂种类和掺量等配合比参数对超流态自密实混凝土性能的影响。配制出初始坍落度（270±20）mm、坍落扩展度大于 650mm、倒流扩展度不小于 500mm、倒坍落度筒流出时间不大于 6s、28d 强度大于 25MPa 的 C20 超流态机制砂自密实混凝土。

目前对机制砂自密实混凝土的研究主要从配合比优化入手，结合结构设计、生产质量控制、现场施工工艺、工程应用等方面展开。在配合比优化方面主要针对机制砂自密实混凝土对材料和配比的敏感性，在大量试验的基础上，分析外加剂、矿物掺合料、骨料质量和数量等因素对自密实混凝土工作性能的影响，建立定量关系。利用优化理论，研究基于地域材料特点的自密实混凝土最佳配比方法；在材料性能试验方面，主要从混凝土的流变性能和工作性能，力学性能如抗压强度、弹性模量、黏结强度等，耐久性如抗渗性等，以及体积稳定性等方面展开。在理论研究方面，如机制砂自密实混凝土的物理力学性能和耐久性方面的理论分析比较少。尤其是早期的收缩机理、影响因素的数量及程度、测量方法、预测模型等问题研究较少。

7.2　机制砂自密实混凝土原材料的选用

7.2.1　机制砂自密实混凝土之机制砂的选用

与条件相同的天然砂相比，在配比设计、其他材料成型养护条件都相同的情况下，用机制砂配制混凝土的特点是：坍落度减小，混凝土 28d 标准强度提高；如保持坍落度不变，则需水量增加；但在不增加水泥的前提下水灰比变大后，一般情况下，混凝土实测强度并不降低。按天然砂的规律进行混凝土配比设计，机制砂的需水量大，和易性稍差，易产生泌水，特别是在水泥用量少的低强度等级混凝土中表现明显；而如果根据机制砂的特点进行混凝土配比设计，通过合理利用机制砂中的石粉、调整机制砂的砂率，完全可以配制出和易性很好的混凝土。普通混凝土配比设计规程的配比设计方法完全适用于机制砂。最适合配制混凝土的机制砂细度模数为 2.6~3.0，级配为 2 区。机制砂在配制添加外加剂的混凝土时，对外加剂的反应比天然砂敏感。正确使用机制砂的混凝土密实度大，抗渗、抗冻性能好，其他物理力学性能和长期耐久性均能达到设计使用要求。

机制砂的选用应考虑下列因素：

砂的含泥量大，石子中的针片状颗粒含量高，将使混凝土的需水量增大；石子的空隙率大，则为满足相同的工作性所需的砂浆量增大。这些均会对机制砂自密实混凝土的工作性、强度和耐久性产生不良影响。

机制砂细度模数大，颗粒级配不良，颗粒分布往往表现为中间少、两头多：大于 5.0mm 和小于 0.08mm 颗粒（石粉）易超过 10%，2.5mm 的累计筛余量大于 35%。

配制机制砂自密实混凝土用机制砂须用质地坚硬、母材强度＞80MPa，且不含对混凝土有害的化学成分的岩石，经机械轧制而成。

机制砂颗粒粗糙，石粉含量高，这势必减弱混凝土的流动性，增加需水量。在相同条件下，配制相同坍落度的混凝土，机制砂比天然河砂需水量增加 5~10kg/m³。机制砂的石粉含量应控制在 8%~10% 之间，超过 10% 应在混凝土配合比设计中作为惰性矿物掺合料使用。

机制砂自密实混凝土的砂浆量较大，砂率较大，如果选用细砂，则混凝土的强度和弹性模量等力学性能将会受到不利影响，同时，细砂的比表面积较大将增大拌合物的需水量，对拌合物的工作性产生不利影响；若选用粗砂则会降低混凝土拌合物的黏聚性。所以，机制砂自密实混凝土宜选用中砂或偏粗中砂。选用机制砂，砂率应控制在 48%~55% 之间。

7.2.2 机制砂自密实混凝土之其他材料的选用

机制砂自密实混凝土一般优选稳定性好、需水性低、并与高效减水剂相容的水泥。优先选择 C_3A 和碱含量小、标准稠度需水量低的水泥,满足工作性要求及坍落度经时损失小;优质的粉煤灰(细度约 $4000m^2/g$)是机制砂自密实混凝土最常用的活性掺合料,可有效改善机制砂自密实混凝土的流动性;磨细矿渣(粒径小于 $0.125mm$)用于改善和保持机制砂自密实混凝土的工作性,提高机制砂自密实混凝土硬化后的强度;硅灰用于改善机制砂自密实混凝土的流变性能和抗离析能力。

在《自密实混凝土应用技术规程》(JGJ/T 283—2012)中有关于粉体和水粉比的概念,粉体指自密实混凝土原材料中的水泥、掺合料和骨料粒径小于 $0.075mm$ 的颗粒,而水粉比则指单位体积拌合水与单位体积粉体量的体积之比。如图 7-1 所示,普通混凝土和自密实混凝土在配比上的差别主要是在粉体的量上,自密实混凝土粉体的量大则保证了其较好的抗分离性。

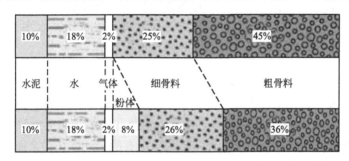

图 7-1 普通混凝土(上)和自密实混凝土(下)在配比上的主要差别

普通自密实混凝土具有高流动度、不离析、均匀性和稳定性好、无需振捣而密实的特点,机制砂由于其颗粒多棱角,导致混凝土内部摩擦阻力相对较大,使混凝土的流动性能受到影响,这会进一步影响新拌混凝土的稳定性能,使自密实混凝土无法正常施工。

各种类型粗骨料均可使用,如卵石、碎石等,其中卵石有利于改善流动性,碎石有利于改善强度。粒径一般在 $16\sim20mm$ 之间,应优选圆形石子,控制针状、片状颗粒含量。机制砂中含有石粉,其粒径小于 $0.125mm$,作为惰性填料,可用于保证足够的浆量,改善和保持自密实混凝土的工作性。

外加剂是自密实混凝土的重要组成部分,在调节混凝土高流动性与高抗分离性中起着重要的作用。根据混凝土强度、使用要求及施工环境选择适宜的外加剂,并考虑外加剂与水泥之间的相容性。

7.3 机制砂自密实混凝土的配合比设计

7.3.1 机制砂自密实混凝土配合比设计的原则

与普通混凝土相比,机制砂自密实混凝土的关键是在新拌阶段能够依靠自重作用充模、密实,而不需额外的人工振捣,也就是所谓的"自密实性(self-compactibility)",它包括流动性、间隙通过性以及抗离析性等三个方面的内容。

机制砂自密实混凝土的配合比应根据结构物的结构条件、施工条件以及环境条件的自密实性能进行设计,在综合强度、耐久性和其他必要性能要求的基础上,提出试验配合比。

　　在进行机制砂自密实混凝土的配合比设计调整时，应考虑水胶比对自密实混凝土设计强度的影响和水粉比对自密实性能的影响。

　　对于超细物料的选用，由于超细物料往往具有较高与较强的吸水性，宜择其需水量最低者。国外学者曾采用了4种超细物料——石英粉、粉煤灰、石灰石粉与凝灰岩粉。通过自由流动浆体的稠度试验、自由流动砂浆的流动性试验，结果表明，以石英粉与粉煤灰最相宜。

　　机制砂自密实混凝土配合比设计应采取绝对体积法。

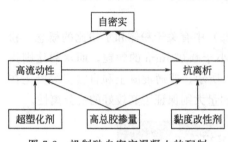

图7-2　机制砂自密实混凝土的配制

　　机制砂自密实混凝土要求拌合物在保持大流动性的同时增加黏聚性，一般均采取增加胶结材与惰性粉体量的方法。对于某些低强度等级的机制砂自密实混凝土，仅靠增加粉体量不能满足浆体黏性时，可通过试验确认后适当添加增黏剂。在增加胶结材浆体黏性的同时，还要保持大流动性，就需要选择优质高效减水剂。宜选用减水率大于30%的聚羧酸系高效减水剂。如图7-2所示。

7.3.2　机制砂自密实混凝土配合比设计的方法

　　日本东京大学最早进行了自密实混凝土的设计研究，提出了所谓"自密实混凝土原型模型方法"（prototype method），后来日本、泰国、荷兰、法国、加拿大、中国等国的学者进一步进行了自密实混凝土的设计方法研究，但由于已有的设计方法在全面反映自密实混凝土拌合物性能的真正内涵及其在体现混凝土工作性、强度等级与耐久性之间的相互协调关系或是实用性等方面存在差距，目前还缺乏被广泛认同接受的自密实混凝土设计方法。

　　总结国内外的相关资料，自密实混凝土的工作性能指标应达到：坍落度为240～270mm，扩展度大于600mm。为达到自密实混凝土这些特殊的性能指标，大批国内外专家、学者进行了大量的研究试验，提出了许多切实可行的配合比设计方法。

　　东京大学的学者Okamura提出的一种配合比设计方法是，先做水泥浆和砂浆试验，主要目的是检查高效减水剂、水泥、细骨料和火山灰材料的性能和密实能力，然后再做自密实混凝土试验。

　　我国也有多家建筑公司和构件厂结合自己的经验，提出了各具特色的配合比计算方法。如北京建工集团等单位提出的按混凝土、砂浆、水泥净浆、胶凝材料四层次体系的设计方法。

　　我国台湾学者提出的方法是致密配合比设计方法，是从最大密度原理和超砂浆理论推导出来的。

　　配制机制砂自密实混凝土，原则是用水泥浆（胶凝材料）填充骨料骨架的间隙。下面是比较通用的机制砂自密实混凝土的配合比设计步骤。

　　(1) 混凝土配合比计算：

　　① 机制砂自密实混凝土配合比设计的主要参数包括拌合物中的粗骨料松散体积、砂浆中砂的体积、浆体的水胶比、胶凝材料中矿物掺合料用量。

　　② 设定$1m^3$混凝土中粗骨料用量的松散体积V_{g0}（0.5～0.6 m^3），根据粗骨料的堆积密度ρ_{g0}计算出$1m^3$混凝土中粗骨料的用量m_g。

　　③ 根据粗骨料的表观密度ρ_g计算$1m^3$混凝土粗骨料的密实体积V_g，由$1m^3$拌合物总体积减去粗骨料的密实体积V_g计算出砂浆密实体积V_m。

④ 设定砂浆中砂的体积含量（0.42～0.44），根据砂浆密实体积 V_m 和砂的体积含量，计算出砂的密实体积 V_s。

⑤ 根据砂的密实体积 V_s 和砂的表观密度 ρ_s 计算出 $1m^3$ 混凝土中砂子的用量 m_s。

⑥ 从砂浆体积 V_m 中减去砂的密实体积 V_s，得到浆体密实体积 V_p。

⑦ 根据混凝土的设计强度等级确定水胶比；根据混凝土的耐久性、温升控制等要求设定胶凝材料中矿物掺合料的体积，根据矿物掺合料和水泥的体积比及各自的表观密度计算出胶凝材料的表观密度 ρ_b。

⑧ 由胶凝材料的表观密度、水胶比计算出水和胶凝材料的体积比，再根据浆体体积 V_p、体积比及各自表观密度求出胶凝材料和水的体积，并计算出胶凝材料总用量 m_b 和单位用水量 m_w。胶凝材料总用量范围宜为 $450～550kg/m^3$，单位用水量宜小于 $200kg/m^3$。

⑨ 根据胶凝材料体积和矿物掺合料体积及各自的表观密度，分别计算出 $1m^3$ 混凝土中水泥用量和矿物掺合料的用量。

⑩ 根据试验选择外加剂的品种和掺量。

（2）试拌、调整与确定：

① 计算出初始配合比。

② 对初始配合比进行试配和调整。

③ 机制砂自密实混凝土配合比试配和试拌时，每盘混凝土的最小搅拌量不宜小于30L，且应检测拌合物的工作性应达到相应评价指标要求，并校核混凝土强度是否达到配制强度要求，如有必要，还应检测相应的耐久性指标。

④ 选择拌合物工作性满足要求的3个基准配合比，制作混凝土强度试件，每种配合比至少应制作一组试件，标准养护到28d时试压。

⑤ 对于应用条件特殊的工程，如有必要，可在混凝土搅拌站或施工现场对确定的配合比进行足尺试验，以检验所设计的配合比是否满足工程应用条件。

⑥ 根据试配、调整、混凝土强度检验结果和足尺试验结果，确定符合设计要求的合适配合比。

7.3.3 机制砂自密实混凝土配合比参数优化

利用河砂自密实混凝土配合比，水灰比0.35、砂率50%，LX-6聚羧酸减水剂掺量1.2%，石子最大粒径为25mm，石子级配为（5～10mm）:（10～20mm）:（20～25mm）=30%:40%:30%的情况下，自密实混凝土的基准配合比为胶凝材料:砂:石子:水:减水剂=500:860:860:175:6（kg/m^3）。分析采用河砂自密实混凝土配合比来配制机制砂混凝土的可行性，见表7-1。

表7-1 混凝土配合比

试验序号	混凝土配合比					
	矿物掺合料				减水剂	
	类型	掺量/%	类型	掺量/%	类型	掺量/%
SG1	贵州粉煤灰	0	贵州硅灰	0	LX-6减水剂	1.5
SG2		20		0		1.2
SG3		40		0		1.2
SG4		40		3		1.2

表 7-2　混凝土性能

试验序号	坍落度/cm			坍落扩展度/cm			倒坍落度筒流出时间/s		
	0h	1h	2h	0h	1h	2h	0h	1h	2h
SG1	21	16	13.5	55	31	28	38	58.5	3min 以上
SG2	21	18	15	49	35	29.5	36.5	72.5	3min 以上
SG3	23.5	22	20.5	61	47	39	13.9	14	15.9
SG4	23.5	21.5	19	47	38	34	8.8	9	11

从试验结果表 7-2 可以看出，利用河砂自密实混凝土配合比来配制机制砂混凝土工作性较差，如图 7-3 所示，混凝土粘聚性差。

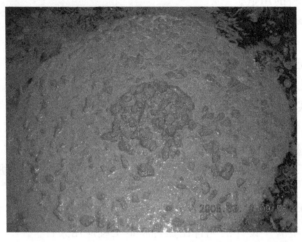

图 7-3　利用河砂自密实混凝土配合比配制的机制砂自密实混凝土的状态

从试验结果与所观察的混凝土状态来看，利用河砂自密实混凝土配合比配制的机制砂自密实混凝土存在诸多问题：

①　新拌混凝土的各项工作性指标远远达不到自密实混凝土的性能要求，倒坍落度筒流出时间过长。

②　新拌混凝土有明显的堆料现象，坍落度较小，且表面不平整。

③　有泌浆现象，大粒径石子浮在浆体表面，石子不随浆体流动。

④　早期强度较低，一天拆模，试块强度不够，导致试块损毁过多等。

产生这些现象的主要原因是机制砂自密实混凝土原材料与河砂自密实混凝土原材料存在很大差异。因此，不能简单地套用河砂自密实混凝土配合比，应根据贵州地区原材料的特性，调整自密实混凝土配合比参数，配制出设计要求的自密实混凝土。

7.3.3.1　水胶比对机制砂自密实混凝土性能的影响

为了确定机制砂自密实混凝土配合比的基本参数，根据前期的试验结果，将石子最大粒径调整为 20mm。确定混凝土配合比参数：砂率 50%，选用 LX-6 聚羧酸减水剂，粉煤灰掺量为 40%，石子最大粒径为 20mm 的情况下，分析不同水胶比对混凝土性能的影响，见表 7-3。

表 7-3 不同水胶比下的混凝土配合比

试验序号	水灰比	混凝土配合比					
		矿物掺合料		减水剂	石子级配/%		
		类型	掺量/%	掺量/%	5～10cm	10～20cm	
SG5	0.4	硅灰	3	1.2	40	60	
SG6-1	0.3		5				
SG6-2	0.32						
SG7-1	0.3			1.5	50	50	
SG7-2	0.34						
SG7-3	0.35						

表 7-4 不同水灰比下各组混凝土的性能

试验序号	水灰比	坍落度/cm		坍落扩展度/cm		倒坍落度筒流出时间/s		浆体状态
		0h	2h	0h	2h	0h	2h	
SG5	0.4	23	23.5	65	67	24.5	32.1	泌水、离析
SG6-1	0.3	24	—	59	—	27.6	—	黏稠
SG6-2	0.32	24.5	22.5	65	55	18	26	黏
SG7-1	0.3	—	—	—	—	—	—	拌不出
SG7-2	0.34	23	—	57	—	11.9	—	好
SG7-3	0.35	23.5	22	61	48	12.1	15.1	良好

由表 7-4 中可以看出，当减水剂掺量为 1.2%、硅灰掺量为 5% 时，水胶比从 0.3 调整到 0.32，新拌混凝土的各项性能指标均有所提升，且无泌水、离析现象，但倒坍落度筒流出时间很长，表明混凝土拌合物黏度较大，进一步通过增加外加剂掺量或增大水灰比的手段来改善新拌混凝土性能时，我们发现混凝土的坍落度并没有随之变大，反而中心堆料现象更加严重。但当水灰比增大到 0.4 时，混凝土拌合物出现了泌水和离析，倒坍落度筒流出时间很长。这表明，单纯依靠增大外加剂掺量和水灰比的手段已经不能提高混凝土的流动性、黏聚性，需要利用其他外加剂复合技术、大掺量矿物掺合料等技术手段复合使用来改善混凝土新拌性能。

7.3.3.2 砂率对机制砂自密实混凝土性能的影响

混凝土配合比参数：水胶比为 0.35，粉煤灰掺量为 40%，硅灰掺量为 5%，石子最大粒径为 20mm、石子级配为（5～10mm）：（10～20mm）=40%～60% 的情况下，调整混凝土减水剂的掺量，分析机制砂的砂率对混凝土性能的影响。见表 7-5、表 7-6。

表 7-5 不同砂率的混凝土配合比

试验序号	因素	混凝土配合比			
		减水剂			增黏剂
		类型	掺量/%	砂率/%	掺量/(×10⁻⁴)
SG18	砂率	SP-1	1.5	45	4
SG19			1.5	50	5
SG20			1.4	55	—

表 7-6 不同砂率下混凝土的性能

试验序号	坍落度/cm			坍落扩展度/cm			倒坍落度筒流出时间/s			抗压强度/MPa		
	0h	1h	2h	0h	1h	2h	0h	1h	2h	3d	7d	28d
SG18	21.5	20.5	21.5	63	61	58	6.5	7	10	18.0	38.1	58.1
SG19	26.0	25.5	22.5	72	71	72.5	8.8	10.8	15.8	28.3	49.4	73.1
SG20	23.5	22.5	21.5	64	53	54	26	39	38	25.2	43.2	65.3

从表 7-6 中数据及所观察到的试验现象可以看出，当混凝土砂率为 45% 时，砂率过小，混凝土拌合物出现泌水和离析现象，且坍落扩展度和坍落度也不理想，但倒坍落度筒流出时间较小。砂率为 50% 的混凝土拌合物坍落扩展度和坍落度非常大，且倒坍落度筒流出时间比较合理。当混凝土砂率增大到 55% 时，混凝土黏度增大，在不掺加增黏剂的情况下，混凝土拌合物性能比较好，混凝土流动度变大，但倒坍落度筒流出时间不理想。

从强度发展来看，随着砂率的增大，各龄期的强度均是先增大后减小。综合砂率对混凝土拌合物性能及强度性能的影响，认为对于贵州地区混凝土原材料配制自密实混凝土，砂率应选择在 50% 左右。

7.3.3.3　石子级配对机制砂自密实混凝土性能的影响

试验确定混凝土基本配合比参数：砂率 50%，水胶比为 0.35，粉煤灰掺量为 40%，硅灰掺量为 5%，石子最大粒径为 20mm，减水剂掺量为 1.5% 的情况下，调整混凝土减水剂的掺量，研究了石子级配对混凝土性能的影响。见表 7-7、表 7-8。

表 7-7 不同石子级配的混凝土配合比

试验序号	混凝土配合比				
	减水剂		石子		增黏剂
	类型	掺量/%	5~10mm	10~20mm	‰
SG21		1.3	60	40	0
SG22	SP-1	1.5	50	50	0.2
SG23		1.5	40	60	0.5

表 7-8 不同石子级配下混凝土的性能

试验序号	坍落度/cm			坍落扩展度/cm			倒坍落度筒流出时间/s			抗压强度/MPa		
	0h	1h	2h	0h	1h	2h	0h	1h	2h	3d	7d	28d
SG21	24	23	20.5	66	64	44	10.1	12	12.3	17.2	28.0	52.3
SG22	23.5	22	21.5	63	58	55	10.1	13.1	13.5	21.9	38.5	60.3
SG23	26.0	25.5	22.5	72	71	72.5	8.8	10.8	15.8	28.3	49.4	73.1

从不同石子级配下的混凝土性能可以看出，石子级配对混凝土的拌合物性能有一定的影响，随着石子中细骨料的减少，混凝土的流动性增大，混凝土拌合物离析趋势增大，需加入一定的增黏剂进行调节。从强度发展趋势来看，随着石子中细骨料的减少、粗骨料的增多，混凝土的强度逐渐提高。综合石子级配对混凝土拌合物性能及强度性能的影响，认为采用上述材料制备的机制砂自密实混凝土，当混凝土中石子最大粒径为 20mm 时，混凝土的石子级配比例为（5~10mm）:（10~20mm）= 1:1，自密实混凝土的综合性能较好。

7.3.3.4　减水剂品种对机制砂自密实混凝土性能的影响

混凝土配合比参数：砂率为 50%，水胶比为 0.35，粉煤灰掺量为 40%，硅灰掺量为 5%，石子最大粒径为 20mm、石子级配为（5～10mm）∶（10～20mm）＝1∶1 的情况下，分析 LX-6、SP1、V500、V3320 四种聚羧酸减水剂对混凝土性能及强度的影响。见表 7-9、表 7-10。

表 7-9　不同减水剂品种对混凝土性能的影响

试验序号	减水剂		增黏剂掺量/‰	坍落度/cm			坍落扩展度/cm			倒坍落度筒流出时间/s		
	品种	掺量		0h	1h	2h	0h	1h	2h	0h	1h	2h
SG8	LX-6	1.6	10	24	23.5	20.5	61	56	42	12	14.1	18
SG9	SP1	1.4	2	23.5	22	21.5	63	58	55	10.1	13.1	13.5
SG10	V500	2.0	5	25.5	23.5	23.5	65	66	64	7.3	7.7	10
SG11	V3320	1.5	20	23.5	22	20	60	56	50	21	27.6	31.4

表 7-10　混凝土不同龄期的抗压强度

试验序号	减水剂	抗压强度/MPa		
	品种	3d	7d	28d
SG8	LX-6	18.9	36.5	55.3
SG9	SP1	21.9	38.5	60.3
SG10	V500	20.5	28.5	51.6
SG11	V3320	20.5	36.7	54.7

调整四种减水剂的掺量，使得混凝土拌合物的初始坍落度在 23cm 左右，同时，根据混凝土的流动性、黏聚性等状态，添加了不同掺量的增黏剂。从表 7-9、表 7-10 中可以看出，从坍落度扩展度来看，SP1、V500 减水剂比较好，且损失也比较小。对于倒坍落度筒流出时间来看，V500 减水剂最小，其次是 SP1 减水剂，而 LX-6、V3320 减水剂的值均太大，表明其拌合物太黏；从混凝土抗压强度来看，无论 3d、7d 还是 28d 龄期，掺 SP1 减水剂的混凝土强度均最高。因此，综合混凝土拌合物的性能与力学性能，对于上述材料，采用 SP1 制备的机制砂自密实混凝土具有最优的综合性能。

7.3.3.5　增黏剂对机制砂自密实混凝土性能的影响

增黏剂是配制自密实混凝土不可缺少的外加剂组分之一，尤其对贵州地区的混凝土。试验在保持其他条件基本相同的情况下，分析增黏剂及不同掺量对混凝土拌合物性能及强度的影响。见表 7-11、表 7-12。

表 7-11　复掺减水剂与增黏剂对混凝土拌合物性能的影响

试验序号	减水剂		增黏剂掺量/‰	坍落度/cm			坍落扩展度/cm			倒坍落度筒流出时间/s		
	品种	掺量		0h	1h	2h	0h	1h	2h	0h	1h	2h
SG12	V3320	1.5	0	24	22	21	48	45	42	30	33	36.3
SG12-1			0.1	24.5	24	22.5	65	60	58	25.5	28	31.1
SG13	LX-6	1.2	0	23	22	20	55	50	44	24.8	27.6	31.2
SG13-1			0.2	23	23.5	21	57	55	54	11.1	12.5	14.1

表 7-12　复掺减水剂与增黏剂对混凝土抗压强度的影响

试验序号	减水剂品种	抗压强度/MPa		
		3d	7d	28d
SG12-1	V3320	20.5	36.7	54.7
SG13-1	LX-6	18.9	36.5	55.3

从表 7-11 所给的增黏剂对两种减水剂的混凝土性能的影响中可以看出，对掺 V3320 减水剂而不掺增黏剂的混凝土，尽管其混凝土坍落度达到 24cm，但其混凝土坍落扩展度 48cm，而且混凝土拌合物有离析现象，倒坍落度流出时间也较长，达到 30s，掺入一定量的增黏剂后，混凝土拌合物的工作性明显改善，黏性增大，坍落扩展度也明显增大，达到 65cm，基本达到自密实混凝土的性能要求，但倒坍落度流出时间略长。对掺 LX-6 减水剂的混凝土，掺入一定量的增黏剂，混凝土拌合物的性能也达到改善，尤其是倒坍落度筒流出时间大大减小。从强度发展趋势来看，掺入一定量的增黏剂会降低混凝土的早期强度，但对后期基本没有影响。这说明，对上述原材料，添加一定量的增黏剂可在不影响长期性能的前提下有效改善混凝土拌合物性能。

7.3.3.6　大掺量矿物掺合料技术

（1）矿物掺合料及其掺量　混凝土配合比基本参数：砂率 50%，水胶比为 0.35，SP1 减水剂 1.2% 的掺量，石子最大粒径为 20mm 的情况下，分析不同矿物掺合料及其复掺对混凝土性能的影响，见表 7-13～表 7-15。

表 7-13　单掺或复掺不同矿物掺合料的混凝土配合比

试验序号	混凝土配合比						减水剂	增黏剂
	矿物掺合料				石子级配		掺量/%	掺量/‰
	类型	掺量/%	类型	掺量/%	5～10mm	10～20mm		
SG6				0			1.5	—
SG7-1		20		3	40%	60%	1.5	—
SG7-2							1.5	0.5
SG10-1		40		5			1.2	—
SG10-2							1.2	0.6
SG12-1	贵州粉煤灰	40	贵州硅灰	5			1.5	—
SG12-2							1.6	0.2
SG13		40		10	50%	50%	1.2	—
SG19-1							1.2	—
SG19-2		40		8			1.4	—
SG19-3							1.5	0.05

表 7-14　单掺或复掺不同矿物掺合料的混凝土拌合物性能

试验序号	坍落度/cm		坍落扩展度/cm		倒坍落度筒流出时间/s		浆体状态
	0h	2h	0h	2h	0h	2h	
SG6	24	24	67	66	37.5	68.5	泌水、离析
SG7-1	24	—	72	—	22	—	泌水、离析
SG7-2	25.5	22.5	71	72.5	27.8	53.8	改善

续表

试验序号	坍落度/cm		坍落扩展度/cm		倒坍落度筒流出时间/s		浆体状态
	0h	2h	0h	2h	0h	2h	
SG10-1	22	—	68	—	14.8	—	—
SG10-2	24.5	23	62	53.5	10.6	23.7	—
SG12-1	22	—	51	—	7.5	—	泌水、离析
SG12-2	24.5	23	66	52	6.4	6.1	良好
SG13	21.5	19.5	45	34	12.9	20.5	—
SG19-1	—	—	—	—	—	—	拌不出
SG19-2	23	—	64	—	15.6	—	—
SG19-3	23	23	62	58	15	32.7	—

表 7-15　单掺或复掺不同矿物掺合料的混凝土抗压强度

试验序号	抗压强度/MPa			试验序号	抗压强度/MPa		
	3d	7d	28d		3d	7d	28d
SG6	23.1	44.1	59.3	SG12-2	18.2	32.2	55.6
SG7-2	28.2	49.4	58.3	SG13	16.4	28.791	59.3
SG10-2	14.9	27.5	51.1	SG19-3	17.1	35.1	53.7

从表 7-13～表 7-15 中可以看出，当在粉煤灰掺量 20%、硅灰掺量 3%时，将外加剂掺量增加到 1.5%，结果出现了泌水和离析，且倒坍落度筒流出时间太长，浆体稠度太小。掺入一定量的增黏剂，混凝土拌合物的黏度得到改善，但混凝土拌合物仍存在一定离析。当同时增大粉煤灰与硅灰掺量，同时调整外加剂的掺量，混凝土拌合物取得很好的性能。但当继续增大硅灰掺量时，可以增加混凝土拌合物黏聚性，解决堆料问题，但是如果硅灰掺量过大，由于硅灰较大的比表面积导致的高需水量，是混凝土工作性降低，需水量增大水胶比或增加减水剂掺量，因此硅灰掺量不宜过多。复合掺入大量粉煤灰与硅灰可有效改善自密实混凝土的工作性，尽管混凝土早期强度略低，但后期强度增长较快，达到不掺掺合料的基准混凝土的水平。因此，大掺量矿物掺合料技术是配制机制砂自密实混凝土重要的重要技术。

（2）不同胶凝材料用量　胶凝材料用量大小对自密实混凝土的拌合物性能与力学性能均有重大影响。混凝土配合比参数：砂率 50%，水胶比为 0.35，粉煤灰掺量为 40%，硅灰掺量为 5%，SP1 减水剂 1.2%的掺量，石子最大粒径为 20mm、石子级配为（5～10mm）:（10～20mm）=1:1 的情况下，研究了不同胶凝材料用量对混凝土性能的影响。见表 7-16、表 7-17。

表 7-16　胶凝材料用量对混凝土拌合物性能的影响

试验序号	胶凝材料用量/(kg/m³)	增黏剂掺量/‰	坍落度/cm			坍落扩展度/cm			倒坍落度筒流出时间/s		
			0h	1h	2h	0h	1h	2h	0h	1h	2h
SG14	450	0	17	—	—	41	—	—	28	—	—
SG14-1		0.2	23.5	23	21	65	63	51	14.3	16	19.1
SG14-2		0.3	22	21.5	20.5	62	58	46.5	15.3	18	35.5
SG15	500	0	22	20.5	19	68	58	53	14.8	16.4	19.5
SG15-1		0.1	25	24.5	23	68	62	53.5	8.8	10.6	23.7
SG16	550	0	25.5	—	—	64	—	—	7	—	—
SG16-1		0.05	25.5	25.5	23	69	67.5	60	5	5.6	8.5
SG16-2		0.1	24.5	24	22	68	67	62	6.6	8	15

表 7-17 胶凝材料用量对混凝土抗压强度的影响

试验序号	胶凝材料用量/(kg/m^3)	抗压强度/MPa		
		3d	7d	28d
SG14-2	450	15.7	33.9	54.3
SG15-1	500	21.9	37.7	61.3
SG16-2	550	17.1	33.2	55.8

从表 7-16 给出的胶凝材料用量对自密实混凝土性能的影响可以看出，胶凝材料用量过小时，混凝土坍落度及坍落扩展度均达不到要求。随着胶凝材料用量的增大，自密实混凝土拌合物性能改善，混凝土坍落度及坍落扩展度提高，且倒坍落度筒流出时间缩短，表明在高胶凝材料用量下，自密实混凝土拌合物性能越好。从强度发展来看，各龄期的混凝土强度并不随胶凝材料用量的增大而提高。因此，应综合考虑胶凝材料用量对其性能的影响，确定合适的用量。

7.4 机制砂自密实混凝土的性能

7.4.1 机制砂自密实混凝土的工作性及其评价

水泥浆和粗细骨料所组成的新拌混凝土是由固相、液相、气相组成的一种非均质、非密实、各向异性的，且随时间、温度、湿度和受力状态在不断演变的弹-黏-塑性混合物。根据流变学原理可以认为，新拌混凝土是一种黏塑性体，它可以由 Bingham 模型描述，流变曲线如图 7-4。其流变方程为：$\tau = \tau_0 + \eta_0 dv/dt$，式中，$\tau_0$ 为屈服应力值，η_0 为塑性黏度，dv/dt 为剪切速率。

屈服应力值 τ_0 是阻碍浆体进行塑性流动的最大剪切应力，在新拌混凝土的分散体系中，剪切应力主要由下面几个方面组成：粗骨料与砂浆相对流动产生的剪应力、粗骨料由于本身的重力作用而产生的剪应力，以及粗骨料间相对移动所产生的剪应力等。混凝土屈服应力既是混凝土

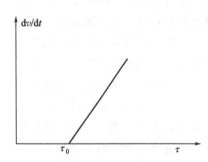

图 7-4 Bingham 流体的流变曲线

开始流动的前提，又是混凝土不离析的重要条件。塑性黏度是指分散体系进行塑性流动时应力与剪切速率的比值，它反映流体与平流层之间产生的与流动方向相反的黏滞阻力大小，其大小支配了拌合物的流动能力。新拌自密实混凝土必须具有自行流动通过钢筋间隙并填充模具，因而要求混凝土流动性高、可塑性大、抗分散性好、密实性高。从流变特征来考虑，则要求自密实新拌混凝土有最小的屈服值 τ_0；流变过程中最小的塑性黏度 η_0；在一定的剪切应力下有较大的应变 e 以及较大的内聚性 c 和较小的内摩擦 η。为满足自密实混凝土拌合物多方面的性能，在配合比设计时应对影响流动性的重要因素进行系统考虑。

自密实混凝土仅仅具备"高流动性"还远远不够，因为流动性越高，混凝土产生离析的趋势就越大。还需具备高稳定性、高填充能力、钢筋间隙通过能力等。配制自密实混凝土的关键是控制好"高流动性"与"高稳定性"之间的平衡。不同因素对混凝土拌合物的流变学参数的影响规律不同，见图 7-5。

冰岛建筑研究院（IBRI）在这方面进行了较深入的研究。采用混凝土流变仪，通过大

量的试验分析比较，确定自密实混凝土的流变学参数（屈服值和塑性黏度）应该在图 7-6 与图 7-7 所示的范围。早期配制自密实混凝土，为了保证稳定性，即不出现泌水和骨料离析，一般依靠提高混凝土塑性黏度来实现。提高混凝土拌合物黏度的方法为使用高掺量石粉或掺加化学增黏剂。掺加石粉的自密实混凝土，粉状材料（水泥＋石粉）含量高达 $600\sim700\text{kg/m}^3$，限制了混凝土硬化性能的提高；采用化学增黏剂，如纤维素、聚丙烯酰胺，混凝土的塑性性能变得非常敏感，会受原材料质量、配料准确性等波动的影响而大幅度变化。此外，混凝土黏度高，泵送会变得困难。最近几年，随着自密实

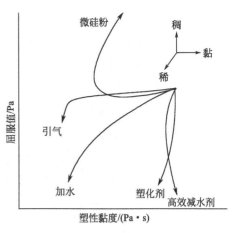

图 7-5　影响混凝土流变性能的因素

混凝土理论研究的深入和实践经验的丰富，自密实混凝土发展转向低黏度、低粉状材料含量、低敏感性。目前，从流变学参数定义，自密实混凝土的流变参数应满足屈服值 $30\text{ Pa}<\tau_0<80\text{ Pa}$、塑性黏度 $10\text{ Pa}\cdot\text{s}<\eta_0<40\text{ Pa}\cdot\text{s}$、粉状材料含量宜控制在普通混凝土的水平，即 $400\sim500\text{kg/m}^3$ 范围；在高效减水剂掺量、加水量、骨料质量波动时，新拌混凝土拌合物的流变性能不产生显著变化。这样，自密实混凝土不仅塑性性能和硬化性能优良，同时又容易生产和进行质量控制。见图 7-7。

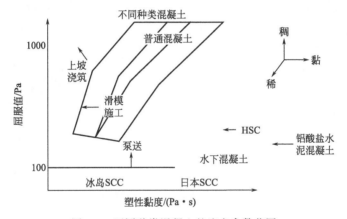

图 7-6　不同种类混凝土的流变参数范围

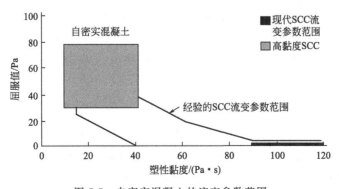

图 7-7　自密实混凝土的流变参数范围

自密实性包括流动性、抗离析性和自填充性。

流动性可用检测普通高性能混凝土拌合物坍落扩展度的方法。抗离析性测量方法有两种：V型漏斗法，即用装满 10 L 混凝土拌合物，打开底盖计量流出时间（s）；T_{50} 法，即计量坍落扩展度扩展到平均 50cm 的时间（s）。见图 7-8。

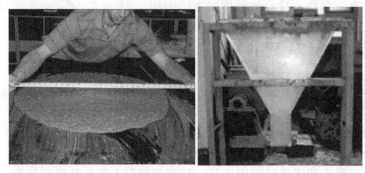

图 7-8　机制砂自密实混凝土流动性（左）和抗离析性（右）的测量

自填充性可用 U 型箱测量，其通过隔板分为 A、B 两室，下端流出 19cm 高的连通口，连通口处垂直放一定间距的钢筋。将 A 室装满拌合物，拔开隔板，拌合物通过钢筋流入 B 室。停止流动后量取 B 室混凝土上升高度。见图 7-9。

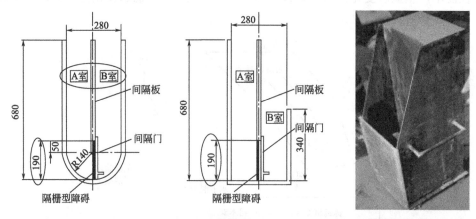

图 7-9　机制砂自密实混凝土自填充性的测量和 U 型箱

7.4.2　机制砂自密实混凝土的力学性能

相同的水泥含量和水灰比情况下，由于机制砂自密实混凝土致密的结构组成，因此它的强度比振动密实的混凝土强度高；相同的抗压强度情况下，机制砂自密实混凝土抗拉强度预计比振动密实的混凝土抗拉强度略高；机制砂自密实混凝土弹性模量比常规混凝土弹性模量约小 15%，这是因为与普通混凝土相比，机制砂自密实混凝土体系中浆体体积分数较高而骨料体积分数较小。

7.4.3　机制砂自密实混凝土的耐久性

机制砂自密实混凝土的水胶比小，自填充性好，结构致密，因此其抗渗性和抗冻性等级高；在机制砂自密实混凝土中，由于掺入了大量的外掺料，将降低混凝土结构的碱度，从这方面讲，抗碳化性将降低，但由于其水胶比低，结构致密，就大大增强其抗碳化性能。因此其混凝土结构总体来讲，其抗碳化性良好。

7.5　机制砂自密实混凝土的工程应用

在河砂缺少的地区，机制砂自密实混凝土技术在一些特殊工程、特殊条件下，可发挥普通混凝土不可替代的作用，如内部结构复杂的混凝土施工、密集配筋下的混凝土施工、结构加固与修复工程中的混凝土施工、大体积混凝土和水下混凝土施工、钢管混凝土施工等。

7.5.1　机制砂自密实混凝土用于一般工程中

某试点工程选用某高速公路 B5 标段长度为 2.4m 的预制空心板为应用对象。

应用中，拌料采用强制式 500L 型的搅拌机，配备电子称量系统；拌和机出料口至运输车高度为 2m，用槽放料至车内，梭槽为钢板，呈 60°角。运输采用川路车，运输距离为 80m。川路车送至浇注地点后，将混凝土拌合物倒入龙门架的卸料仓中，通过龙门架的控制，将混凝土拌合物卸入构件中，实现自密实、自流平，完成浇筑。

7.5.1.1　机制砂自密实混凝土原材料与配合比

（1）原材料。胶凝材料：普硅 42.5 水泥、二级粉煤灰、微硅粉；骨料：机制砂，含泥量较小，5～25mm 连续级配石子；外加剂：聚羧酸减水剂、增黏剂、消泡剂。

（2）配合比。根据前期的大量试验确定，应用的机制砂自密实混凝土的强度等级为C30，具体的混凝土配合比如表 7-18 所示。

表 7-18　机制砂自密实混凝土配合比　　　　　单位：kg/m³

水泥	粉煤灰	硅灰	水	聚羧酸减水剂	山砂	石子	增黏剂	消泡剂
247.5	180	22.5	157	5.4	834	904	0.045	0.045

7.5.1.2　机制砂自密实混凝土的应用效果评价

本次共采用所研制的机制砂自密实混凝土应用总量约 1.2m³。从搅拌楼取料进行测试，可以看出：

① 由于搅拌的方量较少，为了计量方便，该混凝土中外加剂采用直接加入搅拌机，并适当延长了搅拌时间。

② 制备的拌合物未发生离析和泌水。

③ 混凝土坍落度达到 26cm，坍落扩展度达到 65cm 以上。

④ 制备的拌合料流动性良好、坍扩度大、均匀、易卸料，浇注后迅速自行填充密实。

⑤ 制备的拌合料坍落度和坍扩度损失率都在 10% 以内（1h）。图 7-10 为运送到工地现

图 7-10　机制砂自密实混凝土坍扩度的测量

场后对机制砂自密实混凝土进行流动性测试的情景。

⑥ 制备的拌合料凝结时间比普通混凝土有所延长。

混凝土从搅拌站运送至构件浇注现场并稍候，共用时大约 70min。浇注现场测试表明，混凝土拌合料从搅拌站运送至浇注现场后，坍落度和坍落扩展度几乎未损失，仍具有非常良好的流动性和自密实性能。见图 7-11。

图 7-11　机制砂自密实混凝土现场浇注情况

从脱模后构件的外观来看，表面十分光滑，无蜂窝麻面，更无明显缺陷。

基于上述原材料及配合比制备的机制砂自密实混凝土具有十分优异的流动性与自密实性能，在工程中应用取得了良好的效果。

7.5.1.3　自密实混凝土的工作性与物理力学性能

通过前期的系统试验研究，解决了配制贵州地区自密实混凝土的关键技术，成功地配制出高性能的自密实混凝土。为了进一步研究贵州地区自密实混凝土的基本性能以及其与上海地区自密实混凝土的性能比较，根据前期试验结果，选取典型的贵州地区自密实混凝土配合比与上海地区自密实混凝土配合比，进行了系统性能试验。具体配合比见表 7-19。其中 SP1 和 SP2 使用的是贵州地区机制砂与碎石，而 SP3 和 SP4 使用的是上海地区河砂与碎石。石子的最大粒径均为 20mm。

表 7-19　贵州地区与上海地区自密实混凝土的配合比

试验序号	地区	矿物掺合料				减水剂		水胶比	增黏剂/‰	消泡剂/‰
		类型	掺量/%	类型	掺量/%	类型	掺量/%			
SP1	贵州地区	贵州粉煤灰	20	硅灰	5	SP1 减水剂	1.7	0.34	0.1	0
SP2			40				1.6	0.34	0.5	1
SP3	上海地区		40				1.3	0.3	0	0
SP4		上海矿渣粉	40				1.4	0.32	0	1

（1）自密实混凝土的工作性　从表 7-20 中可以看出，使用河砂的两组新拌混凝土的性能明显比机制砂的两组要好，且不用掺加增黏剂来改善。使用河砂的 SP3 和 SP4 其减水剂掺量比使用机制砂的掺量要小，且水胶比要低。

表 7-20 贵州地区与上海地区自密实混凝土的工作性

试验序号	坍落度/cm			坍落扩展度/cm			倒坍落度筒流出时间/s		
	0h	1h	2h	0h	1h	2h	0h	1h	2h
SP1	23.5	22.5	21	61	58	55	10.8	12.7	14.1
SP2	24.5	23.0	21.5	65	61	59	11.5	13.2	14.9
SP3	25.5	24.0	23	68.5	65	61	7	8.1	8.8
SP4	24.5	23.5	22.5	66	62	58	12	12.5	14.1

造成这两点区别的原因就是机制砂的特性：机制砂级配不良，往往易导致新拌混凝土凝聚性、保水性差，易离析、泌水，并降低和易性和流动性；由于机制砂中带入的石粉含量较多，倘若不加控制，再加上水泥、粉煤灰，混凝土的细颗粒含量过多，将导致混凝土过黏、工作性降低。这导致为了得到更好的性能，就必须设计更大的减水剂掺量、水胶比，添加其他外加剂如增黏剂。

（2）自密实混凝土的物理力学性能　从表 7-21 和图 7-12 中可以看出，对于采用机制砂的 SP1 和 SP2，在相同的流动性下，随着粉煤灰的掺量增大，自密实混凝土的抗压强度、轴心抗压强度和弹性模量随之减小。对于采用河砂的 SP3 和 SP4，尽管 SP4 水胶比略大，但其各个龄期的抗压强度、轴心抗压强度和弹性模量均比 SP3 大，这表明，相同复合胶凝材料下，大掺量矿渣粉的自密实混凝土强度均比大掺量粉煤灰自密实混凝土高，说明矿渣粉比粉煤灰更有利于提高自密实混凝土强度。

表 7-21 自密实混凝土的物理力学性能

试验序号	28d 轴心抗压/MPa	28d 弹性模量/MPa	抗压强度/MPa				轴心/立方抗压比
			3d	7d	28d	90d	
SP1	51	3.78×10^4	31.9	50.0	61.8	69.6	0.83
SP2	47.5	3.70×10^4	23.1	38.7	58.0	65.7	0.82
SP3	52.2	3.81×10^4	27.3	48.1	63.8	72.6	0.82
SP4	59.7	3.88×10^4	36.6	67.8	73.7	75.2	0.81

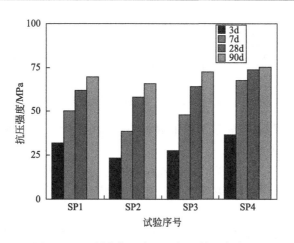

图 7-12 不同龄期下各组混凝土的强度发展

比较河砂和机制砂配制的自密实混凝土，机制砂配制的自密实混凝土需水量大，混凝土外加剂掺量增大，且需要添加增黏剂进行调整。从而使得机制砂配制出的自密实混凝土强度比河砂配制的自密实混凝土略低。

从轴心抗压强度/立方抗压强度比值来看，机制砂自密实混凝土的比值比河砂自密实混凝土略高。

7.5.1.4 自密实混凝土的耐久性

针对四组自密实混凝土，开展了以下自密实混凝土耐久性的试验研究：干缩性能；抗渗性；碳化深度；抗钢筋锈蚀性；耐硫酸盐化学侵蚀性能；抗冻性能。

(1) 自密实混凝土的干燥收缩 自密实混凝土的干燥收缩试件采用100mm×100mm×515mm标准试件，按国家标准《普通混凝土长期性能和耐久性能试验方法标准》（GB/T 50082—2009）条件下养护及检测。但在1d脱模后，测试其初始长度。收缩率为同组三个试件的平均值。见表7-22和图7-13。

表 7-22 各组混凝土的干缩性能

编号	干缩/(μm/m)						
	1d	3d	7d	14d	28d	56d	90d
SP1	23.0	35.0	63.5	100.5	150.5	200.3	254.6
SP2	21.0	30.5	58.5	90.5	141.6	198.4	244
SP3	31.5	41.0	70.5	111.7	160.6	207.5	270.6
SP4	41.0	78.0	103.0	169.5	226.8	260.8	311.1

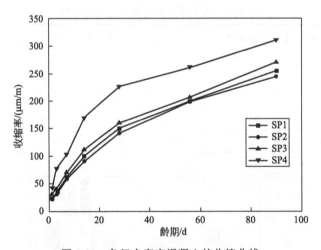

图 7-13 各组自密实混凝土的收缩曲线

从图7-13给出的各组自密实混凝土的收缩曲线可以看到，大掺量矿物掺合料的自密实混凝土收缩比较小，尤其在早期。

对掺相同掺量的粉煤灰与硅灰矿物掺合料的混凝土，机制砂自密实混凝土SP2的收缩与河砂自密实混凝土SP3的收缩基本相同。随着粉煤灰掺量的增大，各个龄期的混凝土收缩随之减小。

相同矿物掺合料掺量下，掺矿渣粉的自密实混凝土收缩明显大于掺粉煤灰的自密实混凝土。

(2) 自密实混凝土的抗渗性 对四组不同配合比自密实混凝土，各成型了一组混凝土抗渗标准试件，标准养护 28d 后，进行抗渗压力试验，试验水压从 0.1MPa 开始，每隔 8h 增加水压 0.1MPa，加压到 3.0MPa，并恒压 8h 后，发现五组配合比的混凝土均无透水现象，劈开后，测试其渗水高度，见表 7-23。表明各组的自密实混凝土抗渗压力大于 3MPa。

表 7-23 各组自密实混凝土的渗水高度

试验序号	砂类型	掺合料	渗水高度/mm	试验序号	砂类型	掺合料	渗水高度/mm
SP1	机制砂	粉煤灰	30.4	SP3	河砂	粉煤灰	28.3
SP2	机制砂	粉煤灰	35.9	SP4	河砂	矿渣粉	20.0

从表 7-23 中可以看出，各组自密实混凝土的渗水高度均比较小。机制砂自密实混凝土 SP2 渗水高度略高于河砂自密实混凝土 SP3。随着粉煤灰掺量的增大，机制砂自密实混凝土渗水高度增大。相同矿物掺合料掺量下，掺矿渣粉的自密实混凝土渗水高度明显小于掺粉煤灰的自密实混凝土。

(3) 自密实混凝土的抗碳化性 采用碳化箱加速碳化的试验方法，测试了各组自密实混凝土经过 3 个月的加速碳化后的碳化深度，并测试了不同龄期的碳化深度，试验结果如表 7-24。从图 7-14 中可以看出，各组混凝土的碳化深度均较低，表明各组混凝土配合比均具有较好的抗碳化性能。在 CO_2 浓度、相对湿度和环境温度等条件相同情况下，影响碳化速度的主要因素为混凝土中水泥石的碱度和孔结构。可以预见，混凝土中由于掺加了矿渣粉、粉煤灰等活性掺合料，浆体的碱度比普通混凝土低，但是碳化速度却极慢，这主要是因为所配制的自密实混凝土的密实度较高，CO_2 和水难以扩散进入浆体内部，致使碳化过程无法进行。

表 7-24 各组自密实混凝土的碳化深度

试验序号	碳化深度/mm		试验序号	碳化深度/mm	
	28d	90d		28d	90d
SP1	1.5	4.0	SP3	1.0	3.5
SP2	2.6	7.8	SP4	0	1.2

图 7-14 各组混凝土的 28d 龄期时碳化深度

相同龄期下，掺相同掺量粉煤灰的自密实混凝土碳化深度大于掺矿渣粉的自密实混凝土。随着粉煤灰掺量的增大，自密实混凝土的碳化深度随之增大。从不同龄期的碳化深度来看，各组自密实混凝土的碳化深度随之增长。

（4）自密实混凝土的锈蚀试验 混凝土中钢筋电化学腐蚀是因钢筋表面形成大量的微电池的作用而引起的，微电池的阳极区与阴极区电位差越大，腐蚀速度越快。试验测试了经碳化加速试验后的混凝土内部的钢筋的锈蚀程度。表 7-25 给出了不同混凝土配合比的钢筋锈蚀的损失率。从钢筋质量损失率的指标来看，各组混凝土中的钢筋质量损失率很小，均在 0.15% 以下。这表明，各组配合比的混凝土均具有良好的抗钢筋锈蚀性能。见图 7-15。

表 7-25　不同自密实混凝土的钢筋锈蚀损失率

试验序号	试验前钢筋质量 /g	试验后钢筋质量 /g	锈蚀率 /%	试验序号	试验前钢筋质量 /g	试验后钢筋质量 /g	锈蚀率 /%
SP1	497.52	496.92	0.12	SP3	493.03	492.44	0.12
SP2	503.4	502.74	0.13	SP4	506.37	505.81	0.11

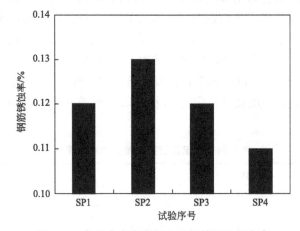

图 7-15　各组自密实混凝土的钢筋锈蚀损失率

（5）自密实混凝土的抗硫酸盐侵蚀性能 表 7-26 和图 7-16 给出了各组自密实混凝土分别在浓度均为 10% 的硫酸钠溶液与清水中浸渍 90d 后的强度值。

从表 7-26 中数据可以看出，掺粉煤灰的自密实混凝土经硫酸盐侵蚀后略有下降，而掺矿渣粉自密实混凝土在硫酸钠溶液中浸泡后强度不仅未下降，反而有一定程度的增长，这是因为各组混凝土不仅密实度高、抗渗性好，而且掺入了对耐碱和耐硫酸盐侵蚀性有益的活性掺合料（矿渣粉）。尤其是掺 40% 矿渣粉的混凝土具有较高的抗硫酸盐侵蚀的性能。这些混凝土所具备的这种良好的抗化学物质侵蚀性将保证使其在恶劣的环境中长期服役而不遭受破坏。

表 7-26　混凝土在清水与硫酸盐介质浸泡 3 个月后的强度变化

试验序号	清水中浸泡的抗压强度/MPa	硫酸盐浸泡后强度/MPa	强度损失率/%	质量损失率/%
SP1	70.6	67.8	2.5	0.4
SP2	68.7	66.5	3.2	0.74
SP3	75.6	74.1	2.0	0.21
SP4	77.2	78.2	—1.3	0.0

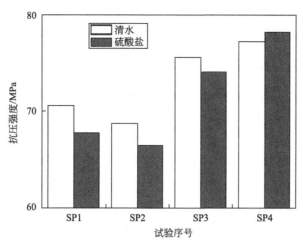

图 7-16　不同介质中浸泡 1 个月的自密实混凝土抗压强度

（6）自密实混凝土的抗冻性能　对四组自密实混凝土配合比，试验采用快冻法，共进行 400 次冻融循环，试验结果列于表 7-27 中。

表 7-27　各组混凝土经 400 次冻融循环后试件平均质量的变化　　　　单位：kg

循环次数 ＼ 试验序号	SP1	SP2	SP3	SP4
0	10.08	10.03	10.00	10.20
100	10.10	10.05	10.01	10.25
200	10.05	10.01	9.91	10.22
400	9.94	9.86	9.80	10.14

从表 7-27 中可以看出，各组自密实混凝土试件的平均质量在 100 次冻融循环时并没有降低，反而逐渐略有增长。这主要因为所配制的自密实混凝土均具有较高的强度，混凝土微观结构密实，孔隙率很低。因而混凝土的水渗透系数很低。随着冻融次数的增长，冻融循环没有对混凝土试件造成破坏，而水分则逐渐缓慢渗入试件内部。因此，混凝土试件的质量略有增长。随着冻融循环的次数增加，混凝土的质量稍有降低，但各组混凝土的损失率均较小。

从表 7-28 和图 7-17 可以看出，各组自密实混凝土在 400 次循环后的动弹性模量损失均较小。经过近两个月的快速冻融试验表明，各组自密实混凝土均具有良好的抗冻融性能。

表 7-28　各组混凝土经 400 次冻融循环后动弹性模量的变化　　　　单位：GPa

循环次数 ＼ 试验序号	SP1	SP2	SP3	SP4
0	52.49	50.21	53.94	55.66
100	53.08	50.55	53.84	55.70
200	52.19	49.10	52.23	54.41
400	50.11	48.93	50.66	52.81

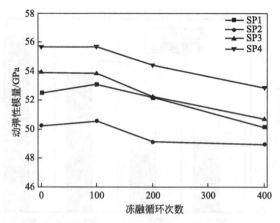

图 7-17　各组自密实混凝土经 400 次冻融循环后动弹性模量的曲线图

7.5.2　机制砂自密实混凝土用于特殊工程中

这里的特殊工程包括机制砂自密实钢管混凝土浇筑、机制砂自密实清水混凝土浇筑等等。

小河特大桥是沪蓉国道主干线在湖北恩施境内一座跨径 338m 的上承式无铰推力式钢管混凝土拱桥，矢高 67.6 m、矢跨比 1/5。该桥拱肋上下弦钢管内填充 C60 混凝土，总用量约 3850m³。钢管拱内核心混凝土施工采用泵送顶升压注法，施工环境处于"V"坡上，混凝土的输送须采用二级泵输送，因此要求混凝土有良好的工作性，以保证混凝土的正常施工及自密实要求，并应具有高强和微膨胀特征，以满足结构力学性能要求和实现复合材料的"套箍效应"。

该工程对钢管混凝土具有以下技术要求：

① 工作性：新拌混凝土坍落度 220～250mm，坍落扩展度 550～650mm，2h 坍落度损失值不超过 20mm，压力泌水率比小于 40%，含气量小于 1.8%，初凝时间 16～20h。

② 抗压强度：28d≥75 MPa，7d≥60 MPa。

③ 限制膨胀率：14d 水中养护限制膨胀率在 $3.0×10^{-4}$～$4.0×10^{-4}$ 范围，28d 干燥空气中养护限制干缩率≤$3.0×10^{-4}$。

机制砂自密实钢管混凝土的配制：除采用常规的矿物掺合料与高效减水剂双掺、膨胀剂补偿收缩途径外，还将采用高石粉机制砂混凝土应用技术。与普通混凝土相比，自密实混凝土通常浆体数量高，配合比设计中粉料用量大、水胶比低。机制砂生产中富含一定数量的粒径小于 0.075mm 的石粉，约占机制砂总量的 10%～15%，而 GB/T 14684—2001 限制 C60以上混凝土用机制砂的石粉含量在 3% 以下，多余的石粉需通过水洗去除。从而增加了生产成本和环境负荷。已有研究表明，适量的石粉（7%～10%）在机制砂混凝土中具有润滑、增黏、填充与水化增强效应，若能利用机制砂中富含的部分石粉来克服机制砂颗粒表面粗糙、尖锐多棱角、细度模数大、级配不良的特性，则有助于解决 C60 机制砂自密实钢管混凝土的离析、泌水以及胶凝材料用量过大的问题。

利用机制砂配制 C60 自密实微膨胀钢管混凝土的配合比设计参数为：胶凝材料用量 535kg/m³，矿粉及膨胀剂掺量各为 10%，水胶比 0.31，机制砂石粉含量 7%，砂率 48.5%，聚羧酸盐高效减水剂掺量 1.35%。

随石粉含量在 3%～10% 范围增大，C60 机制砂钢管混凝土的抗压强度呈上升趋势，引起的拌合物黏滞性的增加可通过适量增加减水剂掺量得以改善。

经优化可配制出初始坍落度大于 230mm、坍落扩展度大于 650mm、T_{50} 小于 15s、28d 抗压强度超过 75MPa、14d 水中限制膨胀率达 $4.0×10^{-4}$ 的 C60 机制砂自密实微膨胀钢管混凝土，该混凝土具有良好的自密实性能。

水柏线北盘江大桥位于贵州省六盘水乌蒙山境内，为主跨 236m 的上承式钢管混凝土拱桥，是水柏线上的控制工程。钢管拱内混凝土施工采用泵送顶升法，要求新拌混凝土具有良好的工作性，以保证混凝土的施工及自密实要求。

要配制如此高性能的混凝土，宜用优质的天然河砂。由于贵州省属缺少天然河砂地区，倘若从外省采购，每方砂价格将达 400 元左右，加之交通不便，势必影响工期。因此，决定在遵循《铁路混凝土与砌体工程施工规范》（TB 10210—2001）规范的基础上，利用机制砂进行试验，配制自密实混凝土。

针对上述机制砂及其混凝土的特性，在配合比设计时采用以下几种措施：

① 掺加高效复合膨胀剂。这种复合膨胀剂不仅要含有膨胀组分，还应掺有高效减水剂、保坍剂等。它除应具有适宜的微膨胀性外，还应具有很高的减水率（大于 20%），并应有较高的流化作用和保坍效果，使拌合物具有低水胶比、高流动度和保坍效果好的特性。同时，这种复合膨胀剂还应与所用水泥有良好的相容性。

② 掺加粉煤灰。粉煤灰的掺入，可以减弱因机制砂级配不良而造成拌合物性能差的弊病，提高混凝土的凝聚性、保水性，同时利于泵送，提高强度，减少收缩。

配合比的选定分 2 个步骤，先计算理论配合比，进行试拌，待满足新拌混凝土各项性能后，再入模成型限制膨胀试件、抗压强度试件、弹性模量试件，2 个步骤结果均满足设计要求，才能确定配合比。

混凝土施工控制要点：

① 严格控制好配合比各组成材料的质量，砂、石料中的石粉含量必须控制在要求范围以内，建立严格的生产及验收制度；水泥、粉煤灰、外加剂的出厂、进场，必须进行严格的检验，以确保质量的稳定性；谨防受潮。

② 确保配合比各组成材料的计量准确性，特别是外加剂的计量。

③ 混凝土采用强制式拌和机搅拌，拌和时间不得少于 2.5min，出料坍落度严格控制在 24～27cm 之间，发现异常必须由实验室决定处理。

④ 两岸混凝土产量各按一次压注 30～40m 节段控制在 15m³/h 以上，确保混凝土在经时 2h、坍落度大于 20cm 前压注完毕。

⑤ 养护时混凝土由钢管包裹，水分散失少，但要及时散发由水化反应产生的热量，以免造成内外温差过大，产生温缩开裂。故而，要对钢管不停浇水，养护 7d。

大桥于 2001 年 3 月 23 日压注施工至 2001 年 4 月 20 日结束，历时仅 28d，其间泵送顺畅，即使在压注最不利截面为狭长矩形的实腹段，采用增设进浆口的方法，也顺利压满，达到了满意的施工效果，经大桥局桥科院检测，混凝土充盈饱满，达到优良等级。

成都市来福士广场工程 RCC（Raffles City Chengdu）是一座综合性的商业广场，建筑面积约 30.9 万平方米。塔楼檐高 112～123m，为全现浇钢筋混凝土框架剪力墙结构。工程由 5 栋塔楼、4 层地下室及围合的群楼组成，塔楼和裙楼、塔楼和塔楼间彼此独立又彼此连通。造型新颖独特，建筑呈不规则倾斜状。工程建成后将成为成都市新的地标性建筑。广场 5 栋塔楼正立面由柱、斜柱、梁组成，设计要求采用清水混凝土饰面。其中立柱间斜柱承载力大、内配工字型钢，钢筋间距较小，封模后无法插入振捣施工，同时混凝土泵送最大施工垂直落差达 7m，对混凝土的抗离析性能要求高。经分析研究确定，对塔楼正立面斜柱使用 C60 自密实清水混凝土，以保证施工顺利完成，并达到清水混凝土饰面效果。

① 钢筋配置密集，振捣难度大。来福士广场主楼斜柱截面尺寸为 400mm×1250mm，中部穿插 150mm×600mm×24mm 工字型钢。纵筋 4Φ32＋18Φ30、箍筋 Φ12@100。钢筋分布密集，部分纵筋间距不足 30mm，而且工字型钢两侧与模板内壁形成近真空带，对混凝土流动性、填充能力、穿越能力提出极高的要求。

② 浇筑时间长，对混凝土工作性要求高。斜柱所处的位置在立柱之间，斜柱下料开口小，浇筑难度大，浇筑用时较长，要求新拌混凝土的工作性能长期保持稳定、高水平。

③ 骨料质量要求高，材料选择困难。粗骨料方面，因斜柱钢筋过于密集，为保证混凝土的通过性能，需确定粗骨料的最佳粒径范围。细骨料方面，因成都地区天然砂资源急缺，混凝土生产多采用机制砂，机制砂颗粒多棱角，且级配较差，导致混凝土内部摩擦阻力相对较大，影响混凝土的流动性能。因此，为确保混凝土的性能，必须研究和解决自密实清水混凝土的原材料选择难题。

④ 表观质量要求高，必须实现清水饰面效果。自密实清水混凝土的高工作性能，同时能实现清水饰面效果，满足工程颜色、表观质量要求。配合比设计过程必须进行大量饰面效果试验，制作混凝土样板，实现自密实清水混凝土"内实外光，无色差、孔洞、水纹"的要求。

配合比设计：先后考察硅粉、超细矿粉等多种掺合料对混凝土工作性能的影响。以水胶比 0.21～0.25，砂率 46%～54% 为变量，通过大量复掺优质矿物掺合料、优选骨料、使用高性能聚羧酸减水剂等途径，设计不同的 C60 自密实清水混凝土配合比。针对设计配合比进行混凝土力学性能、耐久性试验，最终选择综合性能良好、适合生产的设计配合比，水泥：硅粉：掺合料：机制砂：石子：水：减水剂＝1：0.08：0.71：2.44：2.25：0.47：0.030，砂率 52%。

清水混凝土饰面效果验证：为验证混凝土的清水饰面效果，进行机制砂自密实清水混凝土样板成型。用木模拼装 1.2m×1.5m×1.9m 十字模型，模拟实际的工程配筋密度。使用上述配合比生产自密实清水混凝土，进行模拟施工。成型拆模后混凝土样板内实外光，无气泡、无水纹，颜色均匀，表观质量达到清水饰面效果。

2013 年 3 月 29 日，在成都来福士广场首次进行自密实清水混凝土施工，浇筑 T2 区首层斜撑柱，混凝土搅拌车出站经 50min 到达现场，混凝土流动性、匀质性良好，扩展度 700mm。现场采用塔吊式起重机浇筑。斜柱与立柱结合部安装 400mm×2000mm 溜槽。混凝土沿溜槽进入斜柱模板，现场浇筑共用时 1.5h，过程顺利。混凝土的工作性完全满足自密实要求。拆模后表观质量良好，达到清水饰面效果。

7.6 机制砂自密实混凝土在清水河大桥中的应用

7.6.1 工程概况

贵州省贵阳至瓮安高速公路是对"6 横 7 纵 8 联"及 4 个城市环线网的进一步完善优化，高速公路路线全长 70.722km。其中清水河大桥位于贵州省东部，是沟通贵阳至瓮安的主要交通要道。

清水河大桥桥位起终点桩号 K69＋261～K71＋432.4。设计采用 9×40（开阳岸引桥）＋1130（单跨钢桁架梁悬索桥）＋16×42（瓮安岸引桥）构造。主桥为主跨 1130m 的单跨简支钢桁架加劲梁悬索桥，主缆计算跨径 258m＋1130m＋345m。引桥采用分幅设置。索塔为钢筋混凝土框架结构，开阳岸索塔高度为 230m，瓮安岸索塔高度为 236m/220m。索塔采用 C50 机制砂自密实混凝土，解决了机制砂混凝土高流动性、高填充性和抗离析性的技术难题。

7.6.2　机制砂自密实混凝土配制关键技术

7.6.2.1　原材料

（1）水泥：紫江 P. O 42.5 水泥；

（2）粉煤灰：国电都匀和黔西发电有限公司电厂的Ⅱ级粉煤灰，具体指标如表 7-29 所示；

（3）砂石料：毛云砂石料场生产的砂石料（灰岩），机制砂细度模数在 2.7～3.0 之间，石粉含量在 7％～12％之间，碎石采用 5～25mm 连续级配碎石；

（4）减水剂：KDSP-1 型聚羧酸盐缓高性能减水剂，固含量为 20.6％，减水率为 28％。

表 7-29　都匀粉煤灰检测报告

序号	检测项目	计量单位	技术要求（Ⅱ级灰）	检测值
1	三氧化硫	％	≤3	0.8
2	总碱量	％	—	0.94
3	游离氧化钙	％	≤1.0	0.32
4	需水量比	％	≥95	97
5	烧失量	％	≤8.0	7.4
6	细度	％	≤25.0	23.4

7.6.2.2　配合比优化技术

试验研究水胶比、砂率、胶凝材料用量、粉煤灰掺量等混凝土基本参数对 C50 机制砂自密实混凝土性能的影响，结合骨料优化技术、大掺量矿物掺合料的复掺技术和外加剂的复掺技术，提出高工作性 C50 索塔自密实混凝土的配合比优化技术，制备满足性能需求的高工作性自密实混凝土。结合前期大量的试验基础，得到的 C50 机制砂自密实混凝土的基准配合比（见表 7-30）。

表 7-30　C50 索塔机制砂混凝土基准配合比

胶凝材料 /(kg/m³)	水泥 /(kg/m³)	粉煤灰 /(kg/m³)	砂 /(kg/m³)	石子 /(kg/m³)	水灰比	砂率	水 /(kg/m³)	减水剂
510	357	153	1007	824	0.31	55％	158	1.0％

（1）水胶比。基准组水胶比为 0.31，分析水胶比变化对 C50 机制砂自密实混凝土工作性能和抗压强度的影响，外加剂掺量根据混凝土状态进行调整。具体试验结果见表 7-31。

表 7-31　不同水胶比对混凝土性能的影响

水胶比	外加剂	T/K /(mm/mm)	T_d/s	黏聚性	离析	泌水	抗压强度/MPa		
							3d	7d	28d
0.29	1.45％	270/650	15	偏黏	无	无	57.06	47.5	53.2
0.31	1.1％	275/700	15	好	无	无	42.2	47.9	52.4
0.33	1.0％	275/730	7	好	无	无	43.04	47.2	52.0

由上表可知，对于C50机制砂自密实混凝土，水胶比的变化对混凝土拌合物的状态影响很大。水胶比0.29的试验组倒坍落时间虽与基准组相同，但是所需减水剂掺量为1.45%，远远高于基准组。同时可以看出，过低的水灰比会导致混凝土黏度较大。此外，当水胶比增大时，所需减水剂掺量变小，但是流动性和黏度问题都得到改善，随着水胶比的降低，混凝土的7d、28d抗压强度呈不断增大的趋势，但增加的幅度不明显。因此在保证C50机制砂自密实混凝土强度的前提下，应增大水胶比。

（2）砂率。基准组砂率为55%，研究砂率变化对C50机制砂自密实混凝土工作性能和抗压强度的影响，外加剂掺量根据混凝土状态进行调整。具体试验结果见表7-32。

表7-32 不同砂率对混凝土性能的影响

砂率/%	减水剂/%	T/K /(mm/mm)	T_d/s	黏聚性	离析	泌水	抗压强度/MPa		
							3d	7d	28d
50	1.1	250/640	14	一般	轻微	轻微	39.4	48.1	47.4
55	1.1	275/700	15	好	无	无	42.2	47.9	52.4
60	1.2	260/590	10	好	无	无	42.5	46.2	50.1

由上表可以看出，随着砂率的增大，在保证拌合物良好状态的前提下，混凝土拌合物黏度较大的问题得到改善，表明砂率对自密实混凝土的工作性影响很大。当保持水胶比、胶材总量、粉煤灰掺量等参数不变，随着砂率的增大，混凝土的流动性和包裹性改善。此外，随着砂率的增加，混凝土3d、7d强度逐渐增大，说明对于C50机制砂自密实混凝土，砂率的增大对早期强度有利；随着砂率的增加，混凝土7d、28d强度先增后减，说明适当提高砂率可以提高混凝土后期强度，但砂率过大混凝土强度呈下降趋势。

（3）胶凝材料总量。基准组胶凝材料总量为510kg/m^3，研究胶凝材料总量的变化对C50机制砂自密实混凝土工作性能和抗压强度的影响，外加剂掺量根据混凝土状态进行调整。试验结果见表7-33。

表7-33 不同胶凝材料用量对混凝土性能的影响

胶凝材料/(kg/m^3)	水胶比	外加剂	T/K /(mm/mm)	T_d/s	黏聚性	离析	泌水	抗压强度/MPa		
								3d	7d	28d
485	0.31	1.35%	265/630	11	一般	无	无	43.0	48.4	54.3
510	0.31	1.1%	275/700	15	好	无	无	42.2	47.9	52.4
535	0.31	1.1%	265/650	7	好	无	无	42.5	47.8	51.5

通过上表发现，将胶凝材料用量增加至535kg/m^3，与基准组相比，混凝土拌合物倒坍时间减小，黏度降低。胶凝材料降低至485kg/m^{3}时，其外加剂掺量达到1.35%，但工作性不如基准组混凝土拌合物，说明胶凝材料总量的降低不利于混凝土的工作性，且外加剂的需求量增大。此外，随着胶凝材料的增加，混凝土3d、7d、28d强度逐渐减小。要综合考虑工作性，合理控制胶凝材料用量。

（4）粉煤灰掺量。基准组粉煤灰掺量为30%，研究粉煤灰掺量对C50机制砂自密实混凝土工作性能和抗压强度的影响，外加剂掺量根据混凝土状态进行调整。试验结果见表7-34。

表 7-34 不同粉煤灰掺量对混凝土性能的影响

粉煤灰 /%	砂率 /%	水胶比	外加剂 /%	T/K /(mm/mm)	T_d/s	黏聚性	离析	泌水	抗压强度/MPa		
									3d	7d	28d
20	55	0.31	1.15	260/660	11	好	无	无	50.23	55.4	56.75
30	55	0.31	1.1	275/700	15	好	无	无	42.2	47.9	52.4
40	55	0.31	1.01	260/685	14	好	无	轻微	39.31	45.6	48.68

由以上结果可以看出，随着粉煤灰掺量的增大，浆体黏性减弱，减水剂掺量减少，拌合物状态均良好。此外，粉煤灰对混凝土的早期强度影响较大，随着粉煤灰掺量的增大，混凝土 3d、7d、28d 强度呈现减小的趋势。粉煤灰掺量超过 30％时，混凝土的 28d 强度不满足力学性能要求。

7.6.3 机制砂自密实混凝土在清水河大桥中施工及应用效果

基于原材料优选和配合比优化技术，确定配合比为施工配合比，见表 7-35。

表 7-35 C50 索塔机制砂自密实混凝土施工配合比　　　　　　单位：kg/m³

水泥	粉煤灰	机制砂	碎石	水	外加剂
425	75	857	928	165	5

2014 年 1 月～10 月完成了索塔的修建工作，浇筑墩身平整度高，几乎没有裂缝，见图 7-18、图 7-19。

图 7-18　索塔混凝土近照

图 7-19　索塔远景图

现场测试 C50 索塔机制砂自密实混凝土的工作性，其中坍落度为 255mm，混凝土试块成型后在自然条件下养护，28d 抗压强度为 62.3MPa，均满足工程要求，经相关机构检测，工程质量优异。

7.7 机制砂自密实混凝土在北盘江大桥中的应用

7.7.1 工程概况

北盘江特大桥属杭瑞高速毕节至都格段，位于贵州（六盘水市都格乡）与云南（宣威市腊龙村）两省交界处，地表起伏大，位处深沟高壁，跨越北盘江大峡谷。桥梁全长

1341.40m，桥跨布置为80＋88×2＋720＋88×2＋80＋34×3，桥型设计为720m主跨钢桁梁斜拉桥，为世界同类型结构之最。墩高：269（3#索塔）～246.5m（4#索塔），桩深均55m直径2.8m，钢桁架上下弦杆内截面90cm×73cm。

北盘江特大桥索塔总高246.5m，其中塔座高19.5m，上塔柱为H型塔。使用C50机制砂自密实混凝土，拟解决了机制砂混凝土高流动性、高填充性和抗离析性的技术难题。

7.7.2　机制砂自密实混凝土配制关键技术

7.7.2.1　原材料

（1）水泥：曲靖宣峰42.5低热水泥。

（2）细骨料：石灰岩机制砂，细度模数为3.0～3.1，在中、粗砂范围内，石粉含量为4.8%，技术性能指标符合《公路桥涵施工技术规范》（JTG/T F50—2011）的要求。

（3）粗骨料：石灰岩碎石，采用5～10mm和10～20mm两种粒径的碎石复配而成，技术性能指标符合《公路桥涵施工技术规范》（JTG/T F50—2011）的要求。

（4）粉煤灰：法耳辉煌粉煤灰厂粉煤灰，技术指标符合《用于水泥和混凝土中的粉煤灰》（GB/T 1596—2005）。

（5）外加剂：采用超长缓凝型外加剂，经试验检测符合《混凝土外加剂技术规范》（GB 50119—2013）、《聚羧酸系高性能减水剂》（JG/T 223—2007）等标准。

（6）拌合用水：北盘江水，经试验检测符合《混凝土用水标准》（JGJ 63—2006）、《公路桥涵施工技术规范》（TG/T F50—2011）桥涵规范要求，可用于混凝土施工拌合用水。

7.7.2.2　配合比优化技术

研究粉煤灰掺量、胶凝材料用量、砂率、水胶比等配合比参数对混凝土性能的影响，提出高工作性C50索塔自密实混凝土的配合比优化技术，制备满足性能需求的高工作性自密实混凝土。结合前期大量的试验基础，得到的C50机制砂自密实混凝土的基准配合比见表7-36。

表7-36　C50机制砂自密实混凝土的基准配合比

胶凝材料/(kg/m³)	水泥/(kg/m³)	粉煤灰/(kg/m³)	砂/(kg/m³)	石子/(kg/m³)	水灰比	砂率	水/(kg/m³)	减水剂
510	306	208	915	915	0.314	50%	160	1.1%

（1）砂率。基准组砂率为44%，研究砂率变化对C50索塔机制砂自密实混凝土工作性能和抗压强度的影响，外加剂掺量视拌合物工作状态进行调整。具体试验结果见表7-37。

表7-37　不同砂率对混凝土性能的影响

砂率	外加剂	T/K/(mm/mm)	T_d/s	黏聚性	离析	泌水	抗压强度/MPa 3d	7d
44%	0.885%	240/590	8.0	较差	无	无	31.6	40.5
46%	1.0%	240/685	9.7	较差	无	无	31.7	40.6
50%	1.088%	265/685	10.5	好	无	无	32.1	44.6
55%	1.2%	260/790	10.2	较黏	无	无	32.2	41.5

从上表可知，砂率对自密实混凝土的工作性影响很大。当保持水胶比、胶材总量、粉煤灰掺量等参数不变，随着砂率的增大，混凝土的流动性和包裹性变好。当砂率为50%时，

混凝土状态良好。当砂率过高时，拌合物变黏。此外，随着砂率的增大，C50 索塔机制砂自密实混凝土的 3d 抗压强度呈增大的趋势，7d 的抗压强度呈先增大后减小的趋势。砂率 46% 时的混凝土拌合物状态如图 7-20 所示。

图 7-20　砂率 46% 时的混凝土拌合物状态

（2）粉煤灰掺量。基准组粉煤灰掺量为 40%，研究粉煤灰掺量变化对 C50 索塔机制砂自密实混凝土工作性能和抗压强度的影响，外加剂掺量视混凝土状态调整。具体试验结果见表 7-38。

表 7-38　不同粉煤灰掺量对混凝土性能的影响

粉煤灰	外加剂	T/K /(mm/mm)	T_d/s	黏聚性	离析	泌水	抗压强度/MPa			
							3d	7d	28d	60d
40%	1.1%	260/720	9.1	好	无	无	31.1	43.5	54.5	57.8
30%	1.0%	265/710	13.7	较黏	无	轻微	36.7	46.2	60.1	73.7
20%	1.04%	265/705	7.5	很黏	无	无	43.1	53.8	72.4	76.1

由上表可得，随着粉煤灰掺量降低，拌合物浆体变黏，混凝土的流动性降低。此外，随着粉煤灰掺量的增大，C50 索塔机制砂自密实混凝土的 3d、7d、28d 和 60d 的抗压强度，呈逐渐减小的趋势。

（3）瓜米石掺量。基准组瓜米石掺量为 45%，研究瓜米石掺量变化对 C50 索塔机制砂自密实混凝土工作性能和抗压强度的影响，外加剂掺量视混凝土工作状态调整。具体试验结果见表 7-39。

表 7-39　瓜米石掺量变化对混凝土性能的影响

石子		外加剂	T/K /(mm/mm)	T_d/s	黏聚性	离析	泌水	抗压强度/MPa			
瓜米石比例 (5～10mm)	碎石比例 (10～20mm)							3d	7d	28d	60d
45%	55%	1.1%	260/720	9.1	好	无	无	31.1	43.5	54.5	57.8
35%	65%	0.936%	260/725	6.7	好	无	无	30.5	37.3	56.8	62.3
30%	70%	0.953%	260/650	5.8	好	无	无	28.1	36.9	59.2	60.8

由上表可得，随着瓜米石掺量的增大，混凝土拌合物的流动性增大，倒坍时间增加。随着瓜米石掺量增大，碎石掺量减小，C50 索塔机制砂自密实混凝土的 3d 和 7d 抗压强度都呈

增大的趋势，28d 抗压强度呈逐渐减小的趋势，60d 的抗压强度呈先增大后减小的趋势。

（4）胶凝材料总量。基准组胶凝材料总量为 $510kg/m^3$，研究胶凝材料总量变化对 C50 索塔机制砂自密实混凝土工作性能和抗压强度的影响，外加剂掺量视混凝土工作状态调整。具体试验结果见表 7-40。

表 7-40 胶凝材料总量对混凝土性能的影响

胶材总量	外加剂	T/K /(mm/mm)	T_d/s	黏聚性	离析	泌水	抗压强度/MPa			
							3d	7d	28d	60d
510	1.1%	260/720	9.1	好	无	无	31.1	43.5	54.5	57.8
530	0.854%	265/760	8.6	好	无	无	30.8	37.6	51.4	66.3
490	0.861%	260/680	14.6	较黏	无	无	26.8	37.7	54.6	64.5

从上表可以看出，胶凝材料总量的增大有利于混凝土的流动性和流动速度，且可以降低外加剂的用量。此外，随着胶材总量的增加，C50 索塔机制砂自密实混凝土的 3d 和 7d 抗压强度均呈先增大后减小的趋势，28d 抗压强度呈逐渐增大的趋势，60d 抗压强度均呈先减小后增大的趋势。

7.7.3 机制砂自密实混凝土在北盘江大桥中施工及应用效果

基于原材料优选和配合比优化技术，确定配合比为施工配合比（见表 7-41），现场取样测试得到 C50 机制砂自密实混凝土如表 7-42 所示，可见混凝土工作性剂强度均满足设计要求。

表 7-41 C50 索塔机制砂自密实混凝土施工配合比 单位：kg/m^3

水泥	粉煤灰	机制砂	碎石	水	外加剂
395	99	843	950	163	4.446

表 7-42 C50 机制砂超高泵送混凝土的基本性能指标

坍落度/mm	1h 坍落度损失/mm	扩展度/mm	黏聚性	保水性	有无抓底、离析、泌水	抗压强度/MPa	
						28d	60d
220	0	520~550	良好	良好	无	52.2	61.9

现场采用以下方式施工：

（1）混凝土现场浇筑的顺序为：浇筑前检查→混凝土入模→混凝土摊平→混凝土振捣→混凝土养护。

（2）混凝土投料方式：输送泵泵送入模，多点下串筒下料浇筑。

（3）混凝土浇筑前检查：混凝土浇筑前，必须对支架、模板、钢筋和预埋件进行检查记录，合格后方可浇筑。模内须无杂物、积水、钢筋必须干净。模板接缝必须严密、内涂刷脱模剂。混凝土入模前必须检查混凝土的均匀性和坍落度。

（4）混凝土浇筑方向、顺序、层厚控制：混凝土须按一定厚度、顺序、方向、分层浇筑，下层混凝土初凝或能重塑前浇筑完上层混凝土。

（5）混凝土浇筑时严谨采取人工捣实混凝土。

通过现场施工技术的控制，使得机制砂自密实混凝土在工程中成功应用。图 7-21 为北盘江大桥主塔施工及成功封顶的现场效果图。

图 7-21 北盘江大桥主塔施工（左）和成功封顶（右）

参 考 文 献

[1] Okamura H，Ouchi M. Self-compacting concrete [J]. Journal of Advanced Concrete Technology，2003，1（1）：5-15.

[2] Edamatsu Y，Nishida N，Ouchi M. A rational mix-design method for self-compacting concrete considering interaction between coarse aggregate and mortar particles [C] //Proceedings of the first international RILEM symposium on self-compacting concrete，Stockholm. Sweden. 1999：309-320.

[3] Ozawa K，Maekawa K，Okamura H. High performance concrete with high filling capacity [J]. Proceedings of RILEM international Symposium on Admixtures for concrete：Improvement of properties. Barcelona，1990：51-62.

[4] Okamura H，Ozawa K，Ouchi M. Self-compacting concrete [J]. Structural Concrete，2000，1（1）：3-17.

[5] Ozawa M，Yamamoto Y，Itow M，et al. Interdendritic crack introduction before SCC growth tests inhigh temperature water for nickel-based weld alloys [C] //2 nd international conference on environmental-induced cracking of metals，Banff，Canada. 2004：19-23.

[6] Okamurah，Ozawa K. Self-compactablehigh-performance concrete [J]. International Workshop on High Performance Concrete. American Concrete Institute，Detroit. 1994：31-44.

[7] 于震，刘飞，杨红涛. 自密实混凝土设计及工程应用 [J]. 混凝土，2009（8）：76-78.

[8] 余成行，刘敬宇，肖鑫. C60 钢纤维自密实混凝土的配合比设计和应用 [J]. 混凝土，2007，7：74-78.

[9] 齐永顺，杨玉红. 自密实混凝土的研究现状分析及展望 [J]. 混凝土，2007，1：25-28.

[10] 蒋正武，石连富，孙振平. 用机制砂配制自密实混凝土的研究 [J]. 建筑材料学报，2007，10（2）：154-160.

[11] 吴云，周薇薇. 机制砂自密实片石混凝土的工程应用 [J]. 商品与质量·学术观察，2013（6）：104.

[12] 赵顺波，丁新新，李长明等. 变形钢筋与机制砂混凝土黏结性能试验研究 [J]. 建筑材料学报，2013，16（2）：191-196.

[13] 陈正发，刘桂凤，秦彦龙等. 恶劣环境区机制砂混凝土的强度和耐久性能 [J]. 建筑材料学报，2012，15（3）：391-394.

[14] 王雨利，王稷良，周明凯，等. 机制砂及石粉含量对混凝土抗冻性能的影响 [J]. 建筑材料学报，2008，11（6）：726-731.

[15] 田建平，周明凯，蔡基伟，等. 高强机制砂混凝土中石粉与粉煤灰的复合效应 [J]. 武汉理工大学学报，2006，28（3）：55-57，60.

[16] 蒋符发. 高性能机制砂水泥混凝土性能的试验研究 [D]. 重庆交通大学，2012.

[17] 杨建辉，童智洋. 利用机制砂配制自密实混凝土 [J]. 世界桥梁，2003，1：30-32.

[18] 冯贵芝. 贵州地区机制砂自密实混凝土的性能研究 [J]. 贵州工业大学学报：自然科学版，2006，5：20.

[19] 杜毅，李贵平，贾朝政，等. 机制砂自密实混凝土研制. 贵州工业大学学报：自然科学版，2007，4：22.

[20] 王伯航，周大庆，尤诏，等. C20 超流态机制砂自密实混凝土的制备及性能研究 [J]. 商品混凝土，2012，4：38-41.

[21] 张日恒，李昂，高展，等. 机制砂自密实混凝土试验与研究 [J]. 混凝土，2008，4：28.

[22] 宋普涛，李北星，房艳伟. 机制砂配制自密实微膨胀混凝土的研究 [J]. 建材世界，2009，30（3）：5-7.

[23] 李北星，杨静，宋普涛，等. C60 机制砂自密实钢管混凝土的配制 [J]. 混凝土，2010，1：32.

［24］ 高育欣，叶勇，修晓明，等．一种机制砂自密实混凝土的制备和工程应用［J］．四川建筑科学研究，2010（4）：222-223.

［25］ 高育欣，任志平，吴海泳，等．C60 机制砂自密实清水混凝土在成都来福士广场的应用［J］．施工技术，2011，40（342）：31-34.

［26］ 蒋正武，黄青云，肖鑫，等．机制砂特性及其在高性能混凝土中的应用［J］．混凝土世界，2013（1）：35-42.

［27］ 蒋正武，严希凡，梅世龙，等．机制砂特性及其在高性能混凝土中应用技术［R］．中国砂石协会 2012 年年会"砂石行业创新与发展论坛"论文集，2012.

［28］ 林道明．浅析高性能混凝土施工质量控制［J］．城市建设理论研究：电子版，2011（31）．

［29］ 李北星，王稷良，柯国炬，等．机制砂亚甲蓝值对混凝土性能的影响研究［J］．水利水电技术，2009，40（4）：30-32，35.

［30］ 易文，马健霄，聂忆华，等．机制砂混凝土性能研究［J］．中外公路，2008，28（3）：151-153.

［31］ 贺图升，周明凯，李北星，等．石粉对机制砂混凝土拌合物泌水率的影响［J］．混凝土，2007（2）：58-60.

［32］ 陈正发，刘桂凤，马建，等．机制砂混凝土在冻融循环下的强度和耐久性研究［J］．混凝土，2011（7）：79-81，84.

［33］ 葛婷．利用特细山砂和机制砂配制 C20～C40 自密实混凝土的研究［D］．武汉理工大学，2003.

［34］ 余中海．浅谈自密实混凝土在建筑工程中的应用［J］．贵州工业大学学报：自然科学版，2008，3：37.

［35］ JGJ/T 283—2012 自密实混凝土应用技术规程．

［36］ 李北星，王稷良，周明凯．高含石粉机制砂配制 C60 高性能混凝土的研究［R］．超高层混凝土泵送与超高性能混凝土技术的研究与应用国际研讨会论文集：中文版，2008.

［37］ 周大庆，任达成，尤诏，等．交通修补用机制砂抗扰动自密实混凝土的配制与工程应用［J］．混凝土世界，2013（5）.

［38］ 刘运华，谢友均，龙广成．自密实混凝土研究进展［J］．硅酸盐学报，2007，35（5）：671-678.

［39］ 胡凤华．自密实混凝土的性能和检验［J］．科技创新与应用，2013（3）．

［40］ 杨康，龚平，柯昌君．基于新规范的自密实混凝土配合比设计［J］．山西建筑，2012，38（26）：127-128.

［41］ 王利洁，周峰．自密实粉煤灰混凝土配制技术的研究［J］．建筑施工，2005，27（7）．

［42］ 赵筠．自密实混凝土的研究和应用［J］．混凝土，2003，6（9）：17.

［43］ 傅沛兴，张全贵，黄艳平．自密实混凝土检测方法探讨［J］．混凝土，2006，9：77-79.

［44］ 黄晓峰．自密实混凝土抗裂及断裂性能的试验研究［D］．浙江大学，2007.

［45］ 母进伟，胡涛，郑文，等．机制砂自密实块片石混凝土的试验研究及工程应用［J］．中国包装科技博览：混凝土技术，2012（4）：31-34.

［46］ 高艳，孟琪．浅谈自密实混凝土的研究应用［J］．科技信息，2009（1）．

［47］ 王贵羽，王路少．沪蓉国道小河特大桥 140 t 缆索吊机设计［J］．山西建筑，2009，35（15）：331-332.

8 大粒径骨料机制砂自密实混凝土及工程应用

8.1 大粒径骨料机制砂自密实混凝土概况

随着现代建筑的发展，越来越多的工程采用了自密实混凝土。由于其高流动性和优异的施工性，自密实混凝土已被划入高性能混凝土的范畴，也被称为"近几十年中混凝土建筑技术最具革命性的发展"。

大粒径骨料自密实混凝土是在自密实混凝土的基础上发展起来的一种新型大体积混凝土技术，又称堆石混凝土。其是指首先将满足要求的大粒径骨料（大块石/块片石）直接放入施工仓，形成有一定自然空隙的块片石体，然后在块片石体表面浇注超流态自密实混凝土（SFSCC），依靠其自重，完全填充块片石体空隙，超流态自密实混凝土硬化后与块片石形成完整、密实、低水化热的混凝土结构，如图 8-1 所示。其混凝土强度等级可满足不同设计要求。

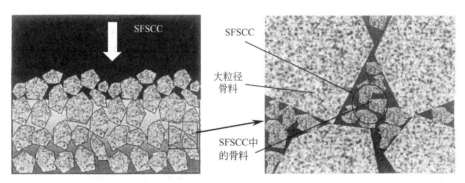

图 8-1　大粒径骨料自密实混凝土示意图

超流态机制砂自密实混凝土（SFSCC）是用机制砂配制的，指拌合物具有非常良好的工作性，黏度极低、流动性很好且黏聚性好，倒坍落度筒流出时间小于 6s，仅仅依靠混凝土自重，无需振捣作用便能够均匀密实地填充大粒径骨料自然堆积后空隙高性能自密实混凝土。

大粒径骨料机制砂自密实混凝土技术具有如下特点：水化热低、水化温升慢、容易控制温度、不易产生温度裂缝、耐久性好，而且施工速度快、施工质量好，同时取材方便、造价较低等，因而在水利、水电、交通、能源、市政、铁路等大体积混凝土工程领域得到了日益广泛的应用。

目前国内一些学者对大粒径骨料自密实混凝土的性能做了一些研究。在试验研究方面，金峰、安雪晖等进行了自密实混凝土充填堆石体的试验研究。试验中，在 500mm×500mm× 2000mm 的有机玻璃模具中随机摆放块石，分别采用 3 种方法浇筑 3 个试件，研究自密实混凝土在堆石体的流动性能和填充能力。其中 1 号试件前 500mm 空间没有摆放堆石，用自密实混凝土充填，以研究自密实混凝土本身的状态和性能。3 号试件后 500mm 空间没有摆放堆石，以研究通过堆石体后自密实混凝土的状态和性能。试验中观察自密实混凝土在通过堆石体前后的状态，以及自密实混凝土在堆石体中流动的情况。并在试件浇筑成型后，分别对通过堆石体前自密实混凝土区域、堆石混凝土区域、通过堆石体后自密实混凝土区域 3 个区域取样，进行回弹仪强度测试。最后得出结论：自密实混凝土在堆石体中有良好的流动性能，能够非常好地填充堆石体的空隙，形成密实的混凝土，具有较好的力学性能。

石建军、张志恒等以试验为基础讨论堆石混凝土的力学性能，试验试样直接从自密实堆石混凝土大型试块中切割取样，其尺寸为 1500mm×500mm×500mm。强度试验确定堆石混凝土的立方体抗压强度、棱柱体抗弯强度、棱柱体轴心抗压强度及其力学特征；控制自密实混凝土的自流动距离在 1500mm 范围内，可形成不低于自密实混凝土配制强度的堆石混凝土；堆石混凝土棱柱体轴心受压应力-应变关系曲线基本接近直线，其比例极限和强度极限接近，只有微小的塑性变形，破坏呈突发式纵向劈裂；试样断口形态表明：堆石混凝土中的块石与自密实混凝土界面具有较好的黏结性。

黄锦松等研究堆石混凝土技术在配筋结构中的应用。方法采用堆石混凝土的设计思想，分别以石块、废弃混凝土块和轻质材料作为大骨料进行配筋混凝土梁的浇筑。分别比较上述 3 种混凝土梁与自密实混凝土梁在不同破坏形式下的力学性能，对 4 根受弯梁和 4 根受剪梁进行试验研究。结果得到各种梁的裂缝发展规律、荷载-挠度曲线及极限承载力等力学性能指标，并进行简单的经济评价；试验结果表明，自密实混凝土充填石块或者废弃混凝土块梁的抗弯、抗剪承载力均高于自密实混凝土梁；并且造价低廉；自密实混凝土充填轻质材料梁的抗弯承载力与自密实混凝土梁相近，抗剪承载力有一定程度降低并且降低幅度由轻质材料的堆积率决定。最后得出结论，自密实混凝土充填石块或者废弃混凝土块梁可替换自密实混凝土梁应用于实际结构中；自密实混凝土充填轻质材料梁可以作为轻质混凝土应用于实际结构中。

吴永锦等研究 C20 自密实混凝土在堆石混凝土中的应用，通过试验研究，初步验证了自密实混凝土的抗压强度，堆石混凝土芯样抗压强度、抗渗性和抗冻性。试验结果表明，C20 自密实堆石混凝土满足强度和耐久性设计要求。

在理论研究方面，黄锦松等通过用离散元法对堆石混凝土浇筑中自密实混凝土的流动过程进行数值模拟，进而分析自密实混凝土的流动状况，并对堆石混凝土的充填密实度进行预测。

唐欣薇等基于混凝土细观力学模型，将自密实堆石混凝土离散为自密实混凝土、块石及两者交界面 3 个组分构成的多相介质，建立了数值仿真模型。通过三相介质力学参数的基础性试验，分别取得 3 个组分的强度与本构关系。为检验模型可靠性进行了多组四点弯梁抗折试验。将细观仿真分析结果与试验进行了验证比较。结果表明，该模型能较好地模拟自密实堆石混凝土抗折试验全过程，得到的力-位移曲线及破坏形态与试验结果表现出良好的一致性。

徐俊等对堆石混凝土在大体积混凝土中的温度场进行分析，研究在相同条件下，以普通混凝土和堆石混凝土技术对大体积混凝土进行浇筑模拟，对其所产生的温度场分布的云图进行了对比，论证了堆石混凝土内部水化热产生更加少，温度比普通混凝土更加低，对大体积的裂缝控制更加有效。

龚江鹏等对混凝土材料黏结性能的研究进展、黏结强度试验方法以及数值模拟模型进行了论述，并讨论了自密实混凝土与岩石间黏结强度的主要问题。

此外，沈乔楠等针对目前堆石仓面质量和自密实混凝土的状态只能通过人工巡视目测的方法进行检测，存在主观性强、精度低等缺点，尝试对施工现场获得的视觉信息进行分析处理，引入非接触式、客观、便捷的方法用于施工质量管理。研究以堆石混凝土施工管理为对象，对施工管理中的需求进行分析，将现场目标分为运动目标和静止目标，研究和开发了相对应的视觉信息处理算法，并开发了基于视觉信息的堆石混凝土施工管理系统。试验结果表明，该系统可用于堆石混凝土施工现场的管理，也可推广应用到其他工程的施工管理中。

综上所述，大粒径骨料机制砂自密实混凝土技术的可行性和独特优势已得到广泛检验和证实。但与此同时，作为一种新型材料，对其各种性能的研究还不够充分，需要对其进行大量的试验和研究，才能在实际工程中更好地运用，也有利于分析在使用中出现的各种问题。

8.2 大粒径骨料机制砂自密实混凝土原材料要求

原材料的品质是影响大粒径骨料机制砂自密实混凝土性能的一个重要的因素。大粒径骨料机制砂自密实混凝土的原材料质量控制主要包括胶凝材料（水泥和矿物掺合料）、机制砂、粗骨料（普通粒径碎石和大粒径骨料）、外加剂等原材料的品控。

8.2.1 水泥

对于大粒径骨料机制砂自密实混凝土而言，宜采用硅酸盐水泥和普通硅酸盐水泥，强度等级不宜小于42.5。同时依据《公路工程水泥及水泥混凝土试验规程》（JTG E30），经检测各项技术指标符合《通用硅酸盐水泥》（GB 175—2007）标准。

8.2.2 机制砂

机制砂宜选用2区中砂，应质地坚硬、清洁、级配良好，细度模数宜在2.3～3.2范围内。泥块含量不大于0.5%。试验应按行业标准《普通混凝土用砂、石质量及检验方法标准》（JGJ 52—2006）的相关规定进行。机制砂的含水率应保持稳定，不宜超过6%，必要时应采取加速脱水措施。机制砂的其他品质要求应符合表8-1的规定。此外，经检测所用机制砂还应符合《公路桥涵施工技术规范》（JTJ 041）的规定。

表 8-1 细骨料的品质要求

项 目		指 标		备 注
		天然砂	机制砂	
含泥量/%	≥C30 和有抗冻要求的	≤3	—	
	<C30	≤5		
	泥块含量	≤1	≤1	
坚固性/%	有抗冻要求的混凝土	≤8	≤8	
	无抗冻要求的混凝土	≤10	≤10	
表观密度/(kg/m³)		≥2500	≥2500	
硫化物及硫酸盐含量/%		≤1.0	≤1.0	折算成 SO₃，按质量计
有机质含量/%		<1.0	<1.0	—
云母含量/%		≤2	≤2	—
轻物质含量/%		≤1	—	—
亚甲蓝（按质量计）/%		≤1.4	≤1.4	
石粉含量/%		—	10	

8.2.3 粗骨料

(1) 普通粒径骨料 粗骨料宜采用连续级配或 2 个单粒径级配的卵石、碎石或碎卵石，最大粒径不宜大于 20mm。粗骨料的含泥量不大于 1.0%、泥块含量不大于 0.5%、针片状颗粒含量不大于 8%，粗骨料空隙率宜小于 47%。试验应按现行《普通混凝土用砂、石质量及检验方法标准》（JGJ 52）的相关规定进行。碎石和卵石的压碎指标值宜采用表 8-2 的规定。

表 8-2 粗骨料的压碎指标

骨料种类		不同混凝土强度等级的压碎指标值/%	
		C55～C40	≤C35
碎石	水成岩	≤10	≤16
	变质岩或深层的火成岩	≤12	≤20
	火成岩	≤13	≤30
卵石		≤12	≤16

粗骨料表面应洁净，如有裹粉、裹泥或被污染等应清除。所用粗骨料母材必须进行碱-骨料反应检测。此外，粗骨料的其他品质要求应符合表 8-3。

表 8-3 粗骨料的品质要求

项 目		指 标	备 注
含泥量/%		≤1	
泥块含量		不允许	
坚固性/%	有抗冻要求的混凝土	≤5	
	无抗冻要求的混凝土	≤12	
表观密度/(kg/m³)		≥2500	
硫化物及硫酸盐含量/%		≤0.5	折算成 SO_3，按质量计
有机质含量		浅于标准色	如深于标准色,应进行混凝土强度对比试验,抗压强度比不应低于 0.95
吸水率/%		≤2.5	
针片状颗粒含量/%		≤15	经试验论证,可放宽至 25%

(2) 大粒径骨料 大粒径骨料机制砂自密实混凝土所用的大粒径骨料应是无风化、完整、质地坚硬、不得有剥落层和裂纹。其含泥量不大于 0.5%、泥块含量不大于 0.5%。同时大粒径骨料饱和水抗压强度不小于 30MPa。依据现行《公路工程岩石试验规程》（JTG E41），经检测符合《公路桥涵施工技术规范》（JTG/T F50—2011）要求。

8.2.4 矿物掺合料

大粒径骨料机制砂自密实混凝土可掺入粉煤灰、粒化高炉矿渣粉、硅灰、沸石粉、复合矿物掺合料等活性矿物掺合料。粉煤灰技术性能指标要求，具体指标见表 8-4。C 类粉煤灰的体积安定性检验必须合格。经检测，所用粉煤灰符合《粉煤灰混凝土应用技术规范》（GBJ/T 145）、《用于水泥和混凝土中的粉煤灰》（GB/T 1596）。此外，矿物掺合料还应符合《高强高性能混凝土用矿物外加剂》（GB/T 18736）的规定。

表 8-4 粉煤灰技术性能指标

项目		级别及技术性能指标	
		Ⅰ级	Ⅱ级
细度(45μm 方孔筛筛余)/％,≤		12.0	25.0
需水量比/％,≤		95	105
烧失量/％,≤		5.0	8.0
含水量/％,≤		1.0	
三氧化硫/％,≤		3.0	
游离氧化钙/％,≤	F 类粉煤灰	1.0	
	C 类粉煤灰	4.0	

8.2.5 外加剂

混凝土外加剂,是在混凝土拌和过程中掺入的,并能按要求改善混凝土性能的材料。在大粒径骨料机制砂自密实混凝土施工中,为了保障混凝土的工作性,混凝土中常使用的外加剂主要有聚羧酸高效减水剂、引气剂、增稠剂以及缓凝剂等。

在使用外加剂时要注意以下几方面:

① 注意外加剂与水泥/掺合料的适应性,并通过试验验证减水剂的适用性。

② 验证试验必须采用工地现场原材料,当原材料发生变化时,必须再次进行验证试验。

③ 对每个批次的外加剂进场时进行抽样检测,此外对于存放时间较长的外加剂,每个月要进行抽样检测,测试固含量,必要时试配混凝土,对比减水率的差别;如有异常,及时处理。

④ 外加剂性能应符合现行《混凝土外加剂》(GB 8076)的要求,同时还应符合现行《混凝土外加剂应用技术规范》(GB 50119)中的有关规定。

8.2.6 拌合水

拌合用水应符合现行《混凝土拌合用水标准》(JCJ 63)的要求。

8.3 大粒径骨料堆积计算机模拟与分析

为从理论上分析大粒径骨料机制砂自密实混凝土中大粒径骨料堆积过程与堆积程度,分析在实际施工过程中大粒径骨料的堆积程度及空隙率的控制因素,根据实际施工工况,采用计算机编程设计模拟了大粒径骨料堆积过程,并分析了其关键控制参数。

骨料堆积过程的计算机模拟由于三维实现难度较大,目前国内外仍处于探索和研究阶段。一般认为,从宏观尺度上来看,骨料的三维堆积是均匀的。因此,本节采用二维模型方法来简化模拟过程。国内外关于混凝土随机骨料模型的研究文献很多,但是大多研究的目的是为了模拟混凝土中骨料的分布情况,进而进行后续的力学性能等方面的研究,因此,多数研究集中在骨料的生成、凸凹性判断等方面而忽略了骨料的堆放过程,已有的堆放算法都是在指定区域内随机生成的,不仅效率低下,而且不能真实地模拟骨料的堆放过程。因此本节通过对传统二维模拟算法进行了大幅度的改进,大大提高了计算机程序运行效率,而且使骨料堆放堆积过程更加接近实际情况。本方法主要创新点在于运用角度法来判断多边形的凸凹性,比传统的面积法和射线法运算效率高而且稳定性好;此外传统的二维模拟中,骨料都是在指定区域内部随机生成，不但计算运行效率低下，而且不能模拟骨料堆放的真实过程，本节借鉴了俄罗斯方块的游戏规则，可以进行从下到上、从左到右进行投料，能够极为逼真地模拟大粒径骨料在实际应用中的堆放过程。

8.3.1 程序整体设计思路

整个程序可以分为几个模块，见图 8-2。

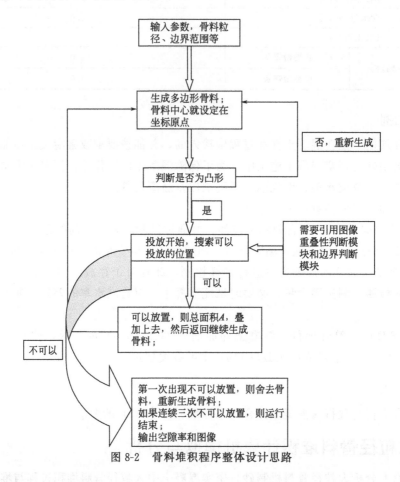

图 8-2 骨料堆积程序整体设计思路

8.3.2 各个模块的算法描述

8.3.2.1 多边形骨料生成模块

多边形骨料生成模块采用极坐标的方法。见图 8-3。

多边形骨料的主要参数有：骨料的边数 n，骨料的粒径范围在 a_{max} 和 a_{min} 之间。

具体的生成过程：

① 随机生成骨料的边数 n（提前设定好，例如规定 n 在 4～8 以内）。

② 将坐标轴的原点设为骨料的中心点 $(0, 0)$。

③ 随机生成 n 个的角度，即为每个边对应的极坐标的绝对角度，用 $\overline{\phi_i}$ 来表示。

δ 为 $(0, 1)$ 之间的一个参数，控制每个边对应的角度值大小范围在 $2\pi(1-\delta)/n < \phi_i < 2\pi(1+\delta)/n$ 之间变化；δ 越接近 1，表明骨料的均匀性越好，而 δ 越接近于 0，表面骨料的粒形差，针片状多。

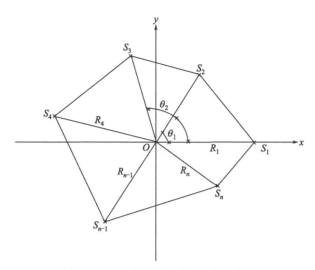

图 8-3 多边形骨料的随机生成示意图

随机变量 p 在（0，1）（可以假设为正态分布），连续运行 n 次，可以得到 p_i，$i=1\sim n$；$\phi_i=2\pi[1+(2p_i-1)\delta]/n$；由于有 5 个随机的 p_i，从而可以得到 5 个角度；但是一般这 5 个角度之和不等于 2π，因此需要进行如下调整：$\bar{\phi}_i=\phi_i\times\left(2\pi/\sum\limits_{j=1}^{n}\phi_j\right)$，$\bar{\phi}_i$ 即为每个边对应的极坐标的绝对角度。

假设该多边形的一个顶点 S_1 在极坐标的初始轴上，设定顶点变化按照逆时针方向排列，则 S_2OS_1 之间的夹角为 θ_1，S_iOS_1 的夹角为 θ_{i-1}（可以设定 $\theta_0=0$，表示 S_1OS_1 的角度为 0），$\theta_i=\sum\limits_{j=1}^{i}\bar{\phi}_j$，$i=1$，2，$\cdots$，$n-1$，且 $\theta_0=0$。

④ 设定随机变量 q 在（0，1）之间，骨料的粒径范围在 a_{max} 和 a_{min} 之间，则极半径 $R_i=q\times(a_{max}/2-a_{min}/2)+a_{min}/2$。

⑤ 生成的多边形的各个顶点的位置 S_i。

$$\begin{cases} x_i=R_i\cos\theta_{i-1} \\ y_i=R_i\sin\theta_{i-1} \end{cases}$$

⑥ 堆放骨料即可以先确定骨料堆放的中心 P_0（x_0，y_0），然后移动各个顶点即可。

$$\begin{cases} x_i{}'=x_0+R_i\cos\theta_{i-1} \\ y_i{}'=y_0+R_i\sin\theta_{i-1} \end{cases}$$

8.3.2.2 骨料是否为凸边形判断

由于我们程序的骨料都是在原点首先生成的，对于判断凹凸性，可以利用相邻的两条边之间的夹角来进行判断。

如图 8-4 所示，假设 $\angle OS_1S_n=\alpha_1$，$\angle OS_1S_2=\beta_1$；以此类推，$\angle OS_iS_{i-1}=\alpha_i$，$\angle OS_iS_{i+1}=\beta_i$。

则对于任一顶点 S_i，当 $\alpha_i+\beta_i<\pi$ 时，该顶点为凸点，否则为凹点。如果多边形的所有顶点都为凸点，则该多边形为凸多边形；如果多边形有一个顶点为凹点，则该多边形为凹多边形。

8.3.2.3 骨料重叠性判断模块和面积计算模块

运用面积入侵法则进行骨料重叠性判断，具体步骤如下：

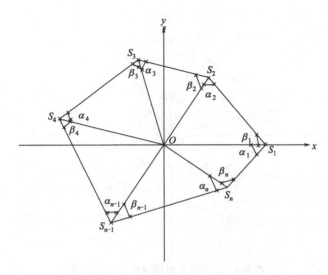

图 8-4 多边形骨料各个顶点和中心点形成的角度

① 对于任一凸多边形，$S_1 S_2 \cdots S_n$（序号已经按照逆时针方向排列），P（x，y）为其内部任一点，则三角形 $\triangle PS_i S_{i+1}$ 的面积为（下面的公式计算出的面积是有正负的）：

$$A_i = \frac{1}{2} \begin{vmatrix} x & y & 1 \\ x_i & y_i & 1 \\ x_{i+1} & y_{i+1} & 1 \end{vmatrix}$$

则 $A = \sum_{i=1}^{n} A_i$（为了便于程序计算，设定 S_{n+1} 的坐标值即为 S_1）。

A 即为该多边形骨料的总面积。

② O 为其极坐标的中心（设为坐标 x_0 和 y_0），则可以计算出该骨料的面积。

③ 判定某点 P 是否在骨料内部，则

A_i 均大于 0，该点在骨料内部，如图 8-5(a)；

A_i 有一个等于 0，该点在骨料边界上，如图 8-5(b)；

A_i 有一个小于 0，在该点在骨料外部，如图 8-5(c)。

8.3.2.4 骨料边界判定

每次生成多边形后（设多边形不可以旋转，移动过程中只能平行或者竖向移动），可以得到 S_i（x_i，y_i）。

对于多边形的每个顶点，均需要满足：$0 \leqslant x_i \leqslant a$，$0 \leqslant y_i \leqslant b$（$a$、$b$ 分别为制定区域的长和宽）。

8.3.2.5 骨料堆积过程模拟

为了实现骨料投递过程的计算机模拟，然后计算其中的空隙率。因此，希望计算机能够像玩俄罗斯方块小游戏时一样自动移动骨料，进行从下到上、从右到左的堆放，尽可能密实。

具体的程序实现就是：先从右边往下放，直到受阻碍，再从右到左搜索能够往下落的位置，直到搜索完毕。

具体的堆积过程如图 8-6 所示。

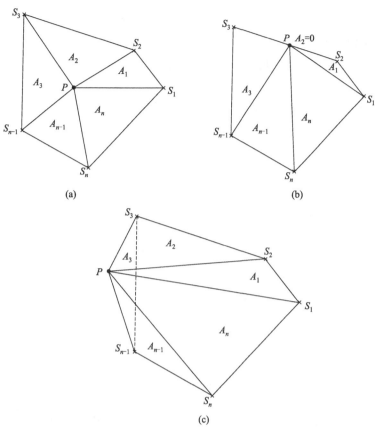

(a)　　　　　　　　　　　　　　(b)

(c)

图 8-5　P 点位置的判断

（a）P 点在多边形内部；（b）P 点在多边形某条边上；（c）P 点在多边形外部

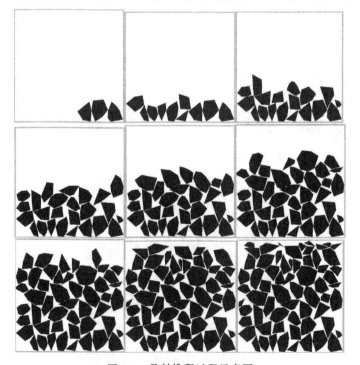

图 8-6　骨料堆积过程示意图

8.3.3 堆积参数对大粒径骨料堆积程度的影响计算分析

8.3.3.1 基本参数的确定

堆积参数主要包括大粒径骨料对应的二维多边形边数、骨料粒径范围、骨料均匀性系数及堆放区域面积。

多边形的边数越多，自动生成的骨料形状越容易接近于圆形。参照其他文献，一般碎石骨料的边数取 4～8；考虑工程实际情况，先将大粒径骨料的粒径范围定为 30～500mm；堆放区域面积，假设实际施工的占地区域为 2m×5m，每次施工高度为 2m，选择横断截面，则为 2m×2m。

因此，基准参数设定如下：多边形的边数 4～8；骨料最大粒径为 500mm，最小粒径为 30mm；骨料的均匀性系数 0.5。研究单一参数变化对堆积程度的影响过程中，如果没有特别说明，则其他参数保持不变。

8.3.3.2 骨料粒径范围变化对大粒径骨料堆积程度的影响

（1）骨料最大粒径变化对大粒径骨料堆积程度的影响 研究最大粒径 D_{max} 分别为 1000mm、500mm 和 250mm 时（保持最小粒径为 $D_{min}=30mm$ 不变），大粒径骨料堆积后形成的自然孔隙率的变化（见表 8-5）。其模拟效果图见图 8-7～图 8-9。

表 8-5 骨料最大粒径变化对大粒径骨料堆积孔隙率的影响

D_{max}/mm	1000	500	250
孔隙率	31.8%	28.6%	24.8%

图 8-7 $D_{max}=1000mm$ 时的模拟效果图

图 8-8 $D_{max}=500mm$ 时的模拟效果图

图 8-9 $D_{max}=250mm$ 时的模拟效果图

（2）骨料最小粒径对片石堆积程度的影响　根据上面的结果，骨料最大尺寸为1000mm时空隙率较高，后面的程序均将D_{max}设定为1000mm，研究骨料最小粒径变化（30mm、100mm、200mm）对大粒径骨料堆积程度的影响规律（见表8-6）。其模拟效果图见图8-10、图8-11。$D_{min}=30$mm时效果图如图8-7所示，就不再重复。

表8-6　骨料最小粒径变化对大粒径骨料堆积孔隙率的影响

D_{min}/mm	30	100	200
孔隙率	31.8%	35.0%	36.9%

图8-10　$D_{min}=100$mm时的模拟效果图

图8-11　$D_{min}=200$mm时的模拟效果图

8.3.3.3　骨料均匀性系数对大粒径骨料堆积程度的影响

骨料均匀性系数q可以在0到1之间取值；q越接近于0，骨料形状越接近正多边形；q越接近于1，骨料的不规则性增强。选择$D_{max}=1000$mm、$D_{min}=200$mm，研究骨料均匀性系数的变化对片石填充程度的影响规律（见表8-7，图8-12、图8-13）。

表8-7　骨料均匀性系数对大粒径骨料堆积孔隙率的影响

q	0.2	0.5	0.8
孔隙率	30.6%	36.9%	37.8%

$q=0.5$的效果图应该和图8-11类似，基本参数都一样。

图8-12　$q=0.2$的效果图

图8-13　$q=0.8$的效果图

8.3.3.4 堆积区域面积大小对大粒径骨料堆积程度的影响

参数采用 $D_{max}=1000mm$、$D_{min}=200mm$、$q=0.5$，模拟效果图见图 8-14、图 8-15。2m×2m 的效果图和图 8-11 类似。见表 8-8。

图 8-14　1m×1m 的堆积区域　　　　图 8-15　4m×4m 的堆积区域

表 8-8　堆积区域面积大小对大粒径骨料堆积孔隙率的影响

堆积区域	1m×1m	2m×2m	4m×4m
孔隙率	48.6%	36.9%	30.8%

8.4 超流态机制砂自密实混凝土配合比设计与制备

8.4.1 超流态机制砂自密实混凝土配合比设计原则

大粒径骨料机制砂自密实混凝土配合比设计的原则如下：

① 超流态机制砂自密实混凝土配合比设计的基本要求是新拌混凝土必须满足超流态机制砂自密实混凝土工作性评价指标要求，硬化混凝土的强度和耐久性必须满足工程设计要求，确保超流态机制砂自密实混凝土工程质量且达到经济合理。

② 超流态机制砂自密实混凝土配合比设计应根据原材料性能，并考虑结构的构造尺寸和形状、大粒径骨料的尺寸和填充程度，进行初始配合比的计算，经过实验室试配、调整后确定。

③ 选择合适的胶凝材料用量，采用大掺量矿物掺合料技术，同时采用专用聚羧酸外加剂，使得混凝土具有较好的流动性。

④ 采用特种外加剂使得混凝土在具有较好流动性的同时，保持较好的黏聚性，不离析、不泌水。

⑤ 在满足拌合物工作性的条件下，尽量降低水胶比，进而保证混凝土的强度、耐久性等。

8.4.2 超流态机制砂自密实混凝土性能指标要求

8.4.2.1 拌合物性能指标要求

超流态机制砂自密实混凝土拌合物性能指标要求见表 8-9。

表 8-9 拌合物性能的检测方法与指标要求

序号	方法	单位	指标要求	检测性能
1	坍落度(SL)	mm	250≤SL≤290	流动性
2	坍落扩展度(SF)	mm	650≤SF≤800	填充性
3	倒坍落度筒流动时间(T_d)	s	T_d≤6	流动性 间隙通过性 填充性
4	1h后坍落度(SL)	mm	SL≥250	流动性保持能力
5	1h后坍落扩展度(SF)	mm	SF≥550	填充性保持能力
6	1h后倒坍落度筒流动时间(T_d)	s	T_d≤7	流动性 间隙通过性 填充性

除了满足上述指标要求外，拌合物性能还需满足以下指标：①混凝土常压泌水率≤1.0%；②混凝土初凝时间应不大于10h，终凝时间应不大于24h；③混凝土含气量应小于4.0%；④T_{50}不大于10s。混凝土的工作性能按《普通混凝土拌合物性能试验方法》(GB/T 50080—2002)的规定测试。

8.4.2.2 硬化混凝土性能指标要求

硬化混凝土性能包括硬化混凝土力学性能和硬化混凝土耐久性。硬化混凝土的力学性能按现行《普通混凝土力学性能试验方法标准》(GB/T 50081)检测，并按现行《混凝土强度检验评定标准》(GB/T 50107)进行合格评定。硬化混凝土的耐久性按《普通混凝土长期性能和耐久性能试验方法标准》(GB/T 50082)检测，性能满足设计要求。

8.4.3 超流态机制砂自密实混凝土配合比设计路线

超流态机制砂自密实混凝土的配合比设计基本路线，包括以下几方面：

① 对施工现场原材料进行性能试验检测和分析。原材料的质量与性能，很大程度上决定了混凝土的工作性和力学性能，在混凝土配合比设计和配制前要对原材料的性能进行测试和分析，确定材料的品质。主要包括水泥标准稠度用水量、安定性、比表面积、水泥胶砂强度，机制砂级配、石粉含量、含泥量，石子的碱活性、含水率、含泥量，粉煤灰细度、烧失量、需水量比，减水剂与水泥的适应性等。

② 根据混凝土性能指标和成本控制指标等确定初始配合比。

③ 在初始配合比的基础上，根据原材料的性能参数进行调整，使得拌合物满足工作性的要求，从而得到基准配合比。

④ 研究配合比的参数变化对混凝土性能的影响，主要包括水胶比、砂率、粉煤灰的用量、胶凝材料的用量等。

⑤ 根据参数变化的结果对基准配合比进行优化，进一步研究基准配合比的性能。

⑥ 根据现场材料情况和气候环境进行配合比设计及混凝土配制。

8.4.4 超流态机制砂自密实混凝土配合比设计步骤

超流态机制砂自密实混凝土配合比的设计主要包括配合比的计算和施工配合比的确定。

8.4.4.1 配合比的计算

超流态机制砂自密实混凝土配合比计算一般按假定体积法进行设计。

① 超流态机制砂自密实混凝土配合比设计的主要参数包括拌合物中的粗骨料松散体积、

砂浆中砂的体积、浆体的水胶比、胶凝材料中矿物掺合料用量。

② 设定 $1m^3$ 混凝土中粗骨料用量的松散体积 V_{g0}（0.5～0.7 m^3），根据粗骨料的堆积密度 ρ_{g0} 计算出 $1m^3$ 混凝土中粗骨料的用量 m_g。

③ 根据粗骨料的表观密度 ρ_g 计算 $1m^3$ 混凝土粗骨料的密实体积 V_g，由 $1m^3$ 拌合物总体积减去粗骨料的密实体积 V_g 计算出砂浆密实体积 V_m。

④ 设定砂浆中砂的体积含量（0.42～0.44），根据砂浆密实体积 V_m 和砂的体积含量，计算出砂的密实体积 V_s。

⑤ 根据砂的密实体积 V_s 和砂的表观密度 ρ_s 计算出 $1m^3$ 混凝土中砂子的用量 m_s。

⑥ 从砂浆体积 V_m 中减去砂的密实体积 V_s，得到浆体密实体积 V_p。

⑦ 根据混凝土的设计强度等级，确定水胶比。

⑧ 根据混凝土的耐久性、温升控制等要求设定胶凝材料中矿物掺合料的体积，根据矿物掺合料和水泥的体积比及各自的表观密度计算出胶凝材料的表观密度 ρ_b。

⑨ 由胶凝材料的表观密度、水胶比计算出水和胶凝材料的体积比，再根据浆体体积 V_p、体积比及各自表观密度求出胶凝材料和水的体积，并计算出胶凝材料总用量 m_b 和单位用水量 m_w。胶凝材料总用量范围宜为 450～550kg/m^3，单位用水量宜小于 200kg/m^3。矿物掺合料采用等质量取代水泥方法计算。

⑩ 根据胶凝材料体积和矿物掺合料体积及各自的表观密度，分别计算出 $1m^3$ 混凝土中水泥用量和矿物掺合料的用量。

⑪ 根据试验选择外加剂的品种和掺量。

8.4.4.2 试拌、调整与确定

① 按照上面的步骤和范围，计算出初步配合比。

② 根据超流态机制砂自密实混凝土的性能要求对初始配合比进行试配和调整。

③ 超流态机制砂自密实混凝土配合比试配和试拌时，每盘混凝土的最小搅拌量不宜小于 30L，且应检测拌合物的工作性是否达到表 8-9 中的相应评价指标要求，并校核混凝土强度是否达到配制强度要求，如有必要，还应检测相应的耐久性指标。

④ 选择拌合物工作性满足要求的 3 个基准配合比，制作混凝土强度试件，每种配合比至少应制作一组试件，标准养护到 28d 时试压。

⑤ 如有必要，可在混凝土搅拌站或施工现场对确定的配合比进行足尺试验，以检验所设计的配合比是否满足工程应用条件。

⑥ 根据试配、调整、混凝土强度检验结果和足尺试验结果，确定符合设计要求的合适配合比。

8.4.5 超流态机制砂自密实混凝土的制备

根据本章前面四节提出的配制超流态机制砂自密实混凝土的原则、思路及要求，本节介绍 C30 超流态机制砂自密实混凝土的制备过程。

8.4.5.1 试验原材料

水泥：试验中采用了 P·O 42.5 金九拓达水泥。

砂：现场生产的未水洗砂和水洗砂。

石子：现场生产的 5～16mm 连续级配的碎石和经筛分过的 5～10mm 连续级配的瓜米石。

减水剂：主要采用星恒聚羧酸减水剂。另外还采用了贵州铭泰聚羧酸高效减水剂、星恒

聚羧酸高效缓凝减水剂、星恒（将现场用的进行调配后的减水剂）等其他几种减水剂。

　　特种外加剂，为了调整混凝土的状态，采用了引气剂。

8.4.5.2　初始配合比的调整

　　在前期大量试验的基础上，选择表 8-10 所示配合比作为初始配合比。

表 8-10　初始自密实混凝土配合比　　　　　　　　　　单位：kg/m³

编号	胶凝材料	水泥	粉煤灰	砂	石子	水胶比	砂率	水	减水剂	T/K
1-1	500	250	50%	800	800	0.34	50%	170	0.837%	270/685

　　同时考虑到原材料的性能参数（如砂石含水率、机制砂的石粉含量、外加剂固含量等）的变化，因此需要根据工地原材料的情况对基准配合比进行调整。

　　按照 1-1 组配合比拌和混凝土，状态如图 8-16 所示。

　　1-1 组混凝土拌合物略微跑浆，从图 8-16 坍落度测试的结果来看，石子较多，表面石子外露明显，拌合物有一定量的气泡。拌合物虽然轻微泌浆，但是扩展流动度不是很好。

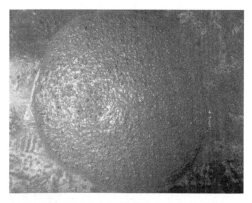

图 8-16　1-1 组混凝土拌合物状态

　　根据 1-1 组的试验结果，考虑到混凝土拌合物状态不太理想，从下面几个方面进行调整：①调整砂率；②调整用水量；③使用其他种类的外加剂；④调整混凝土密度为 2300kg/m³，并保持不变。各种混凝土的工作性和强度见表 8-11 和表 8-12。

表 8-11　初始配合比调整

编号	胶材总量 /(kg/m³)	粉煤灰掺量	砂率	水胶比	外加剂	T/K /(mm/mm)	T_d/s	状态描述
1-1	500	50%	50%	0.34	星恒聚羧酸减水剂 1,0.837%	270/685	—	轻微离析
1-2	500	50%	55%	0.34	星恒聚羧酸减水剂 1,1.1%	—	—	离析严重
1-3	500	65%	58%	0.32	星恒聚羧酸减水剂 1,1.17%	270/825	—	离析严重
1-4	500	65%	60%	0.346	铭泰减水剂,1.1%	270/800	3.6	黏度较大
1-5	500	65%	61%	0.346	铭泰减水剂,1.5%	280/850	—	离析严重
1-6	500	65%	61%	0.346	星恒聚羧酸减水剂 1,1.2%	280/825	3.8	离析严重
1-7	500	65%	61%	0.346	星恒聚羧酸减水剂 1,1.0%	275/760	4.4	状态良好
1-8	500	50%	61%	0.33	星恒聚羧酸减水剂 1,1.28%	275/625	8.2	黏度较大
1-9	500	50%	61%	0.33	星恒聚羧酸减水剂 1,1.5%；引气剂,0.02%	265/705	11.3	黏度较大
1-10	500	50%	60%	0.33	星恒聚羧酸减水剂 1,1.56%	260/720	8.4	黏度较大
1-11	500	55%	60%	0.33	星恒聚羧酸减水剂 1,1.37%	285/800	8.9	黏度较大
1-12	500	55%	60%	0.34	星恒聚羧酸减水剂 1,1.2%	280/840	10.6	黏度较大,轻微离析
1-13	475	55%	60%	0.33	星恒聚羧酸减水剂 1,1.4%	285/845	10.4	黏度较大,轻微离析
1-14-A 拌 15L	500	55%	60%	0.33	星恒聚羧酸减水剂 1,0.857%	275/790	4.4	状态良好

表 8-12　各组混凝土的工作性和强度

编号	胶材总量 /(kg/m³)	粉煤灰 掺量	砂率	水胶比	外加剂	T/K /(mm/mm)	T_d/s	7d 抗压强度/MPa
1-3	500	65%	58%	0.32	星恒聚羧酸减水剂 1,1.17%	270/825	—	21.9
1-4	500	65%	60%	0.346	铭泰减水剂,1.1%	270/800	3.6	19.2
1-6	500	65%	61%	0.346	星恒聚羧酸减水剂 1,1.2%	280/825	3.8	20.4
1-7	500	65%	61%	0.346	星恒聚羧酸减水剂 1,1.0%	275/760	4.4	19.7
1-9	500	50%	61%	0.33	星恒聚羧酸减水剂 1,1.5%； 引气剂,0.02%	265/705	11.3	30.8
1-10	500	50%	60%	0.33	星恒聚羧酸减水剂 1,1.56%	260/720	8.4	33.0
1-11	500	55%	60%	0.33	星恒聚羧酸减水剂 1,1.37%	285/800	8.9	31.0
1-12	500	55%	60%	0.34	星恒聚羧酸减水剂 1,1.2%	280/840	10.6	27.0
1-13	475	55%	60%	0.33	星恒聚羧酸减水剂 1,1.4%	285/845	10.4	31.4
1-14-A 拌 15L	500	55%	60%	0.33	星恒聚羧酸减水剂 1,0.857%	275/790	4.4	28.4

图 8-17　1-14 组混凝土拌合物状态

从 1-1 组到 1-13 组，试验采用现场未水洗砂和粒径为 5～10mm 的瓜米石，通过前 13 组试验结果可以看出，当粉煤灰掺量由 65% 降低至 55% 左右时，混凝土拌合物倒坍时间增长，黏度增大，但同时其 7d 的抗压强度有大幅度的增大。1-14 组试验采用现场水洗砂和粒径为 5～10mm 的瓜米石，从表 8-12 中可以看出，1-14 组混凝土的坍落度和扩展度较大，且其倒坍时间仅为 4.4s，不离析、不泌水，满足设定的目标，同时其 7d 抗压强度为 28.4MPa，满足设计要求。因此，综合考虑将 1-14 组的混凝土配合比设定为初始的基准配合比（见表 8-13）。1-14 组混凝土拌合物状态如图 8-17 所示。

表 8-13　调整后的初始基准配合比　　　　　　　　　　　单位：kg/m³

编号	胶凝材料	水泥	粉煤灰	砂	石子	水胶比	砂率	水	减水剂
1-14	500	225	55%	981	654	0.33	60%	165	0.857%

8.4.5.3　配合比参数的变化对混凝土性能的影响

在初始基准配合比的基础上，主要研究不同种类减水剂、粉煤灰掺量（55%、60%、65%）、胶凝材料用量（475 kg/m³、500 kg/m³、525 kg/m³）、砂率（50%、55%、60%）、水胶比（0.30、0.33、0.36）和不同试验原材料等配合比参数对混凝土性能的影响。

主要测试指标包括：初始坍落度和扩展度，倒坍落度筒流出时间，3d、7d、28d 和 60d 的立方体抗压强度。对 1-14 组，测 2h 坍落度及坍落扩展度、倒坍时间、密度、90d 抗压强度和 28d 弹性模量。

（1）不同种类减水剂的影响　试验采用的减水剂有：星恒聚羧酸减水剂 1、星恒聚羧酸减水剂 2、星恒聚羧酸高效缓凝减水剂和贵州铭泰聚羧酸缓凝高效减水剂。不同种类减水剂对混凝土工作性能的影响见表 8-14。

表 8-14 不同种类减水剂对混凝土工作性能的影响

编号	胶材总量 /(kg/m³)	粉煤灰掺量	砂率	水胶比	外加剂	T/K /(mm/mm)	T_d/s	状态描述
1-14-A 拌 15L	500	55%	60%	0.33	星恒聚羧酸减水剂1,0.857%	275/790	4.4	状态良好
1-4	500	65%	60%	0.346	贵州铭泰缓凝高效,1.1%	270/800	3.6	黏度较大,离析严重
1-5	500	65%	61%	0.346	贵州铭泰缓凝高效,1.5%	280/850	—	黏度较大,离析严重
1-15	500	55%	60%	0.33	星恒聚羧酸高效缓凝减水剂,0.857%	280/730	7.9	黏度较大
1-16	500	55%	60%	0.33	星恒聚羧酸减水剂2,0.7%	275/770	4.7	状态良好
1-17	500	55%	60%	0.33	星恒聚羧酸高效缓凝减水剂,0.951%	280/765	9.2	黏度较大

通过对四种外加剂的比较可以看出,用铭泰缓凝高效减水剂拌得的混凝土流动性不好,且浆体很黏,铭泰缓凝高效减水剂与水泥的适应性不是很好;通过将 1-14 组与 1-16 组相比较可以发现,两种减水剂对混凝土的工作性都较有利,拌的混凝土整体状态良好,且拌合物不黏,但是星恒聚羧酸减水剂 2 减水率较高,其掺量也较少;同时,通过将 1-14 组与 1-15 组相比较可以发现,相对于星恒聚羧酸高效缓凝减水剂,现场用的星恒聚羧酸减水剂对混凝土拌合物的流动性及流动速度有利。1-17 组在 1-15 组基础上,将水洗砂换成普通砂,拌合物整体状态良好,倒坍时间为 9.2s,浆体有稍黏,见图 8-18。

图 8-18 1-5 组混凝土拌合物状态

表 8-15 不同种类减水剂对混凝土抗压强度的影响

编号	胶材总量 /(kg/m³)	粉煤灰	砂率	水胶比	外加剂	T/K /(mm/mm)	倒坍时间 /s	7d 抗压强度 /MPa
1-14-A 拌 15L	500	55%	60%	0.33	星恒(现场用的),0.857%	275/790	4.4	28.4
1-4	500	65%	60%	0.346	贵州铭泰缓凝高效减水剂,1.1%	270/800	3.6	19.2
1-15	500	55%	60%	0.33	星恒聚羧酸高效缓凝减水剂,0.857%	280/730	7.9	28.6
1-16	500	55%	60%	0.33	星恒(将现场用的进行调配后的减水剂),0.7%	275/770	4.7	26.7
1-17	500	55%	60%	0.33	星恒聚羧酸高效缓凝减水剂,0.951%	280/765	9.2	31.7

由表 8-15 可以看出,通过将 1-4 组和 1-14 组进行比较可得,相对于掺星恒减水剂 1,掺铭泰缓凝高效减水剂的混凝土 7d 抗压强度较低;通过将 1-14 组与 1-15 组相比较可以发

现，相对于星恒聚羧酸减水剂 1，掺星恒聚羧酸缓凝高效减水剂的混凝土，其 7d 抗压强度较大。

（2）粉煤灰掺量的变化　试验研究不同粉煤灰掺量（55％、60％和65％）对C30超流态机制砂自密实混凝土工作性能和抗压强度的影响。见表8-16、表8-17。

表 8-16　不同粉煤灰掺量对混凝土工作性能的影响

编号	胶材总量 /(kg/m³)	粉煤灰掺量	砂率	水胶比	T/K /(mm/mm)	T_d/s	状态描述
1-14-B	500	55％	60％	0.33	270/705	2.9	状态良好
1-18	500	60％	60％	0.33	275/765	3.1	状态良好
1-19	500	65％	60％	0.33	280/730	3.4	轻微离析

表 8-17　不同粉煤灰掺量对混凝土抗压强度的影响

编号	粉煤灰掺量	T/K /(mm/mm)	T_d/s	抗压强度/MPa			
				3d	7d	28d	60d
1-14-B	55％	270/705	2.9	22.0	28.4	49.7	48.6
1-18	60％	275/765	3.1	15.3	23.4	39.5	39.7
1-19	65％	280/730	3.4	13.2	21.3	37.5	43.1

由表 8-16 中三组可以看出，随着粉煤灰掺量的增大，混凝土的流动性增大。将 1-18 组和 1-19 组对比可以发现，保持减水剂掺量不变，增加 5％的粉煤灰掺量，拌合物浆体有轻微的泌浆现象。

由表 8-17 可以看出，粉煤灰对混凝土的早期强度影响较大，随着粉煤灰掺量的增大，对于 3d、7d 和 28d 的抗压强度，在给定的龄期下，其抗压强度呈减小的趋势。试验结果表明，掺入粉煤灰对 C30 超流态机制砂自密实混凝土的早期强度不利。

（3）胶凝材料总量的变化　不同胶凝材料用量（475kg/m³、500kg/m³ 和 525kg/m³）对 C30 超流态机制砂自密实混凝土工作性能和抗压强度的影响，见表8-18、表8-19。

表 8-18　不同胶凝材料用量对混凝土工作性能的影响

编号	胶材总量 /(kg/m³)	粉煤灰掺量	砂率	水胶比	T/K /(mm/mm)	T_d/s	状态描述
1-14-B	500	55％	60％	0.33	270/705	2.9	状态良好
1-20	525	55％	60％	0.33	275/710	1.7	状态良好
1-21	475	55％	60％	0.33	270/725	2.4	轻微离析

表 8-19　不同胶凝材料用量对混凝土抗压强度的影响

编号	胶材总量 /(kg/m³)	T/K /(mm/mm)	T_d/s	抗压强度/MPa			
				3d	7d	28d	60d
1-14-B	500	270/705	2.9	22.0	28.4	49.7	48.6
1-20	525	275/710	1.7	16.6	25.7	39.5	42.5
1-21	475	270/725	2.4	16.7	26.7	44.2	44.2

通过将表 8-18 中三组对比可以发现，1-21 组将胶凝材料用量降低至 $475kg/m^3$，混凝土拌合物包裹性不好，表面有一部分石子外露，与 1-20 组相比，浆体有点黏。如图 8-19 所示。

从胶凝材料总量的变化对混凝土的工作性影响可以看出，胶凝材料总量的增大有利于混凝土的流动性和流动速度，且可以降低外加剂的用量。

从 1-20 组和 1-21 组的强度结果来看，胶凝材料总量变化对 3d 和 7d 的抗压强度影响不是很明显。当胶凝材料从 $475kg/m^3$ 增加至 $525kg/m^3$ 时，混凝土

图 8-19　1-21 组混凝土拌合物状态

的 28d 抗压强度呈先增大后减小的趋势。同时，通过表 8-19 还可以看出，当胶凝材料为 $475kg/m^3$ 时，其 28d 和 60d 的抗压强度高于胶凝材料为 $525kg/m^3$ 的混凝土 28d 和 60d 的抗压强度。

（4）砂率的变化　试验研究不同砂率（50％、55％和 60％）对 C30 超流态机制砂自密实混凝土工作性能和抗压强度的影响。见表 8-20、表 8-21。

表 8-20　不同砂率对混凝土工作性能的影响

编号	胶材总量/(kg/m³)	粉煤灰掺量	砂率	水胶比	T/K/(mm/mm)	T_d/s	状态描述
1-14-B	500	55％	60％	0.33	270/705	2.9	状态良好
1-22	500	55％	55％	0.33	285/790	2.1	黏聚性不良
1-23	500	55％	50％	0.33	280/715	3.0	稍黏,稍有离析

表 8-21　不同砂率对混凝土抗压强度的影响

编号	砂率	T/K/(mm/mm)	T_d/s	抗压强度/MPa			
				3d	7d	28d	60d
1-14-B	60％	270/705	2.9	22.0	28.4	49.7	48.6
1-22	55％	285/790	2.1	23.3	28.9	46.3	49.3
1-23	50％	280/715	3.0	22.6	25.2	47.5	51.7

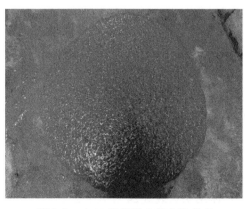

图 8-20　1-23 组混凝土拌合物状态

三组砂率的变化可以看出，砂率对超流态混凝土的工作性影响很大。当保持减水剂的掺量及其他配合比参数不变，砂率为 50％时，拌合物浆体有点黏，部分石子包裹性不好，石子间浆体并不富余。砂率提高到 60％时，混凝土明显变轻，混凝土状态不错。1-23 组混凝土拌合物状态如图 8-20 所示。

因此，砂率的变化对混凝土的流动性及包裹性影响明显，砂率是影响 C30 超流态混凝土的重要参数。

由表 8-21 可以看出，随着砂率的减小，C30

超流态机制砂自密实混凝土的 3d 抗压强度呈先增大后减小的趋势，7d 的抗压强度变化规律与 3d 的相同，28d 的抗压强度呈先减小后增大的趋势，60d 抗压强度呈逐渐增大的趋势。

（5）水胶比的变化　试验研究不同砂率（0.30、0.33 和 0.36）对 C30 超流态机制砂自密实混凝土工作性能和抗压强度的影响。见表 8-22、表 8-23 及图 8-21 所示。

表 8-22　不同水胶比对混凝土工作性能的影响

编号	胶材总量/(kg/m³)	粉煤灰掺量	砂率	水胶比	T/K/(mm/mm)	T_d/s	状态描述
1-14-B	500	55%	60%	0.33	270/705	2.9	状态良好
1-24	500	55%	60%	0.36	270/745	1.8	黏度较低
1-25	500	55%	60%	0.30	280/785	3.2	气泡较多，轻微离析

表 8-23　不同水胶比对混凝土抗压强度的影响

编号	水胶比	T/K/(mm/mm)	T_d/s	抗压强度/MPa			
				3d	7d	28d	60d
1-14-B	0.33	270/705	2.9	22.0	28.4	49.7	48.6
1-24	0.36	270/745	1.8	19.0	25.5	41.6	42.7
1-25	0.30	280/785	3.2	24.9	30.1	53.4	55.7

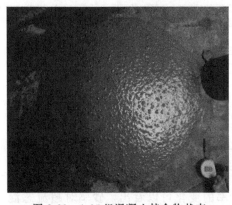

图 8-21　1-25 组混凝土拌合物状态

从表 8-22 可以看出，当水胶比降低至 0.3 时，混凝土拌合物浆体很黏，有很多气泡，静置一段时间后，浆体有点板结，且表层有浮浆，拌合物状态不好。当水胶比增加至 0.36 时，混凝土变得很轻，倒坍时间只有 1.8s，但是拌合物有部分石子包裹性不好。通过以上试验可得，不同水胶比对 C30 超流态自密实混凝土影响很大，如果用水量过大，混凝土强度不够；如果用水量过低，混凝土工作性不好，所以配制 C30 超流态自密实混凝土时应合理控制混凝土的用水量。

从强度结果来看，水胶比的变化对混凝土强度影响较为显著，当水胶比降低至 0.3 时，混凝土的 7d 强度可以达到 30.1MPa，满足设计要求，且有一定的富余。当水胶比提高至 0.36 时，相对于 1-14 组，混凝土的 3d 和 7d 抗压强度都相应地降低 3MPa 左右。同时由表 8-23 还可以看出，随着水胶比的增大，其 28d 的抗压强度降低，当水胶比为 0.36 时，混凝土的 28d 抗压强度降低至 41.6MPa，60d 抗压强度降低至 42.7MPa，相对于设计强度，抗拉强度仍有富余充分。

（6）原材料的变化

① 水洗砂 5～16mm 瓜米石。试验采用水洗砂和 5～16mm 瓜米石，研究其对 C30 超流态机制砂自密实混凝土工作性能和抗压强度的影响。具体结果见表 8-24 和表 8-25。

表 8-24　不同粒径瓜米石对混凝土工作性能的影响

编号	粉煤灰	瓜米石粒径/mm	T/K/(mm/mm)	T_d/s	状态描述
1-14-B	55%	5~10	270/705	2.9	状态良好
1-26	55%	5~16	280/775	3.2	浆体表面有一小部分粒径较大的石子裸露，部分大石子包裹性不好
1-27	60%	5~16	275/740	2.7	浆体有点黏，表面有一小部分粒径较大的石子裸露，部分大石子包裹性不好
1-28	65%	5~16	280/715	3.7	浆体有小一部分大石子包裹性不是很好

从表 8-24 中 4 组试验结果可以看出，当瓜米石粒径由 5~10mm 增加至 5~16mm 时，混凝土拌合物状态不是很好，部分大石子包裹性不好。

表 8-25　不同粒径瓜米石对混凝土抗压强度的影响

编号	瓜米石粒径/mm	T/K/(mm/mm)	T_d/s	抗压强度/MPa			
				3d	7d	28d	60d
1-14-B	5~10	270/705	2.9	22.0	28.4	49.7	48.6
1-26	5~16	280/775	3.2	18.4	27.4	45.6	50.2
1-27	5~16	275/740	2.7	20.6	27.3	44.3	49.2
1-28	5~16	280/715	3.7	15.7	22.6	40.6	50.1

从表 8-25 可以看出，当瓜米石粒径由 5~10mm 增加至 5~16mm 时，混凝土的 3d、7d 和 28d 的抗压强度都降低，而 60d 的抗压强度呈增大的趋势。

② 未水洗砂＋5~16mm 瓜米石。试验采用未水洗砂和 5~16mm 瓜米石，研究其对 C30 超流态机制砂自密实混凝土工作性能和抗压强度的影响。具体结果见表 8-26 和表 8-27，以及图 8-22。

表 8-26　不同试验原材料对混凝土工作性能的影响

编号	胶材总量/(kg/m³)	粉煤灰掺量	砂率	水胶比	外加剂	T/K/(mm/mm)	T_d/s	状态描述
1-14-B	500	55%	60%	0.33	星恒(现场用的),0.902%	270/705	2.9	状态良好
1-29	500	60%	58%	0.33	星恒(现场用的),1.3%	—	—	拌合物很黏，浆体有一定跑浆
1-30	475	60%	56%	0.3368	星恒(现场用的),1.053%	270/730	5.6	浆体边缘部分石子包裹性不是很好，浆体有点黏，流动速度较慢
1-31	470	60%	54%	0.347	星恒(现场用的),1.0%	—	—	浆体的石子包裹性明显不好，浆体有点黏，流动速度慢
1-32	470	60%	56%	0.351	星恒(现场用的),1.1%	275/730	5.6	拌合物浆体边缘部分石子包裹性不是很好，浆体有点黏，流动速度较慢
1-33	500	60%	56%	0.33	星恒(现场用的),1.1%	270/765	3.6	拌合物整体上性能状态良好

表 8-27　不同试验原材料对混凝土抗压强度的影响

编号	胶材总量 /(kg/m³)	粉煤灰掺量	砂率	水胶比	T/K /(mm/mm)	T_d/s	抗压强度/MPa			
							3d	7d	28d	60d
1-14-B	500	55%	60%	0.33	270/705	2.9	22.0	28.4	49.7	48.6
1-26	500	55%	61%	0.33	280/775	3.2	18.4	27.4	45.6	50.2
1-30	475	60%	56%	0.337	270/730	5.6	—	26.2	—	—
1-32	470	60%	56%	0.351	275/730	5.6	20.6	24.0	39.7	44.8
1-33	500	60%	56%	0.33	270/765	3.6	19.3	22.0	45	55.9

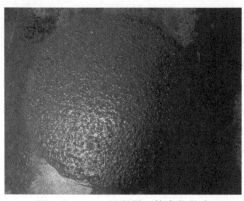

图 8-22　1-32 组混凝土拌合物状态

从表 8-26 中的试验结果可以看出，相对于 1-14 组，试验采用未水洗砂的混凝土拌合物整体上倒坍时间都比较大，混凝土拌合物流动速度慢，黏度较大。同时，增加胶凝材料用量有利于混凝土的工作性。

从表 8-27 可以看出，相对于 1-14 组，试验采用未水洗砂的混凝土，其不同龄期的抗压强度都降低。同时通过对 1-32 组和 1-33 组进行对比可以看出，当胶凝材料增加 30kg/m³，对于混凝土的 3d 和 7d 抗压强度，在给定的龄期下，其抗压强度呈降低的趋势，混凝土的 28d 和 60d 抗压强度都呈增大的趋势。

8.4.5.4　C30 超流态机制砂自密实混凝土的配合比优化

为了研制出最佳的混凝土配合比，在保证混凝土工作性良好的基础上，应使混凝土的抗压强度富余较少。从上面的试验结果可以得到，大部分混凝土的 28d 抗压强度在 40MPa 以上，富余较大，因此可以考虑通过以下几个方面进行调整：①增加粉煤灰掺量；②增大水胶比；③降低胶凝材料用量。结果见表 8-28，表 8-29。

表 8-28　基准配合比和优化后的配合比工作性能对比

编号	胶材总量 /(kg/m³)	粉煤灰掺量	砂率	水胶比	T/K /(mm/mm)	T_d/s	状态描述
1-14-B	500	55%	60%	0.33	270/705	2.9	状态良好
1-19	500	65%	60%	0.33	280/730	3.4	有轻微的离析
1-24	500	55%	60%	0.36	270/745	1.8	黏度较小

表 8-29　基准配合比和优化后的配合比抗压强度对比

编号	粉煤灰掺量	水胶比	T/K /(mm/mm)	T_d/s	抗压强度/MPa			
					3d	7d	28d	60d
1-14-B	55%	0.33	270/705	2.9	22.0	28.4	49.7	48.6
1-19	65%	0.33	280/730	3.4	13.2	21.3	37.5	43.1
1-24	55%	0.36	270/745	1.8	19.0	25.5	41.6	42.7

　　1-19组是在1-14基准组的基础上，将粉煤灰掺量增加至65%，混凝土拌合物浆体有轻微的泌浆，可以考虑减少一定量的减水剂。1-24组是在1-14基准组的基础上，将水胶比提高至0.36，混凝土很轻，混凝土拌合物一小部分大石子包裹性不是很好，可以考虑增加2%的砂率。

　　由表8-29可以看出，相对于1-14基准组，1-19组将粉煤灰掺量提高至65%时，其混凝土28d抗压强度为37.5MPa，60d抗压强度为43.1MPa，满足设计强度的要求，且富余较少。同时，相对于1-14基准组，1-24组将水胶比提高至0.36时，其28d抗压强度为41.6MPa，60d抗压强度为42.7MPa，满足设计强度的要求，且有少量的富余。

8.5　大粒径骨料机制砂自密实混凝土性能

　　本章介绍大粒径骨料机制砂自密实混凝土的性能，主要包括超流态机制砂自密实混凝土的工作性能、大粒径骨料机制砂自密实混凝土构件的性能和大粒径骨料机制砂自密实混凝土的耐久性能。

8.5.1　超流态机制砂自密实混凝土工作性能

　　混凝土拌合物的工作性能是一项综合的技术性质，包括流动性、黏聚性和保水性三个方面。

　　通过大量的试验可得，所配制的超流态机制砂自密实混凝土的工作性能见表8-30。

表8-30　超流态机制砂自密实混凝土工作性能指标

序号	方法	单位	试验测得指标	指标要求
1	坍落度(SL)	mm	$270\sim290$	$250{\leqslant}SL{\leqslant}290$
2	坍落扩展度(SF)	mm	$650\sim790$	$650{\leqslant}SF{\leqslant}800$
3	倒坍落度筒流动时间(T_d)	s	$T_d{\leqslant}5$	$T_d{\leqslant}6$
4	1h后坍落度(SL)	mm	$SL{\geqslant}260$	$SL{\geqslant}250$
5	1h后坍落扩展度(SF)	mm	$SF{\geqslant}550$	$SF{\geqslant}550$
6	1h后倒坍落度筒流动时间(T_d)	s	$T_d{\leqslant}7$	$T_d{\leqslant}7$
7	含气量(α)	%	$\alpha{\leqslant}3$	$\alpha{\leqslant}4$
8	T_{50}	s	$T_{50}{\leqslant}8$	$T_{50}{\leqslant}10$

　　通过表8-30可以看出，所配制的超流态机制砂自密实混凝土的工作性能满足指标要求。

8.5.2　大粒径骨料机制砂自密实素混凝土构件性能

　　大粒径骨料机制砂自密实素混凝土构件性能，包括大粒径骨料机制砂自密实素混凝土构件抗压强度，大粒径骨料机制砂自密实素混凝土构件抗弯强度，超流态机制砂自密实混凝土抗压强度、内部密实度、应力应变以及表面状态等。

8.5.2.1　大粒径骨料机制砂自密实素混凝土构件制备方案

　　首先配制超流态机制砂自密实混凝土，进而制备出大粒径骨料机制砂自密实素混凝土。

　　经配合比优化调整，C20超流态机制砂自密实混凝土采用表8-31配合比配制，工作性能及力学性能如表8-32所示。

表 8-31　C20 超流态机制砂自密实混凝土配合比

材料	胶凝材料	粉煤灰掺量/%	机制砂	石子(5～10mm)	水	减水剂
用量/(kg/m³)	469	65	879	731	163	1.0%

表 8-32　C20 超流态机制砂自密实混凝土工作性能及力学性能

工作性及力学性能	坍落度/mm	扩展度/mm	倒坍落度筒流出时间/s	28d 标养抗压强度/MPa
测得指标	265	710	4.1	26.8

大粒径骨料机制砂自密实素混凝土构件的制备流程图如图 8-23 所示。

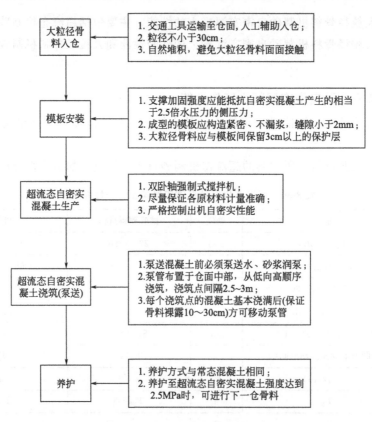

图 8-23　大粒径骨料机制砂自密实素混凝土构件制备流程图

8.5.2.2　大粒径骨料机制砂自密实素混凝土构件力学性能

大粒径骨料机制砂自密实素混凝土构件力学性能包括大粒径骨料机制砂自密实素混凝土构件的抗压强度和抗弯拉强度。

（1）大粒径骨料机制砂自密实素混凝土构件抗压强度　通过采用两种不同测试方法测试 C20 大粒径骨料机制砂自密实混凝土 28d 抗压强度，分别是：对现场同条件成型、标准养护后混凝土试件及钻芯取样。大粒径骨料机制砂自密实素混凝土构件抗压强度测试结果如下：

① 大粒径骨料机制砂自密实素混凝土构件钻芯取样测试抗压强度为 27.1MPa，完全符合设计要求。

② 对现场同条件成型、标准养护后混凝土试件，测试 28d、90d 的强度分别达到 28.9MPa、34.2MPa，超过设计要求。

（2）大粒径骨料机制砂自密实素混凝土构件抗弯拉强度　大粒径骨料机制砂自密实素混凝土构件钻芯取样测试抗弯拉强度为 3.13MPa，完全符合设计要求。

8.5.2.3　大粒径骨料机制砂自密实素混凝土构件内部密实度

对试验段剖面及内部芯样进行观察，发现超流态机制砂自密实混凝土和机制砂自密实片石混凝土均完全密实。如图 8-24，图 8-25 所示。

图 8-24　现场试验混凝土构件钻芯取样后的芯样　　　图 8-25　现场试验混凝土构件实体剖面照片

8.5.2.4　大粒径骨料机制砂自密实素混凝土构件表面状态检测

拆模后，检测浇筑的构件表观状态，观察有无气孔、蜂窝麻面等。如图 8-26 所示。

图 8-26　现场试验混凝土构件拆模后的表观现象（几何尺寸 6m×2.5m×1.5m）

8.5.3　大粒径骨料机制砂自密实钢筋混凝土构件性能

大粒径骨料机制砂自密实钢筋混凝土的性能，包括大粒径骨料机制砂自密实钢筋混凝土抗压强度、内部密实度、应力应变以及界面黏结情况等。

8.5.3.1　大粒径骨料机制砂自密实钢筋混凝土构件制备方案

首先配制超流态机制砂自密实混凝土，进而制备出大粒径骨料机制砂自密实钢筋混凝土，并采用设计尺寸为 1m×1m×6m 的构件（配筋 5Φ12mm，主筋至下边缘 5cm，箍筋 Φ12mm，间距 50cm，配筋图如图 8-27 所示）。

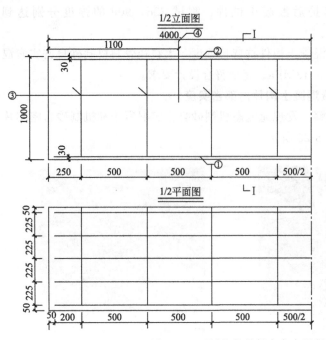
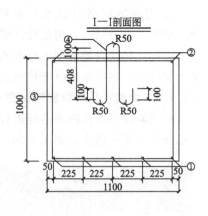

图 8-27　不同粒径骨料自密实混凝土构件配筋图

经配合比优化调整，C30 超流态机制砂自密实混凝土采用表 8-33 配合比配制，工作性能及力学性能如表 8-34 所示。

表 8-33　C30 超流态机制砂自密实混凝土配合比

材料	胶凝材料	粉煤灰掺量/%	机制砂	石子(5~10mm)	水	减水剂
用量/(kg/m³)	500	55	948	687	165	0.7%

表 8-34　C30 超流态机制砂自密实混凝土工作性能及力学性能

工作性及力学性能	坍落度/mm	扩展度/mm	倒坍落度筒流出时间/s	28d 标养抗压强度/MPa
测得指标	270	710	2.9	38.4

大粒径骨料机制砂自密实钢筋混凝土构件的制备方法是，首先在模板内配置钢筋，再将大粒径骨料入仓，形成有一定空隙的大粒径骨料堆积体，然后在骨料堆积体表面浇注 C30 超流态机制砂自密实混凝土，依靠自重，完全填充骨料空隙，硬化后形成完整密实的混凝土结构。工艺流程图如图 8-28 所示。

8.5.3.2　大粒径骨料机制砂自密实钢筋混凝土构件抗压强度

混凝土强度是制约结构使用性能的主要因素，是工程设计时主要的设计指标。若混凝土强度不足，对结构构件性能有很大的影响，不仅降低构件的强度和刚度，影响结构的承载力，加大结构的挠度和其他变形，同时降低结构构件的抗裂性能，加剧裂缝的产生和发展，并由于混凝土内部组织不致密，通常伴随着抗渗性、耐磨性、耐久性等性能的降低。

通过采用三种不同测试方法测试 C30 大粒径骨料机制砂自密实钢筋混凝土 28d 抗压强度，分别是：回弹仪法、钻芯取样和构件破碎后切割取样。大粒径骨料机制砂自密实钢筋混凝土构件抗压强度测试结果如下。

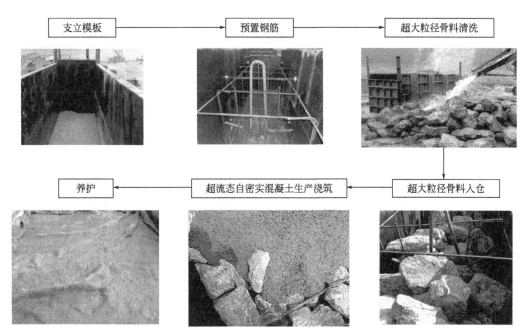

图 8-28　大粒径骨料机制砂自密实钢筋混凝土构件制备流程

（1）大粒径骨料机制砂自密实钢筋混凝土回弹抗压强度如表 8-35 所示。

大粒径骨料机制砂自密实钢筋混凝土构件整体回弹抗压强度分别为 40.7MPa 和 38.5MPa，两个构件的抗压强度相差不大。此外，两个构件各自的上部测区与下部测区，其抗压强度也几乎相同，说明超流态自密实混凝土在大粒径骨料之间，尤其在底部填充密实，构件均匀性良好。

表 8-35　C30 大粒径骨料机制砂自密实钢筋混凝土构件回弹抗压强度　单位：MPa

构件＼测区	上部	下部	平均
构件 A	40.9	40.5	40.7
构件 B	39.0	38.0	38.5

（2）大粒径骨料机制砂自密实钢筋混凝土构件 A 钻芯取样测试抗压强度为 40.2MPa，大粒径骨料机制砂自密实钢筋混凝土构件 B 钻芯取样测试抗压强度为 39.7MPa。

（3）大粒径骨料机制砂自密实钢筋混凝土构件破碎切割取样测试抗压强度为 40.4MPa。

上面的测试结果表明，C30 大粒径骨料机制砂自密实钢筋混凝土 28d 抗压强度达到设计要求，构件均匀性良好。

8.5.3.3　大粒径骨料机制砂自密实钢筋混凝土构件内部密实度

混凝土的超声波速是反映其内部密实程度的重要指标。英国的 R. Jones、Gatfield 和加拿大的 Leslide、Cheesman 在 1994 年首先把超声脉冲检测技术应用在结构混凝土的检测上。超声波已经被用于检测混凝土的动弹性模量、厚度及缺陷等，其中超声波检测混凝土缺陷的方法在许多国家已经形成了较为成熟的标准，通过用超声波无损检测可以很好地反映混凝土的内部密实度。试验用非金属超声测试仪检测混凝土的内部缺陷，试验结果如表 8-36。

表 8-36　C30 大粒径骨料机制砂自密实钢筋混凝土构件

测点	C30 大粒径骨料机制砂自密实混凝土构件					
	A		B		C	
	波速/(km/s)	波幅/dB	波速/(km/s)	波幅/dB	波速/(km/s)	波幅/dB
1	5.319	74.26	4.990	74.42	5.297	68.04
2	5.531	66.91	5.495	69.23	5.435	59.66
3	5.353	67.90	5.682	61.91	5.568	59.46
4	5.285	70.26	5.155	61.91	5.423	64.63
5	5.252	73.43	5.319	61.99	5.308	60.12
6	5.631	70.43	5.459	57.87	5.252	66.01
7	5.580	64.86	5.519	61.99	5.747	61.57
8	5.297	70.09	5.040	61.35	5.230	63.04
9	5.423	66.02	5.482	71.00	5.734	64.36
10	5.593	58.08	5.519	63.97	5.618	66.24
11	5.643	67.17	5.297	61.08	5.241	67.69
12	5.388	67.17	5.435	64.75	5.605	62.79
13	5.423	70.85	5.470	69.44	5.568	43.71
14	5.482	64.59	5.353	66.74	5.230	67.55
15	5.814	58.19	5.411	62.76	5.241	67.05
16	5.376	56.04	5.252	56.82	5.187	56.70
17	5.580	69.07	5.400	62.76	5.051	64.77
18	5.376	68.51	5.568	69.98	5.123	61.59
19	5.708	63.93	5.618	61.66	5.274	67.02
20	5.423	66.97	5.263	65.95	5.543	66.90
平均	5.474	66.74	5.386	64.38	5.330	62.36

　　结合构件破损后的断面图（图 8-29）可以看出，超流态自密实混凝土在大粒径骨料之间填充密实，与骨料黏结良好，混凝土整体密实，构件整体性良好。超流态自密实混凝土的低黏度、高流动性、高黏聚性对于其填充性能十分重要。

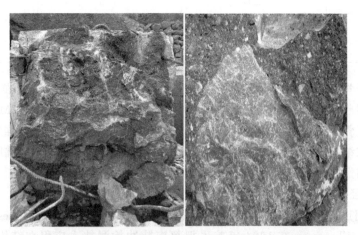

图 8-29　大粒径骨料机制砂自密实钢筋混凝土构件局部破损图

8.5.3.4　大粒径骨料机制砂自密实钢筋混凝土构件应力应变性能

　　（1）大粒径骨料机制砂自密实钢筋混凝土构件应力应变测试方法　大粒径骨料机制砂自密实钢筋混凝土构件应力应变测试，采用千斤顶反力架施加载荷，测试数据采用中航电测

BQ120-80AA 电阻式应变片和江苏泰斯特 TST3822 应变静态采集仪采集。

　　加载示意图及应变片布置如图 8-30 所示，加载区域为顶面中部 100cm×50cm 区域。加载采用分级加载，每级加载 30～50kN，每级稳定载荷不变 7～8min 以采集数据，直至混凝土构件破坏。不同粒径骨料自密实混凝土构件应力应变测试现场见图 8-31。

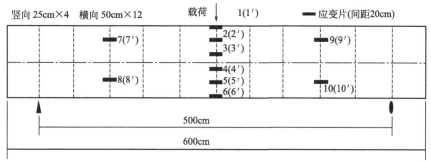

图 8-30　不同粒径骨料自密实混凝土构件应力应变测试示意图

图 8-31　不同粒径骨料自密实混凝土构件应力应变测试现场

　　（2）大粒径骨料机制砂自密实钢筋混凝土构件应力应变性能　大粒径骨料机制砂自密实钢筋混凝土构件应力应变性能测试结果如表 8-37。

表 8-37　大粒径骨料机制砂自密实钢筋混凝土构件应力应变性能测试结果

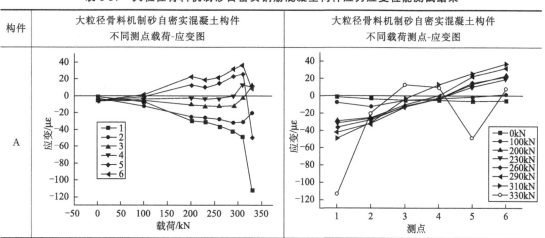

续表

构件	大粒径骨料机制砂自密实混凝土构件 不同测点载荷-应变图	大粒径骨料机制砂自密实混凝土构件 不同载荷测点-应变图
B	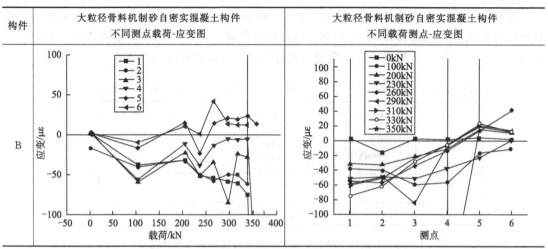	

试验结果表明，大粒径骨料自密实钢筋混凝土构件受拉区和受压区应力应变规律明显，但混凝土构件局部测点存在波动，这主要是由骨料尺寸效应引起的。对受弯构件来说，大粒径骨料的存在，使得构件局部产生应力集中，尤其是骨料和超流态混凝土的界面区，受力过程中容易被破坏从而形成裂缝。大粒径骨料机制砂自密实钢筋混凝土构件的裂缝发展情况为受拉区混凝土开裂，裂缝逐渐延伸并扩展至构件上部，如表 8-38 中图所示。

表 8-38   不同粒径骨料自密实钢筋混凝土构件破坏裂缝

构件	A	B
破坏 状态	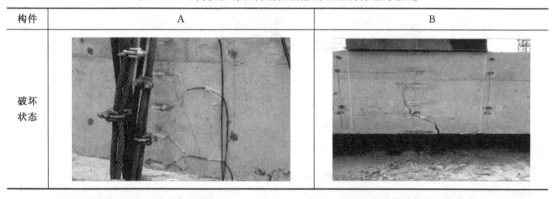	

大粒径骨料的堆积程度、分布状态、界面黏结情况及构件所受弯矩大小是影响构件受力性能，尤其是抗弯拉性能和抗剪切性能的关键因素。

8.5.3.5   大粒径骨料机制砂自密实钢筋混凝土构件内部温升

不同粒径骨料机制砂自密实钢筋混凝土构件内部温峰与出现时间试验结果见表 8-39。

表 8-39   不同粒径骨料机制砂自密实钢筋混凝土构件内部温峰与出现时间

骨料粒径大小/mm	30~60	10~30	0.5~2
内部温峰/℃	28.2	33.5	51.2
温峰出现时间/h	27	23	18

试验结果表明，大粒径骨料不仅显著降低了构件内部温峰，同时还延长了温峰出现时间，并且骨料粒径越大，温峰降低效应和延时效应越明显。主要是因为骨料粒径为 30~

60mm 和骨料粒径为 10～30mm 的大粒径骨料机制砂自密实钢筋混凝土构件的堆积程度已达到 50％以上,大大减少了实际自密实混凝土用量,由于大掺量粉煤灰的应用,混凝土中实际水泥用量更少,水化热低。因此大粒径骨料机制砂自密实钢筋混凝土能够有效降低大体积混凝土结构早期开裂风险。

8.5.4 大粒径骨料机制砂自密实混凝土耐久性能

混凝土自从浇注、凝结和硬化开始,就会受到外界环境介质以及温度、湿度变化的影响。尽管混凝土的强度会随着内部未水化水泥颗粒的继续水化有所增长,但其各方面性能均会因所受环境介质的作用而出现变化,混凝土的性能会因各种环境因素的作用而呈下降趋势。混凝土服役过程中会受到酸、碱、盐等介质的侵蚀作用;会受到空气中 CO_2、SO_3、NO_x 等有害介质的破坏作用;因为内部含有水分,混凝土会受到冻融破坏作用;混凝土长期被淡水冲刷,甚至会遭到溶析和冲蚀破坏。不仅如此,如果混凝土材料在设计、原材料选择时考虑不周,内部也会发生碱-骨料反应,导致结构破坏,造成非常严重的经济损失。引起混凝土耐久性劣化的因素很多,如混凝土抗渗性差、混凝土的冻融循环破坏、化学侵蚀、碳化、淡水侵蚀、碱-骨料反应等。因此在大粒径骨料机制砂自密实混凝土设计、施工和养护过程中,要注意混凝土的耐久性问题。

8.5.4.1 大粒径骨料机制砂自密实混凝土干缩变形性能

干燥收缩是混凝土在不饱和的空气中失去内部毛细孔和凝胶孔的吸附水而发生的收缩。干燥收缩的影响因素有水泥组成、水泥用量、水灰比、水化程度、骨料品种和用量、外加剂、掺合料、试件尺寸、环境湿度和温度等。随着水灰比降低,水泥石中孔隙率会明显减小,因而水泥砂浆在各种干燥环境下的收缩率都明显减小;混凝土干缩变形随着矿渣粉掺量增加而增大;当环境相对湿度降低时,水泥砂浆的干燥收缩会出现增长的现象,但是干缩增长速率却会逐渐减慢;在一定的湿度条件下,水泥砂浆干燥收缩会随着环境温度的升高而增大;不同类型的减水剂对混凝土的干燥收缩变形也有不同程度的影响。这一系列的试验结果,对配制低干燥收缩变形的混凝土和大体积混凝土的工程建设提供了理论指导。此外,粉煤灰对干燥收缩影响的研究也有较多成果。

由于大粒径骨料机制砂自密实混凝土中大粒径骨料的大量存在,大粒径骨料对混凝土有抑制作用,故而大粒径骨料机制砂自密实混凝土干缩变形有待进一步研究。目前国内研究者针对大粒径骨料机制砂自密实混凝土的干燥收缩性能做了一些研究。

刘昊、金峰等通过对 C25 普通自密实混凝土、自密实堆石混凝土、骨料含量分别为 25％、30％、35％的自密实堆石混凝土进行试验,以探求自密实堆石混凝土与自密实混凝土之间的关系以及骨料含量对干缩值的影响。试验研究结果表明,①对于相同尺寸的普通自密实混凝土和自密实堆石混凝土,自密实堆石混凝土的干缩值小于普通自密实混凝土,且随着堆石率的增加,自密实堆石混凝土的干缩值逐渐递减。②骨料含量对普通自密实混凝土的干燥收缩变形有较大影响。从试验结果得出,随骨料含量的增加,普通自密实混凝土的干缩变形呈逐渐减少的趋势。③对于不同尺寸的普通自密实混凝土试件,随着尺寸增大,干缩率减小。④采用公式 $\varepsilon_{RFC} = \varepsilon_{SCC}(1-V_{rock})^{0.72}$ 能较好地反映堆石混凝土干缩率,根据堆石体积率(ε_{RFC})和任意时刻自密实混凝土的干缩率(ε_{SCC}),可推求出不同堆石率(V_{rock})的普通堆石混凝土任意时刻干缩率。

8.5.4.2 大粒径骨料机制砂自密实混凝土抗渗性能

近年来,混凝土耐久性的问题引起了很多国家的重视。长期以来,混凝土耐久性的研究和设计，都是建立在对混凝土渗透性评价的基础上。抗渗性差的混凝土，水分可以在内部引起侵蚀、冰冻等破坏作用。混凝土的渗透性，是指气体、液体或者离子受压力、化学势或者电场作用，在混凝土中渗透、扩散或迁移的难易程度。研究混凝土渗透性能的方法主要包括：水压力法、氯离子渗透法、透气法等，其中水压力法更加简便真实，因此得到较广泛的使用。目前国内研究者针对大粒径骨料机制砂自密实混凝土的抗渗透性能做了一些研究。

刘昊、金峰等通过混凝土抗渗性试验（逐级加压法）、全级配混凝土渗透系数试验及压水试验等三种试验对比研究堆石混凝土的抗渗性能及其与自密实混凝土抗渗性能之间的关系，以建立堆石混凝土抗渗性能的评价体系。试验结果表明，①通过混凝土抗渗性试验（逐级加压法）可得，相同条件下，自密实堆石混凝土和普通自密实混凝土具有优良的抗渗性能，但自密实堆石混凝土的抗渗性能低于普通自密实混凝土。②通过全级配混凝土渗透系数试验可得，普通混凝土、普通自密实混凝土和自密实堆石混凝土的渗透系数大小为：普通混凝土＞自密实堆石混凝土＞普通自密实混凝土。③通过室内压水试验可得，自密实混凝土和堆石混凝土有着良好的抗渗性能，且普通混凝土、普通自密实混凝土和自密实堆石混凝土的透水率大小为：普通混凝土＞自密实堆石混凝土＞普通自密实混凝土。此外由试验结果还可以得到，通过对堆石混凝土和自密实混凝土渗透系数、透水率试验指标关系的分析，发现渗透试验和压水试验渗透系数间存在很好的相关性，也可以初步验证室内压水试验的可靠性。

综上所述，普通混凝土、普通自密实混凝土和自密实堆石混凝土的抗渗透性能大小为：普通自密实混凝土＞自密实堆石混凝土＞普通混凝土，分析原因可能是通常混凝土加入低渗透性的骨料可以切断毛细管通道的连续性，但是当骨料粒径过大后，过长的胶结面反而会对抗渗性能造成一定的负面影响。

8.5.4.3 大粒径骨料机制砂自密实混凝土内部温升

混凝土水化放热性能对混凝土结构开裂敏感性的影响，已受到人们的重视。大量的工程实践表明，很多尺寸不大的混凝土结构也会由于内部温升而发生开裂。美国混凝土学会认为，大体积混凝土工程要采取温控措施，以防温度裂缝的产生。堆石混凝土是在自密实混凝土技术基础上发展出的一种新型大体积混凝土施工技术，其技术核心在于利用自密实混凝土的自密实性能，充分填充堆石体的空隙，从而得到密实、具有足够强度、抗渗和耐久性能的堆石混凝土。采用堆石混凝土进行大体积混凝土浇筑，其中有很大的优点是降低混凝土的内部温升，温控相对容易，减少混凝土的开裂等。目前国内研究者针对自密实堆石混凝土的内部温升已做了一些研究。

金峰、李乐等采用自密实混凝土绝热温升物理试验与堆石混凝土绝热温升过程数值试验相结合的方法，对堆石混凝土绝热温升性能进行了研究，提出了堆石混凝土绝热温升的简便计算方法。对于一般的堆石混凝土，当堆石最大粒径小于100cm时，堆石引起的温度非均匀性可以忽略，堆石混凝土温度及应力仿真分析都可以用均化堆石混凝土材料来进行分析。目前研究和工程应用的堆石混凝土，主要采用的堆石都是30~100cm的粒径范围，在分析常规温度问题的时候可以忽略堆石早期对温度场产生的非均匀性影响，把堆石混凝土认为是一种均化的材料。均化堆石混凝土的热学性质可根据自密实混凝土和堆石的材料性质按质量加权平均得到。根据已有研究成果，在堆石不发热的假定条件下，通过热平衡方程，堆石混凝土的绝热温升可以由自密实混凝土的绝热温升简单计算得出。在此基础上，潘定才等通过自密实混凝土绝热温升试验和堆石混凝土绝热温升试验，研究了自密实混凝土与堆石混凝土的绝热温升规律，获得堆石混凝土绝热温升参数。同时，通过堆石混凝土现场温度监测试验，获得了工程现场堆石混凝土的实测温度数据，通过反演分析，得到了堆石混凝土的导热系数、比热、绝热温升、表面散热系数等混凝土热学性能参数，并与室内试验的结果对比，获得了堆石混凝土在工程现场的实际水化温升规律。最后对坝基回填堆石混凝土的沙坪二级水电站混凝土闸坝工程进行了施工期、过水期和运行期的精细仿真计算，分析了温度场和应力场结果。计算结果表明，堆石混凝土在大体积混凝土施工中拥有良好的性能，由于其单方水泥用量少，有效地降低了混凝土的水化温升，后期在混凝土结构中不会产生过大的拉应力，保证了堆石混凝土结构的安全性。

刘昊等在潘定才的研究基础上，通过堆石混凝土绝热温升试验和自密实混凝土绝热温升试验，研究了堆积率为 42.3% 和 49% 的堆石混凝土与自密实混凝土的绝热温升规律，验证了在考虑温度特性时堆石混凝土热平衡公式的准确性，获得了普通堆石混凝土（堆石率55%）的绝热温升理论公式，且得到了指数式常数与堆石率无关的结论；同时通过热胀系数试验，测得岩石、自密实混凝土与堆石混凝土热胀系数值，得到了堆石混凝土线胀系数与自密实混凝土线胀系数、岩石线胀系数之间的简单公式，获得了普通堆石混凝土（堆石率55%）的线胀系数值。

徐俊等模拟在相同条件下，以普通混凝土和堆石混凝土技术对大体积混凝土进行浇筑，研究结合一个正六面体工程的大体积混凝土水化热温度场的计算，通过使用 ANSYS 软件对整个浇筑过程进行分析计算，整个计算分析过程使用 ANSYS 的 APDL 语言编写程序命令流，在其他条件均一致的情况下，将 C20 普通混凝土与堆石混凝土浇筑的温度场结果比较，论述了堆石混凝土更加有效地控制了水化热，降低了混凝土内部最高温度。论证了新型的堆石混凝土施工技术在大体积混凝土中控制水化热和裂缝产生的卓越性。

综上所述，相对于普通混凝土，自密实堆石混凝土内部水化热产生更加少，温度比普通混凝土更加低，对大体积的裂缝控制更加有效。

8.6 大粒径骨料机制砂自密实混凝土工程应用

8.6.1 毕节至威宁高速公路工程概况

毕节至威宁高速公路是《贵州省高速公路网规划》中"8 纵 8 横"的重要组成部分，是铜仁至宣威高速公路的重要组成路段。起于毕节市城南杭瑞高速公路和厦蓉高速交汇处的龙滩边，沿西南方向经毕节市境的长春堡、撒拉溪，到赫章县城后进入威宁县境后寨、白毛院，止于威宁城北周家院子，与六盘水至威宁高速公路相接。路线全长约 125.5km，全线采用双向四车道高速公路标准建设，项目总投资 86.44 亿元。在毕威高速公路第八合同段公路挡墙施工过程中采用大粒径骨料机制砂自密实混凝土技术。

本项目设计速度 80km/h，整体式路基宽度 21.5m，分离式路基宽度 2m×11.25m，桥涵设计汽车荷载等级采用公路-Ⅰ级。

项目路线大致沿东向西分布，总的地势为西高东低。地形起伏较大，沟壑纵横，地形切割剧烈，属于地形复杂区。地貌单元按照成因及形态划分，属构造剥蚀，溶山地貌区。项目路线区域内地表水丰富，分布有大量山区溪流型沟谷。小溪多呈树枝状发育，多为"V"形沟，由于地形较陡，溪水流量受雨水控制明显，暴涨暴落；雨季水量较大，水位高；枯水季水量较小，旱季溪流水近于干涸。地下水类型主要有松散层孔隙水、岩溶水和基岩水三大类。大气降水是地下水的主要补给来源。

沿线石料岩性以石灰岩、白云岩为主，储量丰富，岩石强度高、质量好，路基主要结构物基本采用片石混凝土建筑，片石混凝土的工程量很大，成为路基施工的难点。

8.6.2 大粒径骨料机制砂自密实混凝土的性能要求

C20 超流态机制砂自密实混凝土性能要求包括工作性能和力学性能。

(1) 工作性能

① 坍落度、坍落扩展度。初始坍落度（270±20）mm，坍落扩展度＞650mm。

② 坍落度保持性。1h 后坍落度不小于 250mm，坍落扩展度不小于 650mm；倒流扩展度不小于 500mm。

③ 混凝土常压泌水率。混凝土常压泌水率≤1.0%。

④ 凝结时间。混凝土初凝时间应不大于 10h，终凝时间应不大于 24h。

⑤ 含气量。混凝土含气量应小于 4.0%。

⑥ 倒坍落度流出时间。不大于 6s。

(2) 力学性能

① 抗压强度及其发展。混凝土抗压强度 3d≥10MPa，7d≥15MPa；28d≥25MPa。

② 28d 弹性模量。混凝土 28d 弹性模量应不小于 $2.8×10^4$ MPa。

8.6.3 大粒径骨料机制砂自密实混凝土现场原材料性能

试验中采用的水泥为海螺 42.5 的普通硅酸盐水泥；粉煤灰（FA）：Ⅱ级粉煤灰；砂采用质地坚硬、清洁、级配良好的机制砂，泥块含量小于 0.5%，石粉含量约为 15%；粗骨料石子为 5~10mm 连续级配，含泥量小于 1%，泥块含量小于 0.5%；减水剂采用马贝 SX-C16 聚羧酸减水剂，固含量 28%。

大粒径骨料，无风化、质地坚硬的石灰岩，不得有剥落层和裂缝；大粒径骨料表面无覆盖泥土；粒径在 300~1000mm；含泥量和泥块含量均小于 0.5%。

8.6.4 工程现场应用配合比及基本性能测试

通过对现场的原材料进行性能测试，并考虑结构的构造尺寸和形状、大粒径骨料的尺寸和填充程度，进行 C20 超流态机制砂自密实混凝土的初始配合比的计算，经过实验室试配、调整配合比参数，包括水胶比、砂率、粉煤灰的用量、胶凝材料的用量等，最后确定工程用混凝土配合比。见表 8-40。

表 8-40 C20 超流态机制砂自密实混凝土配合比

编号	胶凝材料/(kg/m³)	粉煤灰	水胶比	砂率	减水剂
1-1	475	60%	0.34	55%	0.5%

C20 超流态机制砂自密实混凝土性能见表 8-41。

表 8-41 C20 超流态机制砂自密实混凝土性能

编号	T/K/(mm/mm)	T_d/s	含气量/%	立方体抗压强度/MPa			28d 弹性模量/MPa
				7d	28d	60d	
1-1	270/720	3.5	1.6	15.8	23.5	37.6	$2.9×10^4$

通过表 8-41 可以看出，配制的 C20 超流态机制砂自密实混凝土性能满足设计要求指标。

8.6.5 工程现场施工流程及质量控制

通过对工程项目现场的建筑材料进行分析，结合大粒径骨料机制砂自密实混凝土的研究成果，配制适合项目施工的 C20 超流态机制砂自密实混凝土。具体的施工流程包括浇筑体模板安装、大粒径骨料入仓、C20 超流态机制砂自密实混凝土的生产与浇筑、大粒径骨料机制砂自密实混凝土的养护。具体的工艺流程见图 8-32。

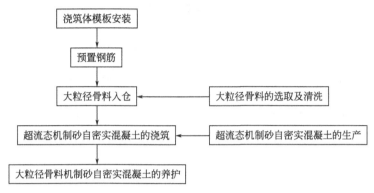

图 8-32　工艺流程图

（1）模板的安装　模板及其支护部件应根据工程结构形式、荷载大小、地基土类别、施工程序、施工机具和材料供应等条件进行选择。若采用砌石墙或预制混凝土块作为模板，则砌石厚度根据不同浇筑体积或几何断面尺寸确定，一般不应小于 50cm。成型的模板应构造紧密、不漏浆，不影响大粒径骨料机制砂自密实混凝土的均匀性及强度发展，并能保证结构（成型几何尺寸）的形状正确、规整。同时模板及其支护应具有足够的承载能力、刚度和稳定性，尽可能承受浇筑超流态机制砂自密实混凝土的侧压力及施工过程中产生的荷载。如图 8-33。此外，模板的支撑立柱应置于坚实的地（基）面上，并应具有足够的刚度、强度和稳定性，间距适度，防止支撑沉陷，引起模板变形。上下层模板的支撑立柱应对准。

图 8-33　大粒径骨料机制砂自密实混凝土模板安装

（2）大粒径骨料清洗与入仓　应严格选取满足要求的大粒径骨料，以保证施工质量；另外，大粒径骨料的运输宜采用自卸车直接入仓的方式。为避免车轮带入泥土，应在入仓道路上设置冲洗台，对车轮进行冲洗；当没有合适的入仓道路时，大粒径骨料也可以采用吊车、缆车、人工等其他方式入仓。如图 8-34 所示。

图 8-34　大粒径骨料机制砂自密实混凝土骨料入仓

（3）超流态机制砂自密实混凝土的生产与浇筑　超流态机制砂自密实混凝土生产前，必须严格按照超流态机制砂自密实混凝土生产配料单的要求计算出施工配合比，并严格计量。与生产普通混凝土相比应适当延长搅拌时间（延长 10～20s）。生产过程中应测定骨料的含水率，每一个工作班应不少于 2 次。当含水率有显著变化时，应增加测定次数，并依据检测结果及时调整用水量及骨料用量，不得随意改变配合比。

　　超流态机制砂自密实混凝土浇筑之前必须检查模板及支架、预埋件等的位置、尺寸，确认正确无误后，方可进行浇筑。为防止浇筑不均匀及表面起泡，可在模板外侧辅助敲击。对现场浇筑的混凝土要进行监控，运抵现场的混凝土坍落扩展度低于设计扩展度下限值时不得施工，可采取经试验确认的可靠方法调整坍落扩展度。严禁在中雨条件下施工，有抗冲耐磨和有抹面要求的大粒径骨料机制砂自密实混凝土不得在雨天施工。浇筑时的最大自由落下高度宜在 2m 以下，大于 2m 以上应采取串筒或其他辅助措施，防止混凝土入模落差过大。同时在浇筑过程中，当浇筑点混凝土溢满后方可移动，浇筑点应单向从低高程向高高程移动，移动距离不宜超过 3m，应避免在浇筑点的反复浇筑，如图 8-35。浇筑时要防止模板、定位装置等的移动和变形。当分层浇筑连续混凝土时，为使上、下层混凝土一体化，应在下一层混凝土初凝前将上一层混凝土浇筑完毕。大粒径骨料机制砂自密实混凝土收仓时，除达到结构物设计顶面标高以外，超流态机制砂自密实混凝土浇筑应以大量块石高出浇筑面 100～300mm 为宜，以加强层面结合。对有防渗要求的大粒径骨料机制砂自密实混凝土，施工水平缝宜采用 25～50MPa 高压水冲毛机；也可采用低压水、风砂枪、刷毛机或人工凿毛等方法对浇筑完毕的大粒径骨料机制砂自密实混凝土表面进行处理。

图 8-35　大粒径骨料机制砂自密实混凝土浇筑过程

（4）大粒径骨料机制砂自密实混凝土的养护　养护是防止大粒径骨料机制砂自密实混凝

土产生裂缝的重要措施，应充分重视，并制定养护方案，派专人负责养护，养护龄期不少于 14d。混凝土浇筑完毕，应及时进行养护，对有特殊要求的部位宜适当延长养护时间。浇筑后的大粒径骨料机制砂自密实混凝土可采用覆盖、洒水、喷雾或用薄膜保湿、喷养护剂（液）等养护措施。大粒径骨料机制砂自密实混凝土浇筑完毕，混凝土抗压强度达到 2.5MPa 后，必要时可松动模板，离缝约 3～5mm，在顶部架设淋水管，喷淋养护。拆除模板后，应在表面覆挂麻袋或草帘等覆盖物，避免阳光直照表面，连续喷水养护时间应根据工程环境条件确定，如图 8-36。冬期施工时不能向裸露部位的大粒径骨料机制砂自密实混凝

图 8-36 大粒径骨料机制砂自密实混凝土养护

土直接浇水养护，应用保温材料和塑料薄膜进行保温、保湿养护。保温材料的厚度应经热工计算确定。

8.6.6 现场混凝土性能评价

为了更为真实、客观地了解大粒径机制砂自密实混凝土的实际施工质量与性能，利用得到的客观检测数据，对大粒径骨料机制砂自密实混凝土在惠镇高速公路建设工程中的应用提供相应的依据和参考。

8.6.6.1 超流态机制砂自密实混凝土出机性能检测

超流态机制砂自密实混凝土出机性能检测项目如下：

① 坍落度；

② 坍落扩展度；

③ 倒坍时间。

记录每仓（盘）超流态机制砂自密实混凝土的出机工作性能，在混凝土生产前准备好记录表格和检测工具。出机、入模自密实性能指标必须满足相关标准。

8.6.6.2 超流态机制砂自密实混凝土抗压强度检测

在超流态机制砂自密实混凝土生产浇筑过程中，每仓应留取 15cm 标准立方体试块，根据现行《水工混凝土试验规程》（DL/T 5150）中的相关规定检测超流态机制砂自密实混凝土 3d、7d、28d、90d 不同龄期的抗压强度以及与芯样抗压试验同龄期检测，养护方式均采用标准养护。

针对所获得的 30 组 28d 龄期标准试块抗压强度和 30 组 90d 龄期标准试块抗压强度，分别对超流态机制砂自密实混凝土 28d 和 90d 龄期强度的进行统计分析，计算得到实际生产超流态机制砂自密实混凝土时强度的标准偏差，根据现行《混凝土强度检验评定标准》（GB/T 50107）评定超流态机制砂自密实混凝土 28d 和 90d 龄期强度等级。

混凝土取样成型应满足表 8-42 中的要求。

表 8-42 超流态机制砂自密实混凝土取样成型基本要求

编号	工作内容	基本要求
1	混凝土取样的时机	应在每仓混凝土开盘至收盘,间隔均匀时间取样,每盘混凝土只可取样一组,每工作班混凝土取样不少于 6 组
2	成型的要求	将混凝土均匀倒入试模即可,不可振捣
3	试件的养护	试件成型后应立即置于标养环境或背阴处,应避免阳光直射;脱模后置于标准养护室养护
4	脱模	脱模时应尽量避免对混凝土造成早期损伤,不可人为敲击摔打试模

8.6.6.3 大粒径骨料机制砂自密实混凝土密实度检测

大粒径骨料机制砂自密实混凝土密实度检测方法包括预埋橡胶抽拔棒注水法和超声波测桩法。

(1)预埋橡胶抽拔棒注水法 在片石入仓之前,应在浇筑体中预埋橡胶抽拔棒,并在浇筑的超流态机制砂自密实混凝土终凝前拔出。橡胶抽拔棒直径宜选用 100mm。预埋深度不应小于每次浇筑高度的一半。预埋橡胶棒的数量不得少于 3 个。钻孔间距每 3m 一个,对浇筑尺寸小的结构,钻孔间距宜适当减小,但取样数量不应少于 3 个。

在拔出孔中灌满水,观察并记录拔出中水渗漏情况,记录 1h、2h、4h、8h、24h 的水位下降高度(mm)。测试过程中,应注意保持钻孔口覆盖密封,防止水分受外界环境影响蒸发。当 24h 水位下降高度 h 小于 50mm 时,判定机制砂自密实片石混凝土密实度良好。

(2)超声波测桩法 采用超声波测桩法检验混凝土密实度时,应在挡墙模板支撑时,预埋 ϕ10mm PVC 管成孔作为声测管。在片石堆码与混凝土浇筑过程中,应防止声测管的弯曲变形。声测管应每 5m 预埋一根。对浇筑尺寸小的结构,钻孔间距宜适当减小。

超声波测桩法具体测试方法应参照现行《公路工程基桩动测技术规程》(JTG/T F81-01)执行。

8.6.6.4 大粒径骨料机制砂自密实混凝土取芯抗压强度检测

当对大粒径骨料机制砂自密实混凝土的施工质量存在争议,需进一步检验时,可对大粒径骨料机制砂自密实混凝土钻芯取样进行抗压强度检验。钻芯的数量不得少于 6 个。测试 28d、60d 或规定龄期的芯样抗压强度值,并计算出大粒径骨料机制砂自密实混凝土的平均抗压强度。芯样平均抗压强度应满足设计要求。

8.6.7 工程应用总结

综上所述,通过制定合理的研究技术方案与路线,系统开展大粒径骨料机制砂自密实混凝土的理论研究、试验研究与工程应用研究,取得了丰富的理论与工程研究成果。可总结出如下结论:

① 大粒径骨料机制砂自密实混凝土是一种新型的混凝土,解决大粒径骨料的堆积程度与空隙率控制技术、超流态机制砂自密实混凝土的配制技术、施工技术、养护技术,可广泛应用于大体积混凝土、挡墙等各类混凝土工程中。

② 大粒径骨料应经过挑选,采用结构密实、质地均匀、不易风化且无裂缝的硬质石料,其抗压强度不小于 30MPa。在冰冻及浸水地区,应具有耐冻性和抗侵蚀性能。尽量选用较大的石料砌筑。混凝土的强度等级不小于 C15,砌筑挡土墙用的砂浆强度等级应按挡土墙类

别、部位及用途选用。因此,重力式挡墙采用先堆砌大片石后填充大流动混凝土的新型施工工艺浇筑而成的大坝可完全满足设计与施工需求。

③ 根据挡墙设计要求,提出了超流态机制砂自密实混凝土的基本性能要求,应达到初始坍落度(270±20)mm,坍落扩展度>650mm;1h后坍落度不小于250mm,坍落扩展度不小于650mm;倒流扩展度不小于500mm;倒坍落度流出时间不大于6s的基本功能需求。

④ 超流态机制砂自密实混凝土具有超低黏度、高流动性与黏聚性。通过选择合理的原材料,优化混凝土配合比的参数配制出满足挡墙性能要求的C20、C30超流态机制砂自密实混凝土。

⑤ 现场各项检测表明,大粒径骨料机制砂自密实混凝土的外观表面光滑、无缺陷,内部结构密实,混凝土完全填充大粒径骨料体之间的内部孔隙,值得进一步推广应用。

参 考 文 献

[1] AMURA H O K, OUCHI M. Self-compacting concrete:development, present use, and future//PRO 7:1st International RILEM Symposium on Self-Compacting Concrete, RILEM Publications, 1999, 7:3.

[2] EFNARC. Specification and guidelines for self-compacting concrete.

[3] 王伯航,周大庆,尤诏,等.C20超流态机制砂自密实混凝土的制备及性能研究[J].商品混凝土,2012,4:38-41.

[4] 邹丽华,董东.浅谈大体积混凝土质量控制[J].混凝土,2010,7:145-146.

[5] 金峰,黄绵松,安雪晖,等.堆石混凝土的工程应用[R].大坝技术及长效性能国际研讨会,2011:275-279.

[6] 尹蕾.堆石混凝土的应用现状与发展趋势[J].水利水电技术,2012,7:1.

[7] 母进伟,胡涛,郑文,等.机制砂自密实块片石混凝土的试验研究及工程应用[J].中国包装科技博览:混凝土技术,2012,4:31-34.

[8] 高俊青.堆石混凝土施工技术在新疆铁路及公路挡土墙工程中的应用[J].混凝土,2009,2:39.

[9] 陈松贵,金峰,周虎,等.水下堆石混凝土可行性研究[J].水力发电学报,2012,31(6):214-217.

[10] 张德仑,张改新,荆燕,等.堆石混凝土在围滩水电站中的应用[J].科技情报开发与经济,2010,33:211-213.

[11] 金峰,安雪晖,石建军,等.堆石混凝土及堆石混凝土大坝[J].水利学报,2005,36(11):1347-1352.

[12] 石建军,张志恒,金峰,等.自密实混凝土充填堆石体的试验[J].南华大学学报:自然科学版,2005,19(1):38-41.

[13] 安雪晖,金峰,石建军.自密实混凝土充填堆石体试验研究[J].混凝土,2005,1:3-6.

[14] 石建军,周绍青,金峰,等.用回弹法测试自密实堆石混凝土强度[J].无损检测,2006,6:1.

[15] 石建军,张志恒,金峰,等.自密实堆石混凝土力学性能的试验研究[J].岩石力学与工程学报,2007,1:3231-3236.

[16] 张志恒.自密实堆石混凝土力学性能的实验研究和数值模拟[D].衡阳:南华大学,2006.

[17] 张志恒,石建军,杨晓峰,等.自密实堆石混凝土抗拉性能的试验研究[J].混凝土,2007,10:3841.

[18] 石建军,周绍青,张志恒,等.自密实堆石混凝土梁的正截面受力性能[J].水利与建筑工程学报,2005,3(4):33-35.

[19] 黄锦松,安雪晖,周虎.堆石混凝土技术在梁构件中应用的试验研究[J].沈阳建筑大学学报:自然科学版,2007,23(3):353-357.

[20] 吴永锦,刘清.C20自密实混凝土在堆石混凝土中的应用[J].混凝土,2010,3:117-120.

[21] 黄锦松.堆石混凝土中自密实混凝土充填性能的离散元模拟研究[D].北京:清华大学,2010.

[22] 唐欣薇,石建军,张志恒,等.自密实堆石混凝土力学性能的细观仿真与试验研究[J].水利学报,2009,40(7):844-857.

[23] 唐欣薇,张楚汉.随机骨料投放的分层摆放法及有限元坐标的生成.清华大学学报:自然科学版,2008,48(12):2048-2052.

[24] 唐欣薇,张楚汉.基于改进随机骨料模型的混凝土细观断裂模拟[J].清华大学学报:自然科学版,2008,48(3):348-351.

[25] 徐俊,江昔平.堆石混凝土在大体积混凝土中的温度场分析[J].混凝土,2013,7:33-36.

[26] 龚江鹏,石建军.自密实混凝土与岩石间黏结强度的数值模型研究[J].中国科技信息,2007,11:17.

[27] 沈乔楠. 堆石混凝土施工管理中视觉信息的处理方法及应用研究 [D]. 北京：清华大学，2010.

[28] 沈乔楠，安雪晖，于玉贞. 基于视觉信息的堆石质量评价 [J]. 清华大学学报：自然科学版，2013，1：48-52.

[29] 孙立国，杜成斌，戴春霞. 大体积混凝土随机骨料数值模拟 [J]. 河海大学学报：自然科学版，2005，33 (3)：291.

[30] 高巧红，关振群，顾元宪，等. 混凝土骨料有限元模型自动生成方法 [J]. 大连理工大学学报，2006，46 (5)：641-646.

[31] 高政国，刘光廷. 二维混凝土随机骨料模型研究 [J]. 清华大学学报：自然科学版，2003，43 (5)：710-714.

[32] 张剑，金南国，金贤玉，等. 混凝土多边形骨料分布的数值模拟方法 [J]. 浙江大学学报：工学版，2004，38 (5)：581-585.

[33] 龚正炉. 基于随机骨料模型的混凝土性能多尺度数值模拟研究 [D]. 杭州：浙江大学，2013.

[34] Du C B, Sun L G. Numerical Simulation of Aggregate Shapes of Two-Dimensional Concrete and Its Application 1 [J]. Journal of Aerospace Engineering, 2007, 20 (3)：172-178.

[35] Wettimuny R, Penumadu D. Application of Fourier analysis to digital imaging for particle shape analysis [J]. Journal of computing in civil engineering, 2003, 18 (1)：2-9.

[36] 周大庆，蒋正武，袁政成，等. 超大粒径骨料堆放过程的二维计算机模拟研究 [J]. 建筑材料学报，2013，16 (4)：567-571.

[37] 兰丽萍. 超声法检测钢管混凝土强度和缺陷的应用研究 [J]. 山西建筑，2003，29 (7)：29-30.

[38] 曹凌坚，吕朝坤. 超声法检测高温后混凝土抗压强度的试验研究 [J]. 混凝土，2009，6：19-20.

[39] 江阿兰. 超声法灌注桩混凝土强度检测 [J]. 大连交通大学学报，2008，29 (3)：35-37.

[40] 蒋正武，孙振平，龙广成. 混凝土修补：原理、技术与材料 [M]. 北京：化学工业出版社，2009.

[41] 翁家瑞. 高性能混凝土的干燥收缩和自生收缩试验研究 [D]. 福州：福州大学，2005.

[42] 吴宏阳. 矿物掺合料对混凝土干燥收缩性能的影响 [J]. 黑龙江科技信息，2009，25：330.

[43] 梁作巧，孙道胜，王爱国，等. 水胶比对复合水泥浆体干燥收缩、抗压强度及孔结构的影响 [J]. 安徽建筑工业学院学报：自然科学版，2012，20 (3)：22-29.

[44] 刘昊，金峰. 堆石混凝土综合性能试验与温度应力研究 [D]. 北京：清华大学，2010.

[45] 曹芳，马保国，李友国，等. 混凝土的渗透性能及测试方法的对比分析 [J]. 混凝土，2002，10：15-17.

[46] 樊杰. 混凝土渗透性评价方法的研究 [D]. 哈尔滨：哈尔滨工业大学，2006.

[47] 贺霞，史庆轩，刘元展. 混凝土渗透性的影响因素及改善措施 [J]. 科学技术与工程，2007，7 (20)：5430-5433.

[48] 杨钱荣，朱蓓蓉. 混凝土渗透性的测试方法及影响因素 [J]. 低温建筑技术，2003，5 (7)：10.

[49] 黄绵松，周虎，安雪晖，等. 堆石混凝土综合性能的试验研究 [J]. 建筑材料学报，2008，11 (2)：206-211.

[50] 王甲春，阎培渝，韩建国. 混凝土绝热温升的实验测试与分析 [J]. 建筑材料学报，2005，08 (4)：446-451.

[51] 金峰，李乐，周虎，等. 堆石混凝土绝热温升性能初步研究 [J]. 水利水电技术，2008，39 (5)：59-63.

[52] 张广泰，潘定才，刘清. 大体积堆石（卵石）混凝土内部温度的试验研究 [J]. 建筑科学，2009，9：34-37.

[53] 潘定才. 堆石混凝土热学性能试验与温度应力研究 [D]. 北京：清华大学，2009.

9 机制砂抗扰动混凝土及工程应用

9.1 绪论

9.1.1 定义

机制砂抗扰动混凝土是为适应现代交通技术发展需求而研制的一种新型混凝土。是从混凝土修补过程中交通扰动模式及其机理出发,掺加新型的抗扰动混凝土外加剂,采用低水胶比、优质原材料,且需掺加足够数量的矿物细掺料和高效外加剂,配制而成的抗交通扰动混凝土修补材料。

9.1.2 抗扰动混凝土的研究意义

普通混凝土在凝结硬化早期,如果受到外界的扰动会加剧混凝土板内早期微裂缝的发展,进而形成新的裂缝,此即为扰动裂缝;在不中断交通流量的情况下,重型车辆高速行驶过程中将会导致公路桥梁产生振动,又称车桥耦合振动。车桥耦合振动效应容易导致新浇筑的混凝土性能的劣化,尤其是对于大面积的桥面浇筑和铺装工程。公路桥梁不中断交通条件下的车桥耦合振动效应对新浇筑的混凝土产生很大的影响,这正是传统修补加固混凝土无法在保持交通通畅或者较小交通流量下使用的原因。

为了解决传统的公路桥梁修补及加固用混凝土难以在不中断交通的条件下使用和现代社会大多条件下不允许公路桥梁中断交通之间的矛盾,需要研究一种新型混凝土,即抗扰动混凝土,它必须具备抵抗行车荷载引起的车桥耦合振动对新拌及硬化混凝土的损害损伤的性能,进而保证在不中断交通的情况下进行桥面混凝土浇筑的质量。

9.1.3 车桥耦合振动对混凝土性能影响的研究现状

车桥耦合振动对普通混凝土性能的影响程度决定着是否可以在不中断交通的情况下进行大面积的桥面铺装和浇筑,或者采取相应的措施以保证不中断交通的修补工程质量。针对这一问题,由于国外基础建设进行得较早,桥梁维修加固及加宽等工程需求出现得比较早,所以国外对行车荷载引起的振动对新浇筑混凝土性能影响的研究比较多,国内的相关文献报道较少。

不同强度的振动对混凝土性能影响差异较大,可能会造成截然不同的研究结果。因此在研究行车荷载对新浇筑混凝土性能的影响时,振动强度的表征方法至关重要。在土木工程领域,振动一般被认为是正弦简谐振动,国外学者大多采用质点最大振动速度来表征振动强度，该速度和在材料内部传播的应力波产生的应力是成正比的。Dowding 的研究表明，处于振动环境中的混凝土的应力场的应力水平可以通过振动速度来估算。此外，还可以采用振动频率和振幅来表征振动强度，但是 Manning 认为相比于最大振幅、加速度等参数，质点最大振动速度更能够反映振动对结构造成的损伤。

Manning 首先研究了行车荷载引起的振动强度，研究结果表明，桥梁在正常车辆通行过程中的动态挠度在 0.1～1.0mm 之间，对应的频率在 2.3～5.6Hz；从而可以计算出粒子最大振动速度在 7～22mm/s。此外，他的研究涉及部分高度桥面板修补、全高桥面板修补、桥面板覆盖层、桥梁加宽、桥面板重新铺装等工程，通过实验室研究、工程实地经验及问卷调查等方法，得出结果认为，对于配合比良好的混凝土，行车荷载引起的振动不会引起新浇筑混凝土的离析、黏结强度降低、强度发展慢或者新浇筑的混凝土产生裂缝。保持桥面特别是伸缩缝处的平整，是最有效地减轻车辆振动幅度的措施。

Harsh and Darwin 在选择模拟振动源时参考了 Furr 和 Fouad 等人的研究和测试结果，最后选择频率为 4Hz、振幅为 0.5mm 的正弦振动，此外每 4 分钟再施加一次振幅为 13mm，频率为 0.5Hz 的振动表征重型车辆经过桥梁时的振动响应，该振动对应的最大加速度为 356mm/s^2，最大速度为 36mm/s，振动从混凝土浇筑完成开始施加，连续振动 30h。他们研究了在振动环境下钢筋表面混凝土覆盖层的厚度、钢筋直径的大小、混凝土坍落度等对混凝土钢筋黏结强度和混凝土抗压强度的影响规律。研究结果表明：混凝土坍落度较小（<114mm）时，振动使钢筋混凝土的黏结强度和抗压强度增大，但是坍落度较大（>191mm）时，黏结强度和抗压强度分别下降了 3.7% 和 8%。他们分析：行车荷载引起的振动对混凝土性能的影响受到混凝土坍落度的控制，大坍落度的混凝土在振动时更容易泌水，使得混凝土表面的水胶比升高，造成表面强度下降，而混凝土试块中薄弱位置的强度决定了混凝土的强度；对于坍落度较小的混凝土而言，振动有利于混凝土更加密实，使得混凝土强度提高。为了避免行车荷载引起的振动对混凝土性能的影响，坍落度应该控制在 100mm 以内。

Muller-Rochholz 和 J. W. Weber 现场测试了两辆重达 10t 和 3.45t 的卡车分别以 80km/h 的速度通过一跨度为 104m 的钢拱桥时，在拱桥顶点和桥面板接头处测定振动速度，其最大值为 25.777mm/s。因此在研究行车荷载引起的振动对新浇筑混凝土的影响时采用了频率在 6～12Hz、振动速度最大为 25mm/s 的模拟振动；混凝土采用的水胶比是 0.45，但是文中没有给出混凝土的坍落度等相关参数，振动作用时间是从混凝土成型开始振动 30h。试验结果表明这种强度的振动对轻骨料混凝土抗压强度没有影响，并由此推断轻骨料混凝土在设计较好时可以抵抗振动速度为 50mm/s 和频率为 12Hz 的振动。

许光崇和冯庆生以哈尔滨滨北公铁路两用特大桥为背景，公路封闭进行修补时保持桥的铁路部分昼夜通车。现场振动测试振幅为 0.42～1.69mm，频率为 1.5～3.5Hz，考虑到现场其他因素的影响，将该振动的振幅放大 1.5 倍作为实验室模拟振动的强度；设计程序按照 4 种不同的信号分别振动，每次振动 60～80s，间隔 14min。试验过程采用的混凝土为干硬性混凝土，坍落度在 30mm 左右。试验结果测得振动后试块的抗压强度反而有所提高，而现场浇筑过程中将混凝土试块分别放置在桥面同步振动和桥头静置进行对比，发现在桥面同步振动的试块强度稍低，在 5% 以内。

魏建军等研究了不同的振动条件（不同的振动频率和振幅组合，不同的振动时间点）对混凝土劈裂抗拉强度的影响。文中选择的模拟振动条件为 4Hz、3mm，1Hz、5mm，1Hz、3mm，4Hz、5mm；启振时间为试块成型后 1h、2.5h、3.5h、4.5h、6h、8h，在 6 个振动时间上分别持续振动 30min。作者得出的试验结果是振动有利于提高混凝土的劈裂抗拉强度，但是大振幅的振动（＞5mm）对混凝土的强度有一定的破坏，应该采取减振措施。该文使用的混凝土水胶比为 0.42，但是坍落度等参数没有给出，无法判断混凝土的工作性。

卜良桃在研究长期低频振动对混凝土抗压强度和密实度的影响时采用的振动条件为每隔 5min 振动 1min，持续振动 16h，频率为 20Hz，振幅分别选择 0.3mm、0.5mm、1.0mm、2.0mm，混凝土的相关参数没有给出。28d 后测试结果表明，长期的振动会提高混凝土的抗压强度和密实度，还提高了钢筋握裹力。作者认为振动提高混凝土抗压强度和钢筋握裹力的机理在于：长期振动有利于减小混凝土凝结过程中的分层现象，有利于提高强度；长期振动会破坏水化作用所形成的膜层，使水泥表面始终暴露于水中，从而加速水泥的水化作用，并使水化作用得以充分进行。

此外，Ansell 和 Silfwerbrand 对混凝土在成型早期抵抗振动能力的综述中提到了一些研究结果和调查实例。Furr 和 Fouad 研究了在桥面加宽过程中行车荷载引起的振动对新浇筑的混凝土的影响，这个报告观测了近 30 个桥梁加宽案例，都是在加宽过程中，邻近的车道保持通车，没有任何明显的问题。Cusson 和 Repette 研究结果表明，很严重的横向开裂发生在混凝土浇筑几天后，他们推测这是由于温度梯度应力、收缩以及行车荷载引起的振动导致的，两种不同的振动会使得混凝土内部产生较大的应力：一是邻近车道经过重型建筑工具；二是在桥梁修补期间邻近车道保持正常通车过程中的振动。Issa 经过大量文献和试验研究表明，邻近车道通车造成桥面振动对配合比设计良好和坍落度较小的混凝土没有损害，另一重要的结论是施工严格限制重型卡车的速度对降低这种损失是非常有帮助的。Brandl 和 Gunzler 的文献综述中提到，在浇筑后 4～16h 的振动对混凝土和钢筋的黏结强度损失非常严重。试验结果：将混凝土在成型后 4～48h 放置在 9Hz 和最大速度为 20mm/s 的振动环境中，会导致黏结强度损失 50%。

由此可见，有的学者认为行车荷载对新浇筑混凝土的影响不大，也有部分学者的试验结果表明振动对混凝土性能影响较大。初步分析，造成不同学者研究结果差异较大的原因在于选择的模拟振动参数的差异较大，另外，试验用混凝土的性能也可能存在较大差异。现有的研究中主要存在的问题包括：

① 由于振动源、开始振动时间、振动持续时间及混凝土的状态等因素导致的关于行车荷载引起的振动对新浇筑混凝土影响的研究结果差异较大，这给人们造成困惑，不知道是否可以在保持车辆通行的情况下进行桥面维修和混凝土浇筑。

② 大多数学者的研究中没有特别关注混凝土的工作性，这可能是由于当时路面桥面用混凝土品种单一，混凝土状态差别较小，大都是干硬性或坍落度较小的混凝土。缺乏行车荷载引起的振动对不同工作性的混凝土（或不同种类的混凝土）的影响的系统研究。

③ 缺乏对大流动度混凝土抵抗行车荷载引起振动的能力研究。

9.1.4 贵州地区公路桥梁交通流量特征以及车桥耦合振动效应

9.1.4.1 贵州地区公路桥梁交通流量特征

贵州省位于云贵高原东侧的梯级状大斜坡上，境内山多地少，地形起伏较大。公路桥梁跨越处地形大都为"V"或"U"状峡谷，地势险峻。省内外重点线路都实现了通车，但是其两地之间通行道路的可代替性较差。

国家主干线出海通道兰海高速公路贵州地区部分的崇遵高速公路是连接遵义和重庆的唯

一高等级公路，韩家店Ⅰ号特大桥位于该区间，该桥建成于 2006 年，主桥为（122＋210＋122）m 预应力混凝土连续刚构，主桥全长为 454m，桥面设 2.6999‰的单向纵坡。

从距离韩家店大桥最近的收费站取得 2010 年 10 月 20 日 00：00：00～2010 年 11 月 1 日 00：00：00 和 2010 年 11 月 20 日 00：00：00～2010 年 11 月 30 日 00：00：00 这两个时间段的原始交通流量数据，进行详细的分析。通过韩家店大桥的车辆总量以及日均车辆见表 9-1。

表 9-1　两个时间段交通流量汇总

时间段	2010.10.20～2010.11.1		2010.11.20～2010.11.30	
方向	12 天总车量/辆	日均车量/辆	10 天总车量/辆	日均车量/辆
重庆到遵义	38257	3188	30265	3027
遵义到重庆	35764	2980	31819	3182
合计	74021	6168	62084	6209

作为连接重庆和贵州的公路动脉，韩家店Ⅰ号特大桥的平均车流量接近 6200 辆/日。收费站分别根据重量和座位数将货车和客车分为五类，具体划分情况见表 9-2。表 9-3 和表 9-4 是分时间段的各类车辆详细数据统计。表 9-5 是两个时间段经过韩家店Ⅰ号特大桥的各类车辆的比例，从中可以看出，不同的时间段内，各类车辆的比例稳定，说明采集的这个时间段内的车辆总量、日均车辆及各类车辆的比例等交通流量数据具有代表性。

表 9-2　收费站车辆分类方法和依据

分类	分类依据	一类	二类	三类	四类	五类
客车	座位数	<7 座	8～19 座	20～39 座	>40 座	—
货车	重量	<2t	2～5t	5～10t	10～15t	>15t

表 9-3　10.20～11.1 分时间段各类车辆数量详细数据统计表　　　　单位：辆

方向	时间段	一客	二客	三客	四客	一货	二货	三货	四货	五货
遵义到重庆	20 号到 24 号	5502	108	284	594	590	1278	1394	1923	1296
	24 号到 28 号	4886	70	290	552	556	1220	1410	2026	1460
	28 号到 1 号	5344	99	294	550	588	1176	1357	1940	1480
重庆到遵义	20 号到 25 号	6455	89	381	652	652	1846	1296	1745	2030
	25 号到 1 号	8638	110	559	971	974	2431	1678	2875	2382

表 9-4　11.20～11.30 分时间段各类车辆数量详细数据统计表　　　　单位：辆

方向	时间段	一客	二客	三客	四客	一货	二货	三货	四货	五货
遵义到重庆	20 号到 25 号	6142	76	330	696	785	1853	1685	2716	1768
	25 号到 30 号	6142	106	325	682	670	1760	1542	2641	1900
重庆到遵义	20 号到 25 号	6180	55	361	677	644	2021	1209	1993	1898
	25 号到 30 号	5978	71	377	699	616	1884	1272	2325	2005

表 9-5　两个时间段经过韩家店Ⅰ号特大桥的各类车辆的比例

时间段	一客	二客	三客	四客	一货	二货	三货	四货	五货
10 月份	41.64%	0.64%	2.44%	4.48%	4.54%	10.74%	9.64%	14.20%	11.68%
11 月份	39.37%	0.50%	2.24%	4.44%	4.37%	12.11%	9.19%	15.58%	12.19%

从表 9-5 的统计数据可以看出，一类客车占的比例最大，高达 40%，如果完全中断交通将严重影响人们的正常生活，产生不良的社会影响；货车占的比例为 50%，这体现了该路段高速公路在运输货物等方面起着极其重要的作用，封闭交通将会产生巨大的经济损失；此外，五类货车的比例为 12%，其中大于 30t 的货车比例很高，这部分超重型货车经过桥面时，将会对桥面的施工产生很大的不利影响，严重影响新浇筑混凝土的质量。

综上所述，贵州地区公路桥梁交通流量较大，重载货车比例较高，在进行修补过程中如果中断交通将会造成巨大的经济损失，并产生严重的社会影响，但是如果修补过程中开放交通，行车荷载引起的车桥耦合振动可能会对新浇筑的混凝土的性能产生不良影响，造成安全隐患。

9.1.4.2　车桥耦合振动效应

（1）车桥耦合振动效应参数　公路桥梁的车桥耦合振动效应非常复杂，其特征参数受到桥梁的类型和行车荷载及桥梁平整度等因素的影响；此外，不同的研究方法和不同的研究对象得出的试验结果差异较大，因此笔者查阅国内外的研究和测试结果，将车桥耦合振动效应特征参数的变化范围总结如表 9-6 所示。

表 9-6　不同种类的公路桥梁车桥耦合振动效应特征参数范围

桥型		竖向频率/Hz	竖向振幅/mm	横向频率/Hz	横向振幅/mm
梁桥	简支梁	4.27～8.20	2.00～7.00	—	—
	连续梁	1.00～5.17	0.33～2.40	2.19～4.25	—
拱桥		2.30～5.40	0.40～0.98	1.07～6.01	0.60～1.91
刚构桥		1.74～4.00	3.30～9.31	—	—
悬索桥和斜拉桥		<0.5	60～120	—	—

（2）车桥耦合振动的模拟方法　从表 9-6 的数据来看，车桥耦合振动以竖向振动为主，横向振动较为微弱，不考虑；竖向振动主要包括频率和振幅两个基本参数，其中频率大约在 2～8Hz，振幅在 0.5～7mm 之间。而在实际车桥耦合振动中，还要考虑振动模式和振动作用的时间段和两个参数。

车桥耦合振动主要是在车辆以一定的速度经过桥梁时产生的，尤其是当大型重载车辆或者普通车辆高速行驶经过不平整的桥面时。而这种振动一般情况下不会一直持续，所以根据公路桥梁的交通流量可以简单地将振动模式分为三种：①正常模式，振动 15s，停止 45s；②繁忙模式，振动 30s，停止 30s；③极端模式，一直振动，或者振动 60s，停止 0s。

振动的时间段主要是指模拟车桥耦合振动作用于混凝土的开始时间和持续时间，如果在不中断交通的条件下进行修补作业，则这种振动从浇筑开始就一直作用于混凝土，直到混凝土强度发展到一定程度以后，车桥耦合振动对其影响就可以忽略不计。根据相关文献资料，初步选择振动的持续作用时间为 18h，下文将进一步研究振动的作用时间段的变化对混凝土性能的影响。

选择 YS 超低频振动机（见图 9-1），该设备可产生车桥耦合振动特征参数范围内的振动，可进行时间设定控制，能够很好模拟车桥耦合振动。设备的主要参数，最大试验负载（kg）：100；频率范围（0.01Hz）：1～400Hz；振幅：1～5mm；振动方向：垂直；振动波形：正弦波（半波/全波）。

图 9-1　超低频振动机

9.1.5　抗扰动混凝土研究现状与存在的问题

抗扰动混凝土是近年来才提出的一种新的概念，相关研究资料有限。雷周等探讨了不中断交通时公路桥梁修补混凝土的可行性，提出了配制抗扰动混凝土的技术思路：通过硅酸盐水泥和矿物掺合料组成的复合胶凝材料体系，使得混凝土具有超早强和受扰动期短的特性；并通过各种化学外加剂的复配，使得混凝土具有高黏结和抗扰动的特性；掺入纤维，提高混凝土的抗裂性。张悦然等研究了混凝土的抗扰动性能，结果表明混凝土在凝结硬化阶段的初期和后期具有一定的抗扰动性，但凝结硬化中期混凝土抗扰动性能最差。张悦然等还定义了混凝土的受扰期等概念，并研究了几种外加剂对混凝土扰动性的影响，研究表明：加入 6% 速凝剂可以缩短混凝土的受扰期，从而提高混凝土的抗扰动性能；纤维掺量达到 1200g/m^3 时，混凝土表面裂缝可以减 50% 左右；膨胀剂可以改善混凝土的自愈合率。

总的来说，现阶段关于抗扰动混凝土的研究刚刚起步，研究过程中存在很多问题：

① 车桥耦合振动的特征研究得不够透彻，使得在实验室条件下难以准确模拟该环境，从而限制了抗扰动混凝土的研究。

② 车桥耦合振动对混凝土的损害机理研究尚且不够透彻，仅根据传统的混凝土知识理论和应力应变理论来进行分析，缺乏交叉学科知识的综合运用。研究车桥耦合振动效应对修补混凝土的损害机理是基础性问题，是实现抗扰动混凝土的基本前提。

③ 地区的原材料特征差异较大，缺乏针对特定地域原材料的研究。例如贵州地区的混凝土原材料特性及特征与其他地区有明显的差异，尤其是广泛采用机制砂。

④ 抗扰动混凝土缺乏系统性的研究，仅有的研究侧重于工作性、早期强度以及施工效果等性能，没有对其长期强度、耐久性等进行观测研究。

9.2　原材料、试验方法与方案

9.2.1　原材料

试验中采用的水泥为小野田 P.Ⅱ52.5 硅酸盐水泥；砂为天然细河砂，属于级配 3 区，细度模数 2.2；试验中采用的石子由湖州鹿山坞矿业有限公司生产，大石子粒径范围 9.5～19mm，小石子为 4.75～9.5mm，混凝土拌和过程中采用两种石子的比例为 6∶4；减水剂主要为马贝 SX-C16 型聚羧酸减水剂，固含量为 28%，部分试验中采用特密斯 TMS-YJ 型聚羧酸高性能减水剂，固含量为 20%。试验过程中采用了少量的其他化学外加剂和矿物掺合料，主要包括速凝剂、缓凝剂、早强剂、膨胀剂、增稠剂、硅灰、纤维等。

9.2.2 试验与评价方法

试验过程中除了采用普通的水泥混凝土试验方法外，还引入了一些新的试验方法。

(1) 混凝土工作性、力学及耐久性能　混凝土的工作性（坍落度、扩展度）、混凝土的凝结时间测定等按照《普通混凝土拌合物性能试验方法》（GB/T 50080）的规定测试；力学性能（抗压强度和抗折强度）等按照《普通混凝土力学性能试验方法》（GB/T 50081）的规定测试；混凝土的抗碳化性能和抗氯离子渗透性能按《普通混凝土长期性能和耐久性能试验方法》（GB/T 50082）的规定测试。其中，抗压强度采用 100mm×100mm×100mm 的试模，抗折强度采用 100mm×100mm×515mm 的试模。

(2) 砂浆的流动性能和力学性能　砂浆的流动度测定参照现行《水泥胶砂流动度测定方法》（GB/T 2419）中规定的方法，但是测试过程中不使用跳桌振动，而是将砂浆按照要求装模圆锥试模后，将试模垂直向上轻轻提起，让砂浆自由流动，30s 后用卡尺测量胶砂底面相互垂直的两个方向的直径，计算平均数，取整数，该平均值即为胶砂的流动度。

砂浆的力学性能参照现行《水泥胶砂强度试验方法》（GB/T 17671）进行。

(3) 混凝土黏度的表征方法　混凝土的黏度标准方法采用 T_{50} 时间和倒坍落度筒流动时间 T_d。

T_{50} 时间是指混凝土测定扩展度达 500mm 的时间，具体测试方法参照现行《自密实混凝土应用技术规程》（JGJ/T 283—2012）。倒坍落度筒流动时间 T_d 即为混凝土拌合物从倒置的坍落度筒中流空的时间。T_{50} 时间和倒坍落度筒流动时间 T_d 都可以用来表征不同混凝土的黏度，前提是需要保持混凝土的坍落度和扩展度基本一致。

(4) 混凝土的超声波波速　混凝土的超声波波速也是反映其内部密实程度的重要指标。超声波已经被用于检测混凝土的动弹性模量、厚度及缺陷等，其中超声波检测混凝土缺陷的方法在许多国家已经形成了较为成熟的标准；但是超声测强发展得要缓慢一些，这是因为影响超声波检测强度结果精确性的因素很多。近年来，超声波在混凝土无损检测领域的应用发展很快。

对于不同原材料配制的混凝土及不同强度等级的混凝土，将超声波速和强度及其他混凝土性能参数建立联系时需要大量的试验数据。因此，可以直接将混凝土的超声波速作为混凝土的性能参数进行辅助研究。一般来讲，混凝土试块的超声波速越大，混凝土内部结构越密实，混凝土内部的缺陷越少，混凝土的强度也越高。试验过程中采用的测量超声波速的仪器是 CTS-25 型非金属超声波检测仪，如图 9-2。

图 9-2　非金属超声波检测仪

用该仪器所测得的超声波在试块内部所传播的时间 t，可以求得超声波在试块内部的波速

$$V_r = L/t$$

式中　L——试块的长度。

因此，笔者通过测试混凝土试块不同龄期的超声波波速，来反映振动频率对混凝土性能的影响。此外，考虑到混凝土在振动作用下可能发生一定程度的离析，则如果离析严重的话，混凝土试块上部和下部测试的超声波速会有一定的差别。

测量试块的上部和下部波速的时候注意是指将测量探头分别放置于试块上部和下部，从而可以测定试块不同高度的波速差异，进而可以反映混凝土经过振动后的内部密实度和结构差异，具体测试操作方法见图 9-3。抗折强度试块上部波速和下部波速的测量方法也如此。

图 9-3　抗压强度试块上部波速（左图）和下部波速（右图）的测试方法

（5）混凝土（砂浆）振动后的强度　混凝土（砂浆）振动后的强度是指混凝土（砂浆）试块在成型后立即放置在超低频振动台上，如图 9-4 所示，在模拟车桥耦合振动环境的作用下放置特定时间，之后和正常放置的普通混凝土试块一起养护，在特定龄期测试其强度。

图 9-4　处于模拟车桥耦合振动下的混凝土抗压强度试块

（6）混凝土（砂浆）的振动后强度保持率　混凝土和砂浆的振动后强度保持率，是指完全相同的混凝土（砂浆）试块经过模拟车桥耦合振动环境作用后各龄期的强度值与正常条件同龄期的混凝土（砂浆）试块的强度的比值，是衡量混凝土（砂浆）抗扰动能力的指标之一。

（7）混凝土早期离析程度测定　混凝土的离析程度是反映混凝土物理性能的一个重要指标，主要是指混凝土在自重或者外界因素的作用下，不同组分之间的不均匀沉降程度。本课题重点研究模拟车桥耦合振动对混凝土离析程度的影响，进而探索模拟车桥耦合振动对混凝土损伤的机理。很多学者测定混凝土离析程度时都是采用一个特定高度的圆柱形筒，混凝土

在自重作用或者其他条件下，经过一段时间后，测试不同高度的部位混凝土中石子的比例。

本课题对试验进行了简化，选择采用砂浆分层度筒来测定混凝土的离析程度。砂浆分层度筒的直径为 150mm，两层高度分别为 100mm 和 200mm，通过测定在新拌混凝土静置或者振动一定时间后，混凝土在分层度筒上部（高度为 200mm）和下部（高度为 100mm）的石子的比例，进而判断其离析程度。测试的照片如图 9-5 所示，图中为在振动条件下的离析程度测试。

图 9-5 振动条件下混凝土离析程度测试方法

可以用下面的几个参数来反映试验结果：

① 石子离析系数（aggregate segregation coefficient）

$$S_1 = 下层石子总质量 \times 2 / 上层石子总质量$$

石子离析系数可以判断混凝土在特定条件下的离析程度；对于普通骨料混凝土，一般情况下 S_1 测试值是大于 1 的。S_1 越接近 1，说明混凝土的离析程度越小；反之，S_1 越大，说明混凝土内部的离析程度越严重。

② 如果说上层和下层可能由于操作及设备本身尺寸误差的影响，那么取自不同层中的混凝土里面的大小石子的比例，可以较为准确地反映一个问题。

$$S_2 \text{层间不均匀沉降系数} = \frac{\text{下层} \dfrac{\text{小石子总量}}{\text{大石子总量}}}{\text{上层} \dfrac{\text{小石子总量}}{\text{大石子总量}}}$$

众所周知，振动条件下，大石子离析倾向要大于小石子的离析倾向，对于这点，Mohammad Ibrahim Safawi 等已经经过试验进行了验证，振动条件可能会导致上层小石子与大石子的比例高于下层中小石子与大石子的比例。因此，引入层间不均匀沉降系数 S_2（settlement coefficient between layers）。

如果层间不均匀沉降系数等于 1，则表明上层和下层绝对均匀；如果沉降系数大于 1，表明小石子沉降速率大于大石子的沉降速率，这对于普通骨料混凝土一般是不会出现的；如果沉降系数小于 1，则表明小石子沉降速率小于大石子的沉降速率，S_2 越小，则表明外界对混凝土的扰动越大，导致混凝土离析严重。

（8）混凝土内部显微结构　混凝土内部显微结构是通过光学显微镜进行观察，试验过程中采用的是杭州量子检测仪器有限公司生产的 XTZ-03 型长臂支架体显微镜，见图 9-6。

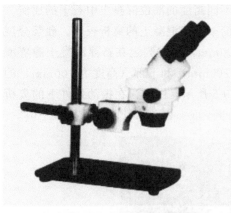

图 9-6　XTZ-03 型长臂支架体显微镜

（9）水化热测定　按照《水泥水化热试验方法（直接法）》（GB 2022—80）标准执行。测定纯水泥和掺入抗扰动剂后的胶凝材料的水化热。

（10）微观测试

① 矿物成分分析采用 X 射线衍射法（XRD）来分析特定龄期水泥浆体中的矿物成分，进而判断水泥水化进程和水泥水化产物，本试验采用 Rigaku International Corporation 生产的 X 射线衍射仪对水泥浆体进行晶相和矿物成分分析。

② 孔结构测试压汞法（method of mercury intrusion poremeasurement，简称 MIP）是目前应用最多而最有效的研究孔结构的方法。笔者用压汞法测定混凝土中的孔径分布和孔隙率，仪器为美国 Quantachrome AUTOSCAN-60 型压汞测孔仪。样品取自特定龄期的混凝土试块，取其中的内核（应尽量在再生粗骨料与水泥砂浆界面处取样），经无水乙醇中止水化一周，用真空干燥箱烘干至恒重。

9.2.3　研究思路与试验方案

主要研究思路是：首先通过实地调研和查阅文献，研究车桥耦合振动的特征，从而选用合适的设备在实验室模拟车桥耦合振动；进而重点研究车桥耦合振动导致混凝土性能损伤的机理，在此基础上进行抗扰动外加剂和抗扰动混凝土的制备，并对抗扰动混凝土的抗扰动性能进行系统的研究和探讨其作用机理，最后对抗扰动混凝土的长期性能和耐久性进行测试，进而尝试将抗扰动混凝土应用到实际工程中。试验研究方案如下：

（1）调查研究贵州地区高速公路以及高等级公路的交通流量特征，选择特定的调研地点，通过实地统计和收费站信息来分析高速公路桥梁的交通流量、车速以及载重量、车辆经过时间分布等特征；再通过文献研究车桥耦合振动的特征参数，进而选择合理的振动源进行模拟。

（2）首先研究模拟车桥耦合振动对不同坍落度和水胶比的混凝土基本力学性能的影响；进而系统研究模拟车桥耦合振动振动参数（振幅、频率、振动模式、振动作用时间段等）对混凝土性能的影响；并根据系统的试验结果来分析模拟车桥耦合振动导致混凝土性能损伤的机理。

（3）根据模拟车桥耦合振动对混凝土性能损失机理来制定抗扰动混凝土的制备方案；并首先重点研究砂浆的流动性、水胶比、胶砂比等对其抗扰动性的影响，主要考虑性能指标为 3d、7d 和 28d 的抗折强度保持率和抗压强度保持率；然后试验各种外加剂对砂浆抗扰动性的影响效果，进而复配得到抗扰动剂；并在混凝土中进行应用和性能研究，最后探讨抗扰动混凝土的作用机理。

（4）重点对比研究抗扰动混凝土和普通混凝土的长期力学性能、弹性模量以及抗碳化性能和抗氯离子渗透性能等耐久性指标，并根据试验结果进一步完善和优化抗扰动外加剂及抗扰动混凝土。

（5）将抗扰动混凝土应用依托工程，在实际工程中检测抗扰动混凝土的应用效果，进一步完善抗扰动外加剂及抗扰动混凝土的性能，并建立评价方法。

9.3 模拟车桥耦合振动对混凝土性能的影响

本节的主要研究思路及试验方案：

（1）首先研究模拟车桥耦合振动对不同坍落度、不同水胶比的混凝土基本力学性能的影响。

（2）进而系统研究模拟车桥耦合振动振动参数（振幅、频率、振动模式、振动作用时间段等）对混凝土性能的影响。

（3）在此基础上，探讨模拟车桥耦合振动引起混凝土性能损伤的机理。

9.3.1 模拟车桥耦合振动对不同性能混凝土的基本力学性能的影响

考虑到重要的公路桥梁桥面混凝土以 C50 强度等级为主，因此后续的研究过程中，主要采用 C50 混凝土为研究对象。经过多次调整，确定 C50 混凝土基准配合比参数及工作性如表 9-7 所示，基准混凝土不泌水、不离析，工作性良好。

表 9-7　C50 混凝土的基准配合比及工作性

项目	水胶比	砂率	水泥	减水剂用量	坍落度	扩展度
基准混凝土	0.35	44%	500kg/m³	0.75%	(22±2)mm	(500±50)mm

本节主要研究模拟车桥耦合振动对不同水胶比的混凝土（0.35、0.45、0.55）和不同坍落度的混凝土（50mm、120mm 及 220mm，分别对应干硬性、普通流动性、大流动度混凝土）的基本力学性能的影响。水胶比变化是在基准配合比基础上进行改变，然后通过调整减水剂的用量使得混凝土的工作性保持一致；而不同坍落度的混凝土是在基准混凝土的基础上通过调整减水剂的用量来实现的，其他参数保持不变。模拟车桥耦合振动的参数选择如下：振幅 3.5mm，频率 5Hz，振动模拟为正常模式，振动 15s、停止 45s，振动时间为从混凝土试模成型起振动 18h。

9.3.1.1 不同水胶比的混凝土

（1）不同水胶比混凝土的基本性能　不同水胶比的混凝土配合比参数及基本性能测试见表 9-8，可以看出：

① 不同水胶比的混凝土可以通过调整减水剂的掺量使得新拌混凝土的坍落度达到同一范围，但是扩展度差别很大，在外加剂用量较低或者不掺加外加剂时，混凝土扩展度很小，流动性不佳；而减水剂掺量较大时，尽管水胶比低，但是扩展度很大，流动性很好。

② 随着水胶比的增大，混凝土抗压和抗折强度都呈现明显的降低趋势。6-1组和6-2组混凝土早期抗压强度数据没有呈现上述规律主要是由于减水剂不同掺量对混凝土早期强度有着较大影响。

表 9-8　不同水胶比混凝土的工作性能和基本力学性能

编号	水胶比	减水剂	工作性/mm	抗压强度/MPa			抗折强度/MPa
				1d	7d	28d	7d
6-1A	0.35	0.75%	250/550	17.0	49.0	60.1	7.48
6-2A	0.45	0.18%	220/310	19.4	42.1	57.7	6.17
6-3A	0.52	0%	215/300	11.0	33.3	42.5	5.00

（2）模拟车桥耦合振动对不同水胶比混凝土基本力学性能的影响　将上述各组试块放置于超低频振动台，经过模拟车桥耦合振动作用后的试块，分别记作 B，例如 6-1B 即为和 6-1A 同样配合比的混凝土，而 6-1B 是经过模拟车桥耦合振动作用的组别。测试结果见表 9-9。

表 9-9　经过模拟车桥耦合振动作用后不同水胶比的混凝土试块的力学性能

编号	水胶比	抗压强度						抗折强度	
		1d/MPa	保持率	7d/MPa	保持率	28d/MPa	保持率	7d/MPa	保持率
6-1B	0.35	19.4	114.1%	47.9	97.8%	56.7	94.3%	6.11	81.7%
6-2B	0.45	20.5	104.1%	41.3	98.1%	52.2	90.5%	5.51	89.3%
6-3B	0.52	13.6	123.6%	36.2	108.7%	58.6	137.9%	4.87	97.4%

图 9-7　6-3B 拆模前的表面形态

从表 9-9 中可以看出：

① 水胶比较大时，经过振动后混凝土试块的抗压强度有所提高；而水胶比较低时，混凝土振动后强度保持率不足 100%；初步分析，这主要是因为水胶比较大时，混凝土内聚力较弱，自由水分较多，在持续振动的作用下，混凝土泌水较多，使得其振动后的实际水胶比降低，进而有利于抗压强度增大，尤其是 6-3B 组 28d 抗压强度竟为 6-3A 的 137.9%。

这点从上图 9-7 中 6-3B 试块的表面形态可以看出，经过模拟车桥耦合振动的作用后，试块表面有较多微裂缝；而水胶比较低时，混凝土试块在振动作用下泌水较少，因而振动引起混凝土内部结构的损伤进而造成抗压强度降低；对比 6-1B 和 6-2B 的振动后抗压强度保持率可以看出，随着混凝土内聚力或者黏度的降低，其振动后抗压强度保持率也降低。

② 模拟车桥耦合振动对不同水胶比的混凝土试块的抗折强度都有一定程度的降低，尤其是 6-3B 组，振动后抗压强度大大提高，但是抗折强度依然呈现降低趋势，这说明了持续的模拟车桥耦合振动对混凝土的影响分为两个方面：一是加速混凝土的泌水，改变水胶比，进而有利于对混凝土强度测试值的提高；二是振动对混凝土结构内部产生破坏，抗折强度对内部损伤反应较为敏感，因此宏观上表现为振动后混凝土抗折强度较明显的降低。

总之，在一定的范围内随着水胶比的增大，混凝土内聚力减小，混凝土在车桥耦合振动作用下性能劣化加剧，主要体现在抗折强度保持率降低；但水胶比较大的混凝土在振动作用下泌水较多，导致偏离此规律，尤其是当水胶比为 0.52 时，抗折和抗压强度保持率均最高。

9.3.1.2　不同坍落度的混凝土

坍落度是混凝土工作性的基本标准指标之一，不同的坍落度意味着可以采用不同的施工方式。本节主要研究不同坍落度的混凝土在模拟车桥耦合振动作用下的抗压强度和抗折强度的变化规律。

（1）不同坍落度的混凝土的基本性能（见表 9-10）　从表 9-10 中可以看出，随着坍落度的增大，混凝土各龄期的抗压强度逐渐降低，初步分析，主要是由于减水剂的掺量不同导致引气量的差异造成了强度的差异；但是对于抗折强度而言，随着坍落度的逐渐增大，混凝土抗折强度先增大后减小，这主要是因为坍落度较小时，混凝土不密实，试块中容易产生孔洞等不连续结构，抗折强度对这些局部损伤较为敏感，因此就更容易反映出来。

表 9-10　不同坍落度混凝土的工作性能和基本力学性能

编号	工作性能/cm	减水剂	抗压强度/MPa			抗折强度/MPa
			1d	7d	28d	7d
7-1A	4	0.2%	28.7	55.1	68.2	7.54
7-2A	13	0.4%	20.6	50.2	62.6	7.84
7-3A	25/55	0.75%	17.0	49.0	60.1	7.48

（2）模拟车桥耦合振动对不同坍落度混凝土基本力学性能的影响　将上述各组不同坍落度的试块放置于超低频振动台，进行模拟车桥耦合振动作用后，测试各龄期的抗折和抗压强度及计算振动后强度保持率见表 9-11。

表 9-11　经过模拟车桥耦合振动作用后不同坍落度的混凝土试块的力学性能

编号	坍落度	抗压强度						抗折强度	
		1d/MPa	保持率	7d/MPa	保持率	28d/MPa	保持率	7d/MPa	保持率
7-1B	4cm	31.2	108.7%	55.5	100.7%	67.7	99.3%	6.76	89.7%
7-2B	13cm	22.9	111.2%	47.9	95.4%	65.4	104.5%	7.20	91.9%
7-3B	25cm	19.4	114.1%	47.9	97.8%	56.7	94.3%	6.11	81.7%

从表 9-11 中可以看出：

① 超低频振动对于混凝土 1d 抗压强度有一定程度的增大，这主要是由于振动导致泌水加速从而改变混凝土水胶比进而使得早期强度增大；但是对于 7d 和 28d 抗压强度都有一定程度的降低，可能是因为随着龄期的延长，振动造成混凝土内部损伤效应逐渐显现。

② 对于坍落度较小的混凝土，振动对其抗压强度影响较小，这主要是振动导致轻微泌水，对早期强度有一定的提高，而另一方面坍落度较小的混凝土粒子之间的摩擦力及其他阻力较大，模拟车桥耦合振动对其影响较弱；但是由于抗折强度对于局部缺陷较为敏感，而且干硬性混凝土在振动作用下泌水较小，因此其 7d 抗折强度保持率较低。

随着混凝土坍落度的增大，振动作用下混凝土泌水加剧，反而有利于早期抗压强度的提高；但是泌水导致内部泌水通道以及振动形成的内部微裂纹等对混凝土后期抗压强度有一定影响；此外振动对抗折强度影响较大，如果除去泌水导致的强度增大的部分，模拟车桥耦合振动对抗折强度影响更大。

9.3.2　不同频率的振动对混凝土性能的影响

首先，根据文献综述和实地调研结果，确定基本振动参数为：振幅 3.5mm；频率 5Hz；振动模式，选择正常模式，即振动 15s，停止 45s，以此循环；振动作用时间段为从混凝土成型开始，持续 18h。

本小节以及后面的三小节侧重研究振动参数对混凝土性能的影响，针对某一特定参数研究过程中，在基本振动参数的基础上，仅改变该参数。例如，本节主要研究振动频率对混凝土性能的影响，保持其他参数不变，频率分别为 2Hz、5Hz 和 8Hz。研究对象选择基准混凝土。

9.3.2.1　不同频率的振动对混凝土抗压强度的影响

1-5 为基准混凝土，即成型后静置放置，而其余各组则分别为经过不同频率的模拟车桥耦合振动的作用。各组试块的 1d、7d 和 28d 抗压强度见表 9-12。

表 9-12　不同频率的振动对混凝土抗压强度的影响

编号	振动参数控制				抗压强度					
	频率/Hz	振幅	模式	时间	1d/MPa	保持率	7d/MPa	保持率	28d/MPa	保持率
1-5	0				25.6	100%	60.6	100%	68.6	100%
2-1	2	3.5mm	振 15s,停 45s	18h	27.4	107%	58.0	95.7%	65.5	95.5%
2-2	5				28.3	110%	60.4	99.7%	69.1	101%
2-3	8				28.5	111%	56.8	93.7%	68.2	99.4%

（1）从表 9-12 中可以看出，不同频率的振动对混凝土的抗压强度没有显著的影响。这可能是由于振动频率较低，且振幅较小时，振动对混凝土的破坏损伤有限；此外抗压强度试件为 100mm×100mm×100mm 的小试模，在试模尺寸较小时，对混凝土的限制作用较大，可以抵消部分低频振动产生的损害。

（2）不同频率的振动对混凝土早期强度稍有提高，可能是由于振动过程中适当泌水，水分蒸发降低了水胶比，也降低了混凝土的孔隙率，提高了早期强度。

（3）抗压强度指标难以明显地体现出不同频率的模拟车桥耦合振动对混凝土性能影响的差异。

9.3.2.2　不同频率的振动对混凝土抗折强度的影响

水泥混凝土路面及桥面往往直接承受车辆荷载的反复作用以及受到温度、湿度等环境因素的影响，因此一般对桥面路面混凝土的质量要求很高。而抗折强度是水泥混凝土桥面及路面强度检验及评定的首要指标，抗折强度的高低直接关系到路面的使用寿命。

考虑到模拟振动试验机的尺寸和载重限制，以及 7d 抗折强度在实际工程中一般作为路面早期可以通行的控制指标之一，各组对比试验中主要测试 7d 抗折强度，并选择重点组进一步测试 28d 等龄期的抗折强度。

表 9-13　不同频率的振动对混凝土抗折强度的影响

编号	振动参数控制				7d 抗折强度/MPa	7d 抗折强度保持率
	频率/Hz	振幅	模式	时间		
1-5	0				8.69	100%
2-1	2	3.5mm	振动 15s,停止 45s	18h	7.43	85.4%
2-2	5				7.25	83.4%
2-3	8				7.16	82.3%

不同的振动频率对混凝土抗折强度的影响见表 9-13。从中可以看出：混凝土试块振动后的抗折强度下降较为明显，为基准试块的 80%～85%；而且随着振动频率的提高，抗折强度振动后保持率呈下降趋势。振动对混凝土抗折强度影响较为显著，一方面是因为抗折强度对试块内部的裂缝、孔隙等缺陷较为敏感；另一方面是因为抗折强度试模采用 100mm×100mm×515mm 型号的模具，而抗压强度试模采用 100mm×100mm×100mm，后者模具较小则对混凝土的限制作用相对较大，而抗折强度试块受到的模具约束较小，从而使得试块内部及表面在振动作用下受到的冲击较大，进而体现为抗折强度下降较为明显。

9.3.2.3　不同频率的振动对混凝土超声波速的影响

（1）抗压强度试块超声波波速试验研究。

表 9-14 是经过不同频率模拟车桥耦合振动后的试块在各个龄期时上部和下部的超声波波速测试结果。

表 9-14　抗压强度试块的超声波波速

编号	振动频率	1d 波速/(m/s)			7d 波速/(m/s)			28d 波速/(m/s)		
		上部	下部	平均	上部	下部	平均	上部	下部	平均
1-5	0Hz	4032	4010	4021	4608	4709	4659	4983	4902	4943
2-1	2Hz	4255	4255	4255	4695	4739	4688	4985	4954	4970
2-2	5Hz	4210	4292	4251	4444	4405	4571	4901	5102	5002
2-3	8Hz	4008	4175	4092	4335	4620	4451	4773	5000	4887

从图 9-8 和表 9-14 中可以看出：

① 随着混凝土的龄期增长，混凝土超声波波速明显增加；波速越大表明混凝土试块内部密实度越高。

② 随着振动频率的增大，混凝土波速呈现先增大后减小的趋势，一般在 2～5Hz 发生突变，表明振动频率过大会造成混凝土内部出现缺陷，对混凝土结构产生不良的影响。这个结果和后面的抗折强度的波速得到的结果类似，但是没有抗折试块测试的结果变化明显，这主要是抗折试块长度为515mm，而抗压试块为 100mm，前者对混凝土试块内部的缺陷反映得更为全面。

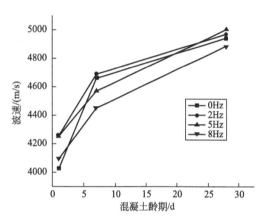

图 9-8　不同振动的频率对混凝土试块超声波波速平均值的影响

③ 从混凝土试块上部波速和下部波速的对比情况来看，振动对混凝土试块垂直方向的结构和离析程度影响不是特别显著，而且没有呈现良好的规律性。

（2）抗折强度试块超声波波速试验研究。

抗折试块超声波波速测试方法和抗压强度试块测试方法相同，均测量试块上部波速和试块下部波速。由于抗折试块长度为 515mm，试模对其内部混凝土约束较小，因而可以更为合理地反映振动对混凝土上下部离析程度的影响，所以抗折强度试块的测试结果重点考察上部波速和下部波速的差异。另外，抗折强度试块主要测试 7d 龄期的超声速波速。

抗折强度试块的超声波波速测试结果见表 9-15 和图 9-9。从图表可以看出：

表 9-15　抗折强度试块的 7d 超声波波速

编号	振动参数控制				抗折强度试块 7d 超声波波速/(m/s)		
	频率/Hz	振幅	模式	时间	上部	下部	平均值
1-5	0				4621	4813	4717
2-1	2	3.5mm	振动 15s，停止 45s	18h	4625	4875	4750
2-2	5				4777	4963	4870
2-3	8				4618	4849	4734

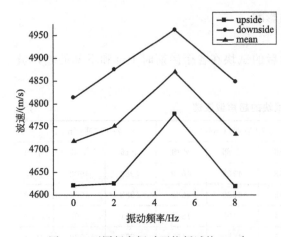

图 9-9　不同频率振动下抗折试块 7d 时
不同部位的波速

① 从抗折试块的超声波波速来看，7d 抗折试块的波速和静置相比，呈现先增大后减小的趋势。振动频率为 2Hz 时，试块的超声波波速和静置相比，变化很小，但是在 5Hz 时达到最大值；不过，8Hz 的振动使得混凝土密实度下降，这可能是由于 8Hz 的振动过于强烈，影响了混凝土的内部结构，反而降低了密实度造成的。

② 本方法还希望通过测试试块横截面在 100mm 的高度范围内，顶部和底部的超声波波速的差值来反映不同频率的振动对混凝土离析程度的影响。如果上部浆体较多，石子较少，则上部超声波波速应该明显小于下部。而且这种差值的规律还可以反映出振动频率对混凝土离析程度的影响。但是上波速和下波速（试块横截面的上部和下部分别进行超声波波速测试）的差值波动较小，且和基准组相比，振动后的上下波速偏差和未振动的试块上下波速的偏差相比，变化不明显。这主要由于抗折试块横截面的高度仅为 100mm，难以反映振动对混凝土离析程度的影响。因此，无论抗折试块还是抗压试块，难以通过测试不同高度处试块的超声波波速值来反映振动频率对混凝土离析程度的影响。

③ 尽管抗折和抗压试块大小不同，分别测试了不同的龄期，但是从总体的规律来看，随着频率的增大，混凝土试块内部密实度呈现先增长后减小的趋势，这说明过大频率的振动对混凝土内部结构是不利的。因此，不中断交通施工过程中适当的减振措施有助于降低振动对混凝土的损伤。

9.3.2.4　不同频率的振动对混凝土早期离析程度的影响

对混凝土离析程度的测定，选择成型后 3h 开始测定分层度筒不同部位的不同种类的石子质量，具体方法是将分层度筒上下层高度的混凝土取出，用水冲洗保留石子并烘干，进行质量测定。

表 9-16 中的放置条件各组分别对应着混凝土成型后 3h 的混凝土的状态。

表 9-16　不同频率的振动对混凝土离析程度的影响

编号	放置条件和时间	下层混凝土(100mm)/g			上层混凝土(200mm)/g			S_1	S_2
		小石子	大石子	总	小石子	大石子	总		
1-5	静置 3h	588	1309	1897	1172	2288	3460	1.10	0.88
2-1	3.5mm, 2Hz	630	1219	1849	1084	2338	3422	1.16	0.94
2-2	3.5mm, 5Hz	599	1436	2035	1074	2198	3272	1.24	0.85
2-3	3.5mm, 8Hz	609	1330	1939	1187	2067	3254	1.19	0.80

从表 9-16 和图 9-10 中可以看出：

① 石子离析系数 S_1 随振动频率的增大而增大，这表明振动对混凝土的早期性能的影响表现在加剧其石子下沉、浆体上浮，造成混凝土离析程度加重，而且频率越大，混凝土的离析程度越大。

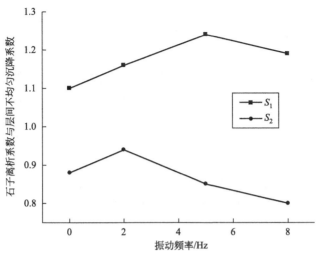

图 9-10　不同频率的振动对石子离析系数和层间
不均匀沉降系数的影响

② 石子离析系数差别不明显，主要是因为采用的分层度筒直径较小，且层间高度小，难以完全反映出振动对混凝土离析程度的影响，而且试验过程中发现，上层混凝土的凝结硬化速度慢于下层，在振动情况下更是如此，因为振动过程中石子离析明显，而且下部水分上升，导致下部的混凝土水胶比小而呈现干硬混凝土的特性，阻碍了上部石子向下移动，这也导致了石子离析系数差异的绝对值较小。

③ 层间不均匀沉降系数 S_2 随着振动频率的增大而减小，这表明下层混凝土中小石子的比例小，小石子和大石子沉降速度的差异随着振动频率的增加而增大。振动频率越大，大石子受到的扰动大于小石子。

④ 总的来说，混凝土早期离析程度测定方法可以在一定程度上反映模拟车桥耦合振动对混凝土性能的影响，但此方法仍有待进一步改善。

9.3.3　不同振幅的振动对混凝土性能的影响

振幅也是车桥耦合振动的重要参数，振幅大小受到行车荷载、行车速度、桥面不平整度等诸多外界因素及桥梁本身参数的影响，不同振幅的车桥耦合振动对混凝土性能有着很大的影响，本节重点研究 0.5mm、3.5mm 和 7mm 三个不同的振幅对基准混凝土性能的影响，其他车桥耦合振动参数保持不变。

9.3.3.1　不同振幅的振动对混凝土抗压强度的影响

不同振幅对基准混凝土抗压强度的影响试验结果见表 9-17。

表 9-17　不同振幅的振动对混凝土抗压强度的影响

编号	振动参数控制				抗压强度					
	振幅/mm	频率	模式	时间	1d/MPa	保持率	7d/MPa	保持率	28d/MPa	保持率
1-6	0	5Hz	振动 15s，停止 45s	18h	12.4	100%	42.1	100%	56.5	100%
3-1	0.5				11.4	91.9%	42.1	100%	53.4	94.6%
3-2	3.5				12.7	102%	42.7	101%	53.1	93.9%
3-3	7.0				15.9	128%	46.6	110%	64.4	114.0%

从表 9-17 中可以看出：

① 不同振幅的振动并未导致混凝土的早期强度明显降低，反而有所提高，而且随着振幅增大，早期强度保持率也增大。

② 从 28d 强度来看，不同振幅的振动对混凝土抗压强度影响规律不同。在振幅≤5mm 时，振动后的试块抗压强度保持率都不足 95%；但是振幅为 7mm 时，抗压强度保持率反而高达 114%。

这主要可能是因为：随着振幅的增大，混凝土泌水总量增大，泌水速率加快，水分蒸发导致混凝土早期强度提高，这种泌水引起实际水胶比降低导致的强度增大效应大于振动对混凝土内部产生的不利影响；此外，混凝土在振动过程中受到试模的限制和约束较大，从而在一定程度上避免了混凝土受到破坏。因此，尽管抗压试块表面有微裂纹，且较松散，耐磨性差，但是振动对混凝土的抗压强度的测试结果影响不大。

尽管在振幅较大时对试块的各龄期抗压强度有明显提高，但同时对结构也有不利影响，尤其对于大面积桥面板施工，如果处理不当会造成大面积塑性开裂，表面耐磨性差，表面不平整度更大。

9.3.3.2　不同振幅的振动对混凝土抗折强度的影响

主要研究了各组试块 7d 以及个别组 28d 抗折强度，具体结果见表 9-18。

表 9-18　不同振幅的振动对混凝土抗折强度的影响

编号	振动参数控制				抗折强度			
	振幅/mm	频率	模式	时间	7d/MPa	保持率	28d/MPa	保持率
1-6	0	5Hz	振动 15s，停止 45s	18h	7.77	100%	7.91	100%
3-1	0.5				6.73	86.6%	—	—
3-2	3.5				6.74	86.7%	—	—
3-3	7.0				6.37	82.0%	6.68	84.5%

从抗折试块的 7d 强度来看：

① 车桥耦合振动对混凝土抗折强度影响较大，而且随着振幅的增大，抗折强度损失率增大，尤其是在振幅为 7mm 时，抗折强度损失接近 20%，这对于实际工程中非常不利。

② 振动会造成混凝土表面浆体较多，而且水胶比偏高，水分蒸发造成沉降收缩，而且由于表面凝结硬化较慢而造成试块表面较多裂纹，见图 9-11。

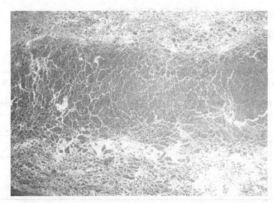

图 9-11　3-3 组（5Hz，7mm 振动 18h）的抗折试块表面近照

9.3.3.3 不同振幅的振动对混凝土超声波波速的影响

表 9-19 是不同振幅的振动对混凝土超声波波速的影响的试验结果。

表 9-19 不同振幅的振动对混凝土抗压强度试块的超声波波速的影响

编号	振幅 /mm	1d 波速/(m/s)			7d 波速/(m/s)			28d 波速/(m/s)		
		上部	下部	平均	上部	下部	平均	上部	下部	平均
1-6	0	3788	3916	3852	4407	4598	4503	4549	4719	4634
3-1	0.5	3724	3969	3847	4447	4667	4557	4423	4779	4601
3-2	3.5	3854	3907	3881	4430	4672	4551	4522	4744	4633
3-3	7	4065	4007	4036	4675	4762	4719	4739	4938	4838

(1) 抗压强度试块超声波波速 从表 9-19 可知，在振幅≤5mm 时，振动对混凝土超声波波速影响较小；而振幅为 7mm 的车桥耦合振动对混凝土超声波波速有明显的提高，这也和该组试块强度较高呈现较好的相关性，这主要是由于较大振幅的振动加快试块泌水导致强度提高，但是其对混凝土内部结构的影响需要结合其他方面综合分析。

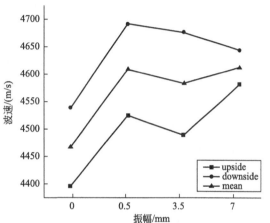

图 9-12 不同振幅的振动对混凝土 7d 抗折试块超声波波速的影响

(2) 抗折强度试块的超声波波速 表 9-20 和图 9-12 是不同振幅的振动对混凝土抗折强度试块超声波波速的影响。

表 9-20 抗折强度试块的超声波波速

编号	振动参数控制				抗折强度试块 7d 超声波波速/(m/s)		
	振幅/mm	频率	模式	时间	上部	下部	平均值
1-6	0	5Hz	振动 15s，停止 45s	18h	4396	4538	4467
3-1	0.5				4525	4692	4609
3-2	3.5				4489	4676	4583
3-3	7				4582	4644	4613

从抗折强度试块 7d 时的超声波波速测试结果来看，不同振幅的振动对混凝土试块的超声波波速没有明显的降低，而是在振动幅度较小时，即 0.5mm 的振动对混凝土密实性有着积极的作用，但是随着振幅的继续增大，混凝土的密实程度有所下降，但是仍然比静置的试块密实程度高。

9.3.3.4 不同振幅的振动对混凝土早期离析程度的影响

采用与 9.3.2.4 中相同的方法来研究不同振幅对混凝土早期离析程度的影响。

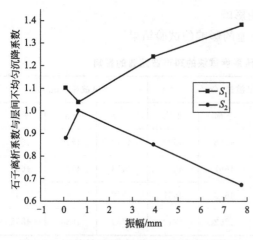

图 9-13 不同振幅的振动对石子离析系数和
层间不均匀沉降系数的影响

从图 9-13 中可以看出：

① 振幅的变化对混凝土离析性能影响较大。

② 随着振幅的增大，S_1 呈现增大的趋势，表面石子从上部向下部移动的比例增大，加剧了混凝土层间的离析，这对混凝土的均匀性非常不利，造成上部浆体体积分数较高，弹性模量较低，不利于抵抗荷载，容易破损。

③ 随着振幅增大，S_2 几乎呈线性下降，这说明振幅的变化对层间不均匀沉降影响很大。振幅增大时，大石子的下沉速度远远大于小石子；进而说明了混凝土在振幅较大时受到的扰动很大。

9.3.4 不同的振动模式对混凝土基本力学性能的影响

振动模式主要是根据实际情况提出的一个参数，在公路桥梁正常通车情况下，车桥耦合振动主要是由于重载车辆以及普通车辆高速行驶经过桥梁时产生的振动，而这种振动一般情况下不会一直持续，所以根据公路桥梁的交通流量可以简单地将振动模式分为三种：①正常模式，振动 15s，停止 45s；②繁忙模式，振动 30s，停止 30s；③极端模式，一直振动，或者振动 60s，停止 0s。

本节重点研究不同的振动模式对混凝土 7d 抗折强度和 28d 抗压强度的影响。见表 9-21。

表 9-21 不同的振动模式对混凝土 7d 抗折强度和 28d 抗压强度的影响

编号	振动参数控制				7d 抗折强度		28d 抗压强度	
	振幅	频率	模式	时间	测试值/MPa	保持率	测试值/MPa	保持率
1-6	3.5mm	5Hz	静置	18h	7.77	100%	56.5	100%
4-1			振 15s,停 45s		6.74	86.7%	53.1	93.9%
4-2			振 30s,停 30s		6.45	83.0%	51.9	91.8%
4-3			一直振动		6.14	79.0%	50.6	89.6%

① 从 7d 的抗折强度来看，振动模式对混凝土抗折强度有着明显的影响，每分钟内持续振动的时间越长，混凝土 7d 抗折强度保持率就越低。

② 从 28d 抗压强度来看，振动模式对混凝土的强度有一定的影响。因此，需要时可以适当控制交通流量，非常有利于试块强度的提高和保证工程质量。

9.3.5 不同振动作用时间段对混凝土基本力学性能的影响

振动时间段主要是指模拟车桥耦合振动作用于混凝土的开始时间和持续时间，根据实际情况，混凝土从浇筑起，这种振动就一直作用于混凝土，但是考虑到混凝土随着龄期发展到一定阶段以后，车桥耦合振动对其影响就可以忽略不计，从而可以简化模拟试验。

重点研究在混凝土成型 0h、3h、6h、9h、12h、15h 后分别开始振动 3h，测试不同的振动作用时间段对混凝土 7d 抗折强度和 28d 抗压强度的影响。进而可以研究混凝土最容易受到振动损伤的时间段，有助于分析混凝土在模拟车桥耦合振动作用下的损伤机理和后期的抗扰动混凝土的配制及研究，其他振动参数保持不变。见表 9-22。

表 9-22　不同的振动作用时间段对混凝土抗折强度和抗压强度的影响

编号	振动参数控制				7d 抗折强度		28d 抗压强度	
	振幅	频率	模式	时间段	测试值/MPa	保持率	测试值/MPa	保持率
5-0				静置	6.60	100.0%	55.2	100.0%
5-1				0～3h	6.39	96.9%	55.8	101.1%
5-2				3～6h	6.10	92.5%	57.3	103.8%
5-3	3.5mm	5Hz	振动 15s，停 45s	6～9h	5.88	89.1%	53.4	96.7%
5-4				9～12h	6.53	98.9%	53.0	96.0%
5-5				12～15h	5.77	87.4%	55.5	100.5%
5-6				15～18h	6.70	101.5%	56.7	102.7%

从表 9-22 可以看出，不同的振动作用时间段对混凝土 7d 抗折强度影响较大；6～9h 和 9～12h 内的振动对混凝土试块抗压强度有一定的不利影响，而其余时间段的振动对混凝土抗压强度影响不大。图 9-14 是不同的振动作用时间段对混凝土抗折强度的影响。

在前期（0～6h），振动引起混凝土的离析和泌水，导致存在泌水通道，及在骨料下方形成水囊影响混凝土的强度，但是由于混凝土此阶段仍然为塑性，在一定程度上可以变形从而抵消了部分这种副作用，而且水分蒸发降低实际水胶比对抗折强度也有一定积极的影响，因此综合各个效应，该阶段抗折强度损失较小。

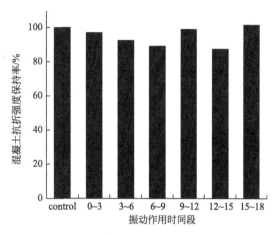

图 9-14　不同的振动作用时间段对混凝土抗折强度保持率的影响

在中期（6～15h），水泥水化加快，颗粒之间由初始的内摩擦力和物理黏附力，渐渐随着水化产物的生成产生了一定的化学黏结力；但这段时间内混凝土的内聚力仍较小，振动可能会对混凝土内部产生损伤，导致混凝土抗折强度降低。

在后期（15h 后），混凝土渐渐接近终凝，可以抵抗外部的振动，因此对混凝土抗折强度影响较小。

9.3.6　模拟车桥耦合振动导致混凝土性能损伤的机理研究

从前面的研究结果来看，模拟车桥耦合振动对不同坍落度和流动度的混凝土的基本力学性能影响规律不尽相同；此外不同的振动参数（频率、振幅、振动模式及振动作用时间段）对混凝土的基本性能也有不同的影响规律；但是总体上来说，模拟车桥耦合振动导致了混凝土一定程度上的劣化，因此，需要引起重视。本节重点探讨模拟车桥耦合振动对混凝土性能损伤机理。

9.3.6.1　混凝土的凝结时间

从 9.3.5 节的试验结果中也可以看出，混凝土在不同的振动作用时间段的性能损伤有所不同，这可能和混凝土的凝结时间有着较大的关系。为了探讨模拟车桥耦合振动对混凝土性能损伤的影响，分别测试了基准混凝土在静置和在模拟车桥耦合振动作用环境下的凝结时间。

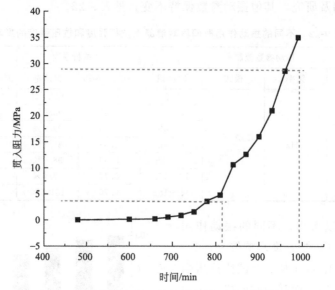

图 9-15　混凝土在静置状态下的贯入阻力发展规律

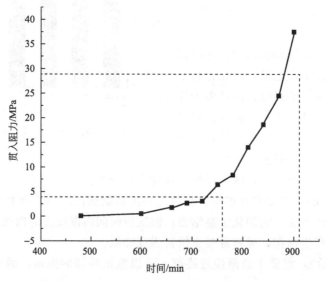

图 9-16　处于模拟车桥耦合振动作用下的混凝土的贯入阻力发展规律

从图 9-15 和图 9-16 中可以得出，混凝土在静置状态下的初凝时间为 12h15min、终凝时间为 16h；处于模拟车桥耦合振动环境作用下的混凝土的初凝时间为 12h5min、终凝时间为 14h45min，模拟车桥耦合振动的环境下的混凝土凝结稍快，这可能与振动加速泌水有关。

由于初凝时间和终凝时间的定义是根据一定的经验数据来制定的，这里完全可以抛开这个定义，结合 9.3.5 节的试验结果，直接从贯入阻力的角度来探讨混凝土在振动作用下的性能劣化机理。

模拟车桥耦合振动对普通混凝土性能影响主要分为三个阶段。

（1）贯入阻力≤0.5MPa，标准中对凝结时间的定义是将贯入阻力等于 3.5MPa 的时间点定义为初凝时间，但是实际测试和试验过程中发展，在贯入大于 0.5MPa 时混凝土就基本丧失了可塑性，尤其是这种车桥耦合振动相对于强力的机械振动而言，作用力较小。此外，从图 9-16 可以看出，6～9h（贯入阻力在 0.5～3.5MPa）这个时间段内的振动对混凝土抗折强度影响很大，这和贯入阻力≤0.5MPa 时的规律不太相同。因此选择贯入阻力为 0.5MPa 作为节点更为科学。

在贯入阻力≤0.5MPa 时，模拟车桥耦合振动会加速混凝土水分泌出，同时也会加重混凝土离析程度，此外还可能导致混凝土内部产生缺陷，但是由于此时混凝土具备一定的可塑性，在振动作用下可以消除部分缺陷，因此综合来讲这段时间内的振动对混凝土影响较小。但是当混凝土的内聚力过小或振动强度过大时，混凝土在该阶段也会受到较为严重的损伤。

（2）贯入阻力在 0.5～28.0MPa 之间，这个时间段内混凝土已经失去了可塑性，随着水泥的水化，水泥水化产物之间的搭接导致混凝土的内聚力以化学黏结力为主，但是混凝土内聚力还是小于振动产生的惯性力。因此，模拟车桥耦合振动会对混凝土产生较大的影响，容易在混凝土内部产生不可恢复的微裂纹或者其他缺陷，从而导致混凝土性能的劣化。

（3）贯入阻力≥28MPa，贯入阻力大于 28MPa 时，混凝土已经具备了较强的内聚力，可以抵抗车桥耦合振动的影响。这个阶段以后，车桥耦合振动对混凝土性能的影响较小。

9.3.6.2 混凝土的内部显微结构

可以采用光学显微镜观测混凝土内部结构，进而有助于揭示混凝土在车桥耦合振动作用下的劣化机理。分别将正常养护的基准混凝土和经过了模拟车桥耦合振动作用的混凝土试块在 7d 龄期时劈开，观测其内部结构。

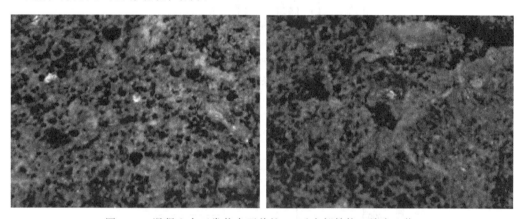

图 9-17 混凝土在正常状态下养护 7d 后内部结构（放大 7 倍）

图 9-18 混凝土在经过模拟车桥耦合振动作用后养护 7d 后内部结构（放大 7 倍）

　　对比图 9-17、图 9-18 可知，经过振动的混凝土内部大孔较多，这可能混凝土在模拟车桥耦合振动的作用下水分和气泡上升，但是上升过程中遇到了石子等阻碍，进而在混凝土的浆体和骨料的界面过渡区和浆体内部形成孔隙，导致混凝土性能劣化。

9.3.6.3　混凝土的微观分析

　　将基准混凝土在静置和基准振动条件作用的试块养护至 7d，进行微观测试。

　　(1) XRD 分析。从图 9-19 和图 9-20 的 X 射线衍射图谱的对比中可以看出，模拟车桥耦合振动对 7d 龄期时混凝土的水泥产物生成量的影响不大。图中均出现了明显的 C—S—H 凝胶和 AFt 以及 $Ca(OH)_2$ 等水化反应产物晶相衍射峰，此外还有未水化的 C_3S 和 C_2S 矿物晶相衍射峰，并且峰的位置较为接近。

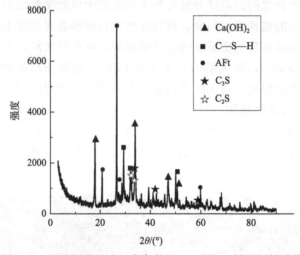

图 9-19　基准混凝土在正常条件下 7d 时的 X 射线衍射图谱

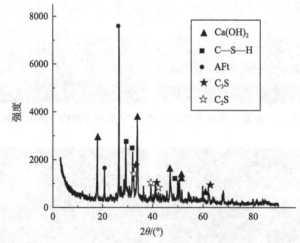

图 9-20　基准混凝土在经过车桥耦合振动后 7d 时的 X 射线衍射图谱

　　(2) 微孔结构分析。采用压汞法测试的混凝土的水泥浆体中孔隙率与孔径分布见下表，试样分别取自 7d 龄期的混凝土试块。

　　从表 9-23 可以发现，和静置的混凝土试块相比，经过车桥耦合振动作用后混凝土的总孔隙率降低，说明车桥耦合振动作用有利于降低混凝土的总孔隙率；气孔的平均孔径和中值孔径大大减小，说明振动可以细化气孔孔径；无害孔比例提高，但多害孔比例也有所提高，这可能是由于振动细化了大量少害孔和有害孔；但振动对多害孔影响不明显，数量无明显降低，从而导致多害孔比例提高。

表 9-23　两组混凝土试样的压汞试验结果

放置条件	总孔隙率 /(mL/g)	总孔比表面积 /(m²/g)	平均孔径 /nm	中值孔径 /nm	孔径分级（按照总孔隙率 mL/g 来区分）			
					无害孔 (<20nm)	少害孔 (20~50nm)	有害孔 (50~200nm)	多害孔 (≥200nm)
静置	0.1332	8.130	65.6	11.4	6.77%	10.88%	12.31%	70.04%
振动	0.0955	9.646	39.6	4.9	11.84%	8.27%	6.70%	73.19%

但振动导致混凝土内气泡和水分上升，部分上升过程中由于粗骨料的阻挡作用永久留在砂浆和骨料的界面过渡区和浆体内部，进而导致混凝土的性能损伤。

9.3.6.4　车桥耦合振动导致混凝土性能损伤的机理

就普通混凝土而言，从加水搅拌完成至混凝土凝结硬化过程中，颗粒之间始终存在相互作用力使得混凝土保持一定的状态，即混凝土的内聚力。在塑性阶段和凝结硬化前期，混凝土的内聚力以颗粒之间的物理黏附力和内摩擦力为主；随着水泥水化进行，混凝土的内聚力以颗粒之间的化学黏结力为主，见图 9-21。

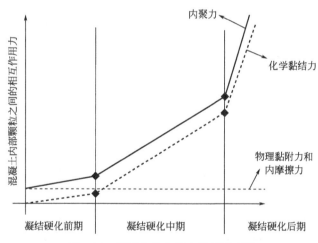

图 9-21　混凝土的内聚力发展示意图

车桥耦合振动属于一种超低频振动，当混凝土受到车桥耦合振动作用时，其中的颗粒在受迫振动作用下会产生惯性力并持续作用于混凝土内部，破坏颗粒之间的平衡，降低混凝土的内聚力。根据混凝土内聚力及贯入阻力的发展规律，车桥耦合振动对混凝土的损伤机理可分为三个阶段。

混凝土凝结硬化初期（贯入阻力≤0.5MPa），混凝土处于可塑阶段，内聚力以颗粒间的物理摩擦力和内摩擦力为主，持续的振动产生的惯性力导致混凝土离析和泌水，内部结构破坏，但是混凝土在振动作用下会发生变形，从而密实混凝土内部结构、细化孔结构。综合各种效应，该阶段中振动对混凝土性能影响较小，但是如果混凝土的颗粒之间的物理黏附力和内摩擦力过小，或者振动过大时，振动会造成严重的离析和泌水。

混凝土凝结硬化中期（贯入阻力 0.5~28MPa），混凝土失去可塑性，同时随着水化产物的生成，混凝土粒子之间的内聚力以化学黏结力为主，但仍不足以抵抗振动产生的惯性力，此阶段的车桥耦合振动导致混凝土内部产生永久微裂纹等缺陷，降低混凝土的力学性能和耐久性。

混凝土凝结硬化后期（贯入阻力≥28MPa），混凝土的化学黏结力随着水泥水化的进行而大大提高，能够抵抗外部振动产生的惯性力，此阶段以后的振动对混凝土的影响较小。

9.4 抗扰动外加剂及抗扰动混凝土的研发

上一节分析了车桥耦合振动对不同混凝土性能的影响，以及车桥耦合振动的特征参数对大流动度混凝土性能的影响，并初步探讨了车桥耦合振动对混凝土性能的损伤机理。混凝土（或砂浆）抵抗车桥耦合振动作用的能力，称为混凝土（或砂浆）抗扰动性。本章的主要研究目标是如何提高混凝土的抗扰动性，进而实现在不中断交通的条件下进行大范围的桥面浇筑和重新铺装。希望通过系统的研究，能够得到提高混凝土抗扰动性的配合比优化技术和有助于提高混凝土抗扰动性的外加剂，简称抗扰动剂，从而可以有助于抵消或者减弱车桥耦合振动对现浇筑混凝土及硬化混凝土的性能的影响。

9.4.1 抗扰动混凝土的设计思路及研究方案

9.4.1.1 抗扰动混凝土的设计思路

基于以上试验结果，设计抗扰动混凝土主要从下面几个方面考虑：

① 在保证混凝土工作性的前提下，增大混凝土的黏度，进而提高混凝土的物理黏附力和内摩擦力，使得新拌混凝土在模拟车桥耦合振动环境的作用下，泌水显著减少、离析程度显著减弱，进而有利于其抵抗车桥耦合振动。

② 加快混凝土的凝结速度，尤其是要加快混凝土颗粒之间化学黏结力的发展速度，但是要保证合理的可工作时间，有利于正常条件下的施工作用。因此，需要缩短贯入阻力在0.5～28MPa 的时间段，一方面使得混凝土快速度过受振动损伤最严重的阶段，避免在这段时间内因混凝土没有可塑性而在车桥耦合振动作用下产生不可恢复的内部损伤，另一方面提高这个时间段的水化速度，加速水化产物的生成、水化产物之间的搭接并逐渐形成网络，也有利于提高混凝土内聚力，进而可以降低车桥耦合振动对混凝土的损伤。

③ 保证混凝土后期生成更多的水化产物，有利于其修复车桥耦合振动导致的内部缺陷，进而提高强度恢复率。

9.4.1.2 试验研究方案

考虑到最不利的因素，选择 8Hz、7mm 的振动，振动模式选择持续振动；振动时间，对于砂浆试块选择 12h；本章主要研究如何提高混凝土和砂浆的抗扰动性。

本节首先以砂浆为主要试验对象，尝试配制抗扰动外加剂：

① 重点研究砂浆的流动性、水胶比（强度等级和黏度）、胶砂比等对其抗扰动性的影响，主要考虑 3d、7d 和 28d 的抗折、抗压强度的保持率等指标。

② 然后试验各种外加剂对砂浆抗扰动性的影响效果。

③ 进而复配得到抗扰动剂，并进行优化，研究抗扰动剂对砂浆的抗折强度和抗压强度保持率的改善效果。

在抗扰动外加剂在砂浆中取得较好的应用效果后，尝试在混凝土中进行运用，研究抗扰动剂在混凝土中的作用效果并进一步优化；研究抗扰动剂对混凝土凝结时间、水化过程等影响，探讨抗扰动剂的作用机理。

9.4.2 不同砂浆的抗扰动性

9.4.2.1 不同流动度的砂浆的抗扰动性

（1）砂浆配合比　通过前面的试验得知，混凝土的工作性，尤其是坍落度是影响其抗扰动性的重要因素，因此，首先试验研究不同流动度的砂浆的抗扰动性。流动度的测定方法，采用砂浆在模具中自由流出，待稳定后测定砂浆展开的扩展度，即流动度。

基准砂浆的配合比参数为：水胶比为0.35，胶砂比1：2.5，通过调整外加剂的掺量使得砂浆的流动度分别达到123mm、165mm、190mm，具体信息见表9-24。每个配合比成型6个三联模，3个静置养护，3个放置超低频振动台，1d后拆模放置养护室，为了区别是否经过振动，成型后未振动的在相应的编号后加上a进行标记，经过12h振动的加上编号b进行标记。

表9-24　不同流动度砂浆的配合比参数

编号	水胶比	胶砂比	减水剂	流动度/mm
1-1	0.35	1：2.5	0.5%	123
1-2	0.35	1：2.5	1.0%	165
1-3	0.35	1：2.5	1.3%	190

（2）不同流动度砂浆试块的强度（见表9-25）　仅改变减水剂用量，保持其他参数不变，使得砂浆具备不同的流动度，但是砂浆的强度受到流动度的影响较大，流动度较小的砂浆各龄期抗折和抗压强度较高，而流动度较大的砂浆抗压和抗折强度较低，初步分析原因是采用的减水剂的引气效果明显，增大减水剂掺量导致砂浆试块含气量提高，从而导致密实度降低，进而抗压和抗折强度都较低。

表9-25　不同流动度的砂浆试块各龄期的抗压和抗折强度　　　　单位：MPa

编号	流动度/mm	3d		7d		28d	
		抗压	抗折	抗压	抗折	抗压	抗折
1-1a	123	36.93	8.22	49.81	9.19	38.73	10.34
1-2a	165	23.03	6.27	32.62	7.56	31.26	7.42
1-3a	190	19.21	6.81	23.63	6.78	27.64	8.06

（3）不同流动度的砂浆试块振动后的强度保持率　同样配合比的试块，经过模拟车桥耦合振动环境的影响之后的试块与未振动的试块的强度之比简称振动后强度保持率（下同）。振动后的强度保持率是衡量砂浆或混凝土抗扰动性的重要指标，但也不是唯一指标，有可能因为泌水导致试块强度保持率很高，但是其本质上抗扰动性较差，因此应该客观分析。见表9-26。

表9-26　不同流动度砂浆试块振动后强度保持率

编号	流动度/mm	3d		7d		28d	
		抗压	抗折	抗压	抗折	抗压	抗折
1-1b	123	93.2%	95.6%	76.1%	94.2%	99.9%	102.4%
1-2b	165	97.6%	90.9%	86.4%	90.1%	96.4%	100.9%
1-3b	190	111.5%	96.2%	107.3%	102.2%	105.5%	94.7%

注：1-3b试块高度仅为38.0mm。

从振动后强度保持率来看：

① 不同流动度砂浆试块振动后强度保持率大部分都在100％以下，这表明模拟车桥耦合振动会对试块的抗压和抗折强度产生一定的不利影响，因此需要采取措施降低该振动造成的强度损失以及其他性能的损失。

② 在一定范围内，随着流动度的增大，砂浆试块的抗折强度、抗压强度的保持率都呈现下降的趋势；在流动度较小时（123mm和165mm），振动不会造成试块明显的沉降收缩，但是会造成抗折和抗压强度的降低，抗压强度降低幅度最高达23.9％，抗折强度降低幅度最高达9.9％，流动度在较小的范围内变化时，砂浆的抗扰动性变化规律不是特别明显。

③ 在流动度为190mm时，振动后的强度普遍高于振动前的高度，这主要是由于流动度过大，浆体在振动条件下泌水严重，试块拆模时1-3b的试块仅为38mm，沉降收缩到5％，见图9-22，这比强度损失更加致命，试块振动后强度提高主要是因为大量水分在振动条件下快速泌水，实际水胶比大大降低。

图 9-22　1-3b（左边）和1-3a（右边）
1d龄期时对比

9.4.2.2　不同水胶比的砂浆的抗扰动性

水胶比是砂浆和混凝土重要的参数，对砂浆和混凝土的质量有着决定性的影响。因此，研究不同水胶比砂浆试块的抗扰动性对开发抗扰动剂以及后期配制抗扰动混凝土有着重要指导意义。

（1）不同水胶比砂浆试块的强度（见表9-27）　在基准砂浆配合比的基础上，通过调整减水剂的掺量，使得不同水胶比的砂浆保持工作性大致相同（流动度为165mm±10mm），各组砂浆的抗压和抗折强度见表9-27，从中可以看出，砂浆试块的抗折和抗压强度没有随着水胶比的变化呈现良好的规律，初步分析是由于减水剂的掺量不同导致的，从上节的试验结果中可以看出，减水剂的掺量对砂浆试块的强度影响很大。

表 9-27　不同水胶比砂浆试块的抗压和抗折强度　　　单位：MPa

编号	水胶比	减水剂	3d		7d		28d	
			抗压	抗折	抗压	抗折	抗压	抗折
2-1a	0.45	0.5％	25.63	5.85	35.38	6.88	41.54	7.89
2-2a	0.40	0.75％	27.57	6.89	30.08	6.73	32.08	8.44
2-3a	0.35	1.0％	23.03	6.27	32.62	7.56	31.26	7.42

（2）不同水胶比砂浆试块振动后的强度保持率（见表9-28）。

表 9-28　不同水胶比砂浆试块振动后强度保持率

编号	水胶比	减水剂	3d		7d		28d	
			抗压	抗折	抗压	抗折	抗压	抗折
2-1b	0.45	0.5％	128.6％	108.9％	100.8％	106.4％	96.1％	99.4％
2-2b	0.40	0.75％	107.5％	88.4％	99.3％	97.8％	77.8％	94.2％
2-3b	0.35	1.0％	97.6％	90.9％	86.4％	90.1％	96.4％	100.9％

注：2-1b由于泌水严重，拆模时，实际高度平均仅为36.5mm。

从表 9-28 的数据来看：

① 除了 2-1b 组外，其他各组的振动后强度保持率较低，表明模拟车桥耦合振动环境对砂浆试块有较大的影响。

② 水胶比对试块在振动条件下的强度保持率影响不明显，在水胶比为 0.40 和 0.35 时，振动后的试块抗折强度损失率较大，抗压强度损失率稍小。水胶比对其影响规律不太明显。

而在 0.45 的水胶比条件下，由于试块在振动条件下泌水严重，实际试块高度仅为 36.5mm，沉降收缩高到 8.75%；由于大量的水分在振动条件下加速泌出，导致 2-1b 实际水胶比大大降低，远远低于 2-1a 的 0.45，因此，实际水胶比降低带来的强度增长效应大于振动对其带来的内部损失导致的强度降低效应，综合的影响结果为振动后的强度较对比样有所提高。

而水胶比为 0.40 和 0.35 时，砂浆在振动条件下尽管也会导致加速泌水，但是并没有特别明显的塑性沉降。

9.4.2.3 不同胶砂比的砂浆的抗扰动性

胶砂比也是影响砂浆性能的重要配合比参数。胶砂比较高时，砂浆胶凝材料较多，黏度较大，一般强度也较高，此外还有利于砂浆的流动性，但是胶砂比过高不利于砂浆的抗硫酸盐侵蚀性，此外还容易造成体积收缩过大；而胶砂比较低时，则反之。

(1) 胶砂比对试块抗压和抗折强度的影响（见表 9-29）　在基准砂浆配合比的基础上，通过调整减水剂的掺量，使得不同胶砂比的砂浆保持工作性大致相同（流动度为 165mm±10mm）。

表 9-29　胶砂比对砂浆抗压和抗折强度的影响　　　　　单位：MPa

编号	胶砂比	减水剂	3d		7d		28d	
			抗压	抗折	抗压	抗折	抗压	抗折
3-1a	1:3	1.0%	17.72	4.91	19.87	5.49	28.20	6.88
3-2a	1:2.5	0.75%	27.57	6.89	30.08	6.73	32.08	8.44
3-3a	1:2	0.25%	27.29	7.88	38.68	8.47	47.54	8.63

从表 9-29 可以看出，随着胶砂比增大，达到相同流动度时所需要的减水剂的掺量逐渐减小。胶砂比对混凝土强度有较大的影响，随着胶砂比的提高，混凝土抗折和抗压强度都呈现明显的提高：一方面是因为胶凝材料比例增大有利于试块强度的提高，另一方面胶砂比较高的砂浆达到相同流动度时所用的减水剂量较小，而前文中的试验结果表明，在其他配合比参数不变的情况下，增大减水剂的掺量会导致强度降低。

(2) 胶砂比对试块振动后强度保持率的影响　不同胶砂比的试样经过模拟车桥耦合振动后，强度保持率变化较大。具体见表 9-30。

表 9-30　不同水胶比砂浆试块振动后强度保持率

编号	胶砂比	减水剂	3d		7d		28d	
			抗压	抗折	抗压	抗折	抗压	抗折
3-1b	1:3	1.0%	180.8%	138.7%	180.4%	124.8%	123.0%	110.5%
3-2b	1:2.5	0.75%	107.5%	88.4%	99.3%	97.8%	77.8%	94.2%
3-3b	1:2	0.25%	121.9%	90.1%	98.8%	94.0%	89.8%	99.7%

注：3-1b 试块实际平均高度仅为 36mm。

从表 9-30 可以看出：

① 除了 3-1b 组强度保持率高于 100％外，其余各组强度保持率都低于 100％，表明模拟车桥耦合振动环境对不同胶砂比砂浆试块的抗折和抗压强度均有一定影响。

② 3-1b 组由于胶砂比较低，试块的保水性差，在持续的低频振动下试块泌水较为严重，导致试块 1d 拆模时的平均高度仅为 36mm，沉降收缩高达 10％；由于大量水分分泌，导致 3-1b 组实际水胶比远远低于 0.4，从而使得其各龄期强度远远高于 3-1a 组。尽管其试块抗折和抗压强度较基准试块都有明显的提高，但是如此之大的沉降收缩对于实际工程是非常不利的。

③ 在胶砂比为 1：2.5 和 1：2 时，试块在振动条件下抗折和抗压强度都有一定的损失；两者的强度损失率没有明显的差别。

9.4.3 不同种类外加剂对砂浆抗扰动性的影响

仅通过调整砂浆的基本配合比参数难以使得砂浆具备较好的抗扰动性，因此需要在砂浆和混凝土中引入外加剂，本节主要在 9.4.2 节确定的基准砂浆配合比（水胶比为 0.4，胶砂比为 1：2.5，流动度为 165mm 的砂浆）的基础上，添加不同种类的外加剂（速凝剂、缓凝剂、早强剂、膨胀剂、纤维、矿物掺合料等），此外通过调整减水剂的掺量使得其流动度保持一致；研究不同种类的外加剂对砂浆抗扰动性的影响（强度、强度保持率以及体积稳定性）。各类外加剂的作用效果见表 9-31。

表 9-31　不同外加剂对砂浆的作用效果

外加剂的种类	砂浆强度	振后强度保持率	体积稳定性	其　　他
速凝剂	降低	降低	有利	速凝，干稠，流动性差
早强剂	降低	不明显	不利	变稀
膨胀剂	降低	提高	不利	
硅灰	降低	不明显	不利	降低强度主要是因为外加剂掺量增大
纤维素醚	降低	提高	有利	
纤维	降低	提高	有利	
缓凝剂	提高	降低	有利	

9.4.4 抗扰动外加剂的制备

抗扰动外加剂的配制主要是根据 9.4.1.1 节抗扰动混凝土的设计思路，及 9.4.3 节的试验结果，以增大砂浆和混凝土的黏度、提高其抗离析性能，以及加快其内聚力的发展速度为目标，通过外加剂的复配来使得砂浆具备抗扰动性，能够抵抗模拟车桥耦合振动的作用，同时与基准砂浆相比，强度等性能不降低。抗扰动剂试验过程中，为了对比抗扰动剂的作用效果，保持砂浆基准配合比不变，通过调整减水剂的掺量使得砂浆的流动度保持在（165±10）mm 范围内。

9.4.4.1 抗扰动外加剂的制备

（1）根据 9.4.3 节的试验结果，将几种具有不同功能的外加剂进行复配，尝试配制具有抗扰动作用的外加剂，记作 F 型抗扰动剂。

（2）F型抗扰动剂对砂浆工作性和力学性能的影响 从表9-32中可以看出，F型抗扰动剂的掺入使得砂浆变得黏稠，流动度大大降低，需要增大减水剂的掺量来使得流动度达到和基准组11-0砂浆的流动度大致相同；选择了5％、8％和12％三个掺量，此外11-4组和11-3组相比，主要就是减水剂的掺量有所增大，考察减水剂掺量增大对砂浆性能的影响以及大流动度砂浆的抗扰动性。

表9-32　掺入F型抗扰动剂的砂浆的抗压和抗折强度　　　　　单位：MPa

编号	F型抗扰动剂	减水剂	流动度	3d		7d		28d	
				抗压	抗折	抗压	抗折	抗压	抗折
11-0a	0	0.75％	155mm	27.57	6.89	30.08	6.73	32.08	8.44
11-1a	5％	0.85％	155mm	16.57	5.13	24.07	5.73	29.46	6.44
11-2a	8％	1.00％	150mm	17.92	5.18	27.77	6.52	36.22	7.02
11-3a	12％	1.10％	150mm	14.55	4.09	21.90	5.21	28.24	6.10
11-4a	12％	1.38％	185mm	9.68	3.51	16.92	4.90	25.53	6.32

从表9-32可以看出：

① F型抗扰动剂的加入对砂浆各龄期强度影响较为明显：一方面可能是抗扰动剂过于侧重增稠和加快凝结硬化，而强度的活性组分较少，导致等量代替水泥后强度出现大幅度下降，这方面是后期调整的主要方向；另一方面是因为减水剂掺量增大对砂浆试块的强度确实存在一定的影响，这个因素可以采取其他低引气型外加剂得以解决。

② 随着F型抗扰动剂掺量的增大，砂浆试块的强度呈现先增大后降低的趋势，在掺量为8％时强度达到最大。

③ 11-3a和11-4a相比，后者的减水剂用量较大，流动度较大，从强度的对比中可以明显看出，后者的各龄期强度较低，这说明减水剂用量较大对强度有损害。

（3）F型抗扰动剂对砂浆抗扰动性的影响 从图9-23中11-1组试块振动前后形态的对比，发现F型扰动剂代替水泥后效果不是很好，而且泌水比较多，表面形成了白色的物质，有明显的沉降收缩。此外，从右侧的侧面图对比中可以看出（上面为11-1B，下面的11-A），上部试块经过振动后明显气孔变小了。

图9-23　11-1组砂浆试块振动前后的对比

11-2组和11-3组试块经过振动后，尽管表面有少量泌水，总体体积稳定性较好，可以看出，F型抗扰动剂在体积稳定性和增稠增黏方面有积极的作用，见图9-24。

图 9-24　11-2 组和 11-3 组砂浆试块振动前后的对比

11-4 组试块的外加剂掺量较大，导致 24h 后拆模时较为松软，造成边角有轻微的破坏，只能推迟拆模时间。如图 9-25 所示。

图 9-25　11-4A 和 11-4B 振动前后的对比

表 9-33　掺入 F 型抗扰动剂的砂浆的振动后强度保持率

编号	F 型抗扰动剂	3d		7d		28d	
		抗压	抗折	抗压	抗折	抗压	抗折
11-0b	0	107.5%	88.4%	99.3%	107.5%	88.4%	99.3%
11-1b	5%	133.7%	111.1%	98.2%	133.7%	111.1%	98.2%
11-2b	8%	107.6%	111.6%	104.9%	107.6%	111.6%	104.9%
11-3b	12%	91.0%	103.2%	87.4%	91.0%	103.2%	87.4%
11-4b	12%	126.1%	124.2%	116.0%	126.1%	124.2%	116.0%

注：11-1b 试块高度仅为 38mm；11-4b 有轻微泌水迹象。

从表 9-33 中的数据可以看出：

① 11-1b 组的强度保持率较高主要是因为其泌水严重，导致实际水胶比较低。

② 对比 11-2b 组和 11-3b 组可以发现，抗扰动剂加入后，在适当掺量范围内，试块的振动后强度保持率得到提高，普遍可以达到 100% 以上，效果较好，但是掺量过高的话，也有不利的影响。

③ 11-4b 因为有泌水的迹象，所以导致其强度保持率偏高。

9.4.4.2　抗扰动外加剂的优化

（1）F 型抗扰动剂存在的问题　抗扰动外加剂等量取代水泥以后，为了保持流动度不受影响，需要增大减水剂的用量，但是减水剂用量增大后，一方面导致体系黏度降低，在振动过程中有可能泌水，产生体积收缩；另一方面减水剂用量增大导致强度降低。此外，抗扰动剂掺量较大时，砂浆的缓凝严重。

（2）调整思路和试验方法　主要调整思路，在其中引入早强和快凝组分，进一步对外加剂进行组合和复配。为简化流程，初期优化抗扰动剂时，不再统一将试块置于模拟车桥耦合振动环境的作用之下，而是先采用简单的方法，衡量砂浆的黏度。具体方法如下：控制砂浆的流动度在 150mm，然后用跳桌振动 60 次，根据砂浆的扩展度的变化情况，如果砂浆在跳桌作用下振动流动度变化小，则抗扰动性能好，反之，则抗扰动性能差。

（3）S 型抗扰动外加剂　根据 F 型外加剂存在的问题，进行改进，配制 S 型抗扰动外加剂。

掺入 S 型抗扰动剂砂浆的配合比和基本性能如表 9-34、表 9-35 所示。

表 9-34　S 型抗扰动剂改进砂浆配合比及工作性测试结果

编号	抗扰动剂型号及掺量	水胶比	胶砂比	减水剂	流动度/mm	跳桌流动度/mm
12-0	无	0.4	1：2.5	0.60%	147	300(40 次)
12-1	S-1 型；5%，内掺	0.4	1：2.5	0.8%	150	300(49 次)
12-2	S-2 型；2%，内掺	0.4	1：2.5	0.85%	145	280(60 次)
12-3	S-3 型；5%，外掺	0.4	1：2.5	0.75%	145	265(60 次)
12-4	S-4 型；10%，外掺	0.4	1：2.5	1.00%	150	300(43 次)

从上述工作性的结果来看，S-3 型和 S-2 型抗扰动剂作用效果较好，整个体系黏度较高，在跳桌的振动下，流动度变化较小，从而有利于抵抗模拟车桥耦合振动。

从表 9-35 的强度数据中可以看出，S-3 型和 S-4 型抗扰动剂对砂浆的强度有较好的影响，各龄期强度较高。综合工作性、跳桌振动后流动度变化以及强度结果来看，S-3 型抗扰动剂作用效果较好。后期可以在此基础上进一步测试和优化。

表 9-35　掺入 S 型抗扰动剂的砂浆各组抗折和抗压强度　　　　单位：MPa

编号	3d		7d		28d	
	抗折	抗压	抗折	抗压	抗折	抗压
12-0	26.85	6.92	27.08	7.34	32.72	7.39
12-1	21.08	5.64	22.16	5.84	24.99	6.89
12-2	28.73	6.06	32.39	6.63	32.26	6.90
12-3	28.39	7.36	36.49	7.76	35.03	7.95
12-4	24.48	7.09	31.56	7.07	30.15	7.69

9.4.4.3　抗扰动外加剂的进一步优化

经过前期的试验摸索，考虑到抗扰动剂本身的成分和其在砂浆及混凝土中掺量的多重变量问题，为了简化问题，尽快实现研究目标，初步确定抗扰动剂的掺量为 10%，添加方式为等量代替胶凝材料，经过进一步优化的外加剂记作 TD 型。

（1）掺入 TD 型抗扰动剂后砂浆的配合比及基本性能　从表 9-36 和表 9-37 中可以看出，TD-1 型和 TD-2 型抗扰动剂的作用效果较好，增大了体系的黏度，有利于砂浆抵抗模拟车桥耦合振动的影响；此外，从强度角度考虑，TD 型抗扰动剂的掺入，对砂浆的强度影响较小。

表 9-36　掺入 TD 型抗扰动剂后砂浆的配合比及基本性能

编号	抗扰动剂型号及掺量	水胶比	胶砂比	减水剂	流动度/mm	跳桌流动度/mm
14-0	—	0.4	1∶2.5	0.6%	155	300(32 次)
14-1	TD-1 型,10%	0.4	1∶2.5	0.7%	145	300(60 次)
14-2	TD-2 型,10%	0.4	1∶2.5	0.9%	150	285

表 9-37　掺入 TD 型抗扰动剂的砂浆各组抗折和抗压强度　　单位：MPa

编号	抗扰动剂型号及掺量	3d		7d		28d	
		抗折	抗压	抗折	抗压	抗折	抗压
14-0	—	6.49	27.63	7.31	29.15	7.97	39.30
14-1	TD-1 型,10%	6.08	21.53	7.01	24.80	7.86	35.75
14-2	TD-2 型,10%	6.46	30.29	7.24	26.77	7.84	36.88

（2）掺入 TD 型抗扰动剂后砂浆的抗扰动性　TD 型抗扰动剂的具体作用效果需要将砂浆放置在模拟车桥耦合振动的超低频振动台上进行检验。

表 9-38　TD 型抗扰动剂对砂浆试块振动后强度保持率的影响

编号	TD 型抗扰动剂	3d		7d		28d	
		抗压	抗折	抗压	抗折	抗压	抗折
14-0b	0	107.5%	88.4%	99.3%	107.5%	88.4%	99.3%
14-1b	TD-1 型,10%	103.5%	125.7%	96.9%	98.4%	100.6%	112.9%
14-2b	TD-2 型,10%	96.4%	91.9%	91.3%	113.1%	101.8%	106.0%

试验表明，掺入 TD 型抗扰动剂的砂浆经过振动后表面基本不泌水，体积稳定性好；此外，从表 9-38 的强度保持率来看，14-1b 组和 14-2b 组的砂浆试块强度保持率基本上都在 100%以上。因此，TD 型抗扰动剂的作用效果较好，但是还需要在后期的混凝土试验中进行试验并优化。

9.4.5　抗扰动混凝土的配制及性能研究

9.4.5.1　抗扰动混凝土配制的试验方案

首先将 TD-1 型和 TD-2 型抗扰动剂在混凝土中尝试运用，混凝土配合比仍选用基准配合比，通过调整减水剂的掺量使得混凝土的工作性和基准保持基本一致，重点考察新拌混凝土的黏度，其中用 T_{50} 时间和倒坍落度筒流出时间 T_d 来衡量，此外考察抗扰动剂的掺入对混凝土的抗压强度和抗折强度的影响。

其次，选择黏度较大和力学性能表现较好的试验组放置在模拟车桥耦合振动（频率 5Hz；振幅 3.5mm；振 15s，停 45s；从试件成型起振动 18h）环境下进行试验，考察其抗离析性能和振动后的强度保持率。

再次，通过测定混凝土的黏度、凝结时间曲线及观察混凝土的内部显微结构、水泥浆体的微观分析和水泥水化热等手段来分析抗扰动外加剂在混凝土中的作用机理，并进一步完善抗扰动外加剂。

9.4.5.2　抗扰动混凝土的性能研究

将 TD 型抗扰动剂应用到混凝土中进行试验，检验抗扰动剂在混凝土中的作用效果，并且根据使用结果进一步完善和优化抗扰动剂的配比。

(1) 抗扰动混凝土配合比参数 从表 9-39 中的混凝土的初始工作性数据来看，掺入抗扰动剂后混凝土变得黏稠，保持相同坍落度需要增大减水剂的掺量。此外，在混凝土坍落度基本相同的情况下，掺入抗扰动剂的 8-2 组和 8-3 组的 T_{50} 和倒坍落度筒流出时间都大大提高，这表明混凝土的黏度增大，有利于提高混凝土的抗扰动性。

表 9-39 添加 TD 型抗扰动剂的混凝土配合比参数及工作性

编号	抗扰动剂	减水剂掺量	胶凝材料 /(kg/m³)	水胶比	砂率	T/K /(mm/mm)	$T50/s$	T_d/s
8-1	无	0.61%	500	0.35	44%	245/600	13	6.45
8-2	TD-1,10%	0.92%	500	0.35	44%	230/520	25	7.86
8-3A	TD-2,10%	0.92%	500	0.35	44%	245/550	22	7.55
8-3B	TD-2,10%	0.92%	500	0.35	44%	245/550	22	7.55

注：8-3B 在模拟车桥耦合振动的环境下作用 18h，1d 拆模后和其他试块在相同条件下养护。

(2) 抗扰动剂对混凝土基本力学性能的影响（见表 9-40）。

表 9-40 添加抗扰动剂的混凝土的抗压和抗折强度

编号	抗扰动剂	减水剂掺量	抗压强度/MPa			抗折强度/MPa	
			1d	7d	28d	7d	28d
8-1	无	0.61%	12.65	44.66	52.43	6.65	6.96
8-2	TD-1,10%	0.92%	16.77	45.88	49.87	7.74	8.26
8-3A	TD-2,10%	0.92%	13.89	45.10	53.10	7.71	8.44
8-3B	TD-2,10%	0.92%	16.34	47.85	60.87	7.44	8.55

从表 9-40 的强度数据可以看出：

① 抗扰动剂的加入对混凝土抗压影响不大，抗扰动剂的加入大大提高了混凝土的抗折强度。

② 对比 8-3A 组和 8-3B 组强度数据结果来看，抗扰动剂的加入，混凝土振动后的各龄期抗压强度保持率平均值为 113%，抗折强度保持率为 98.9%。具体机理有待进一步探索。

(3) 抗扰动混凝土的早期离析程度。

采用 9.3.2.4 中的方法测试抗扰动混凝土的早期离析程度。见表 9-41。

表 9-41 普通混凝土和抗扰动混凝土在静置和振动状态下早期离析程度测定

编号	放置条件和时间	下层混凝土(100mm)/g			上层混凝土(200mm)/g			S_1	S_2
		小石子	大石子	总	小石子	大石子	总		
8-1A	普通,静置	588	1309	1897	1172	2288	3460	1.10	0.88
8-1B	普通,振动	582	1416	1998	1094	2290	3382	1.18	0.86
8-3A	扰动,静置	611	1295	1906	1151	2371	3522	1.08	0.97
8-3B	扰动,振动	595	1302	1897	1140	2327	3467	1.08	0.93

从混凝土早期离析程度测定可以看出：

① 在静置状态下，和普通混凝土相比，抗扰动混凝土的石子离析系数 S_1 降低，层间不

均匀沉降系数 S_2 更为接近 1，这表明抗扰动混凝土黏度较大，能够减弱混凝土自身重力作用及车桥耦合振动作用导致的混凝土离析。

② 在振动状态下，和普通混凝土相比，抗扰动混凝土的石子离析系数 S_1 为 1.08，明显小于普通混凝土振动状态下的 $S_1=1.18$；而层间不均匀沉降系数为 0.97，相比普通混凝土的 0.88，更为接近 1，这说明抗扰动混凝土在模拟车桥耦合振动环境作用下，混凝土的离析程度降低，自身抵抗这种振动影响的能力增强。

③ 就抗扰动混凝土而言，在静置状态和振动状态下，两者的石子离析系数和层间不均匀沉降系数都差别不大，这说明了抗扰动混凝土能够较好地抵抗模拟车桥耦合振动的影响。

9.5 抗扰动混凝土的作用机理研究

9.5.1 混凝土的黏度

新拌混凝土的黏度是影响混凝土抗扰动性的重要因素，黏度较大的混凝土可以抵抗模拟车桥耦合振动对塑性阶段混凝土的不良影响。从表 9-39 中可以看出，在坍落度基本保持一致的情况下，抗扰动混凝土的 T_{50} 时间和倒坍落度筒流出时间都大于普通混凝土，这表明抗扰动混凝土的黏度较大，因此在凝结硬化初期，抗扰动混凝土内部颗粒之间的物理黏附力和内摩擦力较大，进而有利于提高其抗离析性能，同时还可以降低泌水过多带来的表层混凝土劣化的可能性。

9.5.2 混凝土的凝结时间

在模拟车桥耦合振动对混凝土损失机理中，

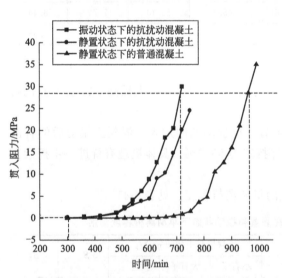

图 9-26 普通混凝土和抗扰动混凝土的贯入阻力
发展情况对比

得出了混凝土贯入阻力发展规律和其抗扰动性有着密切关系。因此，测试了抗扰动混凝土在振动和静置状态下的贯入阻力发展规律，并对比测试了普通混凝土静置状态下的贯入阻力发展规律。如图 9-26 所示。

从图 9-26 的贯入阻力发展情况对比可以看出：

① 抗扰动混凝土的贯入阻力发展明显快于普通混凝土，尤其在贯入阻力 0.5～28MPa 这个受到车桥耦合振动影响较大的时间段内，进而有利于降低车桥耦合振动对混凝土的损伤和劣化。

② 对比静置和振动状态下的抗扰动混凝土，在振动状态下，抗扰动混凝土的贯入阻力发展快于静置状态下的抗扰动混凝土，这和普通混凝土类似。

9.5.3 混凝土的内部显微结构

为了进一步揭示抗扰动混凝土能够抵抗车桥耦合振动的作用机理，利用光学显微镜观测抗扰动混凝土在静置条件下养护 7d 和经过了车桥耦合振动作用后的试块养护至 7d 龄期内部的结构。利用光学显微镜观测发现，普通混凝土经过车桥耦合振动作用，内部不仅产生了微裂缝，而且孔隙聚集增大较为明显，见图 9-27。

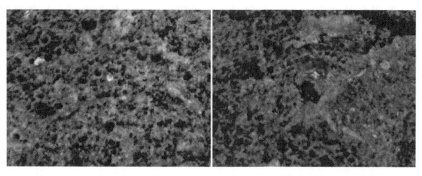

图 9-27 普通混凝土在正常状态下养护 7d 后内部结构（放大 7 倍）

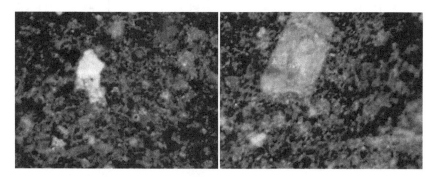

图 9-28 抗扰动混凝土在正常状态下养护 7d 后内部结构（放大 7 倍）

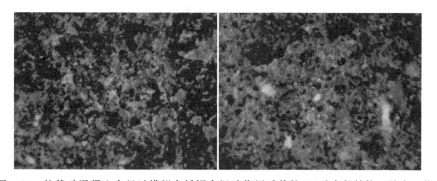

图 9-29 抗扰动混凝土在经过模拟车桥耦合振动作用后养护 7d 后内部结构（放大 7 倍）

从上面的图组（图 9-27～图 9-29）中可以看出：

① 在静置状态下，抗扰动混凝土和普通混凝土相比，更为致密，孔隙较少；这说明抗扰动混凝土在早期生成了更多的水化产物，水化产物的搭接使得混凝土在早期具备了较强的内聚力和贯入阻力，从而有利于减弱车桥耦合振动对混凝土内部结构的破坏。

② 抗扰动混凝土经过车桥耦合振动的作用后，出现普通混凝土经过振动后的那种内部微裂纹等缺陷以及气泡集聚等问题较少，这也可以解释为什么抗扰动混凝土经过振动后抗压强度和抗折强度保持率较高。

9.5.4 混凝土的微观分析

（1）XRD 分析　由上一节对普通混凝土在静置和振动条件下的 XRD 分析可以发现，模拟车桥耦合振动环境对混凝土中水泥水化的进程影响不大。这里主要对比抗扰动混凝土和普通混凝土在正常条件下 7d 龄期时的矿物晶相。

从图 9-30 和图 9-31 两张衍射图谱的对比中可以看出，抗扰动混凝土和普通混凝土在 7d 龄期时的水化产物矿物晶相种类较为类似，主要的不同在于抗扰动混凝土的 XRD 图谱中，AFt、C-S-H 以及 $Ca(OH)_2$ 等水化产物的衍射峰要稍强，此外，还可以发现 C_3S 和 C_2S 等水泥矿物相的衍射峰在抗扰动混凝土的图谱中稍弱，这可以定性地说明抗扰动混凝土的水化速度要稍快于普通混凝土，进而验证了抗扰动混凝土在 7d 龄期时强度稍高。

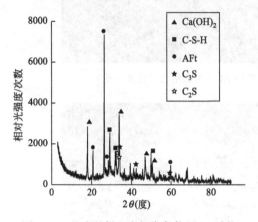
图 9-30　基准混凝土在正常条件下 7d 时的
　　　　　 X 射线衍射图谱

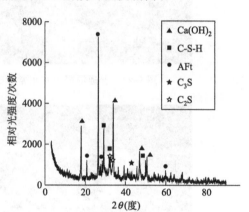
图 9-31　抗扰动混凝土在正常条件下 7d 时的
　　　　　 X 射线衍射图谱

（2）混凝土微孔分析　取普通混凝土（8-1 组）和抗扰动混凝土（8-3 组）分别在静置条件和经过车桥耦合振动作用后养护至 7d 的混凝土试样，进行压汞试验测试。结果如表 9-42 所示。

表 9-42　各组混凝土的压汞试验结果

编号	总孔隙率 /(mL/g)	总孔比表面积 /(m²/g)	平均孔径 /nm	中值孔径 /nm	孔径分级（按照总孔隙率来分）/(mL/g)			
					无害孔/% (<20nm)	少害孔/% (20~50nm)	有害孔/% (50~200nm)	多害孔/% (>200nm)
8-1A	0.1332	8.130	65.6	11.4	6.77	10.88	12.31	70.04
8-1B	0.0955	9.646	39.6	4.9	11.84	8.27	6.70	73.19
8-3A	0.0714	7.717	37.0	10.0	13.72	16.67	18.07	51.54
8-3B	0.1002	11.927	33.6	3.9	19.26	10.08	19.76	50.90

从表 9-42 中的数据可以看出：

① 对比 8-1A 组和 8-3A 组可以发现，在正常条件下，抗扰动混凝土的平均孔径和中值孔径都低于普通混凝土，而且抗扰动混凝土的多害孔的比例仅为 51.54%，远远低于普通混凝土的 70.04%，这说明抗扰动外加剂的加入细化了混凝土的孔结构，使得混凝土更加致密。

② 对比 8-3A 组和 8-3B 组的数据可以发现，抗扰动混凝土经过车桥耦合振动的作用后，孔结构也得到了细化，平均孔径和中值孔径都大大减小，而且经过振动后多害孔的数量反而有所降低，这说明抗扰动混凝土的黏度较大，阻碍了部分水分和气泡在振动条件下的上升和集聚，避免在混凝土的砂浆和骨料过渡区形成较大的孔隙，进而影响混凝土的力学性能和耐

久性能。这点和普通混凝土有着较大的差别。

9.5.5　水化热分析

将 100％C 和 90％C＋10％A 分别进行水化热测试（水胶比为 0.35），进行对比，测试结果如图 9-32 和图 9-33 所示。

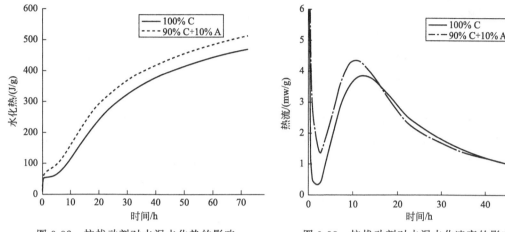

图 9-32　抗扰动剂对水泥水化热的影响　　　图 9-33　抗扰动剂对水泥水化速率的影响

从图 9-32 中可以看出，抗扰动剂的加入提高了水泥水化放热量，12h 时的水化放热量提高了 33.9％，1d 和 3d 时的水化放热量分别提高了 10％和 9.3％。抗扰动剂能够提高胶凝材料早期水化程度，有利于生成较多的水化产物。

从图 9-33 的测试结果可以看出，10％的抗扰动剂等量替代水泥以后，胶凝材料的水化速率提高了，而且达到水化速率峰值的时间提前了，因而抗扰动混凝土的水化速度要明显快于普通混凝土，进而导致了抗扰动混凝土的贯入阻力发展较快，一方面有利于缩短混凝土在车桥耦合振动作用下的最容易受到破坏的时间段，另一方面水化加速有利于提高混凝土的内聚力进而有利于抗扰动混凝土抵抗车桥耦合振动的损伤。

9.5.6　抗扰动混凝土的作用机理

砂浆和混凝土在车桥耦合振动下受到损伤，根本原因是振动引起混凝土颗粒在受迫振动作用下产生的惯性力持续作用于其内部的结果，混凝土在不同阶段的内聚力发展规律的差异，导致车桥耦合振动对不同阶段的混凝土影响差异较大。如图 9-34 所示。

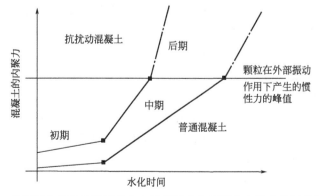

图 9-34　车桥耦合振动导致颗粒产生的惯性力和混凝土内聚力发展规律示意图

　　抗扰动混凝土是通过改变混凝土的物理组成，提高混凝土的物理黏附力和内摩擦力，同时加快混凝土中胶凝材料的早期水化进程进而提高混凝土的化学黏结力，从而使得混凝土能够在一定程度上抵抗这种车桥耦合振动，如图 9-34 所示。

　　就混凝土而言，从加水搅拌完成至凝结硬化过程中，颗粒之间始终存在相互作用力使得混凝土保持一定的状态，即混凝土的内聚力。在塑性阶段和凝结硬化前期，内聚力以颗粒之间的物理黏附力和内摩擦力为主；随着水化的进行，内聚力以颗粒之间的化学黏结力为主。

　　车桥耦合振动属于一种超低频振动，当混凝土受到车桥耦合振动作用时，其中的颗粒在受迫振动作用下会产生惯性力并持续作用于混凝土内部，破坏颗粒之间的平衡，降低混凝土的内聚力。根据混凝土内聚力及贯入阻力的发展规律，车桥耦合振动对混凝土的损伤机理可分为三个阶段：

　　在混凝土凝结硬化初期（贯入阻力≤0.5MPa），混凝土处于可塑阶段，内聚力以颗粒间的物理摩擦力和内摩擦力为主，持续的振动产生的惯性力导致混凝土离析和泌水，内部结构破坏，但是混凝土在振动作用下会发生变形，从而密实混凝土内部结构、细化孔结构。综合各种效应，该阶段中振动对混凝土性能影响较小，但是如果混凝土的颗粒之间的物理黏附力和内摩擦力过小，或者振动过大时，振动会造成严重的离析和泌水。

　　混凝土凝结硬化中期（贯入阻力 0.5～28MPa），混凝土失去可塑性，同时随着水化产物的生成，混凝土粒子之间的内聚力以化学黏结力为主，但仍不足以抵抗振动产生的惯性力，此阶段的车桥耦合振动导致混凝土内部产生永久微裂纹等缺陷，降低混凝土的力学性能和耐久性。

　　混凝土凝结硬化后期（贯入阻力≥28MPa），混凝土的化学黏结力随着水泥水化的进行而大大提高，能够抵抗外部振动产生的惯性力，此阶段以后的振动对混凝土的影响较小。

9.6　抗扰动混凝土长期力学性能和耐久性的研究

　　本节重点对比研究了抗扰动混凝土和普通混凝土的长期抗压强度、静力受压弹性模量以及抗碳化性能和抗氯离子渗透性能等耐久性指标，并根据试验结果进一步完善和优化抗扰动外加剂及抗扰动混凝土。

9.6.1　研究方法

9.6.1.1　长期力学性能

　　在混凝土性能的评价中，一般将强度归为力学性能指标，但是根据本质的研究目的，将该抗扰动混凝土的长期强度划为混凝土的长期性能和耐久性指标来加以评述。长期力学性能重点研究抗扰动混凝土和普通混凝土在 3d、7d、28d、60d、90d 各龄期抗压强度的发展规律，试模采用 100mm×100mm×100mm。

9.6.1.2　静力弹性模量

　　混凝土结构在使用环境中，尤其是在承受荷载后会产生复杂的变形，这可能会引起混凝土的开裂以致破损。导致混凝土的变形原因很多，如荷载施加于混凝土所产生的应力、使用环境的温度和湿度的变化以及大气中的 CO_2 的作用等。这些不同因素使混凝土产生的变形，有可逆变形、不可逆变形以及随时间而变化的变形等，一般通过测其弹性模量、收缩值以及徐变性能等来评价混凝土的体积稳定性。

　　笔者通过测定静力弹性模量来表征混凝土的变形性能。弹性模量可以反映混凝土所受应力与产生应变之间的关系，是计算钢筋混凝土结构变形、裂缝以及大体积混凝土的温度应力所必需的参数之一。静力受压弹性模量的具体测试方法参照《普通混凝土力学性能试验方法标准》（GB/T 50081—2002）进行，本试验采用 100mm×100mm×300mm 的非标准试模。

9.6.1.3 抗碳化性能

本试验方法用于测定在一定浓度的 CO_2 气体介质中混凝土试件的碳化程度，以评定该混凝土的抗碳化能力。具体试验方法参照《普通混凝土长期性能和耐久性能试验方法标准》（GB/T 50082—2009），本试验采用 100mm×100mm×100mm 的试块。

9.6.1.4 抗氯离子渗透性能

氯离子扩散系数是反映混凝土耐久性的重要指标，一般通过扩散深度和实测浓度有关参数，根据 Fick 定律来拟合氯离子的扩散系数。氯离子的扩散系数不仅和混凝土材料的组成、内部孔结构的数量和特征、水化程度等内在因素有关，同时也受到外表因素包括温度、养护龄期、掺合料的种类和数量、诱导钢筋腐蚀的氯离子的类型等的影响。本文采用的是快速氯离子迁移系数法，具体试验方法和试验数据处理方法参照《普通混凝土长期性能和耐久性能试验方法标准》（GB/T 50082—2009）。

9.6.2 试验研究结果及分析

9.6.2.1 混凝土配合比

试验用的混凝土配合比及工作性如表 9-43 所示。

表 9-43　用于长期力学性能和耐久性测试的混凝土配合比

编号	抗扰动剂	减水剂掺量/%	胶凝材料/(kg/m³)	水胶比	砂率/%	T/K/(mm/mm)	T_{50}/s	T_d/s
11-1	无	0.70	500	0.35	44	24.5/58	15	6.65
11-2	TD-2,10%	0.95	500	0.35	44	23.0/50	27	8.13

9.6.2.2 长期力学性能的发展规律

普通混凝土和抗扰动混凝土的长期力学性能试验结果见表 9-44。

表 9-44　普通混凝土和抗扰动混凝土的长期力学性能对比　　　单位：MPa

龄期	3d	7d	28d	60d	90d
普通混凝土 11-1	30.11	42.66	50.51	53.83	58.15
抗扰动混凝土 11-2	38.94	47.42	59.73	62.82	66.51

从表 9-44 的结果可以看出：

① 抗扰动外加剂不仅能够加速水泥混凝土早期凝结硬化，而且在各个龄期对混凝土的抗压强度都有一定程度提高。

② 抗扰动混凝土长期强度发展稳定，使得混凝土后期强度仍可增长，结构更加致密，孔隙率分布更加合理，有利于混凝土的长期性能和耐久性能。

③ 抗扰动外加剂的加入，不仅提高了混凝土的抗扰动性，有利于混凝土抵抗车桥耦合振动导致的性能损伤，还在一定程度上提高了混凝土各龄期的强度，且长期强度增长稳定。

9.6.2.3 静力受压弹性模量的发展规律

普通混凝土和抗扰动混凝土的静力受压弹性模量试验结果见表 9-45。

表 9-45   普通混凝土和抗扰动混凝土的静力受压弹性模量对比   单位：MPa

龄期	3d	7d	28d	60d
普通混凝土 11-1	3.12×10^4	3.67×10^4	4.20×10^4	4.03×10^4
抗扰动混凝土 11-2	3.75×10^4	3.96×10^4	4.37×10^4	4.55×10^4

从表 9-45 的结果可以看出：和普通混凝土相比，抗扰动混凝土的早期弹性模量较高，这有利于桥面混凝土在早期进行张拉等工序；此外，抗扰动混凝土的弹性模量随着龄期的增长而逐渐增大。

9.6.2.4   抗碳化性能

普通混凝土和抗扰动混凝土的碳化深度试验结果见表 9-46 和图 9-35、图 9-36。

表 9-46   普通混凝土和抗扰动混凝土的碳化深度对比   单位：mm

龄期	7d	28d	60d
普通混凝土 11-1	0	0	0
抗扰动混凝土 11-2	0	0	0

图 9-35   普通混凝土 60d 碳化照片

图 9-36   抗扰动混凝土 60d 碳化照片

从表 9-46 的结果可以看出：

① 两组试块碳化情况均不明显，这主要是由于高强度等级混凝土水胶比较小，孔隙率小，结构较为致密，抗碳化能力较强。

② 抗扰动剂等量取代水泥，降低了混凝土孔溶液的碱度，但是抗扰动剂的加入也使得混凝土试块更加致密。综合来讲，抗扰动外加剂并没有对混凝土的碳化性能造成不利的影响。

9.6.2.5   抗氯离子渗透性能

测试结果为，普通混凝土的氯离子迁移系数为 2.56×10^{-12} m^2/s，抗扰动混凝土的氯离子迁移系数为 2.24×10^{-12} m^2/s；抗扰动外加剂的加入，使得混凝土更加致密，有利于提高混凝土的抗氯离子渗透性能，进而有利于混凝土结构的耐久性。从表 9-47 的混凝土渗透性评价标准中可以看出，普通混凝土和抗扰动混凝土的渗透性等级属于Ⅲ级，主要是由于为了减少试验变量，混凝土中胶凝材料没有掺加矿物掺合料，进而使得氯离子迁移系数结果偏高。因此，抗扰动混凝土实际工程中应用时，为了满足某些特殊性能要求还需要进行相应的改进。

表 9-47 混凝土渗透性评价标准

氯离子扩散系数/($\times 10^{-12}$ m²/s)	混凝土渗透性等级	混凝土渗透性评价
>10	Ⅰ	很高
5~10	Ⅱ	高
1~5	Ⅲ	中
0.5~1	Ⅳ	低
0.1~0.5	Ⅴ	很低
0.05~0.1	Ⅵ	极低
<0.05	Ⅶ	可忽略

9.7 工程应用

9.7.1 工程概况

韩家店Ⅰ号特大桥位于国家主干线出海通道兰海高速公路 K5+184.500 处，起讫点桩号为 K4+720.390～K5+427.600。该桥建成于 2006 年，主桥为 (122+210+122) m 预应力混凝土连续刚构，主桥全长为 454m，桥面设 2.6999% 的单向纵坡，桥上无竖曲线。桥面横坡为双向 2%，大桥全貌见图 9-37。该桥运营了四年时间，出现了主跨跨中下挠，箱梁顶、底板开裂等病害。经勘查研究，决定对其进行主桥加固处理。

图 9-37 韩家店Ⅰ号特大桥全貌

考虑到社会及经济影响，施工过程中不允许封闭交通，但是巨大的车流量及重吨位汽车的频繁行驶，将会对各部位混凝土的施工带来很大的干扰；因此，拟在交通不中断的情况下，使用 C50 加固机制砂自密实抗扰动混凝土和 C50 桥面面板机制砂泵送抗扰动混凝土。

具体施工方案如下：①桥面铺装处理，凿除原桥的桥面铺装，在箱梁顶板上植筋，并架设钢筋网，然后重新浇筑桥面铺装。通过植筋，增强新浇筑混凝土与原箱梁混凝土的连接，保证新浇筑桥面铺装与原箱梁共同工作，不但改善了桥面铺装的使用性能，使行车更舒适，而且通过植筋，使桥面铺装参与受力，增加箱梁的高度，使主梁刚度增加，对跨中下挠起到抑制作用。但是由于该桥属于宽箱单室结构，在混凝土桥面的施工处理过程中该路段不能断交，施工时必须左右幅对称，分成四幅施工，为了解决桥梁在荷载作用下的振动对现浇混凝土造成病害，采用 C50 桥面面板机制砂泵送抗扰动混凝土。②腹板以及转向块等，这些部位需要采用 C50 加固机制砂自密实抗扰动混凝土。

9.7.2　抗扰动混凝土的性能要求

(1) C50 加固机制砂自密实抗扰动混凝土

工作性能：坍落度＞220mm，扩展度＞530mm。

力学性能：7d 抗压强度大于 40MPa，抗扰动性能满足施工要求。

(2) C50 桥面机制砂泵送抗扰动混凝土

工作性能：坍落度＞200mm，扩展度＞480mm。

力学性能：1d 抗压强度大于 25MPa，抗扰动性能满足施工要求。

9.7.3　原材料

(1) 水泥。表 9-48 为科华水泥的基本性质测试结果。可以看出，科华水泥标准凝结时间较短，细度及力学性能均能达到相关标准要求。

表 9-48　科华水泥性能试验结果

种类	细度/(m²/kg)	初、终凝时间	3d 抗折强度/MPa	3d 抗压强度/MPa
科华水泥 P.O 42.5	354	2h32min/3h35min	5.8	27.7

(2) 机制砂。根据工程实际情况，细骨料采用机制山砂，对料场机制砂进行筛分试验，结果如表 9-49 所示。

表 9-49　工地料场机制砂的筛分结果

次数	筛孔尺寸/mm	4.75	2.36	1.18	0.6	0.3	0.15	0.075	筛底
1	累计筛余率/%	10.4	48.9	64.1	71.2	91.6	93.4	94.3	99.6
2		11.7	50.2	65.9	70.6	92.7	93.9	95.9	99.9
Ⅱ区		0～10	0～25	10～50	40～71	70～92	90～100	—	—

从表 9-49 中可以看出，料场中的机制砂细度模数在 3.5 以上，属于粗砂范围。从筛分结果可知，料场机制砂中 1.18mm 以上颗粒较多，其累计筛余率均超过 50%，且 1.18～2.36mm 之间颗粒严重超标，这可能会对配制机制砂自密实混凝土有一定的影响。

(3) 碎石。实际工程中采用的是料场提供的 5～25mm 的连续级配碎石。对料场粗骨料进行筛分试验，结果如表 9-50 所示。

表 9-50　工地料场粗骨料的筛分结果

次数	筛孔尺寸/mm	26.5	19.0	16.0	9.5	4.75	2.36	筛底
1	累计筛余率/%	1.2	8.1	21.6	80.5	98.7	98.9	99.8
2		1.5	7.9	22.1	81.6	97.5	98.5	99.9
	5～20	0	0-10	—	40-80	90～100	95～100	
	5～25	0～5	—	30～70	—	90～100	95～100	

(4) 减水剂。减水剂采用聚羧酸减水剂，上海马贝建材有限公司提供，型号 SX-C16。

（5）其他材料。纤维，采用聚丙烯腈纤维，长度6mm；抗扰动混凝土外加剂，JD抗扰动混凝土外加剂由本课题组研发。

9.7.4　工程应用配合比及基本性能测试

经过前期的大量试验，确定工程用混凝土配合比如下。

（1）C50机制砂自密实抗扰动混凝土（见表9-51）

表9-51　C50机制砂自密实抗扰动混凝土配合比

编号	胶凝材料/(kg/m³)	粉煤灰	水胶比	砂率	减水剂	抗扰动剂	纤维/(kg/m³)
1-2	530	20%	0.3	55%	2.0%	5%	0.8

注：抗扰动剂按胶凝材料总量计，外掺，下同。

C50机制砂自密实抗扰动混凝土和普通自密实抗扰动混凝土性能对比见表9-52。

表9-52　C50机制砂自密实抗扰动混凝土与普通自密实抗扰动混凝土性能比较

编号	减水剂	纤维/(kg/m³)	抗扰动剂	初始坍/扩/mm	初凝时间/min	终凝时间/min	1d强度/MPa	3d强度/MPa
1-1	1.5%	0	0	245/565	260	390	21	39
1-2	1.9%	0.8	5%	230/560	230	300	25	44

从表9-52可以看出，当复掺聚丙烯腈纤维及抗扰动剂时，混凝土各龄期抗压强度均有所提高，且初、终凝时间差缩短，抗扰动混凝土在凝结硬化中期水化速度较快，这也是抗扰动混凝土的显著特征，有利于克服交通振动对混凝土性能的影响。可见，采用工地原材料，通过合适的方法能够配制出各项性能满足要求的C50机制砂自密实抗扰动混凝土。

（2）C50桥面机制砂抗扰动泵送混凝土（见表9-53）

表9-53　C50桥面机制砂抗扰动泵送混凝土配合比

编号	胶凝材料	粉煤灰	水胶比	砂率	减水剂	抗扰动剂	纤维
1-4	500kg/m³	10%	0.3	50%	1.8%	6%	0.8kg/m³

C50桥面机制砂抗扰动泵送混凝土和普通泵送混凝土性能对比见表9-54。

表9-54　C50桥面机制砂抗扰动泵送混凝土与普通泵送混凝土性能比较

编号	减水剂	纤维	抗扰动剂	初始坍/扩/mm	初凝时间/min	终凝时间/min	1d强度/MPa	3d强度/MPa
1-3	1.4%	0kg/m³	0	200/440	240	360	22	43
1-4	1.8%	0.8kg/m³	6%	200/450	230	300	26	46

从表9-54可以看出，当复掺聚丙烯腈纤维及抗扰动剂时，混凝土各龄期抗压强都有所提高，混凝土初终凝时间缩短，混凝土在凝结硬化中期发展速度较快，因此有利于提高混凝土的抗扰动性。

9.7.5　工程应用总结

2010年8~11月完成了维修加固工作，在桥面浇筑施工期间，仅进行了限速控制，基本保证了该桥的正常通行，见图9-38；同时由于采用了C50桥面机制砂泵送混凝土，避免了行车荷载引起的车桥耦合振动对新拌混凝土的损害，新浇筑的桥面平整度高，几乎没有裂缝，见图9-39。

图9-38 不中断交通施工

图9-39 浇筑桥面后期效果

现场测试C50桥面机制砂泵送混凝土的工作性，其中坍落度和扩展度分别为230mm、530mm，此外倒坍落度筒流出时间为19.6s，而普通同强度等级的机制砂泵送混凝土一般在5~15s，由此可以看出，机制砂抗扰动自密实混凝土黏度较大，增强了抵抗交通扰动的能力。混凝土试块成型后在桥面振动条件下养护，3d抗压强度为47.2MPa，弹性模量为$3.91×10^4$MPa，均满足工程要求。

此外，在桥面施工现场测定混凝土塑性阶段应变同时监测桥面振动情况，试验装置及试验结果如图9-40所示。混凝土塑性阶段的应变采用激光位移传感器进行测定，从试验结果可以看出，抗扰动自密实混凝土在行车荷载引起的振动环境下塑性收缩较小，进而可以抵抗荷载裂缝。经相关机构检测，工程质量优异。

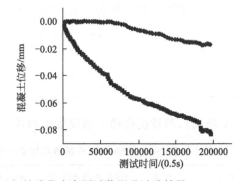

图9-40 韩家店大桥中跨内外侧混凝土塑性阶段应变测试装置及试验结果

参 考 文 献

[1] 吴建林. 抗扰动混凝土的性能及工程应用研究. 2012，3：14.

[2] 蒋正武，孙振平，龙广成. 混凝土修补：原理、技术与材料 [M]. 北京：化学工业出版社，2009.

[3] 张悦然，张永娟，张雄. 桥梁修补混凝土抗扰动性能研究 [J]. 上海建材，2009，5.

[4] Diana G.，Cheli F. Dynamic interaction of railway systems with large bridges [J]. Vehicle System dynamics. 1989，18 (1)：71-76.

[5] Y. B. Yang and C. W. Lin. Vehicle-bridge interaction dynamics and potential application [J]. J. Sound & Vibr，2005，284 (1-2)，205-226.

[6] 张劲泉. 我国公路桥梁检测评价与加固技术的现状与发展. 交通部公路科学研究院，2009.

[7] 金玉泉. 桥梁的病害及灾害 [D]. 上海：同济大学，2006，6.

[8] 蒋正武.基于整体方法论的混凝土修补思考[J].材料导报，2009，23（3）：80-83.

[9] 雷周，张永娟.不中断交通桥梁修补混凝土的可行性分析[J].长沙：广东建材，2008，(6)：56-58.

[10] 尹健.高性能快速修补混凝土的研究与应用[D].长沙：中南大学，2003，9.

[11] 谢勇成.水泥混凝土路面超薄层快速修补技术[J].公路，2007，(7)，62-65.

[12] Dowding，C. H. Construction Vibrations. Prentice Hall，Upper Saddle River，1996.

[13] David G. Manning. Effects of traffic-induced vibrations on bridge-deck repairs. Transportation Research Board，Washington DC 1981，NCHRP Synthesis No. 86.

[14] Harsh S，Darwin D. Traffic-induced vibrations and bridge deck repairs. Concrete International，1986，8（5）.

[15] Harsh S，Darwin D. Traffic-induced vibrations and bridge deck repairs. The Kansas Department of Transportation，Project No. P 0255，1984，1.

[16] Muller-Rochholz J F W，Weber J W. Traffic vibration of a bridge deck and hardening of lightweight concrete[J].Concrete International，1986，8（11）.

[17] 许光崇，冯庆生.在振动作用下对现浇混凝土性能影响的探讨.齐铁工程一处，21-23.

[18] 许光崇，冯庆生.行车振动作用对现浇混凝土性能的影响.齐铁工程一处，10-12.

[19] 许光崇，冯庆生.公铁两用桥公路桥面在火车运行振动下现浇钢筋混凝土试验研究.45-50.

[20] 魏建军，邢姣秀，付智.行车荷载引起桥梁振动对修复混凝土性能影响[J].东南大学学报：自然科学版，2010，40（5）：1057-1060.

[21] 卜良桃.跨铁路线连续刚构桥现浇混凝土湿接头受火车行驶振动影响的研究[D].长沙：湖南大学硕士.2001，9.

[22] A. Ansell and J. Silfwerbrand. The vibration resistance of young and early-age concrete[J].Structural Concrete.2003，4（3）：125-134.

[23] 雷周，张永娟.不中断交通桥梁修补混凝土的可行性分析[J].广东建材，2008（6）：56-58.

[24] 张悦然，张永娟，张雄.混凝土凝结硬化阶段抗扰动性能研究[J].混凝土与水泥制品，2009（5）：1-4.

[25] 濮存亭.国内外砼超声脉冲检测技术的现状及发展前景[J].市政工程，2001（3）：25-30.

[26] 兰丽萍.超声法检测钢管混凝土强度和缺陷的应用研究[J].山西建筑，2007（7）：29-30.

[27] De Larrard F，Hu C，Sedran T，et al. A new rheometer of soft-to-fluid fresh concrete[J].ACI Material Journal，1997，94（3）：234-243.

[28] Tattersall G H，Baker P H. The effect of vibration on the rheological properties of fresh concrete[J].Magazine of concrete Research，1988，40（13）：79-89.

[29] 曹凌坚，吕朝坤.超声法检测高温后混凝土抗压强度的试验研究[J].混凝土，2009，236（6）：19-20.

[30] 江阿兰.超声法灌注桩混凝土强度检测[J].大连交通大学学报，2008，29（3）：35-37.

[31] 李渝军，丁建彤.泵送高强轻骨料混凝土的抗离析性能[J].混凝土，2005，185（3）：42-45.

[32] 丁庆军，张勇，王发洲.高强轻集料混凝土分层离析控制技术的研究[J].武汉大学学报：工学版，2002，35（3）：59-62.

[33] Pierre Breul，Jean-Marie Geoffray and Younes Haddani. On-site concrete segregation estimation using image analysis[J].Journal of Advanced Concrete Technology，2008，6（1）：171-180.

[34] V. K. Bui，D. Montgomery，I. Hinczak，K. Turner. Rapid testing method for segregation resistance of self-compacting concrete[J].Cement and Concrete Research，2002，32：1489-1496.

[35] Mohammad Ibrahim Safawi，Ichiro Iwaki，Takashi Miura. The segregation tendency in the vibration of high fluidity concrete[J].Cement and Concrete Research，2004，34：219-226.

[36] 刘来君，赵小星.桥梁加固设计与施工技术[M].北京：人民交通出版社，2004.

[37] 张海，殷华涛，田翠翠.路用超早强混凝土的试验研究[J].沈阳建筑大学学报：自然科学版，2010，26（1）：52-57.

[38] 王亚堃.大跨度自锚式悬索桥车桥耦合振动数值分析[D].西安：长安大学.2008，5

[39] 张钧博.公路桥梁的车桥耦合振动研究[D].西安：西安交通大学.2007，5.

[40] 李小珍，朱艳，张黎明，等.移动车辆荷载作用下公路桥梁的动力响应分析.454-460.

[41] 施颖，田清勇，宋一凡，等.基于 ANSYS 的公路桥梁车桥耦合振动响应数值分析方法[J].公路，2010（3）：66-70.

[42] 张洁.公路车辆与桥梁耦合振动分析研究[D].西安：西安交通大学.2007，4.

[43] 盛国刚，彭献，李传习.车-桥耦合系统的动力特性分析[J].长沙交通学院学报，2003，19（4）：10-13.

[44] 连启滨，杨玮，冯江.不中断交通的桥梁试验方法初探[J].公路交通技术，2005，增刊：88-92.

[45] 贺栓海，刘俊均.不中断交通情况下加固钢筋混凝土桁架拱桥的先例：广州市增步大桥加固[J].西安公路交通大学学报，1995，15（3）：26-30.

［46］ 李晓斌，夏招广，蒲黔辉．安庆长江公路大桥静动载试验研究［J］．公路交通科技，2007，24（2）：74-78．

［47］ 崔国宏，沈东强，高丽，等．新保安大桥成桥静动载试验研究［J］．铁道建筑，2007（8）：5-7．

［48］ 张建兴，范云峡，宋立群，等．哈尔滨松花江公路大桥动载试验［J］．森林工程，2003，19（5）：47-49．

［49］ 潘言全，冯大鹏．国内桥梁的现状与应解决的问题［J］．中国水运，2007，7（8）：78-79．

［50］ 陈瑞婷．如何提高公路路面水泥混凝土的抗折强度［J］．四川建材．2009，35（149）：6-7．

［51］ 杨建荣．车-桥耦合作用下公路桥梁局部振动研究［J］．上海：同济大学．2007，12．

［52］ 胡晓燕．大跨度公路桥梁车桥耦合振动响应研究［D］．武汉：武汉理工大学．2009，4．

［53］ 路新赢，李翠玲，陈美霞，等．混凝土渗透性的电学评价［J］．混凝土与水泥制品，1999（5）：12-14．

10 机制砂高强混凝土及工程应用

10.1 机制砂高强混凝土概况

高强混凝土是指强度等级不低于 C60 的混凝土。高强混凝土以其抗压强度高、抗变形能力强、密度大、孔隙率低的优越性,在高层建筑结构、大跨度桥梁结构以及某些特种结构中得到广泛的应用。高强混凝土最大的特点是抗压强度高,一般为普通强度混凝土的 3~6 倍,故可减小构件的截面,减轻自重,对结构抗震也有利,而且提高了经济效益。高强混凝土材料为预应力技术提供了有利条件,可采用高强度钢材和人为控制应力,从而大大地提高了受弯构件的抗弯刚度和抗裂度。因此世界范围内越来越多地采用施加预应力的高强混凝土结构,应用于大跨度房屋和桥梁中。此外,利用高强混凝土密度大的特点,可用作建造承受冲击和爆炸荷载的建(构)筑物,如原子能反应堆基础等。利用高强混凝土抗渗性能强和抗腐蚀性能强的特点,建造具有高抗渗和高抗腐要求的工业用水池等。

机制砂高强混凝土是以机制砂部分或全部取代河砂配制而成的高强混凝土。

机制砂高强混凝土在我国工程领域已有了不少的应用成果。中铁大桥局集团公司在东海大桥工程中用 30%~40% 的机制砂代替天然砂生产 C50 高性能混凝土;涪江三桥采用机制砂与天然砂混合配制 C50 混凝土;重庆嘉陵江黄花园大桥主桥箱梁结构使用了机制砂和特细砂混掺的 C50 混凝土,均取得较好的应用效果。株六复线南山河特大桥首次应用 C55 机制砂流态高性能混凝土制造 64m 铁路简支梁也取得了良好效果。成都群光大陆广场、成都茂业中心成功应用 C80 机制砂高强泵送混凝土,应用总方量达到 $22524m^3$。云南时代广场工程中一次性大规模生产和应用 $8000m^3$ 由机制砂和特细山砂配制的 C80 机制砂高强泵送混凝土。

在专业研究领域,研究人员对机制砂高强混凝土做了诸多相关研究。

对于高强混凝土石粉含量的限定,一直是研究者关注的重点,不同研究者给出的结果不同,但均认为一定掺量的石粉可以完善骨料级配,进而改善混凝土的强度和工作性,建议的石粉掺量范围为 7%~15%。江京平针对高性能混凝土用机制砂 0.075mm 颗粒石粉含量提出了限值,对 C30~C50 高性能混凝土,石粉应小于 5%,对 C50~C80 高性能混凝土,石粉应小于 2%。但更多的学者认为可以放宽高强混凝土石粉含量的限制。B. P. Hudson 在 0.30 水胶比下,使用 15% 石粉等体积代替相同粒径的水泥,试验结果表明石粉可以降低混凝土的干缩,7d 强度稍低,而 56d 强度与基准混凝土并无差别,认为在低水胶比下,较多水泥颗粒并没有水化,只起到惰性填充的作用,用部分石粉取代水泥是可行的。李北星等建议配制 C60 机制砂高强混凝土时,石粉含量可以放宽至 10.5%,且机制砂中的一部分石粉可以作为掺合料使用，其取代数量大致为水泥用量的 10%。杨玉辉对 C80 机制砂泵送混凝土的配制及影响因素进行了探讨，结果表明：一定掺量的石粉对混凝土强度有促进作用，掺加 7% 时混凝土的工作性能和强度最佳。此时的石粉可以替代高强混凝土中未水化的胶凝材料而起填充作用。

王稷良等人系统研究了石粉对混凝土性能的影响，研究结果表明适量的石粉掺量有利于机制砂坍落度的提高、扩展度的增大、泌水性能的改善、强度的提高，并对不同强度等级的混凝土分别给出了石粉的最佳范围，低强度混凝土为 10%～15%，高强混凝土为 7%～10%，超高强混凝土石粉含量最好低于 5%。另外其研究结果也表明，石粉含量的提高有利于混凝土强度的提高，但对抗压弹性模量不利；石粉含量介于 7%～10% 时，其开裂敏感性最低；石粉含量越高，低强度混凝土抗冻性越差，但对高强混凝土抗冻性影响不大。

机制砂高强混凝土的弹性模量、强度等力学性能均优于河砂混凝土。舒传谦认为山砂高强混凝土的弹性模量高于《混凝土结构设计规范》（GB 50010—2002）的计算值，并给出新的回归曲线解析式，田建平的试验结果也论证了上述结论，其试验结果表明，相比同条件下的河砂混凝土，所配制的 C60 机制砂混凝土弹模高、徐变小。7% 石粉含量时，弹模高出同条件下的河砂混凝土 4.7GPa，各龄期徐变绝对平均值比同条件下河砂混凝土低 11.09%。吴建林等人配制出的 C60、C80 机制砂混凝土在工作性、强度、弹性模量及收缩性能等方面均优于河砂混凝土。对于机制砂高强混凝土强度高于河砂混凝土的原因，不同研究者给出了不同解释。杜庆蟾等人认为：由石灰石破碎而成的机制砂，其成分是碳酸钙，处于高浓度氢氧化钙中，其表面会发生微弱化学反应，天然砂成分中二氧化硅含量高，不能发生类似反应；且机制砂质地坚硬，有新鲜界面，表面能高；机制砂表面粗糙、棱角多，有助于提高界面的黏结。李拖福等人认为：机制砂提高混凝土的强度是由于石粉填充了混凝土中的孔隙，且 0.08mm 以下的石粉可以与水泥熟料生成水化碳铝酸钙。安文汉等认为：机制砂增强混凝土的主要原因是石粉的存在可以较明显改善混凝土的孔隙特征，改善浆-骨料界面结构，并且混凝土晶相有不同程度的改变，并认为就强度而言石粉的最佳含量为 5%（此文指粒径小于 0.16mm 的细粉）。路文典认为：机制砂中石粉含量除了微骨料填充效应，还因为其中含有大量的游离 CaO，以及较多和较高活性的无定型 SiO_2、Al_2O_3，CaO 发生水化膨胀自行硬化，SiO_2 和 Al_2O_3 易与水泥水化释放出的 CH 反应生成稳定的硅酸钙水化物凝胶及水化铝酸钙，由于消耗了 CH，又促进了水泥的水化反应；同时，由于 CH 与石粉中的活性 SiO_2 反应，使 CH 的晶体粒细化，有利于混凝土界面黏结。周明凯等人的研究认为：石粉对水泥具有增强作用，认为石粉在水泥水化反应中起晶核作用，诱导水泥的水化产物析晶，加速水泥水化并参加水泥的水化反应，生成水化碳铝酸钙，并阻止钙矾石向单硫型的水化硫铝酸钙转化。但李兴贵等认为：当石粉含量（指 0.16mm 以下的细粉）增大到 21% 以上时，由于石粉含量太高，颗粒级配不合理，使混凝土密实性降低，和易性变差；粗颗粒偏少，减弱了骨架作用；非活性石粉不具有水化及胶结作用，在水泥含量不变时，过多的石粉使水泥浆体强度降低，并使混凝土强度减小。

机制砂对高强混凝土的耐久性也有一定的影响。机制砂中的石粉可以改善水泥石的孔结构，提高混凝土的抗渗性。对于机制砂混凝土的抗冻性，王稷良发现石粉含量对机制砂高强混凝土抗冻性影响不大，但石粉含量越高，低强度混凝土抗冻性越差。田建平的试验研究了 C60 机制砂混凝土的氯离子扩散系数和抗冻性，结果表明石粉对 C60 机制砂混凝土耐久性无明显影响。张桂梅等人研究石粉对低强度等级混凝土影响时，发现 20% 石粉含量的机制砂混凝土质量损失和强度损失均大于 12 ％石粉含量的，且经 50 次冻融循环后 20％石粉含量的机制砂混凝土强度损失比 12％含量的高出 10.3％，石粉对混凝土抗冻性不利，随石粉含量增加，混凝土抗冻性下降。

吕剑峰等对比了机制砂高强混凝土与普通高强混凝土的耐火性，发现机制砂高强混凝土对高温更加敏感，强度损失更大，但是在机制砂高强混凝土中加入纤维后，其耐火性能比经过同样处理的普通高强混凝土得到明显提高。

尽管国内外研究者一致认为机制砂能够很好地应用在高强混凝土中，并且适宜的石粉含量能改善高性能混凝土的工作性和强度等诸多性能，机制砂高性能混凝土在实际工程中的应用也不少，但是工程上对能否采用机制砂配制高强混凝土仍然心存疑虑。机制砂高强混凝土仍需要进一步地推广和深入地研究探讨，以及更多标准的规范，以实现其在工程上的广泛应用。

本章将结合实际工程应用详细论述机制砂高强混凝土原材料要求、配合比设计过程、工作性能、力学性能和耐久性。

10.2 机制砂高强混凝土的原材料

10.2.1 水泥

优先选用 P·O 52.5 水泥。

10.2.2 骨料

机制砂应按规定工艺要求加工，并严格控制其含泥量（小于 0.8％），细度模数应不宜大于 3.2。砂率应根据混凝土状态，控制在 40％～55％之间。

配制高强混凝土时，粗骨料最大公称粒径应不大于 31.5mm，且不宜超过钢筋保护层厚度的 2/3，不得超过钢筋最小间距的 3/4。

配制 C50 及以上预应力混凝土时，粗骨料最大公称粒径应不大于 25mm。粗骨料应采用二级配石。当最大粒径为 31.5mm 时，5～10mm 粒级部分不宜少于 25％；当最大粒径为 25mm 时，5～10mm 粒级部分不宜少于 40％。具体比例应根据原材料的具体情况进行调整。

10.2.3 外加剂

优选聚羧酸减水剂，并根据实际需要选择引气剂等其他外加剂。

10.2.4 矿物掺合料

优选复掺粉煤灰和硅灰复合矿物掺合料，也可单掺粉煤灰或矿渣粉，矿物掺合料的掺量不应小于 10％。

粉煤灰宜选用一级粉煤灰，若无Ⅰ级粉煤灰，也可选用Ⅱ级粉煤灰；但Ⅱ级粉煤灰的需水量、细度、烧失量三项技术指标中应只有一项达不到Ⅰ级指标要求。

10.3 机制砂高强混凝土配合比设计

10.3.1 机制砂高强混凝土配合比设计的基本原则

（1）应尽可能减少混凝土胶凝材料中的硅酸盐水泥用量。

（2）控制总胶凝材料用量，适量单掺或复掺优质粉煤灰、磨细矿渣粉等矿物掺合料。

（3）选用低水化热和低碱含量的水泥，尽可能避免使用早强水泥和高 C_3A 含量的水泥。

（4）优选高效减水、适量引气、能细化混凝土孔结构、能明显改善或提高混凝土耐久性能的复合聚羧酸减水剂。

（5）机制砂、碎石应严格控制其泥及泥块含量、针片状颗粒含量，优化级配。

10.3.2 机制砂高强混凝土配合比设计思路

（1）根据最紧密堆积理论，选择合理的大小石子比例，使其堆积密度最大，空隙率最小。

（2）合理的配合比参数，使新拌混凝土具有较好的工作性能、合理的胶凝材料用量，实现混凝土工作性、强度、耐久性及经济性的统一。

（3）在满足新拌混凝土工作性能的条件下，适当地降低水胶比，以保证早期强度。

（4）掺入适量的矿物掺合料，改善混凝土的工作性和耐久性，同时降低混凝土的成本。

（5）选择合适的外加剂品种，推荐使用聚羧酸减水剂，保证混凝土具有良好的工作性；同时适当引气，提高混凝土的抗冻性，使其适用于高寒地区。

（6）综合优化设计高强高性能混凝土。

10.4 机制砂高强混凝土的性能

10.4.1 机制砂高强混凝土的工作性能与力学性能

10.4.1.1 粗骨料级配对工作性和强度的影响

在基准配合比基础上，改变大小石子的级配（7：3、6：4、5：5），研究其对混凝土工作性和强度的影响。如表 10-1 所示。

表 10-1 粗骨料级配对混凝土工作性和强度的影响

编号	大小石子的比例	减水剂掺量	初始 T/K /(mm/mm)	1h后 T/K /(mm/mm)	混凝土状态	抗压强度/MPa		
						3d	7d	28d
3-1	7：3	1.2%	235/730	230/650	跑浆,轻微离析	47.3	63.6	79.2
2-2	6：4	1.2%	250/560	250/560	工作性良好	52.3	67.5	82.1
3-2	5：5	1.2%	240/620	220/550	稍黏	54.1	65.3	81.4

粗骨料的级配对混凝土工作性影响较大，大小石子比例为 7：3 时，在减水剂掺量为 1.2% 时，混凝土中大石子外露明显，混凝土出现轻微离析；而如果其中小石子含量达到 50% 时，混凝土稍黏。大小石子比例为 6：4 时混凝土工作性良好。

从强度结果来看，除了大小石子比例为 7：3 时混凝土离析及不均匀造成强度较低外，另外两组的强度差别不大。

10.4.1.2 砂率变化对工作性和强度的影响

在基准配合比的基础上，改变砂率（39%、42%、45%），研究其对混凝土工作性和强度的影响。如表 10-2 所示。

表 10-2 砂率变化对混凝土工作性和强度的影响

编号	砂率	减水剂掺量	初始 T/K /(mm/mm)	1h后 T/K /(mm/mm)	混凝土状态	抗压强度/MPa		
						3d	7d	28d
4-1	39%	1.2%	225/595	220/555	包裹性差	50.1	63.8	83.4
2-2	42%	1.2%	250/560	250/560	工作性良好	52.3	67.5	82.1
4-2	45%	1.2%	240/530	245/530	包裹性好,稍黏	52.8	66.5	80.4

砂率对混凝土工作性有一定程度的影响,砂率较低时混凝土包裹性差,石子有些外露;砂率在 42%~45% 之间时混凝土工作性良好,随着砂率增大,混凝土变得稍黏。砂率在 42%~45% 变化时,混凝土强度波动不大。

10.4.1.3 粗骨料最大粒径变化对工作性和强度的影响

在基准配合比的基础上,研究粗骨料最大粒径(31.5mm、26.5mm、19.5mm)对混凝土工作性和强度的影响。如表 10-3 所示。

表 10-3 粗骨料最大粒径对混凝土工作性和强度的影响实验结果

编号	粗骨料最大粒径/mm	减水剂掺量	初始 T/K /(mm/mm)	1h后 T/K /(mm/mm)	混凝土状态	抗压强度/MPa		
						3d	7d	28d
2-2	31.5	1.2%	250/560	250/560	工作性良好	52.3	67.5	82.1
5-1	26.5	1.2%	240/490	220/450	均匀性好	58.4	73.8	88.4
5-2	19.5	1.2%	205/380	180/—	较为黏稠	56.8	73.9	85.0

保持初始大小石子的比例,然后人工筛除超过最大粒径的部分石子,分别进行各组试验。

随着粗骨料最大粒径的减小,混凝土均匀性增加,工作性变好;但是最大粒径降低为 19.5mm 时,混凝土在保持外加剂掺量不变时较为黏稠,坍落度损失较大。

混凝土粗骨料最大粒径减小时,强度有明显提高。一方面随着粗骨料最大粒径的减小,减小了骨料与水泥石界面的应力集中对界面强度的不利影响,另一方面可以增加水泥石与骨料界面的黏结,增加了水泥石与骨料间的界面面积,使混凝土承受荷载时受力更为均匀,提高了混凝土的抗压强度。但骨料最大粒径过小,造成浆体过多,对混凝土的收缩变形等不利。

10.4.1.4 胶凝材料总量变化对工作性和强度的影响

在基准配合比的基础上,改变胶凝材料总量,研究其对混凝土工作性和强度的影响;其他参数保持基准配合比,各组具体材料用量见表 10-4。

表 10-4 胶凝材料总量变化对混凝土工作性和强度的影响试验结果

编号	胶凝材料总量/(kg/m³)	减水剂掺量	初始 T/K /(mm/mm)	1h后 T/K /(mm/mm)	混凝土状态	抗压强度/MPa		
						3d	7d	28d
6-1	520	1.2%	230/540	240/560	稍黏	56.8	69.5	79.0
2-2	550	1.2%	250/560	250/560	工作性良好	52.3	67.5	82.1
6-2	580	1.1%	235/650	240/630	浆体稍多	52.8	65.9	86.0

随着胶凝材料总量的增加,混凝土流动性变好,尤其是扩展度增加,胶凝材料总量增加时可以适当降低减水剂的用量。胶凝总量低的 6-1 组混凝土较为黏稠,而 6-2 组由于胶凝材

料总量增大增强了混凝土的流动性,降低了减水剂的用量。

从 3d 和 7d 强度结果来看,胶凝材料 较低时,混凝土的早期强度反而稍高,这可能是由于混凝土状态造成的,总体上看,早期强度随着胶凝材料总量的变化波动较小。但是 28d 强度的发展情况来看,胶凝材料总量的提高对抗压强度是有利的。

10.4.1.5　水胶比变化对工作性和强度的影响

在基准配合比的基础上,研究水胶比对混凝土工作性和强度的影响。如表 10-5 所示。

表 10-5　水胶比变化对混凝土工作性和强度的影响试验结果

编号	水胶比	减水剂掺量	初始 T/K /(mm/mm)	1h 后 T/K /(mm/mm)	混凝土状态	抗压强度/MPa		
						3d	7d	28d
7-1	0.28	1.4%	225/590	210/560	工作性较好	55.7	72.6	86.0
2-2	0.30	1.2%	250/560	250/560	工作性良好	52.3	67.5	82.1
7-2	0.32	1.1%	250/630	250/640	有点跑浆	50.1	65.1	78.7

随着水胶比的降低,可以逐渐增大减水剂的掺量来调整混凝土的工作性达到要求,但是混凝土黏度会增加。水胶比的变化对强度影响明显。

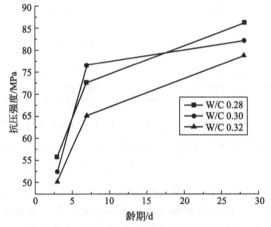

图 10-1　不同水胶比的混凝土强度发展规律

从图 10-1 中可以看出,水胶比对混凝土各龄期强度影响明显,除个别龄期的强度数据有所波动外,不同水胶比的强度随龄期发展规律类似。把握水胶比对混凝土强度的影响规律,可以选择合理的水胶比,满足设计要求且强度富余小,节约原材料,降低成本。

10.4.1.6　矿物掺合料的种类及掺量对工作性和强度的影响

在基准配合比的基础上,研究矿物掺合料的种类及掺量对混凝土工作性和强度的影响。后续各组根据参数变化确定水泥和矿物掺合料的量,如表 10-6 所示。

表 10-6　不同硅灰掺量对混凝土工作性和强度的影响

编号	矿物掺合料的种类及掺量	初始 T/K /(mm/mm)	1h 后 T/K /(mm/mm)	混凝土状态	抗压强度/MPa		
					3d	7d	28d
2-1	无	230/500	225/530	较黏	56.1	72.7	84.5
8-1	SF 5%	220/495	220/465	状态较好	62.3	75.1	90.0
8-2	SF 10%	220/470	210/425	1h 后较黏	56.3	72.6	88.6
8-3	SF 15%	195/245	140—	无流动性,较黏	59.5	73.3	97.3

(1) 硅灰见表 10-6。

三组掺入硅灰的 8-1 和 8-2 及 8-3，硅灰的掺量在 5%～10%时，对混凝土的初始及 1h 后坍落度和扩展度稍有影响；但是掺量为 15%时，混凝土初始扩展度较小，坍落度损失很大。

硅灰的加入可以提高混凝土的早期强度。从 28d 强度结果来看，硅灰对混凝土强度有明显的提高，尤其是掺量为 15%时，28d 抗压强度高达 97.3MPa。如图 10-2 所示。

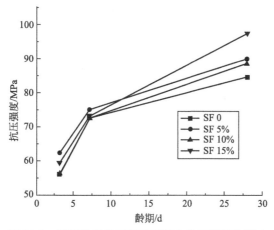

图 10-2　不同掺量的硅灰对混凝土抗压强度的影响

(2) 粉煤灰见表 10-7。

粉煤灰的加入对混凝土黏度影响非常大。但是掺入粉煤灰时混凝土流动度很大，掺量 10%和 20%的组别差别不大。这两组混凝土，整体感觉包裹性不是很理想，且有些板结。如图 10-3 所示。

表 10-7　不同粉煤灰掺量对混凝土工作性和强度的影响

编号	矿物掺合料的种类及掺量	初始 T/K /(mm/mm)	1h 后 T/K /(mm/mm)	混凝土状态	抗压强度/MPa		
					3d	7d	28d
2-1	无	230/500	225/530	较黏	56.1	72.2	84.5
8-4	FM 10%	230/575	245/600	流动性大,黏	56.7	72.3	80.2
8-5	FM 20%	235/585	235/570	流动性大,黏	53.5	70.7	75.5

图 10-3　粉煤灰掺量为 10%时混凝土的状态

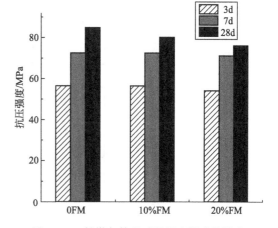

图 10-4　粉煤灰掺量对混凝土强度的影响

从表 10-7 和图 10-4 中可以看出，粉煤灰掺量为 10％时，各龄期强度与基准组差别不大，但是掺量为 20％时强度稍低，粉煤灰在适当的掺量范围内对混凝土的 3d 和 7d 强度影响较小。

（3）矿渣粉见表 10-8。

矿渣粉掺入后混凝土也是非常黏稠，和单掺粉煤灰时的感觉类似，比单掺 5％的硅灰要黏稠。但是混凝土的坍落度和扩展度非常大，坍落度测试过程中出现了堆料，影响了坍落度实测值。矿渣粉的掺量对混凝土的坍落度和扩展度影响不大，但是掺量为 30％时，混凝土气泡较多，且混凝土出现一定程度的跑浆。如图 10-5 所示。

表 10-8　不同矿渣粉掺量对混凝土工作性和强度的影响

编号	矿物掺合料的种类及掺量	初始 T/K /(mm/mm)	1h 后 T/K /(mm/mm)	混凝土状态	抗压强度/MPa		
					3d	7d	28d
2-1	无	230/500	225/530	较黏	56.1	72.2	84.5
8-6	S_{95} 10％	230/600	240/580	较黏,轻微板结	58.4	74.0	83.2
8-7	S_{95} 20％	235/580	260/625	较黏,轻微板结	52.3	69.1	82.7
8-8	S_{95} 30％	215/580	220/600	气泡较多,离析	51.0	68.8	80.3

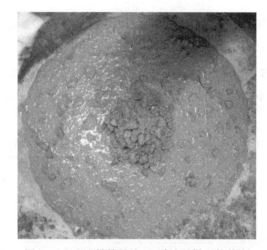

图 10-5　矿渣粉掺量为 30％时混凝土的状态

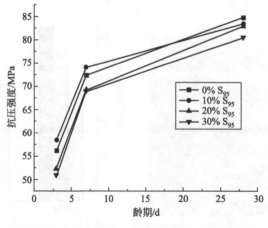

图 10-6　不同掺量的矿渣粉对混凝土强度的影响

从图 10-6 中可以看出，矿渣粉掺量为 10％对混凝土早期强度有一定的提高，但是掺量为 20％和 30％时降低了混凝土的强度。从 28d 的强度结果来看，矿渣粉掺入对混凝土强度影响也不大，掺量的变化对混凝土强度影响也不大，即矿渣粉的活性较高，不会显著影响各个龄期混凝土的强度。

（4）硅灰和粉煤灰复掺见表 10-9。

表 10-9 硅灰和粉煤灰复掺对混凝土工作性和强度的影响

编号	矿物掺合料的种类及掺量	初始 T/K /(mm/mm)	1h 后 T/K /(mm/mm)	混凝土状态	抗压强度/MPa		
					3d	7d	28d
2-1	无	230/500	225/530	较黏	56.1	72.2	84.5
8-1	SF 5％	220/495	220/465	状态较好	62.3	75.1	90.0
8-4	FM 10％	230/575	245/600	流动性大，黏	56.7	72.3	80.2
8-5	FM 20％	235/585	235/570	流动性大，黏	53.5	70.7	75.5
8-9	5％SF+10％FM	225/505	225/425	黏度较小，包裹好	55.3	71.0	80.2
8-10	5％SF+15％FM	240/585	250/560	工作性良好	53.0	67.6	82.1

单掺粉煤灰和矿渣粉时混凝土都比较黏，复掺 5％的硅灰和粉煤灰和矿渣粉时，混凝土状态的稠度改变较大，黏度适中。此外，复掺硅灰后的混凝土的包裹性较单掺粉煤灰或者矿渣粉都要优异。

5％SF+10％FM 组的混凝土初始工作性良好，但是 1h 后坍落度稍有损失；将粉煤灰掺量提高到 15％时，即 5％SF+15％FM，混凝土的坍落度和扩展度都有较大增加。从这两组的对比中，可明显看出硅灰是降低黏度的组分，但是对混凝土坍落度的损失有着较大的影响；粉煤灰是增大流动度的组分，但是增大黏度。如图 10-7 所示。

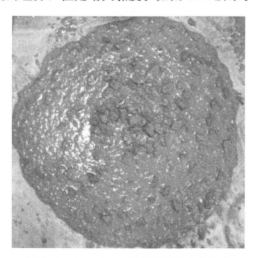

图 10-7 5％SF+15％FM 混凝土的状态

从强度结果来看，单掺 5％硅灰时混凝土的强度较高，而单掺 20％粉煤灰时，混凝土强度很低。两者复掺强度优势不明显，5％SF+10％FM 组和 5％SF+15％FM 组与单掺 10％粉煤灰组的强度差别较小。

（5）硅灰和矿渣粉复掺见表 10-10。

硅灰和矿渣粉复掺的效果没有硅灰和粉煤灰复掺的效果好，主要表现在混凝土坍落度和扩展度的损失较快。5%SF+10%S_{95} 时混凝土流动性能较差,坍落度损失较大;当矿渣粉的掺量提高到15%时,混凝土的初始坍落度和扩展度减小,这点和硅灰复掺粉煤灰时完全相反(硅灰复掺粉煤灰时,随着粉煤灰掺量增大,混凝土坍落度和扩展度增大),而且5%SF+15%S_{95} 组混凝土的坍落度和扩展度损失较大,混凝土较黏。

表 10-10　硅灰和矿渣粉复掺对混凝土工作性和强度的影响

编号	矿物掺合料的种类及掺量	初始 T/K /(mm/mm)	1h后 T/K /(mm/mm)	混凝土状态	抗压强度/MPa		
					3d	7d	28d
2-1	无	230/500	225/530	较黏	56.1	72.2	84.5
8-1	SF 5%	220/495	220/465	状态较好	62.3	75.1	90.0
8-6	S_{95} 10%	230/600	240/580	较黏,轻微板结	58.4	74.0	83.2
8-7	S_{95} 20%	235/580	260/625	较黏,轻微板结	52.3	69.1	82.7
8-8	S_{95} 30%	215/580	220/600	气泡较多,离析	51.0	68.8	80.3
8-11	5%SF+10%S_{95}	240/500	225/440	初始工作性良好	56.5	74.5	88.6
8-12	5%SF+15%S_{95}	220/440	220/350	1h后无流动性	57.1	73.5	86.0

硅灰和矿渣粉复掺时尽管工作性不好,但是强度较高,如8-12组(5%SF+15%S_{95})混凝土的7d强度为73.5MPa,高于8-7组(20%S_{95})的7d强度,28d强度的发展规律较为相似。

对比粉煤灰和矿渣粉分别与硅灰的复掺效果,粉煤灰和硅灰复掺时工作性较好,黏度适中,坍落度保持性较好,且随着粉煤灰掺量的增加混凝土流动度增大,坍落度保持性增强;但是强度较单掺等量粉煤灰时有所下降。矿渣粉和硅灰复掺时的效果恰恰相反,两者复掺时混凝土工作性不佳,黏度适中,但是坍落度损失较大,且随着矿渣粉掺量的增大混凝土流动性下降,1h后坍落度损失较大。但是两者复掺时,混凝土的强度较高。

(6)粉煤灰和矿渣粉复掺及三种复掺见表 10-11。

表 10-11　粉煤灰和矿渣粉复掺对混凝土工作性和强度的影响

编号	矿物掺合料的种类及掺量	初始 T/K /(mm/mm)	1h后 T/K /(mm/mm)	混凝土状态	抗压强度/MPa		
					3d	7d	28d
2-1	无	230/500	225/530	较黏	56.1	72.2	84.5
8-1	SF 5%	220/495	220/465	状态较好	62.3	75.1	90.0
8-5	FM 20%	235/585	235/570	和上组差别不大	53.5	70.7	75.5
8-7	S_{95} 20%	235/580	260/625	较黏,轻微板结	52.3	69.1	82.7
8-13	10%FM+10%S_{95}	240/540	240/590	较黏	55.4	66.6	82.0
8-14	5%SF+10%S_{95}+10%FM	235/520	245/535	工作性较好	53.8	66.8	75.1

8-13组粉煤灰和矿渣粉复掺,这两者复掺后混凝土的黏度还是较大,和单掺粉煤灰或者矿渣粉时类似,混凝土的流动性良好。复掺后混凝土的包裹性优于单掺粉煤灰和矿渣粉。但混凝土强度不是很高,这两者复掺效果不好。

三种矿物掺合料复掺时,混凝土的黏度较硅灰+粉煤灰及硅灰+矿渣粉组混凝土稍大,混凝土的初始坍落度、扩展度及坍落度保持性都较好。但是,三种矿物掺合料复掺(5%SF+10%S_{95}+10%FM)时,各个龄期强度不是很高,可能是由于水泥取代量太大,导致强度不高。和20％的粉煤灰组、20％的矿渣粉相比，强度稍低。如图10-8所示。

图 10-8　5％SF＋10％S$_{95}$＋10％FM 组混凝土的状态

　　从矿物掺合料掺量和种类对混凝土性能影响的系列试验中可以看出，矿物掺合料单掺时，工作性都不是很理想。硅灰掺量为5％时，尽管工作性可以达到要求，但是新拌混凝土流动较慢；其他各组单掺时，混凝土黏度较大，难以满足高墩泵送施工的要求。

　　矿物掺合料复掺，尤其是复掺5％硅灰时，混凝土的黏度较为适中，以硅灰复掺粉煤灰的效果最好，三种矿物掺合料复掺效果次之，硅灰和矿渣粉复掺及矿渣粉和粉煤灰复掺效果最差。从强度方面来看，复掺后混凝土的强度普通偏低。

10.4.2　机制砂高强混凝土耐久性能

　　研究不同外加剂及是否掺加引气剂等因素对混凝土耐久性的影响，选择10-1和10-2两个配合比（见表10-12），分别进行抗冻性、抗氯离子渗透、抗碳化性能试验。此外，还通过微观试验，重点研究矿物掺合料、外加剂（主要是引气剂）加入后，对混凝土内部微观结构和水泥水化产物的影响，并观测其孔结构，揭示矿物掺合料改善混凝土性能的微观机理。

表 10-12　研究混凝土长期性能及耐久性采用的配合比

编号	水胶比	胶材总量/(kg/m³)	机制砂种类	砂率	矿物掺合料	外加剂种类及掺量
10-1	0.30	550	机制砂3	42％	5％SF＋15％FM	聚羧酸 1.2％；缓凝剂 3％；引气剂 0.015‰
10-2	0.30	550	机制砂3	42％	5％SF＋15％FM	高缓，2.5％
10-3	0.30	550	机制砂3	42％	0	聚羧酸

10.4.2.1　抗冻融性能研究

　　图10-9反映了混凝土质量损失率随冻融循环次数的变化关系；图10-10反映了混凝土动弹性模量随冻融循环次数的变化关系。

　　由图10-9可知，对于10-1和10-2这两种配比的混凝土，随着冻融循环次数的增加，混凝土的质量大于冻融试验前的质量，这是因为在冻融过程中，虽然表层混凝土会有一定程度的剥落，但同时混凝土吸收水分，且吸收的量大于冻掉浮渣的质量，所以混凝土的质量损失呈负增长，因此通过质量损失无法准确判断混凝土的抗冻性。

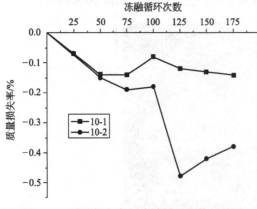

图 10-9　质量损失率与冻融循环次数的关系

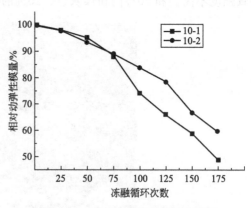

图 10-10　相对动弹性模量与冻融循
环次数的关系

由图 10-10 可知，两种配比的混凝土，随着冻融循环次数的增加，混凝土的相对动弹性模量呈下降趋势，且随着冻融次数的增加，下降的速度也越来越快。这是因为混凝土的冻融破坏首先是从毛细孔破坏开始的，随着冻融循环次数的增加，体积逐渐膨胀，裂缝扩展，所以，动弹性模量逐渐下降。10-1 配比的混凝土在 150 次冻融循环后，相对动弹性模量下降到 60％以下，而 10-2 配比的混凝土在 175 次冻融循环后，相对动弹性模量下降到 60％以下，此时，按照《普通混凝土长期性能和耐久性能试验方法》（GB/T 50082—2009），试验终止。

同时，在动弹性模量降到其初始值的 60％以下时，质量损失率都没有达到 5％这个指标，所以质量损失率这个指标相对不太敏感，一般都是相对动弹性模量先达到破坏标准。

计算抗冻耐久性系数：

$$10\text{-}1 : K_n = 58.85 \times 150/300 = 29.4\%$$
$$10\text{-}2 : K_n = 59.66 \times 175/300 = 34.8\%$$

10-1 和 10-2 两个配合比都具有较好的抗冻性，这主要是由于其采用了合理的配合比参数，掺入了矿物掺合料，使得混凝土较为致密，抗冻性能大大提高。掺入引气剂的 10-1 组测试的抗冻性比 10-2 组稍差，这可能是引气剂引入的气孔孔径分布不合理造成的。后续需要根据孔结构的微观测试结果进一步来进行详细的原因分析。

10.4.2.2　抗碳化性能研究

10-1 和 10-2 以及 11-1（工程现场施工留样）三个配合比的混凝土的碳化情况见表 10-13。

表 10-13　不同龄期各组混凝土碳化深度　　　　　　　　　　单位：mm

编号	7d	28d	编号	7d	28d
10-1	0	0	11-1	0	0
10-2	0	0			

采用碳化箱加速碳化的试验方法，测试了三组混凝土经过 28d 加速碳化后的碳化深度，并测试了不同龄期的碳化深度，试验结果见表 10-13。可见，各组不同配合比的混凝土，经 1 个月的加速碳化后，碳化深度均为 0mm。表明各组混凝土配合比均具有较好的抗碳化性能。在 CO_2 浓度、相对湿度和环境温度等条件相同的情况下，影响碳化速度的主要因素为

混凝土中水泥石的碱度和孔结构。混凝土中由于掺加了粉煤灰、硅灰等活性掺合料，浆体的碱度比普通混凝土中低，但是碳化速度却极慢，这主要是因为所配制的混凝土的密实度较高，CO_2 和水汽难以扩散进入浆体内部，致使碳化过程无法进行。

10.4.2.3　抗氯离子渗透性能研究

10-1 和 10-2 以及 11-1（工程现场施工留样）三个配合比的混凝土的抗氯离子渗透情况见表 10-14。

表 10-14　不同配合比混凝土的氯离子渗透深度　　　　单位：mm

编号	28d	180d	编号	28d	180d
10-1	0	0.7	11-1	0	—
10-2	0	1.8			

从表 10-15 的数据可以看出，三个配合比的混凝土 28d 氯离子渗透深度都为 0mm，而 180d 氯离子渗透深度也才 0.7mm 和 1.8mm，这说明混凝土较为致密，氯离子难以扩散和渗透。由于采用了合理的混凝土配合比，选择了质量合格的原材料，以及采用了矿物掺合料，使得混凝土较为致密，可以抵抗氯离子的渗透和侵入，进而保证主梁内部钢筋的安全。

10.4.3　机制砂高强混凝土微观性能

10.4.3.1　微观孔结构的压汞分析

硬化水泥浆体或混凝土是不均质的多孔材料。从细观尺度上看，水泥浆体又是各种水化物和未水化颗粒、水、气等的多相复合体。孔是混凝土微结构中重要的组成之一，孔结构比孔隙率对混凝土宏观行为的影响更重要。孔结构包括不同大小孔的级配（孔径分布）、孔的形貌及孔在空间排列的状况。总孔隙率由两类孔组成：凝胶孔和毛细孔。凝胶孔与 C-S-H 的结构有关，其尺寸在几个纳米之间。而存在于不同水化产物之间的毛细孔尺寸在几百个纳米至几个毫米之间。美国学者 Mehta 认为只有其中大于 100nm 的毛细孔才影响混凝土强度和渗透性。吴中伟院士根据孔对混凝土性能的影响大小把混凝土内孔分为：2.5～20nm，无害孔级；20～50nm，少害孔级；50～200nm，有害孔级；200nm～11μm，多害孔级。然而无论如何分类，混凝土中的孔隙率与孔径分布对混凝土的力学性能与耐久性都有重要的影响。

采用压汞法测试的各组混凝土的水泥浆体中孔隙率与孔径分布见表 10-15。

表 10-15　各组混凝土的压汞试验结果

样品	总孔隙率/(mL/g)	总孔比表面积/(m²/g)	平均孔径/nm	中值孔径/nm	无害孔/%(<20nm)	少害孔/%(20～50nm)	有害孔/%(50～200nm)	多害孔/%(>200nm)
10-1	0.0868	12.977	26.8	5.7	33.58	7.53	17.62	41.26
10-2	0.0376	9.371	16.1	4.5	40.16	17.29	4.79	37.76
11-1	0.0339	2.872	47.2	34.6	5.01	55.45	18.00	21.53

从表 10-15 中的压汞试验结果数据可以看出：

① 10-1 和 10-2 两个配合比相比，10-1 组混凝土由于掺入了引气剂，其总孔隙率和总孔比表面积都远大于 10-2 组试样。但是 10-1 组试验的总孔隙率是后者的 2.31 倍，而总孔比表

面积仅是后者的1.38倍，这表明引气剂引入的气泡较大，这点也可以通过平均孔径和中值孔径两个指标的对比看出。

② 从孔径分级来看，相对于10-2组试样，10-1组试样的有害孔和多害孔的比例较高，这可能也是造成10-1组试块抗扰动反而比10-2组稍差的原因。

③ 实际工程中应用的混凝土是11-1组，该组试样的总孔隙率和总孔比表面积都远远低于前面两组试样，但是其平均孔径和中值孔径反而高于前面两组试样，这主要是因为该组试样的无害孔较少，仅为5％，而少害孔高达55.45％。此外这也说明了就混凝土中孔的数量（个数）来讲，无害孔（<20nm）和少害孔（20~50nm）占据了绝大多数，而表10-16中的孔径分级是按照总孔隙率（即孔的体积）来分类的，不同的分级方法，会造成孔径分布的结果差异较大。

10.4.3.2　X射线衍射图谱分析

从10-1组和10-2组混凝土中取样，进行XRD分析，图谱如图10-11和图10-12所示。

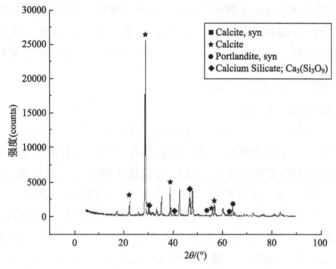

图10-11　10-1组混凝土浆体XRD图谱

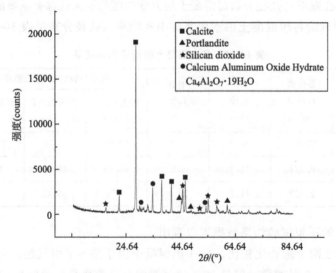

图10-12　10-2组混凝土浆体XRD图谱

从上述两个配合比的混凝土浆体的衍射图谱中可以看出，两者的 Calcite 矿物晶相较为明显，其余有少量的 C-S-H 凝胶的水化产物的晶相。这主要是因为配制混凝土采用的机制砂中石粉含量较高，由于破碎机制砂的碎石为石灰质岩，这部分石粉和胶凝材料黏结在一起，难以彻底分离，填充胶凝材料水化产物的孔隙等，另一方面也说明石粉基本上是惰性的，不参与水泥水化反应，起到了填充和密实的作用。因此，适当的石粉含量对混凝土没有太大的坏处，前提是要严格控制石粉中的含泥量。

10.4.3.3　扫描电镜（SEM）图像分析

从 10-1 组、10-3 组混凝土中取样进行 SEM 图像分析，其结果如图 10-13。

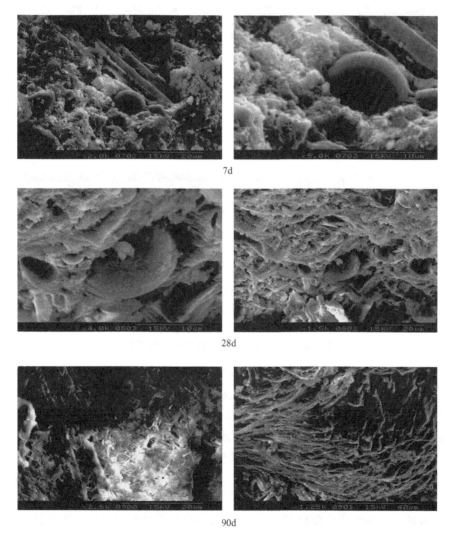

7d

28d

90d

图 10-13　10-1 组水泥浆体扫描电镜图片

从图 10-13 中看到，对掺粉煤灰的混凝土而言，7 天龄期时，因粉煤灰水化比较慢，SEM 出现比较多未水化的球形粉煤灰颗粒；28 天龄期时，粉煤灰逐渐水化，大部分粉煤灰周围被水泥水化产物包围，C-S-H 凝胶增多。但粉煤灰颗粒仍没有完全反应；90 天龄期时，浆体中出现一定量的针状凝胶，同时呈现比较层状水化层结构，照片中几乎无法分辨粉煤灰颗粒，表明粉煤灰参与水化程度逐渐升高，这与其强度发展规律基本一致。

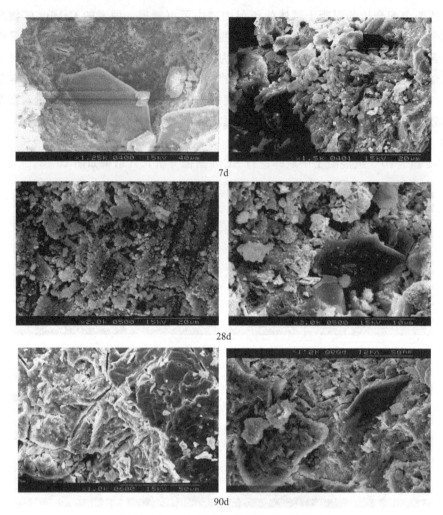

7d

28d

90d

图 10-14　10-3 组水泥浆体扫描电镜照片

从图 10-14 扫描电镜照片中看到，7d 龄期时，水泥浆体中出现发育良好的 CH 六角板状晶体、C-S-H 凝胶以及未水化的矿物颗粒，凝胶体结构微细孔隙较多。28d 龄期时，浆体中 C-S-H 凝胶明显增多，同时出现不规则的 CH 晶体颗粒。90d 龄期时，出现大量 C-S-H 凝胶，CH 晶体生长良好，且晶体相互重叠，形成比较致密的浆体结构。

10.4.3.4　水化过程特征与高耐久的微观机理分析

综合 XRD、SEM、压汞分析等试验结果，对各组机制砂高强混凝土的水化过程与微观结构特征综合分析如下。

掺有高效减水剂的纯水泥配制的 10-3 水泥浆体的水化过程和水化产物特征主要表现在：水化进程较快，各类水化物随龄期逐渐增多，尤其在水化早期即形成针柱状 AFt 晶体和针状纤维状 C-S-H 水化物交叉形成网络，结构紧密，但同样 CH 数量也略有增加，在水化 7 天时，SEM 显示在 C-S-H 凝胶体中有典型六角状 CH 晶体。

而对于掺加矿物掺合料的 10-1 水泥浆体，水化物增多的规律与上述相同，但无论水化早期还是后期，仍然未见有典型的 CH 晶体。朵状、树枝状等各类细纤维状形成的 C-S-H 网络结构更趋紧密是其主要特征。虽然其主要水化产物与纯水泥的水化物基本相同，但其数量及形貌却发生了极大的改变。主要表现在：CH 数量的极大下降，其形貌也由六角板状大晶体改变为无定形和不规则状较小的颗粒；大量形成 C-S-H 凝胶体及各种形貌的低碱水化物。

不同配合比的机制砂高强与高性能混凝土具有较好的高耐久性能。从胶凝体系水化进程和水化产物组成、形貌等方面的分析结果以及其微观结构特征，认为机制砂高强与高性能混凝土，尤其是掺矿物掺合料的机制砂高强与高性能混凝土具有高耐久性，主要原因在于：

① 水泥石中凝胶相的增多。用纯水泥所配制混凝土的水泥石中，水泥颗粒水化程度有限，而采用矿物掺合料的复合胶凝材料体系所配制混凝土的水泥石中，由于掺合料中大量活性组分参与二次火山灰反应，生成大量 C-S-H 凝胶，填充到水泥石毛细孔隙内，增加了水泥石的密实度，同时，凝胶体本身具有良好的吸收应力的作用，并且降了裂缝尖端的应力集中程度，因而有助于提高水泥石的 断裂能，改善混凝土的脆性。

② C-S-H 凝胶体的形貌发生了较大转变。研究表明，水泥石中 C-S-H 凝胶体一般有四种形态：纤维状粒子（Ⅰ型 C-S-H 凝胶）、网络状粒子（Ⅱ型 C-S-H 凝胶）、等大粒子或扁平粒子（Ⅲ型 C-S-H 凝胶）和"内部水化产物"（Ⅳ型 C-S-H 凝胶）。借助于扫描电镜对纯水泥硬化浆体和复合胶凝体系硬化浆体的观察分析结果，认为前者 C-S-H 凝胶以Ⅰ型为主，拌和少量针状凝胶（Ⅱ型），而后者不仅凝胶体数量多，而且，在初期就形成大量针状、树枝状等多种形态的 C-S-H 凝胶，其直接原因是高活性的矿物掺合料的火山灰效应，促使所形成的 C-S-H 凝胶以Ⅰ型（针状）为主。在复合胶凝体系的硬化浆体中，针状胶体穿插在网络状凝胶体中，对整个浆体体系起到了"微纤维配筋"作用，这将对改善硬化体的韧性具有非常有益的影响。

③ 水泥石中 CH 结晶体数量的大幅度减少。通过对水泥石细、微观结构的理化分析结果，认为掺矿物掺合料的复合胶凝材料体系与单纯的水泥浆体系统相比，CH 结晶体数量大幅度降低，而且即使有少量 CH 存在，其形貌也主要为无定形状态，并未发现有片、块、板等形态出现。CH 片状晶体的强度非常低，在承受较低拉应力时就会破损产生微裂纹，而这些微裂纹将成为混凝土受力后进一步开裂的原始裂纹。大幅度降低水泥石中 CH 片状晶体的数量对提高混凝土抗折、抗拉强度有利，有助于改善混凝土的韧性。

④ 混凝土中浆体-骨料界面的改善。混凝土内部浆体-骨料界面的结构及其力学性能对其脆性也有较大影响，尤其是高强混凝土。普通混凝土的浆体-骨料界面结构薄弱，再加上此处存在大量原始微裂纹，严重降低了其韧性。掺矿物掺合料的水泥浆体的界面结构较前者有较大程度的改善，其原因主要是 CH 晶体在界面过渡区内的富集程度和定向结晶生长趋势有大幅度减弱。采用复合胶凝材料体系配制的混凝土由于界面过渡区结构密实，力学性能提高，以及收缩率降低，对提高混凝土中水泥石与骨料协同抵抗外应力的能力非常有益。

10.5 机制砂高强混凝土在六冲河大桥中的应用

贵州省赤水至望谟高速公路黔西至织金段是"贵州省高速公路网规划"中"五纵"与"三横"的重要组成部分，其起点连接黔大高速，终点与厦蓉高速相连。项目全长 35.4km，起讫桩号为 K15＋660～K51＋060，起点设在黔西县石板，终点设在黔西县绮陌，终点距黔西县城仅 3km，与在建的黄织铁路可方便地进行交通转换。

本合同段为黔织高速公路 T2 合同段，全长 3.2km，起讫桩号为 K40＋100～K43＋300，起点为 T1 合同段终点，终点为 T3 合同段起点。合同段内有全线控制性工程六冲河特大桥（见图 10-15），在同类桥型中居贵州第一。

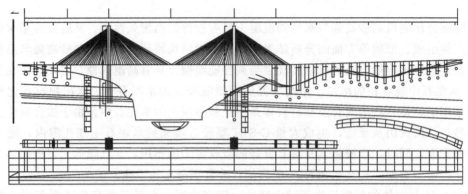

图 10-15　六冲河大桥桥型布置图

10.5.1　六冲河大桥简介及施工方案

六冲河特大桥为 195m＋438m＋195m 双塔预应力混凝土斜拉桥。主桥平面均位于直线段，纵坡为±0.6%，中跨设 $R=50000m$ 凸曲线，主梁断面为Ⅱ形梁，桥面宽度 24.1m，梁高 2.7m，主梁顶板厚 0.32m，设双向 2%横坡。主桥在 195m 边跨、438m 中跨跨径内设有合拢段，合拢段长度分别为 2.0m（28'# 段）、3.0m（28# 段），根据结构受力特点，本桥设计的合拢顺序为：先合拢 195m 边跨，再合拢 438m 中跨。主梁边肋有带底板翼缘截面，宽度为 2.95m，实体截面，宽度分别为 2.95m、3.25m、4.15m、4.85m。

主桥每岸分为 57 段主梁悬臂浇筑，加上跨中合拢段，全桥共有 115 段主梁悬臂现浇段。主梁边肋内设有预应力钢绞线，顶板设有 ϕ32mm 精轧螺纹预应力钢筋。主梁横梁的基本间距是 7.8m、6.5m、5.5m，横梁间距与斜拉索相对应，横梁均设有预应力钢绞线。除辅助墩附近横梁厚度为 0.45m 外，其余横梁厚度均按 0.3～0.35m 变化。主桥斜拉索布置为双索面、扇形密索体系，每个主塔布有 27 对空间索，加上主塔位置 1 对 0# 索，全桥共 220 根斜拉索。主塔主跨斜拉索在梁上的索距为 7.8m，边跨随着节段长度的变化，索距相应变化为 6.5m、5.5m。斜拉索采用 PES7-283、PES7-241、PES7-223、PES7-199、PES7-163、PES7-139 6 种规格。锚具采用相应规格的 PESM 冷铸锚。

主梁处塔梁间采用纵向漂浮体系，主梁与主梁连接处在主梁悬浇过程中临时固结，全桥合拢后解除。过渡墩处竖向均设活动盆式橡胶支座，横向均设抗风防震挡块，辅助墩处竖向均设拉压支座，塔处主梁设置 0# 索，塔梁之间设置纵向阻尼器。

根据设计要求，主梁标准节段施工采用前支点挂篮，用于主梁两侧梁段主梁的悬臂浇筑，空挂篮（含模板系统）控制重量为 1400kN。由于施工现场的地形比较复杂，0# 段采用下横梁预埋钢板安装型钢托架浇筑。1# 段和 1'# 段将在 0# 段上安装吊装支架，吊装前支点挂篮前段，挂索后现浇。主梁边跨合拢处 29'# 和 28'# 梁段采用托架现浇。

10.5.2　水文地质条件

10.5.2.1　地形、地貌、区域地质构造

贵州地貌的显著特征是山地多，山地和丘陵占全省总面积的 92.5%，其中喀斯特地貌面积达 61.9%，是世界上岩溶地貌发育典型的地区之一。地势西高东低，整个贵州高原由

西向东、北、南三面倾斜，河流顺势分流，全省大范围地貌结构为东西三级阶梯，地貌类型多样，区域差异明显。本合同段区域内岩溶发育、煤矿丰富。

10.5.2.2 水文、气象

贵州属亚热带季风气候，冬无严寒，阴雨天多，四季分明，全省年平均气温 13～16℃，一月份平均 1～10℃，七月份平均 17～28℃。极端最高气温 36.7℃，极端最低气温−8.5℃。年平均降水在 1160～1400mm 之间，雨量多集中在五至十月份，无霜期 280 天左右。

10.5.3 原材料加工工艺及性能参数

10.5.3.1 细骨料

（1）工地上应用中细骨料采用机制砂，形貌如图 10-16 和图 10-17 所示。

图 10-16　机制砂料场

图 10-17　机制砂近照

从工地机制砂料场和机制砂近照中可以明显看出机制砂含粉量较高，且粗颗粒较多。对工地料场机制砂进行筛分试验，结果如表 10-16 所示。

表 10-16　工地料场机制砂的筛分结果

序号	筛孔尺寸/mm	4.75	2.36	1.18	0.6	0.3	0.15	0.075	筛底
1	累计筛余率/%	5.1	39.3	52.5	66.2	75.1	81.0	86.4	99.6
2		4.7	43.4	58.4	72.2	80.0	84.4	88.9	100
	Ⅰ区	0～10	5～35	35～65	71～85	80～95	90～100	—	—

从机制砂的筛分结果来看，机制砂呈现典型的"两头大、中间小"的级配特点，粒径大于 2.36mm 的颗粒严重超出标准，即便和级配Ⅰ区粗砂相比，还超标比较明显；和Ⅰ区粗砂相比，0.015mm 筛余较小，即小于 0.015mm 的颗粒过多。此外测试了机制砂的石粉含量，两次测试结果分别为 18.2％和 17.5％；另外，机制砂的含泥量非常高。

（2）工地上经过水洗后的机制砂

将机制砂用搅拌机水洗，每次洗一袋（约 70kg），保持水洗机制砂的稳定性。水洗后的机制砂的级配情况如表 10-17 所示。

表 10-17　大批量水洗后机制砂的级配情况

序号	筛孔尺寸/mm	4.75	2.36	1.18	0.6	0.3	0.15	0.075	筛底
1	累计筛余率 /%	2.8	39.4	56.3	75.5	90.2	96.9	98.8	99.3
2		3.4	40.8	58.3	77.9	91.9	97.9	99.4	99.8
	Ⅰ区	0~10	5~35	35~65	71~85	80~95	90~100	—	—

大批量机制砂水洗后，2.36mm 筛余量较大；此外由于经过水洗导致石粉含量大大降低；尽管其他粒径都比较符合标准中对Ⅰ区机制砂的要求，但是配制混凝土时可能会由于石粉含量太低导致工作性不好，易离析泌水。

（3）搅拌站的机制砂（见表 10-18）

表 10-18　搅拌站的机制砂级配情况

序号	筛孔尺寸/mm	4.75	2.36	1.18	0.6	0.3	0.15	0.075	筛底
1	累计筛余率 /%	0.5	30.5	47.1	65.4	76.0	81.6	85.2	99.5
2		0.1	30.6	47.8	66.2	76.5	81.9	85.2	99.1
	Ⅰ区	0~10	5~35	35~65	71~85	80~95	90~100	—	—

搅拌站送的这批机制砂级配情况非常好，小于 0.075mm 的石粉含量高达 5％，亚甲蓝 MB 值为 1.0，由此可见石粉中泥的含量比较低。细度模数为 3.0，属于中砂范畴，机制砂的堆积密度为 1880kg/m³。

（4）工地上第二批机制砂（见表 10-19）

表 10-19　工地第二批机制砂的筛分结果

序号	筛孔尺寸/mm	4.75	2.36	1.18	0.6	0.3	0.15	0.075	筛底
1	累计筛余率 /%	4.2	43.4	60.8	76.6	85.7	88.7	91.0	99.7
2		3.1	39.3	57.1	74.8	85.0	88.1	90.6	99.7
	Ⅰ区	0~10	5~35	35~65	71~85	80~95	90~100	—	—

和工地上第一批机制砂相比，第二批机制砂石粉含量稍低，约为 13％，其他粒径颗粒分布差别不大。此外测试了这批机制砂的亚甲蓝 MB 值为 0.75。

以上四种机制砂分别记作机制砂 1、机制砂 2 和机制砂 3、机制砂 4。四种机制砂的累计筛余率及国标中规定的Ⅰ区砂上限和下限累计筛余率见图 10-18。从图 10-18 中可以明显看出，四种机制砂主要在 2.36mm 筛余和 0.16mm 筛余方面有些超出标准中的上限或下限。机制砂 1、机制砂 2 和机制砂 4 在 2.36mm 筛余明显高于标准中的上限；而机制砂 1 和机制砂 3 在 0.16mm 筛余方面低于标准中的下限，表明其中的细颗粒过多。

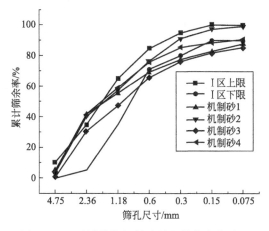

图 10-18　不同种类机制砂累积筛余率的对比

10.5.3.2　粗骨料

工地中粗骨料采用 16.0～31.5mm 和 4.75～16.0mm 两种碎石按一定比例混合成连续级配。碎石形貌如图 10-19 和图 10-20 所示，从图中可以看出，石子质量较好，级配良好，但大颗粒稍多。

图 10-19　试验用粗骨料近照

图 10-20　粗骨料料场

两种粗骨料的级配如表 10-20 和表 10-21。

表 10-20　粒级为 16.0～31.5mm 大碎石的筛分结果

筛孔尺寸/mm		37.5	31.5	26.5	19.0	16.0	9.5	4.75
累计筛余率 /%	1	0.9	10.2	51.7	76.1	89.7	97.2	99.8
	2	1.0	10.0	48.0	76.3	90.3	97.1	99.7
规定范围		0	0～10			85～100		95～100

表 10-21　粒级为 4.75～16.0mm 小碎石的筛分结果

筛孔尺寸/mm		16.0	9.5	4.75	2.36	筛底
累计筛余率 /%	1	1.0	41.1	97.0	99.8	99.9
	2	0.2	40.5	97.6	99.9	99.9
规定范围		0～10	30～60	85～100		

大石子的颗粒级配较好，除了大于 31.5mm 部分稍多外，其余都符合标准要求。小石子的颗粒级配也较好。

10.5.3.3　水泥

海螺 P·O 52.5 水泥，其物理化学性能如表 10-22 所示。

表 10-22　海螺 P·O 52.5 水泥的性能试验结果

种类	比表面积	烧失量	三氧化硫	氧化镁	氯离子	初、终凝时间	3d 抗压/抗折强度/MPa
海螺 P·O 52.5 水泥	343kg/m³	1.81%	1.70%	1.33%	0.008%	173/223min	30.9/7.4

10.5.3.4　外加剂

主要包括聚羧酸高性能减水剂、高效缓凝减水剂（氨基磺酸盐系）、引气剂和缓凝剂。

（1）聚羧酸减水剂。马贝超塑化剂 SX-C18，含固量 30%，推荐掺量 0.6%～1.2%（马贝超塑化剂 SX 是马贝用于大型工程项目的新系列产品，有着很高的减水率，优秀的工作度保持性和快的机械强度发展）。

（2）高效缓凝减水剂。高效缓凝减水剂为氨基磺酸盐系减水剂。高效缓凝减水剂还分为两种，缓凝高效减水剂（型号：Cs203a，推荐掺量 2.3%～3.5%，固含量 40%）和缓凝超塑高性能减水剂（型号：Ass204c，推荐掺量 2.0%～2.9%，固含量 38%），两者的型号不同，前者减水率较低，保坍性稍差，主要用于 C50 泵送缓凝混凝土，后者主要用于配制高强高性能混凝土，两种减水剂分别记作高缓 1 和高缓 2。

（3）引气剂。引气剂为烷基类引气剂，粉体，分析纯，含量≥85%。

（4）缓凝剂。缓凝剂为糖类缓凝剂。

10.5.3.5　矿物掺合料

（1）粉煤灰。名川Ⅱ级粉煤灰，需水量比为 93%，烧失量 5.5%，45μm 的筛余为 16.7%，活性系数为 73%（等量取代 30%水泥的胶砂强度比）。

（2）矿渣粉。水城县鑫涛新型建材有限公司的 S95 矿渣粉。

（3）硅灰。贵州海天铁合金磨料有限责任公司硅灰，松散容重 280kg/m³；平均粒径为 0.075μm～0.225μm。

10.5.4　现场施工配合比及其工作性能

工程现场施工配合比如表 10-23 所示。

表 10-23　C60 高强高性能混凝土施工配合比　　　　　　单位：kg/m³

编号	胶凝材料		水	机制砂	粗骨料		减水剂
	水泥	粉煤灰			大石子	小石子	
1-1	492	54	145	841	664	285	3.3‰,18

从搅拌站现场取样，混凝土拌合物的状态如图 10-21 和图 10-22 所示。

图 10-21　搅拌站现场取样混凝土的初始状态

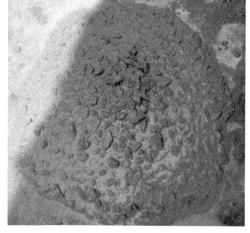

图 10-22　搅拌站现场取样混凝土的坍落度测试

表 10-24　搅拌站现场取样混凝土的工作性和力学性能

编号	工作性/mm		含气量	抗压强度/MPa		
	坍落度	扩展度		3d	7d	28d
1-2	240	620	0.8%	52.5	64.3	—

图 10-23　桥梁浇筑部位上部主梁

从图 10-23 的表 10-24 中可以看出，混凝土的工作性良好，适合高墩泵送。

现场混凝土泵送比较顺利，没有出现堵泵等情况，说明混凝土状态较好，可泵性好。

10.6　机制砂高强混凝土在花果园双子塔中的应用

10.6.1　工程概况

贵阳花果园项目占地 400 万平方米，总建筑面积 1830 万平方米，是目前全国最大规模的城市综合体项目，其中 N 区双子塔为复杂超高层建筑结构，两座超高层建筑分别为 347.4m、311m，其中 11# 楼结构高度 311m，建筑总高度 396m，地下 6 层，地上 71 层，建筑总面积 21 万平方米，为钢筋混凝土框架-核心筒结构，是集五星级酒店、顶级办公、商务休闲、文化传播为一体的地标性城市综合体。

双子塔为复杂高层建筑结构，核心筒、外框劲性钢柱结构钢筋密集，混凝土无法振捣，浇筑作业困难，混凝土泵送高度较高，最高泵送高度达 337m，对混凝土工作性要求较高。

10.6.2　原材料及其性能参数

10.6.2.1　水泥

贵州海螺盘江水泥有限责任公司生产的 P·O52.5 水泥，性能参数见表 10-25。

表 10-25　海螺 P·O52.5 水泥性能参数

品种	标准稠度用水量	初、终凝时间	胶砂 3d 抗压强度 /MPa	胶砂 28d 抗折强度 /MPa
P·O 52.5	26.8%	150min/238min	38.6	55.9

10.6.2.2　矿物掺合料

超细粉煤灰和硅灰。

10.6.2.3　机制砂

选用三种不同工艺生产的机制砂，试验以风选砂为主，只有在考虑机制砂种类的因素对混凝土性能影响时，才使用干法砂和水洗砂配制混凝土，作为对照因素。

(1) 风选砂：风选砂为中国水利水电第九工程局有限公司生产，风选砂的筛分试验结果及控制指标见表 10-26，性能参数见表 10-27。

表 10-26　风选砂筛分情况

次数	筛孔尺寸/mm	4.75	2.36	1.18	0.6	0.3	0.15	底盘	M_x
1		1.0	23.9	41.5	65.0	80.9	87.2	99.4	2.96
2	累计筛余率/%	0.6	21.6	39.6	63.6	80.3	86.9	99.0	2.91
平均		0.8	22.8	40.6	64.3	80.6	87.0	99.2	2.94
	Ⅰ区	0~10	5~35	35~65	71~85	80~95	85~97	—	
	Ⅱ区	0~10	0~25	10~50	41~70	70~92	80~94	—	
	Ⅲ区	0~10	0~15	0~25	16~40	55~85	75~94	—	

表 10-27 风选砂性能参数

级配	细度模数	石粉含量/%	MB 值	含水率/%	压碎值
Ⅱ区连续	2.76	11.1%	0.35	2%	

（2）干法砂：干法砂为鼎鑫砂石厂通过普通的干法生产的机制砂。干法砂的筛分试验结果及控制指标见表 10-28，性能参数见表 10-29。

表 10-28 干法砂筛分情况

次数	筛孔尺寸/mm	4.75	2.36	1.18	0.6	0.3	0.15	底盘	Mx
1		7.3	35.8	46.9	60.8	71.5	77.6	99.7	2.76
2	累计筛余率（%）	8.1	38.2	49.3	62.4	72.4	78.1	99.5	2.83
平均		7.7	37	48.1	61.6	92	77.8	99.6	2.8
	Ⅰ区	0～10	5～35	35～65	71～85	80～95	85～97	—	
	Ⅱ区	0～10	0～25	10～50	41～70	70～92	80～94	—	
	Ⅲ区	0～10	0～15	0～25	16～40	55～85	75～94	—	

表 10-29 干法砂性能参数

细度模数	石粉含量/%	MB 值	含水率/%	压碎值
2.8	15.2	1.3	6.5	

（3）水洗砂：水洗砂为贵州双越磐石建材科技有限公司生产通过湿法生产加工的机制砂。水洗砂的筛分试验结果及控制指标见表 10-30，性能参数见表 10-31。

表 10-30 水洗砂筛分情况

筛孔尺寸/mm	4.75	2.36	1.18	0.6	0.3	0.15	底盘	Mx
累计筛余（平均）	0.5	35.4	60.0	81.8	91.0	94.0	99.6	3.6
Ⅰ区	0～10	5～35	35～65	71～85	80～95	85～97	—	
Ⅱ区	0～10	0～25	10～50	41～70	70～92	80～94	—	
Ⅲ区	0～10	0～15	0～25	16～40	55～85	75～94	—	

表 10-31 水洗砂性能参数

细度模数	石粉含量/%	MB 值	含水率/%	压碎值
3.6	3.2	0.35	4.2	—

10.6.2.4 粗骨料

碎石为鼎鑫砂石厂生产的 5～20mm 连续级配的碎石，经过整形处理，粒形较好，见图 10-24。

碎石的筛分情况如表 10-32 所示，可见，5～20mm 碎石粒径大多集中于 9.5～16mm 范围内，级配较差，因此对现有碎石进行筛分，通过堆积密度最大化获取最紧密堆积的连续级配碎石。

图 10-24 5～20mm 碎石

表 10-32　碎石筛分级配情况表

组别	级配情况	公称直径/mm	累计筛余/%					
			2.36	4.75	9.5	16	19	26.5
1	连续级配	5～20	99.1	99.0	96.2	13.0	0.4	0
2			99.6	99.6	99.0	15.1	0.2	0
平均			99.4	99.3	97.6	14.0	0.3	0
5～20mm 连续级配要求			95～100	90～100	40～80	—	0～10	0

　　筛分为两档，细档（5～10mm），粗档（10～20mm）。由于 5～10mm 粒径碎石含量较低，仅为 2% 左右，因此通过 10～20mm 和搅拌站现有的瓜米石不同比例混合测试碎石堆积密度。试验搭配分析研究，具体结果见表 10-33、表 10-34、图 10-25。

表 10-33　粗骨料中不同比例的粗细成分搭配时的表观密度

细档(5～10mm)	粗档(10～20mm)	表观密度/(g/cm³)	备注
100%	0%	1.568	
60%	40%	1.594	
50%	50%	1.600	
40%	60%	1.608	
30%	70%	1.620	堆积密度最大
20%	80%	1.612	
0%	100%	1.566	

表 10-34　细档与粗档比例为 3∶7 时的碎石筛分情况

组别	累计筛余/%					
	2.36	4.75	9.5	16	19	26.5
1	99.5	99.0	69.8	7.3	0	0
2	99.6	99.3	74.0	9.4	0	0
平均	99.6	99.2	71.9	8.4	0	0
5～20mm 连续级配要求	95～100	90～100	40～80	—	0～10	0

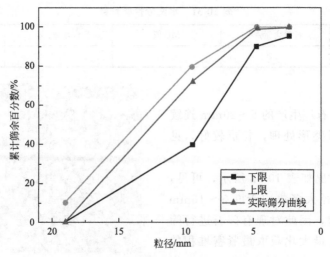

图 10-25　碎石（粗档∶细档＝7∶3）筛分曲线

从表 10-34 可以看出，细档与粗档的比例为 3∶7 时，粗骨料的堆积密度最大，且此比例下搭配的碎石满足连续级配的要求。

10.6.2.5　外加剂

贵州中兴南友聚羧酸高性能减水剂，保坍剂为聚醚类，缓凝剂为葡萄糖酸钠，不掺引气剂。减水剂与保坍剂以 4∶3 复配成 20％固含量的外加剂。在分析消泡剂的影响时，采用中兴南友和巴斯夫两家企业生产的消泡剂。

10.6.3　配合比优化技术

10.6.3.1　基准组

通过前期大量的试验，得到 C80 机制砂高强混凝土基准组，如表 10-35 所示，其中胶凝材为硅灰和超细粉煤灰分别等质替代 10％和 15％水泥的复合胶凝材料。

表 10-35　C80 机制砂混凝土基准组试验配合比及混凝土性能

编号	胶材	水胶比	砂率/%	石子(粗∶细)	外加剂	缓凝剂/%	消泡剂/%	工作性		表观密度/(kg/m³)/含气量/%	状态描述
								$T/K/$(mm/mm)	T_d/s		
SZ-G0	纯水泥	0.25	50	7∶3	0.358%（固）	0.07	0.0008	初始：725/280	初始：7.5	2514/0.8%	初始及 2h 状态良好，稍黏
								2h：700/285	2h：8.6		

注：外加剂掺量中的"固"为转化为外加剂转化为固体后的掺量，下同。

纯水泥胶材的 C80 机制砂混凝土坍落扩展度较好且 2h 保持性能理想，但倒坍时间偏大，混凝土稍黏，如图 10-26 所示。

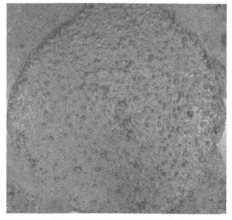

(a) 初始　　　　　　　　　　　　　　　(b) 2h

图 10-26　SZ-G0 组

10.6.3.2　水胶比

不同水胶比的 C80 机制砂混凝土工作性能变化如表 10-36、表 10-37 和图 10-27～图 10-29 所示。

表 10-36 不同水胶比的 C80 机制砂混凝土工作性变化情况

编号	水胶比	外加剂	工作性		表观密度/(kg/m³)/含气量/%	状态描述
			T/K/(mm/mm)	T_d/s		
SZ-G29	0.26	0.468%	初始:620/275	初始:3.2		状态良好
			2h:705/280	2h:2.6		
SZ-G22	0.28	0.336%	初始:665/270	初始:2.0	2486/2.4	状态良好
			2h:705/280	2h:2.8		
SZ-G30	0.30	0.230%	初始:610/270	初始:1.3		状态较好
			2h:630/275	2h:1.9		

随着水胶比的增大，自由浆体量增多，外加剂用量逐渐降低，倒坍时间逐渐降低，混凝土流动性改善。

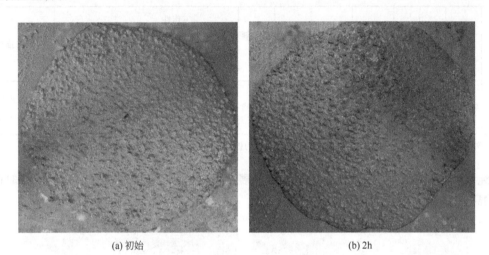

(a) 初始　　　　　　　　　　　　(b) 2h

图 10-27　SZ-G29 组（水胶比 0.26）

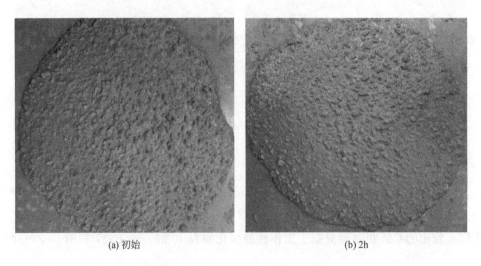

(a) 初始　　　　　　　　　　　　(b) 2h

图 10-28　SZ-G22 组（水胶比 0.28）

 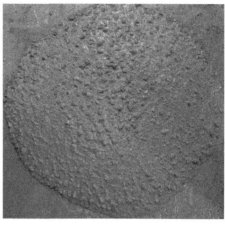

(a) 初始　　　　　　　　　　　　　　(b) 2h

图 10-29　SZ-G30 组（水胶比 0.30）

表 10-37　不同水胶比的 C80 机制砂混凝土强度发展情况

编号	水胶比	表观密度/(kg/m³)/含气量/%	强度/MPa			
			1d	3d	7d	28d
SZ-G29	0.26		44.6	69.5	83.7	98.7
SZ-G22-1	0.28	2486/2.4	41.7	71.4	75.6	93.7
SZ-G30	0.30		37.8	55.1	68.3	85.7

随着水胶比的降低，因自由水产生的毛细孔数量减少，混凝土结构更加致密，因此混凝土强度逐渐增大。

10.6.3.3　胶材用量

不同胶材用量的 C80 机制砂混凝土工作性变化情况如表 10-38 和图 10-30～图 10-33 所示。

表 10-38　不同胶材用量的 C80 机制砂混凝土工作性变化情况

编号	胶材用量/(kg/m³)	外加剂	工作性		表观密度/(kg/m³)/含气量	状态描述
			$T/K/$(mm/mm)	T_d/s		
SZ-G35	500	0.400%	初始:675/270	初始:2.5		状态良好
			2h:650/275	2h:2.3		
SZ-G31	530	0.412%	初始:700/280	初始:2.8		状态良好
			2h:695/275	2h:2.9		
SZ-G22	560	0.336%	初始:665/270	初始:2.0	2486/2.4%	状态良好
			2h:705/280	2h:2.8		
SZ-G32	590	0.333%	初始:630/275	初始:1.9		状态良好
			2h:650/290	2h:2.0		

在胶材用量从 500kg/m³ 增大到 590kg/m³ 的过程中，混凝土工作性始终较好，且随着胶材用量的增大，混凝土倒坍时间逐渐降低，黏度改善，这是因为体系自由浆体量逐渐增多。

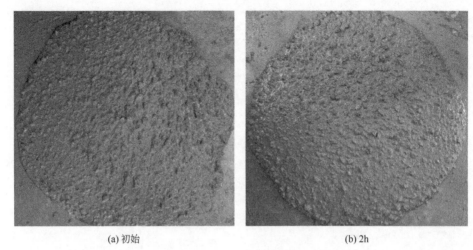

(a) 初始 　　　　　　　　　　　　　(b) 2h

图 10-30　SZ-G35 组（胶材用量 500kg/m³）

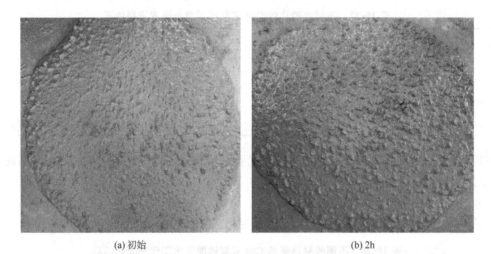

(a) 初始 　　　　　　　　　　　　　(b) 2h

图 10-31　SZ-G31 组（胶材用量 530kg/m³）

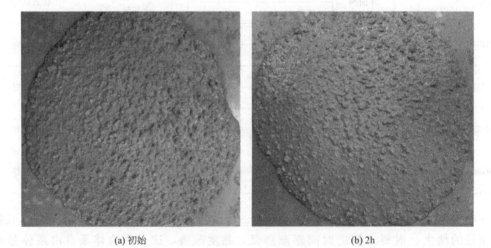

(a) 初始 　　　　　　　　　　　　　(b) 2h

图 10-32　SZ-G22 组（胶材用量 560kg/m³）

 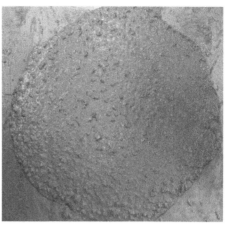

(a) 初始   (b) 2h

图 10-33   SZ-G32 组（胶材用量 590kg/m³）

表 10-39   不同胶材用量的 C80 机制砂混凝土强度发展情况

编号	胶材用量 /(kg/m³)	表观密度/(kg/m³)/ 含气量/%	强度/MPa			
			1d	3d	7d	28d
SZ-G35	500		44.5	62.5	80.2	93.7
SZ-G31	530	2486/2.4	47.7	67.9	70.8	98.6
SZ-G22-1	560		41.7	71.4	75.6	93.7
SZ-G32	590		49.2	65.3	80.4	87.2

不同水胶比下的混凝土强度如表 10-39 所示，可以看出，C80 机制砂混凝土 7d 强度随着胶材用量的增大呈现先降低后增大的趋势，28d 强度呈现先增大后降低的趋势，但增减幅度较小，胶材用量对 C80 机制砂混凝土强度的影响较小。

10.6.3.4   砂率

不同砂率的 C80 机制砂混凝土工作性变化情况如表 10-40 和图 10-34～图 10-36 所示。

表 10-40   不同砂率的 C80 机制砂混凝土工作性变化情况

编号	砂率	外加剂	工作性		表观密度/(kg/m³)/ 含气量/%	状态描述
			$T/K/(mm/mm)$	T_d/s		
SZ-G33	46%	0.336%	初始:700/280	初始:1.7		状态较好
			2h:690/285	2h:1.5		
SZ-G22	50%	0.336%	初始:665/270	初始:2.0	2486/2.4	状态良好
			2h:705/280	2h:2.8		
SZ-G34	54%	0.336%	初始:655/275	初始:1.8		状态较好
			2h:690/285	2h:2.4		

由于机制砂比表面积远大于粗骨料比表面积，因此当砂率逐渐增大时，混凝土初始扩展度逐渐降低，在研究变化范围内，混凝土初始及 2h 扩展度保持在 650mm～700mm 之间，坍落度保持在 270mm 以上，倒坍时间维持在 3s 以内，混凝土工作性较好。

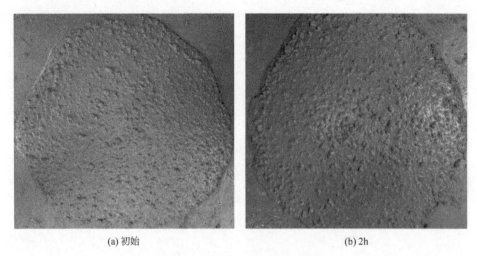

(a) 初始　　　　　　　　　　　　　　　(b) 2h

图 10-34　SZ-G33 组（砂率 46%）

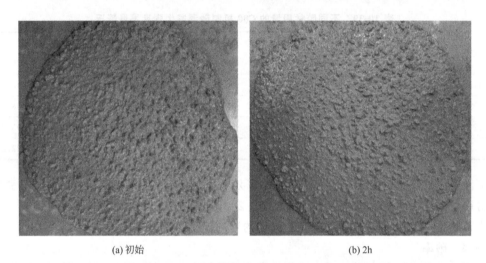

(a) 初始　　　　　　　　　　　　　　　(b) 2h

图 10-35　SZ-G22 组（砂率 50%）

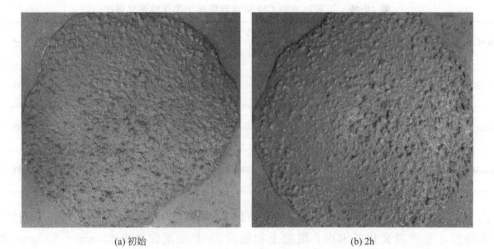

(a) 初始　　　　　　　　　　　　　　　(b) 2h

图 10-36　SZ-G34 组（砂率 54%）

表 10-41 不同砂率的 C80 机制砂混凝土强度发展情况

编号	砂率	表观密度/(kg/m³)/含气量	强度/MPa			
			1d	3d	7d	28d
SZ-G33	46%		37.4	61.0	83.7	97.8
SZ-G22-1	50%	2486/2.4%	41.7	71.4	75.6	93.7
SZ-G34	54%		44.0	64.3	74.8	88.0

C80 机制砂混凝土强度发展情况如表 10-41 所示，课件，随着砂率的增大呈现降低的趋势，当砂率从 46% 增大至 54% 时，混凝土 28d 强度降低 10.0%。原因可能是砂率为 46% 时，体系砂浆量足以填充粗骨料空隙，使得混凝土结构密实，当砂率增大时，浆体与骨料见的界面过渡区增多，界面破坏的概率增大。

因此，在砂浆量可以满足粗骨料间填充润滑的时候，不应过大地提高砂率。

10.6.3.5　机制砂优化技术

（1）机制砂石粉含量。不同机制砂石粉含量的 C80 机制砂混凝土工作性变化情况如表 10-42 和图 10-37～图 10-39 所示。

表 10-42 不同机制砂石粉含量的 C80 机制砂混凝土工作性变化情况

编号	机制砂石粉含量	外加剂（固，减水:保坍=4:3）	工作性		表观密度/(kg/m³)/含气量	状态描述
			T/K/(mm/mm)	倒坍时间 T_d/s		
SZ-G37	6%	0.336%	初始:630/275	初始:2.6		状态还可以
			2h:675/280	2h:2.4		
SZ-G22	9%	0.336%	初始:665/270	初始:2.0	2486/2.4%	2h 表面有 1cm 浮浆
			2h:705/280	2h:2.8		
SZ-G38	12%	0.336%	初始:535/260	初始:2.5		初始较干
			2h:640/280	2h:2.1		

(a) 初始　　　　　　　　　　　　　(b) 2h

图 10-37　SZ-G37 组（石粉含量 6%）

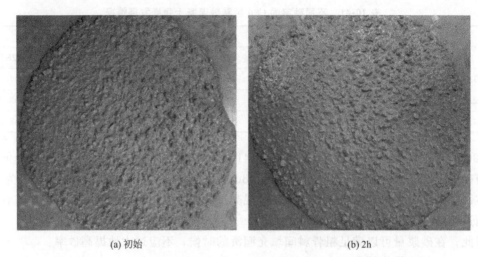

(a) 初始   (b) 2h

图 10-38   SZ-G22 组（石粉含量 9％）

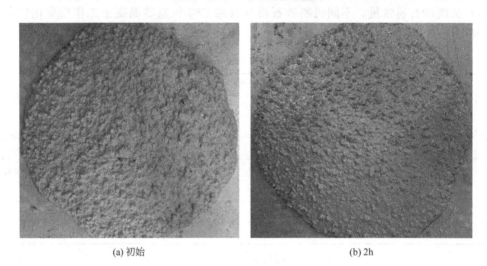

(a) 初始   (b) 2h

图 10-39   SZ-G38 组（石粉含量 12％）

　　随着机制砂石粉含量的增大，混凝土初始扩展度先增大后降低，这是因为适当增大石粉含量有利于浆体总量的提高，使得体系富余较多自由浆体，而过大的石粉含量又会吸附较多的自由水，使得浆体"变干"，扩展度又会降低。因此从工作性角度，机制砂石粉含量不应过大或过小，本试验中石粉含量为 9％时，混凝土状态最佳。

表 10-43   不同机制砂石粉含量的 C80 机制砂混凝土强度发展情况

编号	机制砂石粉含量	表观密度/(kg/m³)/含气量	强度/MPa			
			1d	3d	7d	28d
SZ-G37	6％		46.1	65.2	79.7	97.5
SZ-G22-1	9％	2486/2.4％	41.7	71.4	75.6	93.7
SZ-G38	12％		50.0	67.8	79.8	94.1

　　由不同机制砂石粉含量下的混凝土强度发展情况（见表 10-43）可以看出，机制砂石粉含量对混凝土 7d 及前期强度影响较小，随着石粉含量的增大，28d 强度稍有降低。这是因

为石粉作为一种近似惰性粉体，使得混凝土体系活性粉体含量降低，混凝土结构密实度降低，从而强度下降。

（2）机制砂类型。不同类型机制砂的 C80 机制砂混凝土工作性变化情况如表 10-44 和图 10-40～图 10-43 所示。

表 10-44　不同类型机制砂的 C80 机制砂混凝土工作性变化情况

编号	机制砂类型	外加剂	工作性		表观密度/(kg/m³)/含气量	状态描述
			$T/K/(mm/mm)$	T_d/s		
SZ-G39	干法砂	0.336%	初始:435/245	初始:3.2		流动性较差
		0.836%	初始:650/275	初始:2.4		状态良好
			2h:725/280	2h:3.3		
SZ-G22	风选砂	0.336%	初始:665/270	初始:2.0	2486/2.4%	状态良好
			2h:705/280	2h:2.8		
SZ-G40	水洗砂	0.336%	初始:565/250	初始:2.7		初始扩展度和坍落度稍小
			2h:615/260	2h:2.5		

图 10-40　SZ-G39 组（机制砂为干法砂，外加剂掺量低）

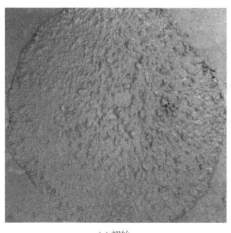
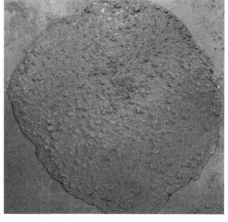

(a) 初始　　　　　　　　　　　　　　　(b) 2h

图 10-41　SZ-G39 组（机制砂为干法砂，外加剂掺量适中）

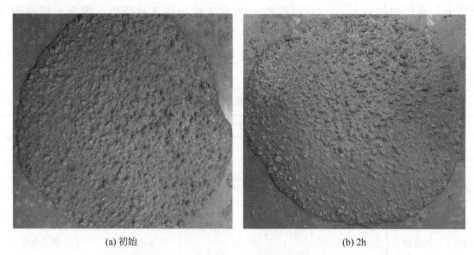

(a) 初始　　　　　　　　　　　　(b) 2h

图 10-42　SZ-G22 组（机制砂为风选砂）

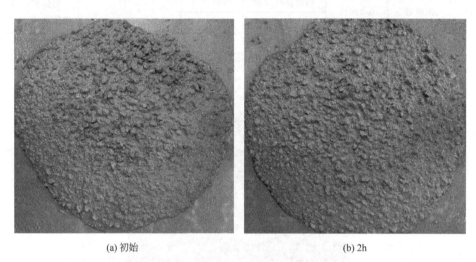

(a) 初始　　　　　　　　　　　　(b) 2h

图 10-43　SZ-G40 组（机制砂为水洗砂）

　　试验将三种机制砂通过筛粉、加粉统一制备成 9％石粉含量的机制砂。SZ-G39 组采用干法砂，相同外加剂掺量下，混凝土较"干"，因此继续增加外加剂，最终达到状态的外加剂掺量较大。当风选砂换为干法砂或水洗砂时，混凝土工作性变差，需增大外加剂掺量，但混凝土黏度较小。水洗砂混凝土颗粒级配较差，看起来颗粒较明显。

表 10-45　不同类型机制砂的 C80 机制砂混凝土强度发展情况

编号	机制砂类型	表观密度/(kg/m³)/含气量	强度/MPa			
			1d	3d	7d	28d
SZ-G39	干法砂		35.9	63.0	85.0	97.6
SZ-G22-1	风选砂	2486/2.4	41.7	71.4	75.6	93.7
SZ-G40	水洗砂		47.2	65.6	84.1	103.2

　　对比三种机制砂制备的 C80 机制砂混凝土强度（见表 10-45），可以看出，干法砂和水洗砂的 7d 及 28d 强度较风选砂混凝土高，且水洗砂 28d 强度最高。

10.6.3.6 外加剂优化技术

掺入消泡剂的 C80 机制砂混凝土工作性变化情况如表 10-46 和图 10-44～图 10-49 所示。

表 10-46 掺入消泡剂的 C80 机制砂混凝土工作性变化情况

编号	消泡剂厂家	消泡剂掺量	工作性		表观密度/(kg/m³)/含气量/%	状态描述
			$T/K/(mm/mm)$	T_d/s		
SZ-G18	不掺消泡剂		初始:750/275	初始:2.6	2408/5.0	含气量过大,浆体看起来较多,扩展度过大,静置 2h 表面有 2cm 浮浆
			2h:740/280	2h:2.8		
SZ-G18-1	中兴南友消泡剂	0.00048%	720/280	2.2	2474/3.0	
SZ-G18-2		0.00072%	660/275	2.8	2486/2.7	
SZ-G18-3		0.00096%	740/280	3.8	2506/1.5	较前两组黏
SZ-G18-4	巴斯夫消泡剂	0.0013%	650/265	4.0	2497/2.4	
SZ-G18-5		0.0019%	680/275	3.1	2486/2.0	

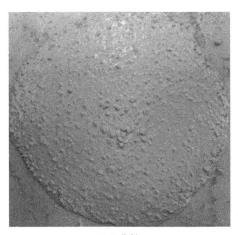 

(a) 工作性　　　　　　　　　　(b) 强度

图 10-44　SZ-G18 组（不掺加消泡剂）

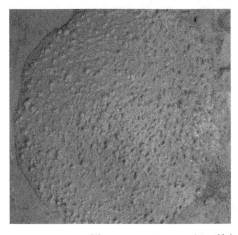 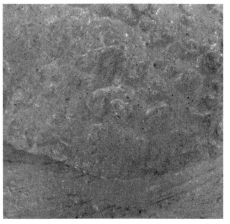

图 10-45　SZ-G18-1 组（掺加 0.00048%中兴南友消泡剂）

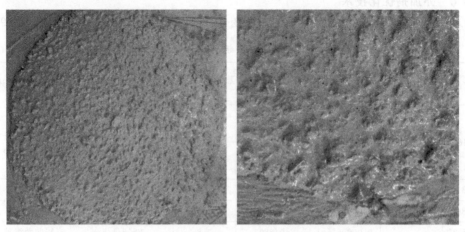

图 10-46　SZ-G18-2 组（掺加 0.00072％中兴南友消泡剂）

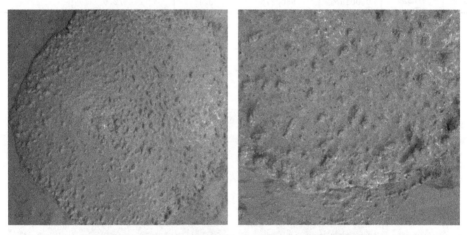

图 10-47　SZ-G18-3 组（掺加 0.00096％中兴南友消泡剂）

图 10-48　SZ-G18-4 组（掺加 0.0013％巴斯夫消泡剂）

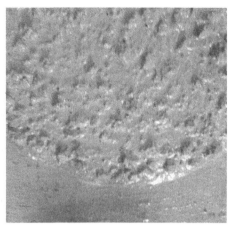

图 10-49　SZ-G18-5 组（掺加 0.0019％巴斯夫消泡剂）

中兴南友和巴斯夫两种消泡剂掺量均根据厂家推荐掺量进行选取，两种消泡剂均有明显的降低混凝土含气量的效果。且混凝土含气量随着消泡剂掺量的增大逐渐降低。含气量过低会使混凝土黏度增大，因此应选择合适外加剂掺量。

表 10-47　掺入消泡剂的 C80 机制砂混凝土强度发展情况

编号	消泡剂厂家	消泡剂掺量/％	表观密度/(kg/m³)/含气量/％	强度/MPa			
				1d	3d	7d	28d
SZ-G18	不掺消泡剂		2408/5.0	34.9	64.1	74.7	86.8
SZ-G18-1	中兴南友	0.00048％	2474/3.0	37.2	67.4	78.3	101.4
SZ-G18-2		0.00072％	2486/2.7	35.6	74.3	81.1	93.8
SZ-G18-3		0.00096％	2506/1.5	23.4	70.5	77.8	94.7
SZ-G18-4	巴斯夫	0.0013％	2497/2.4	17.1	67.9	77.6	92.7
SZ-G18-5		0.0019％	2486/2.0	20.0	71.5	76.2	104.3

掺入消泡剂后的混凝土强度发展情况如表 10-47 所示。可以看出，掺入消泡剂，降低了混凝土的含气量，因此强度均有提高，且随着消泡剂掺量的增大，混凝土强度逐渐提高；对比两种消泡剂，在推荐掺量范围内，掺有巴斯夫消泡剂的混凝土具有更高的 28d 强度。

10.6.4　工程应用效果

在保证超高泵送的前提下，解决混凝土强度与黏度的矛盾性问题，实现超高泵送与高强度要求的协同统一，制备出满足性能要求的机制砂高强高性能混凝土，在花果园双子塔成功应用（图 10-50）。

图 10-50　花果园双子塔施工

参 考 文 献

[1] 蒋正武，严希凡，梅世龙，等．机制砂特性及其在高性能混凝土中应用技术［R］．中国砂石协会 2012 年年会"砂石行业创新与发展论坛"，2012.

[2] 周大庆，任达成，胡涛，等．C50 机制砂超高墩高强大体积混凝土的制备和性能研究［J］．商品混凝土，2013 (7)：54-57.

[3] 陈肇元．高强与高性能混凝土的发展及应用［J］．土木工程学报，1997 (5)：3-11.

[4] 黄士元．高性能混凝土发展的回顾与思考［J］．混凝土，2003 (7)：3-9.

[5] 蒋正武，任启欣，吴建林，等．机制砂特性及其在混凝土中应用的相关问题研究［J］．新型建筑材料，2010 (11)：1-4.

[6] 石新桥．机制砂在高性能混凝土中的应用研究［D］．天津：天津大学，2007.

[7] 高育欣，林喜华，徐芬莲，等．C80 机制砂高强混凝土的研制及工程应用［J］．混凝土，2011 (9)：99-101.

[8] 王子明，韦庆东，兰明章．国内外机制砂和机制砂高强混凝土现状及发展［R］．中国硅酸盐学会水泥分会首届学术年会，2009.

[9] 李章建，冷发光，李昕成，等．用机制砂和特细山砂配制泵送 C80 高强混凝土的研究及应用［J］．混凝土，2010 (10)：112-114.

[10] 郑金炎，吴跃群．人工砂在商品混凝土中的应用［J］．建材技术与应用，2004 (6)：32-33.

[11] 刘军．机制砂在 C80 高强混凝土的配制及试验研究［J］．商品混凝土，2010 (7)：51-53.

[12] 江丰．机制砂配制高性能混凝土在大跨度预应力 T 型钢构桥中的应用［J］．建筑技术开发，2003，30 (4)：31-34.

[13] 廖建东．机制砂在某高速铁路高性能混凝土中的应用［J］．路基工程，2013 (4)：176-178.

[14] 兰明章，王子明．机制砂在高强混凝土中的作用［N］．中国建材报，2008，9 (30)．

[15] Hudson, B. P. Manufactured sand for concrete［R］. 5th ICAR Symposium. Austin, Texas, 2007.

[16] 李北星，胡晓曼，周明凯，等．机制砂配制高强混凝土的石粉含量限值试验研究［R］．第九届全国水泥和混凝土化学及应用技术会议，2005.

[17] 王稷良．机制砂特性对混凝土性能的影响及机理研究［D］．武汉：武汉理工大学，2008.

[18] 江京平．对应用于 HPC 中人工砂若干问题的认识与实践［J］．建筑技术，2001，32 (1)：44-45.

[19] 江京平，张红心，李述宝．C60 机制砂高性能泵送混凝土的试验研究［J］．施工技术，2000 (5)：26-28.

[20] 杨玉辉．C80 机制砂混凝土的配制与性能研究［D］．武汉：武汉理工大学，2007.

[21] 王稷良，周明凯，朱立德，等．机制砂对高强混凝土体积稳定性的影响［J］．武汉理工大学学报，2007 (10)：20-24.

[22] 王稷良，周明凯，李北星，等．机制砂中石粉对混凝土耐久性的影响研究［J］．工业建筑，2007 (12)：109-112.

[23] 李婷婷，王稷良，郑国荣，等．机制砂中石粉含量对混凝土抗渗性能的影响［J］．混凝土，2009 (3)：35-37.

[24] 蔡基伟．石粉对机制砂混凝土性能的影响及机理研究［D］．武汉：武汉理工大学，2006.

[25] 余崇俊，吴大鸿，梅世龙．机制砂高标号混凝土研究现状［J］．公路交通科技：应用技术版，2008 (1)：233-236.

[26] 舒传谦．贵州山砂高强混凝土的物理性能［J］．贵州工业大学学报，1997 (1)：96-100，112.

[27] 舒传谦．贵州山砂高强度混凝土的力学特性［J］．贵州工学院学报，1996 (3)：48-53.

[28] 田建平．高强高性能机制砂混凝土的配制及性能研究［D］．武汉：武汉理工大学，2006.

[29] 吴建林，任启欣，蒋正武，等．机制砂高强高性能混凝土的配制研究［R］．首届机制砂石生产与应用技术论坛，2010.

[30] 李拖福，严亚光．石屑在混凝土中的应用［J］．山西建筑，1987 (2)：27-29.

[31] 安文汉．石屑混凝土强度及微观结构试验研究［J］．山西建筑，1989 (2)：19-26.

[32] 路文典．人工砂石粉含量超标对常态强混凝土性能的影响试验研究［J］．山西水利科技，2000 (4)：63-67.

[33] 周明凯，彭少民，徐健．用石屑代砂配制路面混凝土的技术研究［R］．第三届国际道路和机场路面技术大会．华杰出版有限公司，1998.

[34] 徐健，蔡基伟，王稷良，等．人工砂与人工砂混凝土的研究现状［J］．国外建材科技，2004，25 (3)：20-24.

[35] 李兴贵，张恒全，陈晓月．高石粉人工砂原级配混凝土干缩性能试验研究［J］．河海大学学报，2002，30 (4)：37-40.

［36］ 李兴贵．高石粉含量人工砂在混凝土中的应用研究［J］．建筑材料学报，2004，7（1）：66-71.

［37］ 张桂梅，张桂珍．人工砂的应用研究［J］．山西水利，2001（2）：43-44.

［38］ 吕剑峰，郭向勇，李章建，等．机制砂 C60 高强混凝土耐火性能及其改善措施的研究［J］．建材发展导向，2007（5）：39-43.

［39］ 蒋元海．人工砂代替天然砂生产预应力高强混凝土管桩［R］．中国硅酸盐学会钢筋混凝土制品专业委员会 2005—2006 学术年会，2006.

［40］ 蒋元海．人工砂在 PHC 管桩中的应用［N］．中国建材报，2005，2（22）.

［41］ 蒋元海．碎石砂的开发及应用［R］．中国混凝土与水泥制品协会 2012 年会，2012.

［42］ 陈家珑．机制砂行业现状与展望［J］．砂石，2010（6）：9-12.

11 机制砂水下抗分散混凝土及工程应用

11.1 概况

随着混凝土这一大宗建筑材料的使用范围逐渐扩大，水下混凝土工程建设也越来越受到重视。利用传统方法对混凝土进行水下施工，无法保证材料的均匀性、接缝的可靠性和钢筋黏结力等，常常会碰到材料离析、水泥流失、质量下降、环境污染等问题，这是由于新拌混凝土穿过水层时，骨料会与水泥分离，很快沉入水底，而水泥颗粒被冲刷下来，大部分留在水中形成悬浮颗粒；又由于水泥是水硬性材料，下沉时已经凝固，失去胶黏能力；浇下去的混凝土拌合物分为一层砂砾石骨料，一层薄而强度很低的水泥絮凝体或水泥渣，不能满足工程要求。所以过去水下混凝土都要求在与环境水隔离的情况下浇筑，且浇筑过程不能中断，以减少水的不利影响，在其硬化后还要清除一定数量的强度不符合要求的混凝土。按常规，浇筑水下混凝土的关键即尽量隔断混凝土与水的接触。工艺复杂，要求繁多，且应用范围受到强烈限制。

水下抗分散混凝土因其施工时优越的技术性能和经济性而越来越多地被用于水下工程施工与修补中，被称为"划时代混凝土"。其基于对水下施工混凝土的技术要求而问世，通过改善混凝土自身性能，实现混凝土拌合物直接向水底浇筑的要求。普通混凝土在水中抗分散性差、强度低，而水下抗分散混凝土具有自流平、自密实、免振捣的性能而可简化水下工程的施工工艺，因此研制和应用水下抗分散混凝土俨然已成为水下混凝土的发展方向。

从根本上解决新拌混凝土遇水分离的问题是水下抗分散混凝土的首要技术要点，而达成这一指标的关键在于一种特殊的外加剂，即水下抗分散剂。该新型混凝土外加剂可大大提高拌合物的黏聚性，从而在根本上解决普通混凝土水下施工所遇到的分散、离析等问题。水下抗分散剂一般均为水溶性，具有较长链状结构的高分子聚合物，它在水泥微粒之间能起到连接和架桥作用，混凝土中的水溶性聚合物通过氢键与部分拌合水结合，并以分子形式分散于拌合水中，因此拌合水被束缚于水溶性聚合物的网状结构里，从而把水泥和抗分散剂包裹起来不易受到外界水分子的冲洗而分散。实践证明，掺加水下抗分散剂是配制水下抗分散混凝土最关键的措施。据 Sonebi 和 Khayat 等人的文献报道，近年常用的水下不分散剂的主要成分为 welan 树脂和纤维素类，并辅以粉煤灰、磨细矿渣、缓凝剂、萘磺酸盐和密胺树脂等。我国从 20 世纪 80 年代开始对水下抗分散混凝土进行研制开发，其研究和应用已有近 30 年的历史，在水利水电、交通、石油及民用建筑工程等领域得到了广泛的应用。工程中常用的水下抗分散剂主要有聚丙烯系与纤维素系两大类。前者主要属于阴离子型高分子电解质，在很小的掺量下即具有较好的絮凝作用；后者因纤维素三元环上羟基的氢被烃基取代（醚化），絮凝作用明显，小掺量时具有减水效果，大掺量时引气量较高且缓凝。所以，如何选取原材料并制备优良的水下抗分散剂是水下抗分散混凝土的一项重要任务。

　　机制砂水下抗分散混凝土，顾名思义，是以机制砂为细骨料，兼顾水下抗分散性能，适用于水下工程施工建设的一种高性能混凝土。国内外目前对该种混凝土的研究大都集中在其一方面，如机制砂的使用或混凝土的水下抗分散性，很少有将其二者结合起来深入研究的案例。就水下抗分散混凝土来说，国外学者在已成熟应用水下抗分散混凝土的基础上，将注意力集中在水下抗分散剂的优化和矿物掺合料对其影响的研究；在国内，蒋正武等研究出一种新型的水下抗分散剂，并在实际工程中证明了其应用价值；原天津石油部施工技术科学研究所研制成功的水下抗分散剂 UWB-1，交通部第二航务工程局科研所杨国嫦等研制成功的 PN剂，都属于聚丙烯酰胺类的水下抗分散剂；林宝玉等在 90 年代初开发成功通过部级专家鉴定的 NNDC-2 型水下抗分散剂属于纤维素类水下抗分散剂；中国水科院在 20 世纪 90 年代开发研制出一种水下不分散聚合物改性混凝土；林鲜等着重研究了目前较多应用的掺聚丙烯酰胺抗分散剂和磨细矿渣的水下不分散混凝土的水化性能；另外更多的研究专注于考察水下抗分散混凝土的实际应用。就机制砂来说，早期常用机制砂与天然砂进行对比以验证前者的实用意义，现多将机制砂用于高性能混凝土，探究其对混凝土的性能影响及影响机理。下文将对机制砂水下抗分散混凝土从原材料、配合比设计、性能和实际工程应用几个方面进行详细介绍。

11.2　原材料

11.2.1　水泥

　　水泥在混凝土拌合物中起到不可或缺的胶黏作用，是最为常用的胶凝材料。配制机制砂水下抗分散混凝土所用的水泥应符合有关国家现行标准，可采用硅酸盐水泥、普通硅酸盐水泥，水泥强度等级不宜低于 42.5。严禁使用烧黏土质的火山灰水泥，不宜采用硬石膏调凝水泥；有抗冻要求的机制砂水下抗分散混凝土，不宜采用火山灰质硅酸盐水泥；处于强硫酸盐侵蚀环境下的机制砂水下抗分散混凝土宜采用抗硫酸盐水泥；处于中等或弱硫酸盐侵蚀性环境的机制砂水下抗分散混凝土宜掺加适当品种和掺量的粉煤灰、磨细粒化高炉矿渣粉或硅粉等；配制氯盐、硫酸盐侵蚀环境下的机制砂水下抗分散混凝土当掺加粉煤灰、磨细粒化高炉矿渣粉或硅粉时，宜选用硅酸盐水泥、普通硅酸盐水泥，不宜选用矿渣硅酸盐水泥、火山灰质硅酸盐水泥、粉煤灰硅酸盐水泥等；与其他侵蚀性水接触的混凝土所用水泥，应按有关规定选用；对大体积机制砂水下抗分散混凝土宜选用中低热水泥。

11.2.2　机制砂

　　砂作为混凝土的主要原材料之一，分为天然砂和机制砂两大类。受自然条件制约，机制砂取代天然砂的趋势不可逆转。机制砂的选用应符合现行《建筑用砂》（GB/T 14684）、《公路桥涵施工技术规范》（JTJ 041—2000）、《公路工程水泥混凝土用机制砂》（JT/T 819）、《公路机制砂高性能混凝土技术规程》（T/CECS G：K50-30）等标准的要求。首先应严格控制机制砂含泥量，宜采用水洗碎石破碎机制砂工艺制备机制砂，以严格控制机制砂中含泥量不大于 1.0%，亚甲基蓝测试值不应大于 1.0；宜选用级配合格的中砂，质地坚硬、清洁、级配良好，细度模数宜在 2.3～3.2 范围内，针片状含量应小于 5%；机制砂的含水率应保持稳定，不宜超过 5%，必要时应采取加速脱水措施；机制砂的石粉含量不应小于 5%，宜在 10%～15% 之间，但不应大于 20%，安文汉通过正交设计优化的方法，对机制砂混凝土的特性进行了研究，并明确提出了石粉极限掺量的概念；海水环境机制砂水下抗分散混凝土严禁采用活性机制砂，淡水环境机制砂水下抗分散混凝土不得不采用碱活性机制砂时，应使用碱含量（$Na_2O+0.658K_2O$）小于 0.6% 的水泥。

11.2.3　粗骨料

配制机制砂水下抗分散混凝土的粗骨料应采用质地坚硬、级配良好的碎石、卵石或碎石与卵石的混合物，最大粒径不宜大于 31.5mm。配制强度等级不小于 C30 的机制砂水下抗分散混凝土所采用的粗骨料针片状颗粒含量应小于 10%（以质量百分比计），强度等级小于 C30 的机制砂水下抗分散混凝土所采用的粗骨料针片状颗粒含量应小于 20%（以质量百分比计）。海水环境机制砂水下抗分散混凝土严禁采用活性粗骨料，淡水环境机制砂水下抗分散混凝土不得不采用碱活性粗骨料时，应使用碱含量（$Na_2O+0.658K_2O$）小于 0.6% 的水泥。

11.2.4　外加剂

由上述内容可知，水下抗分散剂是机制砂水下抗分散混凝土的必要组分之一，优秀的水下抗分散剂能够提高混凝土中浆体的黏聚性、浆体与骨料之间的黏聚性、保水性和抗离析性，同时不会降低混凝土流动性导致需水量增加，不会对混凝土的力学性能带来负面影响。另外，混凝土的配制过程中多种外加剂各司其职，所以更要保证水下抗分散剂与其他外加剂的相容效果优良且稳定。蒋正武等研究了水下抗分散剂与减水剂的相容性，孙振平等研究了水下抗分散剂（AWA）、高效减水剂（HWRA）、消泡剂（DF）和硅灰（SF）等对水下抗分散混凝土抗分散性和抗压强度的影响规律，并比较了两种典型的水下抗分散混凝土与普通混凝土的各项耐久性指标。

机制砂水下抗分散混凝土所使用的外加剂应质量稳定，并附有检验合格证、储存条件、有效期、使用方法、注意事项及出厂日期等。水下抗分散剂的选用应通过试验确定，其性能应满足机制砂水下抗分散混凝土的工作性、抗分散性、强度及耐久性要求。减水剂的减水率应大于25%。其他外加剂除应符合国家现行有关标准外，尚应具有与所采用的水泥、掺合料、抗分散剂良好的适应性。引气剂可采用松香热聚物，其品质应符合现行《混凝土外加剂》（GB 8076）中的有关规定和《水运工程混凝土施工规范》（JTS 202—2011）附录 A 的要求。

11.2.5　矿物掺合料

机制砂水下抗分散混凝土中掺加的掺合料品质必须符合现行国家标准的相关规定，其质量要求稳定并附有品质检验证书。粉煤灰应采用Ⅰ级或Ⅱ级粉煤灰；磨细粒化高炉矿渣粉的细度不宜小于 $400m^2/kg$；硅粉按照氮吸附法（BET 法）测定的细度不宜小于 $15000m^2/kg$；各掺合料的掺入方式可单掺，也可复合掺入，其掺入方式和掺量应通过试验确定。单掺一种掺合料的掺量应符合表 11-1 的规定。所使用的各种掺合料在运输和储存中应有明显标志，不得混杂和受到污染。

表 11-1　配制机制砂水下抗分散混凝土的掺合料适宜掺入量

磨细粒化高炉矿渣粉	粉煤灰	硅粉
50%～80%	20%～35%	3%～8%

11.2.6　水

配制机制砂水下抗分散混凝土的拌合用水应符合现行国家及行业的有关标准的规定。

11.3 配合比设计

11.3.1 基本原则

水下抗分散混凝土的配合比设计，一般指决定水泥、水、粗骨料、细骨料、水下抗分散混凝土外加剂及其他外加剂的组成比例。其配合比除满足设计所提出的强度要求外，由于水下抗分散混凝土的施工质量在很大程度上取决于其黏稠性和流动性，所以在配合比设计时更为重要的是满足水下施工的抗分散性和流动性的要求。

11.3.1.1 施工流动性的确定

水下抗分散混凝土在水下浇筑施工不可能进行捣固作业，靠其本身良好的流动性达到自流平、自密实。为此，水下抗分散混凝土的流动性在很大程度上决定了水下混凝土浇筑质量。

11.3.1.2 混凝土强度的配制

对水下抗分散混凝土的配制强度与陆上混凝土的配制强度的规律相近。一般水下抗分散混凝土的强度设计要求为 20～40MPa。其强度设计基本上遵循水灰比定则。

11.3.1.3 水胶比

水胶比主要根据水下抗分散混凝土的强度来确定的，同时考虑混凝土耐久性的要求。其水胶比大小应统一综合考虑，并应采用其较小者作为设计水灰比。这与普通混凝土水胶比设计相近。

11.3.1.4 单位用水量

由于水下抗分散混凝土外加剂的掺入，水下抗分散混凝土黏性大大提高，要使水下抗分散混凝土达到自流平、自密实，得到流动性好的水下抗分散混凝土，其单位用水量比普通混凝土要大得多。一般坍落扩展度要达到 45cm 左右，水下抗分散混凝土的单位用水量约为 $220kg/m^3$。

试配时还可加入减水剂、引气剂等并辅以调整砂率、选择粗骨料的最大粒径等方法，尽可能降低单位用水量。

11.3.1.5 单位水泥用量

单位水泥用量是根据单位用水量和水灰比确定的。水下抗分散混凝土单位用水量大，因此单位水泥用量也大。一般水下抗分散混凝土强度＞20MPa 时，单位水泥用量＞450kg/m³。

11.3.1.6 砂率

与水下抗分散混凝土的流动性有一定关系，其砂率大小应使水下抗分散混凝土有适宜的流动性，以单位用水量最小来确定。砂的细度模数越小，其砂率也应减少，一般控制在 40％～50％为宜。

11.3.1.7 粗骨料最大粒径

粗骨料的最大粒径与水下抗分散混凝土抗分散性有一定关系。粗骨料粒径过大，混凝土在水下浇筑容易分离，且容易使混凝土过渡区产生缺陷，影响水下抗分散混凝土的质量。最大粒径的选择一定要和混凝土的质量、混凝土的经济性综合考虑，一般情况下最大粒径在 25mm 以下。同时要求不得超过构件最小尺寸的 1/4 及钢筋间距的 3/4。

11.3.1.8 水下抗分散剂和其他外加剂的掺量

水下抗分散剂赋予水下抗分散混凝土一定的黏稠性，使水下抗分散混凝土在水下浇筑时不分散、不离析，其掺量可根据施工方法、施工条件等通过试验来确定，一般水下抗分散剂掺量占水泥质量的 1.5%～2.5%。如需掺加其他外加剂，应先进行试验验证。

11.3.1.9 含气量

水下抗分散混凝土含气量与一般混凝土要求相同，但处于潮差段的水下抗分散混凝土要求含气量达到 5%。

11.3.2 配合比设计方法

机制砂水下抗分散混凝土的配合比设计必须满足混凝土的设计强度、水陆强度比、水下抗分散性、耐久性及施工和易性的要求，并应经济合理。水胶比的选择应同时满足强度和耐久性要求，按强度要求得出的水胶比与按耐久性要求规定的水胶比相比较，取其较小值作为配合比的设计依据。

机制砂水下抗分散混凝土的施工配制强度 $f_{cu,o}$ 应按式（11-1）计算：

$$f_{cu,o} = \alpha f_{cu,k} + 1.645\sigma \tag{11-1}$$

式中　$f_{cu,o}$——混凝土施工配制强度，MPa；

$f_{cu,k}$——设计要求的混凝土立方体抗压强度标准值，MPa；

σ——工地实际统计的混凝土立方体抗压强度标准差，MPa；

α——机制砂水下抗分散混凝土的陆水强度比，为水陆强度比的倒数。

机制砂水下抗分散混凝土强度计算式中 σ 的选取应符合下列规定：

① 施工单位如有近期混凝土强度统计资料时，σ 可按式（11-2）计算：

$$\sigma = \sqrt{\frac{\sum_{i=1}^{n} f_{cu,i}^2 - nm_{f_{cu}}^2}{n-1}} \tag{11-2}$$

式中　$f_{cu,i}$——第 i 组混凝土立方体抗压强度，MPa；

$m_{f_{cu}}$——n 组混凝土立方体抗压强度的平均值，MPa；

n——统计批内的试件组数，$n \geq 25$。

② 施工单位如没有近期混凝土强度统计资料时，宜按表 11-2 中混凝土强度标准差的平均水平 σ_0，结合本单位的生产管理水平，酌情选取 σ 值。开工后则应尽快积累统计资料，对 σ 值进行修正。

表 11-2　混凝土强度标准差平均水平 σ_0

强度等级	<C20	C20～C40	>C40
σ_0/MPa	4.0	5.0	6.0

按耐久性要求，机制砂水下抗分散混凝土的水胶比最大允许值应满足表 11-3 的规定。

表 11-3　机制砂水下抗分散混凝土按耐久性要求的水胶比最大允许值

环境条件		钢筋混凝土	素混凝土
海水环境	水位变动区	0.45	0.45
	水下区	0.5	0.5
淡水或其他地下水环境	水位变动区	0.5	0.5
	水下区	0.5	0.5

11.4　性能

11.4.1　拌合物性能

工程上对水下抗分散混凝土与普通混凝土的性能要求明显不同。水下浇筑的混凝土一般不仅要求有高的流动性，还要有高的黏度和抗分散性。具体来说，水下抗分散混凝土拌合物一般必须满足一定的抗分散性、流动性和水陆强度比等性能。冯爱丽等通过电荷中和、吸附架桥和表面吸附分析了絮凝剂作用机理，运用絮凝机理进一步分析了絮凝剂在水泥体系中的作用以及絮凝剂对流动度的影响。下面以本课题组试验研究数据来直观说明水下抗分散混凝土各项拌合物性能。

试验时首先选取了四种备选絮凝剂，经过单掺并对拌合物各项性能的测试与分析，得出PVAD和HPMC二者表现较为突出，但PVAD水下抗分散剂需水性大，对混凝土有增强作用，掺量过大时，有缓凝作用；而HPMC水下抗分散剂则具有减水作用，掺入会引起混凝土强度下降，同时，掺量增大，引气大，缓凝严重，制约混凝土后期强度的发展。如何把它们各自的优点结合起来，相互弥补各自的缺点，这是我们需要研究、关注的一个重点。试验中制定了系列方案对水下混凝土各项性能进行研究。其中，通过比较复掺时的砂浆流动性与强度性能，选定了三个最佳复掺配比MP1、MP2、MP3（MP0为空白组），如表11-4所示。

表 11-4　复掺最佳配比掺量

抗分散剂	MP1	MP2	MP3
PVAD掺量/%	0.005	0.020	0.030
HPMC掺量/%	0.020	0.005	0.030

11.4.1.1　水陆强度比

硬化后的水下混凝土必须具有良好的后期强度、与钢筋的粘接力、抗冻融、抗渗等性能。水陆强度比是反映硬化后水下混凝土性能好坏的一个重要参数。水陆强度比是指掺有水下抗分散剂的相同配合比的混凝土分别在水下与陆上浇筑成型，并在相同条件下养护所得到的抗压强度比。无论水下混凝土采用何种施工方法，一般均要求水陆强度比达到70%。表11-5是PVAD和HPMC复掺后，不同配比下的水下混凝土性能。

表 11-5　复掺不同配比的水下混凝土的性能

配比	水胶比	T/mm	K/mm	T_d/s	7d水下强度/MPa	7d陆上强度/MPa	7d水陆强度比	28d水下强度/MPa	28d陆上强度/MPa	28d水陆强度比	28d自密实度/%
MP0	0.36	260	670	4.5	12.5	34.7	36	16.9	46.4	36.4	
MP1	0.39	220	370	4.8	40.3	40.7	99	51.1	51.5	99	99.8
MP2	0.41	220	330	8.9	38.7	39.7	97	48.7	51.5	95	102
MP3	0.43	200	320	12.6	22.6	22.3	101	39.1	38.3	102	96

根据砂浆的复掺试验结果选定的三个配合比MP1、MP2、MP3与不掺水下抗分散剂的基准配比MP0四个系列进行了水下混凝土的性能试验，水下混凝土的成型方法采用导管法。图11-1对复掺的三个配比与基准混凝土的7d、28d水陆混凝土的强度进行了对比。复掺配比MP1、MP2的水下、陆上混凝土的强度比基准混凝土的水陆绝对强度高，表明其不仅具有较高的抗分散性，且并没有使混凝土的绝对强度降低。配比MP3尽管具有较高的水陆强

度比，但其掺量大，引起混凝土的绝对强度的降低。

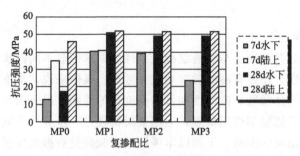

图 11-1 不同复掺配合比的水陆混凝土的强度比较

图 11-2 给出了单掺 PVAD、HPMC 水下抗分散混凝土外加剂的最优配比的水下混凝土的强度并与复掺的配比进行了比较。从图 11-2 中可以看出，复掺配比 MP1、MP2 的 7d、28d 水下混凝土的强度均比单掺配比高。说明复掺配比比单掺具有较高的水下抗分散性，其性能优于单掺配比性能。

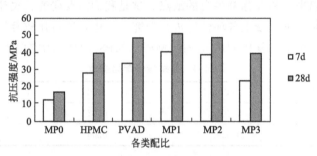

图 11-2 不同配比的水下混凝土强度比较

11.4.1.2 抗分散性

抗分散性是评价水下抗分散混凝土拌合物性能的重要指标之一。为了避免被水冲洗后水泥的严重流失而导致混凝土质量明显下降，一般要求水下抗分散混凝土必须具有良好的抗分散性以提高其抗冲刷性。抗分散性是指混凝土在水中自由落下时遭水洗后水泥流失程度。拌合物的黏度大小直接决定了混凝土的抗分散性好坏。美国标准采用 THREE DROP 试验法评价抗分散性，可采用水泥的流出率、水的透明度变化来表示，目前，也常采用浊度和 pH 值来评价。水落后的混凝土强度损失能够直接反映混凝土抗分散性的好坏。

图 11-3 给出了不同配比的 7d、28d 的水陆强度比。几种配比的 7d、28d 的水陆强度比基本一致。MP1、MP2、MP3 三个配比的水陆强度比均较高，达到 90% 以上，即抗分散性较好；但 MP3 的水下、陆上成型强度均较低，这一点从图 11-2 中可以看出。

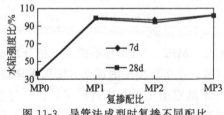

图 11-3 导管法成型时复掺不同配比
的水下混凝土抗分散性比较

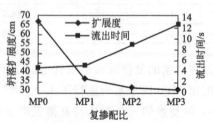

图 11-4 保持坍落度基本相同时不同配比
混凝土拌合物的流动性能

11.4.1.3　流动性

为了保证水下浇筑的混凝土的质量，水下施工一般采用不振捣的浇筑成型方式。要求水下混凝土拌合物有自密实、自流平的性能。浇筑时混凝土依靠自重自行通过钢筋间隙填充到模板的各个角落。水下混凝土的黏度大、流动性好，坍落度最终可达 20～27cm。因此，一般采用坍落度及坍落扩展度来综合评价流动性。也可采用 DIN 1048 规定的散开值来表示。

试验在保持混凝土拌合物的坍落度基本相同（22cm±2cm）的条件下进行的。复掺不同配比水下混凝土的性能见表 11-5。

从图 11-4 中可以看出，在保持坍落度基本相同的情况下，掺 MP1、MP2、MP3 的混凝土拌合物的坍落扩展度均比基准配比 MP0 小，且倒坍落度筒流出时间也比 MP0 大，说明拌合物的黏度增大。对于 MP1、MP2、MP3 三个配比，MP1 坍落扩展度值大，而坍落度筒流出时间较小，说明其流动性较好。

11.4.2　力学性能

依照环境条件不同，机制砂水下抗分散混凝土的力学性能分为陆上抗压强度及水下抗压强度，同时"水陆强度比"这一指标可以用来综合表征水下抗分散混凝土的强度损失情况。

通过试验对比和筛选，本课题组研制成功一种对混凝土绝对强度和抗分散性均十分有利的新型水下抗分散混凝土外加剂——JS 新型水下抗分散混凝土抗分散剂。下面对掺加 JS 新型水下抗分散剂的混凝土各项性能进行研究，并对比其性能与相同强度等级普通混凝土的差别，为实际工程提供宝贵的数据资料。

试验采用的混凝土配合比如下：

配合比甲为 C∶Slag∶S∶G＝400∶100∶815∶897；

配合比乙为 C∶Slag∶SF∶S∶G＝420∶120∶60∶981∶1059。

水泥为 52.5R 普通硅酸盐水泥，JS 水下抗分散剂的掺量为胶凝材料总量的 2.5%，水深为 0.5m 和 1.0m。试验结果见表 11-6。

表 11-6　掺 JS 水下抗分散混凝土外加剂对混凝土强度的影响

序号	抗分散剂及掺量 B/%	W/B	T/mm	K/mm	水深/m	28d 陆上抗压强度/MPa	28d 水下抗压强度/MPa	28d 水陆强度比/%
SH-11	JS,1.5	0.445	240	424	0.5	36.2	31.5	87.0
					1.0		29.4	81.2
SH-12	JS,1.2	0.340	245	420	0.5	52.3	49.4	92.6
					1.0		44.8	84.1
SH-13	国内产品 A,2.0	0.60	220	420	0.5	32.5	24.3	74.8
					1.0		20.2	62.2
SH-14	国内产品 B,2.0	0.560	21.0	36.0	0.5	28.1	21.0	74.7
SH-15	—	0.71	8.0	—	—	30.7	—	—

注：SH-11、SH-13 和 SH-14 采用配合比甲；SH-12 采用配合比乙。

从表 11-6 可以看出，采用相同的配合比，掺加 JS 的混凝土不论其 28d 陆上绝对强度，还是水陆强度比，均远高于掺加国内同类产品，具体表现在：

（1）掺加国内同类产品 A 可以配得 28d 强度为 32.5MPa 的混凝土，但水陆强度比分别只有 74.8%（0.5m）和 62.2%（1m）；掺加国内同类产品 B 可以配得 28d 强度为 28.1MPa 的混凝土，但水陆强度比只有 74.7%（0.5m）。而掺加课题组研制的 JS 水下抗分散剂，混凝土 28d 抗压强度达 36.2MPa，分别比前两者提高 11.4% 和 28.8%，而且更重要的是，掺加 JS 水下抗分散剂可以大幅度提高混凝土的水下浇筑抗分散性，当水深为 0.5m 时，水陆强度比高达 87.0%～92.6%，当水深为 1m 时，水陆强度比高达 81.2%～84.1%。

（2）通过掺加 JS 的措施，课题组首次配制出水下浇筑强度达 C40 的混凝土，且具有更好的水下浇筑抗分散性，将为现代化的水下浇筑结构工程提供良好的材料保证。

表 11-7 给出 C30 水下抗分散混凝土的性能指标要求（拌合物性能和力学性能）。

表 11-7　C30 水下抗分散混凝土的性能指标要求

项　目			指　标	
初始坍落度/mm			180±20	
初始坍扩度/mm			400～500	
1h 坍落度/mm			>160	
1h 坍扩度/mm			>350	
泌水率/%			<0.1	
凝结时间/h	初凝		>5	
	终凝		<30	
水下落下试验	pH 值		<12	
混凝土抗压强度/MPa	陆上成型混凝土	7d	18.0	
		28d	30.0	
	水中成型混凝土	7d	15.0	
		28d	24.0	
水陆强度比/%	7d		>60	
	28d		>70	

注：水陆强度比指水中和空气中成型混凝土试件抗压强度比。

11.4.3　耐久性能

黄士元曾提出，耐久性是在一定的环境条件下混凝土性能不随时间而劣化的性能，它是一个笼统的概念，必须与结构物所处的环境相联系。时至今日，基于机制砂水下抗分散混凝土的特殊性，众多学者都将研究重心放在该种混凝土拌合物性能及力学性能的评价上，而忽略了对其耐久性能的探究。Han-Young Moon 在他的论文中对含有矿物掺合料的水下抗分散混凝土的抗冻性和钢筋防腐蚀性能进行了深入研究，填补了这一领域的空白。国内邓美球等研究了不同的水下抗分散剂掺量对水下混凝土的氯离子渗透性、抗化学侵蚀性能以及碳化性能的影响，同时与陆上成型混凝土的耐久性进行比较研究；王东阳等配制了施工性能优良的水下混凝土，并对其各项耐久性能进行了综合评价。本课题组考察了有自制 JS 水下抗分散剂掺加而配制得到的混凝土的收缩性、抗渗性、抗氯离子渗透性、抗酸碱盐侵蚀性、抗碳化性以及电渗量等耐久性性能指标，并与普通混凝土的相应性能进行对比。

11.4.3.1　收缩性

收缩性能的测定结果表明，所配制的机制砂水下抗分散混凝土收缩率增长规律与普通混凝土基本相似，但最终的收缩率较小（见表 11-8），这将减小干缩开裂的危害。

表 11-8　混凝土收缩率的测定结果

序号	收缩率/$\times 10^{-6}$							
	1d	3d	7d	14d	28d	60d	90d	180d
SH-11	52	84	147	265	324	386	401	423
SH-12	61	86	162	251	332	380	397	420
SH-15	74	103	245	308	425	464	497	516

11.4.3.2　抗渗性

三组混凝土的抗渗性测试结果如表 11-9 所示。

表 11-9　混凝土抗渗性测试结果

混凝土序号	压力/MPa	渗透深度/cm	抗渗等级
SH-11	2.0	1.8	＞P30
SH-12	2.0	0.6	＞P30
SH-15	0.3	15	P2

混凝土的抗渗性主要取决于水泥石的密实度、孔结构和骨料-浆体界面结构。显而易见，掺加 JS 水下抗分散剂的机制砂水下抗分散混凝土具有优异的抗渗性，其抗渗等级为 P30 以上。

11.4.3.3　抗冻性

表 11-10 中的数据表明，所配制的机制砂水下抗分散混凝土的抗冻性远远超过普通混凝土。

表 11-10　混凝土抗冻融性的对比

混凝土序号	冻融循环次数	强度损失率/%	质量损失率/%
SH-11	50	−12.3	0
SH-12	50	−9.6	0
SH-15	50	2.2	2.4

SH-11 和 SH-12 两组混凝土经过 50 次冻融循环后，质量未损失，抗压强度不仅没有降低，反而有所增长，但 SH-15 混凝土的抗压强度降低了 2.2%，质量也损失了 2.4%。这是因为，一方面，掺加 JS 水下抗分散剂后混凝土结构的密实性大大提高，另一方面，机制砂水下抗分散混凝土的含气量比普通混凝土略高，所以具有很高的抗冻融循环性。再者，机制砂水下抗分散混凝土中聚合物的存在，使混凝土抗裂性有所增强，有利于混凝土的抗冻融循环性。

11.4.3.4　耐化学介质侵蚀性

分别测定了三组混凝土浸泡于 2.5% 浓度的 HCl 溶液、20% 浓度的 NaOH 溶液和 20% 浓度的 $NaSO_4$ 溶液三个月后，其力学性能（抗压强度）的变化情况，数据列于表 11-11。

表 11-11　混凝土耐化学侵蚀介质作用后的性能变化

混凝土序号	浸泡前抗压强度/MPa	酸侵蚀		碱侵蚀		盐侵蚀	
		2.5%HCl 溶液中三个月后强度/MPa	强度损失率/%	20%NaOH 溶液中三个月后强度/MPa	强度损失率/%	20%$NaSO_4$ 溶液中三个月后强度/MPa	强度损失率/%
SH-11	36.2	30.5	15.7	40.5	−11.9	39.2	−8.3
SH-12	52.3	47.9	10.1	58.4	−9.6	57.1	−7.1
SH-15	30.7	22.5	26.7	27.5	10.4	26.4	14.0

从表 11-11 中的数据可以看出，SH-15 混凝土不仅抗酸侵蚀性很差，而且受碱和硫酸盐的破坏作用也较大。而机制砂水下抗分散混凝土 SH-11 和 SH-12 受酸腐蚀的破坏作用远比 SH-15 小，并且在碱和盐溶液中浸泡后不仅强度未下降，反而有所增长，这是因为这两组混凝土不仅抗渗性好，而且掺加了对耐碱和耐硫酸盐腐蚀性有帮助的活性掺合料。机制砂水下抗分散混凝土所具备的这种良好的抗侵蚀性将保证使其在恶劣的环境中长期服役而不遭受破坏。

11.4.3.5 抗碳化性

采用碳化箱加速碳化的试验方法，测试了三组混凝土经过一个月的加速碳化后的碳化深度，试验结果如图 11-5。可见，机制砂水下抗分散混凝土经一个月的加速碳化后，碳化深度均为 0，而普通混凝土的碳化深度为 1.6cm。在 CO_2 浓度、相对湿度和环境温度等条件相同情况下，影响碳化速度的主要因素为混凝土中水泥石的碱度和孔结构。可以预见，抗分散混凝土中由于掺加了矿渣粉、硅灰等活性掺合料，浆体的碱度比普通混凝土中低，但是碳化速度却很慢，这主要是因为机制砂水下抗分散混凝土的密实度很高。

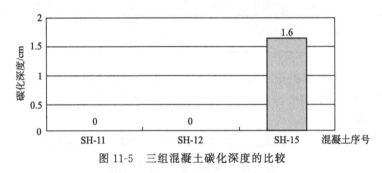

图 11-5　三组混凝土碳化深度的比较

11.4.3.6 Cl⁻渗透速度

在海水中，Cl^- 渗入混凝土内部埋设的钢筋表面，将导致钢筋表面钝化膜破坏，引起锈蚀，严重降低混凝土的使用寿命。所以在海水、海港、近海地下服役的混凝土结构，Cl^- 在混凝土中的渗透速度是人们非常关心的一个指标。

试验测定了浸入 20% NaCl 溶液中的三组混凝土中的 Cl^- 渗透深度，时间为三个月，试验结果示于图 11-6。可见，所配制的机制砂水下抗分散混凝土中 Cl^- 的渗透速度很慢。其原因在于：①机制砂水下抗分散混凝土水胶比小，密实度高；②机制砂水下抗分散混凝土中掺有活性掺合料，它们不仅能进一步对混凝土起到进一步的密实作用，而且能够固化 Cl^-，使 Cl^- 的渗透速度大大减小。

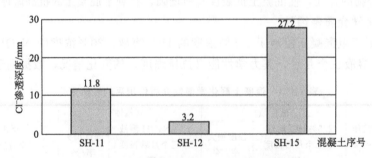

图 11-6　三组混凝土中 Cl^- 渗透深度的比较

根据以上关于机制砂水下抗分散混凝土与普通混凝土耐久性指标的比较，可以认为，机制砂水下抗分散混凝土中由于所研制的机制砂水下抗分散剂的使用和活性掺合料的掺加，其抗渗性、抗冻性、抗碳化和抗 Cl^- 渗透性均大大优于普通混凝土，而且抗化学侵蚀性也比普通混凝土有较大幅度的改善，另外，机制砂水下抗分散混凝土的干缩率比普通混凝土有所降低。这将保证机制砂水下抗分散混凝土不仅能在海水、淡水中使用，而且也能承受冻融循环、化学腐蚀，在陆地使用中不会因碳化作用而过早发生性能劣化。

11.4.4 水下抗分散混凝土外加剂与其他外加剂相容性与优化技术

11.4.4.1 纤维素系絮凝剂的黏度对浆体需水性和抗分散性的影响

从前面的试验结果可以认为，掺加纤维素系和聚丙烯系絮凝剂对改善混凝土抗分散性具有较好的效果。纤维素系和聚丙烯系絮凝剂都属于高分子聚合物，高分子聚合物的分子结构、分子量、溶解速度以及分子链的聚合方式对其絮凝性有重要的影响。一般结构分子链必须与水泥浆分散体系中水泥的活性粒级及其间距相匹配，才能取到最佳的吸附中和、桥架和浆体网络作用。如聚丙烯酰胺以链长度在 $40\mu m$，即分子量为 600 万时最佳。在同一分子量下，采用均聚和悬浮聚合方式的絮凝性较好。根据高分子的类型，工程中应用的抗分散剂分成两大类，即纤维素系列和聚丙烯系列。

每一系列高聚物由于聚合程度不同，所以分子量差异很大，决定了它们本身的水溶性和絮凝性，而絮凝性与高聚物对浆体的需水性之间是一对矛盾，所以研制性能良好的抗分散剂，必须通过试验探索高聚物的分子量、黏度与浆体需水性和抗分散性之间的关系。本试验选取六种黏度的纤维素系，对它们掺入水泥浆后保持相同流动性时水泥浆水灰比的变化，以及水泥浆抗分散性的改善进行合理评价。

由于掺絮凝剂浆体的黏聚性很高，对锥体的黏滞阻力大，所以传统的沉入度法较难评定掺絮凝剂浆体的流动性。为了克服传统沉入度法的局限性，自行设计了测定水泥净浆流动性的试验方法，测试装置如图 11-7(a) 所示，流动性测量方法如图 11-7(b) 所示。测试方法如下：

如图 11-7(a) 所示，将一个内径为 65mm、高为 120mm 的圆柱筒 b 放在光面平板玻璃 a 上，将搅拌好的水泥净浆置入圆柱筒内，抹平上表面后，用手垂直提起圆柱筒，让净浆在玻璃板上自由流动，等流动停止后，在两个相互垂直的方向上测量净浆铺展直径 [图 11-7 (b)]，取平均值作为净浆流动性的量值。

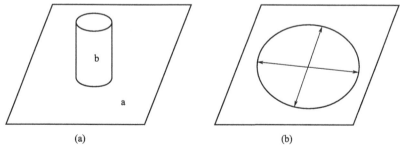

图 11-7 净浆流动性测试装置及测试方法

(a) 玻璃板及圆柱筒；(b) 流动性的测量

为了简化试验步骤，将浆体抗分散性划分为三个等级，即差、一般和良好。浆体抗分散性的测定和评定方法是这样的：将搅拌好的浆体用调匙投入装有 2000mL 水的容量为 2000mL 的量筒中，让浆体自由通过量筒中的水层下落，如果在浆体在下落过程中，①大量飘散，形成蘑菇云状浑浊，则认为浆体抗分散性差；②浆体下沉过程中几乎无水泥颗粒飘散，量筒中的水清澈如初，则判定该浆体抗分散性良好；③浆体下沉过程中水泥颗粒少量飘散，量筒中水略显浑浊，则判定为抗分散性一般。浆体抗分散性测定方法示意图如图 11-8 所示。

(a) 投送浆体

(b) 抗分散性差

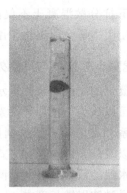
(c) 抗分散性良好

(d) 抗分散性良好

图 11-8　浆体抗分散性的测定示意图

本文选取的纤维素系絮凝剂的黏度分别为：400mPa·s、10000mPa·s、15000mPa·s、40000mPa·s、750000mPa·s、100000mPa·s，为了进行对比，选择了三种分子量的聚丙烯系絮凝剂，其分子量分别为 800 万、1500 万和 1800 万。试验结果如表 11-12 所示。

表 11-12　絮凝剂分子量或黏度对浆体需水量和抗分散性的影响

絮凝剂	分子量	黏度/mPa·s	掺量/%C	水灰比	流动性/mm	抗分散性评价
—	—	—	0	0.425	300	差
纤维素系	—	400	0.05	0.440	308	差
	—		0.2	0.450	305	差
	—		0.5	0.490	307	差
	—		1.0	0.575	299	差
	—		2.0	0.670	305	一般
		1000	0.03	0.440	306	差
			0.1	0.480	310	差
			0.3	0.530	305	一般
			0.4	0.560	310	好
		15000	0.03	0.450	300	差
			0.1	0.480	310	差
			0.4	0.580	302	好
		40000	0.02	0.450	296	差
			0.05	0.470	310	差
			0.1	0.500	310	差
			0.4	0.580	304	好
		75000	0.02	0.460	300	差
			0.05	0.480	310	差
			0.1	0.500	310	差
			0.3	0.540	305	一般
			0.4	0.580	300	好
		100000	0.02	0.460	310	差
			0.05	0.480	310	差
			0.1	0.500	300	差
			0.3	0.625	297	好
			0.4	0.640	304	好

续表

絮凝剂	分子量	黏度/mPa·s	掺量/%C	水灰比	流动性/mm	抗分散性评价
聚丙烯系	800万		0.02	0.500	300	差
			0.05	0.580	304	差
			0.1	0.640	300	差
			0.5	1.000	310	好
	1500万		0.02	0.520	310	差
			0.05	0.600	305	差
			0.1	0.680	306	差
			0.3	0.840	298	一般
			0.5	1.100	302	好
	1800万		0.02	0.540	310	差
			0.05	0.620	308	差
			0.1	0.710	296	差
			0.5	1.210	304	好

从表 11-12 可以看出以下几点：

① 对于相同系列的絮凝剂，随着絮凝剂分子量或黏度的增加，浆体需水量增大，说明抗分散剂的絮凝组分的分子量不宜过大。

② 除了黏度为 400mPa·s 的纤维素系絮凝剂外，当纤维素系絮凝剂的掺量达到一定程度，如 0.5 左右时，都能够较好地改善浆体的抗分散性。

③ 与纤维素系絮凝剂相比，掺加聚丙烯系絮凝剂对浆体的黏聚性更强，但却引起浆体需水量大幅增加。

所以，选择絮凝剂组分作为抗分散剂时，不仅要注意絮凝剂抗分散性的好坏，还要考察各种黏度或分子量的絮凝剂对浆体需水性的影响，从中选出合理的组合。

11.4.4.2 絮凝剂与减水剂的适应性

根据上述试验结果，不论是纤维素系还是聚丙烯系絮凝剂，当掺量较大时均会引起浆体需水性严重增加，这也是使用当前的抗分散剂所配制混凝土水胶比过高，而强度和耐久性问题不能很好解决的主要原因。因此，讨论和通过试验研究不同种类的絮凝剂与减水剂适应性（相容性）优劣的问题就显得十分必要了。

试验共选取代表国内所使用的五种减水剂，减水剂的掺量取常用掺量，纤维素系絮凝剂的掺量取 0.4%C，聚丙烯系絮凝剂的掺量取 0.25%C。试验方案及试验结果见表 11-13。

表 11-13 絮凝剂与减水剂适应性的试验方案及结果

序号	絮凝剂种类	减水剂种类和掺量/%C	水灰比	流动性/mm	适应性	抗分散性
SY	—	—	0.49	320	—	差
SY-0	纤维素系	—	0.49	242	—	好
SY-11	维素系	木钙,0.15	0.49	245		
SY-12		木钙,0.25	0.49	251	好	好
SY-13		木钙,0.35	0.49	264		
SY-21	纤维素系	糖钙,0.10	0.49	245		
SY-22		糖钙,0.20	0.49	248	好	好
SY-23		糖钙,0.25	0.49	248		
SY-31	纤维素系	密胺系,0.50	0.49	251		
SY-32		密胺系,1.00	0.49	268	好	好
SY-33		密胺系,1.50	0.49	287		

续表

序号	絮凝剂种类	减水剂种类和掺量/%C	水灰比	流动性/mm	适应性	抗分散性
SY-41	纤维素系	萘系,0.50	0.49	226	差	好
SY-42		萘系,1.00	0.49	224		
SY-43		萘系,1.50	0.49	210		
SY-51	纤维素系	氨基磺酸盐系,0.50	0.49	270	好	好
SY-52		氨基磺酸盐系,1.00	0.49	280		
SY-53		氨基磺酸盐系,1.50	0.49	295		
SY-61	纤维素系	聚羧酸系,0.50	0.49	272	好	好
SY-62		聚羧酸系,1.00	0.49	275		
SY-63		聚羧酸系,1.50	0.49	302		
SX-0	聚丙烯系	—	0.53	240	—	一般
SY-71	聚丙烯系	氨基磺酸盐系,0.50	0.53	230	一般	一般
SY-72		氨基磺酸盐系,1.00	0.53	252		
SY-73		氨基磺酸盐系,1.00	0.53	261		

注：糖钙本身的塑化效果非常有限，常被用作缓凝剂，所以此处可以认为其与纤维素系絮凝剂的适应性是好的。

从表 11-13 中的数据可以看出以下几点：

① 在不掺加减水剂的情况下，在浆体中掺加絮凝剂，虽然极大地改善了浆体的抗分散性，却不同程度地降低了浆体的流动性。如掺加 0.50%C 的纤维素系絮凝剂，使浆体的流动性下降了 24.4%，而只掺加 0.25%C 的聚丙烯系絮凝剂，浆体流动性下降的幅度更大。SX-0 与 SY-0 相比，要达到相同的流动性，则水灰比增加 7.5%。而要使浆体达到较好的抗分散性，聚丙烯系絮凝剂的掺量要在 0.25%C 以上，将使混凝土的需水量更大。因此，笔者认为，作为混凝土抗分散剂来说，应优先选择纤维素系絮凝剂。

② 絮凝剂与减水剂之间存在明显的适应性问题，在普遍使用的减水剂品种中，絮凝剂与木钙、糖钙和密胺系高效减水剂具有较好的适应性，而与萘系高效减水剂存在严重的不相适应性，甚至浆体流动性出现随萘系高效减水剂掺量增加而减小的反常现象。絮凝剂与两种新型高性能减水剂——氨基磺酸盐系和聚羧酸盐系，也有比较理想的适应性（见图 11-9）。所以，在使用纤维素系絮凝剂作为混凝土抗分散剂使用时，应注意避免萘系高效减水剂的掺用。

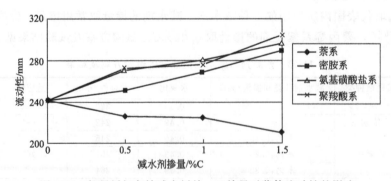

图 11-9　絮凝剂与高效减水剂单、双掺量对浆体流动性的影响

③ 试验表明，双掺适应性较好的减水剂和絮凝剂，不仅浆体的流动性得到一定改善，而且不会影响浆体的抗分散性，这一点对于本文配制高强度等级的水下抗分散混凝土提供了重要的理论和材料保证。

11.4.4.3　消泡剂对混凝土强度的影响

由于掺加絮凝剂会使混凝土的含气量增加 $1\%\sim3\%$，影响混凝土的强度，因此，探索降低掺絮凝剂混凝土的含气量，从而改善混凝土的力学性能就十分必要了。

试验采用的混凝土配合比为 C：Slag：S：G＝400：100：815：897，水泥为 42.5 级普通硅酸盐水泥，絮凝剂为纤维素系，采用氨基磺酸盐系高效减水剂。试验结果如图 11-10 所示。

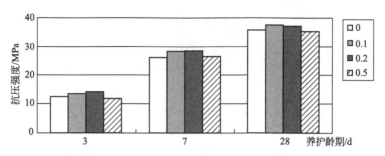

图 11-10　消泡剂掺量对掺絮凝剂混凝土强度发展的影响

从图 11-10 可以看出，由于掺加消泡剂，可以降低混凝土的含气量（降低 $0.5\%\sim0.8\%$），所以可以改善混凝土的强度。消泡剂的掺量在胶凝材料质量的 0.1% 左右较好。

11.5　工程应用

11.5.1　厦蓉高速公路项目 AT22 合同段水下灌注桩

11.5.1.1　工程应用概况

厦蓉高速公路 AT22 合同段位于榕江县古州镇头塘村，距榕江县城 4km。本合同段起点位于榕江县古州镇长岭坡，桩号 ZK93＋200（YK93＋200），路线西行设长岭坡隧道穿长岭坡后，设都柳江 2 号特大桥跨越都柳江及 321 国道，于邮电农场南侧设榕江互通与 321 国道相连，再设黄蒙 1 号大桥跨越深沟后到本合同段终点，终点桩号 K96＋665，路线全长 3.465km。主要工程有都柳江 2 号特大桥、黄蒙 1 号大桥、长岭坡隧道、榕江互通。见图 11-11、图 11-12。

图 11-11　都柳江 2 号特大桥施工现场照片

图 11-12　黄蒙 1 号特大桥施工现场照片

都柳江 2 号特大桥主桥采用 90m＋170m＋90m 预应力混凝土变截面连续刚构箱梁，引桥采用预应力混凝土连续 T 梁。左线桥跨布置为 (90＋170＋90)m＋4×40m＋(2×40＋30＋40)m，左线桥全长 669.54m；右线桥跨布置为 40m＋(90＋170＋90)m＋4×40m＋(40＋2×30＋40)m，右线桥全长 704.06m。

黄蒙 1 号大桥采用 11m×40m 预应力混凝土连续 T 梁，桥长 449m，受榕江互通加减速车道影响，本桥为变宽桥，本桥计入榕江互通内。

长岭坡隧道左线起讫桩号为 ZK93＋498～ZK94＋663，长 1165m；右线起讫桩号为 YK93＋487～YK94＋599，长 1112m。

榕江互通的中心桩号为 ZK95＋610，采用单喇叭型，匝道与 321 国道相连接，主线计算行车速度为 100km/h，互通匝道的设计车速为 40km/h。

机制砂水下抗分散混凝土选择了在都柳江 2 号特大桥、黄蒙 1 号大桥中水下灌注桩进行了试点应用。

11.5.1.2　工程应用的机制砂水下抗分散混凝土配合比

根据桥梁水下灌注桩设计的需求，经试验研究确定，AT22 合同段中都柳江 2 号特大桥、黄蒙 1 号大桥中水下灌注桩混凝土配合比如表 11-14 所示。测试结果如表 11-15 所示。

表 11-14　桥梁工程用 C30 机制砂水下抗分散混凝土配合比

原材料	水泥 /(kg/m³)	JS 水下抗分散剂		粉煤灰 /(kg/m³)	砂 /(kg/m³)	碎石 /kg	外加剂		水
		掺量/%	用量/(kg/m³)				掺量/%	用量/(kg/m³)	
用量	400	2	10	100	867	867	1.0	5	175

表 11-15　C30 机制砂水下抗分散混凝土的性能测试结果

序号	$T/K/(mm/mm)$			抗压强度/MPa			28d 水陆强度比/%	
	0min	30min	60min	3d	7d	28d	0.5m 水深	1.0m 水深
GZ-2 *	240,620	235,580	210,560	14.2	25.3	38.3	91.5	84.0

可见，掺加 JS 抗分散剂的水下抗分散混凝土 GZ-2 不仅坍落度大，流动性好，无泌水现象，而且流动性保持性非常好。水下抗分散混凝土的水陆强度比可达 84％以上，而普通混凝土只有 20％左右。因此，采用掺加 JS 抗分散剂的水下抗分散混凝土所浇筑的灌注桩，其性能将大大超过采用普通混凝土所浇筑的桩。

11.5.1.3　工程应用效果总结

为了评估所浇筑的水下灌注桩的应用效果，对灌注桩混凝土进行了钻芯取样。

　　为防止影响桩的承载力，只在四根桩上进行了钻孔取芯，每根桩上取三个芯样。强度测试结果如表 11-16 所示。

表 11-16　水下灌注桩钻芯取样强度检测结果

序号	桩号	取样部位 （自上至下距离）/m	抗压强度 平均值/MPa	序号	桩号	取样部位 （自上至下距离）/m	抗压强度 平均值/MPa
1	i	0.3~0.5	41.6	3	ii	0.5~1.0	39.4
2	ii	0.5~1.0	39.5	4	iii	1.5~2.5	41.2

　　可见，用机制砂水下抗分散混凝土所浇筑的钻孔灌注桩强度性能较好，完全满足设计要求，且不同桩号、桩身不同部位混凝土的强度值离散较小，表明桩身质量均匀，性能较稳定。

　　此次灌注桩中充满着渗出的地下水，浇筑条件相当差，但采用水下抗分散混凝土所浇筑的灌注桩桩身质量完好，桩身混凝土强度较高，在过去采用普通混凝土、掺减水剂混凝土等的施工中较为少见。因此，在水位较高的地区，采用水下抗分散混凝土进行水下灌注桩浇筑施工是非常有必要的而且是切实可行的，机制砂水下抗分散混凝土在本工程中应用取得了良好的应用效果。

11.5.2　贵黄公路花鱼洞大桥加固工程溶洞处理

11.5.2.1　工程概况及特点

　　花鱼洞大桥位于贵阳清镇地区，其跨越红枫湖水库，贵阳岸拱座及 4# 桥墩，位于库岸斜坡之上。红枫湖水库蓄水前，桥区中部为一山间沟谷，两岸地形较陡，地下水向沟谷内竖向补给，为场区白云质灰岩岩体岩溶发育提供了有利的地形、水力条件；水库建成后频繁的蓄水、排水过程为岩溶的发育提供了水力条件，加剧了场区白云质灰岩的溶蚀作用（见图 11-13）。

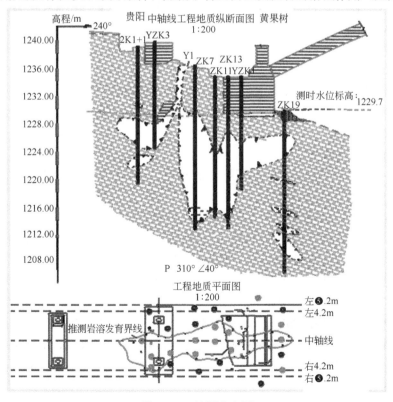

图 11-13　溶洞分布图

　　勘察结果表明，花鱼洞大桥 4# 桥墩基础下伏地基岩溶发育，钻孔揭露溶洞分为三层，上层溶洞地板距离基础底仅 0.4m，溶洞高度 1.5m，洞内无充填；中层溶洞规模较大，高度 4.2m，顶板基岩最小厚度为 6.1m；下层溶洞发育规模较小，溶洞高度 0.8m。因此，上层溶洞顶板小，对基础稳定性影响较大，须进行处理；中层溶洞顶板较厚且顶板基岩连续稳定、强度大，对基础影响小，可不做处理；下层溶洞发育规模小，对基础无影响，不需处理。另外，花鱼洞大桥贵阳岸拱座基础下伏地基岩溶发育且规模较大，钻孔揭露溶洞高度约 13m，横向发育宽度 2～4m，近椭圆状发育，顶板基岩厚 2.7m，洞内为水体全充填，溶洞与红枫湖水体有管道连通，对工作基础稳定性有较大影响，须进行处理（见图 11-14）。

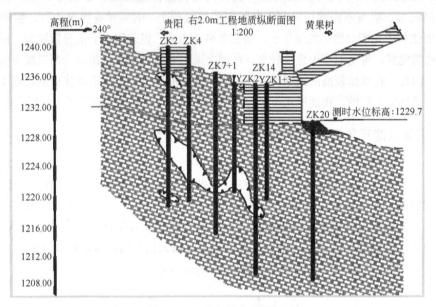

图 11-14　拱座地基地勘图

　　由于场区工程地质条件及水文地质条件较复杂，设计规定对溶洞采用水下抗分散混凝土进行修补填充，要求修补后自行填充密实，能满足基础承载能力需要，且对环境无污染，不能影响红枫湖饮用水源。

11.5.2.2　性能要求与配制

　　（1）性能指标要求　根据 C30 水下抗分散混凝土设计目标，确定水下抗分散混凝土的主要控制指标如下。

　　① 水下混凝土施工质量的好坏与流动性的大小密切相关，流动性过大施工中易出现混浊及粗骨料下沉现象，过小混凝土则容易出现不密实。根据本工程特点和采用导管法施工工艺，混凝土的初始坍落度大于 200mm，坍落扩展度大于 400mm。

　　② 水下混凝土设计强度等级为 C30。参照《水运工程混凝土施工规范》中水下混凝土陆上配制强度要求，本工程中规定水下抗分散混凝土 7d 和 28d 在陆上抗压强度分别大于 20MPa 和 35MPa，且 7d 和 28d 的水陆强度比分别大于 70% 和 80%。

　　（2）机制砂水下抗分散混凝土的配制　原材料：普硅 42.5 水泥，由贵黄公路花鱼洞大桥溶洞项目施工单位提供；机制砂；石子，5～25mm 连续级配；水下抗分散剂，同济大学研制的 JS 水下抗分散剂。

　　根据贵州工程项目要求及提供的混凝土原材料，采用同济大学提供的 JS 水下抗分散剂，实验室配制了不同配合比的 C30 水下抗分散混凝土，测试了不同混凝土配合比的坍落度、坍落扩展度、空气中成型抗压强度及水中成型抗压强度，确定工程中应用最佳的 C30 水下抗分散混凝土配合比。见表 11-17。

表 11-17　C30 水下抗分散混凝土试验配制结果

编号	水泥 /%	粉煤灰 /%	JS水下抗分散剂/%	坍落度 /mm	坍落扩展度 /mm	3d抗压强度 /MPa	3d水下抗压强度/MPa	7d抗压强度/MPa	7d水下抗压强度/MPa
1	100	0	2%	240	455	16.9	15.1	24.3	21.70
2	100	0	2.5%	235	400	16.8	16.0	18.7	18.3
3	80	20	2%	240	410	12.50	11.1	18.7	17.7

试验方法按照《普通混凝土拌合物性能试验方法标准》（GB/T 50080—2002）测试水泥混凝土的坍落度及坍落扩展度，按照《水下不分散混凝土试验规程》（DL/T 5117—2000）成型水下混凝土试块，并测试水下混凝土强度。

试验中所用水胶比为 0.45，其中胶凝材料∶砂子∶石子＝500∶840∶910，外加剂的掺量百分比都是指占胶凝材料总量的百分比，其中外加剂采用外掺法，水泥与粉煤灰的掺量百分比是占胶凝材料总量的百分比。

从实验室的初步试验结果来看，28d 抗压强度预期可以达到 C30 强度等级。采用贵州工地提供的混凝土原材料，可以配制出符合要求的 C30 水下抗分散混凝土。

考虑到实际工程应用强度保证系数，建议对 C30 水下抗分散混凝土，胶凝材料用量增大到 550kg/m³。

通过混凝土配合比基本参数优化、掺加外加剂等配制技术进行了大量的试配试验，确定了水下抗分散混凝土的配合比，如表 11-18 所示。表 11-19 为对水下抗分散混凝土性能进行检测的结果，可以看出该配合比完全满足水下抗分散混凝土施工的要求。

表 11-18　水下抗分散混凝土的配合比

材料名称	水泥	JS水下抗分散剂	粗骨料	细骨料	水
用量/(kg/m³)	550	11	820	777	207

表 11-19　水下抗分散混凝土的性能

工作性能/mm		抗压强度								
		3d			7d			28d		
坍落度	坍扩度	陆地/MPa	水下/MPa	水陆强度比/%	陆地/MPa	水下/MPa	水陆强度比/%	陆地/MPa	水下/MPa	水陆强度比/%
220	425	27.4	25.5	93.3	34.4	29.7	86.2	46.4	40.0	86.2

11.5.2.3　施工方案

（1）方案对比　根据桥梁拱座基础、4 号桥墩的受力情况和现场地质、地形情况，结合地勘报告对溶洞影响评价及处理建议，贵阳岸溶洞及基础的处理思路有两种：C30 水下抗分散混凝土及拳石填充和增设竖向桩基支承加固。

① C30 水下抗分散混凝土及拳石填充（见图 11-15、图 11-16）。该方案的处理内容主要包括填充孔扩充和溶洞填充，关键技术点在必须确保水下抗分散混凝土灌注的密实性，可利用钻探时孔位，采用多次分点填充灌注，灌注完成后采用钻孔取芯检验，对基础影响范围采用高压注浆处理；其技术优点在于意图明显，受力有利，外观无影响，无损伤，耐久性较好，对结构受力"一劳永逸"，施工简便，工期短，利用已有钻孔灌注，减少工作量，节约

投资。然而该方案也存在一定的技术缺点，溶洞被地下水填充，给填充施工带来一定的不便，需采用水下抗分散混凝土填充。

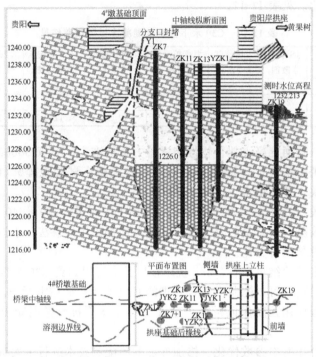

图 11-15 C30 水下抗分散混凝土拳石填充示意图

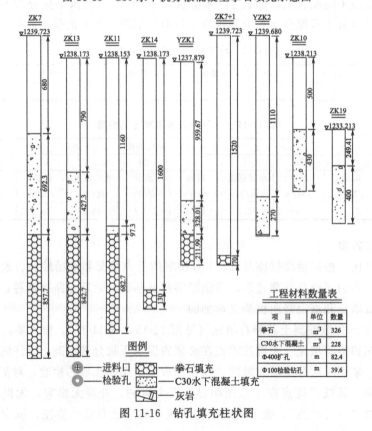

工程材料数量表

项　目	单位	数量
拳石	m^3	326
C30水下混凝土	m^3	228
Φ400扩孔	m	82.4
Φ100检验钻孔	m	39.6

图 11-16 钻孔填充柱状图

② 增设竖向桩基支承加固（见图 11-17、图 11-18）。该方案与之前方案比较，处理内容为水下桩基开挖，新增 4 根钢筋混凝土桩基，横向预应力孔道钻孔，对上下游侧墙加厚和张拉锚固横向预应力钢筋；关键技术点在混凝土结合面的抗剪，横向预应力施工控制，基坑开挖，桩基水下开挖施工，在地面以上施工，工艺可控性较好。但也存在一定的技术缺点，影响景区桥梁美观，基坑人工开挖，工期长、难度大、成本高，预应力施工控制难度大、施工工艺复杂、工期长，且使用耐久性不如填充方案。

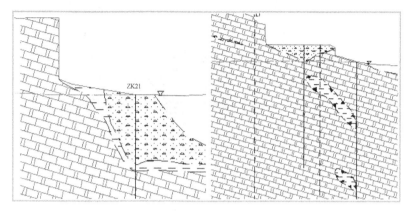

图 11-17　增设竖向支承示意图

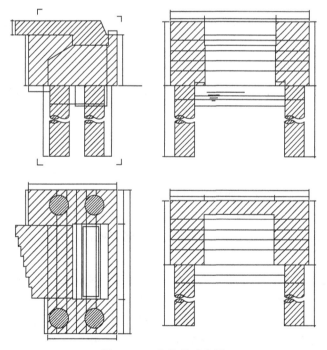

图 11-18　支承件示意图

综合比较以上两个方案，采用水下抗分散混凝土加固意图明显，对原结构基本无损伤，在保证填充效果的情况下，使用耐久性较好，对结构受力"一劳永逸"，对原结构外观无影响，对景区桥梁的加固效果较为明显，因此，推荐采用水下抗分散混凝土对溶洞进行填充处理。

（2）施工工艺　由于该工程所要浇筑的溶洞处于桥墩基础处，且其溶洞内为水体全充填，溶洞与红枫湖水体有管道连通，且溶洞内部结构复杂，很难将水下抗分散混凝土从溶洞与红枫湖的管道泵送进溶洞并填充密实，所以不仅利用仅有一个天然溶洞口（图 11-19），同时采用机械钻头从桥墩基础所在溶洞的上表面钻探出浇筑口，用于水下抗分散混凝土的泵送施工浇筑口。

图 11-19　天然的溶洞口

确定水下抗分散混凝土的施工流程：施工准备→测量定位→钻出浇筑口→搭建施工平台→安装泵压设备→水下抗分散混凝土搅拌→运输→泵送→混凝土水下导管浇筑。

（3）施工技术要点

① 根据地质钻孔电视和钻探对溶洞位置和溶洞轮廓进行定位，结合溶洞处理设计文件要求，确定并布设 4# 桥墩及拱座下溶洞所需的灌注孔（在溶洞最深位置），灌注孔钻好后埋设输送管道；管道出料口位置按管道插入溶洞碰到障碍物后反提 80cm 控制。通过溶洞轮廓和混凝土输送管道位置的确定，估算出第一盘混凝土的输送量，以确保浇筑时满足埋管要求，保证水下混凝土浇筑的整体性。

② 为防止污染水质和提高混凝土质量，采用混凝土泵送法浇筑水下抗分散混凝土。

③ 浇筑前应先架好管道排架和施工通道。输送管道装接敷设需符合路线短、弯道少、接头紧密的要求。输送管道布置应尽可能减少弯头，同时利用曲率半径较大的弯头，尽量缩短泵管，降低泵送压力，垂直配管采用沿碗口脚手架布置，可节约大量支架，又便于堵管的检查。

④ 本工程在现场采用滚筒式搅拌机进行拌和供料，对混凝土所用的水泥、机制砂、碎石、水下抗分散剂、水等严格按配比进行正确计量上料，搅拌时间一般控制在 5min 左右。混凝土拌和必须连续进行，中途不能停止，以防搅拌机内混凝土凝结。

⑤ 浇筑水下抗分散混凝土时，在出料末端连接一条软管，便于浇筑点定位和控制。泵送混凝土拌合物前，先泵送一定量清水，以润湿管路内壁，再泵送水灰比与混凝土一致的水泥砂浆润湿管路，防止堵管。浇筑混凝土时，为避免混凝土从高处落在水面上，应将输送管出口贴近水面连续浇筑，以减少由于混凝土与水面剧烈冲击而导致混凝土分离现象，浇筑应匀速并连续进行，至少在先浇筑的混凝土仍具有流动性时，就浇筑下一次混凝土，这样才能保持混凝土的完整性（见图 11-20、图 11-21）。

图 11-20　导管法施工现场　　　　　　　　　图 11-21　浇筑后溶洞侧面效果

（4）施工中的意外及应急措施

① 堵管及排除方法。由于水下抗分散混凝土黏度较大，所以混凝土进入管道后产生较大的摩擦阻力，如果施工前没有充分润湿管道，容易出现堵管现象。在混凝土泵送过程中如压力增加，而集料罐中混凝土未见减少，就说明堵管了。可用反抽法进行排除，如果排除不了，应尽快找出堵管的位置，查找方法可用铁锤敲击，通过听声音的变化来判断，堵管位置一般都发生在弯管附近，查到后应迅速排除，避免混凝土在管中凝结硬化。

② 输送泵机械故障。浇筑前应对所有的机械设备进行维修和保养，配置备用设备，在浇筑过程中，如果一台输送泵出现故障，应立即启用备用设备，并立即派机械人员对故障设备进行抢修。

③ 浇筑期间短时间中断供料。泵送过程中如遇到了短时间中断供料，则每隔 5～10min 利用泵机进行抽吸往复推动 2～3 次，以防堵塞。

11.5.2.4　现场施工控制与质量检测

（1）现场混凝土质量控制

① 由于施工现场条件较复杂，且靠近湖边，湿气较大，应做好水泥、水下抗分散剂、砂石等的防湿、防潮工作。

② 雨天时，要及时测定砂石的含水率，及时调整配合比，确保施工配比与试验配比一致。

③ 混凝土搅拌时，先将水泥、水下抗分散剂、砂、石干拌 1min（注意将水下抗分散剂与水泥一起加入混匀，避免水下抗分散剂与砂石表面直接接触而导致混凝土水下抗分散性能减弱），使之搅拌均匀，再加水搅拌 4min，以保证质量。

（2）质量检测结果

根据所配制的水下抗分散混凝土与制订的施工方案，通过现场控制与监测，此次水下抗分散混凝土施工取得圆满成功。

11.5.2.5　工程应用效果（图 11-22）

工程实践表明，掺 JS 水下抗分散混凝土外加剂的水下抗分散混凝土具有优良的水下抗分散性、自流平性及自密实性。与传统水下普通混凝土施工技术相比，水下抗分散混凝土施工技术可简化施工工艺，缩短工期，降低工程成本，确保溶洞加固工程质量，同时也没有污染水库水质。

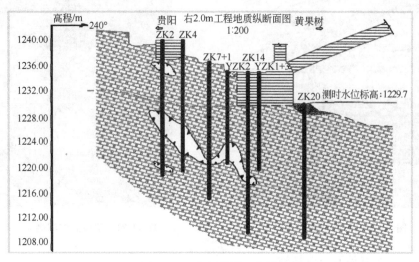

图 11-22　应用效果示意图

　　随着水下工程要求的不断提高，特别是对环境保护的要求不断提高，水下抗分散混凝土将得到进一步推广应用，不仅具有较高的经济效益，还可以获得良好的社会效益。

参 考 文 献

[1] 陈严. 水中抗分散混凝土的研究与应用 [J]. 混凝土与水泥制品，1993（5）：13-15.

[2] 林宝玉. 水下混凝土水中不分离剂应用技术 [J]. 商品混凝土，2005（4）：1-10.

[3] 林宝玉，吴绍章. 混凝土工程新材料设计与施工 [M]. 北京：中国水利水电出版社，1998：141-163.

[4] Khayat K H. Effects of antiwashout admixtures on fresh concrete properties [J]. ACI Materials Journal，1995，92 (2)：164-171.

[5] Kenneth L S, Billy D N. Anti-washout admixtures in underwater concrete [J]. Concrete International，1987，9 (5)：42-47.

[6] Davies B A. International Conference on Concrete in the Marine Environment [C] // Laboratory methods of testing concrete for placement underwater London：[sn]，1986：279-286.

[7] Neeley B D, Wickersh AM J. Repair of red rock dam [J]. Concrete International，1989，11 (20)：36-39.

[8] 宋运来. 水下不分散混凝土的试验研究 [J]. 公路交通科技，1995，3 (12)：25-31.

[9] 孙振平，蒋正武，吴慧华. 水下抗分散混凝土性能的研究 [J]. 建筑材料学报，2006，9 (3)：279-284.

[10] Khayat K H, Assaad J. Relationship between washout resistance and rheological properties of high performance underwater concrete [J]. Materials Journal，2003，100 (3)：185-193.

[11] Sonebi M, Tamimi A K, Bartos P J M. Application of factorial models to predict the effect of anti-washout admixture, superplasticizer and cement on slump, flow time and washout resistance of underwater concrete [J]. Materials and Structures，2000，33 (5)：317-323.

[12] 姜从盛，陈江，吕林女，等. 水下不分散混凝土的研制与应用. 武汉理工大学学报：交通科学与工程版，2004，28 (3)：353-356.

[13] 冯士明. 水下不分散混凝土在核电站取水口工程中的应用 [J]. 混凝土，2001 (8)：6-8.

[14] Sonebi M, Khayat K H. Effect of mixture composition on relative strength of highly flowable underwater concrete [J]. ACI Materials Journal，2001，98 (3)：233-239.

[15] Khayat K H, Sonebi M. Effect of mixture composition on washout resistance of highly flowable underwater concrete [J]. ACI Materials Journal，2001，98 (3)：289-295.

[16] 梁志林，张长民，雷敬伟. 水下不分散混凝土在三峡工程中的应用 [J]. 混凝土，2006 (12)：78-80.

[17] 刘岩. 水下不分散混凝土在大连港码头修复中的应用 [J]. 水运工程，2003 (6)：29-43.

[18] 戴俭. 关于水下混凝土"双掺"技术在珠海市横琴大桥海上主墩基础桩施工中的应用 [J]. 混凝土，2003 (9)：45-49.

[19] 蒋正武，孙振平，张冠伦，等. 新型水下混凝土抗分散剂的性能研究 [J]. 建筑石膏与胶凝材料，2000，10：13-15.

[20] 石新桥. 机制砂在高性能混凝土中的应用研究 [D]. 天津：天津大学，2007.

[21] Nanthagopalan P，Santhanam M. Fresh and hardened properties of self-compacting concrete produced with manufactured sand [J]. Cement & Concrete Composites，2011 (33)：353-358.

[22] 王子明，韦庆东，兰明章. 国内外机制砂和机制砂高强混凝土现状及发展 [R]. 中国硅酸盐学会水泥分会首届学术年会论文集，2009.

[23] 马虎臣，马振州. 石屑混凝土的研究和质量保证措施 [J]. 混凝土与水泥制品，1994 (6)：53-55.

[24] 蒋正武，孙振平，梅世龙. 矿物掺合料对机制砂砂浆性能的影响 [J]. 粉煤灰综合利用，2006，99 (10)：17-19.

[25] Mehta P K，Aietcin P C. Principles underlying production of high-performance concrete [J]. Cement，Concrete and Aggregate，1990，12 (2)：70-78.

[26] Jiang Zhengwu，Sun Zhenping，Wang Peiming. Autogenous relative humidity change and autogenous shrinkage of high-performance cement pastes [J]. Cement and Concrete Research，2005，35 (8)：1539-1545.

[27] 徐健，蔡基伟，王稷良，等. 人工砂与人工砂混凝土的研究现状 [J]. 国外建材科技，2004，25 (3)：20-24.

[28] Yoursri K M. Self-flowing Underwater Concrete Mixtures [J]. Magazine of Concrete Research，2008，60：1-10.

[29] Formosa L M，Mallia B. Mineral trioxide aggregate with anti-washout gel – Properties and microstructure [J]. Dental Materials，2013，29：294-306.

[30] 孙振平，蒋正武，陈海燕，等. TJS 水下抗分散混凝土外加剂在钻孔灌注桩中的应用 [J]. 建筑技术，2004，35 (1)：40-41.

[31] 田广墅. 水下不分散混凝土的开发和应用 [J]. 石油工程建设，1984 (4)：33-36.

[32] 陆泉林. 水下不分散混凝土性能研究 [J]. 石油工程建设，1994 (2)：17-23.

[33] 杨国嫦，朱清江. 水下不离析混凝土技术发展 [J]. 工业建筑，1994 (2)：25-28.

[34] 林宝玉，蔡跃波，单国良. 水下不分散混凝土的研究和应用 [J]. 水力发电学报，1995 (3)：22-33.

[35] 买淑芳，陈贻研，梅梅. 水下不分散混凝土的研究和应用 [J]. 水力发电学报，1994 (2)：46-56.

[36] 林鲜，阎培渝，沙林浩，等. 水下不分散混凝土胶凝材料浆体水化性能 [J]. 混凝土，2001 (2)：24-29.

[37] 任拓. 水下不分散混凝土的工程应用 [D]. 大连：大连理工大学，2002.

[38] 冯士明. 流态化水下不分散混凝土的工程应用 [J]. 石油工程建设，2002，28 (1)：26-27.

[39] Li Beixing，Ke Guoju，Zhou Mingkai. Influence of manufactured sand characteristics on strength and abrasion resistance of pavement cement concrete [J]. Construction and Building Materials，2011 (25)：3849-3853.

[40] Wang Jiliang，Niu Kaimin，Tian Bo，et al. Effect of Methylene Blue (MB)-value of Manufactured Sand on the Durability of Concretes [J]. Journal of Wuhan University of Technology-Mater. 2012，27 (6)：1160-1164.

[41] 王程良. 机制砂特性对混凝土性能的影响及机理研究 [D]. 武汉：武汉理工大学，2008，4.

[42] 安文汉. 石屑混凝土强度及微观结构实验研究 [J]. 山西建筑，1989，2：19-27.

[43] 吴中伟. 高性能混凝土 (HPC) 的发展趋势与问题 [J]. 建筑技术，1998，29 (1)：8-13.

[44] 孙振平，蒋正武，王建东，等. 聚羧酸系减水剂与其他减水剂复配性能的研究 [J]. 建筑材料学报，2008，11 (5)：585-590.

[45] 蒋正武，王新友，吴历斌. 水下抗分散剂与减水剂的相容性试验研究 [J]. 江西建材，1999，3：8-12.

[46] 冯爱丽，覃维祖，王宗玉. 絮凝剂品种对水下不分散混凝土性能影响的比较 [J]. 石油工程建设，2002，28 (4)：6-10.

[47] 黄士元. 高性能混凝土发展的回顾与思考 [J]. 混凝土，2003，(7)：3-9.

[48] Moon H. Y.，K. J. Shin. Frost attack resistance and steel bar corrosion of anti-washout underwater concrete containing mineral admixtures [J]. Construction and Building Materials，2007 (21)：98-108.

[49] 邓美球，蒋正武. 水下抗分散混凝土耐久性的研究 [J]. 广东建材，2001 (3)：19-21.

[50] 王东阳，陈淑贤. 水下不分散混凝土耐久性研究 [J]. 建筑科学与工程学报，2006，23 (1)：54-58.

12

机制砂超高泵送混凝土及工程应用

随着超高层建筑的发展，泵送混凝土技术近年来也取得了很大的进展。泵送混凝土由于采用机械化和多种高性能技术手段，不仅能稳定和提高混凝土性能，而且还可以有效降低劳动强度和环境污染，是现代混凝土施工技术的重大进步，其应用水平和规模已成为衡量一个地区经济、技术水平高低的重要标志之一。

对超高层建筑的定义，不同的国家有不同的标准。联合国于1972年举办的国际高层建筑会议将超高层建筑定义为40层以上或者高度超过100m的高层建筑；日本将15层以上建筑定义为超高层建筑。而我国一般将100m以上的建筑称为超高层建筑。

随着建筑施工和泵送高度的不断提高，泵送作业时间不断增加，对泵送混凝土工作性的经时损失提出了更高要求。同时超高泵送施工的建筑结构一般常常伴随着高强混凝土，其黏度通常较大，泵送阻力也较大。因此混凝土工作性的经时损失、黏度与和易性之间的矛盾、混凝土力学性能与高流动性之间的矛盾问题，是超高泵送混凝土配合比设计及施工过程中所面临的关键问题，而泵送工艺及过程控制也是影响泵送效能的关键因素。

机制砂超高泵送混凝土是一种以机制砂制备的具有高流动度、低黏度、高黏聚性，同时能够满足100m及以上高度建筑结构超高泵送施工要求的机制砂高性能混凝土。通过原材料质量控制、优化配合比设计与制备、合理泵送施工及养护等全过程质量控制手段，保证机制砂超高泵送混凝土的工作性能、力学性能及耐久性能，从而提高超高建筑结构的施工进度及工程质量。

12.1 机制砂超高泵送混凝土泵送理论研究

新拌混凝土在浇筑时的性能统称为工作性能，包括流动性、黏聚性和保水性等。对于泵送混凝土来说，它的流动性质、流动性能、在管道流动过程中与周围环境相互作用的情况是影响混凝土是否可以成功实现泵送、浇筑和高效性的诸多因素的重要部分。

12.1.1 泵送混凝土流变学模型

材料流变学是研究材料在外力作用下流动与变形及其时间效应的科学。流变学的一般方程为：

$$\tau = \tau_0 e^{-\frac{1}{T}} + \eta \frac{dv}{dt} \tag{12-1}$$

式中，η为黏度系数，在流体力学里面称为动力黏度；τ_0为屈服剪切应力；T为松弛期。

E. C. Bingham 提出了宾汉姆体（Bingham Body）的概念，提出可用屈服应力和黏度两个基本流变参数表征其浆体的性质。若 $\eta = 0$、$\tau_0 \neq 0$ 而 $t = \infty$，则上述公式所描述的流体被称为宾汉姆流体，凡能形成结构的胶体溶液和悬浮液均属宾汉姆流体，此时宾汉姆流体的流变方程为：

$$\tau = \tau_0 + \eta \frac{\mathrm{d}v}{\mathrm{d}t} \tag{12-2}$$

宾汉姆流体的典型剪应力-剪应变率关系曲线如图 12-1 所示。

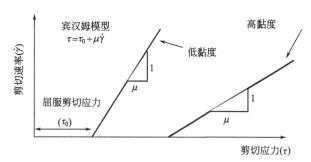

图 12-1 宾汉姆流体的典型剪应力-剪应变率关系

新拌混凝土是一种粗细骨料固体粒子悬浮在水泥浆体中的拌合物，大量研究表明，这种拌合物在管道中流动遵循宾汉姆方程。剪切应力 τ_0 与动力黏度 η 是决定流体流动特性的主要参数。屈服其剪切应力 τ_0 是阻止塑性变形的最大应力。在外力作用下产生的剪切应力 τ_0 $<\tau$ 时，拌合物不产生流动，只有 $\tau_0 > \tau$ 时才产生流动。拌合物的屈服剪切应力 τ_0 是由组成材料之间的附着力和摩擦力引起的，屈服剪切应力 τ_0 与动力黏度 η 通过试验测定。这样可以将混凝土可泵性的研究转化为新拌混凝土在管道输送过程中流变性的研究，也就是通过 τ_0 与 η 的测试可以来研究混凝土的可泵性。

根据前面分析可以认为，泵送混凝土是宾汉姆流体在推力作用下沿管道的流动，如图 12-2 所示。

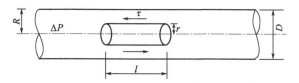

图 12-2 宾汉姆流体沿管道流动

由图 12-2 可知

$$\Delta P \pi r^2 = 2\pi l r \tau \Rightarrow \tau = \Delta P \frac{r}{2l} \tag{12-3}$$

带入宾汉姆流体方程，可得

$$\frac{\mathrm{d}v}{\mathrm{d}r} = \frac{1}{\eta}\left(\Delta P \frac{r}{2l} - \tau_0\right) \tag{12-4}$$

根据边界条件 $r = R$（管道半径）时，流速 $v = 0$，求得流速为

$$v = \frac{1}{\eta}\left[\frac{\Delta P}{4l}(R^2 - r^2) - \tau_0(R - r)\right] \tag{12-5}$$

从理论上看，宾汉姆流体在管中流动时的流速分布如图 12-3 所示。

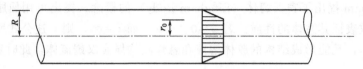

图 12-3 宾汉姆流体在管中流动的流速分布

当 $r < r_0$ 时的流量为

$$Q_0 = \frac{\Delta P \pi}{4l\eta} r^2 (R^2 - r_0^2) \tag{12-6}$$

式中，$r_0 = \tau \dfrac{2l}{\Delta P}$。

当 $r_0 < r < R$ 时，根据 Buckingham-Reiner 方程，求得流量为

$$Q_0 = \frac{\Delta P \pi}{8l\eta} R^4 \left[1 - \frac{4}{3}\left(\frac{2\tau_0 l}{\Delta PR} \right) + \frac{1}{3}\left(\frac{2\tau_0 l}{\Delta PR} \right)^4 \right] \tag{12-7}$$

由式(12-6) 和式(12-7) 可以看出，η 和 τ_0 对流量 Q 产生影响，泵送混凝土泵送性能和效率与 η 和 τ_0 有关。

12.1.2 泵送混凝土流变学特征

混凝土拌合物在混凝土泵的推动下，在管道内流动的雷诺数 Re 都小于 2000，因而在目前的泵送技术条件下，泵送混凝土在输送管中的流动理论上属于层流，但是混凝土拌合物属于宾汉姆流体，非牛顿流体。因而泵送混凝土在输送管中的流动，除服从层流的流动特性外，还具有其特有的一些特征。

根据宾汉姆流体的流变方程式可知，当 $\tau > \tau_0$ 时，才开始产生流动。而由层流的剪切应力变化规律可知，近管壁处的剪切应力 τ_0 最大。因而，在混凝土泵的推动下，只要管壁处的剪切应力 $\tau > \tau_0$，混凝土拌合物就在管中开始流动，而任一半径处的混凝土拌合物，只要 $\tau \leqslant \tau_0$，就不产生流动，在该半径以内的混凝土拌合物则以等速、如固体（"柱塞"）似地向前运动，而柱塞内部无相对运动。这就是泵送混凝土时在输送管中产生柱塞流动的原理。

混凝土进行泵送时，混凝土中的水泥浆（或水泥砂浆）在压力作用下挤向外围，在输送管内表面形成一薄薄的水泥（或水泥砂浆）层，起着润滑作用。泵送时，只要混凝土泵的推力产生的剪切应力大于水泥浆（或水泥砂浆）的屈服应力 τ_0'，即会产生流动。而且 $\tau_0' < \tau_0$，这有利于泵送，这就是施工时为何在正式泵送混凝土之前，先压送一定量的水泥浆或水泥砂浆进行管壁润滑的道理。因此，柱塞流动实际是充满整个输送管的截面。有无润滑层，和润滑层是什么物质，其流变曲线是不同的，如图 12-4 所示。

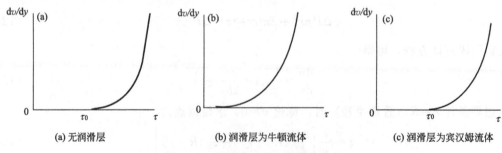

图 12-4 润滑层对流变曲线的影响

12.1.3 泵送混凝土屈服应力

极限剪切应力 τ_0 也称屈服应力，是材料流动和变形所需的最小外加力，新拌混凝土只有当 $\tau > \tau_0$ 时才能开始流动，泵送过程中只有当泵压所造成的 $\tau > \tau_0$，泵送才可以进行。混凝土拌合物所有组分中只有水是可泵的，也只有水才能传递压力到其他组分上去。因此，对于一定水泥用量、固定级配骨料拌和的混凝土，加水量必须达到一定的数值才能在泵压作用下使固体颗粒悬浮在水泥浆中形成流动。即随着水灰比的增大，混凝土由不饱和混凝土过渡到饱和混凝土。

新拌混凝土的极限剪切应力和混凝土的坍落度之间有着极为密切的关系。理论研究表明，随着 τ_0 的提高，混凝土坍落度线性下降，对于特定的混凝土存在一个相应的最小坍落度。小于该值，泵送压力不足以克服本身的屈服应力，便不能泵送。

混凝土的黏聚性是指粗细骨料在外力作用下自始至终在水泥浆中保持均匀分布的能力。也就是混凝土的抗离析性。黏聚性高，表明混凝土内聚力大，稳定性好，抗离析性好。离析有两种，一种是粗骨料因重力作用产生的剪切应力超过了混凝土的屈服应力，从水泥浆中分离了出来，或者是由于粗骨料与砂浆的流变特性不同，在泵送过程中，混凝土输送方向的压力梯度使流动性良好的砂浆先行，粗骨料残余留在后面。另一种离析是水泥浆过稀，水泥浆体积远远小于混合骨料的堆积空隙，水泥浆从孔隙中溜出，导致压力无法传递到粗骨料上去，粗骨料无法被推移前进。这表明在有粗细骨料悬浮的水泥浆体中为了保持固液两相间不产生相对位移必须具备两个条件：一是要有数量上足够砂浆（大于混合骨料堆积空隙）、结构紧密堆积的细颗粒提供相应的屈服应力来克服粗骨料的重力下沉作用；另一个是混合骨料孔隙完全为水泥浆所充填，水泥浆无法自由流动。

因此，新拌混凝土内聚力的大小、稳定性的好坏，既取决于与一定屈服应力相联系的较小的坍落度，也取决于水泥浆充分填充混合骨料孔隙的程度。

因此，混凝土的屈服应力，既是混凝土开始流动的前提，又是混凝土不离析的条件。从开始流动来说，混凝土的坍落度不宜太小，坍落度太小的混凝土的屈服应力太大，不能为泵送形成的剪切应力所克服，因而不能泵送。从不离析来说，混凝土的坍落度又不能过大，坍落度太大混凝土的屈服应力太小，混凝土中的骨料容易离析。

12.1.4 泵送混凝土塑性黏度

塑性黏度是反映黏滞性的一个物理量。黏滞性不同于黏聚性，前者表明运动流体平行流动时不同流速流层间的摩擦阻力，而后者表明的则是抗离析性。

水泥浆内部悬浮的固体粒子在相对运动中产生内摩擦力以反抗相对运动，因而具有黏滞性。这种性能在微观上可理解为各种微粒（水泥、粉煤灰及小于 0.3mm 以下的砂子）粒子间的单位距离的分子吸引力。新拌混凝土在管道中的流动可以认为是在不变剪切应力作用下拌合物持续不断的变形，这种变形在流变学上称为可塑性。

泵送混凝土要求较小的黏滞性。浆体单位体积内的微粒含量决定了浆体的黏滞性，从而从另一侧面决定了混凝土的可泵性。当微粒含量过少时，混合骨料孔隙为数量不足的过稀的微粒浆体所填充，会产生离析和泌水，因而使混凝土不可泵（堵泵）；当微粒过多时，则混凝土的黏滞性过大，管道摩阻力过大，因而泵送困难。因此，可将微粒含量与混凝土可泵性关系绘图，如图 12-5 所示。

减水剂以及引气剂等能够降低黏滞性，在于水泥粒子或水化产物对减水剂的吸附作用，这种吸附作用使内部粒子的联系中断，而导致粒子处于分散状态。

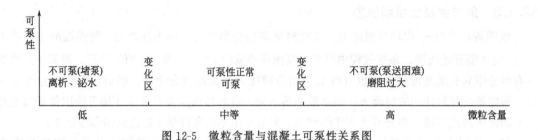

图 12-5　微粒含量与混凝土可泵性关系图

12.1.5　泵送混凝土颗粒集合模型

当泵送混凝土在钢筋之间流动时，采用上述连续介质流体模型，并假定泵送混凝土内部所有颗粒没有发生相互接触是不合理的。颗粒之间的相互接触作用使得混凝土的流动阻力增大，因此，剪切面上的流动阻力随着正应力的增大而增大。此外，泵送混凝土的流动性能随着流动的时间和搅拌的程度而发生变化，这就是所谓的触变现象。宾汉姆模型不能描述流动

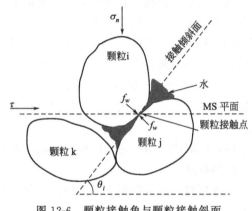

图 12-6　颗粒接触角与颗粒接触斜面

阻力随正应力变化的情况以及泵送混凝土的触变性，因此，有学者提出采用颗粒集合模型对上述流动行为进行描述。

可以认为混凝土的实质是水、水泥颗粒、骨料颗粒的集合体。集合体内各种颗粒都与相邻颗粒发生接触。颗粒的接触倾斜面与最大剪应力面（MS）通常来说不平行，并随着颗粒的位置发生变化，如图 12-6 所示。接触倾斜面与MS 夹角用 θ_i 表示，并称之为颗粒接触角。颗粒集体的构造可以用颗粒分布以 θ_i 的平均值 θ_m 描述。单位长度 MS 面的接触点数用 N 表示。

颗粒之间接触导致的内摩擦可用库仑摩擦理论。因此，无论颗粒处于静止还是移动的状态，所有水泥颗粒和骨料颗粒都承受内摩擦阻力。水泥颗粒之间除了范德华力外，还有静电斥力。任何相互作用和水泥颗粒的总势能都随颗粒间的相对距离发生变化。这个粒间势能成为阻碍水泥颗粒运动的屏障，并导致水泥颗粒的运动与时间相关。

一个静止水泥颗粒在吸力和斥力之间处于近似平衡状态。当水泥颗粒运动时，它就受到由于吸力和斥力平衡被打破而导致的其他类型的阻力（称为黏滞阻力）。一个颗粒需要运动，粒间力必须首先打破颗粒接触面之间由原子或分子连接带来的粒间阻力。

无变形情况下由颗粒集合体内摩擦力支持的最大剪应力 $\tau_{\max}$ 由式(12-8) 描述：

$$\tau_{\max}=\sigma_n\tan(\theta_m+\varphi_m)+\frac{Nf_{wm}\tan\varphi_m}{\cos\theta_m(1-\tan\theta_m\tan\varphi_m)} \tag{12-8}$$

式中，σ_n 为 MS 面上的正应力；θ_m 为颗粒平均接触角；φ_m 为平均摩擦角；f_{wm} 为作用于颗粒接触点上的平均黏聚力，由于表面张力及表面吸力产生。

由于粒间力的分布受很多因素的影响，如颗粒的位置、形状、尺寸，现阶段不可能测或估计粒间力的分布，但有理由认为较大的颗粒承受较大的粒间力，因为较大的颗粒具有较大的截面。因此，如果忽略孔隙水的能力和集合体内空气因黏滞阻力而能承受外力的情况，并假定加于水泥颗粒团的应力部分（τ_c）与水泥颗粒体积和全部固体颗粒体积的比值成正比，

当剪应力作用于颗粒集合体时，τ_c 可用下式表达

$$\tau_c = \frac{V_c}{V_c + V_a} \cdot \tau = S_d \tau$$

式中，V_c、V_a 分别为单位体积混凝土中水泥颗粒的体积和骨料的体积；S_d 为应力分布系数。

如图 12-7 所示，(a) 为 MS 面上的假想立方体，(b) 为垂直颗粒层的变形。将颗粒集合体假想成 MS 面上的一个单位尺寸立方体，MS 面上作用剪应力 τ。这个假想立方体由多个垂直或平行于 MS 面的颗粒层组成。任何一层的厚度等于该层最大颗粒直径。在剪应力 τ 的作用下，任意一个颗粒 i 的移动都会在它所在的垂直颗粒层上产生倾斜 $\Lambda_i \cos\theta_i$，当 n 个颗粒在垂直颗粒层上动时，假想立方体的剪切变形，例如 MS 面上的剪应变（γ），可以表达成如下方程：

$$\gamma = \sum_{i=1}^{n} \frac{1}{L_0} \cdot \Lambda_i \cos\theta_i = n \cdot \Lambda_m \cdot \cos\theta_m \tag{12-9}$$

式中，Λ_i 为颗粒 i 的移动距离；Λ_m 为 m 个颗粒的平均移动距离。

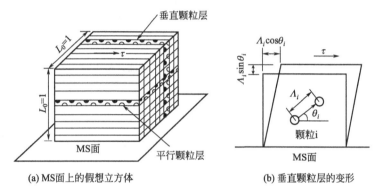

图 12-7 外力作用下黏性流体的微观视图

如果把一个独立的移动水泥颗粒看成是一个流动单元，Eyring 的黏性理论可以用于描述水泥颗粒团的流动行为。根据这个理论，一个粒间力大于它摩擦阻力的水泥颗粒就被称为潜在活跃颗粒（PA）。从概率的角度看，无论是垂直的还是平行的，每个颗粒层的颗粒数量（N_{ca}）是相同的。因此，移动的水泥可以是一种特殊的颗粒，它的动能是布朗运动、从外力获得的能量之和，并且足够克服由于颗粒间黏性阻力和内摩擦力产生的能量屏障。

通过应用 Eyring 的黏性理论，单位时间 PA 颗粒成为运动水泥颗粒的平均概率（P_c）可用式(12-10) 表达。因此，单位时间一个颗粒层的移动水泥颗粒数目 n 如式(12-12) 所示。

$$P_c = 2A \sinh\left(\frac{f_V \cdot \Lambda_m}{2kT}\right) \tag{12-10}$$

$$A = \frac{kT}{h} \exp\left(-\frac{E_c}{kT}\right) \tag{12-11}$$

$$n = N_{ca} \cdot P_c \tag{12-12}$$

式中，Λ_m 为水泥颗粒平均移动距离；k 为波尔兹曼常数（1.380662×10^{-23} J/K）；T 为绝对温度（K）；h 为普朗克常数（$6.6260755 \times 10^{-23}$ J/s）；E_c 为水泥颗粒的平均势能（J）；f_V 为用于匹配施加在 PA 颗粒上黏性阻力的平均剪力，定义为

$$f_V = \frac{(\tau_c - \tau_{cf})}{N_{ca}} \tag{12-13}$$

式中，τ_{cf} 为用于匹配水泥颗粒团摩擦阻力的剪应力。因此，新拌混凝土的表观黏度系数为

$$\eta_a = \frac{\tau}{2AN_{ca}\Lambda_{cm}\cos\theta_{cm}\sinh\left[\dfrac{(\tau_c - \tau_{cf})\Lambda_{cm}}{2kTN_{ca}}\right]} \tag{12-14}$$

12.2 机制砂超高泵送混凝土性能及影响因素

12.2.1 机制砂超高泵送混凝土泵送性能及评价指标

由于泵送高度高、混凝土设计强度也比较高，因此机制砂超高泵送混凝土在配合比设计及泵送施工过程中需要解决的首要问题为黏度与和易性的相统一，高强混凝土一般黏度较大但和易性较差，而机制砂超高泵送混凝土对和易性要求较高，如何使混凝土具有合适的黏度与和易性是其配合比设计与配制的关键问题；此外，由于泵送高度高、距离长，混凝土坍落度损失更明显，良好的保坍性能是保证施工质量的关键。

在此基础上，从黏度、和易性、保坍性等角度出发，机制砂超高泵送混凝土泵送性能宜符合如表 12-1 的要求。不同工程项目根据实际设计及施工情况相应调整。

表 12-1　机制砂超高泵送混凝土泵送性能评价指标一览表

机制砂超高泵送混凝土泵送性能评价指标	必须控制指标	坍落度	≥240mm
		扩展度	≥600mm
		坍落度损失	1h	≤10 mm
			2h	≤20 mm
		扩展度损失	1h	≤20 mm
			2h	≤50 mm
		压力泌水率	10s 时≤20%
		含气量	3%～5%
		倒坍落度筒流出时间	≤ 10s
		水泥与外加剂的适应性	良好
	辅助控制指标	T_{50} 时间	≤ 15s
		V 型漏斗试验	≤ 25s
	参考控制指标	U 型箱试验	≥320mm
		L 型流平仪 h_2/h_1 比值	≥0.8

12.2.2 机制砂超高泵送混凝土泵送性能影响因素

在混凝土泵送作业中，混凝土依靠泵送压力的推动在输送管内流动。混凝土在流动过程中受到管壁摩擦力和混凝土黏滞力等阻力的作用，这些阻力可造成泵送压力损失，而管径大小、管道长短和混凝土本身也同样会造成泵送压力损失。

12.2.2.1 机制砂超高泵送混凝土泵送压力损失原理

研究表明混凝土在管道中流动遵循宾汉姆方程，混凝土在输送管内的黏滞力即摩擦阻 f 与混凝土的流动速度 v 的关系表达式为：

$$f = k_1 + k_2 v \qquad (12\text{-}15)$$

式中，k_1 为混凝土与管壁的黏着应力强度（MPa）；k_2 为与混凝土流速有关的阻力系数 $[\text{MPa}/(\text{m} \cdot \text{s}^{-1})]$。

为了便于分析计算，假定混凝土在输送管内是匀速流动、不可压缩的连续介质。取输送管中 $\mathrm{d}x$ 圆柱上的混凝土为研究对象，如图 12-8 所示。

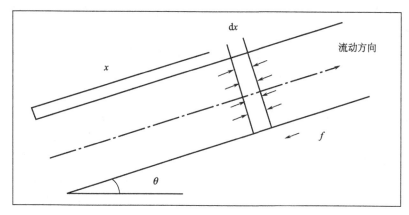

图 12-8　混凝土在泵管内的流动示意图

根据力的平衡机理，混凝土在 $(x+\mathrm{d}x)$ 处的压力 $(\pi r^2 dp)$ 为管内的黏滞力 $[2\pi r \mathrm{d}x (k_1 + k_2 v)]$、混凝土重力分力 $(\pi r^2 \mathrm{d}x \gamma \sin\theta)$ 和混凝土运动惯性力 $\left(\pi r^2 \mathrm{d}x \rho \dfrac{\mathrm{d}v}{\mathrm{d}t}\right)$ 之和，即：

$$2\pi r (k_1 + k_2 v)\mathrm{d}x + \pi r^2 \gamma \sin\theta \mathrm{d}x + \pi r^2 \rho \mathrm{d}x \frac{\mathrm{d}v}{\mathrm{d}t} = \pi r^2 dp \qquad (12\text{-}16)$$

式中，r 为输送管的半径；ρ 为混凝土的质量；γ 为混凝土的密度；θ 为输送管与水平面的夹角。

整理式(12-16)，可得单位长度的输送管内的压力损失为：

$$\frac{\partial p}{\partial x} = \frac{2}{r}(k_1 + k_2 v) + \rho \frac{\mathrm{d}v}{\mathrm{d}t} + \gamma \sin\theta \qquad (12\text{-}17)$$

由式(12-17)分析可见，泵送压力损失与管径 r 成反比，即管径大时，泵送压力损失小；同时，泵送压力损失与输送速度 v 有关，这反映在混凝土泵的主油泵排量上，排量越大，泵送压力损失越大，这时混凝土流动有一定的惯性力；输送管长度 L 能引起相当大的泵送压力损失；在垂直泵送混凝土时，混凝土的密度对泵送压力损失的影响很大；在弯管处的压力损失也较大。

12.2.2.2　机制砂超高泵送混凝土自身性能

机制砂超高泵送混凝土自身的配合比及原材料性能对泵送性能有很大的影响，主要包括以下几个方面。

（1）胶凝材料用量　胶凝材料用量直接影响混凝土输送管道的泵送阻力。一般胶凝材料含量少，则管道泵送阻力大，泵送压力损失大；胶凝材料用量过大，则增加混凝土黏滞力，也会增加泵送阻力。

（2）矿物掺合料　矿物掺合料的加入能够有效提高混凝土的工作性能和后期力学性能，适当的矿物掺合料尤其是粉煤灰可以有效提高混凝土的流动性、提高稳定性、改善流动性经时损失。

粉煤灰的珠状颗粒具有的形态效应,起到了分散和润滑作用,可以减少水泥颗粒间、水泥与骨料间的摩擦,英国 J. H. Brown 的研究表明,粉煤灰可以减少新拌混凝土的屈服值和塑性黏度值。此外,粉煤灰微细颗粒的填充作用优化了混凝土的颗粒级配,粉煤灰的分散作用使水分均匀分散,提高了整个浆体的均匀性。

由于高效减水剂对水泥颗粒的高度分散作用,低水胶比混凝土也可以获得大的流动性,但是由于水泥颗粒与水分的充分接触也会造成早期水化反应速度加快,水化生成物增多,因而引起混凝土坍落度损失问题。掺粉煤灰可明显改善混凝土的坍落度损失,原因有两个:①粉煤灰的水化反应依赖于水泥水化生成的 $Ca(OH)_2$,生成凝胶体的速度远远低于水泥,所以其形态效应发挥的时间较长;②粉煤灰等量取代减少了胶凝材料中水泥的比例,使整个体系的反应速度减慢,水化反应生成物减少。试验结果也与此吻合:粉煤灰掺量越大,改善作用越明显。

(3) 机制砂石粉量及含泥量 机制砂是由岩石经破土开采、机械破碎、筛分制成,其过程中不可避免地要产生一些粒径小于 0.075mm 的岩石细粉(即石粉),约占机制砂总量的 10%～15%,其矿物成分、化学成分与机制砂母岩相同。与天然砂相比,机制砂颗粒粗糙、棱角多、级配较差,在配制过程中拌合物工作性较差,易离析。在工程应用中,部分项目通过水洗法除去机制砂中的石粉,此法破坏了机制砂的自然级配,不利于骨料的最大密度。

机制砂中的石粉可以认为是一种惰性掺合料,适当的石粉能够充分填补骨料之间的空隙,增加混凝土的总浆体量,改善混凝土的和易性,减低泵送阻力。在充分填充骨料之间间隙的情况下,石粉的存在并不会增加混凝土的需水量,反而会提高混凝土的密实度,提高混凝土强度和耐久性。然而,当石粉含量过高时,会显著增大混凝土的黏滞阻力,增大泵送压力。

由于生产设备、工艺、原材料等原因,机制砂中会含有一定量的泥粉。当机制砂中的含泥量较高时,会严重影响聚羧酸减水剂的工作效能,同时降低混凝土强度,影响混凝土耐久性。含泥量较高时,混凝土拌合物坍落度、扩展度和黏度的经时损失会显著提高,拌合物泵送压力会显著增大。

因此,在机制砂超高泵送混凝土配制过程中应充分注意机制砂石粉含量及含泥量,要做到适当的石粉含量、尽可能低的含泥量。

(4) 粗骨料 骨料的种类和粒度分布对泵送压力影响很大。泵送混凝土以卵石和河砂为骨料最佳,但在实际工程施工中,一般都使用碎石,由于其表面积大、棱角凸出,造成输送管内阻力大,泵送压力损失大。骨料偏离标准粒度太大,同样会使泵送压力损失增大,泵送能力降低。表 12-2 为各种输送管适用的粗骨料最大粒径。

表 12-2 不同输送管适用的粗骨料最大粒径

管径/mm	粗骨料最大粒径/mm		管径/mm	粗骨料最大粒径/mm	
	卵石	碎石		卵石	碎石
100	30	25	150	50	40
125	40	30			

(5) 外加剂 机制砂超高泵送混凝土在配制施工过程中,常根据实际情况掺加一定外加剂。当外加剂与水泥适应性良好时,能够有效改善混凝土的流动性,降低混凝土泵送压力损失。高效减水剂与缓凝剂或缓凝减水剂复合使用,抑制水泥早期水化反应,减小混凝土的坍落度经时损失;通过与引气剂复合使用,引入大量微小均匀气泡,增大混凝土拌合物的流动

性，同时增大黏聚性，减小混凝土的离析和泌水，降低混凝土泵送压力。

12.2.2.3 泵送速率及泵送管路

混凝土开始运动时的摩擦力相当于混凝土与管路内壁的黏着力。混凝土开始运动以后，摩擦阻力的增量与混凝土在管路的流速成线性关系。

由式(12-15)可知，泵送阻力随着混凝土在管路中的流速增加而增加。混凝土在管路中的流速对压力损失的影响如图12-9所示。

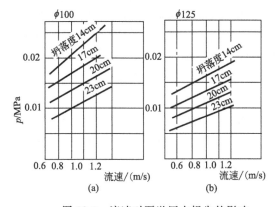
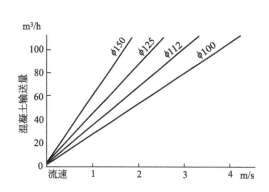

图 12-9　流速对泵送压力损失的影响　　　　图 12-10　管径与流速、流量的关系

当混凝土泵在额定输送量条件下工作时，混凝土在管路中的流速随管路直径的缩小而加快并增加泵送阻力，因此选择不同直径的管路也影响着泵送阻力，图12-10表明了流速对管路直径与输送量之间的相互关系。

在给定管路直径的情况下，混凝土在管路中的流速与混凝土输送量成正比。混凝土输送量增加，流速也加大，因而泵送阻力也增加。混凝土输出量与泵送阻力呈线性关系。

泵送阻力的增加与混凝土浇筑距离成正比。混凝土在管路内壁产生摩擦，摩擦表面越大，即管路长度越长，混凝土流动阻力就越大，所需的泵送压力也就越高。泵送压力从混凝土泵出口处最高降低到管路末端为零。

垂直向上泵送混凝土所产生的泵送阻力仅与垂直高度和混凝土密度有关。例如，100m高度的输送管路内混凝土可产生约2.5MPa的静压力。在垂直向上泵送混凝土时，必须额外地克服这种静压力。混凝土输送管道的弯折也将导致泵送阻力的增加，这取决于弯管的角度以及半径。

在整个一条铺设完整的混凝土管道上来计算所有弯管相当于水平管路的长度可采用下面的经验公式：

当弯管半径为1m时

$$相当于水平长度(m) = \frac{所有弯管的角度之和}{30}$$

当弯管半径为0.5m时

$$相当于水平长度(m) = \frac{所有弯管的角度之和}{15}$$

12.2.3　机制砂超高泵送混凝土其他性能需求

12.2.3.1　力学性能

混凝土强度是制约结构使用性能的主要因素，是工程设计时主要的设计指标。若机制砂超高泵送混凝土强度不足对结构构件性能有很大的影响，不仅降低构件的强度和刚度，影响结构的承载力，加大结构的挠度和其他变形，同时降低结构构件的抗裂性能，加剧裂缝的产生和发展，并由于混凝土内部组织不致密，通常伴随着耐久性的降低。因此对于不同部位的混凝土强度应满足相关规范和标准以及具体设计要求。

12.2.3.2 耐久性能

由于超高大型建筑结构混凝土工程量大，机制砂超高泵送混凝土实际中常为大体积混凝土，因此所面临的主要耐久性问题为混凝土温度裂缝，以及多风大风条件下的混凝土收缩开裂。因此机制砂超高泵送混凝土应具有较低水化热、较强的早期强度及抗开裂性能，对于有特殊要求的混凝土，可采用特殊工艺以提高其早期抗开裂性能。在施工及养护过程中尤其要注意提高养护工艺及制度，采用覆膜湿养护等养护技术，以控制大体积混凝土的内外温差并防止多风气候影响，降低混凝土早期温度裂缝及收缩裂缝的产生。

此外，在特殊地域条件下，还需要考虑特殊结构部位混凝土的碳化、冻融、氯离子渗透及硫酸盐腐蚀等其他耐久性问题，同时应满足现行《混凝土结构耐久性设计规范》(GB/T 50467)、《普通混凝土长期性能和耐久性能试验方法标准》(GB/T 50082) 等相关设计和规范要求。

12.2.4 机制砂超高泵送混凝土关键问题

超高泵送的建筑结构一般常常伴随着高强混凝土。众所周知，高强混凝土与普通混凝土坍落度和扩展度相同时，扩展时间大不相同，高强混凝土的黏度较大。因此，在其超高泵送时，面临的关键问题是：

① 黏度与和易性之间的矛盾；
② 坍落度、扩展度和黏度经时损失的问题；
③ 机制砂石粉含量与混凝土性能的关系；
④ 高流动性混凝土的力学性能保证问题。

12.2.4.1 黏度与和易性之间的矛盾

混凝土塑性黏度是反映黏滞性的一个物理量，表明运动流体平行流动时不同流速流层间的摩擦阻力。水泥浆内部悬浮的固体粒子在相对运动中产生内摩擦力以反抗相对运动，因而具有黏滞性。

机制砂超高泵送混凝土由于胶凝材料用量的提高，同时由于机制砂中含有一定量的石粉，引起黏着系数和速度系数随之增大，因而导致黏度系数提高，然而泵送施工要求混凝土应具有较小的黏滞性。浆体单位体积内的微粒含量决定了浆体的黏滞性，从而从另一侧面决定了混凝土的可泵性。当微粒含量过少时，混合骨料孔隙为数量不足的过稀的微粒浆体所填充，会产生离析和泌水，因而使混凝土不可泵（堵泵）；当微粒过多时，则混凝土的黏滞性过大，管道摩阻力过大，因而泵送困难。

新拌混凝土的黏度与和易性的平衡是制约机制砂超高泵送混凝土的首要问题，如何使混凝土具有合适的黏度与和易性是混凝土设计与配制的关键。

12.2.4.2 坍落度、扩展度和黏度经时损失的问题

泵送混凝土拌合物坍落度的损失，是由于水泥粒子物理凝聚形成了三维网状结构，混凝土泵送剂吸附在水泥颗粒表面上或早期水化产物上，水泥粒子分散，释放出游离水，因此，水泥净浆稠度变稀。但随着水泥水化的继续进行，吸附在水泥颗粒或早期水化产物上的泵送

剂，或被水化产物包围，或是与水化产物反应，便不能发挥其分散能力，造成水泥颗粒凝聚，形成了三维网状结构，使得水泥净浆稠度变稠。

对于超高泵送混凝土而言，由于掺入高效减水剂、引气剂等，同时因工程量大、泵送高度高、泵送距离长，混凝土从拌和好到浇筑之间时间间隔长，混凝土坍落度、扩展度、黏度等经时损失更明显，其对混凝土的泵送性能影响更大，严重制约工程质量及施工进度。

12.2.4.3　机制砂石粉含量与混凝土性能的关系

与天然砂相比，机制砂颗粒粗糙、棱角多、级配较差，在配制过程中拌合物工作性较差，易离析。其生产过程中产生的石粉可以认为是一种惰性掺合料，适当的石粉能够充分填补骨料之间的空隙，增加混凝土的总浆体量，改善混凝土的和易性，减低泵送阻力。在充分填充骨料之间间隙的情况下，石粉的存在并不会增加混凝土的需水量。但是当石粉含量超过一定范围后，由于细粉颗粒的增多，机制砂超高泵送混凝土黏滞力会大大提高，泵送阻力显著增大。

机制砂超高泵送混凝土拌合物要求低黏度、高黏聚性，应适当控制机制砂中的石粉含量。此外，为保证良好的坍落度扩展度及黏度经时损失，应严格控制机制砂中的含泥量，必要时采用水洗碎石法生产机制砂。

12.2.4.4　高流动性混凝土的力学性能保证问题

随着泵送高度的提高，对混凝土的流动性及可泵性要求更高。但是超高泵送混凝土往往同时要求混凝土具有较高的强度，随着混凝土强度的增加，混凝土的黏度增大，泵送阻力增高，可泵性不断下降，泵送难度急剧上升。

对于超高高强泵送混凝土而言，高的流动性可泵送与高强度缺一不可，如何解决混凝土高流动性状态下具有高强度，是超高泵送混凝土工程的关键问题之一。

上述问题通常需要综合采取措施来解决，如优化原材料品种和混凝土配合比、调整外加剂组分解决经时损失、提高配比强度富余系数、规范现场取样和现场养护等内容解决强度问题等。

12.3　机制砂超高泵送混凝土原材料要求

机制砂超高泵送混凝土要求拌合物在大高差、长距离、长时间泵送过程中摩擦阻力小、黏聚性好，不离析、不堵管。而原材料的选择与质量控制是实现机制砂超高泵送混凝土良好工作性能的首要基础。

12.3.1　水泥

机制砂超高泵送混凝土用水泥优先需选用低水化热、低含碱量、品质稳定的普通硅酸盐水泥或硅酸盐水泥，强度等级一般不小于 52.5 或 42.5。对于大体积施工的机制砂超高泵送混凝土，应采用中、低热硅酸盐水泥或低热矿渣硅酸盐水泥。

在使用前应依据现行《工程水泥及水泥混凝土试验规程》(JTG E30) 进行相关的实验室检验，经检测各项技术指标符合现行《通用硅酸盐水泥》(GB 175) 标准。

12.3.2　矿物掺合料

机制砂超高泵送混凝土用矿物掺合料主要包括粉煤灰、矿渣微粉、硅灰等。优质粉煤灰具有物理减水作用，高细度矿渣微粉具有增强作用。硅灰的改性效果最好，能大幅度提高混凝土的早期强度和后期强度,但需水量较大,会提高混凝土黏度,增大泵送阻力。

为控制混凝土良好性能及成本,应合理使用不同品种的矿物掺合料。一般机制砂超高泵送混凝土优选性能良好的Ⅰ级粉煤灰、准Ⅰ级粉煤灰或矿渣微粉,对于高强混凝土,应考虑复掺硅灰。在使用过程中需严格控制矿物掺合料质量,应满足现行《用于水泥和混凝土中的粉煤灰》(GB/T 1596)、《用于水泥和混凝土中的粒化高炉矿渣粉》(GB/T 18046)、《水泥砂浆和混凝土用天然火山灰质材料》(JG/T 315)、《高强高性能混凝土用矿物外加剂》(GB/T 8075)等相关标准和规范要求。

12.3.3　粗骨料

粗骨料级配组成、颗粒形状、表面结构以及最大粒径与输送管管径之比是影响泵送混凝土可泵性的关键因素。

机制砂超高泵送混凝土粗骨料宜采用连续级配的卵石、碎石或碎卵石,最大粒径不宜超过40mm,针片状颗粒含量宜小于10%。同时应符合现行《建设用卵石、碎石》(GB/T 14685)、《普通混凝土用砂、石质量及检验方法标准》(JGJ 52)等标准的要求。泵送高度在50m以下时,骨料最大粒径与输送管管径之比宜为1:2.5~1:3;泵送高度在50~100m时,宜为1:3~1:4;泵送高度在100m以上时,宜为1:4~1:5。

12.3.4　机制砂

机制砂超高泵送混凝土用机制砂宜选用质地坚硬、清洁、级配良好的中砂,细度模数宜在2.3~3.2范围内。含泥量宜小于0.5%,针片状含量应小于5%。机制砂的石粉含量不应小于5%,但不应大于20%。机制砂应采用水洗碎石破碎机制砂工艺制备机制砂,以严格控制机制砂中含泥量。机制砂的选用应符合现行《建设用砂》(GB/T 14684)、《公路桥涵施工技术规范》(JTJ 041—2000)、《公路工程水泥混凝土用机制砂》(JT/T 819)、《公路机制砂高性能混凝土技术规程》(T/CECS G:K50-30)等相关标准和规范要求。

考虑到机制砂的波动受到生产工艺等影响较大,每次试配及拌和生产前均应测试机制砂的级配情况,并加以注明。砂率根据机制砂中石粉含量进行调整。

12.3.5　外加剂

机制砂超高泵送混凝土用外加剂主要包括减水剂、引气剂、缓凝剂、泵送剂等,优选高效聚羧酸减水剂。外加剂种类的品种、掺量应根据环境温度、泵送距离、泵送高度等进行调整,使用过程中需严格注意外加剂与水泥/掺合料的适应性,并通过相关试验验证。

各类外加剂还应符合现行《混凝土外加剂》(GB 8076)、《混凝土泵送剂》(JC 473)、《聚羧酸系高性能减水剂》(JG/T 223)等相关标准和规范要求。

12.4　机制砂超高泵送混凝土配合比设计

合理的配合比设计是保证机制砂超高泵送混凝土良好泵送施工性能及力学耐久性能的关键因素。机制砂不同于普通河砂,其级配不稳定、细粉颗粒含量多,对混凝土性能影响较大,为保证机制砂超高泵送混凝土的高流动性、低黏度、高黏聚性以及较低性能经时损失,配合比设计过程中应重点考虑如下几个方面:

① 根据最紧密堆积理论,选择合理的大小碎石比例,使其堆积密度最大,空隙率最小;

骨料最大粒径与输送管相互匹配。

　　② 合理控制总胶凝材料用量，选用优质硅酸盐水泥或普通硅酸盐水泥，尽量降低水泥熟料用量，单掺或复掺适量的矿物掺合料，如粉煤灰或矿渣粉，掺量宜大于 20%。

　　③ 严格控制机制砂级配及石粉量、含泥量，砂率根据机制砂石粉含量调整，石粉含量 < 12%，适宜砂率为 45%～48%；石粉含量 ≥ 12%，砂率宜取 42%～45%。

　　④ 优先选用性能良好的具有适量引气组分的聚羧酸高性能减水剂及其他外加剂，同时保证与水泥的适应性。

　　⑤ 不断优化配合比参数，在保证良好工作性能的前提下适当降低水胶比，提高混凝土强度。

　　机制砂超高泵送混凝土配合比设计一般采用如下方法或路线：

　　① 原材料的性能试验检测和分析，尤其控制机制砂质量和性能。

　　② 根据混凝土性能指标和成本控制指标等确定基准配合比。

　　③ 调整控制配合比参数，研究参数变化对混凝土性能的影响。

　　④ 在前面试验研究的基础上，进行实验室配合比优化设计，进一步提高混凝土的和易性，降低黏度，提高坍落度经时保持性。

　　⑤ 根据现场材料情况和气候环境进行配合比设计及混凝土配制。

12.5　机制砂超高泵送混凝土工程应用

　　机制砂超高泵送混凝土由于其良好的泵送性能及力学耐久性能，可以广泛应用于各类超大型超高型建筑结构中，尤其适用于山区超高桥梁结构中，其典型工程如贵州赫章大桥等。

12.5.1　赫章大桥工程概况

　　赫章大桥工程场区位于云贵高原乌蒙山脉北段，海拔 1492～1835m。该桥跨越后河，桥轴线地表高程在 1710～1497m；属暖温带季风润湿气候区，年平均 13.3℃，在 -10.1～37.1℃ 之间；降水量 793.1～984.5mm 之间，年平均 851.6mm；年平均日照 1380.7h，年无霜 207 天，年平均相对湿度 79%，历年最大风速 28m/s，平均 2.1m/s。灾害气候为干旱、倒春寒、冰雹、凝冻。

　　该桥设计基准期 100 年；公路 1 级；设计速度：80km/h；行车道宽度：2×净 9.5m；桥梁宽度：0.5m 防撞护栏、9.5m 行车道、1.5m 中央分隔带、9.5m 行车道、0.5m 防撞护栏，总共 21.5m。

　　关键结构部位的主要混凝土设计指标如下：11# 主最高垂直泵送高度为 195 米，上部箱梁 C55 混凝土，弹模 35500MPa；10#、11#、12# 身及 9#、13# 过渡冒支座垫石 C50 混凝土，弹模 34500MPa；9#、13# 过渡身 C40 混凝土，弹模 32500MPa。

12.5.2　赫章大桥机制砂超高泵送混凝土性能要求

　　为满足赫章大桥设计及施工要求，结合混凝土超高泵送理论分析，机制砂超高泵送混凝土须满足如下性能技术指标。

　　泵送性能要求及指标主要包括，①初始坍落度和扩展度：坍落度 180～220mm，扩展度 ≥ 550mm；②坍落度保持性：1h 坍落度 180～220mm，扩展度 ≥ 500mm；③常压泌水率小于 0.5%，压力泌水率 10s 时 ≤ 20%，混凝土无离析、低黏度；④混凝土含气量 3%～4%；

⑤混凝土倒坍落度筒流出时间≤10s；⑥混凝土外加剂与水泥的适应性良好。

力学性能和耐久性要求及指标主要有，①抗压强度：3d≥20MPa，7d≥45MPa，28d≥60MPa；②混凝土28d弹性模量应不小于3.5×10⁴MPa；③大体积混凝土内外温差应小于25℃，防止温度裂缝。

12.5.3　赫章大桥机制砂超高泵送混凝土现场原材料

12.5.3.1　机制砂

赫章大桥项目现场机制砂主要包括三种，分别是普通机制砂、水洗机制砂、超粒径碎石破碎机制砂。

（1）普通机制砂　普通机制砂中混有较多瓜米石（粒径为4.75mm～9.5mm），原状普通砂石粉含量在9%～10%；水洗后的机制砂石粉含量在7%左右，水洗效果不明显。见图12-11。

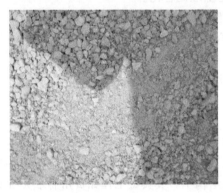

图12-11　普通机制砂

图12-12　水洗砂近照

（2）水洗砂　从水洗砂的筛分结果来看，整体上该砂更接近Ⅰ区，体现了机制砂的典型特点。水洗砂中小于0.075mm的颗粒含量为12.1%。见表12-3和图12-12。

表12-3　水洗砂筛分结果

序号	筛孔尺寸/mm	4.75	2.36	1.18	0.6	0.3	0.15	0.075	筛底
1	累计筛余率/%	3.2	23.7	53.0	69.0	79.7	84.2	87.2	100.0
2		5.0	40.5	57.8	72.8	82.1	86.5	88.7	100.0
Ⅰ区		0～10	5～35	35～65	71～85	80～95	90～100	—	—
Ⅱ区		0～10	0～25	10～50	41～70	70～92	90～100		

（3）超粒径碎石破碎机制砂　碎石砂的级配较好，2.36mm的筛余在Ⅰ区的范围内，小于0.075mm的颗粒筛分结果为9.2%。见表12-4和图12-13。

表12-4　碎石砂筛分结果

序号	筛孔尺寸/mm	4.75	2.36	1.18	0.6	0.3	0.15	0.075	筛底
1	累计筛余率/%	5.9	26.4	44.3	66.9	82.9	88.2	90.2	100.0
2		6.3	30.6	49.7	71.3	85.3	89.8	91.5	100.0
Ⅰ区		0～10	5～35	35～65	71～85	80～95	90～100	—	—

图 12-13　碎石砂

12.5.3.2　粗骨料

从表 12-5、表 12-6 中可以看出，大碎石和小碎石级配良好，符合相关规范要求。4.75～16.0mm 小碎石含泥量 0.7%，泥块含量 0.2%，压碎值 16.5%，针片状颗粒含量 2.3%；16～31.5mm 大碎石含泥量 0.6%，泥块含量 0.3%，针片状颗粒含量 2.1%。见图 12-14。

表 12-5　16.0～31.5mm 大碎石筛分结果

筛孔尺寸/mm		31.5	26.5	19.0	16.0	13.2	9.5	4.75	筛底
累计筛余率/%	1	0	10.4	50.6	80.0	97.3	99.1	99.2	100.0
	2	0	13.9	57.7	86.1	98.5	99.3	99.3	100.0
规定范围		0～10			85～100			95～100	

表 12-6　4.75～16.0mm 小碎石筛分结果

筛孔尺寸/mm		16.0	13.2	9.5	4.75	2.36	筛底
累计筛余率/%	1	0	5.0	38.9	97.9	99.1	100.0
	2	0	3.9	39.1	97.7	99.0	100.0
规定范围		0～10		30～60	85～100		

16.0～31.5mm大碎石

4.75～16.0mm小碎石

图 12-14　碎石形貌

12.5.3.3　胶凝材料

（1）水泥　赫章大桥项目水泥主要采用普通硅酸盐水泥，C50 混凝土为 P·O 42.5，C55 混凝土为 P·O 52.5。

P·O 42.5 水泥比表面积 $353m^2/kg$；标准稠度用水量 27.4%；初终凝时间 166min 和 309min，水泥胶砂强度如表 12-7 所示。

表 12-7 水泥胶砂强度   单位：MPa

龄期	3d		28d	
项目	抗折	抗压	抗折	抗压
强度	5.6	20.4	8.0	51.2

（2）粉煤灰　该工程中采用的矿物掺合料主要为粉煤灰，包括 A 厂家的 I 级粉煤灰 A 和 B 厂家的 II 级粉煤灰 B。见表 12-8。

表 12-8 粉煤灰主要性能指标检测值

级别	细度	烧失量	需水量比	含水率	粉煤灰	细度	烧失量	需水量比	含水率
标准 I 级	≤12%	≤5%	≤95%		粉煤灰 A	9.8%	3.9%	93%	0.8%
标准 II 级	≤20%	≤8%	≤105%		粉煤灰 B	17.8%	5.0%	98%	0.4%

12.5.3.4 外加剂

赫章大桥项目机制砂超高泵送混凝土用减水剂主要为聚羧酸减水剂，其各项指标符合相关要求。

12.5.4 赫章大桥机制砂超高泵送混凝土配制技术

12.5.4.1 基准配合比

在前期研究和已有的大量试验的基础上，选择如表 12-9 所示配合比作为初始配合比。

表 12-9 C50 机制砂超高泵送混凝土初始配合比

编号	水胶比	胶材总量/(kg/m³)	矿物掺合料	砂率	外加剂
0-1	0.32	494	FM20%	43%,水洗砂	减水剂 1.1%

按照 0-1 组配合比拌和混凝土，状态如图 12-15 所示。

图 12-15 0-1 组混凝土状态

在初始配合比的基础上，调整大小碎石的比例、胶材总量、水灰比、机制砂种类及砂率，初步确定基准配比如 0-0 组所示。见表 12-10。

表 12-10 初始配合比的调整

编号	水胶比	胶材总量/(kg/m³)	矿物掺合料	砂率	外加剂	T/K/(mm/mm)	T_{50}/s	强度/MPa		
								3d	7d	28d
0-1	0.32	494	FM20%	43%,水洗砂	减水剂1.1%	190/535	42	46.42	54.1	—
0-0	0.33	475	FM20%	47%,碎石砂	减水剂1.2%;引气剂0.015‰		20	39.89	44.78	55.0

注：T 表示坍落度，K 表示扩展度，单位 mm。引表示引气剂。下同。

12.5.4.2 配合比参数变化对混凝土性能的影响

（1）砂率变化（44%、47%、50%），见表 12-11。

表 12-11 砂率变化对混凝土工作性能和强度的影响

编号	水胶比	砂率	外加剂	T/K/(mm/mm)	T_{50}/s	强度/MPa		
						3d	7d	28d
1-1	0.33	44%	减水剂1.15%,引水剂0.015‰	220/550	17	43.92	49.58	60.6
0-0	0.33	47%	减水剂1.2%,引气剂0.015‰	220/550	20	39.89	44.78	55.0
1-2	0.33	50%	减水剂1.2%,引气剂0.015‰	220/530	28	43.09	48.90	59.3

总体上从工作性来看，砂率较低时，混凝土流动速度快，但混凝土保水性差，容易泌水；砂率较高时，混凝土较为干稠，流动速度明显变慢。综合工作性和强度，47%的砂率较好。

（2）碎石最大粒径变化（31.5mm、20mm），见表 12-12。

表 12-12 碎石最大粒径变化对混凝土工作性能和强度的影响

编号	碎石最大粒径	砂率	外加剂	T/K/(mm/mm)	T_{50}/s	强度/MPa		
						3d	7d	28d
0-0	31.5mm	47%	减水剂1.2%,引气剂0.015‰	220/540	23	33.83	42.72	57.9
2-1	20mm	46%	减水剂1.2%,引气剂0.015‰	200/570	27	41.73	46.74	57.0

2-1组考虑到碎石最大粒径减小，将砂率降低1个百分点。混凝土的均匀性增强，但是水胶比和减水剂用量都不变的情况下，混凝土较为黏稠，流动速度也较慢。

（3）粉煤灰的掺量（20%、30%、40%），见表 12-13。

表 12-13 粉煤灰掺量的变化对混凝土工作性能和强度的影响

编号	粉煤灰掺量	外加剂	T/K/(mm/mm)	T_{50}/s	强度/MPa		
					3d	7d	28d
0-0	20%	减水剂1.2%,引气剂0.015‰	220/550	20	39.89	44.78	55.0
3-1	30%	减水剂1.2%,引气剂0.015‰	230/580	21	36.03	45.00	55.6
3-2	40%	减水剂1.2%,引气剂0.015‰	225/600	11	33.39	38.64	54.4

从结果中可以看出，随着粉煤灰掺量的增大，当外加剂掺量不变时，可以提高混凝土的流动性。从表 12-13 中的强度结果来看，随着粉煤灰掺量的增大，强度呈现下降的趋势，尤其是 3d 强度。而粉煤灰掺量为 40%时，强度较低，难以达到要求。掺量在 30%时，可以通过降低水胶比等方法来保证强度。

（4）胶凝材料总量（455、475、495），见表 12-14。

表 12-14　胶凝材料总量变化对混凝土工作性能和强度的影响

编号	胶凝材料总量/(kg/m³)	砂率	外加剂	T/K /(mm/mm)	T_{50}/s	强度/MPa		
						3d	7d	28d
4-1	455	48%	减水剂 1.35%,引气剂 0.015‰	240/660	22	41.90	43.16	56.0
0-0	475	47%	减水剂 1.20%,引气剂 0.015‰	220/550	20	39.98	44.78	55.0
4-2	495	46%	减水剂 1.10%,引气剂 0.015‰	220/625	11	40.28	44.94	55.0

　　在一定的范围内,胶凝材料用量的变化对混凝土强度影响不大,主要影响混凝土的工作性。为维持混凝土强度,胶凝材料较少时,外加剂掺量大大增加;胶凝材料较多时,可以适当降低外加剂掺量或降低水胶比。

　　(5) 水胶比(0.31、0.33、0.35),见表 12-15。

表 12-15　水胶比变化对混凝土工作性能和强度的影响

编号	水胶比	外加剂	T/K /(mm/mm)	T_{50}/s	强度/MPa		
					3d	7d	28d
5-1	0.31	减水剂 1.35%,引气剂 0.015‰	225/570	30	47.52	53.50	60.1
0-0	0.33	减水剂 1.2%,引气剂 0.015‰	220/550	20	39.89	44.78	55.0
5-2	0.35	减水剂 1.0%,引气剂 0.015‰	235/600	11	39.59	43.25	54.5

　　水胶比逐渐提高,混凝土拌合物流动性逐渐提高,但是强度逐渐降低。在低水胶比情况下,可以通过增大减水剂用量来提高混凝土坍落度和扩展度,但是其流动速度较慢,混凝土非常黏稠。

　　(6) 不同强度等级的水泥(P·O 42.5 和 P·O 52.5),见表 12-16。

表 12-16　水泥种类变化对混凝土工作性能和强度的影响

编号	水胶比	水泥	外加剂	T/K /(mm/mm)	T_{50}/s	强度/MPa		
						3d	7d	28d
0-0	0.33	P·O 42.5	减水剂 1.2%,引气剂 0.015‰	220/550	20	39.89	44.78	55.0
6-1	0.33	P·O 52.5	减水剂 1.4%,引气剂 0.015‰	235/550	28	43.59	48.36	56.5

　　和 P·O 42.5 的水泥相比,P·O 52.5 的水泥需水量较大,保持相同水胶比时,后者需要将外加剂的用量从 1.2% 提高到 1.4%,尽管坍落度和扩展度可以和 P·O 42.5 水泥拌和的混凝土相当,但是黏度较高,流动速度较慢。在 0.33 水胶比的试验条件下,提高水泥等级对混凝土强度影响不明显。

　　(7) 不同种类粉煤灰(Ⅰ级和Ⅱ级),见表 12-17。

表 12-17　粉煤灰种类变化对混凝土工作性能和强度的影响

编号	粉煤灰	外加剂	T/K /(mm/mm)	T_{50}/s	强度/MPa		
					3d	7d	28d
4-1	Ⅱ级(B),30%	减水剂 1.2%,引气剂 0.015‰	230/580	21	36.03	45.00	55.6
7-1	Ⅰ级(A),30%	减水剂 1.2%,引气剂 0.015‰	220/560	12	37.67	44.23	57.4

在用水量和减水剂掺量等参数保持不变的情况下，Ⅰ级粉煤灰掺和的混凝土流动性能很好，流动速度很快，工作性明显提高，但是在此条件下混凝土强度变化不大。

（8）不同种类机制砂，见表 12-18。

表 12-18　不同种类的机制砂对混凝土工作性能和强度的影响

编号	砂	外加剂	T/K /(mm/mm)	T_{50}/s	强度/MPa		
					3d	7d	28d
0-0	碎石砂	减水剂 1.2%，引气剂 0.015‰	220/550	20	39.89	44.78	55.0
8-1	水洗砂或普通砂	减水剂 1.3%，引气剂 0.015‰	235/560	25	44.51	48.96	60.2

和碎石砂相比，水洗砂减水剂用量较高，主要是其含泥量较高，增大了外加剂的用量。水洗砂拌和的混凝土较黏，流动度速度较慢。

但是强度结果来看，碎石砂配制的混凝土强度还较低，由于水洗砂和普通砂含泥量较高，影响混凝土的耐久性，因此推荐使用碎石砂。

12.5.4.3　赫章大桥机制砂超高泵送混凝土优化配合比设计

通过控制现场原材料质量，优化配合比设计，配制出满足性能要求的超高泵送混凝土，在配合比优化过程中，通过不断调整参数，进一步调整控制混凝土性能，调整的配合比参数包括：不同强度等级水泥、不同种类粉煤灰及掺量、胶凝材料总量、不同石粉的机制砂及砂率、水胶比、碎石最大粒径等。在配合比参数调整过程中，不断优化配合比设计，最终确定配合比参数。

C50 超高高强大体积混凝土采用如下配合比参数：水胶比 0.31～0.34；胶凝材料用量 470～500kg/m³；矿物掺合料采用 20%～30% 粉煤灰等量代替水泥；砂率根据机制砂中石粉含量进行调整，石粉含量＜12%，适宜砂率为 45%～48%，石粉含量≥12%，砂率宜取 42%～45%；16.0～31.5mm 和 4.75～16.0mm 两种石子的比例为 6：4；减水剂优选适量引气的聚羧酸减水剂，具体掺量根据外加剂的种类和固含量进行调整。

C55 超高高强大体积混凝土采用如下配合比参数：水胶比 0.30～0.33；胶凝材料用量 480～510kg/m³；矿物掺合料采用 10%～20% 粉煤灰等量代替水泥；砂率根据机制砂中石粉含量进行调整，石粉含量＜12%，适宜砂率为 45%～48%；石粉含量≥12%，砂率宜取 42%～45%。减水剂优选适量引气的聚羧酸减水剂，具体掺量根据外加剂的种类和固含量进行调整。

12.5.5　赫章大桥机制砂超高泵送混凝土泵送压力计算

12.5.5.1　泵送混凝土泵送压力计算方法

《泵送混凝土施工技术规程》（JGJ/T 10—2011）中建议混凝土在水平输送管内流动每米产生的压力损失用 S. Morinaga 公式计算。其他类型混凝土输送管宜按照表 12-19 进行等效换算成水平输送管。

当泵送混凝土高强高性能混凝土时，因其水胶比低，胶凝材料用量大，同时掺有硅粉等高黏性的胶凝材料，在泵送过程中混凝土的压力损失及其变化规律与普通混凝土有较大差异，尤其是 S. Morinaga 公式中的黏着系数 k_1 和速度系数 k_2 的经验计算值与实际值有很大差别。因此，在采用本方法计算时，应当现场测试混凝土的 k_1 和 k_2，从而定量判断出高强混凝土的泵送黏阻力大小。

表 12-19   混凝土输送管水平换算长度

管类别或布置状态	换算单位	管规格		水平换算长度/m
向上垂直管	每米	管径/mm	100	3
			125	4
			150	5
倾斜向上管，倾斜角度为 α	每米	管径/mm	100	$\cos\alpha + 3\sin\alpha$
			125	$\cos\alpha + 4\sin\alpha$
			150	$\cos\alpha + 5\sin\alpha$
垂直向下或倾斜向下管	每米	—		1
锥形管	每根	锥径变化/mm	175→150	4
			150→125	8
			125→100	16
弯管，张角为 $\beta(\beta \leqslant 90°)$	每只	弯曲半径/mm	500	$12\beta/90$
			1000	$9\beta/90$
胶管	每根	长 3~5m		20

现场测试泵送混凝土黏阻力原理为：如图 12-16 所示，将混凝土装入圆筒容器中，密封并装上压力表。将圆筒与压缩空气机相连，压缩空气将筒内混凝土压送出去。由于混凝土与管壁间发生摩擦阻力，导致输送管向压送方向移动。容器与输送管的连接为伸缩性连接，输送管支撑在滚柱上，约束力可忽略不计，由此可以测定输送管移动时的作用力。

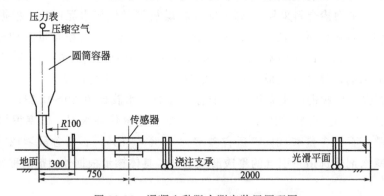

图 12-16   混凝土黏阻力测定装置原理图

设单位时间内排出的混凝土体积为 V，产生作用力为 F（可从压力表读数并扣除部分压力损失或利用传感器测量）。V 和 F 都可以通过试验测定。则混凝土的流速 v 及其在管壁单位面积承受的黏阻力 f 可以通过下式计算：

$$v = \frac{V}{\pi r^2} \tag{12-18}$$

$$f = \frac{F}{2\pi rL} \tag{12-19}$$

$$V = \frac{V_1}{t} \tag{12-20}$$

式中 r——输送管半径，m；

L——发生位移的输送管长度，m；

v——混凝土的流速，m/s；

V——单位时间内排出的混凝土体积，m^3/s；

f——管壁单位面积承受的黏滞阻力，Pa；

F——传感器测试结果，N；

V_1——排出的混凝土体积，m^3；

t——排出混凝土所用时间，s。

流速 v 随压缩空气的压力变化而变化，它和黏阻力 f 的关系如图 12-17 所示。

当压缩空气的压力升高到一定值时，管内的混凝土开始流动。黏阻力 f 随流动后混凝土的流速 v 的增长而成比例增长，其关系如下式所示：

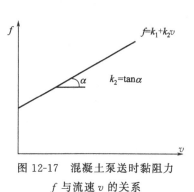

图 12-17　混凝土泵送时黏阻力 f 与流速 v 的关系

$$f = k_1 + k_2 v \qquad (12\text{-}21)$$

式中，k_1 为黏着系数，即混凝土泵送时黏着在管壁上单位面积所产生的阻力；k_2 为速度系数，与混凝土在管内流动的速度有关。

对于同一配合比混凝土，通过测量多组 f 和 v，可以通过线性拟合得到 k_1 和 k_2。由此可见，k_1 越大，混凝土在管内静止状态下开始流动时所需的压力就越大；如果 k_2 较大，增加混凝土的泵送排量就比较困难。因此，k_1、k_2 越小，则泵送所需压力就越小，而 k_1、k_2 则与混凝土的组成材料及配合比有关。

12.5.5.2　赫章大桥机制砂超高泵送混凝土泵送压力简算

赫章大桥 $12^\#$ 主墩垂直高度 195m，机制砂超高泵送混凝土施工中，垂直泵送高度 200m，底部水平输送管 50m，顶部水平输送管 20m，两处弯管半径为 1m，输送管采用 125mm 泵管，每小时输送量为 $40m^3/h$，混凝土坍落度 220mm 左右。

采用 S. Morinaga 公式计算混凝土的泵送压力。

$$\Delta P_H = \frac{2}{r}\left[K_1 + K_2\left(1 + \frac{t_2}{t_1}\right)V_2\right]\alpha_2 \qquad (12\text{-}22)$$

$$K_1 = 300 - S_1 \qquad (12\text{-}23)$$

$$K_2 = 400 - S_1 \qquad (12\text{-}24)$$

式中　ΔP_H——混凝土在水平输送管内流动每米产生的压力损失，Pa/m；

　　　r——混凝土输送管半径，m；

　　　K_1——黏着系数，Pa；

　　　K_2——速度系数，Pa·s/m；

　　　S_1——混凝土坍落度，mm；

　　　$\dfrac{t_2}{t_1}$——混凝土泵分配阀切换时间与活塞推动混凝土时间之比，当设备性能未知时，可取 0.3；

　　　V_2——混凝土拌合物在输送管内的平均流速，m/s；

　　　α_2——径向压力与轴向压力之比，取 0.9。

可计算得到 $\Delta P_H = 0.012\text{MPa/m}$，将水平管、垂直管及弯管全部换算为水平长度共为：$50 + 20 + 200 \times 4 + 2 \times 9 \times 90 \div 90 = 888$（m），则赫章大桥机制砂超高泵送混凝土计算泵送压

力大约为 $0.012 \times 888 = 10.65$ （MPa）。

12.5.6 赫章大桥机制砂超高泵送混凝土泵送作业

混凝土的拌和配制技术是保证机制砂超高泵送混凝土质量的关键，应当根据混凝土的性能要求及原材料的种类性能，选择合理的拌和制度，同时还应该合理控制混凝土的出机温度和入模温度，降低混凝土产生温度裂缝的风险。

为降低泵送施工对机制砂超高泵送混凝土性能的影响，需在泵送前使用水、水泥净浆、水泥砂浆等材料充分润滑输送管道，以尽快在管道内壁建立起一层水泥膜，降低泵送中混凝土水分的变化。典型施工步骤如下：

少量水 ⟶ 纯水泥稀浆 ⟶ 砂浆 ⟶ 混凝土

其原理为：管道里加定量的水，水与砂浆用纯水泥浆隔离，纯水泥浆与混凝土则用砂浆隔离，各种拌合物分步进入管道，管道里的水在拌合物的推动下沿程湿润管壁，使管道内壁沿程建立水泥浆膜，达到可泵送状态。

开机泵送时，混凝土泵应处于慢速、均匀并随时可反泵状态。泵送速度应先慢后快，逐步加速；同时应观察混凝土泵的压力和各系统的工作状态，待运转正常后方可进行泵送。泵送时，活塞应保持最大行程运转。

机制砂超高泵送混凝土的泵送过程，宜保持混凝土连续供应，尽量避免送料中断。若遇混凝土供应不及时，应放慢泵送速度。泵送过程中受料斗内应充满混凝土，以防止吸入空气。若吸入空气，应立即反转泵，使混凝土吸回料斗内，去除空气后再转为正常泵送。混凝土正常泵送过程中，输送管内的混凝土拌合物处于均匀分布的运动状态。

当混凝土泵送出现压力升高且不稳定、油温升高、输送管明显振动等现象而泵送困难时，不允许强行泵送并立即查明原因，采取措施排除故障后，方可泵送。

当输送管道被堵塞时，采取下列方法排除：

① 重复进行正泵和反泵，逐步吸出混凝土至料斗中，重新搅拌后泵送。

② 用木槌敲击等方法，查明堵塞部位，将混凝土击松后，重复进行正泵和反泵，排除堵塞。

③ 当以上两种方法失效时，应在混凝土压后，排除堵塞部位的输送管，排除混凝土堵塞物后方可接管。排除堵塞、重新泵送或清洗输送泵时，布料设备的出口应朝向安全方向，信号工要负责看护，以防堵塞物或砂浆飞入。重新泵送前，应排除管内空气后方可拧紧接头。

混凝土泵送即将结束时，应正确计算尚需的混凝土数量，并应及时通知混凝土搅拌站，以保证混凝土泵送的连续性。

在机制砂超高泵送混凝土的泵送施工过程中，还需要注意如下几个主要问题：

① 每车混凝土到达时，需在泵送前对混凝土进行检测，合格方可泵送。

② 料斗内的混凝土不低于搅拌轴，避免混凝土缸吸入空气。

③ 首次泵送时，由于管道阻力较大，此时应低速泵送，泵送正常后，可适当提高泵送速度。当出现泵送压力增大时，应低速泵送。

④ 确保泵送的连续性，若混凝土搅拌运输车运送混凝土的速度与泵送速度欠匹配，可适当放慢混凝土泵送速度（降低泵送速度为确保管道内的混凝土一直处于流动状态），直至混凝土搅拌运输车运送混凝土与泵送匹配甚至过匹配，才可恢复正常泵送速度。

⑤ 若出现混凝土供应中断的情况，应保证料斗内的混凝土不低于搅拌轴，等料时泵机需每 15min 进行几次正反泵操作强制混凝土流动，以避免管道内的混凝土初凝。

⑥ 夏季气温较高，管道在强烈阳光照射下，混凝土易脱水，从而导致堵管，因此在管道上应加盖湿草袋或其他降温用品。冬季应采取保温措施，确保混凝土的温度。

泵送结束之后及时进行泵管的清洗工作，防止管内混凝土凝结硬化堵塞泵管。泵管清洗从进料口放入特制的清洗球，用泵压水或压缩空气把管道中的混凝土推挤出去。

12.5.7　赫章大桥机制砂超高泵送混凝土施工养护

12.5.7.1　多风大风条件对混凝土开裂影响分析

混凝土早期开裂是一个普遍而复杂的问题，裂缝会对结构的承载力造成严重影响，同时还会降低混凝土抗冻性、抗渗性，加剧钢筋锈蚀及混凝土碳化，引起一系列混凝土耐久性问题。早期混凝土由于凝结硬化程度较低，抗压强度小，抗拉强度更小，较大的变形受到约束时很容易产生开裂。早期开裂主要是混凝土早期收缩所致。在多风条件下，超高泵送大体积混凝土的早期收缩主要有塑性收缩、温度收缩以及自收缩等。

当新拌混凝土的表面水分蒸发速率大于混凝土内部向表面泌水的速率时，表面就会失水干燥，从而引起塑性收缩。混凝土初凝后因胶凝材料继续水化引起自干燥同时外界水分无法及时补充时，会造成混凝土体积减小，从而引起自收缩。由于混凝土热传导性较差，加之大体积混凝土散热面积小，从而造成大体积混凝土内部温度急剧上升（甚至超过 90℃），而外部温度较低，混凝土表面会形成很大的内外温差，使混凝土产生较高的温度应力，产生温度收缩变性，若超过混凝土的极限拉应力，则产生裂缝。

赫章山区多风、大风的天气会大大加快混凝土表面的水分蒸发速率，如果混凝土养护不及时、不到位，则会大大加剧混凝土的塑性收缩和自收缩；同时由于表面水分蒸发带走大量热量，从而导致混凝土表面温度下降更快，造成更大的内外温差，加剧混凝土的温度收缩变形，进而引起混凝土早期开裂。因此在大风多风的气候条件下，尤其需要注意混凝土的保温保湿养护，同时要采取措施，降低大风天气带来的不利影响。

12.5.7.2　赫章大桥机制砂超高泵送混凝土养护技术

为保证施工质量及结构安全，机制砂超高泵送混凝土采用严格有效的养护制度，主要措施包括：

① 及时养护。在混凝土浇筑过程中，为减少混凝土表面曝晒时间，防止混凝土表面水分蒸发，采用塑料薄膜等不吸水的材料，一边浇筑、一边覆盖，待初凝抹面收浆后，再正式进入养护工序。

② 采用混凝土表面包裹塑料薄膜保湿养护。采用此法可以有效起到隔风保湿的作用，塑料薄膜具有一定的抗裂、抗拉强度与柔韧性。混凝土脱模后，先在混凝土表面洒水湿润，立即包裹严实，塑料薄膜紧贴混凝土表面，不漏缝、不透风。在养护期限内，混凝土表面自始至终出现水珠。为使混凝土表面保持湿润状态，定期向塑料薄膜内喷淋洒水，经常检查薄膜的完整性。其间发现有塑膜开脱破裂等现象，及时修补完整。

③ 采用人工洒水、喷淋养护，混凝土表面用土工布、麻袋、棉毡等吸水材料覆盖（包裹）严实，不露边露角，洒水喷淋的间隔时间短。覆盖物内外自始至终保持水分，防止干湿循环。

④ 在养护期间，密切注意大气与混凝土表面的温度变化。当气温骤然变化时，采取保

温和降温等措施。使混凝土的表面温度与大气温度之差不超过15℃。大体积混凝土结构施工时，制定周密的温控方案，做好温控测试。保证混凝土的内外温差控制在设计要求范围之内。

⑤ 根据气候条件，适当延长养护时间，保证养护效果。

⑥ 混凝土的养护要专人负责。在养护期限内，及时巡视检查，发现问题及时解决。同时注意细节，做好记录，全面落实既定的养护措施和制度。

12.5.8　赫章大桥机制砂超高泵送混凝土全程质量控制

12.5.8.1　原材料控制

混凝土原材料质量控制，是混凝土全程质量控制的第一步，原材料控制主要包括水泥、机制砂、粗骨料、矿物掺合料、外加剂等原材料的质量控制。

水泥需优先选用低水化热、低含碱量、品质稳定的普通硅酸盐水泥或硅酸盐水泥，强度等级一般不小于52.5或42.5。机制砂宜选用质地坚硬、清洁、级配良好的中砂，细度模数宜在2.3～3.2范围内。机制砂的石粉含量不应小于5%，宜在10%～15%之间，但不应大于20%。粗骨料宜采用连续级配的卵石、碎石或碎卵石，最大粒径不宜超过40mm，针片状颗粒含量宜小于10%。外加剂应选用与水泥适应新良好的聚羧酸高性能减水剂，同时复掺适量引气剂、缓凝剂等。

对每批次原材料应按照相应要求定期取样检测，必要时送外检测，尤其应注意砂石材料。实验室应该每周取得砂、石料进行基本筛分试验，检验原材料级配情况、石粉含量及含泥量，如波动较大或出现超粒径部分过多时，应及时反映给生产部门，责令其改进生产工艺；推荐采用超粒径碎石破碎机制砂，大大降低机制砂的含泥量，提高机制砂的品质；如果条件允许，可以采用用水冲洗后的超粒径碎石破碎生产机制砂，进一步降低机制砂的含泥量。

12.5.8.2　施工过程控制

施工过程中根据原材料及天气情况，优化配合比设计及施工工艺，减少堵泵现象的发生。主要技术措施包括：

① 改善混凝土质量。通过优化配合比设计、掺适量矿物掺合料、控制粗骨料最大粒径、根据碎石级配和机制砂石粉含量调整砂率、适量高效外加剂等措施，降低混凝土的泵送压力和压力损失，提高泵送效率。

② 优化设计输送管线。输送管线布置设计过程中注意尽量走直线，少用弯管和软管，尽量避免采用锥形管，管路优先选用粗管。水平管路的长度一般不小于垂直管路长度的15%，且在水平管路中接入管路截止阀，在泵口处设置水平缓冲管等。

③ 严格施工操作。泵送前注意输送管线的润湿，泵送结束后及时清洗输送管线。泵送过程中时刻注意混凝土泵的工作状态，同时保证混凝土连续供应。

12.5.8.3　施工管理控制

高效合理的施工管理技术是保证混凝土施工质量的有效措施，主要注意以下几方面：

① 严格控制混凝土生产和运输，保证机制砂超高泵送混凝土质量及施工连续供应。合理安排现场、调度混凝土运输车辆及混凝土浇筑的人员，防止混凝土运输车在现场等待时间过长，影响混凝土的质量。

② 严格混凝土现场验收，严格执行混凝土进场交货检验制度，严禁在现场对混凝土拌

合物加水。

③ 严格施工组织管理，施工现场配备足够人员，当施工现场出现故障时及时处理。合理组织劳动力，做好班组安排；施工前做好技术交底，并对技术交底进行检查。加强人员培训，提高员工的技术水平及施工现场处理问题的能力。加强设备管理及维护保养，减少施工现场机械故障。

12.6 本章小结

机制砂超高泵送混凝土是机制砂高性能混凝土的又一典型应用，不仅适用于各类超大型桥梁超高墩柱施工，同时也适用于其他超高建筑结构体的建设和施工，应用十分广泛。

通过原材料质量控制、合理配合比设计、严格拌和制度、完善泵送施工浇筑以及严格的养护控制等措施，可以有效控制机制砂超高泵送混凝土的工作性、力学性能及耐久性。其采用机制砂配制，不仅可以大幅减低河砂使用率，保护生态环境，同时矿物掺合料的大量使用，还具有良好的社会经济效益。

参 考 文 献

[1] 张希黔. 超高层建筑及其现代施工技术的应用 [J]. 施工技术，2007，3：5-11.
[2] GB 50352—2005 民用建筑设计通则.
[3] 巴凌真，杨医博. 超高层混凝土泵送施工技术研究进展 [R] //超高层混凝土泵送与超高性能混凝土技术的研究与应用国际研讨会论文集：中文版，2008，4.
[4] 余成行. 超高泵送混凝土的配制与顶升施工 [R] //"全国特种混凝土技术及工程应用"学术交流会暨2008年混凝土质量专业委员会年会论文集，2008，4.
[5] 余成行. 顶升自密实钢管混凝土的配制与超高泵送 [R] //特种混凝土与沥青混凝土新技术及工程应用，2008，8.
[6] 蒋学茂，任学军，苏话诚. 泵送混凝土在超高层建筑施工中的应用 [R] //全国建设工程混凝土应用新技术交流会，2007，9.
[7] 胡玉银. 超高层建筑混凝土工程施工（一）[J]. 建筑施工，2011，1：78-81.
[8] 胡玉银. 超高层建筑混凝土工程施工（二）[J]. 建筑施工，2011，2：157-159.
[9] Bernad Massey, John Ward-Smith. Mechanics of Fluids [M]. New York：Taylor & Francis. 2006.
[10] 赵志绪. 泵送混凝土 [M]. 北京：中国建筑工业出版社，1985.
[11] Chong Hu, Frande Larrard. The rheology of fresh high-performance concrete [J]. Cement and Concrete Composites. 1996，2：283-294.
[12] Tsong Yen, Chao-Wei Tang, Chao-Shun Chang, et al. Flow behaviour of high strength high-performance concrete [J]. Cement and Concrete Research. 1999，5-6：413-424.
[13] Deng Shou-chang, Zhang Xue-bing, Qin Ying-hui. Rheological characteristic of cement clean paste and flowing behavior of fresh mixing concrete with pumping in pipeline [J]. Journal of Central South University of Technology. 2007，1：462-465.
[14] M. Jolin, F. Chapdelaine, F. Gagnon. Pumping concrete：A fundamental and practical approach [J]. 10th International Conference of Shotcrete, 2006，10：334-347.
[15] Zhuguo Li. State of workability design technology for fresh concrete in Japan [J]. Cement and Concrete Research, 2007，9：1308-1320.
[16] 陈俊生，莫海鸿. 泵送混凝土工作性能试验研究和模拟计算研究进展 [R] //超高层混凝土泵送与超高性能混凝土技术的研究与应用国际研讨会论文集：中文版，2008，4 (1).
[17] 王栋民，吴兆琦等. 混凝土泵送技术的理论与实践 [J]. 中国建筑材料科学研究院报，1991，3 (1)：48-58.
[18] Zhuguo Li Taka-aki Ohkubo, Yasuo Tanigawa. Flow Performance of High-Fluidity Concrete [J]. Journal of Materials in Civil Engineering, 2006，16 (6)：588-596.
[19] Eric P. Koehler, David W. Fowler. Summary of concrete workability test methods. ICAR Report105. 1, 2003，8.
[20] 赵卓. 高流动性混凝土工作性能试验方法研究 [J]. 建筑科学，2006，22 (5)：51-54.

[21]　马保国，彭观良，胡曙光，等．泵送混凝土可泵性的评价方法浅探［J］．山东建材，2000，5：1-4．

[22]　苏志学，胡小芳．新拌高新能混凝土流动性测试方法探讨［J］．广东建材，2006，2：15-17．

[23]　刘华良，石建军，宁严庆．自密实混凝土测试方法与技术研究［J］．混凝土，2008，3：90-93．

[24]　谢友钧，周士琼，尹健．免振高性能混凝土拌合物工作性评价方法及评价指标的研究［J］．混凝土，1997，3：10-14．

[25]　刘亮，蔡绍林，王熙周，等．桥梁泵送混凝土堵管问题的分析与预防［J］．公路交通科技：应用技术版，2010，9：144-147．

[26]　崔朝栋．高层建筑泵送混凝土关键技术［J］．建筑施工，1996，6：40-42．

[27]　陈智．客专隧道衬砌泵送混凝土堵管的原因分析及预防措施［J］．隧道建设：2007，S1：27-29，46．

[28]　洪志星．影响泵送混凝土泵送的主要因素和技术要求．广西大学学报：自然科学版［J］，2003，S1：46-50．

[29]　刘光荣，陈涛，刘昆吾．超高压-低阻力管道在高强高性能混凝土超高泵送中的应用［J］．混凝土，2011，2：142-144．

[30]　熊启发，郎占鹏，李瑞平．超高层混凝土泵送施工技术［J］．建筑技术，2011，2：141-143．

[31]　苏广洪，杨德龙．广州珠江新城西塔混凝土配合比对泵送性能的影响［J］．施工技术，2010，12：12-13，26．

[32]　李伟中，李天浪，李桂青，等．C100 超高性能混凝土（UHPC）超高泵送［J］．混凝土，2009，3：82-84．

[33]　张海伟，李统彬，蔡庆晓．矿粉和粉煤灰在超高层泵送混凝土中的应用［J］．广东建材，2008，12：42-44．

[34]　周啸尘，王新友．粉煤灰对高性能混凝土工作性的影响［J］．粉煤灰综合利用，2003，2：27-30．

[35]　蔡基伟，胡晓曼，李北星．石粉含量对机制砂混凝土工作性与抗压强度的影响［R］//第九届全国水泥和混凝土化学及应用技术会议论文汇编：上卷，2005，9（1）．

[36]　陈家珑．合理利用人工砂中的石粉［J］．新型建筑材料，2004，5：48-50．

[37]　H. Uchikawa, S. Hanehara, H. Hira. Influence of Microstructure on the Physical Properties of Concrete Prepared by Substituting Mineral Powder for Part of Fine Aggregate［J］. Cement and Concrete Research，1996，26：101-111．

[38]　Zhou Mingkai, Peng Shaoming, Xu Jian, et al. Effect of Stone Powder on Stone Chippings Concrete［J］. Journal of Wuhan University of Technology. 1996，4：29-34．

[39]　洪锦祥，蒋林华，黄卫，等．人工砂中石粉对混凝土性能影响及其作用机理研究［J］．公路交通科技．2005，11：88-92．

[40]　贾红照，张晓松，黄春生，等．泵送混凝土使用机制砂的技术研究［J］．商品混凝土．2007，3：43-57．

[41]　姚倩．混凝土泵送压力及其确定［J］．建筑机械，1994，9：29-32，34-35．

[42]　余成行，师卫科．泵送混凝土技术与超高泵送混凝土技术［J］．商品混凝土，2011，10：29-33．

[43]　吴斌兴，陈保钢．高强高性能混凝土泵送压力损失规律分析［J］．混凝土，2011，1：142-144．

[44]　吴斌兴，陈保钢．高强高性能混凝土泵送黏阻力的现场检测［J］．建设机械技术与管理，2011，1：153-155．

[45]　陈安民．超高程混凝土泵送技术及其应用［J］．建筑机械化，2009，9：69-71．

[46]　陶林军，吴解锋，徐莉芳．浇筑泵送混凝土的施工工艺及应注意的问题［J］．科技信息，2009，13：627．

[47]　胡新爱．泵送混凝土工艺及施工中常见问题的预防［J］．河南建材，2009，5：33-35．

[48]　金晓鸥，胡焜，韩梅，等．泵送混凝土在夏季大体积混凝土施工中的应用［J］．黑龙江水专学报，2007，1：53-54，60．

[49]　芈书贞．泵送混凝土的施工工艺和方法［J］．山西建筑，2010，6：160-161．

[50]　李美利，钱觉时，王丽娟，等．高性能混凝土的养护［J］．河南科学．2006（1）．

[51]　姚明甫，詹炳根．养护对高性能混凝土塑性收缩的影响［J］．合肥工业大学学报：自然科学版，2005，2：180-184．

[52]　党振峰，郑建锋．强风、大温差、戈壁环境风蚀高性能混凝土养护施工技术研究［J］．甘肃科技纵横，2011，2：133-137．

[53]　惠兵．风区高速铁路高性能混凝土施工养护技术的研究［J］．青海科技，2011，2：106-110．

后　记

从 1998 年在贵遵二级公路的涵洞抢险加固工程中被动使用"大流动度"混凝土起，到 2000 年主动申报"机制砂自密实混凝土的研究与应用"课题，至今，关于机制砂、机制砂混凝土、机制砂高性能混凝土的思考、研究、应用、推广从未停止过。

取得了一些成绩，赢得了一些掌声，但总觉得还不过瘾，意犹未尽。总想把一路走来散落一地的那些砂粒扫拢，不能时间长了就被自己踩进土里了。虽聚不成塔，也有一小把，紧紧攥在手中舍不得打开，又生怕从指缝间漏掉，便想赶紧送给谁吧。

因此萌动写出之意，三月成册，五月付梓。

灯下重读，倒还有点"他觉、自觉、觉他"的窃喜。清晨醒来，又想，不管能否"觉他"，反正，十多年来，我们参加思考、研究、应用、推广、编写的一干人已经"自觉"了，而且，我们还"自己"感动了"自己"。

最后，也是最重要的一点，我们感激、感谢、感恩所有"他觉"过我们的人们。

梅世龙

2014 年早春于望岳楼